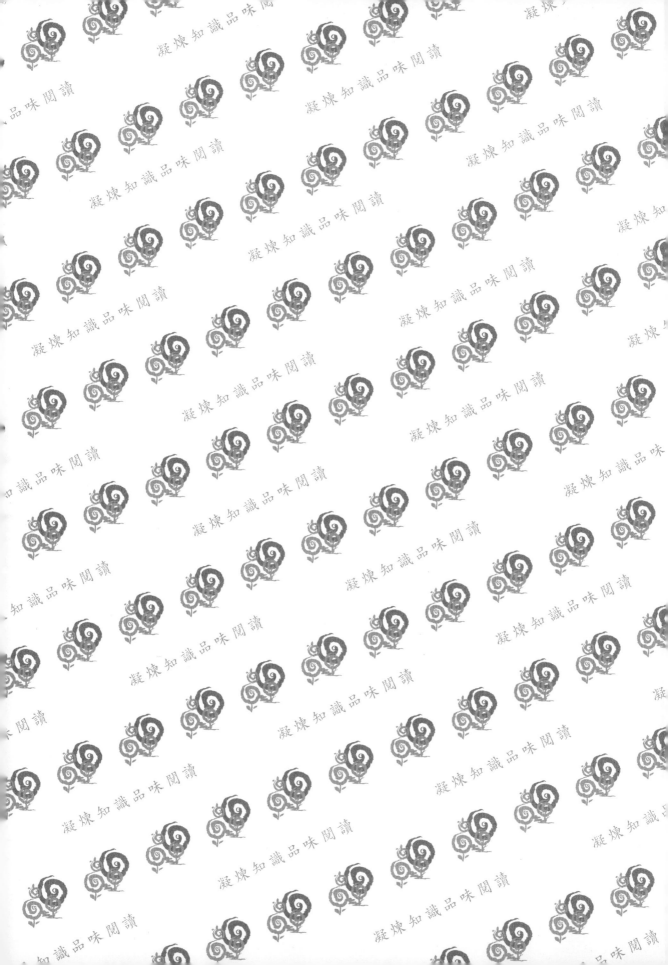

蔬菜學
Vegetable
Production and Practices

作者　Gregory E. Welbaum

譯者　曹幸之、廖芳心、李阿嬌、許家言、王自存、黃益田

審訂　羅筱鳳、曹幸之

五南圖書出版公司 印行

作者序

　　蔬菜作物生產對我們的健康非常重要，也是大家關注的議題。研究蔬菜作物與大家密切相關；每個人都吃蔬菜，而且吃很多以維持我們的健康。根據世界衛生組織 (World Health Organization) 的統計，一個成年人一年平均消費蔬菜 102 kg。蔬菜生產的方式不僅影響我們的健康，也影響我們的環境。在已開發國家，一般民眾和蔬菜生產距離愈來愈遠之際，對於生產作業的安全性及永續性也愈不了解或誤解。因此本書的目的之一就是以科學角度探討蔬菜的生產、採後處理及利用上的一些現今與固有的問題。希望本書能教育學生如何生產蔬菜，也提供概念、激發想法，將來還可改進蔬菜生產。

　　筆者從小生長在俄亥俄州中西部的一個多元的家庭農場，很早即對蔬菜作物產生興趣；相較於其他生產的玉米、大豆、小麥、乾草 (飼料) 作物，蔬菜獲利大又多樣化。8 歲時就有自己的菜園，在西元 1970 年代開始在俄亥俄州西邁阿密郡自家農場生產蔬菜，在路邊的蔬菜市場販賣。就讀俄亥俄州立大學時，主要跟隨 Kenneth Alban 博士、Dale Kretchman 及其他老師們學習更多關於蔬菜作物的生產。為了追求更深的學習，到西部加州大學 Davis 分校就讀研究所，於西元 1979 年獲得蔬菜碩士；西元 1980 年代回到俄亥俄州攻讀並獲得博士學位，研究植物生理—網紋洋香瓜種子的水分關係。在 Davis 時，擔任系統蔬菜學 (Systematic Olericulture)、世界蔬菜作物、蔬菜採種及生理課程的助教，並且有幸跟隨幾位非常知名的學者，有 M. Allen Stevens、Kent J. Bradford、Vince E. Rubatzky、 Mas Yamaguchi、Oscar A. Lorenz、Jim Harrington、Ron Voss 和其他好幾位師長，得到他們的栽培。World Vegetables: Principles, Production and Nutritive Values (《世界蔬菜—原理、生產及營養價值》) 一書是根據 M. Yamaguchi 教授世界蔬菜作物所用的授課大綱，筆者曾是此課程的助教。本書中的〈蔬菜生產及實務〉參考 V.E. Rubatzky 及 M. Yamaguchi 合寫的「世界蔬菜」的部分內容，並做了更新。

　　本書係依據筆者自西元 1992 年在維吉尼亞州理工暨州立大學 (Virginia Tech，全名 Virginia Polytechnic Institute and State University) 教授的課程「Horticulture 4764」內容。本課程於西元 1999 年建立網路版，自此也同步網路授課。筆者在書中分享身為一個蔬菜生產者、農場主人、國際農業專家與學者的各種經驗，書中的圖片與多面向的討論來自筆者的國際經驗，像在加拿大、中國、臺灣、荷蘭、以色列、印度、德國、希臘各地經驗。因此本書視野不侷限於北美洲，也適用於世界各地；英制與公制度量衡單位並用，換算時難免有時會四捨五入以實用為主。例如：1.8 m 的支柱長度或畦寬，雖換算成 5 英尺 11

英寸，但實用上，買賣的支柱長度會是6英尺，做成的畦寬是6英尺，諸如此類，務實為主。

　　筆者數年來一直希望能將教學網站資料轉成一本實體書，直到在加州大學Davis分校的植物與環境科學系休假的機會，終於可完成此心願。

　　本書共22章，前9章為通論，可適用於所有蔬菜作物；並涵蓋最新的議題，比如蔬菜的安全會論及引起生物汙染的原因。在〈蔬菜種子與育苗〉這章，涵蓋一節蔬菜的遺傳改良，消除一般認為遺傳改造(genetic modification)是新事件的觀念；而在〈有機永續蔬菜的生產〉這章有簡短的有機運動背景和歷史，以及未來的可能演變，但並未主張要用有機或傳統生產。書中敘述了作物生長發育需要的條件、一些比較嚴重的病害蟲害，兩種生產方式所用的對應方法，由讀者自行決定哪種方法最合適。在〈設施栽培〉這章呈現多種最適宜的設施環境生產非季節蔬菜的方式。在〈蔬菜栽培之施肥與礦物質養分需求〉這章則用基本植物生理概念教導讀者，植物如何利用礦物質於其生長發育。在〈耕作和栽培制度〉這章說明密集的單作栽培，同時也提供其他可行方法，可適用於特定情況。

　　書中10-22章詳細敘述許多世界重要的蔬菜，除了番茄、馬鈴薯、萵苣外，一些雖不普遍的蔬菜，如大黃、辣根、菇類也有討論，增廣讀者知識及觀點。在各論除涵蓋作物的生產，也包括作物的歷史、基本植物學、提供的營養成分、各種類型的品種等訊息，還有各作物的發芽、田間種植、施肥、管理、病蟲雜草、轉殖作物現況、採收及採後處理等方面。因此本書也適合作為家庭園藝、食品界與蔬菜生產者的參考書。然而礙於時間與篇幅的限制，不能探討所有題目，也不能如願地放入更多圖片。

Gregory E. Welbaum 博士

美國加州大學戴維斯分校植物科學系及種子生技中心客座教授

維吉尼亞理工暨州立大學園藝學系教授

誌　謝

　　本書的完成承蒙許多人的協助及審閱，感謝 Maura Wood 和 Ashley Wills 幫忙文稿編排，感謝 David Schmale III、Josh Freeman、Richard Veilluex、Anthony Bratsch、Carl Cantaluppi、Dale Marshall、Bernard Zandstra 諸位先進審讀各章。謝謝 Carl Estes 協助製作蔬菜營養數據，特別感謝 Pris Sears 將初稿編排成格式化文稿。謝謝 Kent J. Bradford 的支持與允許筆者在 Davis 的教授休假期間完成此書。對家人 I-mo、Whitney 和 Stephanie 很抱歉，爲了完成此書而長時間不在他們身邊，感謝母親 Ruth Welbaum 的鼓勵——追求以科學家爲事業，謝謝兄長 Bob Welbaum 幫忙校對部分章節。

譯者序

　　美國維吉尼亞理工暨州立大學園藝學系教授、加州大學戴維斯分校植物科學系及種子生技中心訪問教授 Gregory E. Welbaum 博士著作《蔬菜生產與實務》（Vegetable Production and Practices）一書，以其內容豐富、科學性地闡釋蔬菜生產的現代慣行栽培與商業永續栽培的理論，涵蓋蔬菜的基本植物學、生長與發育的環境條件、營養元素需求、栽種、採收、到採收後處理，適合作爲園藝系蔬菜學的教科書，以及實際從事蔬菜生產者的參考用書。五南圖書特將本書譯爲中文，方便國人參閱。

　　翻譯者包括曹幸之博士翻譯第 1、3、4、9-11 章，並逐章斧正、翻譯及編輯索引。廖芳心博士翻譯第 5-8、13-19、22 章。李阿嬌博士翻譯第 2、12、20 章。許家言博士與張有明博士合譯第 21 章。第 10-22 章討論多種世界重要蔬菜作物，各作物採後處理的章節由國立臺灣大學園藝暨景觀學系王自存教授翻譯；病蟲害的章節由黃益田博士翻譯。然因本書論及的病蟲害問題超過亞熱帶臺灣地區所有，特別感謝農業試驗所應用動物組前組長王清玲博士，就蟲害部分的費心指正及提供正確害蟲名稱。

　　全部譯稿經國立臺灣大學園藝暨景觀學系蔬菜學曹幸之教授及羅筱鳳教授審定。爲使讀者容易閱讀，度量衡單位僅用公制，若讀者需要英制，可參閱原文或由附錄自行換算。

　　譯者群及審譯者有幸在五南圖書充分給予的自由空間譯成此書，共費時兩年，雖兢兢業業盡最大努力，仍難免疏漏誤植或用詞未臻最適，謹請相關領域專家及賢達人士不吝指正，使本書發揮其最大效用。

CONTENTS・目錄

第一章　蔬菜的歷史、系統命名法與分類
Vegetable History, Nomenclature, and Classification

引言

　　每個人都需要食用蔬菜以確保健康，現代蔬菜科學即是有關於蔬菜作物的生長與生產，使人們食用蔬菜後，達到基本的營養需求。隨著人口成長，人們對蔬菜的需求也會持續增加。蔬菜學(vegetable science 或 olericulture)是最具活力的重要農業科學之一，而蔬菜的重要性一直有增無減。

蔬菜的定義

　　大多數對於「蔬菜」的定義都不是以植物學為依據。蔬菜的定義基本上沒有一定的原則，較常依用途，而不是依據植物形態來定義。例如：常用的蔬菜定義是「一種草本多汁的植物或植物某部位，以全株或局部生食或烹煮後食用。一般作為主菜或沙拉，但不作為甜點」。不過這定義仍然有些例外，像大黃(rhubarb)、西瓜、甜瓜這些作物雖然都是蔬菜，卻常被當作甜食。食用菇並不是植物，而是真菌，但一般認定它們屬於蔬菜，本書後面有一章敘述食用菇的生產。

　　由於「蔬菜」不是植物學上的名詞，

有些蔬菜在植物學上其實也是果實。根據植物學，果實是長成的子房，含有種子及其周邊部位，成熟時可供食用。蔬菜中的番茄、番椒(pepper，包括甜椒、辣椒)、豆類、網紋甜瓜在植物學上就是果實，但它們的生產方式及用途卻歸屬為蔬菜。因此，依據用途或依據植物學是兩種不同的分類系統(classification systems)，如上述作物在用途上是屬於蔬菜，但同時也是植物學上的果實。

　　蔬菜是園藝中的食用作物，小果類及果樹也都是食用作物，只是一般作多年生栽培。蔬菜作物則包括一年生及多年生。從生產觀點看，蔬菜作物可定義為「需要密集管理及採收後需要特別處理的高價值作物」。農學家區分為種植面積廣而管理較粗放的農藝作物(agronomic crops, field crops)與蔬菜及其他園藝作物，如：小麥、棉花、大豆、甘蔗、水稻都屬於農藝作物，許多穀類都是農藝作物，在其生長末期即生理成熟期，以機械一次採收。反之，許多蔬菜作物在未成熟期仍然柔嫩時就採收；因此，蔬菜採收後要非常注意保鮮處理，以維持品質。

　　以上的生產定義仍有一些例外，如：菸草是農藝作物，但需要密集管理，也屬

於高價作物，但歷史因素並不把菸草當作園藝作物。馬鈴薯在有些地區用為蔬菜，在另一些地區它是農藝作物，依生產規模及生產方式而異。玉米、大豆可依所用品種、採收成熟期及最後用途，而當作是農藝作物或園藝作物。儘管這些定義都不盡完善，但仍能將不同作物及不同生產方式做分類，使我們更了解蔬菜在生產、管理及處理上與其他作物不同的特點。簡言之，「蔬菜」指草本植株或植株某部位，其全部或部分供食用，以生食或烹煮方式作為主食或沙拉。在生產上，蔬菜需要密集管理，且採收後需要特別處理，以維持品質。

蔬菜產業的發展

多年來全球蔬菜生產持續增加，例如：在西元1970年至2009年間增產4倍以上(Food and Agriculture Organization of the United Nations，聯合國糧食與農業組織，簡稱FAO, 2011)。蔬菜能如此長期的增產，要歸因於一系列的技術發展。首先是節省勞力的技術，例如：犁田的機械，動力設備如搬運車、曳引機、採收機。地下排水系統可使長期積水的土壤增產。在西元20世紀上半葉，大量生產的化學肥料增進了地力及作物產能。在西元1930年代，新的育種技術育出高產的品種，這時期一項主要進展就是育成一代雜交品種，提高這些蔬菜的產量達30%或更高。許多人把第二次世界大戰後的時期，視為農業化學時代，因為有許多化學合成的農藥問

世，如：殺菌劑、殺蟲劑、除草劑日益普遍。於大面積生產單一作物時，這些化學藥物被用來防治病蟲害。這種單作制度(monoculture)及相對應的技術，例如：病蟲害的化學防治法、使用濃縮的合成肥料，都是為了降低所需要的勞力，以提高生產者的管理效率，並增加生產面積及生產力。

到西元1970、1980年代，人們考慮到健康問題，發展出較為永續且低投入的蔬菜生產方法。在過去50年期間，也發展了保育耕作法(conservation tillage)，以減少土壤沖刷、機械踏過田區的次數以及土壤壓實問題。開發塑膠布覆蓋田區，以調節土壤溫度、控制雜草、減少土壤流失及耗水量。滴灌系統可精準供給植株水分及養分。高畦生產系統則可改善排水，使作物根系發展良好，也減少發病。同時，這段期間電腦科技也應用於生產和管理，增加產能。

雖然有這些進步，但在許多已開發國家，投入蔬菜學的研究已呈下降趨勢。近年政府經費較多用於植物基礎科學研究，而對應用性蔬菜研究的支持減少。在農產業進步的國家，認為蔬菜作物生產的問題已大多解決或有私人企業關注，蔬菜研究不再那麼優先或重要。甚至有人認為蔬菜生產或栽培可以參考書籍，不需要進一步的訓練。

多數農業專家都認為蔬菜科研促成現在的進步，未來還是需要創新研究，才能滿足世界人口增加，對安全、營養且永續的蔬菜產品需求增加。在開發中國家，

對蔬菜生產的基本資訊仍有極大需求。無論現在或將來，在食品安全(safety)、糧食安全(security)議題上，仍須推動研發及教育。

在許多已開發國家，真正從事糧食生產的人口比率是很小的，這造成人們對蔬菜來源與生產對環境的影響、蔬菜是否安全可食這些問題有誤解或不確定。消費者必須知道他們的食物來源，才能有智慧地討論當下的議題，如：轉基因作物的風險和利益，所以必須先建立這一方面及其他議題的正確科學資料。因此蔬菜學門還是很重要，它所論述的正是我們人類的基本需求。

下面列舉一些需要以創新研究來解決世界各地蔬菜生產業者所面臨的困難，如：

1. 如何防治作物上的生物性汙染，以及造成汙染的原因為何？
2. 開發高效、高產、永續的蔬菜生產系統。
3. 增進蔬菜的品質及營養價值。
4. 如何充分運用全球定位系統(Global Positioning System, GPS)及相關技術來增進蔬菜的生產效率？
5. 降低因蔬菜密集生產對環境造成的衝擊，減少用水量、減少能源使用。

在歐美已開發國家，蔬菜生產主要由大公司掌握，它們有好幾個產地，可以全年生產多種作物，供應連鎖超市(Cook, 2001)。食品雜貨連鎖商通常只跟一家供應商交易，因為方便性、經濟規模性和產品整齊度都比較好。在北美洲及歐洲，蔬菜產業發展成為適地生產蔬菜，再運送到人口多的遠地市場，如此把產地由當地移到較遠的產區已進行了幾十年(Cook, 2001)。研究顯示，在美國、加拿大和一些歐洲國家，超市所賣的蔬菜由產地平均走過2,400 km才到達賣場(Carlsson-Kanyama, 1997; Pirog and Benjamin, 2003)。這麼遠的蔬菜運送非常耗能，現實的能源價格能否永續支持蔬菜的遠地生產？有些專家即倡議回歸蔬菜的在地生產，採行小農模式，可以增進蔬菜品質、刺激在地經濟、減少能源消耗、增加永續性。然而消費者已習慣超市購物的方便性及多樣性，這種商業型的食品雜貨超市一時是不會消失的。此與其他即時性的議題提示大家：蔬菜產業不是靜態不變的，它和其他產業一樣需要與時俱進，面對挑戰。

本書內容主要針對商業生產蔬菜作業，但也注意到一些影響生產的重要相關因素。蔬菜生產者並不能完全自由地進行生產，因為生產者愈來愈需要遵守當地有關水質、廢棄物處理、化學品使用以及噪音排除的法律規定。通常討論蔬菜生產的各項作業時，有時會忽略其他因素，例如：蔬菜生產是一種事業、貿易，必須獲利才能繼續經營，在採用各項作業前都需要做商業考量。本書雖不論及蔬菜生產的財務面，但收益一定是生產者採用作業方式的主要考量。

蔬菜的多樣性

世界各地及不同文化的民眾所食

用的蔬菜種類不同，全球的蔬菜多樣性(vegetable diversity)不易推估，但種類應達數以千計。蔬菜的國際貿易日增，人們在北歐可以買到南歐或以色列生產的新鮮蔬菜，在北美可以買到產自荷蘭、瓜地馬拉、智利或紐西蘭的蔬菜，而美國生產的青花菜、網紋甜瓜可以賣到東南亞。這些跨地、跨國的長距離運送歸功於進步的運輸系統，蔬菜得以在產季以外或氣候不適合生產的地方販售。採後處理技術的改進使蔬菜能維持較久的上市品質；而蔬菜品種的改進，例如：成熟慢的番茄品種比較能禁得起長途運送。透過新品種的引進和品種改良，增加了上市的許多蔬菜種類，例如：不同顏色、葉形的萵苣增加沙拉的美觀，各種色彩繽紛的甜椒吸引視覺，其他如紫色蘆筍、黃肉西瓜、綠色花椰菜及紫色青花菜都是例子。新的蔬菜種類在引進之後，接著就會進行生產。

蔬菜的馴化及歷史

　　人們所吃的蔬菜都有其起源，科學證據顯示，各種蔬菜都是經過長期的自然馴化、人為選拔以及較近期的育種及改良而成，不是突然就有的。民族植物學(ethnobotany)研究人與植物間的關係，人類學家和民族植物學者的研究顯示，古時人類並不諳農務。

　　最早的人類於2百多萬年前出現，除了打獵、捕魚外，也採集植物為食，過著遊牧生活。人類若要有固定的住處，先要有穩定的食物來源；後來人類定居下來，

開始種植作物為食，不再靠野外採集。由此人類開始了將植物變成作物的長期馴化(domestication)歷史。馴化是人為選出具有更理想性狀的植物的過程，下面列出在人類馴化植物的道路上被認為是必要的或有幫助的一些條件：

1. 火燒地——用以清除原來植被。目前有些地方仍以「砍後燒」的方式清理出耕地。
2. 在溫帶或亞熱帶，有明顯乾／溼季的地區有利於留種、採種(seed-crop production)，如：中東地區夏季乾燥，適宜發展出大粒種子的一年生植物，而不同海拔的地區也衍生出許多不同的物種(species)(Balfour-Paul, 1996)。
3. 地點是重要考量，如：河谷地有週期性的淹水問題，草原無法以原始器具完成整地，雨林更難清地，因此早期人類多開發林地來栽種。
4. 進行作物馴化的地方，以具有多樣植物又有許多動物可供作食物的地點為首選。

　　早在西元前11050年，在今敘利亞的人類就有了植物栽培及性狀選拔，但這還不是普遍、一定的馴化步驟(Hillmanet. et al., 2001)。人類最早做的植物馴化約於一萬年前，發生在亞洲西南部及中東地區(Zohary and Hopf, 1988)。西元前一萬年，扁蒲(bottle gourd, *Lagenaria siceraria*)在陶藝技術尚未發展前，就已經被馴化、種植，作為容器用，而不是作蔬菜食用。扁蒲在被馴化後2千年，於西元前8000年，隨人類遷徙，從亞洲被帶到美洲(Erickson *et al.*,

2005)。穀類作物最早大約於西元前9000年在中東兩河流域(底格里斯河和幼發拉底河)的肥沃月灣被馴化(Balfour-Paul, 1996)；在旱季，人類採集富含澱粉的種子為食物，其馴化過程先由掉落在人類住處附近的種子開始，種子於雨季發芽，並因土地的肥沃受到保護，沒有被動物踏食，植物生長快速。像甘藷這類以營養生長為主的植物，人類可能自美洲、東南亞和非洲的熱帶、亞熱帶地區採集，沒有被挖出來的野生根、莖留在地裡會再生長。可能有些根、莖落在人類營宿地附近，但只有在雨水豐沛之地才能再生長。

先人由採收不經意種下的植物，漸漸知道需要將種子或營養器官種入土中的技術，再經過多年針對某些特性的篩選，才有蔬菜馴化。最先馴化的蔬菜是一年生、種子大的植物，如豌豆這種果菜類，而不是草本菜蔬(Zohary and Hopf, 1988)。

有了植物馴化栽培，人類由狩獵採集社會進展為農業社會，進而發展出早期的城邦，而後有了文明，作物馴化對人類發展的重要性不言而喻。植物馴化過程持續而漸進，包括嘗試與錯誤。在中東／西亞以外的地方，馴化的物種又不同，如：在美洲馴化的植物有南瓜、玉米、馬鈴薯、豆類(四季豆、皇帝豆)；在東亞馴化的有小米、稻米、大豆等早期重要作物(Zohary and Hopf, 1988)。

遺傳變化與種原保存

植物被馴化後，要靠人類維持它的

生存，而許多馴化後的植物已經不同或只些許相同於其原始的種類(Smartt and Simmonds, 1995)。野生種與栽培種的差異是因遺傳改變(genetic change)，例如：今日的玉米穗比野生玉米(大芻草，teosinte)大數十倍；現代的硬皮甜瓜(cantaloupe)不但果實比野生種大許多，而且不易裂開，所以裡面的種子由果內散出時，早已喪失發芽力；因此，栽培種無法在野地生存(Welbaum, 1993)。包被型結球萵苣(crisphead lettuce)必須有人為破開葉球，才能讓花梗伸出及開花、結種子。

作物與原始植物間的差異來源有二。一是原本選來馴化的植物存在很大的遺傳歧異，透過自然雜交(natural hybridization)以及遺傳重組(genetic recombination)，選出具有理想特性的植物留種，其表現自然與野生族群的植物不同。野生種與栽培種差異的第二個原因是遺傳突變(mutation)，雖然自然突變率低，但突變性狀多是負向突變，導致滅絕；突變有時是正向、有利的，例如：產品器官變大。透過自然突變、雜交、染色體複製(chromosome duplication)，數千年下來，植物慢慢地改變。自然遺傳變異加上後來的育種，使現在的一些作物已經不像其野生原始種。植物育種(plant breeding)是依照人們的需要，改進植物遺傳的科學和藝術，利用的技術包括由單純的選拔、繁殖到複雜的技術(Poehlman and Sleeper, 1995)，其實植物育種與人類文明一樣有數千年歷史。

人類馴化食用植物之後，我們所賴以為食的蔬菜品種漸漸變少。近年，許多蔬

菜種類的遺傳資源保存成為優先議題，而國際間對此議題的合作增加。許多國家收集種原(germplasm)加以保存，如：美國在科羅拉多州科林斯堡(Fort Collins)的美國國家遺傳資源保存中心(United States National Center for Genetic Resources Preservation, NCGRP)；英國邱皇家植物園(Kew Royal Botanical Garden)在薩塞克斯(Sussex)郡維克赫斯特(Wakehurst Place)的千禧種子庫(Millennium Seed Bank)；俄國在聖彼得堡的維瓦諾夫全俄植物產業科學研究院(N.I. Vavilov All-Russian Scientific Research Institute of Plant Industry)有全世界第一個種原庫，也是保存植物種原最多的中心之一；挪威北方斯匹茲卑爾根(Spitsbergen)島上的斯瓦爾巴全球種子庫(The Svalbard Global Seed Vault)是建在地下的收藏庫，保存各種植物種子，包括蔬菜種子。

世界各地保存的種子都是備份，以防種子在其他地區遺失，或發生大規模地區性或全球性災難時，種子不致絕種。保存的種原可以提供作物遺傳改良，以及將來需要的特殊基因。

媒體經常報導利用各種重組DNA技術所得到的轉基因作物是現代所謂的「遺傳改造」(genetically modified)。很可惜，這個用語使人們以為現在的蔬菜或其他作物都是到西元1980年代之後，有了重組DNA技術才有遺傳上的改造。實際上，植物遺傳改變是持續的過程，透過自然突變、雜交、染色體複製、人為選拔及育種，才形成今日世界各地所生產的蔬菜。在本書後面部分會較詳細討論各類蔬菜的品種改良。

起源中心

依據俄國植物學家瓦維洛夫(Nikokai Vavilov)的說法，作物的起源中心(centers of origin)是植物可能發生馴化的原始中心(Ladizinsky, 1998)。植物的馴化不會隨意地在任何地方發生，一定是從特定地區(圖1.1)開始，一般認為起源中心也是植物的遺傳歧異中心。

瓦維洛夫的起源中心是指保有與該作物相關、具高度歧異性植物群的生長區域，這些植物是作物的野生種，代表已馴化作物的起源種(progenitors)。民族植物學者和遺傳學家研究這些原始種，可以應用在品種改良或種原的保存收集。今日人們所栽培的各種蔬菜即是由作物起源中心(表1.1)馴化而來。

原生種經馴化後，其植物性狀的改變，通稱為「馴化症候群」(domestication syndrome)：這些改變並非無跡可循，下面列出野生種馴化成功的必要改變：

1. 巨大化(gigantism)：自然選拔造成植株、繁殖器官和種子變大，並且透過人為選拔，加大生物產量分配至目標器官(果實或根部或莖部)的比率。相形之下，野生植株和漿果比其馴化種小。

2. 種子：經過馴化後，種子變大、數量變少、失去休眠性，種子也不能提早由植株脫落，現代蔬菜種子大多不似野生種種子具有休眠性。

3. 成熟期：馴化種成熟較早，採種期較集中。

4. 防禦性：馴化種的物理性(如：刺)及化學性防禦力降低。

我們今日所熟知的許多蔬菜，是哥倫布發現新大陸後才為歐洲人所知。在歐洲人還不知道這些蔬菜前，西半球的原住民早已馴化了許多重要蔬菜，當新大陸原生的蔬菜被帶到歐洲，有些蔬菜因為病蟲害較少、容易種，一開始栽培就成功。馬鈴薯就是一個例子，馬鈴薯的起源中心是南美洲，被帶到愛爾蘭之後，由於當地氣候合適、沒有病害，生長成功，成為愛爾蘭人的主要糧食，而有「Irish potato」之名，又因愛爾蘭人民太依賴馬鈴薯，當馬鈴薯發生致命性的病害時，引起飢荒，造成大量人民移出，舉國變故，國家的歷史因而改寫。

蔬菜分類系統

要認識眾多的蔬菜種類，需要有系統的分類、分群方法。有了有效的分類系統(classification system)，才能有效運用各種資訊。世界各地有數以萬計的植物，其中只有數百種作為蔬菜；若有一個世界通用的分類系統，就有利於管理各項植物訊息。現在有多種分類系統，視使用者的需要採用。任何分類方法在使用上要簡單、普及，並持久。下面為蔬菜學的各種分類系統。

鮮食用／加工用

蔬菜最常用的分類法是根據蔬菜作為鮮食用或加工用。蔬菜易腐敗、不耐放，一般靠製罐、冷凍或乾燥才能保存。蔬菜也可以鮮食或輕度加工(lightly processed)，即蔬菜以洗淨、立即可食的形式，方便消費者使用。這種輕度加工形式的蔬菜符合現代消費者的需求，既保有蔬菜的風味和營養，又不需花時間和人力製備。鮮食與加工蔬菜又分為下列各式：

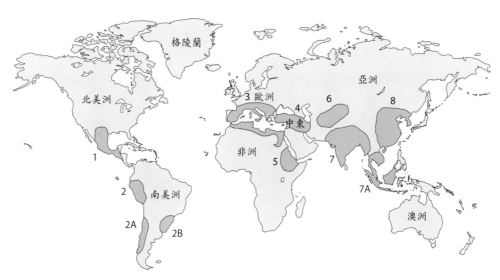

圖1.1 植物栽培種的原始起源中心(採用Ladizinsky, 1998)。各中心位置與名稱見表1.1。

表1.1 蔬菜作物(中、英文通名和學名)及其起源中心(採用Schery, 1954)
各起源中心標號及位置同圖1.1

新大陸(New World)

1. 墨西哥南部及中美洲中心

玉米(corn, *Zea mays*)

四季豆、菜豆(common bean, *Phaseolus vulgaris*)

萊豆、皇帝豆(lima bean, *Phaseolus lunatus*)

黑子南瓜(malabar gourd, *Cucurbita ficifolia*)

中國南瓜(winter pumpkin, *Ccucurbita moschata*)

梨瓜、隼人瓜、菜肴梨(chayote, *Sechium edule*)

甘藷(sweetpotato, *Ipomoea batatas*)

竹芋、葛鬱金(arrowroot, *Maranta arundinacea*)

番椒(pepper, *Capsicum annuum*)

2. 南美洲北部中心(祕魯、厄瓜多爾、玻利維亞)

安底斯馬鈴薯(Andean potato, *Solanum andigenum*)

馬鈴薯(potato, *Solanum tuberosum*)(2倍體，24條染色體)

澱粉型玉米(starchy corn, *Zea mays*)

萊豆(lima bean, *Phaseolus lunatus*)次級起源中心(secondary center)

四季豆、菜豆(common bean, *Phaseolus vulgaris*)次級起源中心(secondary center)

食用美人蕉(edible canna, *Canna edulis*)

香瓜茄(pepino, *Solanum muricatum*)

番茄(tomato, *Solanum lycopersicum*)

小果酸漿(ground cherry, *Physalis peruviana*)

西洋南瓜、印度南瓜(pumpkin, *Cucurbita maxima*)

番椒(pepper, *Capsicum annuum*)

2A. 南美洲智利中心(智利沿海奇洛埃島)

馬鈴薯(potato, *Solanum tuberosum*)(4倍體，48條染色體)

2B. 巴西−巴拉圭中心

樹薯(cassava, *Manihot esculenta*)

歐亞非大陸(Old World)

3. 地中海中心(含地中海沿岸)

豌豆(pea, *Pisum sativum*)

根恭菜(garden beet, *Beta vulgaris*)

甘藍(cabbage, *Brassica oleracea*)

蕪菁(turnip, *Brassica rapa*)

萵苣(lettuce, *Lactuca sativa*)

芹菜(celery, *Apium graveolens*)

野苦苣(chicory, *Cichorium intybus*)

蘆筍(asparagus, *Asparagus officinalis*)

美國防風(parsnip, *Pastinaca sativa*)

大黃(rhubarb, *Rheum officinale*)

4. 近東中心－小亞細亞(外高加索，伊朗，土耳其)

　　小扁豆(lentil, *Lens esculenta*)

　　白花羽扇豆(lupine, *Lupinus albus*)

5. 衣索匹亞(阿比西尼亞)中心(衣索匹亞，索馬利亞)

　　豇豆(cowpea, *Vigna unguiculata*)

　　假獨行菜(garden cress, *Lepidium sativum*)

　　黃秋葵(okra, *Abelmoschus esculentus*)

6. 中亞中心(印度西北，阿富汗)

　　豌豆(pea, *Pisum sativum*)

　　蠶豆(horse bean, *Vicia faba*)

　　綠豆(mung bean, *Phaseolus radiata*)

　　芥菜(mustard, *Brassica juncea*)

　　洋蔥(onion, *Allium cepa*)

　　大蒜(garlic, *Allium sativum*)

　　菠菜(spinach, *Spinacia oleracea*)

　　胡蘿蔔(carrot, *Daucus carota*)

7. 印度東北及緬甸中心

　　綠豆(mung bean, *Vigna radiata*)

　　豇豆(cowpea, *Vigna sinensis*)

　　茄(eggplant, *Solanum melongena*)

　　芋(taro, *Colocasia esculenta*)

　　胡瓜(cucumber, *Cucumis sativus*)

　　山藥，大薯(yam, *Dioscorea alata*)

7A. 中南半島馬來群島中心

　　香蕉(banana, *Musa paradisiaca*)(澱粉型果、蔬菜用)

　　麵包果(breadfruit, *Artocarpus communis*)

8. 中國中心(中國中部、西部山區及鄰近低海拔地區)

　　大豆(soybean, *Glycine max*)

　　普通山藥(Chinese yam, *Dioscorea batatas*)

　　蘿蔔(radish, *Raphanus sativus*)

　　白菜(Chinese cabbage, *Brassica repa*)(Chinensis and Pekinesis groups)(包括結球及不結球類型)

　　薤和蔥(onion, *Allium chinense* 和 *A. fistulosum*)

　　胡瓜(cucumber, *Cucumis sativus*)

鮮食

A. 生的，未洗、未包裝。

B. 洗過，包好，但尚不能立即食用。

C. 輕加工，切好、洗過，可立即食用，不用再整理。

加工

A. 製罐

B. 冷凍

C. 乾燥

依溫度需求分類－暖季蔬菜／冷涼蔬菜

以氣候適應性來分類的方法行之已久，如今仍普遍使用。透過長期觀察，依據蔬菜的生長適溫分為暖季、冷涼兩類。

冷涼(冷季)蔬菜(cool-season vegetables)：其生長發育期之平均適溫介於10-18℃，有些冷涼蔬菜能耐結霜(frost)或結凍(freezing)。大多冷涼蔬菜的食用部位是葉部、莖部或根部。結霜是指在蔬菜表面上形成冰晶，結凍則指於植體組織內產生冰晶。常見的冷季蔬菜有甘藍、萵苣、菠菜、馬鈴薯、胡蘿蔔等。

暖季蔬菜(warm-season vegetables)：其生長發育適宜的平均溫度介於18-30℃。暖季蔬菜一般起源於熱帶地區，是多年生植物；但於溫帶地區，則以一年生方式栽培。暖季蔬菜不耐霜、不耐寒；寒害(chilling injury)指起源於熱帶、亞熱帶地區的作物在低溫下的生育障礙，多發生於10-13℃，與前述凍害(freezing injury)不同。對低溫敏感的作物不耐低溫貯藏，當由低溫移至暖溫後，由於植體細胞膜已受傷害而加速敗壞。植物學上，許多暖季蔬菜的食用部位就是繁殖器官，如：番茄、甜瓜和菜豆等。依據蔬菜的生長適溫或生長季節分類，是很有用的概分法，但進一步檢視，則有一些重疊與例外。以溫度需求來分類，有助於建議各蔬菜適合栽植的溫度帶(temperature zones)；但在熱帶地區，暖季蔬菜和冷季蔬菜的界分不很清楚(Rubatzky and Yamaguchi, 1997)。

冷涼(冷季)作物

A群：每月平均適溫為15.6-18.3℃，不耐21.1-23.9℃，對冷凍低溫有輕微耐性。種類有：菠菜、甘藍、美國防風、青花菜、蘿蔔、根蕪菜、蕪菁、瑞典蕪菁、花菜等。

B群：每月平均適溫為15.6-18.3℃，不耐21.1-23.9℃，近成熟期會因冷凍低溫而受傷。種類有：萵苣、芹菜、朝鮮薊、苦苣、胡蘿蔔、蒜菜等。

C群：適溫為12.8-23.9℃，可以耐霜。種類有：蘆筍、大蒜、羽衣甘藍、抱子甘藍等。

暖季作物

D群：適溫為18.3-29.4℃，不耐霜，對低溫敏感，遇13℃以下的低溫或貯放在13℃以下溫度，會有低溫障礙或寒害。種類有：甜玉米、番椒、四季豆、夏南瓜、南瓜、萊豆、胡瓜、番茄、網紋甜瓜等。

E群：生長期長；適溫為21.1℃以上，且對低溫敏感，遇13℃以下的低溫或貯放在13℃以下，會有低溫障礙或寒害。種類有：西瓜、甘藷、茄、黃秋葵。

還有一些常用的其他分類方式如下。

依蔬菜用途、植物學或結合兩者的分類

綠葉菜類(potherbs, greens)

如：菠菜、羽衣甘藍(kale, collards)、番杏、芥菜、蒜菜、蒲公英等。

沙拉作物(salad crops)

芹菜、野苦苣、萵苣、豆瓣菜、苦苣等。

甘藍類(cole crops)

學名為*Brassica oleracea*的蔬菜,如:甘藍、抱子甘藍、花菜、球莖甘藍、青花菜(sprouting broccoli)等,以及結球白菜(*B. rapa* var. *pekinensis*)。

根菜類(root crops)

肉質直根作物,如:根甜菜、蕪菁、胡蘿蔔、瑞典蕪菁、美國防風、蘿蔔、波羅門參、根芹菜等。

鱗莖類(bulb crops)

是蔥屬(*Allium* spp.)植物,如:洋蔥、大蒜、韭蔥、分蘗洋蔥、蔥等。

豆類(pulses or legumes)

如:豌豆、菜豆(包括食用成熟乾燥種子的類型)等。

瓜類(cucurbits)

屬於葫蘆科(Cucurbitaceae)的各作物,如:胡瓜、南瓜(pumpkin)、網紋甜瓜(muskmelon)、夏南瓜(squash)、西瓜、東方瓜類(如:絲瓜、苦瓜等)。

茄果類(solanaceous fruits)

屬於茄科(Solanaceae)的果菜作物,如:番茄、茄、番椒、大酸漿。

依蔬菜食用部位分類

根部

食用膨大的直根類,如:根甜菜、瑞典蕪菁、胡蘿蔔、蕪菁、蘿蔔、美國防風、波羅門參、根芹菜等。

食用膨大的側根類,如:甘藷、樹薯。

莖部

食用非澱粉類地上莖之作物,如:蘆筍、球莖甘藍等。

食用澱粉類地下莖之作物,如:馬鈴薯、菊芋、山藥、芋、安底斯球莖作物(南美酢醬草、智利薯、塊莖金蓮花)等。

葉部

洋蔥類―食用其葉鞘(細香蔥(chives)除外),包括:洋蔥、大蒜、韭蔥、細香蔥、分蘗洋蔥等。

闊葉類―沙拉用,如:萵苣、野苦苣(軟化栽培)、芹菜(食用葉柄)、苦苣、甘藍。

熟食用(有些帶有嫩莖)―菠菜、羽衣甘藍(kale)、野苦苣、恭菜(chard)、莧菜、結球白菜、芥菜、蒲公英、西洋薊(葉柄)、大黃(葉柄)。

未成熟花部

花椰菜、西洋菜薹(broccoli raab)、青花菜、朝鮮薊等。

果部

嫩果:豌豆(莢用、嫩豆仁)、梨瓜、黃秋葵、四季豆、夏南瓜、甜玉米、萊豆、胡瓜、茄子、蠶豆(嫩豆仁)。

成熟果:葫蘆科(gourd family)的南瓜(pumpkin, winter squash)、網紋甜瓜、西瓜等;茄科(tomato family)的番茄、番椒、大酸漿等。

依蔬菜耐鹽性分類

以飽和土壤萃取物(saturation soil extracts)法測定蔬菜耐土壤鹽分(salt)濃度之上限,分為:

高耐鹽性(high salt tolerance):可耐7,700 ppm鹽

根恭菜、羽衣甘藍、蘆筍、菠菜。

中度耐鹽(medium salt tolerance):可耐

6,400 ppm**鹽**

番茄、青花菜、甘藍、番椒、花菜、萵苣、甜玉米、馬鈴薯、胡蘿蔔、洋蔥、豌豆、南瓜(squash)、胡瓜、硬皮甜瓜(cantaloupe)。

低耐鹽性(low salt tolerance)：可耐2,600 ppm**鹽**

蘿蔔、四季豆。

不耐鹽：1,900 ppm

其他所有蔬菜。

依蔬菜耐酸性分類

不耐酸：適宜土壤pH 6.8-6.0

蘆筍、芹菜、網紋甜瓜、根菾菜、菠菜、番杏、青花菜、結球白菜、黃秋葵、甘藍、韭蔥、洋蔥、花菜、萵苣、菠菜。

中度耐酸：適宜土壤pH 6.8-5.5

豌豆、辣根、大南瓜(pumpkin)、抱子甘藍、球莖甘藍、蘿蔔、胡蘿蔔、洋芫荽、夏南瓜、胡瓜、豌豆、番茄、茄子、番椒、蕪菁、大蒜。

耐酸：可耐土壤pH 6.8-5.0

野苦苣、大黃、苦苣、甘藷、馬鈴薯、西瓜。

依蔬菜根系深淺分類

淺根系：根系伸入土深80 cm

甘藍、萵苣、洋蔥、馬鈴薯、菠菜、甜玉米等。

中等根系：根系伸入土深80-160 cm

菜豆、根菾菜、胡蘿蔔、胡瓜、茄、夏南瓜、豌豆等。

深根系：根系伸入土深160 cm

朝鮮薊、蘆筍、甘藷、番茄等。

植物學分類系統

　　以上分類系統各有不同用處，但要準確識別各種植物，還是要靠世界通用的植物分類系統(botanical classification)。植物分類法的主要依據是植物的花型、形態及雜交親和性(sexual compatibility)，所有植物同屬一個共同的群落(one community)。

　　著名的植物學家L.H. Bailey把所有植物分為4個亞群，即藻類與真菌、苔蘚類與地錢、蕨類、種子植物。蔬菜作物以種子植物為主，也包括菇類(屬於真菌)(Bailey, 1949)。一般在蔬菜學討論到的分類層級是科(family)、屬(genus)、種(species)及品種(cultivars)(表1.2)。植物學名為拉丁文，以二名法表示，最早由林奈氏(Linnaeus)於西元1753年發表的《植物物種》(*Species Plantaram*)是最明確清楚的分類系統，並且為國際接受。

　　隨著現代遺傳研究工具的發展，依照植物形態分類並不全正確。例如：番茄學名一直沿用*Lycopersicon esculentum*，後來根據分子演化學(molecular phylogenetics)的分析結果改為*Solanum lycopersicon*(Bohs, 2005)。未來有更多分子層面的研究，預期對於相關的蔬菜系統發生會有新結論。分子分析結果顯示，蔬菜的遺傳差異並不像蔬菜外表的差異顯著。有些只是外表不同的蔬菜被分類為不同的植物變種(或稱亞種(subspecies))；之所以造成這樣的命名混淆，是由於有些分子遺傳研究顯示，蔬菜主要形態上的差異，也許只是由單一

或少數基因的不同造成，未必需要分成不同的植物變種(botanical varieties)或亞種。以花椰菜為例，它屬於十字花科(family: Brassicaceae)、蕓薹屬(genus: *Brassica*)、*oleracea*種、*botrytis*變種；但分子遺傳研究顯示，其花球(未分化的花原體)的發育由一個基因所控制；這個基因若表達在青花菜或甘藍植株上，皆形成花球(curd)(Franco-Zorrilla *et al.*, 1999)。由此及其他比較遺傳研究結果，有愈來愈多植物生物學家認同，蕓薹屬植物不須分成不同物種(species)。但花椰菜明顯與甘藍不同，且與其他蕓薹屬植物不同。為表示這些植物於園藝上的差異，將花椰菜以*Brassica oleracea* Group Botrytis表示，用Group(gp.)來區分它和其他*oleracea*種的不同。但較早期的文獻係以植物學的變種(variety)或亞種(subspecies)來區分同一物種內的不同種類(Griffiths, 1994)。

　　進一步仍以花椰菜為例，'Snowball'為花椰菜品種，Y為該品種的一個系(strain)，各地所種的'Snowball'可能算個別的系統或批次(lots)。因此'Snowball'型就指具有基本'Snowball'性狀的品種——早熟、不需要低溫春化處理就能結花球，而包括不同系統。生產者可能向種子商購買'Snowball'型之品種，但品種名不一定是'Snowball'。

以硬皮甜瓜分類為例

　　由以下說明顯示硬皮甜瓜(cantaloupe)的植物分類系統級別，由上至下，由一般性狀進入特別性狀：

* 蔬菜群(Vegetable Community)－植物
* 植物亞群－種子植物(Spermatophyta)
* 門(Division)－被子植物門(Angiospermae, angiosperms)
* 綱(Class)－雙子葉植物綱(Dicotyledoneae, dicotyledons)
* 科(Family)－葫蘆科(Cucurbitaceae)
* 屬(Genus)－甜瓜屬(*Cucumis*)
* 種(Species)－甜瓜(*melo* L.)
* 變種(Botanical variety)、亞種(Subspecies)、群(Group)－Cantaloupensis（注意未用斜體字，但大寫字母開頭）
* 栽培品種(Cultivated variety)(Cultivar)－'Top Mark'
* 園藝品種系(Horticultural strain)－各種子公司的選系
* 貨號或批號(Stock nuinber, lot number)－1476

　　屬名、種名要斜體，特別當兩者一起用、以雙名法來表示特定物種時，一定要用斜體字。此外，要注意品種(cultivar)與變種的區分，本例中 Top Mark 是栽培品種名，加上單引號表示，為'Top Mark'。

植物分類學所用名詞術語

科(Family)：植物分類學上的科。科內各屬有共同的相似特性。

屬(Genus)：植物分類學上的屬。屬內的不同種在系統發生上有相關性，但通常為雜交不親和。

種(Species)：植物分類上的種。種內的植株彼此可以雜交親和，得到後代。但屬內的各種在形態或其他性狀(繁殖器官，如：花、果)上有明顯差異。

表1.2 蔬菜之植物學分類及學名。包括單子葉植物與雙子葉植物，在此未包括真菌食用菇類(Rubatzky and Yamaguchi, 1997; GRIN, 2010; ePIC, 2011; USDA, 2011)

I. 單子葉植物綱

石蒜科(Amaryllidaceae, Subfamily Allioideae)(蔥亞科，以前為蔥科 Alliaceae)，俗稱 Amaryllis Family

大頭蒜(*Allium ampeloprasum* var. *ampeloprasum*, elephant garlic)

埃及韭蔥(*Allium ampeloprasum* var. *kurrat*, kurrat 或kurrat leek)

韭蔥(*Allium ampeloprasum* var. *porrum*, leek)

野韭蔥(闊葉、大蒜味)(*Allium tricoccum*, wild leek, ramp)

分蘖洋蔥(*Allium cepa* (aggregatum group), shallot, potato onion)

洋蔥(*Allium cepa* (cepa group), common onion)

頂生洋蔥(*Allium cepa* (proliferum group), Egyptian onion)

薤、蕗蕎(*Allium chinense,* Chinese onion, Chinese scallion, oriental onion)

青蔥(*Allium fistulosum*, Welsh onion, Japanese bunching onion)

大蒜(*Allium sativum*, garlic)

細香蔥(*Allium schoenoprasum*, chive)

韭(*Allium tuberosum*, Chinese chives)

薯蕷科 Dioscoreaceae –俗稱 Yam Family

大薯(*Dioscorea alata*, water yam, winged yam, purple yam)

黃獨(*Dioscorea bulbifera*, air potato, varahi, kaachil)

非洲山藥(*Dioscorea cayenensis*, yellow yam)

田薯(*Dioscorea esculenta*, lesser yam)

淮山(*Dioscorea opposita*, Chinese yam)

圓形薯蕷(*Dioscorea rotundata*, white yam)

印地安山藥(*Dioscorea trifida*, cush-cush yam, Indian yam, napi)

禾本科 Poaceae(舊名 Gramineae)－俗稱 Grass Family

馬齒型玉米(*Zea mays* var. *indentata*, dent corn, field corn)

硬粒玉米(*Zea mays* var. *indurata*, flint corn, ornamental corn)

爆米花玉米(*Zea mays* var. *everta*, popcorn)

甜玉米(*Zea mays* var. *saccharata*, sweet corn)

天門冬科 Asparagaceae (舊屬 Liliaceae)

蘆筍(*Asparagus officinalis*, asparagus)

II. 雙子葉植物綱 Dicotyledoneae

大多蔬菜屬此

莧科 Amaranthaceae (subfamily Chenopodiaceae, 藜亞科，以前為藜科)－俗稱 Goosefoot Family

西洋濱藜(*Atriplex hortensis*, orach)

蒸菜(*Beta vulgaris* var. *cicla*, chard)

根蒸菜(*Beta vulgaris* var. *crassa*, beet)

菠菜(*Spinacia oleracea*, spinach)

菊科 Asteraceae(舊名 Compositae)－俗稱 Sunflower Family

狹葉青蒿(*Artemisia dracunculus*, tarragon)

苦苣(*Cichorium endivia*, endive, escarole)

野苦苣(*Cichorium intybus*, chicory, radicchio)

食用薊(*Cynara cardunculus*, cardoon)

朝鮮薊(*Cynara scolymus*, globe artichoke)

菊芋(*Helianthus tuberosus*, Jerusalem artichoke)

萵苣(*Lactuca sativa*, lettuce)

蒲公英(*Taraxacum officinalis*, dandelion)

波羅門參(*Tragopogon porrifolius*, salsify, oyster plant)

旋花科Convolvulaceae－俗稱 Morning-glory Family

蕹菜(*Ipomoea aquatica*, water spinach)

十字花科 Brassicaceae(舊名 Cruciferae)－俗稱 Mustard Family

辣根(*Armoracia rusticana*, horseradish)

白芥(*Sinapis alba*, white mustard)

芥菜(*Brassica juncea*, leaf mustard)

瑞典蕪菁(*Brassica napus* (Napobrassica group), rutabaga)

西伯利亞羽衣甘藍(*Brassica napus* (Pabularia group), Siberian kale)

黑芥(*Brassica nigra*, black mustard)

羽衣甘藍(*Brassica oleracea* (Acephala group), kale, collard)

芥藍(*Brassica oleracea* (Alboglabra group), Chinese kale)

花菜(*Brassica oleracea* (Botrytis group), cauliflower)

甘藍(*Brassica oleracea* (Capitata group), cabbage)

抱子甘藍(*Brassica oleracea* (Gemmifera group), Brussels sprouts)

球莖甘藍(*Brassica oleracea* (Gongylodes group), kohlrabi)

青花菜(*Brassica oleracea* (Italica group), broccoli)

葡萄牙甘藍(*Brassica oleracea* (Costata group), tronchuda cabbage)

不結球白菜(*Brassica rapa* (Chinensis group), Chinese cabbage (nonheading), pak-choi)

結球白菜(*Brassica rapa* (Pekinensis group), Chinese cabbage (heading), pe-tsai)

小松菜(*Brassica rapa* (Perviridis group), spinach mustard)

蕪菁(*Brassica rapa* (Rapifera group), turnip)

西洋菜薹(*Brassica rapa* (Ruvo group), broccoli raab, rapini)

假獨行菜(*Lepidium sativum*, garden cress)

濱菜(*Crambe maritime*, sea kale)

豆瓣菜、水田芥(*Nasturtium officinale*, watercress)

蘿蔔(*Raphanus sativus*, radish)

葫蘆科 Cucurbitaceae－俗稱 Gourd Family

西瓜(*Ctrullus lanatus*, watermelon)

冬甜瓜(*Cucumis melo* (Inodorus group), honeydew melon, casaba, Crenshaw, Persianmelon)

硬皮甜瓜(*Cucumis melo* (Cantaloupensis group), muskmelon, cantaloupe)

胡瓜(*Cucumis sativus*, cucumber)

印度南瓜(*Cucurbita maxima*, winter squash, pumpkin, banana squash, buttercup squash, hubbard squash)

墨西哥南瓜(*Cucurbita argyrosperma*, green cushaw, Japanese pie pumpkin, silver-seed gourd)

中國南瓜(*Cucurbita moschata*, butternut squash, calabaza, cheese pumpkin, golden cushaw)

美國南瓜(*Cucurbica pepo*, pumpkin, acorn squash, summer squash, marrow)

扁蒲(*Lagenaria siceraria*, bottle gourd, calabash gourd)

普通絲瓜(*Luffa aegyptiaca*, smooth sponge gourd)

棱角絲瓜(*Luffa acutangula*, ridged sponge gourd)

苦瓜(*Momordica charantia*, bitter melon)

梨瓜(*Sechium edule*, chayote)

大戟科 Euphorbiaceae –俗稱 Spurge Family

樹薯(*Manihot esculenta*, cassava, yuca)

豆科 Fabaceae(舊名 Leguminosae) –俗稱 Pea Family, Bean Family

雞兒豆(*Cicer arietinum*, chickpea, garbanzo bean)

大豆(*Glycine max*, soybean)

金麥豌，扁豆(*Lens culinaris*, lentil)

紅花菜豆(*Phaseolus coccineus*, scarlet runner bean)

菜豆、皇帝豆(*Phaseolus lunatus*, lima bean, sieva bean (butter bean))

菜豆、四季豆(*Phaseolus vulgaris*, common bean (green, dry), snap bean, kidney bean)

豌豆、莢豌豆(*Pisum sativum*, garden pea, field pea, edible-pod pea)

翼豆(*Psophocarpus tetragonolobus*, winged bean)

蠶豆(*Vicia faba*, fava bean(broad bean))

印度黑豆，黑小豆(*Vigna mungo*, urad, urd, black gram)

綠豆(*Vigna radiata*, mung bean)

豇豆(*Vigna unguiculata*, black-eyed pea, cowpea, asparagus bean, yard-long bean)

錦葵科 Malvaceae – Mallow Family, Cotton Family

黃秋葵(*Abelmoschus esculentus*, okra, gumbo)

蓼科 Polygonaceae – Buckwheat Family

大黃(*Rheum rhabarbarum*, rhubarb)

酸模(*Rumex acetosa*, sorrel)

巴天酸模(*Rumex patientia*, dock, patience or monk's rhubarb)

茄科 Solanaceae – Potato Family, Nightshade Family

番椒(*Capsicum annuum*, pepper(bell, cayenne chili))

小米椒(*Capsicum frutescens*, tabasco pepper)

番茄(*Solanum lycopersicon*, tomato, cherry tomato)

醋栗番茄(*Solanum pimpinellifolium*, currant tomato)

食用酸漿(*Physalis pruinosa*, strawberry groundcherry)

大酸漿(*Physalis philadelphica*, tomatillo)

小果酸漿(*Physalis peruviana*, cape gooseberry)

茄(*Solanum melongena*, eggplant)

馬鈴薯(*Solanum tuberosum*, Irish potato)

番杏科 Tetragoniaceae – Carpetweed Family

番杏(*Tetragonia tetragoniodes*, New Zealand spinach)

繖形科 Apiaceae(舊名 Umbelliferae)– Parsley Family

　　細葉芹、細葉香菜(*Anthriscus cerefolium*, chervil)

　　芹菜(*Apium graveolens* (Dulce group), celery)

　　根芹菜(*Apium graveolens* (Rapaceum group), celeriac)

　　胡蘿蔔(*Daucus carota*, carrot)

　　義大利茴香(*Foeniculum vulgare*, fennel)

　　美國防風(*Pastinaca sativa*, parsnip)

　　洋芫荽、根香芹(*Petroselinum crispum*, parsley, turnip-rooted parsley)

敗醬科 Valerianaceae – Valerian Family

　　野苣(*Valerianella locusta*, corn salad, mache)

完整的植物學名還包括命名者，例如：顯示在拉丁二名法之後的 L.就是最早命名該物種的林奈氏C. Linnaeus的簡稱。林奈氏是拉丁二名分類系統的創始者，也命名好些蔬菜。本表係以簡明為目標，故未顯示物種命名者。

植物學變種(Botanical variety)：係在種下的分類級別，通常具有獨特的形態特徵，依「國際植物命名法規」(International Code of Botanical Nomenclature)的規定，給予拉丁文斜體名字；但常被誤用為品種(cultivar)的同義字。

群(Group)：屬於亞種層級的不同群，具相同學名(屬名及種名)，但有一個或一個以上明顯性狀差異的一群栽培植物。群的使用主要用於園藝討論，群並不是植物學上的分類單位。由於植物學上的變種(variety)、亞種(subspecies)及群(group)有相似的分類級位，常被交互使用。

栽培品種(Cultivar)：「cultivar」一字是英文「cultivated variety」的縮寫，具有其明確的特性，透過適當繁殖方法能保持這些特性。

植物栽培種(Cultigen)：其由人類活動及馴化而來，已不知其原生起源(Rubatzky and Yamaguchi, 1997)。植物栽培種的來源或選拔過程本質上是由於人類的有目的活動而得到。

營養系(Clone)：一個單株經由營養繁殖法加以維持而產生的群體，營養系內各株之遺傳相同一致。

地方品種(Landraces)：由傳統農民自野生族群選拔出的作物栽培種。亦即經過自然篩選，適應某特定地區或環境的植物。

品系(Line)：由自交、種子繁殖方式維持，具有一致性的植物群體。

株系(Strain)：仍具有原來的品種特性，但在非主要性狀或品質上表現較好的群體。

批(Lot)：同時間生產與處理的一批種子。

類型(Type)：也許各有其形態或遺傳特性，但具有相似特性的一些品種，為同一類型。

參考文獻

1. Bailey, L.H. (1949) *Manual of Cultivated Plants*, revised edn. Macmillan, New York.

2. Balfour-Paul, H.G. (1996) Fertile crescent unity plans. In: Simon, R.S., Mattar, P. and Bullie, R.W. (eds) *Encyclopedia of the Modern Middle East*, Vol. 2. Macmillan, New York, pp. 654-656.

3. Bohs, L. (2005) Major clades in Solanum based in *ndh*F sequences. In: Keating, R.C., Hollowell, V.C. and Croat, T.B. (eds) *A Festschrift for William G. D'Arcy: The Legacy of a Taxonomist. Monographs in Systematic Botany from the Missouri Botanical Garden*, Vol. 104. Missouri Botanical Garden Press, St. Louis, Missouri, pp. 27-49.

4. Carlsson-Kanyama, A. (1997) Weighted average source points and distances for consumption origin-tools for environmental impact analysis. *Ecological Economics* 23, 15-23.

5. Cook, R. (2001) The Dynamic U.S. Fresh Produce Industry: An Industry in Transition. *Postharvest Technology of Horticultural Crops*, 3rd edn. University of California, Division of Agriculture and Natural Resources, Oakland, California.

6. ePIC (2011) Plant identification Database, KEW Royal Botanical Garden. Available at: http://epic.kew.org/searchepic/searchpage.do (accessed March 2008).

7. Erickson, D.L., Smith, B.D., Clarke, A.C., Sandweiss, D.H. and Tuross, N. (2005) An Asian origin for a 10,000-year-old domesticated plant in the Americas. *Proceedings of the National Academy of Sciences of the USA* 102(51), pp. 18315-18320.

8. FAO (2011) Food and Agriculture Organization of the United Nations. Available at: http://faostat.fao.org/site/339/default.aspx (accessed May 2011).

9. Franco-Zorrilla, J.M., Fernandez-Calvın, B., Madueño, F., Cruz-Alvarez, M., Salinas, J. and Martınez-Zapater, J.M. (1999) Identification of genes specifically expressed in cauliflower reproductive meristems. Molecular characterization of *BoREM1*. *Plant Molecular Biology* 39, 427-436.

10. Griffiths, M. (1994) *Index of Garden Plants*. Timber Press, Portland, Oregon.

11. GRIN (2010) Taxonomy for Plants, United States Department of Agriculture, Agricultural Research Service, Germplasm Resources Information Network. Available at: www.ars-grin.gov/cgi-bin/npgs/html/tax_search.pl (accessed June 2011).

12. Hillman, G., Hedges, R., Moore, A., Colledge, S. and Pettitt, P. (2001) New evidence of Lateglacial cereal cultivation at Abu Hureyra on the Euphrates. *Holocene* 11, 383-393.

13. Ladizinsky, G. (1998) *Plant Evolution*

under Domestication. Kluwer Academic Publishers, the Netherlands.

14. Pirog, R. and Benjamin, A. (2003) Checking the food odometer: Comparing food miles for local versus conventional produce sales to Iowa institutions. *Report from the Leopold Center for Sustainable Agriculture*. Iowa State University, Ames, Iowa.

15. Poehlman, J.M. and Sleeper, D.A. (1995) *Breeding Field Crops,* 4th edn. ISU Press, Ames, Iowa.

16. Rubatzky, V.E. and Yamaguchi, M. (1997) *World Vegetables - Principles, Production, and Nutritive Values*, 2nd edn. AVI Publishing, Westport, Connecticut.

17. Schery, R.W. (1954) *Plants for Man* (Adapted from Vavilov). Prentice Hall, Englewood Cliffs, New Jersey.

18. Smartt, J. and Simmonds, N.W. (1995) *Evolution of Crop Plants*, 2nd edn. Longman Scientific & Technical, Harlow, UK.

19. USDA (2011) Plants Profile. Available at: http://plants.usda.gov (accessed 3 June 2011).

20. Welbaum, G.E. (1993) Water relations of seed development and germination in muskmelon (*Cucumis melo* L.). VIII. Development of osmotically distended seeds. *Journal of Experimental Botany* 44, 1245-1252.

21. Zohary, D. and Hopf, M. (1988) *Domestication of Plants in the Old World: The Origin and Spread of Cultivated Plants in West Asia, Europe, and the Nile Valley*, 3rd edn. Clarendon, Oxford, UK.

第二章　耕作和栽培制度
Tillage and Cropping Systems

耕作

　　整地是預備蔬菜栽培的重要一環，有很多方法可進行田區準備，並處理前作殘留物。許多歷史記載顯示，用犁翻土(plow)與作物生產相關。犁是一種農業用具，有尖銳的表面可以破土及／或翻土，犁可以碎土、方便播種。犁可能最早於西元前1000年左右出現於近東地區，而於中國則早在西元前500年即存在(Lal et al., 2007)。板犁(moldboard plow)於西元第6世紀末之後在英國即為人所知(Hill and Kucharski, 1990)。犁板是由弧形犁體組成，具有鋒利的切板，用以翻土使上層土壤翻下，並把溼潤易碎土層帶至土表(圖2.1)。

　　人類最初利用動物來拉農具，而木製犁一直使用到西元19世紀初美國人Jethro Wood發明了鑄鐵犁，並可更換零件。此後不久，John Lane發明鋼製犁(steel plow)。西元1865年，John Deere在美國取得一種鋼犁專利權，其設計類似今日使用的犁。在西元1860年代引入的圓盤耙(disc harrow)能在殘餘物少或已犁耕過的田區整地，粉碎土塊，連同殘留物一起打入土壤上層，就可種植。在西元1960及1970年間，流行

以曳引機(tractor)動力驅動的迴轉式釘齒犁(rotary tine tiller, RTT)，可以粉碎接近地面的土壤，適合播小種子的蔬菜(Lal et al., 2007)。

　　大約在170年前發明了現代鋼製犁，就廣泛用於蔬菜作物種植前的整地。翻犁整地可使苗床疏鬆，使蔬菜的小種子與土壤接觸良好，有利於發芽。播種前，初步犁過的土壤往往還要用圓盤耙或RTT等其他農具做細部耕犁(Lal et al., 2007)。耕犁可以消除現有雜草，以免與正在發芽的蔬菜新苗競爭。有些蔬菜出苗慢，是因土壤表面堆有許多殘留物，可用犁翻耕掩埋前作殘體。深犁可掩埋被感染的殘留物，有助於病害防治。裸露的土壤在早季(early-season)升溫往往比有殘留物覆蓋的土壤快，可促進作物早熟，這是在生長季短的地區許多生產者的重要目標(表2.1)。

　　然而，耕犁也存在一些負面影響。翻犁後的裸露土壤容易被沖蝕(erosion)，尤其是在秋天翻耕後或在有坡度的土壤。犁地及翻耕壓實土壤的重型設備需要能源及人力，雜草種子也因此被帶上土表(表2.1)。

　　在進行下一作之前，田區以板犁與連帶的農具深耕犁(deep tillage)及整地稱為傳統犁耕(conventional tillage)；栽種後，留在

土表的前作殘留物不到15%。因為100%的表土被移動過、混合過，大部分的前作殘留物已被摻入土壤，因此傳統犁耕可以被視為「全幅」犁耕(full-width tillage)。

　　在早季控制雜草可用的方法有「舊床耕犁技術」(stale bed technique)，此法簡單又有效(Riemens *et al.*, 2007)。在預計種植日期前數週，先做好植床，讓雜草種子先發芽，種植前以除草劑或淺中耕(shallow cultivation)除掉初生長的雜草。淺中耕時要

注意，需避免將埋在下面的雜草種子帶到土面(Riemens *et al.*, 2007)。但有時因早季多溼，無法在種植前提早整地，此技術施行困難。

　　除板犁外，另開發有破壞性較低的耕犁用具。Graham-Hoeme犁公司在西元1930年代開發鑿犁(chisel plow)，鑿犁可以鬆土，但不能翻轉上層土(圖2.2；Lal *et al.*, 2007)。

　　在過去40年中，鑿犁和犁刀鑿犁

圖2.1 這臺有「四個底部」的鋼製板犁需由曳引機帶動。

表2.1 蔬菜栽培採用保育耕作技術的優點與挑戰

保育耕作的限制／挑戰	保育耕作的優勢
土壤溫度降低	機械需求較少
種子發芽和萌發變慢	勞動力需求較少
早期生長較慢	燃料需求較少
春耕可能延後	土壤侵蝕減少
有些病害可能會增加	土壤壓實降低
較多作物殘留物使種植機操作更難	雜草生長延後
雜草相改變	土壤保水更多
害蟲增加	

(coulter-chisel plows)也促進了保育耕作法 (conservation tillage)的普及，在西元1970到 1980年代間開發了多種保育耕作系統。

保育耕作是在下一作種植前與種植後盡量減少土壤擾動，使前一作的殘質還留在田區的耕作法(Derpsch, 1998)。作物殘質可以減少土壤流失、涵養水分、抑制雜草生長以及增加土壤有機質。符合保育耕作法的標準就是在種植次作後，土表至少有30%面積有前作殘質覆蓋。有些保育耕作完全不用傳統的耕犁，以保留70%或更多的作物殘留。保育耕作有幾種類型，也有結合保育耕作和傳統耕作的方式；比較常用的方法包括：無耕犁(no-till)、條耕(strip-till)、壟作(ridge-till)和底耕(mulch-till)(Derpsch, 1998)。每種方法都需要特定或經過修改的設備以及特殊的管理作業。

無耕犁(no-till)是於作物採收後直到種植下一作期間都不擾動土壤，並將養分肥料精準施放田間，而非撒施。移植或播種時，以刀耙、圓盤式開溝機或植行內鑿犁開窄溝(Derpsch, 1998)。以除草劑或人工或割草來控制雜草，只有應急的時候才中耕除草。無耕犁系統若管理得當，特別是在乾燥地區因有較大的保水力，產量通常比傳統耕作系統高(表2.1)。

條耕(strip-till)係以鑿或耕耘機開成窄行來栽植作物，土面上的殘餘物已掃除，而田區其他部分不耕犁。植行土壤因耕犁過，植床疏鬆通氣，覆蓋的殘留也移除了，提供蔬菜小種子快速發芽和萌發的有利環境。

壟作(ridge-till)係將作物種植在10-15cm高的畦上，並將前作殘體從畦面清除到相鄰的畦溝上。畦形必須維持，需要使用專門或調整過的設備，如：清潔機(cleaner)、掃除機(sweep)、圓盤式開溝機或刀耙等。將養分集中放到畦上，而非撒施於整個田

圖2.2 鑿子犁安裝到曳引機的三點式栓，可利用液壓調整升降高度。

區。以人工除草、殺草劑或中耕來控制雜草。

底耕(mulch-till)是在種植前用鑿犁、中耕機、圓盤犁、清除機或耕耘刀翻動土壤；至少三分之一的土壤表面覆蓋有殘留作物(Derpsch, 1998)。以人工除草、殺草劑及／或中耕來控制雜草。

保育耕作法具有減少人力、燃料成本、整地時間、土壤沖蝕及壓實等優點(表2.1)，已成為許多北美地區生產農藝作物的主要方法，在世界其他地區同樣應用甚廣。蔬菜作物生產要轉型為保育耕作之速度較慢，因為蔬菜作物大量使用塑膠膜覆蓋，且栽培床要平整、無殘留物。蔬菜直播栽培也需要土壤團粒小，種子才能與土壤接觸良好。耕犁良好的苗床(植床)可增進菜苗整齊度和早生，符合許多生產者的選項(表2.1)。然而，在沖蝕性高的土壤生產蔬菜，若採用保育耕作，不用塑膠膜覆蓋，不以早生為優先目標，就用移植法。

保育耕作也有一些挑戰，但可以做些調節來解決，而仍然保留其諸多優點，例如：保育耕作法的土壤較冷涼，就可以用淺栽(深度不超過2.5 cm)、減慢種植速度(以每小時8 km或更低的速度拉動播種機)以及使用優質種子，使種子與土壤接觸良好。採用無耕犁的栽培者經常使用造粒(包衣)種子(pelleted seed)，以確保種子與土壤接觸良好。

降低根腐病的技術包括：於田區不過分潮溼時種植，採用壟作或作高畦以促進排水，田間安裝瓦管排水系統，種子以殺菌劑處理或利用生物防治來減少病害，並盡可能使用抗病品種。

保育耕作系統於土面覆蓋的殘留物比傳統耕作系統多，生產者必須要做些調整，以減少種植的問題，包括：將田區的殘留作物全面均勻散布；移除麥稈或其他分解慢、可能妨礙發芽的覆蓋作物；使用清掃機以及專為穿過殘餘物種植而設計的種植機或移植機；於種植機上安裝耙。

採用保育耕作可能會改變雜草相，有效的雜草防治方法包括：去除多年生雜草、播種前除草、使用萌後除草劑及窄行種植。

排水和侵蝕控制

防止風和水的沖蝕是菜農的挑戰，特別在坡地，水會迅速帶走表土，傳統耕作法更易有沖蝕問題。依據經驗法則，絕不要讓土壤裸露，田間有種植作物時，應保留殘餘物或覆蓋作物以保護土壤資源。尚有一些其他管理策略可以減少或防止沖蝕。

自然形成的水道或人工建構的排水道因有草或多年生覆蓋植物抓持住土壤，而能防止沖蝕(圖2.3)。

一旦水道建立，水道地就不耕犁。水道或排水道是等高栽植、梯田和其他導流的逕流水的安全出水口。天然的排水道位置最好，只需很少的塑形便形成一個好渠道，最終將水引到田區附近的小溪或其他支流。人工設計的水道要寬而平，讓農業機械可以容易跨過，以及能安全帶離周邊地區的暴雨逕流。通常以割草方式來控制

圖2.3 採收玉米田中央的草生水道。在無草或無自然雜草的植被形成的天然排水道導引徑流，防止侵蝕(美國俄亥俄州)。

水道中的雜草，而且要在雜草產生種子前割草，對於麻煩的多年生雜草則可用殺草劑或人工去除。

　　等高線栽培(contour cropping)是在坡地上依同一海拔高度進行耕作及種植，以保存雨水並減少土壤的沖蝕。簡言之，等高線栽培的植行是環繞山周，而不是上下方向。栽植行有如小型水庫，防止快速徑流導致沖刷，留住及保存雨水，可以增進水的入滲(infiltration)和更均勻的分布。等高線栽培法可減少沖蝕，而且在深層、透水土壤以及不到 91 m長之2%-6%坡地最有效。如果在更陡或更長的山坡上，栽植行可能會被徑流水溢洗掉(washover)。一般而言，在2%-6%的坡地採等高線栽培法相較於上下山坡耕作法，可以減少50%沖蝕。在更陡峭的坡地(18%-24%)採等高線栽培而沒有附加措施時，只能減少約10%沖蝕；必須要有草生水道(grass waterways)安全排走等高線植行匯集的徑流水。

　　等高條植(strip-cropping)是沿著等高線以一行草皮、一行作物交替栽種，比等高線栽培的效果更好。草皮帶(sod strips)有助於減緩徑流及濾出沖刷土，等高條植的土壤流失大約是等高線栽培流失的一半，是上下山坡耕作法的四分之一。條帶寬度依坡度而定，在坡度2%-6%的斜坡，條帶寬達30.5 m；而在18%或更高的斜坡，條帶寬度須減到18.3 m或更小。

　　梯田(臺地)是為捕集逕流水和縮短邊坡長度，而在山坡建置的管道或畦(圖2.4)。梯田通常比單獨等高線栽培或等高條植更有效，是專為更陡的坡地設計的。大多數梯田依漸進斜坡設計，旨在安全引水入草生水道或其他適當的排水口。梯田的層數和間距取決於土壤類型、坡度和耕作措施，並應由土壤保育(水土保持)專家設計。導流梯田(diversion terrace)是特別為轉移較大水流遠離建築物、雨溝、池塘或長斜坡下的田區而設計的。

　　在坡地生產自然會有排水，而管理逕流就是首要注意的問題。此外，地雖平

圖2.4 梯田使陡峭的坡地上可生產作物(臺灣)。

坦，卻是黏質土壤，對蔬菜生產者是不同的挑戰：太多雨水或灌溉會造成土壤長時間飽和及淹水。大部分蔬菜性喜排水良好的土壤，因為根域缺氧會阻礙生長，並增加根部病害及造成偏上性生長(epinasty)；太多水會妨礙農機具的使用，在過溼的條件下操作重型農機會損害土壤結構，造成土壤壓實。潮溼的土壤暖化慢，會限制早季作物的生長。在排水不良田區安裝地下排水管系統，可減少土壤水分至適合作物生長的含水量。

　　為改善排水，於田區翻犁後作畦，蔬菜常種在高畦上；而地面用塑膠布覆蓋也必須採高畦栽培(圖2.5)。

　　有部分地區於生長季會因大雨使土壤飽和，則常於翻犁後鋪設塑膠布覆蓋以改善排水(圖2.6)。

　　地表水可以透過抽排(pumping)、溝渠或水道排除，但地下排水是最好的。

地下排水系統的目的是排除根域的重力水(gravitational water)(Nwa and Twocock, 1969)。從西元19世紀開始，於栽培田區埋設圓形陶質磚管，一根接一根、頭尾相連，用以排除過多的水；管路方向則導水至水道或溪流。陶質磚管重又貴，安裝時勞力密集且易破損，現今使用打洞的塑膠管，鋪設在地下，取代了陶質或混凝土管。塑膠軟管質輕，可以機械化快速鋪設在溝槽並覆蓋，節省安裝成本。地下排水系統的深度取決於土壤類型、作物種類及降雨，一般安置的塑膠彈性管線間距為12 m，深度是0.75 m，最小覆蓋深度為0.6 m(Nwa and Twocock, 1969)。排水管路若過淺，會被中耕作業弄斷或損壞。在美國和加拿大約有25%的栽培田區安裝地下排水系統(Wright and Sands, 2001)。

圖2.5 於平地上以稻稈覆蓋和高畦以改善排水。

圖2.6 翻耕後鋪設覆蓋膜以改善排水。

作物殘體之管理

種植覆蓋作物(cover crop)主要是為了管理土壤肥力、土壤質地、水、雜草、病蟲害、生物多樣性和農業生態系統裡的野生生物等(Lu *et al.*, 2000; Hartwig and Ammon, 2002)。一般在種植覆蓋作物或綠肥作物一段時間且植株仍綠時,將之耕犁或耙入土壤。覆蓋作物混入土壤可增加微生物活性,分解植物體,釋放如氮(N)、

鉀(K)、磷(P)、鈣(Ca)、鎂(Mg)和硫(S)等營養成分供下一作植物使用。土壤微生物的活動還會導致黏性物質(viscous materials)生成，改善土壤結構(Welbaum *et al.*, 2004)。土壤結構是指土壤顆粒如何聚集或結合形成團粒(aggregate)，團粒的大小也決定了土壤間的孔隙排列。結構好的土壤比結構差的土壤有較好的通氣性、吸水更迅速、較易整備播種。土壤有機質含量隨覆蓋作物的分解而提高，為後續作物增進土壤健康。

　　大豆、苜蓿和三葉草等豆類覆蓋作物，其根系能與根瘤菌(*Rhizobium* spp.)共生，可以固定大氣中的氮氣，是理想的綠肥作物；它們自身所需氮肥少，碳氮比(C：N)低(Hartwig and Ammon, 2002)。綠肥作物的碳氮比會影響分解速率，土壤養分含量及對經濟作物的氮有效性是重要的考量因素。碳氮比依覆蓋作物種類及株齡而有不同：將氮值定為1，碳或碳水化合物的值約在10到90。碳氮比應小於30：1，以免綠肥作物打入土壤之後，細菌不分解綠肥植物，而用盡土壤中的氮素。如果覆蓋作物殘體的氮素有限，分解微生物便會轉而利用土壤中的氮，而降低作物可用的氮。豆類作物如深紅三葉草(crimson clover)和毛苕子(hairy vetch)的碳氮比由8：1到15：1，小麥(wheat, *Triticum aestivum* L.)和黑麥(rye)之殘體碳氮比為30：1到60：1(Ranells and Wagger, 1996)。在無耕犁或最少耕犁生產系統中，高碳氮比的覆蓋作物是有利的，其殘體成為蔬菜作物的地面覆蓋，例如：黑麥可作為冬季覆蓋作物以穩定土壤，到春季，在黑麥種子形成前即可輾過或刈除，

然後在麥稈殘體覆蓋中移植番茄或其他蔬菜(圖2.7：Hartwig and Ammon, 2002)。

　　在此情況下，高碳氮比的覆蓋作物麥稈分解緩慢是有利的，使麥稈的覆蓋作用維持更久一點。而豆類作物在番茄或番椒生長季結束前就已經分解，不能成為好的覆蓋作物。

　　許多作物可作為覆蓋作物(Hartwig and Ammon, 2002)。而可作為蔬菜作物的夏季綠肥作物有：埃及三葉草、毛苕子、燕麥及高粱／蘇丹草。在溫帶常用的越冬綠肥作物有：毛苕子、深紅三葉草、冬黑麥和冬油菜。一個有效的作物管理系統應包括

圖2.7　覆蓋作物黑麥於種子發育前先被輾滾，其草稈殘留成為無耕犁、移植青花菜的覆蓋物。

綠肥的使用，綠肥作物殘體可增加土壤肥力，以及在高危險期防止土壤流失。除了豆類作物外，有些冬油菜品種可作為綠肥作物，因其殘體含有高量硫醣苷(芥子油苷，glucosinolate)，而可降低線蟲族群(Potter *et al.*, 1998; Vargas-Ayala *et al.*, 2000)。覆蓋作物中的硫醣苷和其他天然化合物會打斷病害週期，而減少病害的細菌和真菌族群(Everts, 2002)。

覆蓋作物有時可作為「誘引作物」(trap crop)，吸引害蟲遠離經濟作物而到害蟲更喜歡的棲地(Shelton and Badenes-Perez, 2006)。誘引植物區可以設立在田區內或田區外的其他地方，通常與經濟作物在同一季節種植。誘引植物的害蟲以農藥或黏板(sticky trap)或吸力(suction)處理來防治(Kuepper and Thomas, 2002)。

種植覆蓋作物可以使蔬菜田區內或周圍增加物種多樣性，有些植物因為提供天敵棲地所要的必要條件，可以吸引害蟲天敵。這種生物防治方式被稱為棲地附加作用(habitat augmentation)，可以透過覆蓋作物達成(Bugg and Waddington, 1994)。

耕作制度

在世界大多地區的大規模蔬菜生產，多為密集的單作栽培(monoculture)，亦即在一個田區只種植一種作物，在其生產週期中，沒有其他作物或植被。密集的單作栽培是在耕地足、以最少勞力進行集中式大量採收的地區發展而來。單作栽培之作物生長於一致的環境中，又少受到其他物種的壓力，可以發揮植物遺傳潛力，達到最大生長、產量高。為特定環境育成的整齊一致品種，特別是雜交一代品種(F-1 hybrids)，給予適當栽種距離，即能利用光、空間和營養，以得最大產量。病蟲害防治、肥料投入和採收的標準化管理作業，使生產者享有規模經濟，使用更少勞力，並提高採收效率。在過去60年，單作栽培作業，包括使用合成肥料，已經大大增加作物產量。一年生作物的單作栽培要靠使用農藥、大型設備以減少人工、濃縮的礦物質肥料和機械採收。蔬菜生產者趨向高度專業化，因為需要特別的設備和專業來生產特定作物。作物單作栽培傾向於適合大企業，而這些企業也支持並推廣單作栽培，以確保其未來的存在。

作物單作栽培能以減少勞力來大量生產已被廣泛接受。然而，單作栽培會導致物種多樣性喪失、病害快速傳播、更感病，更多抗除草劑的雜草及抗農藥的昆蟲，企業對農業的影響力提高以及蔬菜生產之能源使用增加(Pimentel *et al.*, 2005)。因為在已開發國家的蔬菜生產趨勢是在最適合的區域集中生產一種作物，再運送到遠方的市場；因而當地種植的水果和蔬菜較少。雖然這種作法優化生產力，但是非常耗能，有時導致產品在食用時已不再新鮮。例如：為了減少採收後損失，網紋甜瓜常提早採收，以致購買時可能甜瓜仍未成熟。

在世界其他地區則複作栽培(multiple cropping)普遍，以下列出一些複作栽培的例子。混作栽培(polyculture)是指在同一

時間且同一空間生產多個作物，模仿自然生態系統的多樣性，避免大量單一作物或單作栽培。混作栽培的例子包括複作栽培、間作(intercropping)、併作(companion cropping)、有益雜草(beneficial weeds)及籬作栽培(alley cropping)。

序作栽培

序作(逐次連續)(sequential cropping)栽培是在同一田區於一年內依序栽培兩種或兩種以上的作物。例如：種植玉米並於行間種植胡瓜，在玉米收穫後，玉米稈可作為瓜蔓的支架。另一個例子是在番茄採收並自田區移除後，覆蓋塑膠布，並播種萵苣。在生長期長且有足夠時間供多作成熟時，逐次連續栽培的選項增加。

間作

間作(intercropping)是兩種或兩種以上的作物同時種植在同一塊土地上的混作栽培技術(圖2.8；Zhang and Li, 2003)。例如：南瓜間種在糧食或穀物玉米(grain corn)之間，這是美國在還沒有玉米採收機前的普遍作法，行之多年；玉米利用垂直空間，而南瓜瓜蔓覆蓋土面，兩種作物都在秋季成熟，人工採收玉米不會損害到南瓜株。在此一頗富歷史重要性的栽作系統中，南瓜在採收後或出售、或留在田區切開後就可作為牲畜飼料。

套作(relay intercropping)是指兩種或兩種以上的作物種植在同一田區，有一段共同的生長期。通常是在第一種作物已達生殖生長期，或在生長後期但還不能採收前，播種或定植第二種作物，例如：玉米播種在發育中的蘿蔔旁。在許多國家採用間作，以最大利用可耕土地(Horwith, 1985)。

圖2.8 南瓜與結球白菜間作(臺灣)。

農景栽培(農田景觀化)

農景栽培(farmscaping)是以農場整體為設計考量,用生態方法管理病蟲害,尤其是針對昆蟲管理,旨在吸引天敵到栽培經濟作物的田區(圖2.9)。

農景栽培是一種混作栽培系統,於同時間種植特定有益植物,吸引昆蟲到生產田區和周圍,以保留在單作栽培系統中失去的天敵。共同栽培(co-cultivation)經濟作物和有益植物,可以增加昆蟲多樣性,從而以天敵控制害蟲。如果正確運用,農景栽培以很少或不用農藥進行害蟲管理,是一種永續性策略。但有批評者認為於栽培區面積用在種植有益但非經濟作物,是農景栽培的缺點。

人為雜草

已有研究建議在已種植蔬菜的植行間多播(overseeding,有些文獻稱underseeding)低矮生長植物,當作人為雜草(managed weeds)或地面覆蓋。這是傳統栽培使用除草劑之外的有效替代選擇(Hartwig and Ammon, 2002)。多播可造成物種多樣性,有助於吸引益蟲;這種技術多用在果園管理,也被一些菜農採用,以減少土壤沖蝕;多播種的植物亦可抑制更具侵入性的雜草繁殖(Hartwig and Ammon, 2002)。白三葉草就是一種多播植物,根系深,也是可固定大氣中氮氣的豆類作物。多播的缺點是覆蓋作物與蔬菜競爭水和養分,在乾燥氣候下必須灌溉之處較多;多播的缺點可能大過其優點。

圖2.9 秋作青花菜作物下方的蕎麥和左方的有益植物—農景栽培增進昆蟲多樣性,捕食性天敵的自然控制減少殺蟲劑的使用。

宿根栽培

宿根栽培(ratoon cropping)是指在作物採收時仍留下完整的根部和莖基部，待重新生長後可多次採收的方法。宿根栽培可減少新作整地的成本；每生長週期的收穫量會逐次減少。「宿根」一詞通常用於可多年採收的作物，但亦可用在一年生作物的多次採收，例如：朝鮮薊、菠菜和萵苣都是可以宿根採收的作物。

輪作

輪作(crop rotation)是一種應該常用於蔬菜生產的簡單且有效的管理方式。輪作是在同一田區連續種植不相關的作物，以保持土壤的生產力；它有助於控制病害在土壤的積累、減少害蟲，並保持土壤養分。大多生產者輪作多種作物，每種作物具有不同的改善土壤功能。例如：輪作可包括一個深根系作物以改善土壤結構，或豆科綠肥植物以提高土壤肥力。而在植物分類上為同科的作物，如：甘藍和花椰菜，因為它們有相同的病蟲害，不宜接連幾年種在同一田區。

參考文獻

1. Bugg, R.L. and Waddington, C. (1994) Using Cover Crops to Manage Arthropod Pests of Orchards, a Review. *Agriculture, Ecosystems & Environment* 50, 11-28.

2. Derpsch, R. (1998) Historical review of no-tillage cultivation of crops. In: *FAO International Workshop Conservation Tillage for Sustainable Agriculture.* Food and Agriculture Organization of the United Nations, Rome, pp. 205-218.

3. Everts, K.L. (2002) Reduced fungicide applications and host resistance for managing three diseases in pumpkin grown on a no-till cover crop. *Plant Disease* 86, 1134-1141.

4. Hartwig, N.L. and Ammon, H.U. (2002) Cover crops and living mulches. *Weed Science* 50, 688-699.

5. Hill, P. and Kucharski, K. (1990) Early medieval ploughing at Whithorn and the chronology of plough pebbles. *Transactions of the Dumfriesshire and Galloway Natural History and Antiquarian Society* 65, 73-83.

6. Horwith, B. (1985) A role for intercropping in modern agriculture. *BioScience* 35, 286-291.

7. Kuepper, G. and Thomas, R. (2002) 'Bug vacuums' for organic crop protection. *ATTRA Pest Management Technical Note.* ATTRA NCAT, Fayetteville, Arkansas.

8. Lal, R., Reicosky, D.C. and Hanson, J.D. (2007) Evolution of the plow over 10,000 years and the rationale for no-till farming. *Soil and Tillage Research* 93, 1-12.

9. Lu, Y.C., Watkins, K.B., Teasdale, J.R. and Abdul-Baki, A.A. (2000) Cover crops in sustainable food production. *Food Reviews International* 16, 121-157.

10. Nwa, E.U. and Twocock, J.G. (1969) Drainage design theory and practice. *Journal of Hydrology* 9, 259-276.

11. Pimentel, D., Hepperly, P., Hanson, J., Douds, D. and Seidel, R. (2005) Environmental, energetic, and economic comparisons of organic and conventional farming systems. *BioScience* 55, 573-582.

12. Potter, M.J., Davies, K. and Rathjen, A.J. (1998) Suppressive impact of glucosinolates in Brassica vegetative tissues on root lesion nematode *Pratylenchus neglectus. Journal of Chemical Ecology* 24, 67-80.

13. Ranells, N.N. and Wagger, M.G. (1996) Nitrogen release from grass and legume cover crop monocultures and bicultures. *Agronomy Journal* 88, 777-882.

14. Riemens, M.M., Van Der Weide, R.Y., Bleeker, P.O. and Lotz, L.A.P. (2007) Effect of stale seedbed preparations and subsequent weed control in lettuce (cv. Iceboll) on weed densities. *Weed Research* 47, 149-156.

15. Shelton, A.M. and Badenes-Perez, E. (2006) Concepts and applications of trap cropping in pest management. *Annual Review of Entomology* 51, 285-308.

16. Vargas-Ayala, R., Rodriguez-Kabana, R., Morgan-Jones, G., McInroy, J.A. and Kloepper, J.W. (2000) Shifts in soil microflora induced by velvetbean (*Mucuna deeringiana*) in cropping systems to control root-knot nematodes. *Biological Control* 17, 11-22.

17. Welbaum, G.E., Sturz, A.V., Dong, Z. and Nowak, J. (2004) Managing soil microorganisms to improve productivity of agro-ecosystems. *Critical Reviews in Plant Sciences* 23, 175-193.

18. Wright, J. and Sands, G. (2001) Planning an Agricultural Subsurface Drainage System. University of Minnesota Cooperative Extension Bulletin BU-07685. Available at: www.extension.umn.edu/distribution/cropsystems/dc7685.html (accessed 1 August 2013).

19. Zhang, F. and Li, L. (2003) Using competitive and facilitative interactions in intercropping systems enhances crop productivity and nutrient-use efficiency. In: *Structure and Functioning of Cluster Roots and Plant Responses to Phosphate Deficiency.* Springer, the Netherlands, pp. 305-331.

第三章　蔬菜種子與育苗
Vegetable Seeds and Crop Establishment

引言

大多數蔬菜以種子播種，而非以營養繁殖(vegetatively propagated)方式生產。種子是「生長受阻的未成熟植株」(an immature plant in an arrested state)，是經由有性生殖產生。以種子繁殖，只要發芽所產生的植株能與原來採種植株相同(true-to-type)，又能生長快，是比較經濟、有效率而快速的生產方式。true-to-type即指種子發芽後產生與原來植株相同性狀與外表型的植株。

有些蔬菜不能產生true-to-type的種子，或不易由種子繁殖，如：馬鈴薯、甘藷、朝鮮薊等，需以營養繁殖法生產。營養繁殖法是一種無性繁殖方法，不利用有性繁殖器官，而用營養器官，如：莖、葉、根等，使其發根長成植株。如此產生的植株與原來植株在遺傳上是相同的，這些相同的植株就是一個營養系(clone)。

由組織培養方式產生的種子，有時稱為人工(合成)種子(synthetic seeds)，係將體胚、營養芽、一群細胞或任何能產生植株的組織給予外層的保護封裝(encapsulation) (Fujii *et al.*, 1987)。雖然人工(合成)種子已有商業化生產，但在世界上占蔬菜種子販售之比率很低。

種子是蔬菜生產裡極為重要的一環，蔬菜要生產成功，先要有品質優良的種子。想降低成本而採用品質不好的種子，將得不償失。現代的種子也許貴，但種子費用只占生產成本很小的比率，占總收入更小的比率。例如：番茄雜交種子採種10 g要12美元，種子公司每粒種子賣0.03美元，亦即3,300粒種子賣100美元。同樣3,300粒種子，零售價可到200美元；從這3,300粒種子可以產出價值6萬美元的番茄；而這些番茄在零售市場或超市的售價是11萬美元。此例說明番茄種子可產出300倍的回收；為減少一點成本，犧牲種子的品質，實非明智之舉。

種子品質經由種子檢驗(seed testing)來鑑定(Elias *et al.*, 2011)；大多數國家設立有官方的檢驗步驟與標準，供種子交易採用。許多國家有種苗法(seed laws)，訂定種子販售的標示、最低發芽率、最少雜質(inert matter, nonseed matter)及雜草種子等標準。種子活性測定係檢測種子是否能發芽，所得結果即種子的發芽率；大多數發芽檢定已標準化，都在實驗室、適合該物種發芽的條件下進行。多數國際性種子公司所賣的蔬菜種子，具有很高的發芽率，

都超過法定要求，許多種類幾達百分之百。

　　由於蔬菜種子是國際商品，國際種子檢查協會(International Seed Testing Association, ISTA)的成立，就是為了處理國際種子貿易的問題。該協會的主要目的是建立、採用及出版種子取樣與檢測的標準和作法，並遵照這些步驟來確保國際間銷售的種子品質。ISTA提供國際通用的種子檢查標準，認證通過技術稽核的種子檢查室，鼓勵研究，核發國際種子檢驗證明，提供相關訓練，在協會出版的研究刊物「Seed Science and Technology」發表相關訊息及研究報告。

　　商品種子除了需具有高發芽率外，種子的活力(seed vigor)也受重視。種子活力探討的不僅包括種子活性(viable)，還有發芽勢。大部分的蔬菜種子公司彼此競爭的是所生產種子的活力，而種子活力有許多鑑定方法(Elias *et al.*, 2011)。常用的方法是讓種子在逆境下發芽來評估其活力，包括種子發芽速率、種子在溫度逆境下之發芽情形、或種子經過短期高含水量及高溫的老化處理後的發芽情形(Elias *et al.*, 2011)。由於種子活力涉及層面多，種苗法大多未明訂商品種子的最低活力標準。

種子處理

　　蔬菜商業生產者極少採用未經處理的種子，許多生產者會多付費購買處理過的種子以確保播種成功。種子本身除具有植株生長的遺傳訊息，還含有蛋白質、脂肪、碳水化合物、維生素等養分貯藏於胚乳或子葉；這些養分用於種子萌發及幼苗生長，直到苗株能進行光合作用、製造生長和發育所需的各種化合物。種子老化或破損時，因為內容物會滲漏，成為其他生物孳生所需的食物，故極易受蟲害、病害侵襲。種子遇有外來侵襲，會與原來母株一樣，產生防禦物質(defence compounds)(Welbaum, 2006)。種子在不利發芽的土壤狀況下，病、蟲危害使種子更衰弱，因此種子經過處理後會具有保護作用。種子先以化學或有益微生物處理再播種，可以保護種子在土裡不腐敗、種苗不發生猝倒病(damping-off，一種真菌引起的病害)。預先以殺蟲劑處理種子，可防止苗株根、莖、葉被蟲咬食或吸食。種子消毒更是為了避免種媒病害(seed-borne diseases)，即種子所帶真菌或細菌造成的蔬菜病害。

　　其實自古即有種子處理；在古埃及和羅馬時代，人們將種子浸在洋蔥汁後才播種，就是為了預防土傳病蟲害(soil-borne pests)(FIS, 1999)。近代研究也認為這種措施有些效果(Morsy *et al.*, 2009)。目前有許多增進種子表現的處理方法，一些常用於蔬菜種子的處理方法說明如下。

　　生物性處理法(biological seed treatments)添加根瘤菌(*Rhizobium* spp.)可使豆類種子發芽後，增加植株固氮作用。種子也可接種其他有益微生物，如：木黴菌(*Trichoderma* spp.)可以預防種子苗期病害，增進種子對環境逆境的耐受性。在蔬菜種苗業，採行種子生物性處理是一項興起趨勢；所用的有益菌包括假單孢菌(*Pseudomonas* *chlororaphis*)、枯草桿菌(*Bacillus subtilis* strains)、地衣芽孢桿菌(*Bacillus lichenformis*)、巨大芽孢桿菌(*Bacillus megaterium*)、洋蔥柏克氏菌(*Burkholderia cepacia* type Wisconsin)、農桿菌菌系84、菌系K1026(*Agrobacterium radiobacter* Strain 84, Strain K1026)以及耐環境逆境的短小芽孢桿菌(*Bacillus pumilus* GB34)(McSpadden Gardener and Fravel, 2002)。

化學物質(chemicals)如殺菌劑拌在種子上，是傳統生產上用以防治苗期猝倒病的方法，猝倒病是非常嚴重的苗期病害，由土壤真菌引起；以殺菌劑作為粉衣，加上用來識別的染料包覆於種子表面，可以保護蔬菜苗期不得病。在種子披衣(seed coating)材料裡加上少許肥料，可以促進小苗的初期生長；但這種處理因蔬菜種類而異，如：豆類對種子上的肥料非常敏感。

披衣(coating)與**造粒**(pelleting)是兩項常用、特別是用在小粒種子的處理技術。披衣種子以黏土或矽藻土加上水溶性黏著劑附著於種子表面，因此種子變大了，但整體形狀不變。

造粒處理的種子係因加上披衣材料而變成圓形，使種子容易單粒分開，便於使用帶式或真空播種機播種。播種機有不同大小種子專用的種子出孔(圖3.1)。

為了妥當識別，披衣種子通常有顏色條碼，以免種植時不同品種或類型混雜。造粒處理的披覆層於吸水後會裂開，並不會阻礙胚根的伸出與生長，也不會限制種子的氧氣流通。

膜衣處理(film coating)是另一項技術，是在披衣材料中加入聚合物黏著劑，聚合物加的多，則種子變大。由於處理大量披衣材料黏土或矽藻土時，易有粉塵產生，對工作人員的健康安全形成威脅。而膜衣處理是用醫藥界及食品界所開發、外加於藥丸或糖果的聚合物，同為水溶性、沒有粉塵。

溫湯浸種處理(hot water soak treatments)專用於十字花科蕓薹屬蔬菜及一些其他種類種子。若適當處理，高溫可以殺死大多數種子所帶的真菌及細菌，而不影響種子發芽；但若溫湯處理時間太久，會對種子造成傷害。

預發芽種子(pregerminated seeds)是種子已經開始發芽的過程，但還沒有或只有一點胚根生長。處理這種過渡階段的種子須非常小心，它們比乾種子容易受傷害。

滲調種子(primed seeds)是經過有控制的吸水，再予以回乾處理的種子。滲調包括幾種方式：種子浸潤於具有滲透勢的溶液為液體滲調法(osmoconditioning)；種子浸潤於固體的滲調介質，如：保水的蛭石，是固體滲調法(matriconditioning)；種子僅浸潤於水，是氣調法(drum priming)(Welbaum *et al.*, 1998)。這些滲調處理使種子進行早期的發芽生理生化反應，但沒有胚根的萌發(Welbaum *et al.*, 1998)。滲調處理後，種子必須回乾到原來的含水量再種植。

種子滲調處理已是非常重要的商業化作業，特別適用在蔬菜種子。因為蔬菜生產要求種子發芽快且整齊，滲調處理使種子發芽日數縮短，增進在溫度逆境或水分逆境下的發芽率。例如：萵苣滲調種子就

能打破熱休眠(thermodormancy)，可在高溫下發芽，也能增進種子的成熟度(Welbaum *et al.*, 1998)。甜椒、番茄、萵苣的種子對滲調反應很好，所以這些蔬菜的種子常用滲調處理。滲調種子貯藏壽命縮短，所以只在種植前才進行滲調處理，不能長時間貯放。然而滲調處理只能用在品質優良的種子，並不能使低品質、受損比率高的種子回復活性。

種子貯存

種子非常奇妙，其體積小、含水量低、能貯藏；各物種的遺傳因素會部分影響種子的貯藏壽命，有些種子貯藏壽命較其他種子長(Copeland and McDonald, 2001)。雖然種子能耐低含水量，但在乾燥貯藏期間種子會改變；只有在適當的貯藏條件下，才能長期確保種子品質。種子具有吸溼性，亦即它們會由空氣吸溼或失去水分(Copeland and McDonald, 2001)。種子的貯藏壽命決定於種子含水量以及貯放溫度。有一項種子貯藏規律Harrington's Rule說明種子含水量、溫度與壽命間的關係：在種子含水量5%-14%的範圍內，每減少1%含水量，或於0-50°C貯存溫度下，每降低5°C，種子壽命延長一倍(Harrington, 1963)。故種子要盡量保存在涼與乾的環境。若種子含水量大於18%，種子的呼吸作用使溫度升高，種子受損；若種子含水量介於10%-18%，可能種子會孳生真菌和黴菌；而種子含水量介於9%-14%時，蟲仍有活性。在開放式環境保存種子時，澱粉性種子的含水量要低於12%，油脂類種子如西瓜種子的含水量要低於9%。在封閉式環境保存種子時，要求種子含水量需介於5%-8%。有些種子在保存時，若含水量低於4%，種子會受傷害；有些豆類種子在乾燥到含水量低於10%，極易受機械傷害(Copeland and McDonald, 2001)。大多數蔬菜種子保存的通則是：最佳的種子含水量為5%，貯藏溫度低於5°C。而蔬菜種原保存採用超低溫保存(cryopreservation)，以延長及保持種子的活性；超低溫處理前，種子含水量應在14%以下，以免種子驟然凍結、形成冰晶而傷害種子(Copeland and McDonald, 2001)。

種子保存的容器

種子保存若要維持品質，需要有包裝保護，以免受到溼度、咬食影響及機械傷害。好的容器需能防潮，最好開封後能再密封，以保持種子乾燥。因此紙質或布質的容器都不適合，一則它們並不防水，又不夠堅固，容易破損，不能防止齧齒類或其他動物咬食。少量種子用自行封口式鋁箔或塑膠袋封裝，可以保持乾燥。金屬罐加上可重複密蓋的塑膠蓋可用於較大量的蔬菜種子，以防止被咬或吸溼。大量的大粒豆類種子常以大袋子運銷，塑膠袋不會使種子吸溼，而布袋裝的種子必須保存在乾燥冷涼之處。

採種業

不久前，大多數有相當規模農作物

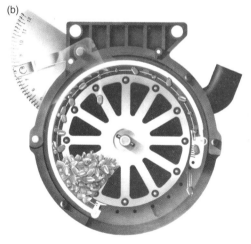

圖3.1 (a)精準真空播種機直接播種於田間。(b)利用真空吸附單粒及定距離放落種子，多用造粒種子(照片採用 MaterMacc S.p.A.)。

生產的國家會有一個或更多自己的種子公司。許多大一點的國家會至少有一家蔬菜種子公司，專門育成適合全國或某產區的品種。

現在真正生產自己的種子及開發新品種的公司減少了，跟其他非農業的產業一樣，採種業也朝向合併及專業化發展。合併的理由包括擴大規模、全球競合、先進國家的人力成本高、新品種的開發成本高、有些國家的蔬菜生產農友少以及新技術的花費等。

蔬菜農友需要知道開發及生產種子的源頭。蔬菜種子業係全球性的國際貿易(圖3.2)。

蔬菜種子產業是植物培育技術的主要開發者和使用者。蔬菜種子公司不斷研發高產量，以較少的投入而能抵抗生物性與非生物性逆境的品種。種子不僅傳送改良

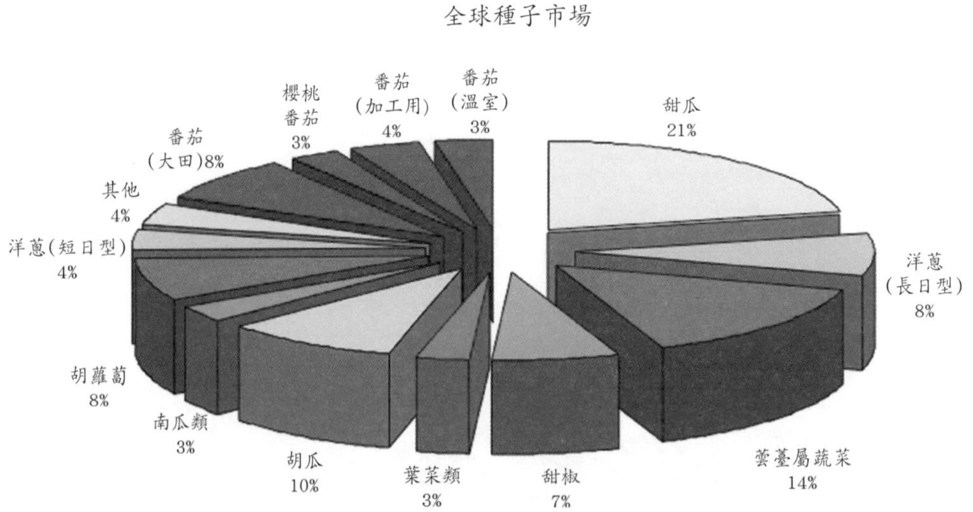

全球種子市場

圖3.2 國際貿易的各蔬菜種子所占比率(資料採用以色列Hazara種子公司)。

的品種遺傳特性，也表現新的栽種生產方法與植物保護策略，可以提升農業整體效率(Halmer, 2004; Romeis *et al.*, 2008)。

大型跨國公司掌控商業生產蔬菜種子的買賣，這些大公司專精於種子生產及品種開發，也有些公司自己不採種，但專精於銷售種子或種子處理。這些不同類型的公司構成國際蔬菜種子產業。

也有一些成功的小型蔬菜種子公司，它們提供有機業者要的種子；有些公司則專生產地方上需要的開放授粉(open-pollinated)品種及祖傳品種(heirloom cultivars)。

選擇品種

選擇品種是蔬菜生產者最重要的工作之一，要選擇具有高品質、高產、抗病、消費者喜歡的外型又適應生產地環境的品種並不容易。有些公立或非營利的機構，

依據地方試驗的結果推薦適合的品種，幫助生產者做出最好的選擇。

下面先認識一些說明蔬菜品種性質的名稱。

祖傳蔬菜種

祖傳品種(heirloom cultivar)是人類早期普遍種植、現在卻沒有大面積商業生產的品種。許多祖傳品種是以開放授粉的留種方式保存下來，還保留原來的性狀，它們不是一代雜交(F-1 hybrids)品種。這10年來，在北美洲及歐洲國家栽種這些祖傳品種的趨勢增加：有些人是為歷史興趣，有些是為後人增加作物基因庫(gene pool)，有些是為回到傳統的有機栽培，有些人則認為老品種比現在講求耐貯運及高產的商業雜交品種更美味，品質更好。

開放授粉種

現在許多人通稱非雜交的種子為OP，

或開放授粉(open-pollinated)品種。較嚴格的定義應指「異交作物品種在留種時，植株間自由開放授粉」。這樣產生的植株大致與原來採種母株相同，但異交作物本質上比自交作物有較多自然變異。許多瓜類、十字花科蔬菜(都是異交作物)的祖傳品種就是開放授粉品種。

自交與異交作物

有許多作物具有完全花(perfect flowers)，有雄蕊和雌蕊，行自花授粉(self-pollinate)。有些作物雖具完全花，但仍雜交授粉，因為其雄蕊和雌蕊並不同時成熟，或同株的花粉與柱頭不親合，或因花粉黏著要靠蜜蜂或其他昆蟲異花授粉(cross-pollinate)。另外有些異交作物是因雄花、雌花分別在植株不同的位置，或是雌、雄花在不同植株上。

純系

自交作物，例如：萵苣或多數豆類，經過自花授粉，由同一朵花產生的種子就形成純系(pure line)。純系種子很整齊一致，長出的植株與原來採種母株相同。

雜交品種

雜交種(hybrid)一詞有多種意思，但都是指有性繁殖產生的後代(Rieger *et al.*, 1991)。在選擇品種上，許多蔬菜種類有一代雜交種(F-1 hybrids)，就是由兩個同質結合的親本雜交後產生的子代(圖3.3)。

F-1全名為Filial 1，指第一子代(Rieger *et al.*, 1991)，其植株是異質結合體，由兩個親本各貢獻一個對偶基因。一般而言，一個親本貢獻的基因是顯性，另一個親本貢獻的基因是隱性。F-1世代非常整齊，各植株相同，因此種子公司培育的新品種有更多是一代雜交種。生產者採用F-1品種，因為它的生長勢強、整齊、產量潛能高(Rieger *et al.*, 1991)，此為雜種優勢(heterosis, hybrid vigor)，亦即雜交種表現更好的生物性狀(Birchler *et al.*, 2003)。雜種優勢有兩大理論：顯性假說(dominance hypothesis)與超顯性假說(overdominance hypothesis)。顯性假說指雜交種的優勢是因為一個親本的不好性狀被另一個親本的基因抑制了(Birchler *et al.*, 2003)。此亦說明產生F-1的兩個自交系(inbred lines)親本之所以表現差，是因為自交系失去遺傳多樣性；超顯性假說則指兩個自交系雜交，產生的一些對偶基因組合使個體表現好(Birchler *et al.*, 2003)。

種子公司也喜歡一代雜交種，因為F-1種子不會產生相同的後代，不能再留種。F-1留種得到的是第二代(F-2)，第二代的植株不一致，有很多差異，而且表現比第一代差(Rieger *et al.*, 1991)。今日我們所用的F-1雜交種子比一般的OP種子貴，因為F-1採種需要較高的生產成本(圖3.3)。但使用F-1品種可以帶來30%或更高的增產，所得回報值得增加投資。

有些蔬菜種類還不能大量生產F-1種子，如：萵苣的花是完全花，需要除雄及人工授粉，而每一朵小花只能產生一個種子，不符成本效益。為減少雜交種的授粉成本，可以利用有些植物的天然機制來控制授粉，例如：基因與細胞質雄不稔性、

圖3.3 以人工授粉兩個胡瓜自交系親本生產一代雜交種(臺灣)。

花粉不親和性,利用生長調節劑改變植株花性等(圖3.4;Rieger *et al.*, 1991)。

而這些機制萵苣都沒有,無法利用於雜交種的採種;所以萵苣品種目前都還是開放授粉品種。

生物技術

生物技術(biotechnology)一詞常被提及,但各人聽來未必是相同的意思。這個詞最早被廣用於西元1980年代,指能將外源基因導入並不相關的生物體並表達出來的技術。就此意義而言,生物技術是植物科學中的重要發展,因為在此之前,基因只能在同屬內的近緣物種間,透過有性雜交來導入。自然界植物物種間會有某種程度的基因流動(gene flow),又稱為水平基因移轉(horizontal gene transfer),或側向基因移轉(lateral gene transfer)(Bock, 2010)。因此,生物技術可以使有益的性狀,系統性地由不同的植物種類或甚至其他生物種類移轉到作物。

許多消費者誤以為現今多數蔬菜種類都是轉基因的。技術上,是有可能將不同屬植物的基因或合成基因(synthetic genes),透過農桿菌(ballistics, *Agrobacterium*)或其他生物技術移入並改造(transform)蔬菜(Khan, 2009),但事實上,上市的蔬菜很少是基因改造的(圖3.5)。

世界各國對基因改造作物的接受程度不同。對轉基因食物安全性的討論以日本及歐洲最熱烈,民眾對轉基因食物的顧慮也比其他國家如:美國、巴西、澳洲、中國等國家強烈。在美國,轉基因的農藝作物栽植普遍,然而,儘管政府允許,基因改造的蔬菜作物並不普遍,消費者需求意

圖3.4　南瓜雜交種子生產田。田間母本與父本(單行、植株較大)的種植比率為6或8比1，母本以植物荷爾蒙處理，確保不會產生雄花，以杜絕產生非雜交的種子。

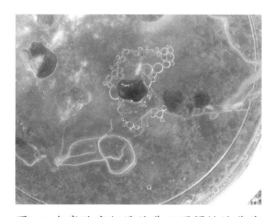

圖3.5　在實驗室組織培養以選擇性培養基培育轉基因小苗株。利用農桿菌技術進行作物的基因改造已是例行作業，但政府允許種植販售轉基因作物都要先經過冗長及花費甚高的流程。全球交易市場很少基因改造的蔬菜。

願低。

　　轉基因蔬菜作物的發展及使用受限，原因是許多國家的接受度低，科學證據還無法讓大眾相信轉基因作物是安全的，不會造成環境風險。同時，有些消費者認為轉基因植物不自然，另有些消費者對於育成基因改造作物的大企業不以為然。只有消費者對轉基因植物比較放心了，它們才會上市，而且要投入大筆經費去開發、試驗及得到政府許可。許多公司在消費者願意購買基因改造的蔬菜前，不願投入開發及申請許可的費用。

　　國際糧農組織(FAO)和世界衛生組織(WHO)針對消費者擔憂轉基因作物不安全的問題，提出實質等同性(substantial equivalence)的概念：如果一種新食物或食品成分與既有的食物或食品成分實質同等，其安全性可視為同等，也就是這新食物或食品成分和舊有食物同樣安全(UN-FAO, WHO, 1996)。這段實質等同的聲明，基本認為每年要檢測世界各地推出新

品種之食用安全性是不可行的。市面上只有少數幾種食用作物發生過危害健康的事件，而且這些食用作物都是傳統育種方法育成，並不是基因改造法育成的(National Research Council, 2004)。雖然有科學認可上市的基因改造作物食用安全(National Research Council, 2004)，但有些科學家和反對團體要求，要有更多更嚴謹的檢驗來保證基改食物上市。

蔬菜種子播種

有許多播種機可用於田間直播(direct-seeding)蔬菜；小面積生產的栽培者使用小型播種機，大面積生產則必須使用功能比較複雜而精準的播種機。定距離精準播種(precision placement)可不必再費工疏苗(thinning)除去多餘的苗。

市面上的播種機有3類：一般播種機(drills)、盤式播種機(plate planters)及精準播種機(precision planters)。一般播種機能用於大粒種子、也能用於小粒種子播種，但只有一個播種口，不能有效地單粒化播種。基本上，不要求一穴一粒單粒化播種的作物(例如：蘿蔔、芥菜、蕪菁)都能用這種播種機。它不適用於播種量少的作物，因為它不能調節行內的株距，若播種距離太密就要花工疏苗。

盤式播種機由種子箱取種時，一次只取一粒放在排種盤，播入植行，因而能控制播種距離。這種播種機最適用於圓粒中、大型或造粒的種子，調整間距齒可以改變播種距離，適用於多種蔬菜之播種。

排種盤有橫式、傾斜式及直式，選擇適當的排種盤及孔洞大小才能達到正確的單粒化播種。

精準播種機最能準確做到種子單粒分開及播種於植行。有的設計是用轉動式打孔的帶子，能定距離排放球形和造粒種子；另有帶式設計可播其他形狀的種子，但種子必須適合帶上的孔洞，否則可能一次落出多粒種子，或漏放種子。總之，要準確播種，必須正確搭配好各項添加組合以及帶上孔洞的大小。

真空播種機(vacuum seeders)是另一種主要類型的精準播種機，用來播種蔬菜種子。不論蔬菜種子形狀，它能準確吸上單粒種子，而其他播種機則否。真空播種機有直式排盤，上面的孔洞比要種的種子小些，孔洞數可以決定播種量。播種機有吹風器，使排種盤一邊形成真空，當排種盤轉過種子箱時，真空的一邊吸附種子到孔洞，如此繼續讓轉動的排種盤吸取箱內種子(圖3.1b)。孔洞大小要適當，排種盤轉動，失去真空，種子就落入土壤(圖3.1)。這一切設定妥當後，排種盤每一孔洞只吸附一粒種子。氣吸式播種機(air planters)採用同樣的基本原理，但不是利用真空，而是向種子箱加壓空氣。

流體播種(fluid drilling, fluid sowing, gel seeding)技術是讓預先已發芽的種子以凝膠為載體，播種到田間(Finch-Savage, 1981; Pill, 1991)。這種播種技術是為克服傳統在田間播種乾燥種子所遇到的問題。在流體播種，因種子已預先在理想的條件下發芽，避免了不利的環境因素，如：溫度偏

高或水分不足，種子出苗會較快速而且同步，也因此減少田間土壤結塊及病蟲危害種子(苗)的機會。流體播種是一項綜合技術，步驟包括：

1. 播種前，先進行種子發芽，

2. 將發芽和未發芽的種子分開，

3. 貯藏已發芽的種子，

4. 預備凝膠，供懸浮種子用，

5. 以專用的播種設備播種。

所用凝膠材料有人工礦物泥（synthetic mineral clays）、澱粉－聚合丙烯腈聚合物（starch-polyacrylonitrile polymers）、纖維素聚合物（cellulose polymers）、丙烯酸鉀鹽和丙烯醯胺－異分子聚合物（copolymers of potassium acrylate and acrylamide)和天然的澱粉膠（Pill, 1991）。適用的膠必須能懸浮各種大小的種子至少24小時，還要順利由輸送管將種子幫浦出來。膠材料必須無毒、易與不同pH值、不同礦物質含量的水混合，相對便宜、乾了不會形成外膜，還要能在土中快速崩解。可添加一些殺菌劑、殺草劑、有益微生物在凝膠中，以增加成苗率。在預備流體播種時也可運用一些種子處理來增加發芽速度和整齊度（Pill, 1995）。

雖然流體播種有各種優點，但也有其缺點，它須有專門的種植設備，種植前要多花時間準備，種子還要預發芽。使用預措的種子(primed seeds)和穴盤育苗，可以得到和流體播種同樣的效果，而花費較少、較便利(Pill, 1995)。種子一旦預發芽就不易保存，若遇天候不適種植，已發芽種子就要先貯放，降低胚根生長、以免失去活力；可以貯放在冷涼溼潤空氣、通氣的冷水、通氣的滲透勢溶液中，塑膠袋內局部真空或充氮氣，置於7℃，或放在冷涼乙基纖維素(hydroxyethyl cellulose)流體播種膠中(Finch-Savage, 1981)。

預發芽種子會隨著胚根伸長，逐漸不耐缺水；因此種植時土壤需有充分含水量，才能確保成苗。乾燥種子比預發芽種子有較長耐受性，可以暫耐不適合的環境，等到土壤水分足時發芽生長，而預發芽種子可能就失了活性。流體播種雖可減小來自土壤的不利障礙，但將預發芽種子播種到缺水的土壤，出苗情形會比乾燥種子表現更差。

播種與移植苗之行株距

每種蔬菜該如何定行株距，有許多因素要考慮，並不容易定出理想間距。要考慮植株會長多大？需多少空間？有怎樣的播種、移植及中耕的設備？對於一個作物，田間相同行距可能產量最高，但若考慮用機械作業，或為減少病害增加田間空氣流通就行不通。植行的安排除了要顧到曳引機的輪胎距離外，最好還考慮到作畦、移植、病蟲害防治及採收用的裝置。現在蔬菜普遍種在高畦，以確保排水和配合灌溉系統，定行距要考量作高畦，還有用塑膠布覆蓋，也會對行距造成一些限制。

作物本身也是行株距考量的因素之一，例如：番茄有停心(determinate)、半停心(semi-determinate)及不停心(indeterminate)的品種；選擇什麼品種及採用的整枝方

式(training system)，如：匍地栽培(ground culture)、立單桿(single stake)、立籠(cage)或拉繩(string weave)支持，都決定番茄的行株距。在大田生產番茄，不同行株距其實對產量並不會造成多大差異，因為種得密些，單株產量少；種得疏些，單株結果較多；故結果總產量相同。美式加工胡瓜(pickling cucumber)也是如此，雖然單位面積種的株數不同，總產量仍相同，但早期產量和單株果數會不同。

一般蔬菜種得密些，所得產品較小。像節慶展示的大南瓜需有很大的行株距，才能充分長成最大的果實。加工用南瓜就不需很大的行株距，若生產目的不是為了得到最大果，就要配合種植機和採收機，種得相對較密。有些蔬菜如蘆筍要求一定的種植距離，種得密會降低產量及品質。而像結球萵苣種得密，會不利於葉球形成，而減少合格產量。就因為這麼多因素影響行株距的決定，因此對於蔬菜適合的行株距不予建議。最好在種植前，參考種子公司就該蔬菜品種特性和生產系統所建議的栽植距離。

蔬菜移植

移植(transplanting)技術是在生產田區以外的設施裡或特定苗床播種，育成的苗再移種到生產田；主要是用來克服於田間直播帶來的問題，移植可增加作物的整齊度和田區複作，增加邊緣地的使用，減小不良種子及小苗活力差的缺點，減少農藥使用，降低人力及種子費用。在移植作業中，先供給種子適宜的發芽條件，避免苗床有不利的環境條件，如：缺水、高溫、病蟲滋生等，好讓小苗同步快速萌發。採用移植法可減少土壤結塊及病菌危害的機率，並縮短作物在田中的時間。

蔬菜苗通常分為裸根與帶土兩種，後者可減少苗受傷及移植後的衝擊(移植逆境，transplant shock)。現在多以分格育苗盤育苗，於移植前容易分開菜苗去種。這種育苗盤稱為transplant trays或plug trays，而移植苗(transplants)被稱為「plugs」穴格苗。裸根苗自早期即先在田間或有覆蓋的冷床(cold frames)培育，至苗長到適宜大小即拔出移植。有些蔬菜生產地區，農民在較溫暖的其他田區育苗，再運回，在田間條件合宜時即可種植，使作物有最長生長期。裸根苗也可在產地附近的冷床或其他設施內育成。裸根苗的優點是：成本較低，根系分支多，而且生產系統使裸根苗比較強健、耐環境逆境(Thompson and Kelly, 1957)。但苗株移植至本田時，根系受到衝擊，減慢了恢復生長的速率。

許多農友已改採用在溫室生產的穴盤苗(圖3.6)。苗株長在個別的穴格，減少株間的競爭，增進苗株的整齊度。

於移植時，若穴盤苗的根系受到影響較輕，移植逆境較少，則移植至田間後，苗株恢復生長較快。育苗時，穴盤只有4邊排放在溫室T形鐵桿栽培架上，穴盤下方因此有空氣流通。這樣的系統有助於通氣修根(air pruning)，使根系只在穴格內生長；移植時容易拉出苗株(圖3.6)。水和養分都可由植株上方的噴灌系統提供；育苗盤裝填的介質常為人工土壤，以增進排水性、根

系生長及減少病害。許多人工土壤混有少量養分，供發芽後的小苗快速生長所需。有時，穴盤育苗採用底部灌溉(subirrigation)或浮在水上或養液上，也就是水耕育苗系統，而不用修根(root pruning)。

　　菜苗培育期間，只要根系形成完整根團、不會散開，即可早移植，可以減少根部傷害以及新環境造成的衝擊。菜苗愈大，移植難度增加；有些蔬菜比其他種類移植容易成功(表3.1)。如：番茄、甘藍能形成不定根，可以裸根苗定植；硬皮甜瓜、西瓜只能以穴盤苗或帶有完整根團的苗移植。而像甜玉米不易長出不定根，即使使用穴盤苗移植，還是困難，因為很容易受到逆境衝擊。

　　採用移植法的原因各地不同。常用育苗移植法的蔬菜有：蕓薹屬(如：青花菜、花椰菜、甘藍)、萵苣，特別是結球型，其可以增進採收整齊性，並減少作物占田時間。有些蔬菜採用移植，如：硬皮甜瓜、其他甜瓜、甜椒、番茄、西瓜，以加速成熟期，因為產地的生長期短。有些蔬菜生長慢，如：芹菜、大黃、朝鮮薊，無法跟雜草競爭，有效率移植可以確保植株的生長。

• 生產移植苗的考量

　　育苗盤的穴格大小會影響穴盤苗移植後在本田的表現，特別是早生性狀。穴格愈大，苗株有較大生長空間，可長成較為成熟的穴盤苗，而不會根系徒長或盤根。一般用大穴格育苗移植的，只要作物沒有受到嚴重移植逆境，生長成功，就會比較早成熟。但採用大穴格育苗會占用較大溫室空間，生產成本提高。苗株適合移植的苗齡，

圖3.6　T形軌育苗系統。苗床上方有自走式噴灌系統，支撐育苗盤四邊的T形鐵桿讓苗床下方通風，防止根系長出育苗盤底層(以色列)。

表3.1 各種蔬菜的移植難易度比較

移植類別		
不適合移植	移植時要小心作業	移植容易成功
玉米、胡蘿蔔、豆類、豌豆、菠菜、根恭菜、蕪菁、蘿蔔	西瓜、硬皮甜瓜、其他甜瓜、萵苣、苦苣、芹菜	馬鈴薯、番茄、茄、甜椒、甘藍、青花菜、花椰菜、洋蔥、大蒜、甘藷、蘆筍
要移植成功，則苗株要小，根系要有土壤包圍好。不能用裸根苗。不容易再生新根。 直根若受傷，影響產量與品質。	移植時，要用穴盤苗，並帶有完整的根團，就會成功。不耐嚴峻逆境。不會再生大量新根。	再生新根容易。能以裸根苗移植。可耐中度逆境。

決定於作物種類和育苗穴格大小，用大穴格生產的苗一般較大、較成熟。

• 育苗盤對植株生長的影響

　　保麗龍(發泡聚苯乙烯，polystyrene)育苗盤曾一度非常通用，現在已被其他材質製品取代；但保麗龍育苗盤仍用於浮床(float-bed)栽培(圖3.7)。

　　保麗龍育苗盤造價較貴，可保持較涼的溫度(有些情況下，苗生長慢)，但較不耐久，易孳生藻類及病原。硬質的塑膠育苗盤耐久性高，較便宜，故使用量多。深色育苗盤比淺色育苗盤易吸熱，因此育苗生長較快。

　　穴格深的育苗盤因穴格容積較大，供應苗株的水、養分較多，可促進苗生長；澆水次數可減少，但每次澆水量要較多才足夠。用深穴格育苗，澆水透徹很重要，每次每個穴格的介質要完全澆溼，才能促進根系長深。

• 生長介質

　　生長介質(growing media)的組成是不同比例的泥炭(peat)、蛭石(vermiculite)及園藝用珍珠石(horticultural perlite)；專為發芽用的介質配方最適合育苗用。發芽用介質要排水好、不會阻礙苗的萌發。含有質地粗鬆的長纖泥炭介質不帶病，排水及通氣性好，可促進苗株根系發展。有些無土介質還含有少量肥料，被稱為一種「營養充加」(nutrient charge)。需要注意會影響育苗期間的施肥管理；使用低量營養充加的介質比較好掌控。

• 播種盤與播種

　　育苗盤(transplant trays)先充填已加溼的介質，再壓平穴格介質(dibbled)，便於播種；對小型種子，介質表面下壓深度應達1-1.3 cm，對大粒種子如西瓜，則要壓更深些(圖3.8)。

　　依據常規，播種深度至少是種子寬度的3-5倍；播種太淺，有些作物像洋蔥及薑屬蔬菜還沒發根，就會被上推出穴格。

　　播種後，育苗盤要均勻加上介質用的蛭石或發芽介質，以覆蓋蔬菜種子。蛭石是理想的覆蓋介質，通氣性好，不帶病，不會限制種子的萌發(emergence)，不會長

圖3.7 以浮床系統生產菜苗。

藻類，也不會讓根長在穴格之間。

　　播種完後就要澆水，使介質含有充分的水，並包圍在種子四周。在冷天氣，加溫灌溉用水可以提高介質的溫度，使種子盡早發芽。在種子發芽及育苗初期，灌溉水溫應至少達到21°C：種子需與介質有良好的接觸才能快速吸水(imbibition)、萌發。

　　育苗溫度應維持近發芽適溫，在發芽室或溫室的發芽區設定適合發芽的溫度與溼度。在小空間設定促進發芽的環控條件，不論是加溫或降溫，成本都比環控整個溫室節省。加熱板或加熱設備可用以保持育苗盤為暖溫，有利於暖季蔬菜的發芽。空氣流通才能確保發芽室的溫、溼度平均一致。需控制溫度，不能起伏波動大，否則會延遲發芽及苗發育。表3.2為常見移植蔬菜的發芽適溫和苗生長適溫。

　　暖季蔬菜(番茄、番椒、茄、瓜類)不耐低溫：當小苗在0-10°C一段長時間就會有寒害，苗株生長會被抑制，也會影響移植後在本田的成苗表現。對這類不耐低溫的菜種，溫室需至少維持在10°C以上溫度。

　　洋蔥、花菜、芹菜都是二年生作物，13°C冷溫會誘導其開花。這些菜苗長到超過了幼年期，大約鉛筆粗的大小，不論在生長期、運送期、等待移植時，在本田移植後，當遇到2-3週持續低於13°C就會春化感應(vernalized)。若春化株還小，就會提早開花，影響生產，產量及品質均差。一般專業生產的蔬菜苗要移植時還在幼年期，不會有春化(vernalization)問題，苗株還不能感應春化低溫。

• 水質

　　灌溉用水品質好，才能成功育苗。用於灌溉穴盤苗的水應pH值介於5.5-6.5，微量元素才能被利用。池塘水或井水可能是

圖3.8 培育溫室穴盤苗的自動播種系統。

鹼性(pH>7.0)，用前必須先降低其pH值。

　　水中的酸式碳酸鹽(bicarbonate，碳酸氫鈣與碳酸氫鎂)是水的硬度指標，用以決定要施用多少酸降低pH值。水中含100 ppm酸式碳酸鹽是「軟水」，若含量400 ppm就是「硬水」。也許這兩份水樣本的pH值相同，但含400 ppm酸式碳酸鹽的水必須用酸來軟化。許多水源的酸式碳酸鹽達200-350 ppm，需要轉化；灌溉用水最好只含60-100 ppm酸式碳酸鹽，否則加入一些肥料如銨鹽後，水的pH值變化大(Bodnar and Garton, 1996)。

　　磷酸(phosphoric acid)和硝酸(nitric acid)都可用來軟化水質；每10萬L水用7 L的

表3.2 採用育苗移植的主要蔬菜種類及其發芽與生長溫度

作物	發芽適溫°C	萌發所需日數[a]	生長日溫°C	生長夜溫°C
蘆薹屬	22-24	3-4	12-18	8-15
硬皮甜瓜	28-32	2-3	24-28	18-20
芹菜	18-20	6-8	16-20	8-14
胡瓜	28-32	2-3	24-28	18-20
萵苣	20-24	3-4	16-20	8-15
甜椒	26-30	4-6	20-24	18-20
番茄	26-30	3-4	20-24	16-18
洋蔥	20-24	3-4	16-20	8-15
西瓜	32-35	2-3	26-30	20-22

[a]發芽所需時間隨不同批種子、環境條件而異。

85%磷酸或67%硝酸，可以中和60 ppm酸式碳酸鹽(Bodnar and Garton, 1996)。磷酸用量不能超過7 L，以免過多磷肥。若水中含有超過60 ppm的酸式碳酸鹽，要用硝酸中和，每7 L的硝酸還可貢獻14 ppm 的硝酸態氮。

導電度EC值表示水中溶解的總鹽分含量，也是一種水質指標。未處理的水導電度應低於0.6 S/m(Siemens per meter)(0.6 mmho/cm，即milimhos per centimeter)；EC值介於1.0-2.0 S/cm(1.0-2.0 mmho/cm)的水適於穴盤苗生產(Bodnar and Garton, 1996)。肥料溶於水後，EC值應在1.5 S/cm(1.5 mmho/cm)；EC低於此值，表示水中養分不足以供應苗株生長，高於此則水中高量的鹽(離子)可能對苗株造成傷害。

須先知道灌溉水的氮含量，再決定是否需要加氮。未處理的水一般硝酸鹽含量低於20 ppm，但一些農用水源可能硝酸鹽含量高達50 ppm；在大於50 ppm的情形下，就要少添加氮。

• 育苗灌溉

育苗的澆水次數與澆水量因作物別、穴格類型、育苗介質、溫室裡的通風情形和氣候條件而異，最好是在早上對穴盤苗充分澆水，不要在晚上澆水。因為植株帶水隔夜，容易發病；澆水不充分，根系生長會侷限在穴格上層。育苗盤還沒乾就又澆水，易引起病害；澆水有節制，可減少發病、節水，生產的菜苗具有較好的適應性。植株在澆水前可能有些萎凋，但要注意避免苗株嚴重失水，以免苗株受到傷害。

• 施肥

好的菜苗由育苗溫室到移植田區都能持續生長；而育苗期間的施肥管理影響菜苗的最後品質及菜苗移植後的表現。好的菜苗含有充足養分，在各種田區條件下，能迅速成活、生長。

通常透過灌溉澆水為菜苗施肥時，各肥料所含氮、磷酐(P_2O_5)、氧化鉀(K_2O)及微量元素量不同(表3.3)。氮肥施用應以硝酸態氮為主，苗株可較快利用，而需少施用銨態氮或尿素。

磷肥的水溶性比其他肥料差，可能會沉澱；許多菜苗肥料只含低或中濃度的磷酸鹽，以保持磷肥可溶。過多磷酐(P_2O_5)容易造成苗的快速伸長。另一方式是通常用不含磷酐的肥料(如14-0-14)，偶爾(每4或5次給水加肥)給一次高磷肥料，以增進苗的生長。如果完全不施磷肥，缺磷菜苗莖部與葉片下表面呈紫色。苗株對於肥料的需求，依作物種類、穴盤穴格大小(穴格大，施肥少)及育苗介質肥量(若介質含高量養分，就少施肥)而異。

• 蔬菜之肥力需求

每種蔬菜對肥料的需求不同，因此施肥要根據作物的需要。如：番茄需要多肥，但施肥太多，番茄苗品質不好。若隨每次澆水給肥，要看苗的生長階段及環境條件，通常推薦50-100 ppm N。若一週給肥一次，建議N濃度250-350 ppm (Bodnar and Garton, 1996)。

蕓薹屬蔬菜和番茄不同，需肥比其他作物少：一週施一次100-150 ppm N即足夠。瓜類苗的生長週期比其他作物短，每週施一

次、共2-4次，每次施濃度100-150 ppm N，可育成好的瓜苗(Bodnar and Garton, 1996)。

菜苗呈現養分不足的情形比養分過多的情形普遍。多數生產者很小心，不想施肥過多，一則肥料費用會增加，一則怕造成肥傷(burning)。結果經常肥料施晚了，過了植株最需要的時期。缺氮苗株葉色淺綠；過多氮素造成莖變白、葉深綠色，苗徒長、多汁、營養生長過旺。

• 苗高控制

菜苗高度的控制很重要，在移植作業中，太長的菜苗易受損傷，且在移植後耐逆性低。而且有些移植機對苗的大小有設限。造成菜苗莖部伸太長的原因包括：加溫太多、施肥過多、澆水太多、光度不足等情形。在日出後3-4小時，若溫度高，菜苗生長快而形成徒長(Bodnar and Garton, 1996)。相對於晚間溫度，溫室早上要保持較涼，可減少菜苗的不良生長。

有一些方法可控制菜苗生長高度。一般常以控制澆水來健化(harden)，以增加苗株乾物質及貯藏物質，更能抵抗移植時的環境逆境；或於溫室內採用節水措施，或把苗株移至溫室外與田間相似的環境，風吹株動，促進植體纖維增加。溫室菜苗可以機械式處理，代替風吹的刺激，可以達到促進植體的纖維形成(Latimer, 1998)。施用生長抑制劑可以控制植株高度，但也會延緩植株移植後恢復生長、發育的速度。

對有些蔬菜苗修剪苗株頂端，可以控制菜苗高度，但也會促進不必要的分枝，影響植株構型。也要避免因修剪而傳播病害。只要適期播種，適當管理，菜苗一般不需修剪。修剪是對長得太高的苗不得已的最後措施，否則無法進行機械移植(圖 3.9)。

• 預防病害

防治蔬菜穴盤苗病害的主要方法就是：做好清潔衛生措施與管理好溫室環境(Jarvis, 1992)。清理溫室內及四周雜草也能清除其上可能孳生的病原；重複使用的穴盤應先清洗掉附著的土或育苗介質，並消毒殺菌殺蟲(Jarvis, 1992)。常用的消毒劑是1%含氯漂白水1%(solution of chlorine bleach)，以及其他消毒劑。由於氯對小苗有害，育苗盤要充分清除漂白水，才能再用(Jarvis, 1992)。

表3.3 常用於蔬菜苗的水溶性肥料 100 ppm溶液之N、P、K 濃度及電導度(摘自Bodnar and Garton, 1996)

肥料含量(%) N-P-K	g/100 L 水	百萬分率(ppm)			電導度 S/cm(mmho/cm)[a]
		N	P	K	
20-20-20	50	100	43	83	0.40(0.40)
20-10-20	50	100	21	83	0.60(0.60)
20-8-20	50	100	17	83	0.75(0.75)
15-5-15	67	100	14	83	0.70(0.70)
14-0-14	71	100	0	83	0.85(0.85)

[a]電導度計測量100 ppm肥料蒸餾水溶液的導電度(micromhos)(Bodnar and Garton, 1996)。肥料溶液之電導度隨水的電導度而異。

• 猝倒病防治

猝倒病(damping off)是指一群危害種子、種苗致死的真菌病害(Jarvis, 1992)。育苗常播種於溼暖環境，使其能快速發芽及幼苗生長，但這種環境也容易引起猝倒病。常見的猝倒病由腐霉菌(*Pythium*)引起，還有其他病原也會造成種苗致死，如：灰黴病菌(*Botrytis*)、菜豆殼球孢菌(*Macrophomina phaseoli*)、疫病菌(*Phytophthora*)、立枯絲核菌(*Rhizoctonia solani*)、白絹病菌(*Sclerotium rolfsii*)和黑色根腐病菌(*Thielaviopsis*)。防治方法包括降低發芽環境溼度、使用消毒／無菌土壤或介質、空氣流通、田間土壤無病、種子以殺菌劑處理，如：滅達樂(metalaxyl)、蓋普丹(captan)、得恩地(thiram)(Jarvis, 1992)。

• 蟲害

蔬菜育苗溫室裡的腐爛植物、藻類、真菌常會孳生各式蕈蚋幼蟲(fungus gnats, shore flies, moth flies, March flies)，只有孳生於真菌上的蚊蚋會危害植物(Dreistadt, 2009)。其幼蟲會咬食小苗根部，抑制小苗生長，幼蟲和成蟲還會傳遞腐霉菌、立枯絲核菌等病原(Bodnar and Garton, 1996)。

育苗時不要澆太多水，土表要能在下一次澆水前乾燥，排水要好。門、通風口及窗戶要關好或加網，不要讓昆蟲飛入。介質或土壤都要經過消毒，加熱或蒸氣方式能殺死飛蠅及其食物藻類及微生物(Dreistadt, 2009)。

防治蟲害上，於溫室內一般不用廣效性的殺蟲劑，可用蕈蚋幼蟲的天敵，如：隱翅蟲(rove beetles, *Staphylinidae* family)、步行蟲(ground beetles, *Carabidae* family)來防治。市售有*Steinernema*蟲生線蟲、*Hypoaspis*下盾蟎、生物殺蟲劑蘇力菌(*Bacillus thuringiensis* subsp. *israelensis,* Bti)等可用以防治苗盤介質裡的蕈蚋幼蟲(Wright

圖3.9 轉盤式移植機。工人由育苗盤取出菜苗，丟入旋轉盤的苗杯，苗再落入移植機所開的植穴，隨即被座位下的固定鏈與擠壓輪攏土圍住根部、立穩苗株。

and Chambers, 1994; Harris *et al.*, 1995)。

在栽培介質內施加昆蟲生長調節劑，如：印楝素(azadirachtin)、丙諾保幼素或烯蟲炔酯(kinoprene)、二福隆(diflubenzuron)、賽滅淨(cyromazine)等，可有效控制蕈蚋幼蟲(Dreistadt, 2009)。將有機磷劑，如：毆殺松(acephate)，馬拉松(malathion)或胺基甲酸鹽，如：加保利(carbaryl)灌入介質可殺死幼蟲，但也會殺死其他生物，包括有益生物(Dreistadt, 2009)。

• 藻類

藻類(algae)也是育苗期的主要問題，特別是水耕方式育苗或底部灌溉，若養液受到陽光照射，會產生藻類。水耕床要遮光、使用潮汐灌溉、不讓養分流出養液槽等都可減少藻類生長。

傳統穴盤育苗使用的噴水灌溉，造成介質表面滋生藻類，形成結塊，阻擋水滲入介質。在播種後，使用介質級的蛭石覆蓋育苗盤，可預防藻類生成。

溼涼的陰天最易發生藻類問題，可用熟石灰(hydrated lime，氫氧化鈣)或農用溴化合物商品Agribrom(3-bromo-1-chloro-5, 5-dimethylhydantoin)或氫氧化銅(copper hydroxide)有效控制栽培架下方及四周孳生的藻類，杜絕飛蠅小蟲的棲息點(Dreistadt, 2009)。

• 嫁接苗

溫室生產業者採用嫁接(graft)栽培已久，現在有機生產田間栽培也增加採用嫁接，代替溴化甲烷的作用。將蔬菜苗作為接穗，嫁接到另一種不同遺傳組成的根砧，以獲得：(1)對土壤病害和線蟲的抗病性；(2)產量和品質增加；(3)耐逆性增強(Kubota *et al.*, 2008)。

接穗採自植株上端有芽體的部分，係取其優良的園藝特性。根砧選用抗土傳病害、抗線蟲或耐逆境的種類。根砧深入土，具有較好的水分、養分吸收能力，抗耐性較強。使用橡皮套管或嫁接夾來固定嫁接口，是最常用的嫁接方式之一(圖3.10)。嫁接套管一側有切縫，當癒合的莖長粗時，套管會脫落。嫁接作業一般在播種後2-3週進行。

有些根砧發育較慢，需提早播種，使根砧莖粗長到與接穗的莖粗相當。剛嫁接的苗需置於高溼(>95% RH)、常溫(27-28°C)、低光下4-7天(Kubota *et al.*, 2008)。待嫁接癒合後，嫁接苗要先在溫室內馴化(acclimatized)，才能移植到田間。

• 育苗完成與健化

健化苗株可以降低移植逆境帶來的衝擊、增加苗株植體的乾物質累積與碳水化合物貯存。以下為健化蔬菜苗的作法，可以單項或數項併用(Bodnar and Garton, 1996)。

1. 溫室通風以降低溫室溫度。若作物對低溫敏感，降溫不能低於10°C。
2. 氣流可以搖動苗株(Latimer, 1998)。
3. 使苗株輕度缺水，輕微萎凋。為健化苗株而不施肥，但如果造成營養缺乏，會延遲苗株在大田的生長恢復。
4. 置苗株(仍在穴盤內)於室外數日，增加苗株在田間的適應力。
5. 以離層酸ABA或其他化合物處理苗株，使其健化 (Leskovar *et al.*, 2008)。

圖3.10 番茄嫁接苗。在定植前去除固定嫁接處的夾子。

參考文獻

1. Birchler, J.A., Auger, D.L. and Riddle, N.C. (2003) In search of the molecular basis of heterosis. *Plant Cell* 15, 2236-9.

2. Bock, R. (2010) The give-and-take of DNA: Horizontal gene transfer in plants. *Trends in Plant Science* 15, 11-22.

3. Bodnar, J. and Garton, R. (1996) *Growing Vegetable Transplants in Plug Trays.* Ontario Ministry of Food Agriculture and Rural Affairs, Harrow, Ontario.

4. Copeland, L.O. and McDonald, M.B. (2001) *Principles of Seed Science and Technology, 4th edn.* Kluwer Academic Publishers, Norwell, Massachusetts.

5. Dreistadt, S.H. (2009) Pest Notes: Fungus Gnats, Shore Flies, Moth Flies, and March Flies. *University of California Agriculture and Natural Resources Publication* 7448, 1-6.

6. Elias, S.G., Copeland, L.O., McDonald, M.B. and Baalbaki, R.Z. (2011) *Seed Testing Principles and Practices.* Michigan State University Press, East Lansing, Michigan.

7. Finch-Savage, W.E. (1981) Effects of cold-storage of germinated vegetable seeds prior to fluid drilling on emergence and yield of field crops. *Annals of Applied Biology* 97, 345-352.

8. FIS (1999) *Seed Treatment A Tool for Sustainable Agriculture.* International Seed Testing Federation, Nyon, Switzerland.

9. Fujii, J.A.A., Slade, D.T., Redenbaugh, K. and Walker, K.A. (1987) Artificial seeds for

plant propagation. *Trends in Biotechnology* 5, 335-339.

10. Halmer, P. (2004) Methods to improve seed performance in the field. In: Bench-Arnold, R.L. and Sanchez, R.A. (eds) *Handbook of Seed Physiology. Applications to Agriculture.* Food Products Press, New York, pp. 125-166.

11. Harrington, J.F. (1963) Practical advice and instructions on seed storage. *Proceedings of the International Seed Testing Association* 28, 989-994.

12. Harris, M.A., Oetting, R.D. and Gardner, W.A. (1995) Use of entomopathogenic nematodes and a new monitoring technique for control of fungus gnats, Bradysia coprophila (Dipt.: Sciaridae), in floriculture. *Biological Control* 5, 412-418.

13. Jarvis, W.R. (1992) *Managing Diseases in Greenhouse Crops.* APS Press, St. Paul, Minnesota.

14. Khan, K.H. (2009) Gene Transfer Technologies in Plants: Roles in Improving Crops. *Recent Research in Science and Technology* 1, 116-123.

15. Kubota, C., McClure, M.A., Kokalis-Burelle, N., Bausher, M.G. and Rosskopf, E.N. (2008) Vegetable Grafting: History, Use and Current Technology Status in North America. *HortScience,* 43, 1664-1669.

16. Latimer, J.G. (1998) Mechanical Conditioning to Control Height. *HortTechnology* 8, 529-534.

17. Leskovar, D.I., Goreta, S., Jifon, J.L., Agehara, S., Shinohara, T. and Darrin Moore, D. (2008) ABA to enhance water stress tolerance of vegetable transplants. *Acta Horticulturae* 782, 253-264.

18. McSpadden Gardener, B.B. and Fravel, D. (2002) Biological control of plant pathogens: Research, commercialization, and application in the USA. Available at: www.plantmanagementnetwork.org/pub/php/review/biocontrol (accessed 28 September 2013).

19. Morsy, S.M., Drgham, E.A. and Mohamed, G.M. (2009) Effect of garlic and onion extracts on suppressing damping-off and powdery mildew diseases and growth characteristics of cucumber. *Egyptian Journal of Phytopathology* 37, 35-46.

20. National Research Council (2004) *Safety of Genetically Engineered Foods: Approaches to Assessing Unintended Health Effects.* National Academies Press, Washington, DC.

21. Pill, W.G. (1991) Advances in fluid drilling. *HortTechnology* 1, 59-65.

22. Pill, W.G. (1995) Low water potential and presowing germination treatments to improve seed quality: preplant germination and fluid drilling. In: Basra, A.S. (ed.) *Seed Quality: Basic Mechanisms and Agricultural Implications.* Food Products Press, New York.

23. Rieger, R., Michaelis, A. and Green, M.M. (1991) *Glossary of Genetics,* 5th edn. Springer-Verlag, Berlin.

24. Romeis, J., Shelton, A.M. and Kenney, G.G. (eds) (2008) *Integration of Insect-Resistant Genetically Modified Crops within IPM Programs.* Springer, New York.

25. Thompson, H.C. and Kelley, W.C. (1957) *Vegetable Crops,* 5th edn. McGraw-Hill, New York, 611 pp.

26. UN-FAO, WHO (1996) *Biotechnology and food safety: report of a joint FAO/ WHO consultation.* Food and Agriculture Organization of the United Nations, Rome.

27. Welbaum, G.E. (2006) Natural defense mechanisms in seeds. In: Basra, A.S. (ed.) *Handbook of Seed Science and Technology.* Food Products Press, New York, pp. 451-473.

28. Welbaum, G.E., Shen, Z.-X., Oluoch, M.O. and Jett, L.W. (1998) The evolution and effects of priming vegetable seeds. *Seed Technology* 20, 209-235.

29. Wright, E.M. and Chambers, R.J. (1994) The biology of the predatory mite *Hypoaspis miles* (Acari: Laelapidae), a potential biological control agent of *Bradysia paupera* (Dipt.: Sciaridae). *Entomophaga* 39, 225-235.

第四章　蔬菜栽培之施肥與礦物質養分需求

Fertilization and Mineral Nutrition Requirements for Growing Vegetables

前言

　　蔬菜作物利用陽光、二氧化碳與水進行光合作用，產生植體所需能量，但還要有肥沃的土壤或栽培介質供應礦物質養分(無機營養元素)才能生存、生長及開花繁殖。作物得到充分營養、生長健康，才能與雜草競爭，抵抗病蟲害。如果蔬菜生長與發育所需要的營養元素不足，蔬菜產量及品質都會下降。因為蔬菜是直接食用，所以外觀很重要；如果植株缺乏礦物質營養，造成植株矮小、扭曲、顏色改變，會降低品質與市場價值。此與大多數穀類及糧食作物不同，雖然農藝作物缺乏礦物質養分會降低產量，但對外觀的影響就不是那麼嚴重。

　　植物營養分為大量元素(macronutrients)和微量元素(micronutrients)兩類。大量元素指植株需求量大，以植株乾重百分比表示的營養元素，包括氮(N)、碳(C)、氧(O)、氫(H)、鉀(K)、硫(S)、鈣(Ca)、鎂(Mg)與磷(P)(表4.1)。微量元素則植株的需求量小，一般用百萬分率(parts per million, ppm)表示，包括鐵(Fe)、硼(B)、錳(Mn)、鎳(Ni)、鋅(Zn)、銅(Cu)、氯(Cl)與鉬(Mo)(表4.1)。

適合蔬菜生長的土壤

　　除了一些水生栽培的蔬菜，如：山葵(wasabi)、豆瓣菜(watercress)、水蕹菜(Chinese water spinach)等之外，大多數蔬菜喜好排水良好、富含有機質的土壤。一般推薦排水良好的壤土(loam)栽培蔬菜；壤土由砂粒、坋粒與黏粒以相近比例(約40%-40%-20%；Kaufmann and Cutler, 2008)組成。實際上，許多蔬菜可以在多種土壤裡生長，包括砂土、砂質壤土、坋質壤土、黏質壤土、砂質黏壤土、坋質黏壤土、黏土，只要土壤排水良好，在乾旱季節可以灌溉。

　　有機物是土壤重要成分；天然有機物來自環境中分解的動、植物，例如：分解中的堆肥、動物、植物、其他生物，以及它們的殘體，一起構成土壤的天然有機質。當有機物腐解到一個程度，已經認不出其來源特徵時，即成為土壤有機質(Kaufmann and Cutler, 2008)。因此，土壤有

機質包含所有的有機物，但不包括還未分解的(Juma, 1999)。

　　土壤的天然有機物質可以先連結礦物質，然後釋出，或當有機物分解時，釋出這些礦物質回歸土壤。結合在有機物上的礦物質和金屬離子，不會隨雨水或灌溉在土壤裡移動。土壤有機質可改善土壤肥力，慢慢釋放礦物質營養以供給作物生長所需，增加土壤保水力，改善土壤結構，而增進蔬菜生產。對於中度及輕度砂質土壤，有機質有助於保水、保養分。

　　有機物分解為腐植物質(humic substances)後就不再分解，稱為腐植質(humus)。腐植物質是動、植物與微生物殘體經生化及化學反應、分解並轉化形成，即經過腐植化反應(humification)所形成的複雜、異質的多分散物質(polydispersed materials)。植物木質素及其轉化產物，以及多醣、黑色素(melanin)、角質(cutin)、蛋白質、酯質、核酸、細炭顆粒等，都是腐植化反應過程(humification process)的一部分。腐植質的優點之一是保持水分、養分，供應植物生長所需，另一優點是改善土壤結構(Juma, 1999)。土壤結構是指土壤顆粒及顆粒間空隙的排列形式(Marshall and Holmes, 1979)。土壤富含有機質和腐植質，才是健康、豐產的蔬菜土壤。因此土壤管理使保持或增加有機質和腐植質成分，是蔬菜生產成功重要的一環。

　　增加田區腐植質含量的方法包括：施動、植物性堆肥或加入綠肥；這些肥料提供土壤中線蟲、細菌生長所需的營養，而這些生物可將土壤有機物轉變為腐植質(Crow *et al.*, 2009)。

　　腐泥土(muck)、泥炭苔(peat)、有機質土壤都是由大量不同分解階段的植物材料所組成(圖4.1)。這些土壤歷經數千年形成，原來湖積的大量苔蘚和其他有機殘體逐漸乾燥、分解，成為含大量有機質或腐植質的土壤。腐泥土、泥炭苔、有機土這三種名稱常互相通用，都是指土壤有機質、腐植物質含量高達50%或以上者(Thompson and Kelly, 1957)。有時，腐泥土與泥炭苔可由其有機物成分的結構來區分；前者已看不出有機物成分的構造，後者有機物構造還明顯(Thompson and Kelly, 1957)。這些有機質土壤的特徵是：顏色深，褐色或黑色，分解程度愈深，色澤愈深，其保水性強，能吸收它們乾重好幾倍的水分；含氮量高，達乾重的2.5%或以上。有機土壤還含有一些低量的礦物質養分，如：鉀、磷及一些微量元素。它們以每年2.5 cm或更高的速率氧化；腐泥土會隨時間不見，淺層的沉積最終會消失。有些腐泥土生產區的土面比周圍的礦物質土壤低，就是因為氧化作用變淺了。許多生菜作物和根菜類不經過生殖生長，又對氮需求量高，如：蘿蔔、馬鈴薯、根萵菜、胡蘿蔔、芹菜、菠菜、萵苣等，在有機質土壤或腐泥土生產時，產量高。

土壤檢測

　　蔬菜作物生長過程一定要有充分的養分供應；土壤肥力可由化學分析測知是否需要補充肥料。土壤檢測(soil test)結果決

表4.1 作物缺乏必要營養元素的病徵(不含碳、氫、氧)。田間診斷應以土壤檢測及植體分析結果確認；各作物表現的缺乏症狀可能非常不同，本表所列僅做一般參考 (McCauley *et al.*, 2003)

營養元素	乾重[a]	缺乏病徵
大量元素		
碳(C)	C占植株乾重40%-60%，依作物種類及取樣部位而定。	碳是植體乾重的主要成分，碳素來源為二氧化碳，植物由大氣經氣孔吸收。
氧(O)	C、O、H合占植株乾重90%或以上。	氧為植物呼吸作用所需，是光合作用副產物而釋放出，因此植物不缺乏。
氫(H)		氫來自水，氫元素本身不限制植物生長。
氮(N)	2.0%-6.0%[b]	植株生長受抑制；植株直而細長；缺乏初期葉色淺綠，到後期葉黃化，甚至變橙色、紅色；病徵先出現於下位葉。
磷(P)	0.2%-0.5%[b]	抑制全株生長；生長直立而細長；缺乏初期葉色藍綠，有時綠色比正常株還深，到後期葉變紫色，葉緣偶有褐化；提早落葉，病徵初現於老葉。
鉀(K)	1.2%-5.0%[b]	葉尖褐化；葉緣燒焦狀；有些作物葉片上出現褐色或淺色斑點，以靠近葉緣較多；病徵先由下位葉出現。
鈣(Ca)	0.5%-2.0%[b]	病徵主要出現於新葉，靠近生長點；病株頂點與幼葉捲曲變形；葉緣不規則，顯現枯焦褐色或斑點。
鎂(Mg)	0.2%-0.5%[b]	初期病徵葉脈間黃化(interveinal chlorosis)，綠色組織間雜；病徵先出現於下位葉。
硫(S)	0.2%-0.5%[b]	新葉黃綠色，似缺氮症狀；莖部生長受抑制。
微量元素		
鋅(Zn)	15-50 ppm[b]	脈間黃化，隨後黃化處枯死。
錳(Mn)	20-200 ppm[b]	葉色淺綠至黃，對比葉脈保持綠色，葉上出現褐色斑點、落葉；病徵先出現於新葉。
硼(B)	10-50 ppm[b]	生長點停止生長；莖、葉扭曲；上位葉變黃紅色、燒焦或捲曲。
銅(Cu)	2-20 ppm[b]	幼葉淺綠色、黃化。
鐵(Fe)	25-150 ppm[b]	新葉葉脈間黃化。
鉬(Mo)	1-2 ppm[b]	葉黃化，葉緣捲曲；缺鉬植株也常缺氮。
鎳(Ni)	1-10 ppm[b]	鎳的缺乏症狀還沒有確立。缺鎳株產生的種子發芽率與發芽勢都低。
氯(Cl)		田間沒有缺乏症狀。

[a]占正常植株乾重範圍

[b]葉片組織值

圖4.1 美國俄亥俄州芹菜村 (Celeryville, Ohio) 附近一處田區，腐泥土呈黑色，含有機質達50%以上，適合多種蔬菜生產，如：芹菜、萵苣、菠菜、洋蔥、蘿蔔；左側防風林有助於防止沖蝕。

定需要加多少石灰、多少肥料，以得到最大經濟生產，而不浪費資源。肥料是含有一種或數種植物營養、能促進植物生長的物質。種蔬菜前，要先做土壤測試，先隨機自田區幾個點取土壤樣本，送請專業實驗室檢測，或使用現成套組照指示自行測試，雖不如實驗室檢測精確，但可知道土壤的一般養分狀況。

例行土壤檢測可以評估土壤的肥力，提供作物生長的肥料需求資訊。肥料建議係根據作物的產量潛力來估算，而產量依土壤狀況而異；因此土壤實驗室可以針對檢測結果，提出客製化施肥建議。許多國家的政府單位會提供土壤資訊，如果沒有農地土壤分類地圖，可依下列方法預測產量：將該作物在此田區過去5個期作中，以最高的3次產量計算平均值。專業土壤實驗室分析土壤樣本後，推算肥料需求量以獲

得預測產量，所投入的施肥成本很快即可回收。標準土壤檢測項目包括土壤pH值、磷、鉀、鈣、鎂、鋅、錳、銅、鐵、硼與陽離子交換力，還有針對目標作物及土壤種類、建議施用的石灰及肥料。而由於氮的多變性以及存在土壤中的不同形式，氮含量不易估測，故不包括在土壤檢測中。另有兩個檢測項目在有要求的情形下才會分析，即土壤可溶性鹽分與有機質檢測；前者可得知是否施肥過多，後者分析土壤中有機物含量之百分比。

土壤檢測除了提供礦物營養元素有效性的資訊，尚提供土壤pH值(土壤溶液中的氫離子活性)，後者影響營養元素對植株的有效性，因此維持適當的土壤pH值是蔬菜生產上最重要的措施之一，其影響營養元素能否被植物吸收，也影響營養元素是否會造成毒害。

酸性土壤的影響

蔬菜若在酸性土壤中生長，會有鋁(Al)毒害、氫毒害、及／或錳毒害，還有缺鈣、缺鎂等病徵(Nyle and Weil, 2008)。土壤pH值低於4時，水溶液中的氫離子會傷害根的細胞膜。大多土壤中都含有鋁，在酸性土壤中三價鋁(Al^{3+})之溶解性高，造成鋁毒害；但土壤pH值高於5.2時，鋁溶解性低，不會影響植株。鋁不是植物所需之營養元素，它會干擾鈣的吸收，鋁會與磷酸結合而影響ATP和DNA的生成，兩者都含有磷酸。

土壤含錳量高時，當pH值5.6或更低，就造成錳毒害。錳溶解性隨pH值降低而上升，與鋁相同。錳毒害病徵最常見於pH值5.6，錳毒害的典型病徵為葉捲曲或皺縮(crinkling)。

營養有效性與土壤pH值間的關係

土壤pH值決定所有營養要素的有效性。在輕微至中度鹼性土壤中(pH>7.0)，鉬及磷除外的大量元素的有效性增加，但是磷、鐵、錳、鋅、銅、鈷的有效性大減，影響了植物生長(Havlin *et al.*, 1999)。而在酸性土壤中，微量元素(鉬、硼除外)的有效性增加。施用銨態氮(NH_4)或硝酸態氮(NO_3)肥料，可以補充氮素；雖然氮不像其他要素如磷之有效性受土壤pH影響，但仍以pH6-8條件下有最高的有效性。磷的有效性在土壤pH值6.0-7.5為佳，pH值低於6.0的情況下，磷與鐵、鋁結合為不溶性的化合物(Havlin *et al.*, 1999)；而在pH值高於7.5時，磷與鈣結合形成不溶性化合物。

施用石灰資材調整土壤酸鹼度

大多數蔬菜所適應的土壤pH值為6.2-6.8。依照土壤檢測結果，可施用含鈣或含鈣、鎂的石灰(lime)資材，以調整及維持適當的pH值，降低酸性土壤的危害(Mengel *et al.*, 2001)。於土壤中施加農用石灰資材中和劑，以升高pH值，可減少土壤中可溶性鋁和錳濃度及它們對植物的傷害，且增加數種必要營養元素的有效性。

商業土壤實驗室依據檢測結果，會對特定作物提出建議肥料用量及施用方法。但不同實驗室推薦的考量角度不同，因此同樣的土壤樣本，可能得到截然不同的建議。例如：有些實驗室認為要先提升土壤中一些營養元素含量如K，而別的實驗室只推薦一季作物所需的肥料用量。

氣態植物營養

植物產生氧氣供人和動物呼吸，而被喻為「地球的肺」。人和動物都仰賴植物釋出的氧，呼出二氧化碳；植物能自大氣中吸收二氧化碳，將之轉換為乾物質(圖4.2)。

這種過程稱為光合作用，只利用光，將水與二氧化碳轉換成簡單的糖(Taiz and Zeiger, 2010a)。水與二氧化碳是植物正常生長發育所需，但不同於其他來自土壤的

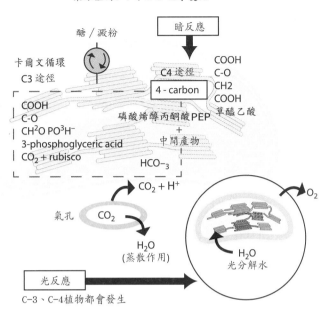

圖4.2　植物葉片葉綠體圖示。大氣CO_2由氣孔進入葉片，與光裂解水分子所產生的H^+結合，放出O_2，是光合作用光反應的一部分。產生的HCO分子是光合作用基本結構單元，再轉換為較複雜的化合物。

礦物營養，二氧化碳是大氣中的氣體，水主要來自土壤水分(圖4.2)。在光合作用中，水先分解成氫與氧，氧氣以氣態進入空氣，而氫與二氧化碳發生化學作用產生單糖，亦即後來生成較複雜的化合物的基本結構單元(圖4.3；Taiz and Zeiger, 2010a)。推動這些化學反應進行的能量來自光(圖4.3)；糖由葉部經葉脈韌皮部移出，進入其他器官。

這些糖移到目的組織後，改變為數以萬計的不同化合物；植物將這些複雜的碳化合物用在自身的生長與發育，就如蔬菜形成人類食物鏈中重要的一環。

地球大氣層CO_2的平均濃度為總體積的0.039%，即占總體積的百萬分之387(ppm)，並在上升中。植物由葉片氣孔獲得空氣中的CO_2(圖4.2)；氣孔的閉合由保衛細胞控制，調節葉肉內空隙與大氣間的氣體交換。如果水分有限，氣孔會關閉，以保存水分，但也因此光合作用降低，因為CO_2不夠(Taiz and Zeiger, 2010a)。田間植物只要有足夠的水，氣孔開張，大氣中CO_2充分，光合作用不會受限；然而在封閉的溫室裡，CO_2可能變少，必須靠補充CO_2(氣體)使光合作用最佳化。

光合作用所產生的糖，有一半用於植物的生長。科學家們估計，全球光合作用每年自大氣中移走1,000億公噸的碳，而將之捕集封存在植體。由於大氣中CO_2量增加，若其他因素配合好，如：溫度適合、水分供應不缺乏，光合作用增加，植物封存碳量增加。如此，大氣中CO_2量較

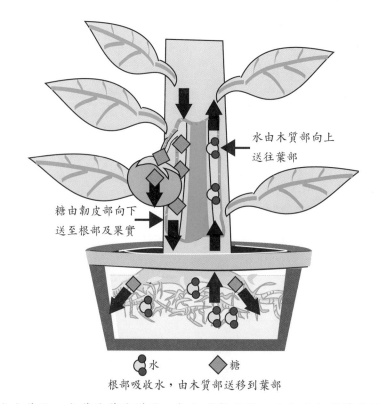

水由木質部向上
送往葉部

糖由韌皮部向下
送至根部及果實

○水　　◇糖

根部吸收水，由木質部送移到葉部

圖4.3　透過光合作用，在葉片葉綠體將二氧化碳製成糖，由韌皮部篩管將糖送到根部、
　　　　生長的組織和果實。水由根部經由木質部導管移送。植物營養要素溶解於由根部
　　　　吸收的水分。

高，蔬菜也可能像其他作物的分析結果相同，獲得增產(Long *et al.*, 2006; Ainsworth, 2008)。

　　核酮糖-1,5-二磷酸羧化酶(rubisco)是C-3植物用以固定CO_2，而且是地球上最多量的蛋白質(圖4.2)。光合作用產生的糖移轉到植物其他器官，供呼吸作用和生長發育所需。多數蔬菜是C-3植物，玉米和一些其他熱帶禾本科、莎草科作物都是C-4植物，有不同的碳固定途徑(圖4.2)。C-4植物一般較耐旱、用水效率較高(Taiz and Zeiger, 2010b)。

　　呼吸作用可以視為反方向的光合作用(圖4.4)。呼吸作用釋放糖分子內所貯存的化學能量(圖4.4)，而由糖解作用得到的化學能，用於細胞維持及生長。在呼吸過程中，糖解產物及氧氣被利用，釋放出CO_2及水。白天和晚上都能進行呼吸作用(圖4.4)。

　　如何看光合作用、呼吸作用和蔬菜生產間的關係？蔬菜作物進行光合作用的能力是決定產量和品質的主要因子。碳元素貢獻40%-60%，結合氫和氧元素一起貢獻植物體90%以上的乾物重。因此任何降低光合作用的因素也會降低乾重的累積，亦即產量降低。雖然有些蔬菜如菠菜耐遮陰，但一般蔬菜作物喜好充足的陽光，在全日照下，有最大的光合作用。而降低光合作用的情形包括：缺水造成氣孔關閉、

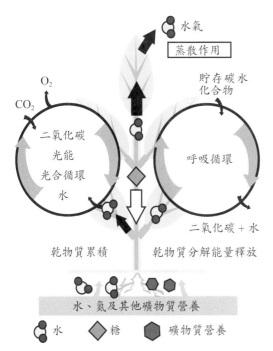

水氣

蒸散作用

O_2

CO_2

二氧化碳
光能
光合循環
水

貯存碳水
化合物

呼吸循環

乾物質累積　　乾物質分解能量釋放

二氧化碳 + 水

水、氮及其他礦物質營養

● 水　◆ 糖　⬡ 礦物質營養

圖4.4 呼吸作用使貯存的有機物分解、提供能量、釋出二氧化碳和水。光合作用累積貯存物質，包括糖，而呼吸作用消耗之。人與植物都有呼吸作用；人要進食，植物靠光合作用製造食物。

植株小葉面積少、植株間競爭、養分缺乏、蟲害使葉面積減少、植物病害、遮陰或陰天減低日照。

以甜瓜為例說明光合作用如何影響蔬菜品質。糖累積是甜瓜的主要風味成分，而使瓜甜的可溶性糖來自光合作用。若光合作用顯著降低，甜瓜風味一定不好，如：缺水(氣孔關閉)、長期陰天、葉有蟲害、病害、遮陰、雜草競爭，都會降低甜瓜植株的光合作用，於是降低果實品質。而呼吸作用會消耗糖，可增加呼吸作用的因素就會減少糖及降低果實品質(圖4.4)。以硬皮甜瓜(cantaloupes)為例，夜溫高增加了呼

吸作用，造成糖的消耗，降低果實的糖含量。在有灌溉設施的沙漠地區生產甜瓜，由於日照充分又有冷涼夜溫，光合作用最大而呼吸作用減少，可以累積最多糖分。

植物礦物質營養及其缺乏症

植物礦物營養要素根據其在植體內的移動性分為可移動與非移動性兩類。移動性營養要素可以移動到植株最需要的部位，例如：由植株老葉移動到幼葉，植株缺乏症狀就會最先在老葉出現。非移動性要素缺乏時，則幼葉比老葉先出現病徵，因為這些營養要素固定在組織內，無法移動到最有需要的組織。

營養要素的移動性就是判斷蔬菜營養缺乏症狀的有力工具(圖4.5、圖4.6)。

然而，有時營養要素缺乏的症狀依物種，甚至同一物種的不同品種表現不同。而且作物顯出症狀前就已營養缺乏、遭受逆境，受到損害。本章後面會討論化學分析法，它能在植株出現病徵前，正確檢測出不足的營養元素。雖然外觀判斷有其限制，肉眼診斷仍為快速、重要的營養障礙辨識法，以便採取補救對策。氮、磷、鉀、鎂、鉬、氯是移動性的營養要素，其他必要元素是不移動性的；這樣的劃分有助於病徵診斷。其實有些元素的移動性介於中間，如：鋅是半移動性，其特性介於易移動與不移動性兩類之間。

移動性營養要素

氮是植物蛋白質、核酸(DNA, RNA)及

葉綠素的一個組成分。植物缺氮的共同特徵就是下位葉黃化(淺綠至黃)，生長緩慢而植株小，嚴重時老葉壞疽焦乾。缺氮植株會提早成熟，導致產量及品質下降，其嚴重性依缺氮之程度(Jones, 1998)。田區缺氮可能是局部，也可能是全面性，視其造成原因而定。

氮肥施用對植物的生長與發育有極大影響，過量的氮造成植株深綠、營養生長旺盛而延後成熟。以生產營養器官為主的蔬菜，如：萵苣、甘藍、菠菜、芹菜等，生長期間需要大量氮素，但過多氮肥會造成這些植株生長軟弱，貯藏壽命降低。

以採收繁殖器官花、果為主的蔬菜，如：青花菜、番茄、甜瓜等，氮肥可促進其營養生長而延遲生殖生長。若這些作物生長初期即有過量氮肥，可能其開花、著果會延後，甚至被抑制。一般常以植株組織的碳氮比(C:N)來探討其氮素狀況。有些作物的最適營養狀況會隨生長階段而改變。以番茄為例，生長初期，低碳氮比值(C:N)對促進營養生長最適合；植株有了足夠的營養生長，就能支持生殖生長階段的果實發育。進入開花期之前，植株C:N比值要提高，才能增進開花及結果；著果或開始花芽發生後，C:N比宜降低以促進果實發育。

植株含氮量高，就會延緩開花及減產，對番茄、番椒、硬皮甜瓜、南瓜類等果菜造成晚成熟，無法提早生產，而生長期短的地區會減少獲利。氮素促進營養生長，施氮過量時，植株高弱易倒伏，新生長部位徒長而乾物質含量低。在乾燥條件

下，可能造成氮毒害，纖弱的植株組織呈燒焦狀。施用銨態氮(NH_4^+)肥，造成的毒害是植株生長小，根系及莖部出現損傷，葉緣下捲(Mengel et al., 2001)。

植株需要磷以形成三磷酸腺核酸(ATP)供貯能、累積醣，以及作為核酸的組成分(Jones, 1998)。幼株比成熟株有較高的磷需求，缺乏磷酸的症狀在幼株較明顯(Grundon, 1987)。因此，田間或溫室幼苗若施肥不夠，或幼苗移植的土壤冷涼，抑制幼株吸收磷，常見缺磷症狀。缺磷植株生長受抑制，老葉呈現紫紅色，因為植株累積糖，有利於花青素合成(Bennett, 1993)。嚴重缺磷的植株葉片前端褐變、枯死。缺磷植株生長較弱，成熟期延後，葉片伸展及葉面積可能減少，變成捲曲小葉(Jones, 1998)。易發生磷缺乏的田區是高度侵蝕土或風化土，即碳酸鈣($CaCO_3$)含量高的下層土已暴露地區。作物生長在碳酸鈣含量高的土壤極易缺磷，因鈣和磷結合為不溶解的沉澱。

植物需要鉀來活化酵素和輔酶(coenzymes)(一些特定、具有協助催化化學反應及輔助因子作用的分子)。鉀是植物耐逆境如低溫、高溫、乾旱的重要營養元素。鉀是維持滲透壓、細胞膨壓、細胞的伸長生長以及氣孔開閉的重要調節物質，氣孔的閉合影響蒸散降溫及CO_2累積，而後者為光合作用所需。缺鉀不會立即造成可見的病徵，起初只是生長速率減小、一些黃化，後期才發生壞疽(Mengel et al., 2001)。受害老葉有局部斑紋或部分黃化，葉緣焦枯，黃化症狀先出現在葉尖，再沿

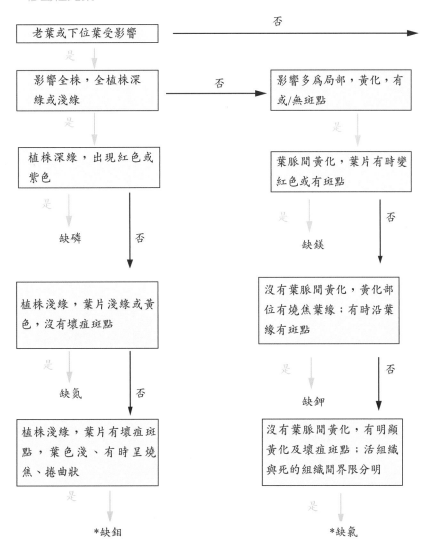

*若病徵不符合以上描述，再重新對照本檢索或本章有關個別症狀之描述。

圖4.5 移動性營養元素缺乏症狀之診斷(引用自：McCauley *et al*., 2003)。

葉緣達到葉基，一般只有中肋(主脈)仍保持綠色。隨病情惡化，全葉變黃；可能沿葉緣開始，出現白色或黃色壞疽小斑點。

氯(Cl)在土壤中含量豐富，在高鹽地區濃度很高；但在高度淋溶內陸地區可能會缺氯。迄今，氯缺乏的報導很少，而且可能有品種專一性，很容易被誤判為生理

性的葉部斑點病(Engel *et al*., 2001)。氯化物要和鉀一起，對植株進行正常功能極為重要，包括氣孔張開與水分的關係、光合作用中的水裂解為氫與氧、陽離子平衡以及植體內物質運送。

最常見的缺氯症狀是幼葉黃化、葉緣萎凋(Berry, 2010)。黃化部位在葉脈之間的

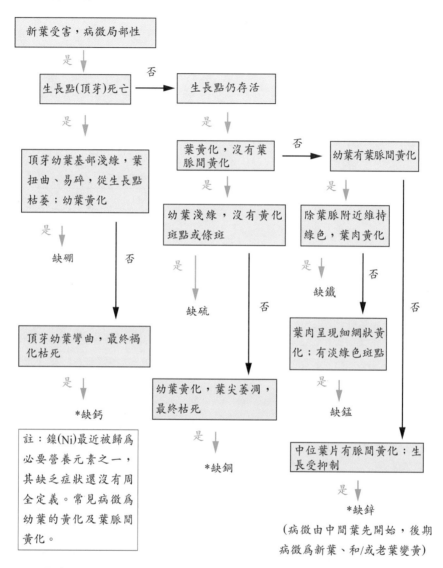

非移動性元素

新葉受害，病徵局部性

是 ↓

生長點(頂芽)死亡 — 否 → 生長點仍存活

是 ↓   是 ↓

頂芽幼葉基部淺綠，葉
扭曲、易碎，從生長點
枯萎；幼葉黃化

葉黃化，沒有葉
脈間黃化 — 否 → 幼葉有葉脈間黃化

是 ↓   是 ↓

幼葉淺綠，沒有黃化
斑點或條斑

除葉脈附近維持
綠色，葉肉黃化

是 ↓   是 ↓   否 ↓

缺硼   否 ↓   缺硫   缺鐵

頂芽幼葉彎曲，最終褐
化枯死   否 ↓

葉肉呈現細網狀黃
化；有淡綠色斑點

是 ↓

*缺鈣   幼葉黃化，葉尖萎凋，
          最終枯死

註：鎳(Ni)最近被歸為
必要營養元素之一，
其缺乏症狀還沒有周
全定義。常見病徵為
幼葉的黃化及葉脈間
黃化。

是 ↓

*缺銅

是 ↓

缺錳

是 ↓

中位葉片有脈間黃化；生
長受抑制

是 ↓

*缺鋅

(病徵由中間葉先開始，後期
病徵為新葉、和/或老葉變黃)

圖4.6 非移動性營養元素缺乏症狀之診斷(引用自：McCauley *et al.*, 2003)。

下凹平面，更進一步的症狀是成熟葉的上表面呈現特有的青銅褐色，葉上有壞疽斑點(Mengel *et al.*, 2001)。

　　鎂是葉綠素中央的分子，也是生成貯能三磷酸腺核苷(ATP)的重要輔助因子。缺鎂症狀有葉脈間黃化、葉緣黃或紅紫色，中肋(主脈)仍綠。缺鎂的根莖菜和馬鈴薯葉片變得硬而易破，葉脈扭曲。缺鎂的葉片更進一步呈現葉脈間黃化，在高度黃化的組織出現壞疽。葉脈間葉肉組織伸展比率較其他葉部組織高，形成隆起而皺的葉面，皺褶頂面組織由黃化漸變壞疽(Berry, 2010)。蕓薹屬植株也可能呈現橙色、黃色及紫色。

鉬為植物特定酵素活性及豆科之固氮作用所必須。缺鉬的初期症狀即為一般性的黃化，與缺氮相似。植株需要氮才能利用硝酸鹽，因此起初的缺鉬症狀也真的是氮缺乏。花椰菜缺鉬的經典特徵是葉畸形、豎立、變窄、捲曲、皺縮，一般稱為「whiptail」，常被作為缺鉬的例證。花椰菜缺鉬，新葉葉肉不發育，變成經典特徵(Berry, 2010)。缺鉬的其他特徵還包括：嚴重時葉上的斑塊點(mottled spots)變為大片的葉脈間黃化，以及葉燒焦狀、向上捲曲。酸性土壤、pH<5.5時，容易發生缺鉬；種植蔬菜要先將pH6.0提升到6.5，預防缺鉬，而過量的鉬會造成毒害，葉片轉成亮橙色。

非移動性營養元素

硫是一些胺基酸和蛋白質的必要成分，硫不足會抑制蛋白質和葉綠素合成，葉片會黃化。葉脈和葉柄常有明顯紅色。肉眼所見缺硫症狀和缺氮、缺鉬相似，但不同的是缺硫症狀先發生於幼葉，幼葉呈淺綠色到黃色；到後期可能全株淡綠色，生長遲緩，植株細小、莖細。缺硫症狀更進一步沿葉柄出現褐色壞疽組織及／或壞疽斑點，葉較直立而扭曲脆化。

缺硼是蔬菜作物最常見的一種微量元素缺乏，好發於田區缺硼之蘆筍、大多數鱗莖類作物、芹菜、根莢菜、蕓薹屬及番茄等作物。硼在植體的主要功能與細胞壁生成、頂端生長和生殖組織有關(Blevins and Lukaszewski, 1998)。缺硼植株幼葉變黃、頂芽壞死，嚴重時，黃化葉還會出現不規則的深褐色壞疽組織，再發展為葉片壞疽。缺硼株由於細胞壁發育不良，莖、葉脆化、扭曲，葉尖變厚、捲曲(Blevins and Lukaszewski, 1998)，感染的植株生長緩慢，並因節間短而矮。硼原本會累積在生殖組織，缺硼植株不生成花芽或花芽畸形，授粉及種子活力都差(Blevins and Lukaszewski, 1998)。由於莖部表皮及髓部都會受缺硼影響，表現症狀為莖空心、粗糙，果實上有壞死斑點，葉片上有明顯皺褶，葉柄褐變、縱裂、常有泌液(Berry, 2010)。根莢菜缺硼之典型症狀有冠腐(crown rot)、凹陷壞斑(cavity spot)及心腐(heart rot)(Mengel et al., 2001)；生長受抑制，幼葉捲曲、褐變或變黑，到後期整個地上部基部(crown)開始腐敗、病菌入侵而全株受害，而食用根沒有病徵的部分則含糖量低。硼若過量，濃度200 ppm對敏感的作物會造成葉緣及葉尖壞疽，整體生長表現差(Blevins and Lukaszewski, 1998)。

植株缺錳影響葉綠體的發育，也影響葉綠素累積，因此幼葉葉脈綠而葉肉淡綠，呈現葉脈間黃化(Mengel et al., 2001)。缺錳初期與缺鐵症狀類似，兩者都是幼葉輕微黃化，較成熟葉則呈現網狀葉脈，特別是透光看得清楚。隨缺錳加劇，葉呈灰色金屬光澤，葉脈上有深色斑點及壞疽。缺錳與缺鐵症狀的差別是缺錳時葉脈周邊殘留之綠色較缺鐵者明顯，而擴散狀的黃化比較多。豌豆的缺錳生理性空心(marsh spot)已有許多報告。缺錳常發生於田區施用過量石灰的作物。

鐵在植物的呼吸作用和光合作用都

有重要功能，缺鐵造成葉綠素減少，幼葉呈現葉脈間黃化，與綠色葉脈形成明顯對比；鐵是非移動性營養元素(Berry, 2010)。病徵進展為全株黃化，嚴重缺鐵時，變成黃白化，還常有壞疽斑點。即使葉片快變白色，仍能施加鐵肥來挽救。易發生缺鐵的狀況包括：pH值高的石灰質土(calcareous soils)、土壤通氣性差及土壤中有過量重金屬(Berry, 2010)。

鋅是植物生成荷爾蒙所必需，對節間伸長尤其重要。鋅的移動性低，缺乏時，病徵首先出現於中位及上層新葉，呈現葉脈間黃化，特別是在介於葉緣及中肋的中間，有帶狀黃化或是斑紋。黃化部位顏色由淡綠、黃、甚至變白。嚴重缺鋅時，葉灰白色、脫落或死亡。缺鋅植株節間伸長嚴重受阻，植株矮；開花、結子不良。田間缺鋅的影響不會全面一致，通常只發生在沒有表土或非常薄層的區塊(Follett and Westfall, 2004)。

許多非移動性礦物元素是微量元素，但鈣和硫係多量元素。鈣含量占植株乾重達2%；鈣是細胞壁的組成成分，因此含量高，鈣調節細胞壁的建構。在一般石灰質土壤不會發生缺鈣；鈣不足時，新葉扭曲，經典的缺鈣病徵包括番茄、番椒、西瓜的尻腐病(blossom-end rot，果實底(尾)端焦狀壞死組織)；還有萵苣頂燒病(tip burn)、西洋芹的黑心病(blackheart)，以及在許多植物上造成分生組織死亡(Ho et al., 1993)。尻腐病的發生有品種因素，乾旱時會更嚴重；有時土壤並不缺鈣，足夠供應植株生長，但也會發病。這些缺鈣症狀都

會顯示，在快速生長的分生組織裡有壞死的軟組織；一般都因鈣的移動性低造成，而非土壤中之鈣量低(Berry, 2010)。生長很慢的缺鈣植株，會由老葉移轉鈣出來維持生長，而僅葉緣有黃化，最後因葉緣生長比其他葉部慢，造成葉片向下捲曲呈杯狀。植株長期缺鈣會比其他不缺鈣的植株容易萎凋(Berry, 2010)。

銅是植物葉綠素合成、呼吸作用及蛋白質合成所必需(Mengel et al., 2001)。因此植株缺銅表現為幼葉黃化、生長受阻、成熟延遲、有時會褐化。缺銅症狀可能全面輕度黃化、新葉永久失去膨壓、新成熟葉片的葉肉灰白色而葉脈呈網狀綠色，有些葉片呈現凹陷壞死斑點並有向下彎曲的傾向(Berry, 2010)。

鎳是尿素分解酶(urease)的金屬成分，尿素分解酶催化尿素(urea)轉變成銨離子(ammonium)的反應(Havlin et al., 1999)。鎳有利於固氮的豆類和醯基尿素(ureides)植物的進行氮素代謝。植物缺鎳症狀是黃化、幼葉葉脈間黃化，再發展成組織壞死；其他病徵尚有種子發芽力差、產量降低。

肥料配方

肥料有多種形式，可分成兩大類，即有機質肥料與非有機質肥料。前者由來自動物或植物發酵分解的有機物組成；後者即合成的化學肥料，以及／或由礦床挖出的礦物質。

非有機質肥料最常見的形式為顆粒狀，看起來多由小片狀塊、粒組成。也有

液態肥料，可以配合滴灌系統，或作葉面噴施。還有緩效性肥料，養分慢慢釋出，可減少淋溶，減少植株因施肥過量受損傷。市面也有多種有機肥，由各種天然材料作成。

各國肥料上的標示因所用分析方式以及養分表示不同，許多國家以氮－磷－鉀(N-P-K)的順序標示多量要素，或在K的後面增加硫(N-P-K-S)或其他要素。標示上的3個或4個數字，代表營養要素的重量成分。表示N量的數字代表氮元素的占重百分比，表示P量的數字係代表磷酐(P_2O_5)而非元素磷的量，若要換算成P重量，可將P_2O_5重量乘以0.44而得。以美國一袋10-10-10肥料(45 kg)為例說明，就是N含量為4.5 kg、P_2O_5含量為4.5 kg，實際P量為2.0 kg。表示K量的數字代表K_2O的量，而非鉀元素；可以K_2O重量乘以0.83換算成K重量。一袋10-10-10肥料有4.5 kg K_2O，就是3.8 kg的K。含有N-P-K的肥料稱為「完全肥料」(complete analysis fertilizer)。

無機肥料(合成肥料)

有些肥料如尿素可以人工合成：無機肥料(inorganic fertilizer, synthetic fertilizer)常以哈布二氏法(Haber-Bosch process)合成，最終產物是氨(Smil, 2000)。這氨就是N肥料，如：無水硝酸銨(anhydrous ammonium nitrate)、尿素的原料。無水氨(anhydrous ammonia)用為液肥，是低價氮肥，含氮量極高(82%)，因此用量較其他氮肥少。無水氨不像液體肥料，它很特別，在室溫下為氣態，必須在壓力下貯存，才能維持液態。無水氨為高度親水，在土壤中可與水混合而形成銨。因此，一般以高壓噴入土中，轉變成銨；但若土壤乾燥，一些氨會揮發而損失。

肥料中有些植物營養如P、K，來自元素濃度高的礦石。氨可以和磷礦石及鉀肥經奧達法(硝磷銨法，Odda process)製成複合完全肥料。完全無機肥料(complete analysis inorganic fertilizer)一般以粒狀23 kg袋裝或散裝販售。肥料應貯放於乾燥處，否則容易自大氣吸水而結塊。肥料顆粒是真正的肥料與惰性載體的混合物；有些肥料種類還添加了微量元素如硼，因有些蔬菜產區常有硼不足的情況。粒狀肥料是礦物營養的濃縮來源，有可能改變土壤pH，但不能改善土壤的長期肥力。

自西元1950年代起，全球化學N肥的使用量持續增加，到西元2003年，用量幾乎上升20倍至一年用氮一億公噸(Glass, 2003)。磷肥使用量由西元1960年的每年900萬公噸增加到西元2000年為4千萬公噸。但許多無機肥料並不能補回土壤中的微量元素，而田間微量元素隨作物栽培逐漸耗盡。

有機肥料

在蔬菜生產領域，使用有機肥料(organic fertilizer)再度受到關注。多年來，由於數量減少及處理的問題，加上有其他形式的低價肥料可用，蔬菜生產減少使用動物性堆肥及其他固態廢棄物作為肥料。過去在無機肥料普遍使用前，都是以動物性堆肥作為肥料。施加動物性堆肥對許多

蔬菜有很好的效果；這些堆肥增加土壤有機物，提供養分，也改善土壤結構。

現在已有許多形式的有機肥料，包括堆肥化肥料、蚓糞肥(worm castings)、血粉(blood meal)、海草(seaweed)、海鳥糞(quano)、堆肥化天然廢棄物、天然礦石(mineral deposits)等。「有機」的定義隨國家而有不同，因此對有機肥料的組成沒有一定的共識；但一般認為有機肥料能增進土壤的生物多樣性(biodiversity)及長期生產力，它還可能是過量CO_2的大型貯藏庫(Pimentel et al., 2005)。

覆蓋作物(cover crops)是有機肥料的另一個來源。種植的綠肥作物(green manures)可提供有機質，如果綠肥是豆科作物，還可供給氮。綠肥作物與經濟作物(cash crops)輪作，但綠肥作物不等到最後的採收期，就把全株生物量耕犁加入田裡，或留在田上當成覆蓋(mulch)，待其自然分解後，土壤即回收礦物質營養。因此，分解的綠肥組織好比緩釋(slow release)肥料，將礦物質營養回收到土壤，防止非產期的土壤沖刷，貯備土壤裡的有機質。毛苕子、三葉草等豆科植物及大麥、黑麥、小米等小粒禾穀類都是溫帶地區越冬的綠肥作物。碳氮比值高的小穀類覆蓋作物犁入田裡時，要同時補加氮素，以促進微生物分解這些植物組織。如果綠肥不夠滿足下一期作物的養分需求，還需要補充肥料。要注意一定不能讓這些小粒禾穀類覆蓋作物開花結子，而衍生雜草問題，因此，要在結子前除去。

引動土壤(soil priming)是一個發展趨勢，即用特定覆蓋作物來增進土壤的有益細菌。選用覆蓋作物時，可以包括「引動植物」(primer plants)來支援建立土壤的微生物群(Yunusa and Newton, 2003)。這些引動土壤的植物的根深入底土，同時分泌糖來營造、維持與微生物的共生，進而有利於輪作的蔬菜作物生長(Wardle, 2002)。

施肥方法

需要考慮許多因素，才能決定施用哪種肥料？施用多少？何時施用？考慮因素包括：生產方式是有機栽培還是慣行栽培？生產什麼作物？是哪種土壤？採用什麼栽培管理？例如：採用合成聚合物的栽培法或是保育耕作法？用什麼灌溉系統？對環境的可能影響如何？要多少花費？可用性如何？

石化產品價格增加，大大提高了蔬菜生產者的化學肥料費用。此外，因不良的作物營養管理對環境的破壞，如：對飲用水及其他天然資源的破壞，都喚起什麼是最佳營養管理的覺醒。價格及環境這兩個因素造成更有效率的施肥技術發展，可視其為一種精準農業(precision agriculture)方式，以技術將浪費降至最低，並創造更精準的管理措施。

現有很多菜農採用「精準」或「處方」式施肥，其原則就是「測試－應用－測試」。依此，只有當土壤或植體分析(plant tissue analysis)顯示作物真的有需要，並且施肥有效之外，不會施加任何材料。施肥用量皆經精準計算，只施此量來矯正

缺乏，不致浪費。依此原則，農民節省成本不浪費，只施所需肥量來優化生產。這也是對環境友善的措施，施用肥料只限於絕對需要的，以減少汙染。

在有些類型的土壤及某些作物，只在種植時施一次肥，整個產期就夠用。例如：櫻桃蘿蔔種在有機質土壤，只要種植時施一次肥，這是因土壤本身肥沃及作物產期短。但有很多蔬菜，特別是種在砂質土者，就要分幾次或多次施肥。

常用的施肥法包括撒施(broadcasting)、條施(row banding)、表施(top-dressing)、旁施(side-dressing)、液態促長肥(liquid starter solutions)、葉面施肥(foliar application)以及結合養分與灌溉水一起的養分滴灌(fertigation)。顧名思義，撒施是隨機將肥料撒布在土面，一般用機械撒播。撒施適用於高密度栽培的穀類作物，但對行株距大的甜瓜、番茄等蔬菜作物就不適用。

大多固體肥料不會直接與種子或菜苗一起施在植行，這對於多數種類特別是豆類種子，肥料的高鹽分濃度會抑制種子發芽或傷害幼苗。常用條施法來將粒狀肥料施在距種子或幼苗旁邊／下方一段距離(數英寸)的地方。如此，條施肥料放在作物根域附近，根部可吸收，不致浪費；條施法適用於大行距的作物，且只需施一次。

旁施法是指作物已在田區生長才施肥料，施在植行旁的土面上或土表下。旁施法可用於多種蔬菜作物，因為就在作物最需要時施加養分。但遇到天候不佳時，可能錯過最佳施肥時機，或養分可能由土表流失。表施法(top dressing)類似旁施，只是

肥料施在靠近作物的土表上(圖4.7)。這種施肥方式常用於長期作物如蘆筍；此方式也用在高畦(raised beds)栽培，作物已定植於田間，配合畦溝灌溉(furrow irrigation)，條施在畦面上的肥料溶解，可為植物吸收。

葉面施肥(foliar feeding)即將液態肥料直接噴在葉面，而不是施在根部。蔬菜葉面有角質層，特別是蕓薹屬的蔬菜，是不透水的，葉面上水溶液內所溶的養分主要由氣孔吸收。以葉面施肥補充微量元素已行之有年，因微量元素需求量甚小。葉面施肥就不適用於補充N、P、K及其他多量元素，因為這些元素的需求量大很多。

無論土壤肥力如何，在早春或晚秋，作物種在冷溼的土壤時，用促長肥(starter fertilizers)最有效果。促長肥能在菜苗根系發育展開前，立即供應菜苗養分。對於保育耕作系統及移植栽培的蔬菜作物，促長肥提供即時的營養特別重要。種於晚春或早秋的蔬菜，除非土壤肥力低，一般不需要促長肥。促長肥可以是固態或液態肥料；液態促長肥通常施在菜苗根域；固態促長肥就施在距離種子5 cm、條施在旁邊及種子下方。液態促長肥的肥分及水在菜苗根域能立即被吸收利用，可以降低移植衝擊 (transplant shock)。

含N和P的促長肥效果最好。氮是移動性的養分，容易由根部吸收；P化合物則不同，容易被固定，不易在土壤中移動。根要吸收P，需要接觸到土壤中的磷酸鹽。因此，最好將含高量P的液態肥施在菜苗根系周圍。磷能促進根系旺盛生長，才能長成

健康的深綠色植株。植株缺磷會造成生長受抑制、變紫色。磷的水溶性低，要選用能使P溶於水的配方，來做液態促長肥。而促長肥中的N可以供應植株早期生長，不致因土壤低溫、有機質釋放N緩慢，造成植株缺氮。通常促長肥的N有銨態氮，能增進植株由促長肥及土壤中吸收P。鉀就不像促長肥中的N和P那麼必要，但是當土壤中特別是溼冷的土壤中K含量低，施鉀還是有利。因此，要蔬菜苗快速生長及提早成熟，就需要含有N-P-K的促長肥。在生長季節不夠長的地區種植暖季蔬菜，如：西瓜、番茄、番椒和茄子等，會例行施用促長肥。總之，使用促長肥可以增加施肥效率，減少肥料費用。

如果將肥料加在灌溉水中施用稱為養分滴灌。最常見的是在滴灌(drip irrigation)系統加入肥料，別的灌溉系統也可加入肥料，重要的是要用可溶性的肥料。有幾種肥料噴射器可以把肥料加在灌溉水中，最尖端的是有電腦控制，也有較便宜、一樣有效的種類。水力驅動(water powered)、不用電的化學噴射器(non-electric chemical injectors)可以精準地將液態肥料加在灌溉管路中。根據作物需要，由系統設定提供不同量的養分。有些地區依規定要有回流調節器，防止滴灌配管內的肥料水回流到水源。

通常施氮、鉀可以用此方法，因為它們都是水溶性的，因此可以全用滴灌來供應，或分次施用(split application)。有些生產者喜歡在種植時施P，因為P在土壤中不很溶於水、移動性也低。若分次施用，多數生產者會在種植時施全量P，施半量的N和K；也有其他不同比率的分次法。養分滴灌是最有效的一種施肥法，養分可以直接供應到植株根域，而且用量很精準，不

圖4.7 種植前，施固態肥料在高畦靠邊土面上。雨水或灌溉水能溶解肥料，使養分可供應給植株發育。

致浪費。養分只在需要時供應，還可配合不同季節，依植株的需求改變而調整。

以甜瓜為例說明：生長初期需要較多N素，以促進營養生長及加大葉面積，供應果實發育所需。在株冠長夠後，N素要減少，以促進開花著果；著果後，對N素需求再增加，以供果實發育。到果實成熟的生長後期，營養需求再度下降。用養分滴灌來供應養分，可以一週一次，或依作物的需求調整。

田間植物營養狀態監測

如前所述，土壤測試是營養管理重要的一環，但不是全部。例如：土壤養分雖然充分，但可能植物還是缺乏一種或多種養分。冷涼土壤、溼土、根部有病蟲害及其他因素都可能阻礙植株自土壤中吸收養分。因此監測植株的營養狀態很重要。許多土壤分析實驗室也做葉片礦物質營養分析，可以測試作物的營養狀況。商業葉片分析收費高，常需要一週或更久才能得到分析結果。經常是植株已缺乏養分，還沒顯出症狀，所以最好例行監測作物的營養狀態。

植體組織分析

植體組織分析(plant tissue analysis)加上其他數據和觀察，有助於評估作物的真實營養狀況，也是精準施肥(測試－應用－測試)重要的一環。例如：當土壤測試可能顯示田區施肥適當，而葉片分析結果卻顯示某重要養分缺少，這樣的偏差表示根部異常，不能吸收土壤養分，若再加肥料只是浪費，不能解決問題。儘管做植體組織分析會增加費用，但可以知道各肥料處理的效用以及植株是否有充分養分。葉柄分析的發展則借助於可攜帶的手持式判讀器，特別適用於田間(圖4.8)。

要正確評估一個特定土(壤)－植(物)系統的營養狀況，可能需要在生長季時取數次樣本，或跨幾個生長季取樣。理想的營養要素濃度應落在充分範圍(sufficiency range)內；此範圍的界定是依作物、分析的部位及取樣時的生長階段而有不同。通常是取用完全展開、新成熟的葉片樣本進行分析。

可攜帶手持式硝酸鹽及鉀的判讀器可用以量測葉柄汁液的養分含量，葉柄汁液的搾取可用大蒜搾汁器或其他類似工具。雖然所得結果不如實驗室分析準確，但能得到快速即時的作物營養診斷。

已有研究顯示，許多蔬菜的葉柄營養含量很穩定，是可靠的取樣組織。若要即時診斷作物營養狀況，就取6-8個葉柄樣本，搾出汁液後，滴一滴在判讀器的量測接點(measuring junction)，所得讀值的單位是百萬分之一，比對已發表的數值，若判定作物缺乏養分，則可採用養分滴灌或其他施肥方法立即改善。判讀器可用標準液進行校正。這種即時的評量及施肥可以快速而準確地補充養分，是先進農民現行「測試－應用－測試」處方式營養管理(prescription nutrient management)技術的一個例子。

地理定位系統與作物管理

　　另一個可以應用於營養管理面的精準農業措施就是應用地理資訊系統(Geographic Information System, GIS) / 全球定位系統(Global Positioning System, GPS)。GPS是美國太空全球導航衛星系統，可以通視到4個以上的GPS衛星，在世界任何地方、各種氣候下，都能定時、定位。GIS的設計是擷取、貯存、操作、分析、管理及呈現所有種類的地理參考資料。簡單說，GIS就是合併製圖、統計分析及資料庫的技術。將之應用於施肥管理，可將收集的數據，精準地標示在田區座標上。例如：田區由土壤樣本測試及 / 或空中資料所得的肥力資料可以載入，建立GIS資料庫。條施(肥料)設備加裝GPS，就可依據田區定位及田區肥力圖，依田區需要而變動肥料施量。這種只在最有需要的地方施肥技術，可以節省費用。

供養微生物以增進土壤健康及作物生產力

　　本章已闡述作物的營養需求及如何能最佳供應此需求；但除了營養要素外，健康的土壤也要有多種微生物。當農業人士傾向只注意病原菌時，其實現在已知許多土壤微生物對作物各種不同方面是有益的，應予培育而非消滅。例如：分解作物殘體和有機質的微生物，能使礦物質養分慢慢釋出，供作物所用。

　　在許多情況下，這些有益的土壤微生物是靠稍分解植物材料如綠肥作物，釋出的糖及胺基酸生存。植物和土壤微生物間高度發展的共生關係已遠超過起初的認知。數十年來，美國農業主流並未採用胺基酸補充物、糖、腐植酸及各種氣體材料，因為這些改良劑的科學基礎還很薄弱。不過，愈來愈清楚的是：許多這些材料和處理對土壤微生物族群直接有益或有促進作用，土壤微生物從而表現出有利植物的作用。在有機土壤生產農作物或添加了動物性堆肥、作物殘體及各種有機廢棄物的礦質土，有充足的碳源和養分可以供應微生物，使土壤保持健康、有活潑的生物活性。而現代生產大多採行單作栽培(monocultures)，依賴無機礦物質肥料而不多用有機質，使供應微生物的碳源有限。當田間作物殘體被移除、土壤有機質少，

圖4.8　可攜帶手持式判讀器可即時評估植體的鉀含量。自葉柄擠出汁液滴在判讀器左方所隱藏的感應器，右方即顯示養分濃度。判讀器在使用前先以已知濃度的溶液校正，讀值單位為百萬分率。

就不利於這些有益微生物族群(Welbaum *et al.*, 1994)。

在作物營養管理上，增進土壤有益微生物以及符合作物需求的資源投入與栽培作業是正在發展的領域，如此可以提高農業生產力。

有利於有益微生物的，未必也有利於植物，但一般情形如此。愈來愈明顯的是：促進有益微生物活性的作業，例如：土壤施用碳添加物(carbon amendments)，透過好幾種機制，也能間接對作物有益，這些機制有：增加養分有效性、改善土壤特性、較好的防病力、移除廢棄物、改變植物的基因表現、貢獻能促進生長的化合物。

參考文獻

1. Ainsworth, E.A. (2008) Rice production in a changing climate: a meta-analysis of responses to elevated carbon dioxide and elevated ozone concentration. *Global Change Biology* 14, 1642-1650.

2. Bennett, W.F. (ed.) (1993) *Nutrient Deficiencies and Toxicities in Crop Plants.* APS Press, St. Paul, Minnesota.

3. Berry, W. (2010) Symptoms of deficiency in essential minerals. In: Taiz, L. and Zeiger, E. (eds) *Plant Physiology,* 5th Edition. Online version available at: http://5e.plantphys.net/article.php?ch=5&id=289 (accessed 28 July 2011).

4. Blevins, D.G. and Lukaszewski, K.M. (1998) Functions of boron in plant nutrition. *Annual Review of Plant Physiology and Plant Molecular Biology* 49, 481-500.

5. Crow, S.E., Lajtha, K., Filley, T.R., Swanston, C.W., Bowden, R.D. and Caldwell, B.A. (2009) Sources of plant-derived carbon and stability of organic matter in soil: implications for global change. *Global Change Biology* 15, 2003-2019.

6. Engel, R., Bruebaker, L.J. and Ornberg, T.J. (2001) A chloride deficient leaf spot of WB881 Durum. *Soil Science Society of America Journal* 65, 1448-1454.

7. Follett, R.H. and Westfall, D.G. (2004) Zinc and Iron Deficiencies. Colorado State University Cooperative Extension Fact Sheet No. 0.545. Colorado State University, Ft. Collins, Colorado. Available at: www.ext.colostate.edu/pubs/crops/00545.html (accessed 28 July 2011).

8. Glass, A. (2003) Nitrogen use efficiency of crop plants: Physiological constraints upon nitrogen absorption. *Critical Reviews in Plant Sciences* 22, 453-470.

9. Grundon, N.J. (1987) *Hungry Crops: A Guide to Nutrient Deficiencies in Field Crops.* Queensland Government, Brisbane, Australia.

10. Havlin, J.L., Beaton, J.D., Tisdale, S.L. and Nelson, W.L. (1999) *Soil Fertility and Fertilizers,* 6th edn. Prentice-Hall, Inc., Upper Saddle River, New Jersey.

11. Ho, L.C., Belda, A.R., Brown, M.,

Andrews, J. and Adams, P. (1993) Uptake and transport of calcium and the possible causes of blossom-end rot in tomato. *Journal of Experimental Botany* 44, 509-518.

12. Jones, J.B. (1998) *Plant Nutrition Manual.* CRC Press, Boca Raton, Florida.

13. Juma, N.G. (1999) *Introduction to Soil Science and Soil Resources.* Vol. 1. *The Pedosphere and its Dynamics: A Systems Approach to Soil Science.* Salman Productions, Sherwood Park, Alberta, Canada, 335 pp.

14. Kaufmann, R.K. and Cutler, J.C. (2008) *Environmental Science.* McGraw-Hill, Debuke, Iowa.

15. Long, S.P., Ainsworth, E.A., Leakey, A.D., Nosberger, J. and Ort, D.R. (2006) Food for thought: lower-than-expected crop yield stimulation with rising CO2 concentrations. *Science* 312, 1918-1921.

16. Marshall, T.J. and Holmes, J.W. (1979) *Soil Physics.* Cambridge University Press, Cambridge, UK.

17. McCauley, A., Jones, C. and Jacobsen, J. (2003) Plant Nutrient Functions and Deficiency and Toxicity Symptoms. Nutrient Management Module 9. Montana State University Cooperative Extension Service Publication No. 4449-9. MSU, Bozeman, Montana.

18. Mengel, K., Kosegarten, H., Kirkby, E.A. and Appel, T. (2001) *Principles of Plant Nutrition,* 5th edn. Kluwer Academic, Dordrecht, the Netherlands.

19. Nyle, B. and Weil, R. (2008) *The Nature and Properties of Soils,* 14th edn. Prentice Hall, Upper Saddle River, New Jersey.

20. Pimentel, D., Hepperly, P., Hanson, J., Douds, D. and Seidel, R. (2005) Environmental, energetic, and economic comparisons of organic and conventional farming systems. *BioScience* 55, 573-582.

21. Smil, V. (2000) *Enriching the Earth: Fritz Haber, Carl Bosch, and the Transformation of World Food Production.* MIT University Press, Boston, Massachusetts.

22. Taiz, L. and Zeiger, E. (2010a)Photosynthesis: The Light Reactions. In: *Plant Physiology,* 5th edn. Online version available at: http://5e.plantphys.net/article.php?ch=5&id=289 (accessed 29 July 2011).

23. Taiz, L. and Zeiger, E. (2010b) Photosynthesis: The Carbon Reactions. *Plant Physiology,* 5th edn. Online version available at: http://5e.plantphys.net/article.php?ch=5&id=289 (accessed 29 July 2011).

24. Thompson, H.C. and Kelley, W.C. (1957) *Vegetable Crops,* 5th edn. McGraw-Hill, New York, 611 pp.

25. Wardle, D.A. (2002) *Communities and Ecosystems; Linking the Aboveground and Belowground Components.* Princeton University Press, Princeton, New Jersey.

26. Welbaum, G.E., Sturz, A.V., Dong, Z. and Nowak, J. (2004) Managing soil

microorganisms to improve productivity of agro-ecosystems. *Critical Reviews in Plant Sciences* 23, 175-193.

27. Yunusa, I.A.M. and Newton, P.J. (2003) Plants for amelioration of subsoil constraints and hydrological control: the primer-plant concept. *Plant Soil* 257, 261-281.

第五章　蔬菜作物灌溉
Irrigation of Vegetable Crops

前言

灌溉是以人為方式供給田地水分的科學。灌溉有許多用途，包括使農作物生長、景觀維護，使乾旱地區及降雨不足期可維護植被。此外，灌溉也可以保護蔬菜作物免受霜害(Snyder and Melo-Abreu, 2005)。反之，蔬菜生產若只依賴降雨則稱為看天田(rain-fed)或旱地(dryland)耕作。在許多地區，農民要成功地生產蔬菜，需有足夠的水供灌溉。世界許多地區耕作關鍵的限制因子是缺水。

乾旱地區經常實質缺水(physical water scarcity)，該地區沒有足夠的水來滿足所有的需求，使生態系因缺水而不能有效發揮作用。缺水導致環境惡化和地下水減少。因政治或其他因素導致基礎設施缺乏，使現有水資源無法供應到最有需要的生產田區，就會引起經濟性缺水。許多地方因實質缺水和經濟性缺水，限制了蔬菜生產，目前有28億多人居住在缺水地區(FAO, 2007)。

在西元20世紀中期，有了柴油和電動馬達，可以泵出地下水層的水來灌溉作物。但含水層的耗水速率遠快於雨水和其他天然來源的補充：這可能導致含水層蓄

容的永久消失、水質降低、地盤下陷及其他問題。中國北方平原、地跨印度/巴基斯坦的旁遮普區(Punjab)以及美國中部大平原都有含水層枯竭的威脅。

全球在西元2000年左右有 2,788,000 km^2 的農業用地配備了灌溉基礎設施，其中約68%灌溉區在亞洲，17%在美洲、9%在歐洲、5%在非洲及1%在大洋洲。最大的高密度灌溉區包括印度和巴基斯坦北部的恆河和印度河流域、中國的淮河、黃河和長江流域、埃及和蘇丹的尼羅河流域以及部分加州地區。規模較小的灌溉區則幾乎在所有人口密集的地方都有(Siebert et al., 2006)。

蔬菜生產必須要有灌溉。根據定義，蔬菜栽培是密集管理，其灌溉管理就是區別蔬菜與旱地栽培產值較低的農藝作物的基本特色。許多蔬菜的根系淺，容易有乾旱逆境。即使在有定期降雨的地區，幾乎每個生長季仍會經歷一些乾旱逆境。在季節性降雨的地區，蔬菜生產必須有灌溉，以達到最大獲益，及時的灌溉會提高大多蔬菜作物的產量和品質。由於大多蔬菜的單位面積回報高，經過幾作生產後，灌溉系統之成本就可回收。

水的重要性

大多數植物含95%的水，所以必須保持充分的水才能維持外觀和防止萎凋。有充足水分可使植株長到完全的大小(圖5.1)，特別是發育中的葉片若有乾旱逆境，則其生長停滯，比充分澆水的植株小(Hsiao and Bradford, 1983)。葉片大就會有大的株冠，植株能有最大的光合作用能力。由於植株乾物質大多來自光合作用產生的有機分子(organic molecules)，具有較大光合能力的植株也有較大的產能(於第4章討論)。

水的有效性以另外的重要方式影響光合作用。即使是輕微的乾旱逆境，會使葉片上的氣孔關閉，就會減少大氣中的二氧化碳進入植株，而植物需利用二氧化碳經由光合作用製造生長發育所需的化合物(Hsiao and Bradford, 1983)。

植株在開花期有乾旱逆境會抑制著果和產量、造成生理障礙，如：蒂腐病(blossom end rot，也稱頂腐病)。這是葉片蒸散作用的水流速度不夠快時，從根部吸收的礦物質營養來不及供應葉部進行快速細胞分裂/增大，則導致蒂腐病發生。因此蔬菜定期澆水是優化產量和品質的基礎。

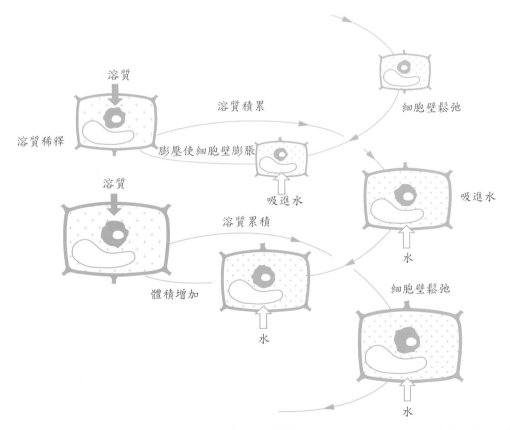

圖5.1 植物細胞分裂後，起初細胞小，由於溶質(會吸水的分子)累積、細胞壁鬆弛且吸收水分而細胞快速增大。當水有限時，細胞膨脹受抑制，而葉子和果實較小，產量降低。

植物何時需要灌溉

一般而言，蔬菜生長在壤土時，每週大約需要2.5 cm的水。如果降雨量少，可能需要灌溉來補充水分。若作物生長在排水良好的砂質土或蒸散量高的環境中即需要更多水；而作物接近成熟時需水較少。例如：番茄或甜瓜果實達到最大且已接近採收時，水的需求較發育初期低；若在發育後期供應水可導致裂果，會損害有些作物或縮短櫥架壽命。

測量土壤水分有許多種技術和裝置。如果不能以科學化測量，農民藉由觀察土壤特性決定何時灌溉。像壤土沒有開裂即表示水分充足。另一個比較原始有用的方法稱為「手感」(Ross, 2004)，即從土面下取一把泥土在雙手摩擦；如果土壤太乾，不能搓成條形，表示需要灌溉。另一個不需要昂貴儀器用的土壤溼度量測法是「重量法」，在土壤以烘箱乾燥之前和之後稱重，再計算其水分含量。

用張力計(tensiometer)測定是更科學的確定土壤水分狀況的方法；張力計是一個簡單的非電力設備，利用物理原理來確定土壤中的水分張力(圖5.2；Ross, 2004)。

張力計是一根密封的管，裡面充滿水，將之插入土壤中的根區；當土壤乾燥時，水通過張力計底端的多孔瓷帽流進土壤，管內產生了張力；該張力與土壤的乾燥度有關，顯示於內置的儀表，通常以centibars為張力單位。多數作物在張力讀值為20-40 kPa(20-40 centibars)時要澆水，依土壤種類而異(Ross, 2004)。張力計必須定

期加水來補充流失的水，並檢查確保功能正常。張力計可以連接灌溉系統，一旦土壤水分張力達到閾值，即可自動供給水。市場上還有其他類型的水分儀，可用來決定何時需要灌溉。這些設備在成本、準確性、使用方便性和可靠性有很大的不同。

時域反射技術(Time-Domain Reflectometry, TDR)是更先進、更精密的土壤水分量測方法。TDR藉由套管測量不同深度土壤的水分，相對準確和方便。除了精確，TDR的優點還有：可定位連續測量、不須標定、受土壤中鹽濃度的影響小；缺點則是複雜的電子學和一些設備費用高。

其他測量土壤水分含量的一些儀器方法包括：Hydrotek公司的速度差異域(velocity differentiation domain, VDD)、電容法(capacitance或FDR)、石膏塊/電阻法(gypsum blocks/electrical resistance)、粒狀基質感應儀(granular matrix sensors)、熱擴散

圖5.2 測量土壤水分張力的張力計，由多孔瓷杯錐密接於加滿水的塑膠管，後者並連接到壓力表。當水分張力達到臨界值時，張力計可以自動啟動灌溉。

法(heat dissipation)、土壤傳導性感應儀(soil conductivity sensors)、乾溼計(psychrometry)和中子測定儀(neutron probes)(Ross, 2004)。

除了量測土壤水分外，另一種方法是監測植物的水分狀態。這種方法的優點為確定植株缺水時就可以給水，讓植株回復完全水合狀態(full hydration)，在田間測定植物水分狀態的技術如下。就地測量作物缺水的挑戰是因為有植株大小和數量的問題。作物水分逆境指數(Crop Water Stress Index, CWSI)是使用紅外線測溫儀(infrared thermometer)測量株冠溫度而得，利用紅外線測量葉片的溫度是根據葉溫和蒸散作用之間的關係，因為乾旱逆境使蒸散速率降低，葉片溫度會升高。CWSI主要用於確定作物是否缺水，何時需要灌溉。

在田區選出有代表性的單株，直接測量其植株水分狀態，有許多設備可用，但其中最簡單、最快捷和最適宜田間環境使用的為壓力計(pressure chamber, pressure bomb)。將離體葉片迅速放入專為野外作業設計的攜帶式壓力計，就可測量葉片水勢(leaf water potential, LWP)。當切下葉片，木質部的汁液因張力被吸回葉片；木質部張力約等於葉片水勢。要測量此張力，將切脫的葉片放入一個鋼室，切口端即一般雙子葉植物的葉柄伸出於鋼室外，鋼室用索環密封。鋼室內通氮氣或空氣加壓，當木質部表面出現汁液時，記錄那時的壓力，即為葉片水勢。通常有蒸散作用的葉片LWP值，範圍從-0.3 MPa(表示水分充足)到-2.5 MPa(表示嚴重缺水)。

如何決定灌溉水量

張力計及時域反射技術(TDRs)可評定土壤乾燥程度，壓力計和其他技術可直接測量植物水分逆境，以決定何時需要灌溉。然而，須有方法決定需要灌溉的水量。用「蒸發盤(皿)」(pan)估計蒸發散量，可以正確決定田間須施用的水量(Brouwer and Heibloem, 1986)。這種方法簡單，不需要複雜的設備；用一個有水的蒸發盤可以定出在特定位置的蒸發量；蒸發皿有多種尺寸和形狀，最常見的是圓形或方形；最為人知的是「A型(Class A)蒸發皿」和「埋入地下的科羅拉多蒸發皿」(Sunken Colorado Pan)(Brouwer and Heibloem, 1986)，在歐洲、印度和南非，常用西蒙氏蒸發盤(Symon's Pan, Symon's Tank)。通常蒸發盤有自動水位感應器。

美國國家氣象局的標準化量測是用A型蒸發皿，它是直徑120.7 cm、深度25 cm的圓柱體；也可以使用其他尺寸的方盤。但根據A型蒸發皿計算蒸發散量也可能會有誤差，例如：雨量太多時。量測蒸發散量的時間應自蒸發盤裝水滿至盤頂下5 cm的高度時開始。

科羅拉多蒸發盤埋置於田間，盤頂剛好需接近土壤表面，盤的失水量相當於蒸散概量。如果從蒸發盤少了2.5 cm的水，表示周圍的土壤和作物也失去相同的水量。下雨時，雨水加至盤內，增加及減少都要記錄。

盤之蒸發量與作物蒸發散量之間存在作物係數(crop coefficient)的關係。許多蔬

菜的作物係數已經由試驗確定(Brouwer and Heibloem, 1986)，作物係數會隨作物生長而改變，因此需要隨季節改變灌溉的水量(表5.1)。

例如：由研究得到發育中的網紋甜瓜和其他甜瓜的作物係數為0.75(表5.1)。作物係數與蒸發盤所失水量的乘積就是作物灌溉所需施用的水量。因此，在這個例子中，如果前次灌溉後，蒸發盤失去5 cm水，則應施加3.8 cm(5 x 0.75=3.8)水到甜瓜田，使張力計讀值達到20 kPa(20 centibars)。總之，由張力計判讀何時灌溉，而根據蒸發量和作物係數計算應該施用多少水。

廢水處理和回收利用

50年前地球上的人數不到現今的一半，當時世界上許多地方的普遍看法是水資源無限。在50年前，人的財富不如今天，人們吃蔬菜、穀物較多，肉類較少，生產食物的用水較少。今天，對水資源的競爭更為激烈。由於農業是最大用水戶之一，許多問題影響蔬菜生產的用水。農業與工業和都市發展競爭用水；世界對水的需求隨人口增加而持續增加，競爭會愈來愈惡化。為了避免全球的水危機，各方都必須學習分享水資源，農民必須更有效地用水，以滿足大家對蔬菜等食物不斷增加的需求，而產業和城市也必須設法更有效地使用水。

農業用水的再生或回收愈來愈多，可做其他用途，也愈來愈多用於農業生產。

回收水或循環水原是廢水，經汙水處理去除固體和一些雜質之後，再用於灌溉或補充地下水含水層。重新利用循環水，而不是排放到河流和海洋，可增進水資源永續性並保存水。

水處理有許多不同等級和方法，因此所得到的再生水品質差異極大。品質最好的是經過化學和生物處理後，增加重力過濾(gravitational filtering)步驟，經過砂濾400天，已濾出懸浮粒子的水滲流入貯水層成為淨化水，再泵出利用。

在水充足的地區，其新鮮飲用水的成本比再生水少得多。再生水不能飲用，並以較低價售出，鼓勵農業用。有時再生水含有較多養分，如：氮、磷，用於灌溉時可對蔬菜作物有利。

但使用再生水來生產蔬菜，一直存有公共衛生上的疑慮。處理後的廢水或再生水可能含有病菌，會經由蔬菜灌溉水傳遞。因此，蔬菜生產的灌溉用水必須無生物性汙染、沒有重金屬和化學物；特別是當灌溉水直接施於要食用的葉菜，灌溉水質比用於滴灌或地下灌溉系統的水要求嚴格。

有了循環水，農民在規劃種植來年作物時，不必擔心有缺水限制。有些國家有效率地回收大部分的水用於農業，例如：以色列在西元2010年處理其80%的汙水(一年4千億公升)；第2大城特拉維夫(Tel Aviv)都市區的汙水100%經處理過，重新用於農業灌溉水或公共工程。在西班牙約12%廢水回收用於農業和其他用途。

表5.1　蔬菜不同發育階段之作物係數(Brouwer and Heibloem, 1986)

作物	種植到成苗	苗期到花形成或到本葉發育完全	果實發育或第一片本葉發育至可採收	第一次採收後
菜豆(四季豆)(green snap bean)	0.35	0.70	1.10	0.90
乾菜豆(bean, dry)	0.35	0.70	1.10	0.30
甘藍/胡蘿蔔(cabbage/carrot)	0.45	0.75	1.05	0.90
胡瓜/夏南瓜(cucumber/squash)	0.45	0.70	0.90	0.75
茄子/番茄(eggplant/tomato)	0.45	0.75	1.15	0.80
一年生乾豆(dried annual legumes)	0.45	0.75	1.10	0.50
萵苣/菠菜(lettuce/spinach)	0.45	0.60	1.00	0.90
甜玉米(Sweet corn)	0.40	0.80	1.15	1.00
網紋甜瓜/其他甜瓜(cantaloupe/mixed melons)	0.45	0.75	1.00	0.75
蔥(onion, green)	0.50	0.70	1.00	1.00
乾洋蔥(onion, dry)	0.50	0.75	1.05	0.85
花生(peanut)	0.45	0.75	1.05	0.70
生鮮豌豆(pea, fresh)	0.45	0.80	1.15	1.05
生鮮番椒(pepper, fresh)	0.35	0.70	1.05	0.90
馬鈴薯(potato)	0.45	0.75	1.15	0.85
蘿蔔(radish)	0.45	0.60	0.90	0.90

水源

灌溉用的水源是地下水或地表水，地下水從水泉或水井中提取；地表水來自江河、湖泊、水庫抽取、處理過的廢水、脫鹽水或陰溝排水。

所選擇的水源必須水量足夠，能在各種情況下供給灌溉。例如：春季水很充足的溪流或井，可能後來或在乾旱期之容水量不足。選擇具有足夠容量的水源很重要，水不會被抽乾，或是使用的井水位不會降低(Ross, 2004)。若灌溉作業會消耗水位、改變水流和限制了別人可用的水，都可能導致對使用者採取法律行動。

地表水含有較多顆粒(砂、藻類等)，所以妥當過濾是重要一環，特別是用於滴

灌系統，需防止管線的堵塞。最好也安裝防止回流的閥，以免灌溉系統的水流回水源(Hochmuth *et al.*, 2004; Ross, 2004)。要使用地表水灌溉前，須先檢驗其鹽含量、礦物質汙染、化學汙染和生物汙染狀況。

　　灌溉泵可以用電力、汽油或柴油引擎發動。在有些低開發地區，灌溉用水以人力或畜力泵動。泵或引擎的大小依所須的流速而定。自動噴灌系統比滴灌系統需要較大的流速，因此須用較大的泵和馬達。在政府提供灌溉的地區，水是通過地下管道或地面渠道輸送，故應該諮詢管理水的官員有關用水規則和程序。

灌溉系統的類型

　　田區灌溉系統(irrigation systems)從水源將水分配出去，有許多不同的類型，共同目標都是供給每棵植株足夠的水，使其正常生長發育且不浪費水。有些系統是「高架式灌溉」(overhead irrigations)，從空中給水，類似下雨。這種系統需要較高水壓，用水量大並弄溼葉子。地面式灌溉系統(surface irrigation systems)則直接供水至土壤，不會弄溼植物，且多數情況下所需泵壓低。

高架輸水系統
• 噴灑灌溉

　　蔬菜生產採用之高架式灌溉有多種設計和類型。噴灑灌溉(噴灌)(sprinkler)的管路可將水送到田間一處或多處，由上空式高壓噴頭噴出。有些噴灌系統安裝於土面固定的立管(risers)上，稱為「固定式」噴灌。也有移動式(portable)的系統，可組裝和拆卸運輸。移動式噴灌系統是放置在畦間，可以一支支相連結的鋁管，鋁管上裝有立管，接上噴頭，高度超出株冠(圖5.3)。

圖5.3　種植初期常用的移動式噴灌系統(美國加州Watsonville附近)。

另一種噴灌系統設計稱為「平移式移動或連續直線移動式」(lateral-move)系統，是一系列相連的水管靠著每隔固定距離就裝有的輪子(直徑約1.5 m)架高。依田區大小，可以有多組這樣的輪子帶著管路，並兩兩連接好，橫跨田區。水由一端的大水管輸入。

當田區一部分已噴灌好，即移動大水管，噴灌系統組以手動或電動方式使其移轉，噴頭也隨之同方向移動。到了新定點，重新接好大水管在田區新地點灌溉，之後重複此過程，直至全田區完成灌溉。此系統的安裝比下節將描述的中心樞軸迴轉系統(center-pivot system)便宜，但是操作上勞力密集。多數平移式移動系統使用直徑10或13 cm的鋁管，以高壓泵的水來噴灌；最常用於小田區或形狀不規則的田區、作物不高或工資不高的地區。

● 噴水槍

噴水槍(water guns, water cannons)是需要更高壓力的噴灌方式，利用球體驅動齒輪傳動或衝力使之旋轉(圖5.4)。

噴水槍旋轉範圍為圓環形或扇形，並以極高的壓力275-900 kPa和水流速度3-76 L/s運作，噴嘴(nozzle)直徑為10-50 mm。水槍的旋轉形式與草坪灑水噴頭相似，但範圍更大。固定的水槍是裝在移動式平臺，接到水管，再連到水源，一啟動，水就會噴至田區；通常泵水經由大管或塑膠軟管流到水槍。大水槍可以灌溉大部分田區，再由卡車或曳引機拉動到新位置灌溉。

也有自走式系統(traveling guns, water guns, water reel traveling irrigation)能灌溉田區，不需有人值守(圖5.5)。這些走動式水槍操作，大多有很長的聚乙烯塑膠管繞在滾輪上，隨車輪移動，也拉動水槍灌溉田區。灌溉水或小型瓦斯引擎是其動力來源，當噴槍回到捲盤

圖5.4 噴水槍在田間，灌溉面為環形或扇形。

圖5.5 於洋蔥田區灌溉用的走動式水槍，水管繞在大捲軸上(加拿大Nova Scotia省)。

上，灌溉系統就關閉。

• **中央樞軸迴轉系統**

中央樞軸迴轉系統(central-pivot systems)是由好幾段鍍鋅鋼管或鋁管連結在一起，並以桁架支撐，架在輪塔(wheeled towers)上，鍍鋅鋼管／鋁管上裝有噴頭(圖5.6)。

中央迴轉系統有時以吊管(drops)降低噴頭至近株冠上方，以減少水的蒸發損失。吊管也可以連到拖曳軟管，灌溉畦間的地面。在許多不同地形的地方採用中央樞軸系統，作物種植的田區範圍也配合灌溉系統而成圓形，此系統灌溉圈很大，直徑可達1 km以上。系統給水就在中央樞軸點。原本許多中央樞軸系統是以水為動力，但更現代的系統是由液壓或電動馬達驅動(圖5.7)。

另由一類似中央迴轉的噴灌系統，沿著開放的灌溉渠(水源)前後移動，其灌溉範圍為矩形(圖5.8)。

圖5.6 大田區的中央樞軸灌溉系統(central-pivot irrigation system)，噴頭安裝在各延伸管，接近地面，以減少水的蒸發損失(美國德州菠菜田)。

地面輸送系統

開放式地表灌溉系統(open-surface irrigation systems)是藉由重力流(gravity flow)讓水流過田地。水由溝渠或畦溝滲透土壤、流到作物。漫灌(flood irrigation)是耕地全面被淺水層蓋住。自古最常用的農地灌溉方法即是開放式地表輸水系統。

到比較近期，有了一系列的塑膠管

圖5.7　中央迴轉灌溉系統。噴頭安裝高、可灌溉均勻，車輪上安裝的電動馬達使灌溉系統可以移動(美國加州Bakersfield)。

圖5.8　高架灌溉系統類似於中央樞軸系統，但由水圳取水，可在田區移動，灌溉面為矩形而非圓形。

道，或鋪放於土面或埋入地下，可以比較精確地灌溉、用水。這種系統的壓力低，有效率地供水到植物根區，也比其他地面灌溉系統少浪費。

• 溝灌

在地勢平坦區域，灌溉水可以由重力帶動，由水路或畦溝流到田區。作物種在各種畦寬和株距的高畦上，水由畦溝流下(圖5.9)。土壤或塑料做的小堤防，可以控制畦溝的水流，經過數小時，水即滲入植床土壤。溝灌(furrow irrigation)要有效用，必須地面完全平坦，土壤為深厚多孔壤土。砂質土壤就不適合用溝灌，因為水直接流到土層下，而不是流過植床。溝灌所需要的設備最少，水源壓力不需高，並且不會弄溼葉子。但溝灌需大量的水，在乾旱地區又容易造成鹽分累積在土壤表面，管理困難，而且比其他灌溉系統需要更多人力。

• 滲灌

滲灌(seepage irrigation)曾一度在美國佛羅里達州部分地區廣泛應用，當地是砂質土壤，下面是不透水的硬盤。滲灌系統像是在「湯碗裡耕作」(farming in a soup bowl)，因為水只能垂直移動而不能橫向移動。滲灌類似溝灌，水在高畦之間的畦溝流動。由於水迅速橫向流動，一條畦溝的水可灌溉數畦；若沿畦溝蓋上塑膠布則可以控制水的橫向流動。適當水位控制也是本灌溉系統重要的一環，因為水流進底土少，若給水過多，土壤容易積水；或將過多的水從灌溉溝泵移出。滲灌需要的設備少，且不會弄溼葉片，但需要大量的水且不易管理。

滲灌也可指在地下水位高的田區，由地下灌溉(subirrigation)；即以人工將地下水位抬高，直接從底下供水到植物根系。這種灌溉方式常用於有機土或腐泥土壤(muck soils)，即在老湖床的泥炭沼分解形成的土

圖5.9 番茄種於高畦使用溝灌(美國加州Davis附近)。

壤；土壤的水分可以泵進或泵出，以調整地下水位。

• 淹灌

淹灌(spate water irrigation)是利用地表水灌溉的一種方式，也就是回收淹水(floodwater harvesting)。當淹水時，將水導流到通常乾涸的河流(河谷)，或用水壩、水門、渠道引水到大地區。這樣將水貯存在土壤或蓄水池供之後灌溉用。用淹水灌溉的地區往往位於半乾旱或乾旱山區。

雖然淹水回收是被接受的灌溉方式，但一般沒把回收雨水當成灌溉，除非移水到別處再用到作物上。雨水回收是從屋頂或空曠地收集並集中徑流水，然後保留再用於蔬菜灌溉。

• 人工灌溉

在基礎設施和設備有限的地區，灌溉必須投入大量的人力或畜力。手控人工灌溉系統(manual irrigation)採用桶和繩子從水源取水，送到別區。在非洲有些地區的大城市周圍，是由人用罐子取水灌溉蔬菜。

• 滴灌

滴灌(drip irrigation, trickle irrigation)水壓低，透過預先排好的管路，將水一滴一滴地滴入每株植物的基部或附近土壤(圖5.10；Ross, 2004)。

在滴灌系統裡，水慢慢地從管路上的滴灌孔(emitter)直接滴入植株根區。只要管理得當，滴灌是用水效率非常高的灌溉法，因為水直接送到根部，減少蒸發和流失。在現代農業，滴灌經常配合塑膠布覆蓋，更減少蒸發，保存水分。

滴灌設計有多種，其中最常用於蔬菜生產的一種設計是將一系列的薄塑膠管

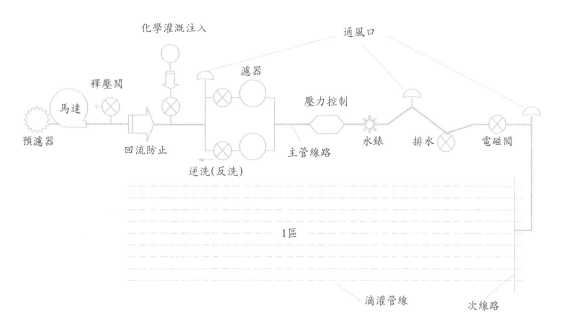

圖5.10　滴灌系統圖(來源：*Production of Vegetables, Strawberries and Cut Flowers Using Plasticulture,* NRAES-133(NRAES, 2004))。

鋪放在植行土面上或在塑膠薄膜下方(圖5.11)。

這些塑膠管易破,所以不論在種植時或中耕時,必須小心不要損壞它們。這些塑膠管或塑膠帶上,每隔一定距離有滴水小孔,還可依生產作物的種植株距,預訂打孔的間距。直徑較粗、「平放」(lay-flat)的進水管可以接到水源,供水給滴灌帶;滴水管可以銜接入進水管上的小洞,以螺絲擰緊(圖5.12)。

滴灌的管理與其他灌溉類型不同。由於大多滴灌系統供水量僅12.7-25.4 cm/km²,但需要相當長的時間供水。滴灌為經常供水,以保持根區土壤溼潤。如果滴灌時間太長或送水量太多,根系下面可能會浸透,水就滲漏深層而浪費了。

滴灌系統以壓力調節器維持壓力在55-100 kPa。除了靠重力的地面給水系統外,這種壓力遠低於多數其他灌溉系統。滴灌可以全田均勻灌溉,在陡坡地可使用壓力補償滴灌孔(pressure-compensating emitters)來調節壓力,故於地形不平的田區也可採用滴灌。如果滴灌與塑膠布覆蓋一起使用,依作物和土壤類型而定,大約1週只需灌溉3次。帶式塑膠管的使用壽命大致僅有1年,在陽光下它會老化,冰凍時會受損,滴灌孔會堵塞。特別在使用地表水時,必須有過濾器。要維持滴灌管效率高,須用稀釋的漂白劑或其他化學物來沖洗,以控制藻類和細菌的生長,防止滴灌孔堵塞。

地下滴灌(subsurface drip irrigation, SDI)和滴灌相似,但滴管或滴灌帶都埋在地下根區(圖5.13),此法可以節水,因為沒有地表水的蒸發,也降低了發病率。水直接施到作物根區,不在土面,多數雜草種子是靠近土面,因此越冬後,雜草發芽少。

圖5.11 萵苣植行之間的土面上放置滴灌管(美國加州 Gilroy 附近)。

圖5.12 滴灌組件包括：壓力調節器、過濾器、截止閥以及平放的供水管線(water feeder line)連結滴灌軟管。軟管在每植行的塑膠布覆蓋下面。

此外，土表乾燥便較溫熱，有利於一些作物。而且土壤表面不會結硬塊或積水，灌溉時地表不會有逕流。然而，地下滴灌系統需要較高投資，設置成本依水質、過濾需求、材質、土壤特性和自動化程度而不同。

灌溉施肥

灌溉施肥(fertigation)是利用灌溉水施肥；通常配合滴灌。如果做得正確，灌溉的給肥量可依作物發育階段及需求的改變而調整(Hochmuth *et al.*, 2004)。灌溉施肥通常會配合葉柄分析(見第4章)，決定立即需求之營養素。根據葉柄分析結果，可專門設計灌溉施肥的方法，以滿足作物的營養需求。

作物所需營養素可完全透過滴灌施用，或分次施肥，即種植前先施一部分在土壤中，種植後於全生產期使用滴灌(Hochmuth *et al.*, 2004)。大多生產者會在種植時將全部磷肥和50%的氮肥和鉀肥施入土壤中，也有一些採用其他的比率。在種植時即施磷肥，是因為磷在土壤中的水溶性不高且移動性低，而灌溉施肥須使用可溶性肥料。

圖5.13 地下滴灌埋在兩行之間的土面下(美國加州Watsonville附近)。地下使用特別的滴灌管。

有好幾種肥料注射器可將肥料加入灌溉水，最複雜的類型是以電腦(計算機)控制，但也有較便宜而有效的類型。在有些地區立法規定要有回流管制器，以防止肥料水由灌溉系統流進水源。

參考文獻

1. Brouwer, C. and Heibloem, M. (1986) Irrigation Water Management. FAO Training Manual No. 3. United Nations FAO, Rome. Available at: www.fao.org/docrep/S2022E/s2022e00.htm (accessed 9 September 2013).

2. FAO (2007) Coping with water scarcity － Challenge of the twenty-first century. Available at: www.plantstress.com/Articles/drought_i/drought_i.htm (accessed 11 September 2011).

3 Hochmuth, G.J., Paterson, J.W. and Garrison, S.A. (2004) Fertigation. In: Lamont, W. (ed.) *Using Plasticulture for Vegetables, Strawberries and Cut Flowers (NRAES-133)*. Natural Resource, Agriculture and Engineering Service (NRAES), Ithaca, New York, pp. 36-45.

4. Hsiao, T.C. and Bradford, K.J. (1983) Physiological Consequences of Cellular Water Deficits. In: Taylor, H.M., Jordan, W.R. and Sinclair, T.R. (eds) *Limitations to Efficient Water Use in Crop Production.* American Society of Agronomy, Madison, Wisconsin, pp. 227-265.

5. NRAES (Natural Resource, Agriculture and Engineering Service) (2004) *Production of Vegetables, Strawberries and Cut Flowers Using Plasticulture.* NRAES-133, Ithaca, New York. www.nraes.org

6. Ross, D.S. (2004) Drip Irrigation and Water Management. In: Lamont, W. (ed.) *Using Plasticulture for Vegetables, Strawberries and Cut Flowers (NRAES-133)*. Natural Resource, Agriculture and Engineering Service (NRAES), Ithaca, New York, pp. 15-35.

7. Siebert, S., Hoogeveen, J., Döll, P., Faurès, J.-M., Feick, S. and Frenken, K. (2006) The Digital Global Map of Irrigation Areas – Development and Validation of Map Version 4. Available at: www.tropentag.de/2006/abstracts/full/211.pdf (accessed 12 September 2011).

8. Snyder, R.L. and Melo-Abreu, J.P. (2005) *Frost Protection: Fundamentals, Practice, and Economics,* Vol. 1. Food and Agriculture Organization of the United Nations, Rome.

第六章　覆蓋
Mulches

前言與歷史

本章討論蔬菜生產使用的覆蓋物(mulches)，與前一章討論的灌溉有些部分重疊。

最早在西元1950年代初期，試用塑膠布覆蓋於蔬菜生產(Lamont, 2004a)；到了西元1960年代，生產者很快認識到塑膠布覆蓋的好處，價格可負擔、安裝容易、有效控制雜草，並增加早期收穫量及節水，因此廣泛採用塑膠布覆蓋。初期的覆蓋以黑色或透明塑膠布為主，黑色覆蓋物可控制雜草、提升土壤溫度，以加快暖季作物的早期生產(圖6.2)。塑膠布覆蓋對許多作物生產有利，而以瓜類、番椒、番茄、茄子效果最大。目前全球約有6,500 km^{2}聚乙烯(PE)塑膠布用於作物生產。

塑膠布栽培(plasticulture)為「一種利用合成聚合物產品於蔬菜栽培，而顯著增進生產效益的系統」(Lamont, 1993)。標準塑膠布栽培包括：高畦覆蓋塑膠膜、滴灌、灌溉施肥(fertigation/chemigation，利用滴灌施肥)、種植前以塑膠布覆蓋及燻蒸土壤。與不覆蓋栽培相比較，塑膠布栽培的好處包括：產期較早、單位面積產量較高；產品清潔、品質較高；用水效率和施肥效率較高，礦物質養分流失降低；土壤流失、病害及雜草問題減少；蟲害控制更好；減少土壤壓實及剪根問題；藉由雙作(double-cropping)或三作(triple-cropping)效益達最大(Lamont, 2004a)。

有機覆蓋材料

在有塑膠材料前，農民使用其他材料覆蓋；過去是用天然廢棄物，容易施放於田間的作物周圍，且會隨著時間自然分解。穀類作物草稈就是一種普遍的覆蓋材料(圖6.1)。

草稈(straw)是指如：小麥、大麥、燕麥或黑麥(溫暖地區則為稻米)等穀類作物的莖。穀粒收穫後，草稈可以留在田間，耕犁至土下；在水分不足的乾燥地區無法及時分解，則直接燒掉。草稈也可捆成

圖6.1　結球白菜田區以稻草稈覆蓋(臺灣)。

包，用於動物臥床、景觀美化或者農業用覆蓋。草稈以人工施放於作物周邊，或在移植前均勻施放於田區。蔬菜栽培使用草稈覆蓋已很多年，因為草稈容易獲得、便宜、易散開、可防止土壤密實、能自然分解、有助於保持作物清潔、保存土壤水分，並抑制雜草生長。而使用草稈的問題有：雜草種子的汙染、需成本以及分解時間不一致。草稈覆蓋所含的碳氮比值高，表示它的分解比枯枝落葉、庭院廢棄物或者含氮量高而多汁的植物材料緩慢。微生物分解草稈也需要氮素，可能與作物競爭可用的氮素。因此，使用大量秸稈覆蓋時須另施氮肥。

覆蓋作物和不耕犁

在過去30年，許多地區的大規模傳統商業生產，已用塑膠覆蓋膜代替草稈覆蓋。有機和永續蔬菜生產者重新重視草稈和其他天然覆蓋材料(Lu *et al.*, 2000)。原因之一是草稈與塑膠布覆蓋具有相同的好處，但又能配合有機生產的要求；這要看草稈是如何生產的。小麥和黑麥草稈所含的天然植物性毒化物以及在無耕犁(no-tillage, no-till)生產系統所使用的小麥草稈覆蓋，可抑制一些闊葉雜草(Shilling *et al.*, 1985)。無耕犁生產系統即蔬菜可以直接種入或移植到前作覆蓋作物(cover crop)的殘留物中，這些植物殘留提供覆蓋作用。許多情況是覆蓋作物與蔬菜輪作，田區不耕犁就以覆蓋作物當作覆蓋；這樣省去先在另一區包捆草稈再撒布至本區所需的工夫。一年生穀類作物是常用的覆蓋作物，在穀粒進一步發育前，先噴施殺草劑、切斷或以滾輪壓斷植株，在不耕犁田區作為覆蓋來種植蔬菜。

除了穀類作物，豆類覆蓋作物，如：溫帶地區常用毛野豌豆(毛苕子，hairy vetch)和深紅三葉草(crimson clover)於輪作時可固定氮氣，在其分解時釋出，供蔬菜生長所需。覆蓋作物還可抑制雜草，提供有益捕食性昆蟲適宜的棲地，而不是蔬菜作物線蟲及其他害蟲的寄主。定植於有覆蓋作物(毛苕子)殘體的鮮食番茄，相較於種在黑色塑膠覆蓋膜或沒有覆蓋的處理有較高的產量與獲利(Lu *et al.*, 2000)。不過，不耕犁而用豆科覆蓋植物的缺點是植株分解快速，來不及等到經濟作物(cash crop)成熟就分解結束。草稈覆蓋之碳氮比(C:N)高，分解較慢，在生長季長的地區占優勢。

塑膠薄膜覆蓋

塑膠覆蓋膜(plastic film mulch)具有許多有機覆蓋的效益外，還有更多效益，因而使用普遍。塑膠覆蓋膜的效益包括長期一致的雜草控制、可以進行土壤燻蒸消毒和調節土溫。黑色覆蓋膜吸收大部分的紫外線、可見光和紅外線，透過傳導而提高土壤溫度，因此增進塑膠覆蓋膜與土壤表面的接觸，會提高加熱效率。所吸收的光能只有一部分用於加熱土壤，大部分光能以熱或長波長的紅外線形式再輻射回到大氣而失去。白天在黑色塑膠布下5 cm的土壤

溫度比無覆蓋者高2°C，在10 cm深的土壤溫度比對照高1.3°C；如此增加土壤溫度對暖季蔬菜，如：番茄、番椒、甜瓜等，會提早成熟期7-21天，天數依作物和其他環境因素而定(圖6.2)。

　　塑膠布栽培獲得較高產量的原因包括：用水效率提高，應用滴灌施肥、養分利用較佳，減少肥料流失，較少風和水侵蝕土壤，減少土壤壓實及剪根作用，增加複作機會，產品較清潔及品質更高，以及減少病蟲害和雜草(Lamont, 1993)。

　　上述這些優點還需進一步說明。塑膠布覆蓋使雨水轉流入栽培畦之間，有助於保留肥料在根區；控制了雜草，不需重型機械中耕，減少土壤壓實以及因中耕靠近植株而傷到根；高畦使排水更好以及更精確的土壤水分管理，減少土傳病害發生。反之，如果沒有覆蓋，雨水將土壤濺到蔬菜，會增加病害發生且產品銷售前必須清洗。塑膠布覆蓋可保持作物清潔，減少果實腐爛。

　　塑膠布栽培系統的各項措施可單獨或一起運用。不論是否有高畦，可以人工鋪塑膠覆蓋膜，但要鋪蓋緊實，若不是高畦則較為困難。在平硬的土面上，如果塑膠布沒有鋪得緊密、不帶皺褶，則雨水會積聚在塑膠布上面。水的重量把覆蓋的邊緣拉起，使塑膠布移動，被風吹走。積在塑膠布上的水也成為昆蟲和雜草生長的溫床，消除了使用覆蓋的這個主要理由。

　　種植作物時可以人工小心切開或打孔覆蓋膜，而不損壞灌溉管。塑膠膜打孔應盡量小，以防止失熱、失水及雜草生長。使用塑膠覆蓋膜同時要用滴灌；在作物生長期，水分會由覆蓋物下方的根系和蒸散作用耗盡。雨水或噴灌無法補回作物用掉的水，因為塑膠膜阻止水分，只有植株周圍的小孔可讓水進入根區。如果無法使用

圖6.2　比較有、無黑色塑膠布覆蓋的南瓜早季生長。每行都是同日直播並使用滴灌。有黑色塑膠布覆蓋的植株較大，因為覆蓋有助於土壤升溫和保持水分。

滴灌，應採用多孔性覆蓋膜；景觀用覆蓋膜可以抑制雜草生長，跟多孔性覆蓋膜都可讓水滲入。

　　配合高畦可以設置塑膠覆蓋膜與滴灌系統，但不燻蒸。蔬菜生產可以不燻蒸土壤，而利用嫁接克服害蟲問題。若土壤沒有那麼嚴重的病蟲害問題，不必一定要燻蒸；如果有其他可獲利的經濟作物可種，輪作可以有效管理土壤病害。

整地 / 鋪覆蓋薄膜 / 種植

　　正確整地是成功使用塑膠布覆蓋的關鍵。土壤要先檢測並進行修正後，才鋪設覆蓋物。除了檢測土壤的養分含量外，也最好檢測有無線蟲，特別是在知道有問題的區域。土壤鋪設覆蓋時，注入多用途燻蒸劑可控制雜草、線蟲、土棲昆蟲和病害。田區應早翻耕，以確保有機物和作物殘體適當地混合入土壤。有些殘留如麥茬突出土面，當田區鋪設覆蓋時，可能麥茬會戳破塑膠薄膜。大多數塑膠覆蓋膜的問題都與整地、作畦不良有關。土壤必須疏鬆，沒有大石頭、土塊、枯枝和植物殘體。畦面應堅實平整，塑膠薄膜才能緊密覆蓋畦上。

　　大多塑膠覆蓋膜配合採用高畦，以確保排水良好。高畦是由整畦器(bed shaper)做成(圖6.3a)，整畦器是一個三面的金屬裝置，由曳引機拉動，將土面塑形成平滑的植床，兩側均高於畦溝。高畦通常10-15 cm高、75 cm寬，從畦中央至畦肩下降斜度2-5 cm(Lamont, 2005)。作畦完成後，

由曳引機後面拉開塑膠薄膜，均勻地覆蓋高畦(圖6.3b)；這步作業要在作畦後立即進行，不讓風或雨破壞畦床，同時放置灌溉用滴灌管道於塑膠覆蓋膜下。高畦兩側的塑膠布邊緣以滾輪(roller)和犁刀(coulters)用土壓埋固定，同時畦面塑膠布向兩側拉緊，包住畦，使覆蓋膜不會被暴風吹動(圖6.3b)。使用黑色或深色的塑膠薄膜時，畦面上的塑膠布必須緊緊拉開，以確保有最大加溫，並讓雨水流入畦溝。種植時要在塑膠膜上打洞，才能播種或定植；拉緊、蓋緊塑膠覆蓋膜很是重要。種子或苗都應種在打孔的中央，才不致萌發或植株在覆蓋膜下面生長發育。植株不可直接接觸塑

圖6.3 (a)整土成畦；(b)畦上覆蓋塑膠薄膜
（照片引用自：Josh Freeman）。

膠布，因為被太陽能加熱的塑膠布可能會燙傷尚未健化的植株。

在冬季不嚴寒的氣候溫和地區，於春季栽種前的秋季可以先鋪設塑膠覆蓋膜和滴灌管以及燻蒸，在秋季就準備好塑膠布栽培系統有幾個優點：避開春天的潮溼天氣；燻蒸效率更好，因為秋季土壤溫度較高、線蟲族群較多；使春天植株較早成活生長。

施用固體肥料

施加固體肥料(solid fertilizer)和在畦面鋪設覆蓋膜通常同一次作業完成；也可以分次作業，先作畦，然後在鋪設塑膠薄膜前，另次施固體肥料(圖6.4)。

施肥和施石灰要根據土壤分析結果；如果使用灌溉施肥，可以在種植時施25%-50%的氮肥和鉀肥、全量磷肥，其餘的氮肥、鉀肥以可溶性肥料(例如：硝酸鈣、硝酸鈉或硝酸鉀)滴灌施用。有些生產者不使用灌溉施肥，種植時施用100%的肥料，但是有些土壤和許多作物在生長後期必須追肥。如果不用灌溉施肥，種植前施用75%的肥料，其餘肥料追施，就是在每株基部施放粒狀肥料。

燻蒸

當鋪設塑膠布覆蓋膜時，施放土壤燻蒸劑(soil fumigants)可防治昆蟲、白蟻、囓齒動物、雜草、線蟲和土傳病害(soil-borne diseases)。自西元1960年代初起，溴化甲烷(methyl bromide)一直是標準的土壤燻蒸劑，但現在許多地方已經禁用，因為它會破壞臭氧層，且對人體有毒。農場工

圖6.4 整畦後，覆蓋塑膠薄膜和安置滴灌帶前，先撒施粒狀肥料在畦面上。

作人員若經手燻蒸劑和農用化學品時，必須穿戴防護裝備。其他用作燻蒸劑的部分化學品有：斯美地(metham sodium，即異硫氰酸甲酯(methyl isothiocyanate))、1, 3-二氯丙烯(1, 3-dichloropropene)、氯化苦(chloropicrin)、二硫化二甲基(dimethyl disulfide)和碘甲烷(methyl iodide)等(Gao *et al.*, 2011)。氯化苦常與其他燻蒸劑合用，以增加效力，並且有警告作用，因為它有特有的氣味，而其他氣體燻蒸劑無氣味。

為使燻蒸有效，在15 cm深處之土壤溫度至少為10°C；土溫愈高，有利於燻蒸劑揮發以及在土壤內的移動。有機物分解可以改善土壤結構，並有助於燻蒸劑在土壤內散布。然而，很高量的有機物會吸收燻蒸劑，降低其有效性。未分解的作物殘體會阻礙燻蒸劑在土壤中的散布，還可能隱藏害蟲和病原菌，使其躲開燻蒸劑的作用。完全分解的有機質是最有用的；燻蒸劑在土壤的空隙間移動並溶於土壤水分，它必須在土壤溶液裡接觸並殺死害蟲，因此土壤水分含量中等，有助於燻蒸效用。

於田區設置塑膠布覆蓋時，將燻蒸劑直接注入土壤；如果這時燻蒸氣體有洩露，對工作人員和環境都是威脅，並降低燻蒸處理的效果。一些替代溴化甲烷的燻蒸劑屬於乳化濃縮劑(emulsifiable concentrates, EC)，其有效成分及乳化劑溶於有機溶劑製成。這些有機溶劑通常不溶於水，但是當乳化濃縮劑產品於使用前先與水混合，在水中分散形成油性的細粒混合物，可以由滴灌管路傳送。燻蒸劑如：1, 3-二氯丙烯在鋪設塑膠覆蓋膜後，由滴灌線路施用；為達最大效益，需要兩條滴灌帶才足夠覆蓋畦面。燻蒸劑若經由滴管施放，則土壤溫度和溼度不再限定鋪設塑膠膜的時間及施加燻蒸劑種類，化學藥品洩露到大氣會減少，農場工作人員的安全提高，工作人員需要的訓練減少，需穿戴個人防護裝備的人數減少，可以重複處理現有的植行。大多數燻蒸劑處理後，要等7-60天才可以在處理過的畦床安全種植作物，其等待期依所用的燻蒸劑和環境條件而定。在此等待期之後，燻蒸劑被中和或散入大氣中。

塑膠布覆蓋─類型和顏色

在過去50年覆蓋科技有很大的改變。現在有許多不同材質與厚度的覆蓋物，依生產者使用目的而定；幾乎彩虹的每一個顏色都有(圖6.5；Lamont, 2004b)。

以下總結普遍用於蔬菜生產的一些塑膠布覆蓋類型。黑色覆蓋塑膠膜仍是最普遍的一種，其特性已如前述。

西元1960年代，透明塑膠覆蓋膜問世。土壤與透明塑膠覆蓋膜之間產生溫室效應，增加的土壤溫度比用黑色覆蓋膜更高。透明塑膠膜可傳導85%-95%陽光，依塑膠膜厚度和透明度而定(Lamont, 2004b)。透明塑膠膜的內面常有凝結的水滴，這種水不會吸收入射的短波光，但會由土壤聚集長波長紅外線。所以透明塑膠覆蓋膜就保留了從原來裸土流失到大氣中的熱。於白天，透明塑膠薄膜覆蓋下的土壤溫度與裸土溫度相比，在5 cm深處提高4.5-7.8°C，

圖6.5　試驗田區比較白色、黃色和褐色覆
　　　蓋對番茄發育的影響(美國佛羅里達
　　　州)。

在10 cm深處提高了3-5°C，且也比黑色塑膠薄膜覆蓋下高。不過以透明塑膠膜覆蓋無法防治雜草(圖6.6)，條件若適當，雜草種子可以在透明塑膠膜覆蓋下發芽及生長，與作物競爭，有時甚至能把覆蓋薄膜推出土壤。在透明塑膠膜下，一般常用燻蒸劑或除草劑來控制雜草。

　　紅外線穿透覆蓋膜(Infrared transmitting mulch, IRT)提供黑色覆蓋膜控制雜草及透明塑膠膜增加土溫的能力。這種覆蓋膜吸收光合有效輻射，但亦穿透紅外線波長輻射，可以加熱土壤，是黑色覆蓋膜和透明覆蓋膜的折衷。 IRT的塑膠覆蓋膜為藍綠色或褐色(圖6.5)。有些雜草種子可於IRT覆

蓋下發芽，但植株羸弱、發育遲緩、生長不良。

　　在溫暖的氣候下，土壤不需要加溫，反而降溫對作物生長有益；用白色覆蓋膜可降低土壤溫度，對有些種在溫暖氣候的蔬菜是有利的(圖6.7)。

　　光能透過白色的覆蓋薄膜，足夠的光使覆蓋下面的雜草生長；如此就需要使用除草劑或燻蒸以控制雜草。有些塑膠覆蓋膜是黑、白共擠壓(coextruded)形成，一面是白色，另一面為黑色。此設計提供了白色覆蓋的降溫作用與黑色覆蓋的雜草控制作用。這種共擠壓覆蓋膜屬多用途，任何一面朝上都有功用。

　　開發高度反光銀色覆蓋膜(reflective silver mulches)的主要目的是為驅離蚜蟲，防止或延遲病毒病症狀，特別是用在南瓜作物(Lamont, 2004b)。這種覆蓋膜下的土壤溫度比黑色塑膠覆蓋膜下低 3-4.5°C。

　　紅色覆蓋膜試用於多種蔬菜，獲得

圖6.6　透明塑膠膜加熱土壤，增進暖季蔬
　　　菜在早季寒冷條件下的早期生長。
　　　在塑膠膜下有雜草生長，如果不加
　　　控制，生長在下面的雜草可將塑膠
　　　膜頂出土壤。選擇性波長穿透覆蓋
　　　膜可抑制雜草生長、加溫土壤。

圖6.7 夏季番椒栽培採用白色塑膠布覆蓋可使降溫(美國佛羅里達州)。

不同的結果。紅色覆蓋膜類似黑色覆蓋膜可提升土壤溫度，加速作物成熟。一些有色塑膠覆蓋膜的作用，取決於其反射什麼波長的光到作物株冠而定。例如：紅色覆蓋膜反射的紅光與遠紅光的比率增加；紅色、藍色、黃色、灰色和橙色覆蓋膜反射不同的光到作物株冠下方，從而影響植物生長和發育(Lamont, 2004b)。然而，苗期以後從覆蓋膜反射的光如何影響植株的生長很難設想或計量，因為隨植株長大，作物下方的覆蓋物被遮陰，使反射的光強度遠比全日照低。在有紅色覆蓋膜的植行遮陰側、株冠上方40 cm處，反射光的差異最小，似乎有色覆蓋膜的反射光效果只限在植株發育的早期(Loy *et al.*, 1998)。

　　有色塑膠布覆蓋膜會影響作物上的昆蟲族群；用紅色塑膠膜覆蓋，南瓜和番椒植株上的桃蚜族群增加(Orzolek and Murphy, 1993)。黃色覆蓋膜會吸引瓜類金花蟲(cucumber beetles)和馬鈴薯金花蟲(potato beetles)，類似溫室內誘捕害蟲(圖6.5)。藍色覆蓋膜則會吸引薊馬(Lamont, 2004b)。

　　除了創新顏色外，塑膠覆蓋膜的設計在這些年也改變方式。塑膠薄膜的厚度以mil表示，1 mil等於0.025 mm。目前用高密度或低密度聚乙烯(low or high-density polyethylene, HDPE或LDPE)製造出的塑膠膜厚 0.5-1.25 mil(12.7-31.75 μm)、寬1.2-1.5 m(Lamont, 2005)。金屬覆蓋膜(metalized mulches)是塗覆一薄層鋁的LDPE薄膜；鋁量極少，不到整捲覆蓋膜重量的1%。金屬覆蓋膜具有優良的附著性、強度和高反射率；市售已有金屬覆蓋膜，是白色或黑色聚乙烯的底面。

　　現代覆蓋膜較西元1960年代的最初覆蓋膜小型化；過去覆蓋膜有幾個mil厚，但現在有些種類的覆蓋膜厚度小於1mil，但其強度與較厚的覆蓋膜相同，此歸功於覆

蓋聚合物的改良。和LDPE膜相比，HDPE膜之重量和成本降低而強度增加。

　　一些覆蓋膜面並不平滑而有凸起花紋，質地粗，膜面壓有小菱形圖案。當覆蓋膜被踩或被駛過時，這種覆蓋膜會伸展，而不致被拉出土面。

塑膠布覆蓋─燻蒸用

　　一般的覆蓋物會使燻蒸劑氣體洩露到大氣中，從而降低處理效果、浪費錢、危害農場工作人員，還會破壞環境。目前已研發出滲透性較低的覆蓋膜，使燻蒸劑留在土壤內。最先進、高保留的覆蓋膜是防滲膜、幾乎不透性膜(virtually impermeable film, VIF)和完全不透性膜(totally impermeable film, TIF)(圖6.8)；可用於結合燻蒸，防止氣體燻蒸劑的揮發損失(Gao *et al.*, 2011)。每種覆蓋膜之性質不同，如：聚合物的類型、膜的厚度和氧氣穿透度等；但每一種覆蓋膜不一定有很明確的規格，其製成可與本章前面介紹的一般覆蓋膜有許多顏色上和特性的相同。

圖6.8 VIF和TIF是多層塑膠膜，為使用燻蒸劑而設計的不透性膜。

　　VIF是典型的多層薄膜，由兩層聚乙烯之間有一層乙烯／乙烯醇共聚物(ethylene vinyl alcohol, EVAL, EVOH)或一層尼龍聚酰胺(nylon polyamide)構成，使其穿透性比LDPE和HDPE覆蓋膜低(Gao *et al.*, 2011)。例如：比較使用HDPE與VIF之田區，VIF之溴化甲烷排出由60%減到5%(Yates *et al.*, 2002)。實驗室試驗證明，有些類型的VIF塑膠膜對溴化甲烷的穿透性至少低75倍，其穿透性可比標準聚乙烯膜低500-1,000倍。燻蒸劑穿透性極受溫度影響，一般每增加溫度10°C，穿透性增加1.5-2倍。

　　完全不透性膜(TIF)使用高阻絕性的乙烯／乙烯醇共聚物(EVAL)(Chow, 2009)；其特性包括膜的操作性好，燻蒸劑氣體的穿透性極低。與HDPE相比，TIF減少滴灌施用的氯化苦散失約達85%。用這種覆蓋膜的好處如：增加燻蒸劑的保留，可減量使用燻蒸劑，有效控制害蟲，減少燻蒸劑的散失，並且在必須隔離使用燻蒸劑的區域，減小緩衝區的需求。

塑膠布覆蓋─陽光曝晒

　　曝晒(solarization)是代替化學燻蒸而較永續的方法，它是利用太陽能加熱土壤到足以殺死有害生物的溫度的過程(Stapleton, 2000)。在具有高溫和陽光充足的地區，如：中東、南歐、南亞、澳洲、非洲北部、北美洲南部、中美洲和南美洲北部，太陽曝晒是有效的。應用日晒處理，先在土面上鋪設透明塑膠布，四邊都壓埋好(圖

6.7)。土壤覆蓋應經好幾週,直到土壤溫度上升達到50-60℃。土壤中加入一些作物殘餘物作為堆肥,如:甘藍葉含有異硫氰酸酯(isothiocyanates),可增加曝晒效能。

在緯度偏北地區,曝晒效果較差;其他限制包括隨土壤加深有效溫度下降。土壤處理期間通常就是作物生長適期,處理要有效果所需時間較長。

塑膠布覆蓋—處理和回收利用

在生長季長的地區,田區同一塑膠布覆蓋可連續種植兩作、甚至三作蔬菜。在北方地區,較常單作生產。塑膠膜覆蓋栽培系統一般每年要更新一次,因為滴灌管隨著時間一久就不能有效運用,塑膠膜會損壞或鬆脫,燻蒸會失效,或為輪作等原因。非生物分解塑膠布覆蓋必須移出田間並妥當處理;應用機械輔助收集田間用過的塑膠膜可減少勞力。然而,這些機械設備作業緩慢,對小農也不敷成本。在一些地區仍用人工清除覆蓋膜;從田區移除4,000 m²塑膠覆蓋膜大約需8小時勞力(McCraw and Motes, 2007)。

處理塑膠覆蓋膜是嚴肅的環境議題,遺憾地,這些用過的塑膠覆蓋膜常被丟在垃圾掩埋區,這不是健全的環境措施,因為塑膠布被掩埋時,降解速度非常緩慢。塑膠薄膜可由發電廠當成濃縮形式的燃料燒掉,但由於缺乏全年穩定的覆蓋膜供應以及能處理覆蓋膜成為燃料的發電廠不多,而限制了此應用方式。

在有些地區,將用過的塑膠覆蓋膜回收製成樹脂再利用(Hochmuth, 1998)。雖然塑膠膜覆蓋可回收再用,但不合成本效益。農用塑膠膜回收,首先應分成不同類別;因為覆蓋膜上有土壤、肥料和植物殘留等,不易清洗去除。還有運送、分揀、切碎、清洗和造粒的成本都高於回收市場價值,使塑膠覆蓋膜不像其他回收材料如塑膠瓶有吸引力。

生物分解的覆蓋膜

研究人員開發可分解的覆蓋膜,以減少勞力和解決處置問題。UV光可降解的覆蓋膜已問世多年。然而,使這些產品在作物成熟時分解,一直是尚未解決的問題。同時,因為覆蓋膜的邊緣埋入土內,沒有陽光曝晒,不會分解,須在生產當季結束時收集處置。

科學家研發出含有澱粉的生物分解膜(biodegradable mulches),澱粉可被土壤微生物緩慢分解為二氧化碳和水。最廣泛使用的生物降解膜是由玉米澱粉的生物聚合物加上專有複合劑製成。此種覆蓋膜在歐洲和加拿大的有機農場准許使用,且和黑色塑膠膜一樣可以提高土壤溫度。在甜瓜產量比較試驗,使用生物分解膜的產量與生長於黑色塑膠覆蓋膜相同。在有些情況,作物生長期間透明塑膠膜或選擇性波長的塑膠膜提早分解,則需要加強控制雜草(Waterer, 2010)。生物分解膜之厚度為0.5-0.8 mil(12.7- 20.32 μm),比標準黑色塑膠膜(厚度1.25 mil, 31.75 μm)薄,使用時須格外小心避免拉破。生物分解膜成本為標準黑

色塑膠膜的2到3倍，但是生長季結束時則無勞力與處置成本。儘管已有生物分解膜覆蓋，但截至西元2013年，仍以非生物分解塑膠膜較普遍，因此妥善回收和處置用過的塑膠膜，是採用塑膠膜栽培重要的一環。

參考文獻

1. Chow, E. (2009) An update on the development of TIF mulching films. *Proceedings of the 2009 Annual International Research Conference on Methyl Bromide Alternatives and Emissions Reductions.* Methyl Bromide Alternative Outreach, San Diego, California, pp. 50-1-50-3. Available at: www.mbao.org/2009/Proceedings/050ChowEMBAO2009.pdf (accessed 28 September 2013).

2. Gao, S., Hanson, B.D., Wang, D., Browne, G.T., Qin, R., Ajwa, H. and Yates, S.R. (2011) Methods evaluated to minimize emissions from preplant soil fumigation. *California Agriculture* 65, 41-46.

3. Hochmuth, G. (1998) What to do with all that mulch? *American Vegetable Grower* 46(4), 45.

4. Lamont, W.J. (1993) Plastic Mulches for the Production of Vegetable Crops. *HortTechnology* 3, 35-39.

5. Lamont, W.J. (2004a) Plasticulture - An Overview. In: Lamont, W. (ed.) *Using Plasticulture for Vegetables, Strawberries and Cut Flowers (NRAES-133).* Natural Resource, Agriculture and Engineering Service (NRAES), Ithaca, New York, pp. 1-8.

6. Lamont, W.J. (2004b) Plastic Mulches. In: Lamont, W. (ed.) *Using Plasticulture for Vegetables, Strawberries and Cut Flowers (NRAES-133).* Natural Resource, Agriculture and Engineering Service (NRAES), Ithaca, New York, pp. 9-14.

7. Lamont, W.J. (2005) Plastics: Modifying the microclimate for the production of vegetable crops. *HortTechnology* 15, 477-481.

8. Loy, J.B., Wells, O.S., Karakoudas, S.M. and Milbert, K. (1998) Comparative effects of red and black polyethylene mulch on growth, assimilate partitioning and yield in trellised tomato. In: *Proceedings of the 27th National Agricultural Plastics Congress,* Tucson, Arizona, pp. 188-197.

9. Lu, Y.C., Watkins, K.B., Teasdale, J.R. and Abdul-Baki, A.A. (2000) Cover crops in sustainable food production. *Food Reviews International* 16, 121-157.

10. McCraw, D. and Motes, J.E. (2007) *Use of Plastic Mulch and Row Covers in Vegetable Production.* Oklahoma Cooperative Extension Service, Stillwater, Oklahoma.

11. Orzolek, M.D. and Murphy, J.H. (1993) The effect of colored polyethylene mulch on the yield of squash and pepper. In: *Proceedings of the 24th National Agricultural Plastics*

Congress, Overland Park, Kansas, pp. 157-161.

12. Shilling, D.G., Liebl, R.A. and Worsham, A.D. (1985) Rye (*Secale cereale* L.) and wheat (*Triticum aestivum* L.) mulch: The suppression of certain broadleaved weeds and the isolation and identification of phytotoxins. In: Thompson, A.C. (ed.) *The Chemistry of Allelopathy,* Vol. 286. American Chemical Society, New York, pp. 243-271.

13. Stapleton, J.J. (2000) Soil solarization in various agricultural production systems. *Crop Protection* 19, 837-841.

14. Waterer, D. (2010) Evaluation of biodegradable mulches for production of warm-season vegetable crops. *Canadian Journal of Plant Science* 90, 737-743.

15. Yates, S.R., Gan, J., Papiernik, S.K., Dungan, R. and Wang, D. (2002) Reducing fumigant emissions after soil application. *Phytopathology* 92, 1344-1348.

第七章　設施栽培
Protected Culture

設施栽培簡史

　　溫室(greenhouses)是為栽種植物、具有透明牆壁和屋頂的一種建築物。最早期的溫室和暖房(conservatories)建於西元16、17和18世紀，在義大利、法國、德國、英國、比利時和荷蘭用昂貴的吹製玻璃壓平成小片玻璃做成。這些早期的溫室是由王族和富人委託建造，用以保護來自遙遠國度的外來植物材料(Muijzenberg, 1980)。

　　雖然早在4,000多年前發明了玻璃，但直到西元19世紀玻璃溫室才用於商用企業。在西元19世紀製造了大型金屬結構的溫室來生產蔬菜，與此同時，工業生產了平板玻璃。西元1806年，第一棟獨立式的溫室建於英國(Muizenberg, 1980)。美國在西元1820年報導第一棟商業溫室；在麻塞諸塞州的波士頓周圍開始有大量的溫室生產作物：於西元1860年代生產萵苣，西元1870年代生產蘿蔔和胡瓜，西元1883年生產番茄。到西元1899年，美國溫室產業迅速成長到930 ha，包括花卉和蔬菜生產。在歐洲，溫室產業也同樣成長，從西元1870年到1890年代末期，英國沃辛區(Worthing)的溫室面積由0.4 ha增加到18 ha(Gras, 1940)。

　　因為早期玻璃非常昂貴，自西元1800年代直到1900年代，蔬菜生產者搭蓋簡單設施，包括玻璃覆蓋的冷床(cold frames, sun box)、溫床(hotbeds, hot boxes)和扇窗玻璃的小花房(sash houses)(Gras, 1940)。冷床為屋頂透明、低矮、離地近的密閉空間，只於寒冷天氣時用以保護植物。本質上，冷床就像一個小型溫室，用來延長生長季的設備。冷床內最常見的高度為0.6 m或以下。有些低矮的蔬菜，如：萵苣可於非生長季節時在冷床生長至成熟採收。較大的蔬菜，如：番茄和甜椒可以先在冷床育苗，隨植株生長，霜期過後可移走玻璃床頂或玻璃窗，讓蔬菜一直長到成熟。

　　冷床屋頂通常是向著冬季陽光的斜面，可以捕獲較多光線，有較好的水徑流，並裝有鉸鍊、方便使用。陽光使冷床升溫，微氣候比外面空氣和土壤溫度都提升幾度。透明的頂面使陽光可透入，且防止熱因對流而逸出，特別在夜間。由於冷床的體積小，陽光直射很快造成過熱；可以拉高玻璃蓋讓冷床內通風，使植株不致過熱。冷床常用於育苗，再移植至大田；即先播種在育苗盤(flats)放入冷床，冷床的環境有利於萌芽和幼苗發育。

　　到西元1900年代溫室較普遍，種子先

在溫室中發芽，移植前先移到冷床健化。至今冷床仍主要在家庭園藝使用，但覆蓋改用塑膠板而不是玻璃。冷床也已由塑膠布隧道棚(plastic row covers)取代，常用於大面積商業生產，本章後面會討論。

溫床很像冷床，但內部有熱源，而不是靠太陽熱。最初溫床加熱靠蒸汽管或靠植株根區下方所埋的新鮮堆肥，微生物分解堆肥的過程中會產生熱。近來用土壤電纜加熱溫床；根據天氣條件、熱源和溫床的設計，即使室外溫度降到冰點以下一段長時間，植物仍可維持生存，低矮的蔬菜可在溫床生長至成熟。雖然溫床曾對非季節蔬菜的生產很重要，但目前溫床主要為園藝愛好者使用，且已大多由溫室取代。

有窗扇玻璃的小花房是另一種平面玻璃技術的應用，係由非常斜的屋頂及木製框鑲窗玻璃做成的原始溫室。它比冷床高，人可以走進裡面。這種小花房常建在另一建築物的側面或者部分埋在地下，其末端則多用固體材料而非玻璃板製成。這種小花房大多沒有加熱，其設計主要為育苗用。

冷床和溫床已由塑膠薄膜覆蓋(row covers，大陸稱小拱棚)取代，一樣提供防寒保護和延長生長季的功用，但塑膠膜覆蓋更有彈性、需要的勞力較少、更便宜。塑膠膜覆蓋可以每季移動，在不同地點安裝。在第6章所討論的塑膠布覆蓋膜(plastic mulches)可加熱土壤、保持水分和控制雜草；與本節所述的覆蓋不同。在此的覆蓋(row covers)是覆蓋在整行植株上，產生的微氣候可以促進生長；有些覆蓋還可阻隔昆蟲。在第6章討論的塑膠布栽培系統(plasticulture system)與本節的覆蓋是相容的，在部分生長期間，兩個系統經常一起使用。

蔬菜生產田區的環境調節

在生長季節短的地區，春季氣溫和土壤溫度逐漸上升，直到無霜期，生長季開始；秋天則相反，空氣和土壤逐漸降溫，直到使作物致死的低溫前，生長季結束。

然而，可以利用調節田間環境來延長生長季節。例如：在沙漠地區早季陽光充足但溫度低，就可使用簡單技術，即將植床面調整向陽、增加陽光照射以加熱土壤；這個簡單作法不需任何覆蓋，即可以加速直播作物的發芽，改善苗株的早期生長。

在生長期短的地區，建造溫室栽培蔬菜，可在正常生長季節以外的時間生產；但不需於整個田區蓋永久溫室。更實用、花費較少、更有彈性的作法是於每畦個別覆蓋，使植株周圍的微氣候有利於生長。在寒冷氣候下，使用覆蓋物並不能全年生產，因為覆蓋能達到的環境調節程度比溫室小得多。然而，在季節溫度轉換慢的地區，用質輕的臨時覆蓋物可以延長生長季節數週甚至數月。在生長季短的地區延長生長季，對蔬菜生產者很重要，因為於季首在當地生長的新鮮蔬菜價格最高。在生長季後期，因發生致死低溫後生長季結束，新鮮蔬菜也很高價。

非永久性覆蓋物主要用來保留熱，

防止霜凍。在有些情況下，這種覆蓋物可以減少蒸發散(evapotranspiration)並防止昆蟲。但這些覆蓋物的負面作用是降低光強度，在陽光充足時由於沒有充分通風，過熱會損害植株，並且在其預定年限到達時必須處置掉。另外，多數覆蓋物很輕，必須錨定以防止風害。以下為在不利環境條件下，常用於保護蔬菜作物的材料和構造，由簡到繁依次列出。

植物熱帽

熱帽(hotcaps)是個別植株的覆蓋物，以保護植株不受低溫傷害。有些熱帽是由透明的防水蠟紙壓成帳篷狀，不貴，只使用一季；熱帽蓋於苗上，邊緣埋於土下以固定位置。熱帽依環境條件提供適度的防霜保護(Welbaum, 1993)。熱帽的頂端可以割開讓植株生長及通風，如果不通風，在溫暖有陽光時，熱帽內可能會過熱。不通風的熱帽會造成高溼度的環境，加上光強度減低、太多水，會增加發病和徒長(succulent growth)。新式的熱帽由塑膠製成，可重複使用，並且可以提供額外的防凍保護，特別是可加滿水的熱帽(Welbaum, 1993)。因為熱帽要一個個放置、調整和移除的勞力，所以在許多田區大多以塑膠膜覆蓋取代，但熱帽仍用於小規模生產。

浮動覆蓋

浮動覆蓋(floating row covers)是密度不同、重量輕的布狀物，直接鋪設在植行或畦上；依不同的應用目的，有不同重量和厚度規格。塑膠膜覆蓋物分為機織布(woven)與不織布(non-woven)兩類。不織布覆蓋物由紡黏聚酯(spunbonded polyester)或聚丙烯纖維(polypropylene fibers)製成。

在田區種植作物後，以透光、細網目(thin-mesh)的浮動覆蓋物蓋在地面，將覆蓋邊緣埋入土內。浮動覆蓋稍能提供防凍保護，可讓水分滲入，減少土壤蒸發，並防止害蟲自他處飛入。幼苗萌發後，開始推動覆蓋物離地時，即移走覆蓋物。只要覆蓋物沒有損壞，即可重複使用。有時，用矮木樁支撐浮動覆蓋，讓作物有空間生長，浮動覆蓋的保護作用可較久。

較重的覆蓋物在傍晚時拉開，蓋在作物植行上，次晨將覆蓋捲起，保護不受夜間霜害影響。這種較重的浮動覆蓋物通常可增加夜間溫度3-4°C，依覆蓋物類型和環境條件而定。這些較厚的覆蓋資材無法像薄的覆蓋布穿透一樣多的光，當霜凍威脅一過去，覆蓋就要收起放好，以後再用。天氣晴朗時，不需要浮動覆蓋，可以收在畦中間，增加通風。

畦面覆蓋

畦面覆蓋(bed covers)類似於塑膠布栽培中的塑膠布覆蓋，只是畦的構形不同，讓作物在覆蓋物下方還有開放的生長空間。畦面作成V字形，將透明塑膠薄膜緊鋪在畦面；覆蓋邊緣埋在土下緊緊扣住。作物直播或移植於畦上V字形的低凹中心；其上覆蓋的透明薄膜會吸熱、保住水分、促進種子發芽或小苗生長。當幼苗萌發，先將畦面覆蓋劃開小縫(slit)幫助通風，之後完全劃開，使作物可以在整個畦

面上生長。此畦面覆蓋最常用在少雨、需補充灌溉、生產暖季蔬菜的田區；覆蓋膜可集雨，流到沒有覆蓋的低凹處。使用畦面覆蓋物價格不貴，對暖季蔬菜生產有效，但需有深厚土層。

低隧道棚

低隧道棚(low tunnels, low row covers)使用透明塑膠布覆蓋(圖7.1)，以保護暖季作物在早季免受寒冷，在後期免受霜害低溫，延長生長期。塑膠布地面覆蓋可與作物上的覆蓋或矮隧道棚一起使用，調節土壤溫度、控制雜草和保持水分(圖7.2)。

大多隧道棚高度從十幾公分到最高約1.2 m。由於隧道棚較矮，工作人員不能進入，只能移開或調整塑膠棚才能碰到作物。較高的塑膠棚常由一系列彎成半圓形

圖7.1 低隧道棚。

的鐵絲撐住，鐵絲兩端牢固地插入土內，鐵絲之間距離固定。這一系列拱形鐵絲為構架，將透光塑膠薄膜在鐵絲構架上拉開，塑膠薄膜上再以鐵絲固定。這種設計有時稱為hoop tunnel，雖然支架是半環形而非一個全圓。塑膠棚兩邊不掩埋，晴天能夠拉開以通風，晚上拉下以提供最大的保暖。

另一種隧道棚設計是在畦行兩側各有塑膠布拉成(圖7.3)。塑膠布外側埋入或拉近到土壤，塑膠布內側或上方用繩或鐵絲拉住。如果畦兩側的塑膠布都完全拉起，像是作物的帳篷。隧道棚兩側可以拉下或拉高，以便通風。

高隧道棚

高隧道棚(high tunnels, high row covers)是臨時性或移動式的拱型設施，以單層或雙層塑膠膜覆蓋。與低隧道棚不同的是，高隧道棚的高度夠，工作人員可以站在裡面，也可以操作或放置小型設備(圖7.4)。

高隧道棚實質就是田區裡一個暫時性、可移動的塑膠布窄溫室，於生長期間使用。它並不是為冬季最冷幾個月的保護設置，許多隧道棚沒有或只有很少的加熱裝置；其主要功能為延長生產季節，使蔬菜能在春天時提早或在秋天延後生產。整個高隧道棚在生長季末可以拆卸，次年移到新位置搭建。高隧道棚常用來種植暖季作物，如：早季的番茄和甜瓜。這些高隧道棚較大、較高，必須建構安穩才能耐強風；通常以塑膠管或鋁管為建構基礎深入土中，並且以塑

圖7.2 以低隧道棚及畦面塑膠布覆蓋栽培瓜類(臺灣)。隧道棚的兩側可以上拉到棚頂通風。

圖7.3 由兩片塑膠布拉起的低隧道棚,中央用繩子拉在一起,以保護低矮的蔬菜作物(日本)。立架為一系列半圓形的鐵環,棚頂和棚側塑膠布可以拉開以增加或減少通風(前方)。後方與低隧道棚垂直的為高隧道棚。

圖7.4 利用高拱棚與黑色塑膠布地面覆蓋生產早季夏南瓜和根荅菜(加拿大Nova Scotia省 Annapolis Valley)。

圖7.5 高隧道棚內的結球白菜，棚架結構管柱交聯(日本)。

膠管或鋁管的交聯為支撐(圖7.5)。

　　這樣的設計使隧道棚具有足夠強度可抵禦強風，但又很容易拆卸，另地重建。水平方向繞在隧道棚外面的繩帶把覆蓋的塑膠膜穩固在棚架上。常見的覆蓋塑膠膜是聚乙烯(PE)和聚氯乙烯(PVC)兩種。

隧道棚兩端的垂直門板是可移動的，可以讓機具、設備進入，以及通風用。許多隧道棚設計可以讓兩側塑膠膜拉高，供通風用。

蔬菜生產用的耐久型溫室

圓頂溫室

　　圓頂溫室(Quonset greenhouses)是造價最便宜的一種永久溫室設計；其形狀就像一個圓柱體縱向切半，橫截面為半圓形，沒有分開的側牆和屋頂。框架常為彎曲的T形鋼架交聯，安裝於地，或由矩形金屬架接在一起。此簡單的設計比搭建垂直側牆的溫室便宜，但這種圓頂溫室側面底部的一些空間難以利用。圓頂溫室可用的披覆材料有許多種，包括軟質塑膠板或塑膠膜。在有些地區，如果用塑膠薄膜披覆，就不以永久性建物徵稅。空氣循環靠安裝在側面或兩端的風扇和通風口。

牆面垂直的永久溫室

　　建造和維護都最昂貴的設計就是金屬結構體的高大溫室，四面為垂直側牆，以玻璃、聚碳酸酯板(polycarbonate, PC)或丙烯酸(壓克力，acrylic)玻璃披覆。儘管溫室建造成本高，但其使用很廣(圖7.6)。

　　玻璃溫室的優點是透光率較高，這在冬季陽光為限制因素的北國很重要。建構溫室用的玻璃板已隨時間顯著加大。

　　硬質的PC(聚碳酸酯)塑膠板具有高透光率、耐用、絕緣性佳等特性，與玻璃相比，成本降低，是廣被採用的溫室覆蓋材料。於寒冷地區採用雙層塑膠布，夾層中的空氣增加絕緣性，可降低加熱費用(圖7.7)。

　　溫室還可以用低成本的聚乙烯(PE)膜覆蓋。在有些條件下，用雙層的PE覆蓋比用單層的塑膠或玻璃板節省加熱能源，效率較高。聚氯乙烯(PVC)是另一種塑膠板，有些地區用來覆蓋溫室。聚乙烯膜比玻璃便宜，但必須經常換新。

　　起初玻璃溫室用的玻璃板較小，放置玻璃片的支柱是木材，後來改用鋼或鋁等金屬。早期設計的溫室高度不一，但比今日建的溫室矮。有些早期設計是部分溫室

圖7.6　荷蘭的溫室(「Westland」地區)。

圖7.7 以聚碳酸酯(PC)塑膠板覆蓋的雙層(double-walled)溫室 (美國維吉尼亞州)。

埋在土壤下,利用土地調節溫度適中並縮小溫室大小,使用較少玻璃。此種溫室常較潮溼、排水不良,普通用於育苗,而非讓植物生長至成熟。後來,像目前使用的高屋頂、牆面垂直的溫室變得較普遍。生產蔬菜用的現代溫室是牆面垂直、側牆和屋頂都有通風設置。隨著時間推移,溫室空間體積加大了,因屋頂加高以減少溫度的快速波動和允許較大設備的進出。

溫室栽培系統

最初,作物生長在溫室原有的土壤,由於溫室並不全建造在最有生產力的土壤上,必須經常加入動物堆肥或其他有機物,以提高肥沃度。溫室蔬菜生產與露地栽培相比,其挑戰是要在封閉區域內輪作,以防止土壤病原的積累。在溫室內,同一土壤用來生產所有作物,考量經濟效益,不會種植低價作物,故可以輪作栽培的作物種類受到限制。

溫室原有土壤用過後,利用加熱系統的蒸汽消毒土壤,去除隨時間而累積的病原。蒸汽消毒後的土壤可重複栽培相同或近緣的作物,不須輪作。然而,蒸汽消毒能源成本增加,且溫室面積大,不易均勻處理土壤。於溫室可使用化學燻蒸劑,但在封閉的區域使用有毒化學燻蒸劑很危險。有些燻蒸劑有環境風險,不宜替代蒸汽消毒。另一種溫室土壤病害管理方法是嫁接蔬菜到抗病根砧。嫁接的蔬菜可以耐多種病害,所以用溫室之土壤生產蔬菜可能不需消毒。例如:將感病胡瓜品種嫁接到抗多種土壤病害的葫蘆屬(*Lagenaria*)砧木。

曝晒(solarization)也是一種溫室病害管理方法,是非化學的簡單技術:利用太陽輻射產生的高溫抑制溫室的病蟲害。在陽光強烈的地區,溫室休耕密封期間,其內溫度可提高到至少45°C(Scopaa *et al.*, 2008);時間愈長,功效愈好。曝晒對一些病害蟲的效果比其他管理方法強(Scopaa *et al.*, 2008);在低緯度也比較有效,因為雲少、陽光強的時間長。

如今許多先進的溫室蔬果生產是利用水耕系統(hydroponic production systems, hydroponics)。水耕是植物在養液中生長的技術，可使用或不使用人工介質(如：砂、礫石、蛭石、岩棉、珍珠石、火山岩、泥炭土、椰纖或鋸木屑)提供機械性支持(圖7.8；Jensen, 1997)。

有許多類型的環控／水耕系統用於蔬菜生產。液態水耕系統沒有介質支持根系生長。水耕系統進一步分類為開放式(open hydroponic systems，送到植物根部的營養液不重複使用)或封閉式(closed hydroponic systems，剩餘營養液補充後再循環使用)(Jensen, 1997)。水耕栽培(hydroponic culture)就不需消毒土壤，養分隨時可用，並且可以調整使供應的水量適當。

水耕系統之營養管理

植物生長需要16種元素，這些營養素可以從空氣、水和肥料(見第4章)提供。這16個元素是碳(C)、氫(H)、氧(O)、磷(P)、鉀(K)、氮(N)、硫(S)、鈣(Ca)、鐵(Fe)、鎂(Mg)、硼(B)、錳(Mn)、銅(Cu)、鋅(Zn)、鉬(Mo)和氯(Cl)。在植物體內所積累的礦物質養分含量依作物生長條件和蔬菜種類而有不同(表7.1)

水耕養液的配方必須確保所有養分在作物生產週期的濃度適當，因為量不足或過多都會降低作物產量和品質(表7.2)。過量施肥浪費金錢、傷害作物，還會因養分在輸送系統中流出而汙染環境。

碳、氫和氧通常可由空氣和水充足供給，但在冷季地區，因外界溫度低，溫室不通風時，加施氣態二氧化碳(CO_2)還是有益的。植物自根部攝取其他養分，營養管理必須小心；首先要了解蔬菜所需要的各種營養元素在營養液中的濃度，以ppm(parts per million，百萬分之一)表示。適當管理營養元素之濃度，生產者可以控制作物的發育和產量。要確保水耕蔬菜有充分的肥料，則有不同的策略。

一種作法是配合作物發育的需求，改變水耕液的養分濃度。在作物生產期間，作物對養分的需求會改變。初期需要少量的養分，隨著作物發育，養分需求增加，尤其是著果之後。常見的問題是生長初期施太多氮，造成過快的徒長(succulent growth，又稱stretching)，植株乾物量低，節間過長，番茄和番椒的莖部裂

圖7.8　菠菜生長在循環養液，多孔的火山岩石(lava rock)為介質。

表7.1 水耕栽培萵苣、番茄和胡瓜組織的成分及含量

元素	半結球萵苣[a]	番茄[b]	胡瓜[b]
硝酸態氮(nitrate N)	1.3-1.7%	1.4-2.0%	1.0-2.0%
磷酸(PO_4)	0.7-0.9%	0.6-0.8%	0.8-1.0%
鉀(K)	7-8%	5-8%	8-15%
鈣(Ca)	1-3%	2-3%	1-3%
鎂(Mg)	0.3-0.4%	0.4-1.0%	0.3-0.7%
鐵(Fe)	200-300 ppm	40-100 ppm	90-120 ppm
鋅(Zn)	25-50 ppm	15-25 ppm	40-50 ppm
銅(Cu)	5-10 ppm	4-6 ppm	5-10 ppm
錳(Mn)	30-55 ppm	25-50 ppm	50-150 ppm
鉬(Mo)	N/A	1-3 ppm	1-3 ppm
硼(B)	15-30 ppm	20-60 ppm	40-60 ppm

[a] Siomos *et al.*(2001)

[b] Lorenz and Maynard(1988)

開和凹陷。莖部的裂縫成為引起腐敗的微生物如軟腐病菌的入口。番茄徒長植株常會產生畸形果與相當高比率的生理障礙，如：果頂腐敗病(蒂腐病，blossom-end rot)和開窗果(cat-facing)。為避免植株生長品質差，在發育初期，植株氮含量應為60-70 ppm(Hochmuth and Hochmuth, 2008)。例如：番茄以珍珠石種植，從開始定植到形成第一串果的階段，氮量為70 ppm，隨著營養要求提高，植株有2、3、4和5串果的階段，養液中氮濃度依序由80、100、120增加至150 ppm。各蔬菜推薦使用的營養液不相同。例如：胡瓜生長初期比番茄需要更多氮，所以胡瓜苗由成活到始花期的水耕溶液中氮應在80-90 ppm。

水耕營養管理的另一種方法是監控(monitor)，由葉片分析知道植物營養狀態，並依植物需要調整營養液。植物可生長在如表7.2所列的水耕營養液中。養分可依植株的生長需求加到營養液中。植株快速吸收掉每日供應的一些營養物質，而其他營養成分則累積在溶液中。這表示溶液中氮、磷、鉀的濃度低(0.1 mM (millimolar)或幾 ppm)，因為這些營養素被植物迅速吸收並代謝了。

當水耕溶液中的水分因蒸散作用變少時，即必須補充。例如：補充液需要添加約0.5 mM磷。如果每日加補充液，植物可迅速吸收溶解磷，而溶液中的磷濃度會再次接近零。這並不表示缺乏，相反地，它表示植物健康、快速吸收養分。如果在循環溶液中的磷含量持續保持0.5 mM，植株磷濃度會增至乾重的1%以上，這比許多植物的適宜含量高(表7.1)。溶液中維持高濃度養分對植物可能是危險的，植株過量吸收會導致營養失衡。磷含量高也可引起鐵和鋅缺乏(Chaney and Coulombe, 1982)。

植物組織分析可以評估水耕萵苣、番

茄和胡瓜必要礦物質的含量，將分析結果與文獻公布數值比較，以確定是否符合植株的營養需求(表7.1)。當植株達到適當礦物質含量(表7.1)，可在水耕溶液添加或減去一些成分，以維持如表7.1所示的植株含量百分率。這些推薦數值適用於不同的營養液生產系統，如：珍珠石、岩棉或養液薄膜系統。

營養液配製方法

基本上有兩種方法供應肥料養分給作物：(i)預先調配的產品；或(ii)生產者配製的營養液(Hochmuth and Hochmuth, 2008)；兩種方法的營養利用效率不同。這兩種方法所用的肥料見表7.2(Lorenz and Maynard, 1988)，依據建議表，於100 L水中加入礦物營養成分(以克計)。配液器(proportioners)並行安裝在一條水源管線上，營養素由配液器流入的母液(stock solution，濃度較大)，經稀釋成表7.2所示的最後濃度就可供應。最後營養液的pH值範圍為5.8-6.2。

◆ 預先配製的水耕養液

市面已有幾種配製好的水耕肥料配方，見表7.2。選用之前，必須先了解各產品的配方及其限制。有些產品含有鎂，有些不含，缺鎂的配方需要以硫酸鎂補充(表7.2)。

有些配方需要加硝酸鈣或氯化鈣來補充鈣和氮(表7.2)，有些養液配方含有大量鉀，由於過量的鉀會影響根部吸收鈣，植株難以達到理想的鉀、鈣濃度。鈣是防止番茄和甜椒頂腐病(BER)及萵苣頂燒病(tip burn)所必需(Hochmuth and Hochmuth,

2008)，可施用氯化鈣以多加鈣；但最好鉀含量低些。與此有關的問題是：有些已配製好的養液配方有太多氮，就不能用硝酸鈣來加鈣，而可用氯化鈣補充硝酸鈣母液。已配製好的配方產品提供的微量元素濃度合宜，但可能需要針對特定作物和生產條件作調整。

◆ 依配方調製法

表7.2有4種不同的水耕溶液配方及個別成分供生產者選擇，依需要配製營養液(Lorenz and Maynard, 1988)。Larsen's配方以磷酸為磷源，已部分酸化營養液，若需要更降低pH值，可以用硫酸。

溫室級的氯化鉀可作為鉀的替代來源，它可作為部分來源，因為它所提供K的形式和硝酸鉀提供的相同，但是較便宜。氯離子在所需要的量中對植物沒有毒性，有研究顯示它能減少軟腐病(Hochmuth and Hochmuth, 2008)。

水與施肥關係

表7.2的營養液配方是為蔬菜水耕栽培所設計。營養液以脈衝方式通過介質或經過養液薄膜(nutrient film)注入，一天10-20次，依天氣、溫室環境和作物而定(Hochmuth and Hochmuth, 2008)。沒有哪一個營養液配方可運用到所有環境條件的每一種生產系統。例如：使用保水力高的介質時，每天需要的灌溉次數較少，則灌溉水的養分濃度要較高，才能供應充分的營養。一般的建議是：生產系統所用的介質需灌溉次數較少的比需灌溉較多次的介質，需要較高的養分濃度(Hochmuth and

表7.2 水耕蔬菜生產所使用營養液及其組成(修改自Lorenz and Maynard, 1988年)

	養液			
	Johnson's	Jensen's	Larsen's	Cooper's
成分(每100 L水)(g)				
硝酸鉀(potassium nitrate)	25	20	18	61
磷酸一鉀(monopotassium phosphate)	14	27	未用	26
磷酸(phosphoric acid, 75%)	未用	v	40 ml	未用
硫酸鉀(potassium sulfate)	未用	未用	34	未用
硫酸鎂鉀 (potassium magnesium sulfate)	未用	未用	44	未用
硫酸鎂(magnesium sulfate)	25	49	0.4	51
硝酸鈣(calcium nitrate)	46	50	95	100
鐵鉗合物(chelated iron)(FeDTPA)	2	3	3	未用
鐵鉗合物(chelated iron)(FeEDTA)	未用	未用	未用	8
硼酸(boric acid)	0.1	0.3	0.6	0.2
硫酸錳(manganese sulfate)	0.07	未用	未用	0.6
氯化錳(manganese chloride)	未用	0.2	未用	未用
硫酸鋅(zinc sulfate)	0.01	0.04	0.1	0.04
氯化銅(cupric chloride)	未用	0.01	未用	未用
硫酸銅(copper sulfate)	0.003	未用	0.1	0.04
鉬酸(molybdic acid)	0.001	0.005	0.01	未用
鉬酸銨(ammonium molybdate)	未用	未用	未用	0.04
礦物元素(ppm)				
氮(N)	105	106	172	236
磷(P)	33	62	41	60
鉀(K)	138	156	300	300
鈣(Ca)	85	93	180	185
鎂(Mg)	25	48	48	50
硫(S)	33	64	158	68
鐵(Fe)	2.3	3.8	3	12
硼(B)	0.23	0.46	1	0.3
錳(Mn)	0.26	0.81	1.3	2
鋅(Zn)	0.024	0.09	0.3	0.1
銅(Cu)	0.01	0.05	0.3	0.1
鉬(Mo)	0.007	0.03	0.07	0.2

Hochmuth, 2008)。以下是溫室蔬菜生產所用的一些介質。

岩棉

岩棉(rockwool)是常用的栽培介質，最初在北歐用作絕緣物，後來才用於植物生產。岩棉是天然的玄武岩(basalt rock，一種火山岩)和白堊岩(chalk，屬於石灰岩)混合後，在高溫下熔解，並紡成不同形狀和尺寸的纖維。岩棉具有較高的保水力且不帶病原，為水耕系統根系生長的極佳支持(圖7.9)。

營養液以滴灌方式注入岩棉塊，或設定監測，由栽培槽淺水循環供應岩棉塊適

圖7.9 番茄生長於岩棉介質(荷蘭)。(a)岩棉促進根生長良好；(b)塑膠膜覆蓋阻隔光並且保存水分。

量的水和養分(Tyson *et al.*, 2010)。如果在系統中有一株感染病菌，養液循環於栽培槽就會迅速傳播病害。雖然蔬菜生產常用岩棉系統，但處置用過的岩棉是環保問題，因為玻璃纖維分解非常緩慢，其鹽含量又高。現已開發了一些回收方式(Bussell and McKennie, 2004)。

養液薄膜

養液薄膜(nutrient film)是一種水耕系統，設計簡單，可用於多種作物生長；如萵苣或其他作物於含有循環營養液的栽培槽，即PVC管中生根生長(Tyson *et al.*, 2010)。為避免光照在營養液引起藻類迅速生長，應於栽培槽上加覆蓋，並微有斜度，以便營養液流回貯存槽(圖7.10)。

用岩棉塊或其他合成介質可以固定好植株和根，這樣的系統還有多種變化。各種養分可以由循環養液供應，或植株種在

容器，容器置於栽培槽，養分透過介質供應。但連續供給植株養分和水分，會造成徒長，櫥架壽命有限，所以應控制水流及給液系統，以健化(harden)植株。養液濃度必須不斷監測並調節，補回蒸發散所失的水分和植株吸收的養分。因為許多植株吸收共同的養液，所以病害可迅速由循環養液散播。由於葉片未浸在養液系統中，因此不會傳播葉部病害。

潮汐灌溉

潮汐灌溉系統(ebb and flow systems, ebb and flood systems)常用於花壇植物和盆栽蔬菜的生產。用塑膠布鋪在栽培床底就可以盛住水或養液，植盆或育苗盤放置在栽培床上。常使用聚苯乙烯(polystyrene，保麗龍)或其他質輕、可以浮起的育苗盤；當淹水期(ebb cycle)，在栽培床底的PVC或其他

圖7.10 半結球萵苣生長在栽培槽互連的循環養液薄膜系統。

防水材料管撐起苗盤，使其下方有空氣流動，促進修根作用。這時栽培床注滿水或養液一段時間，淹水高度及時間視作物需求而定。排水期(flow cxcle)則養液流入相鄰的栽培床或貯存桶，此系統控制栽培床接收的水量，可防止植株生長過快。由於栽培床有陽光照射，藻類生長可能是一個問題，尤其當溶液中有礦物質養分。養分也可以加到盆栽介質，而泵浦水到栽培床。整體上，潮汐灌溉系統用水量大，蒸發散失水多，水中的養分濃度難以精確控制，排出的廢水相較於其他溫室蔬菜生產系統，含礦物質多。然而，它是相對簡單的系統，使用的硬體和設備最少。

水氣耕

水氣耕(霧耕，aeroponics)是沒有栽培介質的作物生產系統。植株由一系列支架或拉條固定，根系懸在空中，養液以細霧方式噴在根上。此係由深色塑膠布圍住根系的密閉系統，養液細霧只噴在密閉範圍內，並抑制藻類生長。養液氣霧凝結在根部表面，產生一層薄膜，植株透過這薄膜吸收養分和水分。植株營養狀況必須不斷監控，以確保沒有缺乏。水氣耕運用在水、土壤和空間有限的地區，如：沙漠地區或人口稠密、田地昂貴的都會區。由於本系統沒有介質可保存水分和養分，當停電或設備故障時，即使時間很短，也會造成作物受損或致死。

袋耕

袋耕(bag culture)也是用來生產蔬菜的簡單系統(Tyson *et al.*, 2010)，將裝有商業調配之無土介質的栽植袋放置在溫室，將番茄、番椒、茄子、胡瓜等移植到袋上的小洞(Greer and Diver, 2000)。有時用珍珠石(perlite)介質袋；珍珠石是自然界的火山材料，沒有固定形狀，卻有一項極不尋常的特性，即在非常高的溫度下加熱時，體積會大大膨脹。珍珠石排水性良好，但與水混合時，可有相當高的含水量。塑膠栽植袋可減少蒸發損失，且把養分限制在根區。將植株整枝，使其垂直生長，有繩線從頂懸下支持。每袋有滴管供水及／或養分。雖然介質無法長期使用，但可栽培不同科的作物為次作。介質袋使用後，其內介質可以撒在田區消毒或作成堆肥再利用。本系統的缺點是需處置相對大量的用過介質。

有機生產

溫室可用以生產有機蔬菜(Greer and Diver, 2000)。許多有機認證機構認可不添加化學物質的天然堆肥介質。動物性堆肥和有機添加物如蚯蚓糞，可提高微生物多樣性、增加肥力和提高排水(圖7.11)。

液態有機肥可以用在潮汐灌溉系統或養液滴灌盆栽。也有溫室用品種的有機種子，溫室有機栽培的作物通常市場價格高。

圖7.11 溫室有機生產羅勒(美國維吉尼亞州Harrisonburg地區)。植株種在含有機堆肥的塑膠盆,由其下方栽培槽以營養滴灌施肥。

環控生產

溫室不是生產蔬菜的唯一永久性設施。在無窗的建物裡,各項生產面,包括光控制好,就能實行環控農業(controlled-environment agriculture, CEA)。在商業建物,類似加拿大和中國的倉庫,採用人工光源和水耕就能成功種植蔬菜。一些溫室作物如半結球萵苣在人工光源、光度低於全陽光的條件下,生長良好。這種「倉庫」型蔬菜生產可利用夜間電價較低的優勢。傳統建築比傳統玻璃溫室於建構上較便宜,維護較容易,加溫較便宜。這些非傳統的生產作業,經濟成功性取決於許多因素,包括電價和作物的市場價值,並非在所有地區都有經濟可行性。

溫室蔬菜的產業變化

在西元1970年代初期,能源價格快速上揚,改變了很多生長期短的地區的蔬菜溫室經濟。也在此時,交通網絡擴展,以合理的費用就能將蔬菜以卡車或火車運送至遠地市場。採後處理技術的知識進步,也幫助維持長距離運輸的蔬菜品質。這些造成溫室蔬菜要與生產成本低很多的田間蔬菜競爭。例如:在美國佛羅里達州南部,冬季可生產蔬菜,而且只要2-3天就能運達美國東北部和加拿大南部的商業中心。同樣地,產品可以迅速從地中海產區運到歐洲北部。在北美生產的青花菜和網紋甜瓜,利用氣調貯藏技術(controlled atmosphere storage),也可運送到亞洲。

有些地區的都市化也損害溫室蔬菜

產業。起初溫室位於許多大城市的邊緣，至終，這些地區開發後，溫室被都會區包圍。有些情況下，溫室像其他永久性建物一樣被徵稅，增加了生產成本。有些地區則目前對都會溫室生產者減稅。此外，都市化帶來汙染增加，尤其是酸雨造成玻璃的「浸蝕」(etching)，降低透光率，因而增加維修成本。

在西元1970、1980和1990年代，溫室蔬菜產業發生的變化是因應能源價格升高以及暖季地區露地生產蔬菜的競爭加劇。這些改變包括停止能源密集的措施，如：蒸汽消毒；在最冷的季節減少生產暖季蔬菜；把生產溫室移至更南方，生產成本較少；在有些地區從蔬菜生產轉向花卉生產，因獲利更多。

到了西元1980和1990年代前，各國間貿易協定使蔬菜交易更有利，這些事件引起世界許多地區的溫室蔬菜產業產生變化。以沒有可於冬季生產蔬菜的地區為貿易夥伴的國家，溫室蔬菜生產繼續興盛，成為新鮮蔬菜的重要來源，因為不可能露地生產。由於管理規範改變、政府補貼、消費者願意支付較高的價格以及沒有戶外生產的替代方案，在北歐和東歐一些國家，溫室蔬菜生產一直是重要產業。荷蘭的溫室蔬菜如番茄和甜椒，可以出口到北美市場，並與當地生產的蔬菜競爭(Cantliffe and Vansickle, 2003)。

荷蘭一直是溫室蔬菜生產、創新和研究的領導者。荷蘭大部分溫室蔬菜產業採用先進技術和水耕栽培，得到最佳生產。歐洲溫室生產力較田間產能幾乎大3倍，在有些情況下甚至大10倍(Cantliffe and Vansickle, 2003)。一般溫室蔬菜品質比田間生產的品質高很多(Cantliffe and Vansickle, 2003)。在東歐如波蘭和羅馬尼亞等國有大面積的溫室蔬菜生產。

溫室在現代蔬菜生產的作用

在固定溫室生產蔬菜的現代化水耕是資本密集的技術。這些高度精密的生產系統不僅為生長季短的地區提供溫暖的環境來延長蔬菜生產，還可優化各方面的生產條件，包括氣溫和根部溫度、光、水和植物營養，因此不像戶外生產經常遇到不良氣候之影響(圖7.12；Jensen, 1997)。

因此，環控農業／水耕系統可用在很多不適合蔬菜生產的環境，包括擔心地下水受廢棄養液或土壤消毒劑汙染的地區(Jensen, 1997)。例如：環控溫室可建在沙漠環境，該環境土壤肥力不足、水資源匱乏和溫度過高。在中東地區氣溫通常太高，不適合蔬菜生產，因此用環控冷卻系統降低溫度，可以增進蔬菜生產。另外，當室外條件不適合高效生產，水耕溫室生產可以優化溼度、水分和養分；同時可以排除蟲害。所以在許多環境下都可以用溫室環控生產，而不只在生產季短的產區使用。

在溫室以水耕系統生產蔬菜，而不用土壤，有些人會對此感到困擾，覺得不自然。現代溫室沒有用原有土壤不代表土壤不好或不適合種植蔬菜。大部分蔬菜是陸生植物(terrestrial plants)，在土壤中生長。研究植物與微生物的相互作用正揭示土壤

圖7.12 夏季使用岩棉在溫室生產番茄和甜椒(以色列)。溫室可以排除害蟲、最大受光、
最佳水和溫度以適宜蔬菜生長。

微生物和植物之間複雜及相互依存的關係，當生產轉移至人工培養基或養液栽培時，這種依存關係就沒有了(Welbaum *et al.*, 2004)。溫室有機生產所用的堆肥介質，其微生物多樣性與農用土壤相似。

然而，溫室生產所提供的是特殊的環境，並不適合以土壤為本的生產系統。在根系體積有限的植株環境，水耕系統對水與養分供應有較好的控制。溫室生產特別因不能充分輪作、必須使用水耕法，以減

少作物重複在封閉範圍的土壤中生長所積累的病原菌。

參考文獻

1. Bussell, W.T. and McKennie, S. (2004) Rockwool in horticulture, and its importance and sustainable use in New Zealand. *New Zealand Journal of Crop and Horticultural Science* 32, 29-37.

2. Cantliffe, D.J. and Vansickle, J.J. (2003) *Competitiveness of the Spanish and Dutch Greenhouse Industries with the Florida Fresh Vegetable Industry, publication #HS918.* University of Florida IFAS Extension, Gainesville, Florida.

3. Chaney, R. and Coulombe, B. (1982) Effect of phosphate on regulation of Fe-stress in soybean and peanut. *Journal of Plant Nutrition* 5, 469-487.

4. Gras, N.S.B. (1940) *A History of Agriculture,* 2nd edn. F.S. Crofts, New York.

5. Greer, L. and Diver, S. (2000) *Organic Greenhouse Vegetable Production. Appropriate Technology Transfer for Rural Areas.* University of Arkansas, Fayetteville, Arkansas, pp. 1-19.

6. Hochmuth, R.C. and Hochmuth, G.J. (2008) Nutrient Solution Formulation for Hydroponic (Perlite, Rockwool, NFT) Tomatoes in Florida. Publication #HS796. Available at: http://edis.ifas.ufl.edu/cv216 (accessed 29 September 2013).

7. Jensen, M.H. (1997) Hydroponics. *Hortscience* 32, 1018-1021.

8. Lorenz, O.A. and Maynard D.N. (1988) *Knott's Handbook for Vegetable Growers,* 3rd edn. John Wiley and Sons, Hoboken, New Jersey, pp. 62-65.

9. Muijzenberg, E.W.B. (1980) *A History of Greenhouses.* Institute for Agricultural Engineering, Wageningen, the Netherlands.

10. Scopaa, A., Candido, V., Dumontet, S. and Miccolis, V. (2008) Greenhouse solarization: effects on soil microbiological parameters and agronomic aspects. *Scientia Horticulturae* 116, 98-103.

11. Siomos, A.S., Beis, G., Papanopoulou, P.P. and Barbayiannis, N. (2001) Quality and composition of lettuce (cv. 'Plenty') grown in soil and soilless culture. *Acta Hort* 548, 445-449.

12. Tyson, R., Hochmuth, R.C. and Cantliffe, D.J. (2010) *Hydroponic Vegetable Production in Florida. Publication #HS405.* University of Florida IFAS Extension, Gainesville, Florida, pp. 1-8.

13. Welbaum, G.E. (1993) Effects of three hotcap designs on temperature and tomato transplant development. *HortScience* 28, 878-881.

14. Welbaum, G.E., Sturz, A.V., Dong, Z. and Nowak, J. (2004) Fertilizing soil microorganisms to improve productivity of agroecosystems. *Critical Reviews in Plant Science* 23, 175-193.

第八章　有機永續的蔬菜生產
Oganic and Sustainable Vegetable Production

前言

慣行法和有機栽培系統之背景

　　有機蔬菜生產常被認為是高投入慣行農法(conventional farming, traditional farming)的另一種選擇，慣行農法亦即現代農業或傳統農法；事實上，有機生產早於現代的蔬菜生產。第二次世界大戰讓許多人認識到食物是戰略資源；戰爭時人力有限，但需要生產最大量的糧食，因而導致有農業研究及可以加速現代農業化學(始自西元1900年代初)發展的政策(Welbaum *et al.*, 2004)。增進生產效率的新技術包括：人工合成的濃縮肥料、機械化和化學除草劑；另一部分是戰後培育的作物品種愈發依賴農業化學的支持(Welbaum *et al.*, 2004)。

　　在過去80年，這種慣行生產系統在作物生產力和效率上有極大的增進，包括綠色革命(Green Revolution)(Griffin, 1974)。多數已開發國家的消費者依賴由慣行系統所生產的多種優質價廉的蔬菜；在過去50年全球糧食產量已增加，世界銀行估計，這段期間70%-90%的世界糧食生產是採用慣行農法的結果，而非種植面積增大。現代農業也大大減少了從事農業生產的人數。

對蔬菜慣行生產之顧慮

　　儘管慣行農法有諸多成效，但在西元1960年代就有人開始質疑其對環境的負面影響。最初的原因之一是土壤品質下降，但一開始未被普遍了解。所謂現代農業系統裡，廣泛使用價廉的合成化肥，取代了由植物生質量(biomass)和動物性堆肥以及有關微生物所產生並自然累積在土壤的養分。合成的濃縮肥料固然增加了產量，但同時維持土壤健康及品質的生物過程(biological processes)造成過度負擔，降低了農用土壤的產能(Greenland and Szabolcs, 1994; Pankhurst *et al.*, 1997)。因此，依賴技術、農化創新及不能再生的能源開採所帶來的糧食安全系統，使環境付出代價。在西元1980年代和1990年代，科學文獻就有「土壤疲勞」(soil-fatigue)、「土壤剝蝕」(soil degradation)和「土壤流失」(soil loss)的報告(Welbaum *et al.*, 2004)；這些報告以及意識到環境惡化是由現代化學農業造成，導致西元1960年代末期開始的農業有機運動(agricultural organic movement)，並持續至今(Kuepper and Gegner, 2004)。

　　慣行作物生產的負面影響大大推動了對可行替代方法的討論，有些人認為這些負面屬性超過正面，最好是把這些顧慮分

別列成子項目，因為在食物鏈裡，從生產方式的生態考量到消費者的健康，所涉及的領域極不相同。各種顧慮的清單既長又複雜，包括許多社會、科學和環境議題；當各項單獨考慮時，要謹記：(i)耕作制度和土壤、水、生物相與大氣之間的交互作用複雜，其動態和長期影響尚有許多並不清楚；(ii)大多數環境問題很複雜，涉及農業以外的經濟、社會和政治力；(iii)有些問題是全球性的，而有些則是特定地區才有；(iv)許多這些問題正透過慣行及替代的農業管道被提出(Stauber *et al.*, 1995)。

生態顧慮

蔬菜生產對環境的影響有很多方式。慣行作業的負面結果包括對土壤品質、水質、水的可用性、氣相、作物病蟲害和空氣汙染物等的生態效應。

蔬菜慣行作業導致風和水對表土的沖蝕、增加土壤板結、土壤有機質流失、土壤的保水力降低、失去生物活性、在灌溉田區的土壤和水的鹽化(salinization)，因而土壤生產力連帶降低(Welbaum *et al.*, 2004)。

慣行的作物生產作業可助長非點源(non-point source)水汙染物，包括沉積物、鹽類、化肥、農藥及堆肥。在農田附近的地下水和地表水中已發現農藥；與慣行生產技術相關的不良水質，影響作物生產、飲用水、休憩用途和水產養殖等。許多地區的匱乏可以追溯到是慣行系統裡的過度使用地表水和地下水灌溉及不當管理(Stauber *et al.*, 1995)。

其他與慣行生產有關的負面生態效應包括：雜草、害蟲、蟎和病原真菌對農藥產生抗性；使用農藥對授粉昆蟲及有益昆蟲的不利影響；溼地和野生動物棲息地的喪失；以及只使用少數F-1雜交蔬菜品種以致遺傳多樣性減少。

現代農業與全球氣候變遷的關聯變得更明確；為生產作物而破壞熱帶森林和其他伐林，導致大氣中的二氧化碳及其他溫室氣體升高。最近的研究已經發現，土壤可能就是溫室氣體的重要來源或匯集處。

經濟／社會顧慮

農業在世界各國的發展和定位扮演著重要角色，像在美國、加拿大和西歐大部分地區已發展為少數農民栽培。經濟壓力已在美國及歐洲部分地區造成農場，包括蔬菜農場的數量減少(Weiss, 1999)。目前在美國不到1.5%人口生產全國糧食，此與許多已開發國家相同(Lobao and Meyer, 2001)；美國在西元1987-1997年期間有155,000多個農場消失(Lobao and Meyer, 2001)。這些損失促使農村社區和地方營銷體系的解體，又，隨著農村及農地所有權的減少，帶來什麼文化價值的改變？後續還會怎麼演變？許多美國人完全不知道美國鄉下小鎮減少的社會意義，這也應當視為農村永續發展的一部分來考慮。

許多農業專家感到農民和城市人之間日益加深的焦慮是因為對於所吃的蔬菜從哪裡來、怎麼長的有更多猜疑，而且多數情況下是誤解。如果大多數消費者與生產食物的自然過程關聯很少，可能會有永

續、公平的糧食生產嗎？世界人口繼續增長，預計在西元2200年會穩定成長，並於不到110億時穩定下來(Guer rini, 2010)。在許多開發中國家人口成長速度特別快，在這些國家，人口因素加上快速工業化、貧困、政治不穩定及大量糧食進口和債務負擔，使世界長期的糧食安全成為關注點。

以慣行法生長的蔬菜作物透過批發供應鏈的市場競爭力有限，農民對產品價格的掌控小，他們仍只獲得消費者花在蔬菜錢的較小部分。在美國和歐洲許多國家，有政府介入農業決策的歷史；在許多國家，農民和農場工人的收入差距分歧加大；而在蔬菜生產、加工和流通的農企業公司／產業則加大集中度(Stauber *et al.*, 1995)。經濟上，新的慣行蔬菜生產者現在很難進入此行業。

對食物品質、供應和人類健康的影響

在許多慣行生產系統中，蔬菜在氣候最好的地區生產，再運到遠地市場(Halweil, 2002)。最佳條件通常是指以下一些或全部條件的組合，包括：土壤、氣候、水、發病率較低、可及性(accessibility)及充足的勞動力。在美國，消費者由連鎖超市買到的蔬菜，平均經過2,400 km的運銷距離；通常蔬菜大體上還在未成熟的發育階段就要採收，以確保它們能承受運輸、配送和上市的過程，而有最小的耗損。結果蔬菜出售時並不是在品質最高時(Halweil, 2002)。例如：番茄通常在綠熟期(mature green stage)採收以通過運輸考驗；

網紋甜瓜遠在脫落(abscission)前即採收，以確保運銷時不會變壞。消費者把在店裡買的蔬菜品質不好，聯想成育種者沒有育成理想的品種，導致一些消費者喜歡祖傳品種(heirloom cultivars)，而不是現代F-1雜交種，儘管祖傳品種缺乏抗病性和生產力較低。事實上，消費者的不滿怪錯對象，應該是由於蔬菜運銷系統要求長途運輸的時間以及蔬菜提前採收。許多現代品種如果到完全成熟時才採收，風味和品質都良好；有些育種者已育成果實硬度較好、櫥架壽命較長的蔬菜品種，以符合產業的需求，而不是育成消費者想要的更有風味、更營養的蔬菜(Halweil, 2002)。

農藥的大量使用

人類健康問題可與農藥使用直接相關。在西元1980年代期間，幾個備受矚目的汙染事件造成北美消費者對果、蔬生產所使用病蟲害化學防治法的質疑。在西元1980年代後期，加州發生幾十個人因吃了殺蟲劑汙染的西瓜，病情嚴重；西瓜用施了未標示的系統性殺蟲劑(systemic insecticides)(Goldman *et al.*, 1990)。在西元1980年代有報導，植物生長調節劑(Alar)可能對人體健康有負面影響，更加深大眾對水果和蔬菜上化學殘留的疑慮(Van Ravenswaay and Hoehn, 1991)。西元1984年印度博帕爾(Bhopal)事件——數千人因為暴露在Union Carbide農藥廠外洩的異氰酸甲酯(methyl isocyanate)氣體而死亡，造成世界關注人們暴露在農用化學品對健康的風險(Dhara and Dhara, 2002)。因為這些加上其

他事件，果蔬上有化學殘留物是消費者主要持續關心的問題；消費者對無農藥蔬菜的需求增加就是事件發展的結果之一。

已有研究測試水果和蔬菜上的農藥殘留量及評估風險。很多連鎖販店定期檢查慣行法生產農產品的殘留量，以確保它們符合美國法律的容許量以及對消費者安全。食品藥物管理局(FDA)也抽樣調查，以確保食品安全符合聯邦法律。在一項FDA例行對農藥監測的計畫中，檢查18,113件非有機食物樣品之農藥殘留量；有31.2%非有機樣品的殘留量在法律容許範圍內，而2.5%樣品含有超標的殘留量或農藥殘留在未登記使用的作物上(Beall *et al.*, 1991)。

加州糧農部研究9,403件非有機生產的農產品樣本，大約88%沒有檢測出殘留、21%的農藥殘留含量在法律許可範圍內和不到1%含有不合法的殘留物，大部分是該作物未登記使用的化學物(Beall *et al.*, 1991)。非法殘留物可能是因不當使用或不小心從鄰近作物或土壤汙染。並非所有出售給消費者的蔬菜都經過檢驗，無論是有意或無意地施用，蔬菜總有機會含有非法化學藥物殘留的機會(Beall *et al.*, 1991)。然而，在美國蔬菜生產的長期趨勢是減少使用農藥，而有機生產增加、登記使用在蔬菜的化學品較少及改進作物生產的非化學措施(見第9章)。

在許多已開發國家，蔬菜從農藥使用法規較不嚴格的國家進口；在進口前，政府官員會檢查小比例的蔬菜，再放行。食品加工、運輸和處理措施都可減少殘留量。有些加工過程如濃縮或脫水，會提高蔬菜產品中的農藥殘留量以及農藥分解產物。

消費者可以採取幾個步驟，減少蔬菜的農藥殘留。用水洗滌(不建議用肥皂或洗滌劑)蔬菜能夠有效地降低農藥殘留量。一項研究顯示，透過洗滌可以洗去 9%-97% 的殘留(Beall *et al.*, 1991)。

在美國和其他已開發國家，新農藥要經過很多測試，才能登記使用於蔬菜生產。估算要開發和註冊一項新農藥的花費，有時超過2千萬美元；到政府批准通過，開發時間估計為8-10年。為註冊新農用化學品所需的毒性數據要靠長期的動物實驗，而這只是必要測試的一部分，大約需要4-5年時間完成。結果許多舊的化學品都從市場消失而沒有重新註冊。由於所需的時間和成本，農藥製造商開發新產品很慢，特別是對小面積生產的小宗蔬菜作物。所以目前蔬菜生產與過去相比，農民對化學藥品的選項更少；這使許多用慣行法的生產者考慮使用非化學的病蟲害防治法。

比較有機和慣行系統

各慣行農業系統和作法雖有不同，但仍有諸多共同特點，如：技術創新快速、大量投入資金以便運用生產管理技術、重複使用密集的單作生產系統、大量使用整齊高產的雜交品種、使用農藥與化肥、投入外在能源、高勞動效率及依賴農企業夥伴(Stauber *et al.*, 1995)。

蔬菜慣行生產者的一些基本理念可以

概述如下：(i)克服自然；(ii)不斷需要更大的農場、更少的勞動力才有發展；(iii)衡量進步主要看生產力是否提高；(iv)從企業角度看耕作效率和成果；(v)科學是用於產生社會利益的公正方法(Stauber *et al.*, 1995)。

有機蔬菜生產是不使用化學合成農藥、化肥或遺傳工程產物的自然方法，生產者一般盡量減少使用外部投入，盡可能多依靠再循環資源(Kuepper and Gegner, 2004)；作法依國家和集團而有所不同。

雖然有機蔬菜生產被一些人視為原始的回歸自然(back-to-nature)方法，事實上它具有饒富趣味的歷史及精密科學根據。然而，它是農業內成熟度較低的領域，不像傳統慣行蔬菜生產已有170多年密集的研究發展出可觀的知識，兩者有這方面的差距(Kuepper and Gegner, 2004)。

由早期歷史來看，有機農業受到農業機構包括大學、政府單位和其他慣行農業支持者的不友善及冷淡看待，而慣行農業正是這些農業機構去發展推進的，所以他們對有機作物生產的不友善是可以理解的，要定義和對比這些生產系統，充滿了爭議和情緒。一些慣行生產者以人身批評或攻擊來看待有機生產的方法，大部分傳統生產者，尤其是自有土地者，對自己的這一行感到驕傲，希望能保育環境，特別是土壤，以維持他們的生計。因此對任何有關慣行生產危害環境及造成蔬菜變差的說法有時會有情緒化的防衛反應(Green, 1993)。

然而，這種對有機生產、對替代慣行生產的其他方法不友好的態度已隨著時間逐漸好轉。許多農業大專院校終於發展有機的研究和教育計畫；有一些因素造成這種態度的改變，如：消費者的接受、有機產業快速成長。從研究領域的角度，更關鍵的因素是一些高水準的科學研究為有機農業的加分，有機農業確是切實可行的另一種方法。

舉例來說，一系列由美國國家科學基金會經費支持、華盛頓大學進行的研究顯示，有些農場沒有依靠慣行農業的高耗能投入，能夠維持產能(Kuepper and Gegner, 2004)。這些研究聚焦於有機措施，包括作物產量、態度和永續指數。研究人員結論，有機農場可以與慣行農場在市場上競爭(Lockeretz *et al.*, 1981)。USDA的國家型研究獲得相同結果，開啟了關於有機生產的冗長爭論，最終導致美國於西元2002年訂定國家有機法規(National Organic Program, NOP)(Kuepper and Gegner, 2004)。此法規促使新鮮及加工有機食物能在美國銷售，為消費者提供一致、統一的標準。NOP採用聯邦認證方案(accreditation program)，由農業部農產運銷局(Agricultural Marketing Service)執行，透過認證代理人，而非政府官員做認證(Kuepper and Gegner, 2004)。其他國家和集團也有類似的有機程序。在世界有些地方則可用第三方有機驗證。

有機標準

有機栽培者面臨的難題之一為：生產上，有什麼產品或材料可用？這真是有

機生產上困擾及複雜的問題所在。一般而言，天然或非合成的材料可用於有機生產，但也有例外。在美國，農業部的國家有機法規(NOP)「國家允許及禁止物質清單」(National List of Allowed and Prohibited Substances)提供指導準則，載明可用於作物有機生產的資材，其中亦包括允許使用的合成材料，如：硫化合物(sulfur compounds)、殺蟲肥皂(insecticidal soap)等。另外列表包含天然或非合成材料而禁止使用的，例如：燃燒動物堆肥後的灰燼、硫酸菸鹼(硫酸尼古丁，nicotine sulfate)等(Kuepper and Gegner, 2004)。其他國家或團體也有類似的允許和禁止使用物質的清單。

當考慮用於生產商業產品時，生產者只能用核准的有機成分。如果產品標示未完全披露所含成分，必須從經銷商或製造商獲得詳細內容，並保存檔案。內容的詳細程度甚至包括產品的惰性成分(inert product ingredients)，如：填料(fillers)或載體(carriers)。最終認證計畫的管理人要同意所有用於有機生產的材料清單。

在美國農業部國家有機法規(NOP)下的「有機資材審核協會」(The Organic Materials Review Institute, OMRI)是決定哪種材料或資材適用於認證有機生產的重要機構，它是非營利、非政府的組織，評估資材在有機生產和加工的適用性。OMRI不是管制機關，但其決議受到大多數有機生產認證機構的尊重和接受。雖然在市面上有許多可接受的產品尚未經過OMRI的評估，但已有OMRI表列產品可以購買，而且這些產品非常適用於有機生產(Kuepper and Gegner, 2004)。

生產理論與實務

有機農業與慣行法有相同的管理工具，如：輪作、高畦及施用石灰保持土壤pH值等，但也採用許多近代有機作業，只是各農場所用的作業有極大差異。有幾個基本原則可說明有機作物生產的特性，包括生物多樣性(biodiversity)、綜合性(integration)、永續性(sustainability)、天然植物營養(natural plant nutrition)、天然病蟲害管理(natural pest management)及完整性(integrity)(Kuepper and Gegner, 2004)。有機生產涵蓋很多不同作業以維持這些原則，包括使用覆蓋作物、綠肥、動物堆肥、輪作以滋養土壤，達到最大生物活性、維持長期的土壤健康。另一基本原則是利用生物防治、輪作和其他技術來防治雜草、蟲害和病害。有機的原則包括減少外來、農場以外的投入，杜絕化學合成農藥、肥料及其他非天然的材料。關注可再生的資源、土壤、節水和管理措施，能恢復、維護及增進生態平衡(Kuepper and Gegner, 2004)。

個別的措施可以視為一個工具箱裡的工具，可以用不同的利用方式來達成有機系統中的相同任務。沒有一個萬靈配方可適用於所有農民。茲列舉一些有機措施說明如下。

生物多樣性

有些蟲害突然爆發係因農業生態系統(agroecosystem)失衡。自然界中,大量的突發蟲害相當少,為時亦短,因為自然界有捕食性、寄生性天敵和病原,能迅速恢復生態平衡。多元的自然生態系統通常比物種數量有限的生態系統穩定。此一原則在農業生態系統上也是如此。有機農民及一些傳統生產者對病蟲害問題都用生物防治法(biological pest control),此法大大依賴於平衡生態中的有益捕食性、寄生性昆蟲和病原、食蟲的鳥類和蝙蝠等,以及其他自然的病蟲防治策略。有機農民有時會釋放有益昆蟲如瓢蟲(ladybird beetles, ladybugs)、草蛉(lacewings)、赤眼蜂(trichogramma wasps)、寄生蠅(tachinid flies)等,以增進防治作用。農場景觀(farmscaping)設計並維持棲地(永久性、暫時性都有)給有益昆蟲、蜘蛛和其他物種。不使用農藥、支持物種多樣性對生物防治有利。這些生物防治方法幫助維持自然界平衡的害蟲量,使作物的經濟損失不超過閾值。有許多案例顯示生物防治的效果明顯,甚至不需要另外的措施。

有機農場常混植多樣蔬菜作物和原生植物,以有利於有益生物增殖,來幫助病蟲害管理(Kuepper and Gegner, 2004)。優良的有機農民模擬自然生物多樣性採行間作(intercropping)、伴植(companion planting),種植非經濟作物,營造有益的棲息地,還採行輪作(crop rotation)、接續栽作(sequential cropping)(Kuepper and Gegner, 2004)。間植兩種或兩種以上相容的作物在附近,是增加生物多樣性及資源有效利用的一種策略(見第2章);大規模的間植稱為間作,小規模的間植稱為伴植(Kuepper and Gegner, 2004)。伴植的一個例子是:間植甜玉米、蔓性菜豆和蔓性瓜類;在此系統中,菜豆提供氮給玉米,玉米稈作為菜豆的支撐,胡瓜或南瓜蔓抑制雜草生長,也隔開一些小動物的掠食。由於這種系統平衡,自然天敵能夠防止單一病蟲害的突發及其造成的作物損失。

輪作的作物多樣性、覆蓋作物的利用、妥善的土壤水分管理及其他措施都給予土壤生物多樣性而抗蟲害。地上部的多樣性也顯示根圈的生物多樣性,而有較大的營養循環、病害抑制、土壤結構和氮素的固定(Kuepper and Gegner, 2004)。

反之,在慣行的農業系統中,如單作栽培就失去了植物、昆蟲的廣大多樣性,以致病蟲害問題不斷、蟲害問題常爆發,而且隨著時間惡化。單作農民變得過度依賴化學方法來控制這種害蟲失衡。

天然植物營養

植物透過光合作用,以大氣中的二氧化碳和水為基本建構組元,生產碳水化合物、蛋白質和油脂等較複雜的化合物。植物還需要礦物營養來製造複雜的分子,以供快速健康生長和發育所需。植物根系從根圈(rhizosphere)吸取礦物質。根圈是圍繞根系的動態性區域,根群、土壤微生物和土壤本身間有複雜的交互作用。

有機哲學認為作物營養始於土壤微生物之妥適照顧及滋養(Kuepper and Gegner, 2004)；這些土壤生物負責分解土壤有機質、釋放養分及塑造有利於植物和微生物之間的複雜互惠關係。有機的土壤管理盡力維護一個健康根圈，避免投入不天然的化學物和過度耕犁等危害土壤生物的措施，施加有機物質和天然岩礦物對微生物有利，使環境適於根系發育。從有機的觀點，慣行生產方法有下列幾個缺點：

* 慣行蔬菜生產系統直接給植物可溶性礦物營養，以供生長之需，而不太注意土壤有機物及微生物活性(Welbaum *et al.*, 2004)。

* 每季數次、每次施用大量的可溶性肥料，使根圈失去平衡，引起水汙染、病蟲害、作物生長不良。

* 無法支持、照顧土壤的生物相，以致土壤劣變。最終土壤生物無法產生直接有益於蔬菜作物的化合物、土壤結構差以及愈來愈依賴合成物的投入才能生產成功(Welbaum *et al.*, 2004)。

* 慣行施肥偏重於氮、磷和鉀，然而科學上公認植物至少需要13種土壤礦物元素。這種偏重是引起不平衡的原因。

* 施用過多可溶性養分會激發問題雜草。

* 可溶性養分，尤其是硝酸鹽易於流失，會造成一些環境和健康上的問題。

就是基於有機對土壤建造及施肥的作法而相信有機蔬菜的營養價值較優異，這更勝於自西元1960年代以來，「無農藥殘留」所引人的亮點(Kuepper and Gegner, 2004)。然而，多數研究顯示，食用有機蔬菜並沒有明確的營養優勢(Bourn and Prescott, 2002)。

部分農民可能錯以為通過有機土壤管理措施所釋出的養分亦屬有機形態。土壤的自然消化(natural digestion)作用所釋放的礦物質形式與商業肥料相同。但是植物能吸收較大的有機分子，如：螯合態礦物質(chelated minerals)、一些農藥和激素(hormones)(Kuepper and Gegner, 2004)。

有機農業相信有害生物，如：雜草、昆蟲或病害等，都可作為一個生產系統與自然平衡距離多遠的指標(Kuepper and Gegner, 2004)。用此哲理，當土壤太酸或鹼性時，有些雜草會變成優勢；另外一些雜草可能在土壤結構變差、缺氧時變成優勢；還有些雜草當土壤中有過量肥料時變得旺盛。有機的支持者也相信害蟲更能危害營養不良的衰弱植株，而營養良好的健康植物較具抗蟲性(Kuepper and Gegner, 2004)。

輪作規劃

輪作是一種一年生栽培系統的方式，是指在特定田區作物和覆蓋作物的輪換種植順序。這樣的順序帶給土壤肥力上和病蟲害管理上長期和短期的特殊益處。例如：覆蓋作物的深根系統深入並分開大土團，改良土壤結構；增加有機物，預備好土壤給接下來要栽植的經濟作物(Welbaum *et al.*, 2004)。輪作的一些優點包括：

* 豆科植物固定大氣中的氮素，當植株殘體分解，輪作的後作物就能利用這

些氮素。土壤盡量投入多豆類生質量(biomass)可增加氮素循環(nitrogen recycling)。

* 干擾害蟲生活週期，例如：危害甜玉米的根金花蟲類(northern rootworm, western rootworm)。

* 抑制病害和蟲害，包括線蟲。

* 強化雜草防治效果，中耕一年生穀類作物就減除多年生雜草。許多一年生雜草也無法與輪作的青割苜蓿或其他密植牧草競爭。

* 將動物性堆肥施於如甜玉米這種需氮肥重的作物之前。

土壤病害管理

當自然生態失去平衡時，即使採行輪作，土傳病害、線蟲和害蟲仍可能危害作物。有機生產者可以實施日光曝晒(solarization)以防治土傳病害，直到自然平衡恢復。土壤曝晒是在溫暖的季節，有塑膠膜覆蓋的溼潤土壤藉陽光照射而加熱的處理過程；在37°C下2-4週可殺死許多一年生雜草種子。土壤曝晒是一種對環境友善的方法，可用於防治病害蟲，如：土壤傳播的真菌、細菌、線蟲、昆蟲、蟎、雜草種子和雜草苗(Stapleton, 2000)。曝晒可能一開始會降低有益微生物族群，但處理過後，微生物可重新快速建立菌落。土壤在曝晒前，先施入不同類型的有機質可以增加效力。慣行生產者也增加採用日光消毒代替氣體燻蒸，以控制土壤傳播的病害。

另一種有效管理土壤病害的方法是採用抗病、抗線蟲的品種。如果沒有抗病品種，可將感病品種接穗嫁接在有抗病性的根砧上，此嫁接技術常用於中東和東亞地區(King et al., 2008)。

通常土壤病害是因土壤水分過多引起，有效的水分管理即可防治，而非化學防治。計算灌溉需水量，可省水並防止因土壤積水而增加根部病害。使用水分張力計與蒸發皿可正確決定灌溉時間與需水量(第5章)。高畦可改善排水，尤其在黏重土壤用高畦，可防止坡地水土流失，對慣行和有機蔬菜生產者都是有用的管理工具(Parish, 2000)。

覆蓋作物和綠肥作物

覆蓋作物(cover crops)係為保持土壤和養分而栽種的作物；若在休耕期種植或與主要經濟作物間植(interseed)，其聯合效益具經濟可行性(Kuepper and Gegner, 2004)。依永續作物管理常例——土壤不應該長時間任其光禿裸露；覆蓋作物所提供的好處包括：

* 改善土壤品質；

* 增加有機物質；

* 減少土壤侵蝕；

* 減少土壤板結；

* 以豆科為覆蓋作物並打入土壤，可增加氮素供應；

* 增進水分滲入(infiltration)；

* 減少徑流(runoff)；

* 抑制雜草；

* 保持土壤水分；

* 減少硝酸鹽淋溶(nitrate leaching)；

* 有些作物的產量增加。

為改良土壤而種植的作物稱為綠肥(green manure)(Cherr *et al.*, 2006)，覆蓋作物和綠肥作物是有關聯的。大多數的情況是覆蓋作物當成綠肥，在種植經濟作物之前施入土壤。豆類因為可固定大氣中氮素是很好的綠肥，當它混入土壤、完全分解後，固定之氮可釋出供應後續作物。然而，如果綠肥作物也作放牧牧草用，其生物量少了，作肥料的價值會降低(Cherr *et al.*, 2006)。例如：飼料用大豆比糧食大豆有較大的生物量，自然會殘留較多的土壤氮素，因為糧食大豆採收時，就從田間移走較多氮素。

綠肥作物在單作栽培系統下使用偏少，因單作系統偏重在經濟作物和濃縮肥料上。近年來，無論在慣行和有機農法均重新關注藉綠肥作物使土壤全年有覆蓋，增進及保持土壤資源(Cherr *et al.*, 2006)。

動物性和植物性堆肥

動物性堆肥(animal manures, manures)是傳統的有機肥料。在上世紀合成化肥出現前，就以動物性堆肥為主，所以蔬菜生產使用堆肥的歷史已久。當農場經營加入畜產企業，動物就投入在這個封閉的養分循環系統。然而，隨著蔬菜作物生產的專業化增加，結合動物和蔬菜的生產就不一定可行。當農場沒有現成堆肥可用，就必須依賴運送的；養分分析指出，大多數堆肥的養分低，比慣行法所用的濃縮粒狀肥料低，且運輸費用較貴。大規模集約化畜產企業會產生相當大量的動物排泄物，有時賣給蔬菜生產者。但對於這些糞肥的品質也有顧慮，因為它可能被重金屬、抗生素、農藥或激素汙染。一些有機種植者反對與企業規模的畜牧業合作，就怕畜產業者會推動較不永續性的生產方式，違背他們對環境與社會的價值觀。儘管有這些顧慮，美國國家有機法規並未區分動物性堆肥的來源，但要求堆肥只能含有列於國家清單、允許用在有機農作物生產的合成化合物。

另一項有機蔬菜生產使用動物堆肥的議題是食品安全。人類許多由於生吃食物引起的疾病，可追溯出生物性汙染(第9章)。對生物性汙染問題的顧慮高時，有人質疑食用作物使用堆肥的相關風險。生物汙染的主要來源之一是：在蔬菜供應鏈的任何點，蔬菜接受到排泄物汙染的細菌。有人認為，有機蔬菜生產中因為利用動物性堆肥較多，而更容易受到汙染(Winter and Davis, 2006)。

如果沒有遵守適當的保護措施，如堆肥標準或施用限制，堆肥就是生物性汙染的來源。然而，良好農業規範GAPS與有機法規NOP兩者都有指導方針確保安全處理和施用堆肥，以減少蔬菜的生物汙染風險(Kuepper and Gegner, 2004)。如果遵守這些安全指南，有機蔬菜遭受生物汙染的風險就可降到最低。例如：許多有機法規指定何時可施用未腐熟的生堆肥，與土壤直接接觸的蔬菜至少要在採收前120天以上，在不直接接觸土壤的蔬菜在收穫前至少90天

以上，才可將生動物堆肥施入土壤。

在農場的堆肥發酵處理可穩定禽畜肥養分、建立有益生物之族群及對土壤和作物有更大效益。發酵處理也有助於除去禽畜肥的生物汙染，提高堆肥的肥料品質(Kuepper and Gegner, 2004)。有機方案為確保消除有害細菌，往往會指定最低發酵溫度。

堆肥的附加產品如堆肥茶，在有機農業上有特殊應用。人為堆肥，包括發酵過的下水道爛泥(sewage sludge)，通常稱為汙泥(biosolids)，已經在世界各地許多有機作物生產上禁用。

田間衛生

在病蟲害防治上，田間衛生是一種簡單而極為重要的技術，需要勤奮和守紀律。衛生作業包括：
* 移除或深耕可能留駐有病害或蟲害的作物殘稈；
* 剷除害蟲棲息的雜草；
* 農場設備不使用期間，清潔其上之雜草種子；
* 於不同田區使用前後，清洗耕作設備；
* 消毒修剪工具(Kuepper and Gegner, 2004)。

現在還有以火焰或熱力燒草(Kuepper and Gegner, 2004)；將噴筒裝在曳引機上，拉動並直接將火焰噴射植行之間。調整曳引機的速度，可使雜草被烤焦而對作物無害。焰燒使用燃料少，又足以殺死大多雜草苗；液態丙烷是最常用的燃料，其他可用燃料如酒精和甲烷都可在農場生產。火

燒作物殘稈以殺死病原，火燒圍籬行以殺死雜草和病蟲棲地，而於乾燥氣候下火燒有機物已在世界許多地方被棄用，以免造成空氣汙染(Kuepper and Gegner, 2004)。此外，深翻耕(deep plowing)和燃燒作物殘稈可能增加土壤侵蝕(erosion)和降低生物多樣性。

耕犁與中耕

有機生產者著重於使耕犁(tillage)的效益最大化，而不用除草劑(Kuepper and Gegner, 2004)。耕犁與中耕(cultivation)是重要管理工具，用於控制雜草、作物殘留的處理、減少硬盤(hardpan)、田間衛生以破壞害蟲和病原棲地，以及其他作用。翻耕(plowing)旨在將綠肥、堆肥和作物殘餘物加入土壤上層的生物活性區，而非將之深埋。

板犁(moldboard plowing)只在種植前進行，以免土壤長期裸露，極易侵蝕。在較大規模的作業，所用耕犁農機包括滾動式中耕機(rolling cultivators)、迴轉犁(rotovator tillers)、指輪式中耕機(finger-wheel cultivators)和扭轉式中耕機(torsion cultivators)，都能緊鄰植行進行耕犁而根系損傷最小，防治雜草。小規模生產的農民通常依賴人工除草，有手鋤(hand hoes)、輪鋤(wheel hoes)、馬鐙鋤(stirrup hoes)和其他相對便宜的工具。

耕犁也有些缺點，如增加支出，若耕犁太靠近植株，還增加損失。要決定耕犁類型、次數和程度，又要盡量降低成本，

有時很不容易(Kuepper and Gegner, 2004)。耕犁也使土壤通氣，加速有機物質分解和損失。過度耕犁會減少蚯蚓活性。此外，由於每次曳引機通過就壓實土壤，有土壤板結之風險。有機和慣行法農戶都要減少田間作業以使生產成本降至最低。雜草化學防治法的一個主要訴求即是減少勞動力、燃料和設備成本。但是，化學雜草防治往往對環境帶來負面影響，這就是為什麼有機種植者不使用除草劑的原因。

保育耕作和有機農業

　　保育耕作(conservation tillage)不算傳統的有機作業。有機農業常被視為集約又深廣的耕作生產系統(Kuepper and Gegner, 2004)。由於小規模有機系統如法國集約(French Intensive)與生物集約迷你農場(Biointensive Mini Farming)模式的受歡迎及流行，鼓勵深耕、促進根系深入土層，有機農業更獲好評(Jeavons, 2001)。雖然深耕適用於有機集約系統，但並非所有有機農業的特徵(Kuepper and Gegner, 2004)。

　　有些有機生產者已經適應保育耕作，不用除草劑殺死覆蓋作物；使用鑿犁(chisel plow)將少量殘餘物施入上層土壤，而留下大量覆蓋以降低土壤侵蝕。播種機及移植設備的進步，已能成功種植蔬菜作物於輕量到中量殘留植株的田區。在小穀粒覆蓋作物(small-grain cover crops)結種子前，使用滾輪壓扁的機械方式，而不用除草劑來殺死覆蓋作物。小粒種子的蔬菜栽培多用壟作(ridge-tillage)和條耕(strip tillage)，而

覆蓋作物的殘留物正好成為土壤覆蓋之用(見第2章)。

　　傳統生產者很快就採行保育耕作，因為可節省燃料、減少勞動和土壤壓實；這些生產者原來用殺草劑殺死覆蓋作物，但現在已改用其他技術(Abdul-Baki and Teasdale, 1997)。

覆蓋

　　有機和慣行種植者都會經常採用畦面覆蓋(mulching)，由歷史看，用在蔬菜生產的覆蓋物包括秸稈、乾草或其他便宜的生質材料，將之撒布田間、覆蓋植株間的土壤。在蔬菜生產多用覆蓋有許多原因：調節土壤溼度和溫度、抑制雜草、保持蔬菜清潔及增加土壤有機質(第6章)。地面覆蓋演變為先種植覆蓋作物，以不同方法致死後，得到的生物量用在不整地、條耕或壟作系統(Abdul-Baki and Teasdale, 1997)。

　　過去40年來，傳統生產者及一些有機生產者選用塑膠薄膜為覆蓋物有許多原因，包括塑膠布耐久不易損壞、有較大的溫度調節、保持土壤水分、減少大雨過後養分從根圈瀝濾和雜草控制(這要看所用的覆蓋物，見第6章)。然而，並非所有的有機種植者同意塑膠薄膜是永續的，因為它們大多是石化產物。儘管有這些顧慮，美國NOP允許使用塑膠布覆蓋，但產季結束，一定要移走，不能留在田區。有些不整地有機農業系統採用多年生、深根系的活體植物覆蓋，其與淺根系、一年生經濟作物之競爭最小。

補充施肥

有機肥料源自動物或蔬菜成分。這些材料的特性有時是天然的或加工的。天然的有機肥料有動物堆肥、植物組織、蚯蚓糞肥、泥炭、海藻、開採的礦物和海鳥糞(guano)。加工的有機肥料包括堆肥、血粉(blood meal)、骨粉(bone meal)、腐植酸(humic acid)、胺基酸及海藻提取物。其他例子尚有天然酶分解的蛋白質以及魚粉和羽毛粉(EPA, 2013)。

許多有機農民依賴動物性堆肥和綠肥作為主要肥料,而不是濃縮的工業合成肥料,這在有機質分解緩慢、高緯度地區的深厚肥沃土壤尤其如此。有機和慣行種植者都是根據土壤分析結果進行養分的投入,肥料才不致浪費。要矯正有機管理土壤的礦物質缺乏,有機和一些慣行種植戶通常施用磨成粉的岩石礦物。常用的岩石礦物為高鈣的農用石灰(aglime),蔬菜生產常用的其他天然礦物質肥料還有白雲石灰(dolomitic limestone)、天然硝酸鈉(natural sodium nitrate)、各種磷礦石(rock phosphates)、石膏(gypsum)、硫酸鉀鎂(sulfate of potash-magnesia)和天然硫酸鉀(potassium sulfate)等(Willer *et al.*, 2013;圖8.1)。

魚乳化物(fish emulsion)、血粉、羽毛粉、骨粉、苜蓿粉和豆粕是提供氮素的有機肥料,這些氮肥中,有些還提供有機質。合併使用這些有機的礦物質來源,可以提供植物必要的大量元素(氮、磷、鉀)及／或微量元素(鈣、鎂、硫)。還有天然礦物質,如:海綠石(glauconite, greensand)、冰川礫石塵(glacial gravel dust)、熔岩砂(lava sand)、矽質礦石(azomite)、花崗岩粉(granite meal)等添加,可以改善微量元素的缺乏。其他還有多項產品,如:腐植質(humates)、腐植酸(humic acids)、催化劑水(catalyst waters)、生物活化劑(bioactivators)和界面活性劑(surfactants),被准許用於有機作物生產,只是它們的效果還未獲得大家的認可。

生物合理性防治(藥)劑

雖然有機蔬菜生產不容許用農藥是一般的信念,但有相當多種自然、即生物合理性防治藥劑(biorational pesticides),為許多有機標準所核可,使用藥劑的次數因作物和地點而有差異。在有機農業許可的農藥分為下列幾類(Kuepper and Gegner, 2004)。

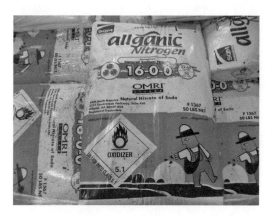

圖8.1 從礦藏開採的硝酸鈉是天然形式的氮。本袋標示核准用於美國有機法規NOP的有機資材審核協會(OMRI)。

• 礦物資材

包括硫、銅、矽藻土(diatomaceous earth)和黏土材料(clay-based materials)。

• 植物性藥材

植物性藥材(botanicals)包括天然植物萃取物如魚藤酮(rotenone)、苦楝精(neem)和除蟲菊(pyrethrum)。較不常見的植物性藥材包括苦木(quassia)、木賊(equisetum)和楊柳科(*Ryania*)屬植物。菸草產品如Black-Leaf 40及番木鱉鹼(strychnine)也是植物性藥材，但因其毒性高，在許多有機方案被禁用。番木鱉鹼是一種天然存在的生物鹼毒，林奈氏(Carl Linnaeus)於西元1753年從馬錢科(Loganiaceae)馬錢子屬(*Strychnos*)的植物，包括樹木和攀緣性灌木鑑定出來(Buckingham, 2010)。番木鱉鹼作為一個提醒注意的例子，有些植物性藥材有劇毒，天然化合物並不一定比人工合成的化合物安全。

• 肥皂

許多商業肥皂產品是有效的殺蟲劑、除草劑、殺菌劑和除藻劑(algicides)(Weinzierl, 2000)。肥皂一般由脂肪酸鹽製成，脂肪酸是動、植物天然脂肪和油的建構單元。橄欖油內油酸(oleic acid)含量高，其他蔬菜油含油酸量較少，油酸有最大殺蟲活性；油酸的鉀鹽是現在較常見的肥皂殺蟲劑Safer's的活性成分(Weinzierl, 2000)。由合成脂肪酸或清潔劑做成的肥皂不能用於有機栽培(Kuepper and Gegner, 2004)。

肥皂殺蟲劑雖已使用多年，其作用機制仍不是很明確，包括物理性破壞昆蟲的角質層(cuticle)，即覆蓋昆蟲表皮的成分，

外加可能有的毒性作用。肥皂可能進入昆蟲的呼吸系統，破壞細胞膜或干擾新陳代謝，因而造成內部的細胞損傷。肥皂也有害於幼蟲的發育。

肥皂殺蟲劑的非選擇性作用，也能傷害益蟲。例如：肥皂液噴霧劑可以殺死植株上的瓢蟲，也會殺死同時存在的草蛉幼蟲。並不是任何肥皂或清潔劑都可作為殺蟲劑或殺蟎劑(miticide)，只有少數肥皂具有殺蟲或殺蟎的性能。許多常見家用肥皂和清潔劑以1%或2%的水溶液施用，只對軟體昆蟲和蟎類害蟲具有限的活性。清潔產品效果的可靠性比依農藥配製成的肥皂殺蟲劑難預測(Weinzierl, 2000)。

• 費洛蒙

費洛蒙(pheromones)是一種分泌或排出的化學因子，可以觸發同一物種內成員的社交反應。這類化學物質能夠在分泌方的體外發揮效用，影響接受方的行為(Howard and Blomquist, 2005)。費洛蒙可調節昆蟲的多種行為類型，被用來誘捕昆蟲、監測族群或防治用；它分成警報費洛蒙(alarm pheromones)、食物追蹤費洛蒙(food trail pheromones)、性費洛蒙(sex pheromones)以及其他等多種影響行為或生理機能的費洛蒙。性費洛蒙由一種性別(通常是雌性)產生，去吸引異性交配。大量昆蟲侵害是藉聚集費洛蒙(aggregation pheromones)吸引其他個體到同一位點集合；產生警報費洛蒙來幫助群落防衛；螞蟻產生食物追蹤費洛蒙尋找食物來源(Howard and Blomquist, 2005)。

昆蟲的費洛蒙，尤其是蛾類的性費洛

蒙,是已知最具有生物活性的化合物。有些物種只要一個費洛蒙分子就能偵測到其他個體。由於費洛蒙的敏感性,性費洛蒙常被用在害蟲綜合管理方案。慣行和有機種植者都用費洛蒙來混亂或阻斷昆蟲的交配週期或誘捕昆蟲(圖8.2)。

合成的性費洛蒙可用於偵測害蟲和監控族群。在綜合性病蟲害管理系統(Integrated Pest Management (IPM) system)中,生產者用費洛蒙陷阱(pheromone traps)偵測害蟲,可以依據IPM害蟲族群閾值做更好的防治決策(Howard and Blomquist, 2005)。

• **生物製劑**

發展天然農藥中,生物農藥(biopesticides)是增長最快的領域之一,包括蘇力菌(*Bacillus thuringiensis*)、白腐菌(*Phlebiopsis gigantean*)及農桿菌屬的*Agrobacterium radiobacter*(大陸譯名:放射形土壤桿菌)。使用生物農藥是生物防治(biocontrol)的一環。生物防治是自然發生的平衡力量,也可以經由設計,用一種生物去防治另一種生物;可藉3種方法來達成:

1. 淹沒釋放(inundative release)(也稱為典型生物防治(classical biocontrol)):引進目標害蟲、病原或雜草的自然天敵,放到原本沒有的區域,達到長期的蟲害防治。

2. 按需要施用生物防治劑(通常重複施用),與使用化學農藥方式相同。

3. 環境管理和操作有利於天然防治因子的活性(Landis *et al.*, 2000)。例如:田間規劃設計栽植(farmscaping),使生產田區

或附近有寄主作物的補食性天敵進入。

最為人熟知的生物農藥是蘇力菌(Bt),它普遍用於防治鱗翅目(lepidopterous)害蟲。蘇力菌是革蘭氏陽性(gram-positive)的土棲細菌,被當作蔬菜作物的生物農藥施用(Schnepf *et al.*, 1998)。蘇力菌也自然存在於各種蛾類、蝶類的幼蟲腸道,還有在葉表、水生環境、動物排泄物和昆蟲多的環境,如:穀倉。當孢子形成時,許多Bt菌株產生晶體蛋白(內含體蛋白,proteinaceous inclusions),稱為δ-內毒素(δ-endotoxins),具有殺蟲作用(Schnepf *et al.*, 1998);並非所有能生成晶體蛋白的Bt菌株都有殺蟲特性。由蘇力菌產生的孢子

圖8.2 在玉米田區邊緣所施用的費洛蒙誘蟲器。

和殺蟲蛋白晶體已作為商品噴霧劑，如：DiPel、Thuricide，用於控制害蟲多年。由於其專一性及來源天然，一般認為此類農藥對環境友善，對人、野生生物、授粉昆蟲及其他大部分有益昆蟲的影響極少或無，因此廣為有機農民所採用。

少數蔬菜作物如甜玉米，經基因轉殖以表達Bt δ–內毒素基因，具有殺蟲作用(Shelton *et al.*, 2002)。在玉米表達Bt基因來防治歐洲玉米螟蟲害，玉米螟鑽過苞葉、鑽入果穗取食發育中的玉米粒；當玉米螟吃入δ–內毒素，就有防治功效。傳統的噴施處理，無論是用傳統的殺蟲劑或用Bt噴劑，都因有苞葉保護蟲體，無法達到有效防治。在美國，表現Bt基因的甜玉米只是美國政府核准在境內銷售的眾多轉基因作物之一，但由於消費者對基因工程技術的疑慮，轉基因甜玉米很少販售(第3章)。有機生產不允許使用基因改造作物(Kuepper and Gegner, 2004)。

物理性誘捕法

物理陷阱(physical traps)可誘集昆蟲加以捕捉，而無法脫逃。黏板(sticky cards)可置於植物間或植株上方，誘集飛行昆蟲(圖8.3)，一般用黃色卡片或條帶，塗上強力黏膠。由條帶或卡片可確定及量化其上的昆蟲族群，這也是IPM的一部分，當黏板集滿昆蟲就要丟棄。

誘蟲器(funnel traps)、水盤誘捕器(water pan traps)和錐形誘捕器(cone traps)可用以捕捉有些物種，作為監測族群或防治之用。黑光誘蟲器(blacklight traps)用於判斷何時有飛行昆蟲及昆蟲之相對多量期，這些資訊可供讓害蟲管理者判定其最高活動期和設計蟲害管理方案。用黑光燈誘蟲器可監測

圖8.3　在有機溫室使用移動的推桿攪動葉部，使昆蟲飛向上方的黃色黏紙(美國東部)。

害蟲，但不能用於降低害蟲族群。以黑光燈誘捕沒有專一性，且需要電力，不如費洛蒙誘捕容易使用。

另一種策略是利用銀色或反光材料(reflective material)驅趕飛行昆蟲離開作物。反光地面覆蓋會驅離一些尋找植物的飛行昆蟲，因為反射的紫外光干擾了昆蟲的飛行能力。反光覆蓋對有翅型蚜蟲、葉蟬、薊馬和粉蝨都有效(Dreistadt *et al.*, 2007)。

誘捕作物(trap crop)可誘引害蟲離開蔬菜作物；以此伴植能防治蟲害而無需使用農藥。可以沿蔬菜田的外圍種誘捕作物或穿插種植於田區，保護蔬菜作物。當誘捕作物誘集高密度害蟲族群時，予以毀滅、阻斷害蟲的繁殖(Dreistadt *et al.*, 2007)。

人工除蟲是最古老、最根本的蟲害控制方法之一，在小區採用這種方法很有效，但大面積田區採用則不符合成本效益。有些有機生產者在曳引機上加裝真空系統(tractor-mounted vacuum systems)，在蔬菜田區吸、集植株葉子上的昆蟲；有時，可能田區有些植株被害蟲嚴重危害，而周圍植株並沒有。在這種情況下，被危害植物可以整株拔除、毀棄，作為防治。

緩衝和障礙

有些利用浮動式覆蓋物(floating row covers)作為物理屏障以驅除昆蟲飛入(Kuepper and Gegner, 2004；圖8.4)。田間緩衝區(field buffers)是貫穿田區或圍繞田區的帶狀草地或其他永久性植被帶，它們可能是成行的樹木或林地。慣行法或其他農業方式都很注意緩衝帶，因為緩衝帶能降低土壤侵蝕及改善水質。如果妥善管理，如持續的雜草防治和滋養有些植物，有的緩衝區可作為有益昆蟲的棲息地。

就有機生產而言，田間緩衝區可減少不想要的花粉授粉造成的基因汙染以及由鄰地飄散來的化學物。大多規定是要求至少7.6 m的緩衝帶，沿著可能使用化學物的

圖8.4 浮動式畦面覆蓋(floating row covers)形成屏障，隔絕昆蟲飛入。

鄰地、不能控制的邊緣地設置。危險大的如鄰近農場以飛機(aircraft)噴施化學農藥，則需要更寬的緩衝區(Kuepper and Gegner, 2004)。

紀錄保存

在作物生長期間，有機認證機構的代表不可能定期訪問農場，必須依賴紀錄保存和生產計畫來監測遵行度和合乎規定度。認證機構並沒有定期測試蔬菜上的殘留物，大多根據紀錄保存和信賴。生產計畫內容包含詳細說明如何以及在何處栽培作物、施用何種特定產品、用何種貯藏設施等，於作物種植前完成審查。獲得認證前，有機種植者必須提供大量文件給審查人員，證明作物是有機生產的，並證明絕無化學物質汙染，以及並無混合同一農場慣行生產的類似產品(Kuepper and Gegner, 2004)。

驗證過程需要付費。對於中型和大型規模的種植者，認證的費用可能很可觀，通常會轉嫁給消費者。許多方案提供小型生產者減少或免認證費。

高投入的有機農業

有機農業並非全都相同。在本章一開始即指出有機農業是盡量少使用來自農場外的投入(inputs)的系統。這闡述了許多生產者的哲學和有機運動的根本。然而，美國NOP已演變成，一些大規模的有機種植者可以使用農場外的投入。這些大的生產者已由慣行農業生產轉向NOP，想利用有機蔬菜有時會有較高獲利的優勢；採用塑膠布栽培(plasticulture)的密集有機蔬菜生產即為一例。在有機的塑膠布栽培系統，還是用傳統的輪作和土壤改進作業，接著是清耕、鋪塑膠布覆蓋和滴灌帶、植畦也做好。作物生長期間，大量的可溶性、以魚為基材的有機肥料由滴灌系統輸送給作物(即有機的灌溉施肥(organic fertigation))。生育期結束後，所有的塑膠資材從田間移出；回到比較標準的有機管理，包括非產期種植覆蓋作物。這種系統往往非常高產，加上有機的價格高，極具經濟吸引力。

在如此高投入系統的產品貼上有機認證標籤，對眾多傳統有機農業的支持者而言，是種矛盾。這些技術上的進步，不可能反映這種農業是當初多數生產者和支持者所認為的真正有機。特別要關切的是在有機塑膠布栽培系統的潛在土壤侵蝕問題。低投入的有機農場土壤侵蝕較少，而採用塑膠布栽培之田區，土壤沖刷性高15倍(Kuepper and Gegner, 2004)。傳統的有機農場流失氮到徑流或地下水的量最低，但施用高量可溶性有機肥料的田區，預估會有更大流失。同樣要關切用於塑料製造、運送和施用的石化燃料能源，未必能從減少耕作、減少曳引機燃用油得到彌補。如果分析塑膠布覆蓋的效率時，進一步考慮的是使用後的廢棄物處理問題。在許多地區，每個生育期結束後，要回收塑膠覆蓋膜，傳統上選擇方案就有限。新開發的生物降解塑膠膜(biodegradable plastic films)可

能會降低一些對環境的衝擊(第6章)。

很多有機農場在多項可量測的永續指標上，比慣行法農場的表現好，如：能源消耗和環境保護上(Dalgaard *et al.*, 2001)。最後，採用傳統有機方法生產作物，所需要的投資成本降低，可使這種耕作形式更能讓資源不足的農民做到，並且在糧食歉收或低售價的年度，留下較小的風險，而這些因素在高投入系統較不一定。

摘要：有機是永續的嗎？

有機運動一開始由小農率先發起，以較少的非農場(off-farm)投入進行蔬菜生產，而且對環境衝擊最低。後來演變成主流農業系統，在許多國家有政府管控；由於其獲利潛力，受到大型食品生產企業的歡迎，並且是主流研究的主題。有機蔬菜銷路的成長，是因消費者對健康營養蔬菜的強烈需求；消費者要的蔬菜是以傳統的育種方法育成，而不是生物工程產品，是由有環境責任的農民生產，而非只考量利益的大型、不出面的公司所生產。跟有機運動相關的是消費者期望購買當地生產的更新鮮、更健康的農產品，而不是在遠地生產，還未成熟即採收，再長途運送而很少考慮品質或能量消耗的產品。研究顯示，消費者購買有機產品有種種理由：其一是消費者認為有機產品無農藥，因此更安全、更營養，而且以環境永續的方式生產(Raviv, 2010)。有些消費者購買有機產品是因為有機生產對環境的效益，包括土壤侵蝕和徑流的控制和對環境安全的病蟲害

管理(Raviv, 2010)。其他消費者購買有機食品是因擔心基因改造對他們所吃食物的影響。還有些消費者也表達希望幫助在地小農，也購買他們的有機產品。

經過這些年，大眾對有機農業的看法已經改變了，產業的成長及認證標準的引進，已把有機農業帶向更清楚的新定義。它是一種可行的生產系統，有健全的科學作業，不使用合成化學物或轉殖作物，而獲得農業圈外的認可。

隨著有機產業不斷發展和演變，它面臨許多挑戰，包括它的成功帶來的後果。經濟契機使新參與者投入市場，但他們不太在意原來有機運動的核心價值是永續。有機一詞不再與小型家庭農場是同義字。事實上，因為大型企業的參與，還有目前的有機標準，有機產品的供應可能會繼續成長(圖8.5)。

未來有機運動如何演變值得注意，有幾個理由：至少在美國，消費者的態度在改變，對於NOP及有機農產品的生產者更為了解。這些態度的改變可能是最早的徵兆，美國NOP不再呼應所有消費者的需求；這種態度的轉變可能有多種原因，消費者已經知道有機農產品不一定比非有機農產品更具風味、更安全或更營養(Bourn and Prescott, 2002)。

人們對蔬菜生物汙染的意識增加，它是蔬菜安全最嚴重的議題之一；無論是慣行生產或有機作物，都可能被汙染(第9章)。用良好農業規範(Good Agricultural Practices, GAPs)而不是用有機的認證，是保證蔬菜免於生物汙染的最好方式。有些

圖8.5　大型溫室生產有機水耕的羅勒盆栽，送超級市場零售。

爭議是：現行有機系統未能充分回應小家庭農場或農場工作者的經濟永續的問題，尤其在向已開發國家輸出蔬菜的生產國是如此。美國許多消費者現在明白NOP是政府進行的計畫，計畫增加了食物的費用。消費者明白大型企業增加涉入認證有機蔬菜之生產，而非當地的小生產戶；消費者購買更多當地生產的蔬菜，生產農戶沒有加入NOP，但是使用對環境友善的方式生產，施用最少的人工合成化學物。有些成功的大型連鎖超市在廣告中強調永續生產之作物，而不是只賣有機產品。還有一些消費者了解，有些遺傳調整方式，如傳統的植物育種是安全的、自然的，已應用了好多世代來供應大眾。綠色革命(the Green Revolution)、F-1雜交玉米、叢生型番茄以便機械採收、矮性大豆，這些都是植物育種、遺傳改進作物生產力而不降低品質的

例子。雖然許多人仍對更急進(徹底)的遺傳工程技術有疑慮，消費者已逐漸認識有些基因轉殖技術符合自然，可以安全應用到我們的食物。例如：關於黃金米(golden rice)的爭論已教育了一些消費者，基因工程有其正面積極的影響，幫助餵飽有營養不良危險的族群。

如今清楚的是，慣行和有機蔬菜生產的立場不再像過去那樣對立(圖8.6)。慣行法和有機生產者同樣會更適應有效、經濟可行的有機措施，過去許多觀念上的障礙已經移除，蔬菜生產體系會繼續發展演變(圖8.6)。

現今的農業，慣行法及有機生產者都關注環境永續性，主要是透過有機運動和環境研究，提升了環境意識。事實上，有些技術主要是為有機生產者開發的，現也廣為傳統生產者所採用。浮動式覆蓋原為

有機生產者普遍採用，現在也有部分傳統生產者採用。許多有效益的有機土壤管理也會繼續被整合納入慣行生產。從有機運動如合理使用最低量的肥料和非化學防治病蟲害技術，所帶來的環保進步應該會保留。當農業化學物的價格、可用性和燃料價格上漲，傳統生產者更會接受非化學的其他選項。除了繼續關懷環境外，生產者和消費者都會要求承擔社會責任的措施，以確保農業這一領域的健康和繁榮。

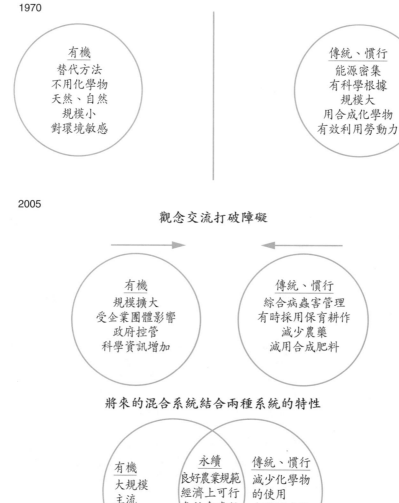

蔬菜慣行與有機生產的匯聚(美國)

觀念上的障礙

1970

有機
替代方法
不用化學物
天然、自然
規模小
對環境敏感

傳統、慣行
能源密集
有科學根據
規模大
用合成化學物
有效利用勞動力

2005

觀念交流打破障礙

有機
規模擴大
受企業團體影響
政府控管
科學資訊增加

傳統、慣行
綜合病蟲害管理
有時採用保育耕作
減少農藥
減用合成肥料

將來的混合系統結合兩種系統的特性

有機
大規模
主流
有科學根據

永續
良好農業規範
經濟上可行
負社會責任
環保務實

傳統、慣行
減少化學物
的使用
有環境意識

圖8.6 過去40多年，有機和慣行蔬菜生產已趨向匯聚。雖然這兩個系統在幾個重要事項上仍然不同，但未來生產可能演變成既非慣行也非有機的新型態。

創新流動是雙向的。不整地栽培最初由慣行種植者所採用，但加上一點改變，現在許多有機業者也採用此法。傳統研究對整合性病蟲害管理IPM的策略改進做出了貢獻，如高度選擇性的生物農藥及遺傳改良的作物，這些都改善了生產，而對環境影響最小。

經認證的有機農業是否成功持續為一個承擔社會、環境責任之替代作法，或僅是符合最低標準的一個平行的生產系統，仍待觀察(Raviv, 2010)。可能在不久的將來會出現一個混合有機和傳統法的生產系統，結合兩個系統的最佳優點(圖8.6)。無疑地，透過有機運動發展出來的進步和替代方法，都會保留在發展出來的混合式蔬菜生產系統。如果消費者有信心，知道生產者所用的永續生產技術，那有機認證不一定需要。當生產者、處理者和消費者都被教育知道了有關生物汙染的問題，將來所有蔬菜生產都會納入良好農業規範GAP。獲利力(profitability)是結合有機和傳統法的共同保證，需要獲利才能保持穩定與可行的農業。透過更認識小農戶的重要性與需要在地生產食物，有機生產系統可以演變為比當前模式更永續的系統。

在已開發國家，由於直接參與農業生產的人口比例持續下降，自然地，消費者和生產者之間就斷了關聯。有機運動的功課之一，即消費者在意他所吃食物的品質、生產者、生產對環境和健康的衝擊為何。但農業專家並沒有好好解釋清楚，農業技術進步背後的邏輯及需求，還有這些如何影響消費者。在未來幾年，農業專家必須做好讓消費大眾知道食物是如何生產的。

本書在作物生產的各章都舉出有機栽培和慣行生產兩種系統所採用的措施。但限於篇幅，不容一一完整討論，尤其在病蟲害防治和肥培管理這兩項議題，各作物許多主要病蟲害都有列出，讀者可參考文獻，了解現有各種防治方法的詳細資訊。在肥培管理，提供了很多作物採收後自田間移走的礦物質的量，讀者可以由提供的參考文獻來決定如何施肥。

參考文獻

1. Abdul-Baki, A.A. and Teasdale, J.R. (1997) Sustainable Production of Fresh-Market Tomatoes and Other Summer Vegetables With Organic Mulches. *Farmers' Bulletin* No. 2279 (Rev.). US Department of Agriculture-ARS, Beltsville, Maryland.

2. Beall, G., Bruhn, C., Craigmill, A. and Winter, C. (1991) Pesticides and your food: How safe is "safe"? *California Agriculture* 45, 4-11.

3. Bourn, D. and Prescott, J. (2002) A comparison of the nutritional value, sensory qualities, and food safety of organically and conventionally produced foods. *Critical Reviews in Food Science and Nutrition* 42, 1-34.

4. Buckingham, J. (2010) *Bitter Nemesis: The Intimate History of Strychnine*. CRC Press, Boca Raton, Florida.

5. Cherr, C.M., Scholberg, J.M.S. and McSorley, R. (2006) Green manure approaches to crop production. *Agronomy Journal* 98, 302-319.

6. Dalgaard, T., Halberg, N. and Porter, J.R. (2001) A model for fossil energy use in Danish agriculture used to compare organic and conventional farming. *Agriculture, Ecosystems & Environment* 87, 51-65.

7. Dhara, V.R. and Dhara, R. (2002) The Union Carbide disaster in Bhopal: a review of health effects. *Archives of Environmental Health: An International Journal* 57, 391-404.

8. Dreistadt, S.H., Phillips, P.A. and O'Donnell, C.A. (2007) UC Davis Pest Notes: Thrips. UC ANR Publication 7429. Available at: www.ipm.ucdavis.edu/PMG/PESTNOTES/pn7429.html (accessed 18 October 2013).

9. EPA (2013) United States Environmental Protection Agency: Organic Farming. Available at: www.epa.gov/oecaagct/torg.html (accessed 16 October 2013).

10. Goldman, L.R., Beller, M., Oregon, H. and Jackson, R.J. (1990) Aldicarb food poisonings in California, 1985-1988: toxicity estimates for humans. *Archives of Environmental Health: An International Journal* 45, 141-147.

11. Green, J. (1993) Sustainable agriculture: why green ideas raise a red flag. *Grower: Vegetable and Small Fruit Newsletter* 93, 7.

12. Greenland, D.J. and Szabolcs, I. (eds) (1994) *Proceedings of the Symposium Soil Resilience and Sustainable Land Use and the Second Workshop on the Ecological Foundations of Sustainable Agriculture (WEFSA II)*. CAB International, Wallingford, UK.

13. Griffin, K. (1974) *The Political Economy Of Agrarian Change, An Essay On The Green Revolution*. CAB International, Wallingford, UK.

14. Guerrini, L. (2010) The Ramsey model with AK technology and a bounded population growth rate. *Journal of Macroeconomics* 32, 1178-1183.

15. Halweil, B. (2002) Home grown: The case for local food in a global market. *Worldwatch Institute* 163, 1-83.

16. Howard, R.W. and Blomquist, G.J. (2005) Ecological, behavioral, and biochemical aspects of insect hydrocarbons. *Annual Review of Entomology* 50, 371-393.

17. Jeavons, J.C. (2001) Biointensive Sustainable Mini-Farming: I. The Challenge. *Journal of Sustainable Agriculture* 19, 49-63.

18. King, S.R., Davis, A.R., Liu, W. and Levi, A. (2008) Grafting for disease resistance. *HortScience* 43, 1673-1676.

19. Kuepper, G. and Gegner, L. (2004) Organic Crop Production Overview. Fundamentals of Sustainable Agriculture. Available at: http://attra.ncat.org/attra-pub/organiccrop.html (accessed 10 October 2013).

20. Landis, D.A., Wratten, S.D. and Gurr, G.M. (2000) Habitat management to conserve

natural enemies of arthropod pests in agriculture. *Annual Review of Entomology* 45, 175-201.

21. Lobao, L. and Meyer, K. (2001) The great agricultural transition: crisis, change, and social consequences of twentieth century USA farming. *Annual Review of Sociology* 27, 103-124.

22. Lockeretz, W., Shearer, G. and Kohl, D. (1981) Organic farming in the Corn Belt. *Science* 211, 540-547.

23. Pankhurst, C.E., Doube, B.M. and Gupta, V.V.S.R. (1997) *Biological Indicators of Soil Health.* CAB International, Wallingford, UK.

24. Parish, R.L. (2000) Stand of cabbage and broccoli in single-and double-drill plantings on beds subject to erosion. *Journal of Vegetable Crop Production* 6, 87-96.

25. Raviv, M. (2010) Is Organic Horticulture Sustainable? *Chronica Horticulturae* 50, 7-14.

26. Schnepf, E., Crickmore, N., Van Rie, J., Lereclus, D., Baum, J., Feitelson, J., Zeigler, D.R. and Dean, D.H. (1998) *Bacillus thuringiensis* and its pesticidal crystal proteins. *Microbiology and Molecular Biology Reviews* 62, 775-806.

27. Shelton, A.M., Zhao, J.Z. and Roush, R.T. (2002) Economic, ecological, food safety, and social consequences of the deployment of Bt transgenic plants. *Annual Review of Entomology* 47, 845-881.

28. Stapleton, J.J. (2000) Soil solarization in various agricultural production systems. *Crop Protection* 19, 837-841.

29. Stauber, K.N., Hassebrook, C., Bird, E.A.R., Bultena, G.L., Hoiberg, E.O., MacCormack, H. and Menanteau-Horta, D. (1995) The promise of sustainable agriculture. In: Bird, E.A.R., Bultena, G.L. and Gardner, J.C. (eds) *Planting the Future: Developing an Agriculture that Sustains Land and Community.* Iowa State University Press, Ames, Iowa, pp. 3-15.

30. Van Ravenswaay, E.O. and Hoehn, J.P. (1991) The impact of health risk information on food demand: a case study of Alar and apples. In: Caswell, J.A. (ed.) *Economics of Food Safety.* Springer, the Netherlands, pp. 155-174.

31. Weinzierl, R.A. (2000) Botanical insecticides, soaps, and oils. In: Rechcigl, J.E. and Rechcigl, N.A. (eds) *Biological and Biotechnological Control of Insect Pests.* CRC Press, Boca Raton, Florida, pp.101-118.

32. Weiss, C.R. (1999) Farm growth and survival: econometric evidence for individual farms in Upper Austria. *American Journal of Agricultural Economics* 81, 103-116.

33. Welbaum, G.E., Sturz, A.V., Dong, Z. and Nowak, J. (2004) Managing soil microorganisms to improve productivity of agro-ecosystems. *Critical Reviews in Plant Sciences* 23, 175-193.

34. Willer, H., Lernoud, J. and Kilcher, L. (eds) (2013) *The World of Organic Agriculture,*

Statistics and Emerging Trends. FiBL-IFOAM Report. Bonn, Germany, 340 pp.

35. Winter, C.K. and Davis, S.F. (2006) Organic foods. *Journal of Food Science* 71, R117-R124.

第九章　**安全蔬菜**
Vegetable Safety

農藥殘留

人類在100多年前就建立了單一作物生產系統，目的是為推行機械化，擴大生產面積，而能減少人力。由於單作生產破壞生態平衡，容易爆發病害(Altieri, 1999)；為了防止害蟲、病害和雜草的發生，開發出各種農藥來噴灑作物，係人力需求最少的防治法。自西元1940年代到1970年代期間開發出許多新農藥，農藥防治法持續增長(MacIntyre, 1987)。但到西元1970、1980年代前，有關蔬菜上農藥殘留和不利人們健康的顧慮日多。一連串受到大眾高度關注的事件，追溯原因係蔬菜上的農藥殘留造成嚴重疾病和死亡。例如：不當使用農藥得滅克(aldicarb, Temik, 2-methyl-2-(methylthio) propionaldehyde-O-(methylcarbomoyl) oxime)，造成消費者食用有農藥汙染的西瓜、胡瓜後生病(Goes *et al.*, 1980; Green and Wehr, 1987)。美國在西元1985年最大一起與農藥有關的食物中毒案，有1,373名民眾吃了田區處理過得滅克的西瓜後發病，其中78%民眾可能得到和農藥相關的疾病(Green and Wehr, 1987)。而發生於西元1980年代，印度博帕爾(Bhopal)農藥製造廠的一場災難(註：毒氣外洩)也使大眾注意到農藥及其使用問題(Broughton, 2005)。這些有關農藥中毒的事件燃起大眾對有機栽培和不用化學農藥的自然產品的關注(Heckman, 2006)。

經過這數十年的農藥使用增加，已經顯示永續生產模式就是要減少農藥使用。美國最大蔬菜生產地加州，西元2009年已是連續第4年減少農藥使用(Brooks, 2010)。在先進已開發國家，採用較好的教育課程，較多生物防治法，減少土壤燻蒸劑使用，採用綜合防治策略，減少蔬菜用農藥許可，提高農藥售價以及更好的農藥效力，各方面聯合起來可以降低農藥的使用，也更注意不當的農藥使用會帶來危險(Brooks, 2010)。在開發中國家，對農藥的意識提高了，但仍有農藥誤用及使用過多的擔憂(Gunnell *et al.*, 2007)。

蔬菜上的生物汙染

由於蔬果供應以及人們對多吃新鮮蔬果有益健康的認知增加，許多國家對於新鮮及輕度加工蔬菜(minimally processed vegetables)的需求提高；消費需求的蔬菜量增多，因此也有各式方便的包裝產品，如立即可食的袋裝沙拉、去皮切好的蔬菜等

上市(USDA, 2002)。不過,鮮吃蔬菜並非
沒有風險。

自西元1990年代起,由蔬菜生物性
汙染造成的病例登上新聞大標題,使大
眾認識到蔬菜安全的新威脅(Rangel et al.,
2005)。生物性汙染是指會危害人類健康
的病毒、細菌(圖9.1)、真菌或這些微生物
產生的物質,還有不利於人類健康的哺乳
類動物或鳥類的抗原(Sivapalasingam et al.,
2004)。

爆發的生物汙染案件,特別是在
菠菜和萵苣這種生菜沙拉上的汙染源
常與寄生原蟲環孢子蟲(Cyclospora)、
A型肝炎病毒(Hepatitis A)、沙門氏菌
(Salmonella enterica)、大腸桿菌O157:H7
型(Escherichia coli O157:H7)和李斯特菌
(Listeria monocytogenes)有關(圖9.1;表9.1;
Sivapalasingam et al., 2004)。

在蔬菜上的生物汙染原對消費者是重
要的健康風險(Altekruse et al., 1997)。生產
者和蔬菜供應鏈上的所有工作人員都要努
力預防被汙染源感染;大腸桿菌O157:H7
型和沙門氏菌是腸道病原菌,寄主範圍

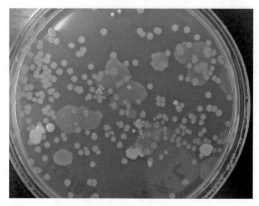

圖9.1 由萵苣葉片培養的細菌菌落。在蔬
　　　菜上的細菌大多不會使人致病。

很廣,包括人(圖9.2)。一旦感染大腸桿菌
O157:H7就發病嚴重,且只要低量、不用
幾百個菌就會造成感染,算是最嚴重的食
物源病菌之一(Strachan et al., 2005)。

新鮮蔬菜生物性汙染的事實可能一
直存在,現代的精密檢測技術能做到專門
鑑定與分類,但過去只被視為「食物中
毒」。生物汙染的議題被提出是因為:
在西元1970年代,所有食物中毒案件只有
0.7%是跟農產品有關,但到西元1990年代
升高到6%(Sivapalasingam et al., 2004)。由
西元1970到1990年代這20年間,食物引起
的致病原因有54%是已知的病菌;這些病
菌中60%是細菌,其中48%是沙門氏菌。
環孢子蟲和大腸桿菌O157:H7型是後來知
道的病原,而且自西元1982年後,在許多
國家都有大腸桿菌O157:H7型引起結腸出
血性發炎的嚴重疾病,甚至死亡的案件
(Wells et al., 1983)。西元1991到2004年間,
一份美國研究顯示因食物爆發的疾病最常
見於萵苣(34%)、混合沙拉(11%)、西式涼
拌甘藍(coleslaw, 11%)、甜瓜(8%)和芽菜
(2%),而水果(含果菜)汙染引起的案件占
44%(Sivapalasingam et al., 2004)。

在西元2000-2010年這10年間,蔬菜生
物性汙染的案件一直很多,而且到處都有
(Rangel et al., 2005)。例如:西元2006年在
美國爆發,由菠菜上的大腸桿菌O157:H7
型造成171件病例及3人死亡(CDC, 2006a;
表9.1)。此案件後不久,又爆發一起規模
較小、萵苣上的相關汙染事件(CDC, 2006b;
Todd, 2007)。

對蔬菜生產環節的所有相關人員而

表9.1 在美國由新鮮農產品爆發的中毒案件(2000-2007[a], 2008[b], 2009[c])

病原微生物	州別	年／月	案件數	被汙染產品
沙門氏菌 (*Salmonella enterica* Thompson)	好幾個州	2000/11	43	番茄
S. enterica Newport	加州	2001/5	8	芫荽葉
大腸桿菌 (*Escherichia coli* O157:H7)	德州	2001/11	20	萵苣
E. coli O157:H7	加州	2002/7	5	苜蓿芽
S. enterica Newport	科羅拉多州	2002/7	13	芫荽葉
S. enterica Newport	好幾個州	2002/7	510	番茄
E. coli O157:H7	伊利諾州	2002/11	13	萵苣
S. enterica Saintpaul	好幾個州	2003/2	16	苜蓿芽
E. coli O157:H7	加州	2003/9	51	萵苣
E. coli O157:H7	加州	2003/10	16	菠菜
S. enterica Chester	好幾個州	2003/11	26	苜蓿芽
S. enterica Enteriditis	加州	2003/11	14	萵苣
S. enterica Saintpaul	好幾個州	2003/11	33	結球萵苣／番茄
E. coli O157:H7 Georgia	好幾個州	2004/4	2	苜蓿芽
S. enterica Bovismorbificans	好幾個州	2004/4	35	苜蓿芽
S. enterica Braenderup	好幾個州	2004/6	137	義式番茄
S. enterica Newport	好幾個州	2004/7	97	結球萵苣
S. enterica Javiana	弗羅里達州	2004/9	24	青菜沙拉
E. coli O157:H7	紐澤西州	2004/11	6	萵苣
E. coli O157:H7	好幾個州	2005/9	12	包裝萵苣
E. coli O157:H7	好幾個州	2005/10	34	包裝萵苣
宋內氏志賀氏菌 (*Shigella sonnei*)	奧勒岡州	2006/1	35	萵苣沙拉
S. enterica Berta	好幾個州	2006/1	16	番茄
沙門氏菌傷寒桿菌 (*Salmonella typhimurium*)	馬里蘭州	2006/6	18	萵苣／番茄
S. enterica Newport	好幾個州	2006/6	115	番茄
E. coli O121 Utah July	猶他州	2006/7	3	萵苣沙拉
E. coli O157:H7	好幾個州	2006/8	205	菠菜
E. coli O157:H7	新墨西哥州	2006/8	5	菠菜
E. coli O157:H7	好幾個州	2006/11	77	萵苣

E. coli O157:H7	好幾個州	2006/11	65	萵苣
E. coli O157:H7	紐約州	2006/11	20	萵苣
E. coli O157:H7	奧勒岡州	2006/11	3	蔬菜沙拉
E. coli O157:H7	弗羅里達州	2007/1	2	凱撒沙拉
S. typhimurium	緬因州	2007/2	76	萵苣／菠菜
E. coli O157:H7	阿拉巴馬州	2007/6	26	萵苣沙拉
S. enterica Newport	華盛頓特區	2007/6	46	番茄
S. enterica Newport	紐約州	2007/7	10	番茄
S. sonnei	加州	2007/7	72	萵苣沙拉
S. typhimurium	明尼蘇達州	2007/10	23	番茄
S. enterica Saintpaul	好幾個州	2008/11	1,442	墨西哥辣椒[b]
S. enterica Saintpaul	好幾個州	2009/5	228	苜蓿芽[c]

[a] 採自美國疾病管制及預防中心食品細菌病例監控年報2000-2007。

[b] 美國疾病管制及預防中心(CDC)，2008。

[c] www.cdc.gov

言，有必要了解這些汙染原如何在自然界生存，又如何在蔬菜上生長繁殖。蔬菜上普遍有些良性、原生的細菌，它們已經適

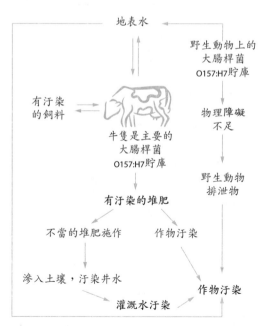

圖9.2 大腸桿菌O157:H7型汙染蔬菜的可能途徑(採自Lopez-Velasco, 2010)。

應蔬菜葉片上的微環境(Lindow and Brandl, 2003)。此環境提供低量養分和水分、高度紫外線及快速變化的條件；植物與這些原生微生物之間以及微生物與微生物間的交互作用，都對蔬菜上的病原菌是否立足至關重要(Lindow and Leveau, 2002; Lindow and Brandl, 2003)。我們胃裡的病原菌與菜葉上的細菌有交互作用，使病原菌能於蔬菜葉片上建立，再傳播給人(Brandl, 2006)。

一旦田區被大腸桿菌O157:H7型或其他人類病原菌汙染，細菌先要能附著在蔬菜表面，才能生長繁殖。大腸桿菌以附著在動物和人類上皮細胞一樣的機制附著在蔬菜表面(Brandl, 2006)。

當蔬菜接觸到被汙染的堆肥、灌溉水、汙水泥或沒有注意環境衛生的田間工作人員，蔬菜就會感染到大腸桿菌O157:H7型(圖9.2；Franz and van Bruggen,

2008)。大腸桿菌或其他病原菌就可能在葉片表面找到合適的微環境，然後繁殖增生，而不容易自生鮮蔬果清除掉(Aruscavage *et al.*, 2006)。

　　許多微生物在沸水中不能存活，蔬果只要經過充分烹煮，大多數的生物性感染源就失去活性。但生食蔬菜，其上的生物汙染就是健康的最大威脅。新鮮蔬菜和立即可食的調理蔬菜一旦被汙染，就是食物中毒的源頭。食品業界為降低調理蔬菜的汙染風險，發展出的對策包括：γ射線照射、加氯消毒、氣調包裝(modified atmosphere packaging)等措施，再加上低溫(一般是4°C)貯藏(Luning *et al.*, 2006)。

　　這些消毒技術如加氯法或氣調包裝法，並不一定能充分控制好調理袋裝蔬菜的微生物族群(Lee and Baek, 2008)。在有些情況下，冷藏、熱縮包裝或裝袋這些過程，還可能增生人類的病菌。此外，細菌可以利用蔬菜切口或損傷組織滲漏的養分生長，在切口附近建立群落(Aruscavage *et al.*, 2006)。而大腸桿菌O157:H7型不但能在萵苣葉面，還能在萵苣組織內生存；在消毒萵苣葉面後，仍有大腸桿菌O157:H7型(Franz *et al.*, 2007)。接種到萵苣的大腸桿菌O157:H7型能存留達20天之久(Solomon *et al.*, 2003)。菠菜種子發芽後，種子上的人類病菌很快就集生於連接根的部位，即使成熟菠菜葉上未必會檢出有大腸桿菌(Jablasone *et al.*, 2005; Johannessen *et al.*, 2005)。葉菜類如菠菜、萵苣都能支持生物汙染原生存，因為其pH值在4.6以上，含水量高；因此，避免汙染、改善衛生及保存

處理是防止疾病傳播的首要策略(Foley *et al.*, 2002)。

蔬菜的生物汙染源

　　家畜，特別是牛隻，就是攜帶人類病菌如大腸桿菌的自然貯庫。被感染的牛隻透過其排泄物，大腸桿菌就傳染給人(Franz and van Bruggen, 2008)。雖然牛隻是大腸桿菌O157:H7型的主要攜帶源，但其他生物也會帶菌，病原隨著排泄物一起汙染灌溉水、土壤和作物。鳥類、昆蟲、囓齒動物與爬蟲類的糞便，還有工作人員都是大腸桿菌O157:H7型的汙染來源(Pirovani *et al.*, 2000)。從鹿、狗、鴨、袋鼠和野豬體內都曾分離出大腸桿菌O157:H7型(Ahmed *et al.*, 2007)。野豬排泄物可能造成菠菜被大腸桿菌O157:H7型汙染；野豬攜帶的大腸桿菌與附近酪農場牛隻所攜帶的是相同菌系，當野豬經過菠菜田，就可能汙染了菜田(Jay *et al.*, 2007)。大腸桿菌O157:H7型可以在不通氣的羊糞堆肥上存活一年以上，在乳牛堆肥、22°C氣溫中存活49天(Kudva *et al.*, 1998)。外米偽步行蟲(lesser mealworm, *Alphitobius diaperinus*)、果蠅(fruit fly, *Drosophila melanogaster*)和家蠅(housefly, *Musca domestica*)等昆蟲都可傳播大腸桿菌O157:H7型(Dingman, 2000)。

　　蔬菜生產有時會施用動物性堆肥為有機肥料(Franz and van Bruggen, 2008)。如果施用未充分發酵或未發酵的糞肥，蔬菜就有可能被人類病菌汙染(Bihn and Gravani, 2006)；無論是慣行栽培或有機蔬菜栽培

系統，都可能發生生物性汙染。動物排泄物既是大腸桿菌O157:H7型的貯庫，在蔬菜栽培時就要妥當處理動物性堆肥，避免細菌汙染新鮮蔬菜(Franz and van Bruggen, 2008)。適當的堆肥處理能降低或去除附著的病原細菌、寄生物、蠅蛆及雜草種子，並把動物堆肥或其他有機物轉變為安全的肥料、土壤添加物或盆栽介質(Kashmanian and Rynk, 1996)。國際通用的有機栽培指南要求，堆肥製作至少要達到能殺死有害生物的溫度，並限制在蔬菜作物上使用未處理完全的堆肥(Luning et al., 2006)。如果沒有仔細遵守這些操作程序，蔬菜被汙染的風險很大(Luning et al., 2006)。製作堆肥時，細菌與酵母菌進行代謝作用，溫度由25°C升至58°C，然後逐漸降溫回到25°C(Ishii et al., 2000)。在堆積生熱的過程中，致人於病的病菌變得不活化，如果溫度未達58°C或堆積時間不夠長，堆肥仍會帶有生物性汙染源(Ishii et al., 2000)。

受汙染的畜糞或禽糞堆肥會破壞水質，特別是當過量施用堆肥時，以致流到灌溉水源。若在生鮮蔬菜產地附近有大規模養豬、牛或雞的農場，不當處理禽畜糞會汙染灌溉水，增加微生物汙染蔬菜的風險(Ribaudo et al., 2003; Ibekwe et al., 2004)。病原菌可經由土壤流到地下水而汙染灌溉水(Gagliardi and Karns, 2000)。

灌溉方式影響蔬菜被汙染的風險；使用滴灌系統時，水滴在土內，而不直接滴在植株上，作物較不易被汙染(Bastos and Mara, 1995)。噴霧灌溉是水噴在全株蔬菜上，使汙染風險增加(Keraita et al., 2007)。

大腸桿菌O157:H7型隨噴霧灌溉在植株上14天，過30天後，由葉片檢測出更多的大腸桿菌，說明採用噴霧灌溉，會造成蔬菜上的汙染(Solomon et al., 2003)。

土壤可以直接被動物廢棄物汙染，或透過雨水、灌溉徑流水的滲流土層，而被間接汙染。土壤施以汙染的堆肥後，由土表下分離出大腸桿菌O157:H7型，而且大腸桿菌和其他大腸菌在土壤裡展現相當高的生長速率(Gagliardi and Karns, 2000)。土壤類型、土壤耕作方式(耕犁或不耕犁)和雨水量決定淋洗程度；不同的耕犁方式並不能防止細菌在土壤內的垂直移動(Gagliardi and Karns, 2000)。土壤中的氨和硝酸鹽濃度與大腸桿菌O157:H7型的滲流成正比，若施用了汙染的堆肥或灌溉水，大腸桿菌在土壤中可存留5個月以上(Islam et al., 2004)。萵苣種在汙染的土壤中，種後36天大腸桿菌O157:H7型還存在，而且於種後7-36天細菌增加了4倍(Ibekwe et al., 2004)。

在土壤微型生態系統接種大腸桿菌O157:H7型，其能在葉圈、根圈和土壤長時間存留；大腸桿菌在萵苣的葉面、非根圈土壤和根圈存留達45天以上(Ibekwe et al., 2004)。細菌既可在農田長時間存留，顯示在有些情況下蔬菜可能被土壤汙染。

良好農業規範／良好管理規範

「良好農業規範」(Good Agricultural Practices, GAP)和「良好管理規範」(Good Handling Practices, GHP)指任何一套特定

操作方法，用在農業上，達成符合此規範支持者的目標。GAP和GHP究竟有何生產管理法，有多種不同的定義，所以規範是否「良好」，就看採用什麼標準(Gravani, 2009)。有許多「良好農業規範」應用在蔬菜作物和農藝作物生產上。由於農業的快速變遷、世界貿易的全球化、糧食危機(如：狂牛症)、硝酸鹽汙染水、作物出現農藥抗藥性、土壤沖刷等因素，近年有一些團體改變了GAP的概念。

　　世界各地有許多不同的GAP，其目標也不同，但大多GAP的主要目標都是保護水和土壤資源不受生物性汙染。第三方認證團體，如：全球GlobalGAP、歐洲EurepGAP、國際標準ISOGAP的設計，就是為增進食品安全，特別是國際貿易食品項目。有些國家已制定其國內的GAP標準，所有從事蔬菜生產和處理的人員都要熟悉及採行其全國性及地方性的 GAP/GHP。

　　依據聯合國糧食與農業組織(Food and Agriculture Organization, FAO)對「良好農業規範」的定義，是針對農場生產及其後過程所立的廣泛原則，以保障所生產的食用和非食用農產品的健康安全，並考量到經濟面、社會面與環境面的永續性。這套廣泛的原則適用於農業的許多不同面向，包括土壤、水分、動物生產、蔬菜作物生產及人們的健康福祉各方面(FAO, 2005)。

　　FAO的「良好農業規範」應用層面廣泛，適用於有機生產或慣行生產，大農場或小規模都適用。規範的四大原則涵蓋：

1. 經濟有效地生產充足(糧食安全)、安全 (食品安全)及營養的食物(食品質量)。
2. 永續並增強利用自然資源在糧食生產上。
3. 維持農企業的活化以及農業生產從業人員的生計。
4. 符合社會的文化和社會需求。

FAO的GAP在土壤部分的規範包括：

* 利用防風林、壕溝以降低風和水造成的土壤沖刷；
* 施肥的時間與施肥量配合植株需要，以免流失(參看氮平衡計算法)；
* 施用堆肥以維持或恢復土壤有機質含量；
* 採用放牧和輪作來減少土壤的壓實問題(不使用重力機械)；
* 保持土壤構造，限制重耕犁作業；
* 種植豆科作物：如：普通豇豆、三葉草、印度麻(sunhemp)等，就地當作綠肥施用(FAO, 2007b)。

在農業用水管理部分包括：

* 依據作物實際需要及土壤狀況灌溉，減少水流失；
* 減少土壤鹽化，只依植物需要供水，並盡量使用回收水；
* 避免在水資源有限的地方種植需水量高的作物；
* 避免排水和肥料的流失；
* 保持土壤覆蓋，特別在冬季天冷要避免氮流失；控制水位，不要有過多的水；
* 維護溼地或沼澤地；
* 家畜取水的位置要遠離灌溉水源；
* 挖集水坑，防止土壤沖刷並收集水流；
* 坡地採用等高種植(FAO, 2007a)。

美國農部(USDA)已發展一套審核／認證計畫,來確認農場採用「良好農業規範」及／或「良好管理規範」,而無害於環境並管制食物(包括蔬菜作物)不散布生物汙染源(圖9.3;Bihn and Gravani, 2006)。

USDA的規範與FAO的規範不同,只專注在食品安全,並不論及動物福利、社會持續性、生物多樣性、抗生素或荷爾蒙的使用等議題。USDA的GAP/GHP指南和原則源自食品藥物局(FDA)於西元1998年的出版品《降低新鮮蔬果微生物食安風險指南》(Guide to Minimize Microbial Food Safety Hazards for Fresh Fruits and Vegetables),是州政府請求USDA設立GAP與GHP之審核程序,因為批發商要求農民出示是否遵照GAP與GHP規範作業。GAP法(GAPs metrics)以設定之閾值追蹤監控,例如:水

中所含的指標生物的數量,還有其他量測數據,一起評量所採作業規範的效果。

參考文獻

1. Ahmed, W., Tucker, J., Bettelheim, K.A., Neller, R. and Katouli, M. (2007) Detection of virulence genes in Escherichia coli of an existing metabolic fingerprint database to predict the sources of pathogenic *E. coli* in surface waters. *Water Research* 41, 3785-3791.

2. Altekruse, S.F., Cohen, M.L. and Swerdlow D.L. (1997) Emerging foodborne diseases. *Emerging Infectious Diseases* 3, 285–293.

3. Altieri, M.A. (1999) The ecological role of biodiversity in agroecosystems. *Agriculture,*

圖9.3 良好管理規範之一是工作人員穿上防護服,防止人身上的有害生物轉到生鮮蔬菜上。

Ecosystems and Environment 74, 19-31.

4. Aruscavage, D., Lee, K., Miller, S. and LeJeune, J.T. (2006) Interactions affecting the proliferation and control of human pathogens on edible plants. *Journal of Food Science* 71, 11.

5. Bastos, R.K.X. and Mara, D.D. (1995) The bacterial quality of salad crops drip and furrow irrigated with waste stabilization pond effluent: an evaluation of the WHO guidelines. *Water Science and Technology* 31(12), 425-430.

6. Bihn, E.A. and Gravani, R.B. (2006) *Role of Good Agricultural Practices in Fruit and Vegetable Safety.* ASM Press, Washington, DC.

7. Brandl, M. (2006) Fitness of human enteric pathogens on plants and implications for food safety. *Annual Review of Phytopathology* 44, 367-392.

8. Brooks, L. (2010) DPR Reports Pesticide Use Declined Again in 2009. Available at: www.cdpr.ca.gov/docs/pressrls/archive/2010/101229.htm (accessed 28 September 2013).

9. Broughton, E. (2005) The Bhopal disaster and its aftermath: a review. *Environmental Health: A Global Access Science Source* 2005, 4-6.

10. CDC (2006a) Ongoing multistate outbreak of Escherichia coli serotype O157:H7 infections associated with consumption of fresh spinach. Available at: www.cdc.gov (accessed 16 May 2011) Published online 10 May 2005, doi: 10.1186/1476-069x-4-6.

11. CDC (2006b) Multistate outbreak of *E. coli* O157 infections. Available at: www.cdc.gov/ecoli/2006/december/121006.htm (accessed 16 May 2011).

12. CDC (2008) Outbreak of *Salmonella* Serotype Saintpaul Infections Associated with Multiple Raw Produce Items – United States, 2008. Available at: www.cdc.gov/mmwr/preview/mmwrhtml/mm5734a1.htm (accessed 28 September 2013).

13. Dingman, D.W. (2000) Growth of *Escherichia coli* O157:H7 in bruised apple (*Malus domestica*) tissue as influenced by cultivar, date of harvest, and source. *Applied and Environmental Microbiology* 66, 1077-1083.

14. FAO (2005) Sustainable Agriculture and Rural Development (SARD) and Good Agricultural Practices (GAP). *Nineteenth Session.* Committee on Agriculture, Rome, 31 pp.

15. FAO (2007a) Good Agricultural Practices; water. Committee on Agriculture (COAG). Available at: http://www.fao.org/prods/GAP/home/principles_en.htm (accessed 28 September 2013).

16. FAO (2007b) Good Agricultural Practices, Soil. Committee on Agriculture (COAG). http://www.fao.org/prods/GAP/home/principles_en.htm (accessed 28 September 2013).

17. Foley, D.M., Dufour, A., Rodriguez, L., Caporaso, F. and Prakash, A. (2002) Reduction of *Escherichia coli* O157:H7 in shredded iceberg lettuce by chlorination and gamma irradiation. *Radiation Physics and Chemistry* 63, 391-396.

18. Franz, E. and van Bruggen, A.H. (2008) Ecology of *E. coli* O157:H7 and *Salmonella enterica* in the primary vegetable production chain. *Critical Reviews in Microbiology* 34, 18.

19. Franz, E., Visser, A.A., Van Diepeningen, A.D., Klerks, M.M., Termorshuizen, A.J. and van Bruggen, A.H. (2007) Quantification of contamination of lettuce by GFP-expressing *Escherichia coli* O157:H7 and *Salmonella enterica* serovar Typhimurium. *Food Microbiology* 24(1), 106-112.

20. Gagliardi, J.V. and Karns, J.S. (2000) Leaching of *Escherichia coli* O157:H7 in diverse soils under various agricultural management practices. *Applied Environmental Microbiology* 66, 7.

21. Goes, E.A., Gibbons, S.E., Aaronson, M., Ford, S.A. and Wheeler, H.W. (1980) Suspected foodborne carbamate pesticide intoxications associated with ingestion of hydroponic cucumbers. *American Journal of Epidemiology* 111, 254-260.

22. Gravani, R.B. (2009) *The Role of Good Agricultural Practices in Produce Safety.* Wiley-Blackwell, Oxford, UK.

23. Green, M.A. and Wehr, H.M. (1987) An outbreak of watermelon-borne pesticide toxicity. *American Journal of Public Health* 77, 1431-1434.

24. Gunnell, D., Phillips, M.R. and Konradsen, F. (2007) The global distribution of fatal pesticide self-poisoning: systematic review. *BMC Public Health* 7, 357.

25. Heckman, J. (2006) A history of organic farming: Transitions from Sir Albert Howard's War in the Soil to USDA National Organic Program. *Renewable Agriculture and Food Systems* 21, 143-150.

26. Ibekwe, A.M., Watt, P.M., Shouse, P.J. and Grieve, C.M. (2004) Fate of *Escherichia coli* O157:H7 in irrigation water on soils and plants as validated by culture method and real-time PCR. *Canadian Journal of Microbiology* 50, 8.

27. Ishii, K., Fukui, M. and Takii, S. (2000) Microbial succession during a composting process as evaluated by denaturing gradient gel electrophoresis analysis. *Journal of Applied Microbiology* 89, 768-777.

28. Islam, M., Doyle, M.P., Phatak, S.C., Millner, P. and Jiang, X. (2004) Persistence of enterohemorrhagic *Escherichia coli* O157:H7 in soil and on leaf lettuce and parsley grown in fields treated with contaminated manure composts or irrigation water. *Journal of Food Protection* 67, 1365-1370.

29. Jablasone, J., Warriner, K. and Griffiths,

M. (2005) Interactions of E*scherichia coli* O157:H7, *Salmonella typhimurium* and *Listeria monocytogenes* plants cultivated in a gnotobiotic system. I*nternational Journal of Food Microbiology* 99, 7-18.

30. Jay, M.T., Cooley, M.D., Carychao, D., Wiscomb, G.W., Sweitzer, R.A., Crawford-Mik-sza, L., Farrar, J.A., Lau, D.K., O'Connell, J., Millington, A., Asmundson, R.V., Atwill, E.R. and Mandrell, R.E. (2007) *Escherichia coli* O157:H7 in feral swine near spinach fields and cattle, central California coast. *Emerging Infectious Diseases Journal* 13, 1908-1911.

31. Johannessen, G.S., Bengtsson, G.B., Heier, B.T., Bredholt, S., Wasteson, Y. and Rorvik, L.M. (2005) Potential uptake of Escherichia coli O157:H7 from organic manure into crisphead lettuce. *Applied and Environmental Microbiology* 71, 2221-2225.

32. Kashmanian, R.M. and Rynk, R.F. (1996) Agricultural composting in the United States: trends and driving forces. *Journal of Soil and Water Conservation* 51, 194-294.

33. Keraita, B., Konradsen, F., Drechsel, P. and Abaidoo, R. (2007) Effect of low-cost irrigation methods on microbial contamination of lettuce irrigated with untreated wastewater. *Tropical Medicine and International Health* 12, 8.

34. Kudva, I.T., Blanch, K. and Hovde, C.J. (1998) Analysis of *Escherichia coli* O157:H7 survival in ovine or bovine manure and manure slurry. *Applied and Environmental Microbiology* 64, 9.

35. Lee, S.Y. and Baek, S.Y. (2008) Effect of chemical sanitizer combined with modified atmosphere packaging on inhibiting *Escherichia coli* O157:H7 in commercial spinach. *Food Microbiology* 25, 582-587.

36. Lindow, S.E. and Brandl, M.T. (2003) Microbiology of the phyllosphere. *Applied Environmental Microbiology* 69, 9.

37. Lindow, S.E. and Leveau, J.H. (2002) Phyllosphere Microbiology. *Current Opinion in Biotechnology* 13, 6.

38. Lopez-Velasco, G. (2010) Molecular characterization of spinach (*Spinacia oleracea*) microbial community structure and its interaction with microbial community structure and its interaction with *Escherichia coli* O157:H7 in modified atmosphere conditions. Ph.D. dissertation, Virginia Tech, Blacksburg, Virginia.

39. Luning, P.A., Devlieghere, F. and Verhé, R. (eds) (2006) *Safety in the Agri-Food Chain*. Wageningen Academic Publishers, the Netherlands.

40. MacIntyre, A.A. (1987) Why pesticides received extensive use in America: A political economy of agricultural pest management of 1970. J*ournal of Natural Resources* 27, 53.

41. Pirovani, M.E., Di Pentima, J.H. and Tessi, M.A. (2000) Survival of Salmonella hadar

after washing disinfection of minimally processed spinach. *Letters in Applied Microbiology* 31, 6.

42. Rangel, J.M., Sparling, P.H., Crowe, C., Griffin, P.M. and Swerdlow, D.L. (2005) Epidemiology of *Escherichia coli* O157:H7 outbreaks, United States, 1982-2002. *Emerging Infectious Diseases* 11, 7.

43. Ribaudo, M., Kaplan, J., Christensen, L., Gollehon, N., Johansson, N., Breneman, V., Aillery, M., Agapoff, J. and Peters, M. (2003) Manure management for water quality. Costs to animal feeding operations of applying manure nutrients to land. *USDA-ERS Agricultural Economic Report* (824). Agricultural Research Service, US Department of Agriculture.

44. Sivapalasingam, S., Friedman, C.R., Cohen, L. and Tauxe, R.V. (2004) Fresh produce: a growing cause of outbreaks of foodborne illness in the United States, 1973 through 1997. *Journal of Food Protection* 67, 9.

45. Solomon, E.B., Pang, H.J. and Matthews, K.R. (2003) Persistence of Escherichia coli O157:H7 on lettuce plants following spray irrigation with contaminated water. *Journal of Food Protection* 66, 2198-2202.

46. Strachan N.J., Kasuga, F., Rotariu, O. and Ogden, I.D. (2005) Dose response modeling of *Escherichia coli* O157 incorporating data from foodborne and environmental outbreaks. *International Journal of Food Microbiology* 103, 13.

47. Todd, B. (2007) Outbreak: E. coli O157:H7. *The American Journal of Nursing* 107, 4.

48. USDA (2002) Profiling food consumption in America. *The USDA Fact Book (2001-2002)*. United States Department of Agriculture.

49. Wells, J.G., Wachsmuth, I.K., Riley, L.W., Remis, R.S., Sokolow, R. and Morris, G.K. (1983) Laboratory investigation of hemorrhagic colitis outbreaks associated with a rare *Escherichia coli* serotype. *Journal of Clinical Microbiology* 18, 9.

第十章　葫蘆科
Family Cucurbitaceae

起源與歷史

　　瓜類蔬菜(cucurbits)多起源於熱帶，各屬分別源自非洲、熱帶美洲和東南亞。商業栽培的瓜類主要為一年生、蔓性草本，有卷鬚；在生長期夠長的溫帶地區普遍栽培。有些瓜類適應溼潤環境，有些瓜類則適應乾燥地區；但大部分瓜類不耐寒，有些瓜比其他瓜較耐低溫。

分類

　　葫蘆科的分類(taxonomy)特性與定義很明確，但與其他科植物在分類關係上是分隔的。葫蘆科有120個屬、800多個物種；科以下有2個亞科，分別為Zanonioideae 和Cucurbitoideae，前者的花粉粒小、有細溝，後者的花柱聯合成一圓柱。食用的瓜全部屬於Cucurbitoideae亞科，分別在兩個族(tribe)：Cucurbiteae和Sicyoideae族(Maynard and Maynard, 2000)。葫蘆科有3個屬(genera)：南瓜屬(*Cucurbita*)、小雀瓜屬(*Cyclanthera*) 和佛手瓜屬(*Sechium*)，佛手瓜屬起源於新大陸，其他兩個屬原產於非洲或亞洲熱帶地區。本章討論胡瓜(cucumber, *Cucumis sativus*)、網紋與非網紋甜瓜(netted及non-netted melons, *Cucumis melo*)、西瓜(watermelon, *Citrullus lanatus*)及各種南瓜(squash和pumpkin, *Cucurbita* spp.)。而其他瓜類的栽培可參考Whitaker and Davis (1962)、Robinson and Decker-Walters (1997) 及Rubatzky and Yamaguchi (1997)等書。

胡瓜
CUCUMBER

起源與歷史

　　胡瓜(中國大陸稱黃瓜)的起源中心為印度，已栽培數千年(Zeven and Zhukovsky, 1975)；古埃及人也栽培胡瓜。印度的野生種*Cucumis sativus* var. *hardwickii*被認為是栽培種胡瓜*C. sativus* 的野生起源種。大約2千年前，胡瓜由印度傳到中國和希臘(Whitaker and Davis, 1962; Robinson and Decker-Walters, 1997)。而錫金胡瓜(Sikkim cucumber)在印度喜馬拉雅山區栽培供食用已數百年。

　　胡瓜也被帶到義大利，早在羅馬帝國時代就是重要作物。古羅馬作家Pliny報導在西元第一世紀前就有溫室栽培胡瓜，而且羅馬皇帝提比留斯(Tiberius)終年都吃得

到胡瓜(Sauer, 1993)。可能就是羅馬人將胡瓜傳到歐洲各地。法國胡瓜栽培的最早紀錄是在西元9世紀前，英國栽培則是西元14世紀前；到西元15世紀末之前，在加勒比地區栽培。在西元16世紀中葉前，殖民者將胡瓜帶到北美(Hedrick, 1919)；經由歐洲人和原住民之間的互動，胡瓜廣傳到整個北美洲。之後不到100年，歐洲探險者就看到北美東海岸，北起蒙特婁(Montreal)南到佛羅里達州，都有原住民栽培胡瓜。在西元1600年代初期，又有非洲黑奴直接將胡瓜帶到美洲。西元17世紀之前，住在大平原(the Great Plains)的原住民也栽種胡瓜(Wolf, 1982)。

植物學

胡瓜染色體數n=7，西南野胡瓜(*C. anguira*)n=12，蛇甜瓜(Armenian cucumber, *C. melo*)也是n=12。胡瓜商業栽培品種為一年生暖季作物，易受寒害，由蜜蜂授粉。胡瓜植株一般為蔓性，也有矮性、節間短的品種。根系發達但淺；莖方形有粗糙剛毛，每節有卷鬚、不分歧，莖長0.4-3.0 m。卷鬚幫助植株固定攀緣於支柱上，葉柄長約3-15 cm；葉表面粗糙，葉片為寬三角、心形，寬5-25 cm，具3-5角或淺裂溝而先端尖(Rubatzky and Yamaguchi, 1997)。

胡瓜花性表現為雌雄同株(monoecious，植株上有雌花與雄花)、雄花兩性花同株(andromonoecious，分開的雄花與完全花)或全雌株(gynoecious，全是雌花)；此為遺傳性狀，但受環境因素及化學物質影響，如：施用生長素(auxin)或益收生長素(ethephon)會提早開花，增加雌花比率；而施用激勃素(gibberellins)，可延後雌花生成及減少雌花比率。生長素及益收生長素有利於雌花發育；勃激素促進雄花生成。在雌雄同株品種，先形成雄花，並且雄花數比雌花數多好幾倍。花著生於節，雄花為簇生或單生，一次只開一朵；雌花單生，著生於主蔓與側蔓。但在全雌株，雌花單生或簇生於主蔓或側蔓。雌花為子房下位，形狀如迷你胡瓜。雌花與雄花皆直徑1-3 cm寬，花冠黃色、五裂；花只開一天，如果未充分授粉，很快就掉落。

開花數和花性受光週期(photoperiod)影響，短日下較早開花且較多雌花。溫度低也有相同反應；反之，高溫及長日照促進雄花形成(Rubatzky and Yamaguchi, 1997)。氮素多則促進營養生長而抑制開花；環境逆境(如：水分、養分等)促進雌花形成。

胡瓜果實形狀有球形、粗圓形、長圓形或長條形不等，大小不一。果實表面有尖刺狀突起的疣，疣的大小與疏密隨品種不同，一般以幼果較為明顯。胡瓜採嫩果食用，此時味道較淡，種子也較小、尚未充分發育。不同用途的胡瓜其特性不同(圖10.1)。

在美國一般以用途區分胡瓜品種為鮮食用及加工用。鮮食用品種通常果實的長寬比至少是6:1；未熟果之果皮厚、深綠色，果實兩端微尖，種子腔通常比加工用品種的大。

加工用品種植株較小，果實的長寬比約為3:1；未熟果為雙色、淺綠或較深綠；

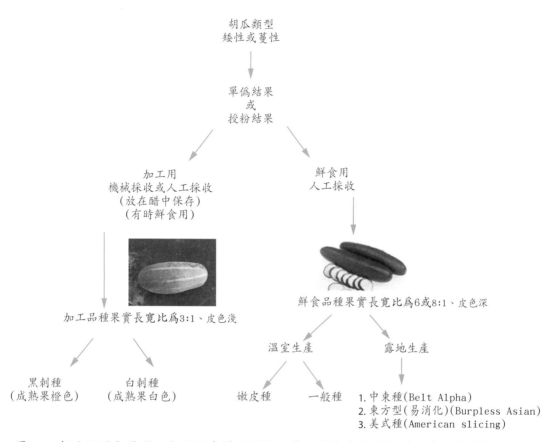

圖10.1 胡瓜品種之果形、大小因市場及用途而異，圖中為主要類型及其果實長寬比值。

果形粗圓，果皮薄、有明顯突起的疣，疣中央附著有白色或黑色的刺。具白色刺的果實成熟時(達生理成熟期)，果皮由綠色變成白色或黃色，其內種子充分發育。黑色刺的果實成熟時，果皮變成橙色。與白色果刺的品種相比，果刺黑色的品種果皮較薄、顏色較淺，比較適合加工，加工後的成品外觀較吸引人。由於黑刺品種在環境逆境下，或未於適期採收而過熟，果實兩端容易變成橙色，因此近年有較多白色果刺的品種育成，供加工用。

◆ 西印度胡瓜

市面上看到的醃漬用小果品種有時被稱為gherkins；不過真正的gherkins或西印度胡瓜(West Indian gherkin, true gherkin, *Cucumis anguria*)屬於另一個物種，其外觀及特性均與胡瓜不同。西印度胡瓜植株為一年生、雌雄異花同株、蔓性，其花、葉片、卷鬚和果實都比胡瓜小。果實黃色、有刺、卵圓形，長約5 cm，可鮮食、烹煮或醃漬成泡菜。能自然結子，若放任野生就成為雜草(Whitaker and Davis, 1962)。

類型與品種

世界各地有許多胡瓜品種；它們有不同程度的苦味。苦味的原因是葫蘆科植株累積葫蘆素(苦味素，cucurbitacins)，這苦味素的作用應是防蟲咬食。瓜類苦味素在

化學上屬於類固醇(steroids)，但多以苷類(glycosides)形式出現(Chen *et al.*, 2005)。果實沒有苦味的性狀係由一個隱性基因控制；育種者經多年努力，選拔無苦味的胡瓜，現代的品種多已不具苦味。有些年代較久的祖傳品種可能還有苦味，特別是在逆境下生長的容易發生。

◆ 加工型

加工用胡瓜(pickling cucumber)品種的嫩瓜，加醋、調味品與香藥草(如：蒔蘿(dill)種子)，做成醃漬品及其他產品(圖10.2)。

加工品種的特性使其適合加醋醃漬(Motes, 1975)；果實在鹽水處理(brining process)時，心皮部不會分開、脹突，仍能保持果形完整。採未熟嫩果作加工用者，果長不超過12.5 cm。加工用品種有開放授粉固定品種及F-1雜交種，播種後55-60天可採，以人工或機械採收。全雌性品種結果集中，可以用機械採收；因全雌株的第一朵花即為雌花，每一雌花都能生成果實，結果早而集中，成熟整齊。但需要有

圖10.2 達採收成熟度的加工用胡瓜果實。

花粉授粉，應有12%-18%的植株是雌雄異花同株型品種，作為花粉源，可充分授粉全雌株(Rubatzky and Yamaguchi, 1997)。

全雌品種和雌雄同株型品種之總產量相當，因為全雌株並非所有雌花都能發育成果實。全雌株不能產生足夠的光合產物，有些雌花就會掉落。採種時，需在全雌株小株階段噴以激勃素，誘導植株產生一些雄花供授粉用。由於全雌的特性並不全然穩定，一個全雌品種可能會有一些雌雄同株花性的植株；全雌株太密植可能會增加雌雄同株的比率，端看品種的穩定性而定。加工用品種有時也供鮮食用，作沙拉或不經醃漬就直接食用。

◆ 美式鮮食型

在美國，鮮食用胡瓜(slicing cucumber)係切片為小菜或作為沙拉生吃。一般都是雌雄同株型、F-1雜交品種；由蜜蜂授粉、播種後80-85天成熟採收。鮮食用品種的果皮為全深綠色，果實長寬比為6:1或更高，果實直徑 8-10 cm、果長 20-25 cm(圖10.3)。

鮮食品種採食嫩果；而生理成熟(physiological maturity)果是指果皮已變成白色或乳黃色，種子也發育完熟，大約於播種後 120天達成。

育種改良了美國鮮食用品種的品質：果實均勻、完全深綠、兩端沒有白色條紋。果形近圓筒形、兩端鈍圓，橫切面為圓形；果壁較厚，種子腔小。現代品種果表的疣和刺都比舊品種少(Rubatzky and Yamaguchi, 1997)。許多現代品種還抗病毒病及露菌病、白粉病。

圖10.3　鮮食用胡瓜採後待洗及分級。

◆ 單偽結果型

單偽結果型(parthenocarpic)鮮食品種又稱無子、英國式(English cucumbers)或溫室胡瓜，一般種在溫室，以免有蜜蜂授粉，造成種子發育(圖10.4)。

有許多品種是全雌型，每節著果，果實長而直、皮薄、光滑、果色中至深綠。近果梗端略窄、形成果頸，容易辨識。單偽結果胡瓜果實長寬比為6:1，果皮甚薄，一般以塑膠薄膜包住，以防止碰撞等物理傷害及皺縮(Rubatzky and Yamaguchi, 1997)。

近年田間生產的鮮食用或加工用胡瓜都已有單偽結果品種。當環境條件不利於授粉時，單偽結果加工用品種不需要靠蜜蜂授粉即產生整齊的果實，可進行機械採收。若需要果實較大又全果加工時，單偽結果品種就不太理想，因它們沒有種子發育，也少了與種子相關的風味與質感上的加工品質。

在以色列育成的Beit Alpha(也是Beta Alpha)品種在許多地方作為鮮食用，它是單偽結果、全雌型、多果、果實深綠色的雜交品種。不需授粉，能豐產；果實無子，長14-19 cm、皮薄、光滑、少疣，不需去皮，也不會失水，不用塑膠薄膜包裹。當果實直徑達3-4 cm、還附著花時，即可採收上市。

◆ 東方型

東方型(oriental types)果實一般為長形、有種子，深綠色果皮薄，果表多疣與

圖10.4　溫室生產的單偽結果胡瓜(荷蘭)。

刺；它們多在亞洲市場，在其他地方較少。東方型品種常分兩類，即日中性(day-neutral)的華北型和短日性(short-day)的華南型。後者以冬季生產為主，華南型品種在短日環境下，主要生成雌花，而在長日下，多產生雄花。

錫金胡瓜(又稱為concombre apple)在印度很多，也很特別，其果實紅褐色；果大，長可達38 cm、寬15 cm。完熟果(ripe fruit)可煮食、或使發酵、或生食，味道淡(Tamang *et al.*, 1988)。

蛇甜瓜，亞曼尼亞瓜

亞曼尼亞瓜(Armenian cucumber)又稱為蛇甜瓜(serpent cucumber, snake cucumber, *C. melo*)，如同生食胡瓜，鮮食其嫩果。一年生蔓性，匍匐生長，莖細多毛，葉圓形、五裂；雌雄同株型，花小、淡黃色、五瓣，與甜瓜同。亞曼尼亞瓜果實細長、淺至深綠色，縱向有皺紋，無刺。當果長至25-35 cm有最佳風味；若繼續生長，果長可到90 cm，直徑達15 cm。果實多呈彎曲或扭曲，完熟果變為黃色，成熟時氣味同硬皮甜瓜 (cantaloupe，也稱網紋甜瓜) (Rubatzky and Yamaguchi, 1997)。

珍奇類型

珍奇品種外表形狀特殊，雖有一些消費者喜歡，但市場性有限。像品種'Lemon'又稱'Apple'，就是一個祖傳、開放授粉的珍奇品種，已流傳好幾代，沒有經過重要的遺傳改良；其果實圓形，有黑色果刺，可食階段的嫩果為淡黃綠色，生理成熟果實鮮橙色，此時種子已充分發育(Rubatzky and Yamaguchi, 1997；圖10.5)。

'Lemon'的花性為雄花與兩性花同株，與硬皮甜瓜相同。100年前，有植物學家把'Lemon'誤認為是硬皮甜瓜。與今日胡瓜品種相比較，'Lemon'種子腔大，而果壁很薄。

圖10.5 胡瓜品種'Lemon'的果實。

'White Wonder'品種是白色、加工用的珍奇品種，未熟果及成熟果表皮都沒有葉綠素，本品種的顏色為其主要特色。果形、質感、風味和其他加工用品種相同。

經濟重要性和生產統計

胡瓜和西印度胡瓜於西元2011年全球生產面積估計為1,958,000 ha，平均每公頃產量30,927 kg。依據FAO資料，西元2011年全球胡瓜和西印度胡瓜產量3,760萬公噸(metric tonnes)，是第4重要的蔬菜，僅次於番茄、甘藍類(cole crops)和洋蔥；北美洲生產120萬公噸、南美洲78,570公噸、亞洲3,080萬公噸、歐洲390萬公噸；其中中國就生產 2,360萬公噸。有關最新胡瓜生產資料，可參考FAO作物生產統計報告。

營養價值

胡瓜的主要成分為水，營養成分不多；礦物質成分中只有鉀含量高，蛋白質、醣類、脂肪、纖維素或多種維生素都含量低(表10.1)。

生產與栽培

◆ 溫度需求及作物管理

胡瓜為暖季作物，不耐低溫；田間發芽及出苗都要求暖溫土壤。胡瓜發芽的最低、最適及最高土壤溫度分別為15.5°C、35°C及40.5°C。田間成苗的最適土壤溫度範圍為15.5-35°C (Masabni *et al.*, 2011)。

當溫度低於15.5°C，植株生長量很小；溫度升至21.1°C以上，植株生長速率隨著溫度增高而穩定增加(Curwen *et al.*,

1975)。早春栽種時，土壤仍冷涼，需8-9週或更久才能採收；若稍晚栽種，只需6週即達採收階段。在適宜條件下，加工用胡瓜依品種及所要採的果實大小，在播種後約55-60天成熟。鮮食用胡瓜由播種後到採收，依品種及環境條件，一般平均要80天。

胡瓜不宜種在甜瓜、南瓜等瓜類之後，因為瓜類都有相同的病、蟲害，而這些病、蟲害都殘存於植株殘體。胡瓜也對一些殺草劑很敏感，慣行生產在選擇田區前，要先考慮前作遺留的藥劑問題。

◆ 土壤需求

在大多數肥沃、排水良好的土壤都可以生產胡瓜獲利，含有機質的壤質土尤其適合胡瓜栽植。砂質土若給予充分肥料及灌溉，也可以栽種胡瓜；適宜的土壤pH值為6.0-7.0，不能種在pH值< 5.5的酸性土壤(Lorenz and Maynard, 1988)。

表10.1　胡瓜營養成分(USDA, 2011)

營養成分	含量／100 g可食部分
水分(%)	96
磷(mg)	17
熱量(kcal)	13
鐵(mg)	0.3
蛋白質(g)	0.5
鈉(mg)	2
脂肪(g)	0.1
鉀(mg)	149
醣類(g)	2.9
維生素C(mg)	4.7
膳食纖維(g)	0.6
維生素A(mg)	45
鈣(mg)	14

◆ 肥料與營養

　　胡瓜需要施肥，合適的肥力經營是達到作物最大生產力的重要關鍵。胡瓜需要的肥料依所用品種、栽植土壤和環境而異，並沒有可通用於所有生產狀況的施肥推薦。最有效的施肥要依據：種植前土壤檢測所作的推薦以及生產期間的植體分析結果。大多數土壤檢測實驗室會評估必要礦物營養元素含量的等級為高、中或低，並推薦需要施用的肥料。亦需知道一作胡瓜能自土壤吸收、移走多少營養。一般是每公頃大約196 kg N、28 kg P及196 kg K（Masabni *et al.*, 2011）。土壤檢測推薦的N與K量一般會少於此，因為也要算入有機物及氮素循環所釋出的養分；而推薦施用的P量一般會多一些，因為有些磷肥會在土壤中被固定。此外，也要適當供應微量元素，特別在養液栽培要如此。

　　氮素是胡瓜生產非常重要的營養元素。在生長初期有充分的氮素，可以促進營養生長及形成株冠，增進光合作用，以供果實發育。而稍後氮素略低會有利於開花和結果；太多氮肥則會延遲開花、減少著果。

　　葉柄植體分析可以評估作物在生長期間的營養狀況，以決定是否需要做些調整。在生長後期，旁施或用養分滴灌氮素，以及其他營養要素，可以改善營養缺乏，在砂質土壤達到最高產量，特別是對人工採收很長一段時間的期作有此效果。另外，在砂質土壤栽培，每於大雨過後，要補施氮肥。對機械採收的期作，由於生長期相對較短，就不需要再旁施追肥。

◆ 苗床準備

　　胡瓜生產田區可能有、也可能沒有覆蓋。在生長季短的地方，最常用塑膠布覆蓋，以增進鮮食用品種的早期生產。但栽培成熟期較早的加工用胡瓜很少用塑膠布覆蓋，因為多增加的成本不一定能回收，而且覆蓋妨礙機械採收作業。

　　若田區無塑膠布覆蓋，胡瓜就要栽培在高畦上，以增進排水，減少因立枯絲核菌引起的胡瓜果腐病(belly rot)。若沒有採用養分滴灌，則應在種植前，將礦物質養分施入栽培畦。土壤應當耕犁，使其疏鬆、沒有團塊，直播時，種子才能與土壤有良好的接觸。

◆ 田間栽植

　　每公克胡瓜種子約有30-35粒(Lorenz and Maynard, 1988)。以適當的行株距及種植深度精準栽植胡瓜，可以促成幼苗整齊萌發，導致集中著果，便於機械或人工採收。精準的播種距離可產生想要的植株數量，節省種子用量也免去疏苗作業，這對一次性機械採收加工用胡瓜特別重要。胡瓜一般種植深度為1.3-5 cm，視土壤類別、種植季節和土壤有效水分。許多生產者採用精準播種機以及帶有殺菌劑、生物制劑或少許肥料的披衣種子(coated seed)。

　　在生長季短的地方種植胡瓜，尤其是鮮食用胡瓜，係採用移植。此法可縮短10-14天首採所需時間，視情況而定。胡瓜移植後其實並不容易立即恢復生長，最好使用穴盤苗，不能用裸根苗。要降低移植逆境的影響，瓜苗移植前要經健化處理，而且移植後要勤灌溉，直到瓜苗恢復生長及成活。

✦ 行株距

栽植距離依品種、環境條件和栽培措施而定。對鮮食用胡瓜，一般推薦株距為23-31 cm、行距0.9-1.8 m，栽培密度為每公頃18,000-29,600株(圖10.6)。

加工用胡瓜之植株較鮮食類型為小，一般採高密度栽培，視環境條件而定。人工採收可達最大產量的栽培距離為：株距15-31 cm、行距0.9-1.8 m，栽培密度為每公頃18,000-71,700株。對加工用胡瓜而言，栽培密度每平方公尺50株的產量比其他較低密度者高(O'Sullivan, 1980)。以機械一次採收，可獲高產量的栽培密度為每公頃123,500-222,300株(Curwen *et al.*, 1975)；其行、株距分別為31-71 cm、10-15 cm。

✦ 灌溉

胡瓜需水多，生長期間許多地方平均雨量低於38 cm或不規律，就需有灌溉才能達到最高產量及品質。胡瓜果實含95%水分。依據經驗法則，每週至少需施加 2.5 cm的水。若有長期乾旱及/或高溫條件，這樣的水量還不夠；在常有環境逆境的地方，可能每週需要5 cm水。如果植株缺水，會造成產量、品質降低，視缺水程度而定。植株最需水的階段是在結果期，此時缺水，果實發育不良(nubbing)，果小、一端皺縮。如果是一次性機械採收的期作，最後一次灌溉的時間安排要能讓土壤充分乾燥，採收機才能進入田區。

盡可能在一天中較早的時候灌溉，如此到晚上前，土面和葉面都乾了；否則，長時間的溼土、溼葉子容易被黴病(mildew)、鏈隔孢菌(*Alternaria*)、胡瓜細菌性斑點病(angular leaf spot)及其他各種果腐和葉部病害感染。噴灌(overhead irrigation)會抑制蜜蜂活動，不要安排在早上使用。

栽培胡瓜可採用畦溝灌溉、滴灌和噴灌等方式。畦溝灌溉只能用在地勢平坦地

圖10.6 鮮食用胡瓜栽培田區未用塑膠布覆蓋。

方,頂上噴灌容易傳播多種葉部及果實病害,仍以地表灌溉比噴灌好。滴灌普遍採用於有塑膠布覆蓋的田區,也可以在無覆蓋的田區採用。

◆ 授粉

栽植非單偽結果的品種,要靠蜜蜂授粉。但多數地方的蜜蜂數不足,Motes (1975)建議每5萬株至少需要一個蜂群(one colony)。多數胡瓜的花只開一天,要有數次的蜜蜂造訪,才能成功授粉。溼涼天氣大大降低蜜蜂活動和授粉,造成產量低及／或高比率的畸形果。不要使用有害於蜜蜂的農藥,必須使用時,要安排在傍晚或下午較晚的時候施用。

◆ 溫室栽培

在北美洲、西歐及日本,胡瓜是重要的溫室栽培作物。在這些溫帶地區,冬季胡瓜栽培於未加溫的溫室,並採用單偽結果的品種,不需像田間栽培品種要靠蜜蜂授粉。大多溫室用的單偽結果品種是一代雜交全雌品種,其種子價格比田間栽培用品種貴許多(Hochmuth, 2013)。

溫室栽培胡瓜採用人工發根介質,包括岩棉、礫石、砂或介質袋等多種,以避免增加溫室土壤病害。溫室土壤可以用蒸氣或化學燻蒸消毒;如果沒有消毒,可採用嫁接栽培,將胡瓜嫁接於特殊抗病根砧,如:扁蒲 (*Lagenaria siceraria* (Molina) Standl.)、南瓜種間雜交種(*Cucurbita moschata* (Duchesne ex.Pow) × *C. maxima* (Duchense ex. Lam.)) (Hochmuth, 2013)。

溫度控制很重要,建議的適溫為日溫25-28°C及夜溫17-18°C;在此範圍內,較低溫度有利於營養生長,較高溫度促進開花。光強度高才能有最高產量;溫室二氧化碳濃度宜控制在400-1500 ppm間以有最大光合作用(Hochmuth, 2013)。

◆ 採收與運銷

在鮮食用胡瓜的生產季節,栽培田區會進行多次人工採收;要非常小心地切或摘下瓜果,以免損傷植株。胡瓜長得快,每隔一天就要採收,生長條件適宜時,甚至需要天天採收。延後採收會造成果實過大,也抑制新果產生。採收的果實都要小心處理並分級。

鮮食用胡瓜通常會以塑膠薄膜一個個包起,或好幾個放在塑膠盤上再包起,以保新鮮、減少失水皺縮。有時,在洗瓜的水中加入水溶性、無毒的蠟(wax),為果實表面裹上薄蠟,以減少失水並且顯出吸引人的光澤。單偽結果的溫室鮮食用胡瓜由於果皮很薄、易受傷,通常以塑膠薄膜包住。

胡瓜貯藏條件一般為13-15°C、相對溼度90%-95% RH,貯藏壽命為1-2週。所有瓜類包括胡瓜,貯藏溫度 < 13°C會造成寒害;受害果實放回室溫後,迅速敗壞,並有異味。胡瓜在作鮮食用或沙拉前給予短暫低溫,可以增加脆度;但在-0.5°C時也會有凍害,果肉呈水浸狀,一段時間後,變褐色、凝膠狀(Suslow and Cantwell, 2013)。

胡瓜對外源乙烯極為敏感,在運輸及短期貯藏時,遇有低量(1-5 ppm)乙烯就加速黃化腐敗。因此,胡瓜不能和甜瓜、番茄等一起混放(Suslow and Cantwell, 2013)。

胡瓜用氣調或氣變貯藏(controlled／

modified atmosphere storage)或運輸，並不能有助於維持果實品質。低氧(3%-5%)可以延後數日開始胡瓜的黃化及腐敗；胡瓜可以耐受氣調貯藏的二氧化碳濃度至10%，但貯藏壽命並不比低氧貯藏延長的更久(Suslow and Cantwell, 2013)。

　　加工用胡瓜也可以人工重複採收，但趨勢已朝向用一次完成的破壞性機械採收，以降低人工費用。採收機由土面切斷植株，以輸送帶將植株送至一組滾筒、擰下胡瓜。植株及未達採收熟度的果實落回田區，合格的果實被送到旁邊的車或拖車上，再送到加工廠去清洗、分級和加工。

病害

　　胡瓜有許多病害，像胡瓜嵌紋病毒(cucumber mosaic virus)、西瓜嵌紋病毒–type 1(watermelon mosaic 1 potyvirus)、矮南瓜黃化嵌紋病毒病(zucchini yellow mosaic potyvirus)是幾個重要的病毒病(Zitter *et al.*, 1996)。防治方法為：採用無病毒種子及使用殺蟲劑除媒介蚜蟲，可以防止病害之蔓延；有些品種抗病毒病。

　　最重要的真菌性病害有露菌病(downy mildew, *Peronospora cubensis*)、白粉病(powdery mildew, *Erysiphe cichoracearum*)及立枯病(damping-off, *Pythium, Rhizoctonia*)(圖10.7)。

　　種子以得恩地(thiram)處理，種植時土壤施以殺菌劑，出芽或出苗時期噴施滅達樂(metalaxyl)，可以防治立枯病。

　　在胡瓜生育後期及高溼度地區常發生露菌病，主要發生於葉片。栽培

防治方法包括：生育末期清除植株殘餘物以減少越冬病菌，降低植株密度以改善空氣循環(或流通)，避免施用過多氮肥。數種殺菌劑，如：三氟敏(trifloxystrobin)、亞托敏(azoxystrobin)及四氯異苯腈+邁克尼(chlorothalonil + myclobutanil)能防治露菌病。有些栽培品種具有抗病性。生物合理性防治化合物(biorational compound)能降低瓜類白粉病之發病率，這些材料包括天然的及礦物油類、過氧化氫溶液(peroxigen)、牛奶、矽和一價陽離子如鈉、鉀及銨鹽類(Belanger & Labbe, 2002)。

　　瓜類金花蟲(stripped及spotted cucumber beetles)取食時會傳播細菌性萎凋病菌(*Erwinia tracheiphila*)。金花蟲的取食對植株僅造成小傷損，但引進細菌於木質部(xylem)之增殖，會減少根部往葉部輸送的水量。細菌性萎凋病徵與乾旱逆境相似，嚴重時造成植株枯死。有些胡瓜品種對細菌性萎凋病較具抗病性。其他胡瓜病原菌還有：細菌性斑點病(angular leaf spot, *Pseudomonas syringae* pv. *lachrymans*)、蔓枯病(gummy stem blight, *Didymella bryoniae*)、炭疽病(common anthracnose, *Colletotrichum*

圖10.7　感染白粉病的胡瓜葉片。

spp.)、果溼腐病(fruit wet-rot, *Choanephora cucurbitarum*)、鐮胞菌萎凋病(Fusarium wilt)、瘡痂病(Cladosporium scab, 發生於冷涼溫帶地區的瓜類上)及細菌性軟腐病(bacterial soft rot, *Erwinia* spp.)(Zitter *et al.*, 1996)。生產者應該諮詢當地推薦的相關防治方法及抗病品種。

蟲害

胡瓜最嚴重的蟲害包括瓜類金花蟲(cucumber beetles, *Diabrotica*及*Acalymma* spp.，細菌性萎凋病的媒介昆蟲)、瓜黑斑瓢蟲(*Epilachna* spp. beetles)、切根蟲(greasy worm, *Agrotis ipsilon*)、瓜實蠅(melon fruit fly, *Dacus* spp.)及蚜蟲類(aphids)。這些害蟲可以用殺蟲劑防治；溫室栽培已發展採用天敵防治害蟲，但田間栽培較少應用。請諮詢各地推薦的有效防治方法。

網紋甜瓜 / 甜瓜
NETTED AND MIXED MELONS

起源和歷史

網紋甜瓜(netted melons, muskmelons, cantaloupes)似乎原產於非洲(Zeven and Zhukovsky, 1975)。埃及於西元前2400年即有網紋甜瓜栽植，最早的網紋甜瓜紀錄也出自埃及；希臘人於西元前300年即認識它。真正野生種只在撒哈拉以南的熱帶束非有。印度報導的近緣野生種可能是地方品種的野化種。甜瓜經馴化後，其多樣性發展出許多品種，特別是在印度有許多品種，而被認為是甜瓜次生起源中心(Zeven

and Zhukovsky, 1975)。甜瓜品種迅速傳遍歐洲，並相當早即傳到美洲。哥倫布於西元1494年把種子帶到新大陸，西班牙人在西元1500年代末葉把甜瓜帶給美洲住民。在西元1660年代，北美洲原住民即種植網紋甜瓜(Rubatzky and Yamaguchi, 1997)。

網紋甜瓜的musk一字是波斯文，一種香味之意；cantaloupe一名源自義大利的城市Cantaluppi或是Cantalupo莊園及城堡(Rubatzky and Yamaguchi, 1997)。現代品種和早期品種的主要特徵相同，但在整齊性、大小、形狀、果肉厚度、糖含量及品質上有顯著的改進。約在西元1880年，美國Burpee種子公司(W. Atlee Burpee Seed Company)自法國引進的品種'Netted Gem'，對北美的甜瓜品種育成有極大貢獻。在西元1900年後，才開始注重果實的運輸及貯藏性。今日甜瓜最常作為沙拉或甜品鮮食用(Rubatzky and Yamaguchi, 1997)。

植物學及生活史

英文melon是幾種葫蘆科植物果實的通稱；在有些地區melon指*C. melo*的網紋及非網紋種類，但不包括西瓜。在另外的地區，cantaloupe 及 / 或muskmelon專指有網紋的甜瓜，其他的*C. melo*瓜為melon、mixed melon或有時稱為winter melon。胡瓜和甜瓜是*Cucumis*屬的不同物種，因此不能雜交授粉；但兩者間有相關性，一些胡瓜的資訊也能用在甜瓜。

Naudin於西元1859年將不同型態的*C. melo*分類成不同的植物學變種，雖然這樣的分類沒有學院派的認定，但用以描述不

同果型的園藝差異很有用。這些植物許多變種的名稱現在是*C. melo*下的八個園藝種群 (horticultural groups)名(表10.2；Rubatzky and Yamaguchi, 1997)。

　　各群和各品種在果實大小及特性上的差異很大(表10.2)，果形從球形到長圓形。有許多種類的果面布滿軟木狀的網紋，也有許多種類果表光滑。肋溝(sutures)是與維管束相關的縱向凹刻或條紋，有些網紋很密的種類，凹溝不明顯。食用的果肉部分實際是果皮，果肉的厚度、顏色與質地各有不同；果肉顏色有白、綠、粉紅和橙色。香氣由濃到無，視所產生的揮發性物質種類和含量。果實內種子300-500粒，皆為個別受精生成。種子平滑、黃或米黃色、長5-15 mm，平均每公克種子30粒。

類型與品種

　　甜瓜最普遍及最具經濟價值的2個群是網紋硬皮甜瓜(Cantaloupensis Group)和光皮冬甜瓜(Inodorus Group)，2群的品種能相互雜交。在冬甜瓜群的品種包括Casaba、Canary、Honeydew、Crenshaw、Canary及Santa Claus，果實成熟時不會自動脫落。冬甜瓜沒有密布的網紋，比較不香，貯藏期比硬皮甜瓜長。但有一個例外，品種‘Crenshaw’的櫥架壽命短，而相當香。冬甜瓜生長期一般比多數硬皮甜瓜品種多數週；在低溼、30-35°C的高溫半乾旱環境下生長，果實品質最好。

　　品種‘Honeydew’之果皮淡綠色，成熟時變成乳白色(圖10.8)；果肉顏色淡綠至白色，果肉厚實多汁。果實成熟時不脫裂(slip)比會脫裂的網紋甜瓜更難判斷成熟期。‘Honeydew’果實貯藏壽命中等，在正確條件下，可放置數週；它可累積高含量的糖，充分成熟果所含可溶性固形物(soluble solids)高於16%，是甜瓜中最甜的。它是在美國科羅拉多州，由法國品種‘White Antibes’所選出(Rubatzky and Yamaguchi, 1997)。

　　品種‘Crenshaw’是偶然在一處網紋甜瓜田中選出的(Rubatzky and Yamaguchi, 1997)；其果實光滑、長圓形，果梗端變尖、有肋紋(圖10.9)。果實成熟脫落性中等，容易受到日燒(sunburn)，不耐運送及

表10.2 甜瓜*Cucumis melo*各園藝群
(Rubatzky and Yamaguchi, 1997)

園藝群名稱	通名／特性
硬皮甜瓜(舊名為網紋甜瓜) (Cantaloupensis (Reticulatus))	網紋甜瓜(muskmelon, cantaloupe)及輕微或沒有網紋的品種。易腐敗。
冬甜瓜 (Inodorus)	冬甜瓜或其他甜瓜(winter melons, mixed melons)。有些種類可貯放數週。
蛇甜瓜 (Flexuous)	亞曼尼亞胡瓜、蛇甜瓜(Armenian cucumber, snake melon, serpent melons)。
薄皮甜瓜 (Conomon)	越瓜(oriental pickling melon)。
蜜柑甜瓜 (Chito)	蜜柑甜瓜(mango melon, vine peach melon)。
香甜瓜 (Dudaim)	Queen Anne's pocket melon
馬炮瓜 (Momordica)	snap melon
野甜瓜 (Agrestis)	野生種。

圖10.8 光皮甜瓜'Honeydew'田間生產(美國加州)。

貯藏。未熟果皮為深綠色,成熟時轉色不均勻,形成部分果面有綠色、淺黃色。成熟果肉質地結實、鮭肉色、有香水的微香,甜度達12%-14%可溶性固形物含量(Rubatzky and Yamaguchi, 1997)。

品種'Casaba'之果實綠黃色,果皮厚硬,肋紋淺而沒有網紋;果實圓形,果梗端變尖(圖10.10)。果肉白色、結實度中等,帶有胡瓜的氣味。果實成熟不會脫落,貯藏於涼溫條件,貯藏壽命可長達兩個月。果肉可溶性固形物含量為6%-8%。

品種'Juan Canary'之果實長圓形、光滑、深黃色;果肉白綠色沒什麼香氣,可溶性固形物含量為6%-8%。果實成熟時不會脫落,耐運輸,貯藏壽命可長達數星期。

品種'Santa Claus'之果實長圓形、果表微有疣突,皮硬、黃色與綠色略呈條斑狀,香氣少。果肉結實、白綠色,可溶性固形物含量為6%-8%。耐貯藏,於涼溫條件下,只要果皮未受傷,可以貯放達3個月之久。

Cantaloupensis群(舊名Reticulatus)的網紋甜瓜在許多地方稱為muskmelon及/或 cantaloupe。其中有些品種在果實一連串成熟、最後成熟脫裂的過程,這特性有助於判定果實成熟。果實原本與莖完全連結,隨成熟進展,逐步變成1/4脫裂、1/2、3/4、最後完全脫裂(full slip),香氣也逐漸增加,變為黃橙色(圖10.11;Rubatzky and Yamaguchi, 1997)。

cantaloupe通常指北美、中美洲溫暖乾旱地區生產的甜瓜,果實耐長途運輸,特性包括果實圓而小、重約1.5-2 kg、果面網紋勻密、肋紋不明顯、果肉厚實、種子腔小而不溼(圖10.12)。

muskmelon則是適應美國東部及加拿大較高溼度環境所生產的甜瓜,供應當地

圖10.9　甜瓜'Crenshaw'田間生產(美國加
　　　　州)。成熟果實黃色(左)、未熟果實
　　　　綠色(右)；果皮容易日燒，若株冠
　　　　覆蓋不夠，或會套袋保護果實。

圖10.10　甜瓜'Casaba'成熟果為鮮黃色(美
　　　　　國加州田區)。

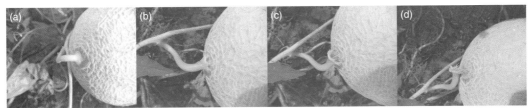

圖10.11　網紋甜瓜會自然與植株分開，其系列過程以莖連結百分率表示。(a)開始成熟
　　　　　前，果實與莖連結穩固；(b)當成熟開始，果、莖開始分離、達1/4脫離，稱為
　　　　　1/4脫裂期(quarter slip stage)；(c)1/2脫裂期(half slip)；(d)完全脫裂期 (full slip)。

圖10.12　美國西部耐運型甜瓜，產地在加
　　　　　州、亞利桑那、德州、墨西哥或
　　　　　中美洲，運銷遠地。

許多為了美東及加拿大所育成的現代 muskmelon品種都加入了美西cantaloupe的優良果實性狀，改進了貯運性，果實較大並適應高溼度。這樣的趨勢模糊了muskmelon和cantaloupe品種間的區別。昔日具香氣的大果muskmelon品種在今天成為祖傳品種，在一些市場很受歡迎。零售商正刻意去除市場上使用「muskmelon」此名稱，因為「musk」會有些負面聯想，並且有「具濃香」的意味。在美國市場，逐漸只用cantaloupe來代表有網紋的甜瓜。

市場。其果實為球形或長圓形，有明顯溝紋，果實較大、重約2.3-3.6 kg、香氣濃郁、種子腔大而溼潤、果肉軟。大多不耐運輸、不耐貯藏，適合就地銷售(圖10.13)。

並不是所有網紋甜瓜在成熟時會脫裂；有些日本品種像西方的cantaloupe品種，具有網紋和肋溝，但成熟時卻不

圖10.13 典型美東地區生產的網紋洋香瓜品種，現爲祖傳品種。

脫落，如同Inodorus Group。這些果實在銷售時，仍帶著果梗與莖段成T字形(圖10.14)。

　　波斯甜瓜(Persian melon)之果大、圓形、有網紋、像西方耐運輸型的cantaloupe，但成熟時不會脫落。儘管它們網紋淺、香氣微、種子腔小而潤溼、果肉結實、鮭肉色，一般將波斯甜瓜歸類在Inodorus Group。它們可與Cantaloupensis型的品種雜交，以選育耐貯運、櫥架壽命長的甜瓜。

　　其他Cantaloupensis群甜瓜品種或有稀疏網紋或完全沒有，但有肋紋及果皮薄，例如：Charentais、Ananas、Ha-ogen及Valencia。

◆ 植物特性

　　*C. melo*商業栽培品種為不耐寒，是暖季一年生植物，由蜜蜂雜交授粉。花性表現為雄花兩性花同株，也有雌雄同株型。商業栽培品種為日中性、蔓性，而節間長度不同；有些類型育有矮性品種。許多品種每節有卷鬚，花黃色、五瓣、只開一天，與胡瓜相同。但葉片與胡瓜不同，是圓形、卵圓形或腎形，有5-7個圓淺裂(lobes)。許多是一代雜交品種，其主要優點是具整齊性及雜種優勢。由於多為雄花與兩性花同株型品種，採種時要先去除兩性花的雄蕊，再行人工授粉；這多出來的人工作業費用，使雜交種子的價格比一般開放授粉種子高出數倍。估計在美國生產的網紋甜瓜，至少80%是F-1品種；而冬甜瓜的F-1品種比例較低。

生產栽培

　　依據世界糧農組織(FAO)，在西元2011年，世界年產甜瓜量約為2,550萬公噸、生產面積為1,008,700 ha。主要生產大國為中國(1,220萬公噸)，其次為土耳其(170萬公

圖10.14　日本甜瓜的隧道棚早季栽培，到後期移去覆蓋，植株靠著支持結構生長。果實如網紋洋香瓜，成熟時不脫落，而有與冬甜瓜群相似的特性(見表10.2)。

噸)、伊朗(120萬公噸)、美國(110萬公噸)和西班牙(100萬公噸)。在美國，加州為各種甜瓜的最大生產州，根據西元2005年的數據，其生產面積占全美33%，其他生產州德州、喬治亞州及亞利桑那州次之。加州生產的網紋洋香瓜和冬甜瓜(honeydew)，無論面積和重量都是全美第一。

　　過去認為甜瓜只能季節性享用，並非全年都有。現在地中海國家、澳洲、哥斯大黎加、瓜地馬拉、臺灣與日本都已發展外銷生產，使用櫥架壽命更好的F-1雜交品種。今日美國不但是淨輸入國(輸入＞輸出)，而且是世界最大的網紋甜瓜和冬甜瓜進口國。許多甜瓜來自哥斯大黎加、瓜地馬拉；法國和英國也都是甜瓜進口大國。在熱帶亞洲，甜瓜種在較乾燥的平地或高海拔地區，生產的果實供應都市高端消費。

◆ 地點選擇

　　甜瓜在肥沃而排水性佳的土壤就能生長良好，而以保水力強、內部排水力好的中等質地的土壤，可得最高產量。泥炭(peat)及重黏土不宜，因為其通氣性及排水力都不佳，會抑制根生長及果實品質。甜瓜不耐鹽分及酸性土，但可以在微酸性(pH 6.8)至中度鹼性(pH 8.0)的土壤生長良好。

　　若土壤不燻蒸又含高量的病原菌，推薦採用輪作，數年內不種其他葫蘆科作物(如：胡瓜、南瓜、西瓜等)，而盡可能輪作禾本科、玉米或高粱等。另外，殺草劑，如：草脫淨(atrazine, 2-chloro-4-(ethylamino)-6-(isopropylamino)-s-triazine)由前作留存，可以抑制甜瓜生長。

◆ 栽植床預備

　　在許多地區甜瓜栽培使用15-20 cm高的畦；以畦溝灌溉栽培，最後行距(畦的中央對中央)為203 cm。可以在預備栽植床時，直接採用此行距或先採用一半102 cm行距，做好栽植床，然後每隔一畦播種，

等植株開始要爬蔓時，將沒有播種的空畦挖開、培土，固穩栽植行，形成最後203 cm行距。

• 塑膠布覆蓋

在生長季節短的地區，以塑膠布覆蓋畦面，可以使冷涼土壤增溫，促進植株的初期生長。在其他地區，塑膠布覆蓋畦面，可以進行燻蒸消毒、保持土壤溼度、減少果實腐敗、防止大雨後的營養流失、防治雜草。以塑膠布覆蓋203 cm寬的畦面，並在畦的兩側以土壤蓋住，然後直接播種或移植幼苗於打洞的位置；塑膠布覆蓋下面有滴灌管路，可以進行加水灌溉或養分滴灌(fertigation)。

• 地槽

有些地區為了早期栽培甜瓜，於203 cm寬、東西向的畦中央挖46 cm寬、15-20 cm深的地溝(trench)，播種於溝底或向北坡面。播種後，以透明塑膠布蓋在地溝上，兩端以土壓蓋。等植株要開始爬蔓，也不需控制溫度時，透明塑膠布可以割開或完全移走。透明塑膠布在割開前，可保護植株，使害蟲不能飛入。

• 低隧道遮蓋

在生長季節短的地區，為了調節溫度，在畦上先架設鐵絲環，再覆蓋透明塑膠布並拉緊，形成低隧道棚(low row cover)，這樣比上述地溝可以使用久些，但成本較高，在有陽光的日子還必須要透風。隧道棚下，地面用塑膠布覆蓋，可以預防雜草並保持水分。

◆ 肥料與營養管理

甜瓜有龐大的根系，能有效地由土壤擷取水分與營養。因此，相較於其他蔬菜作物，甜瓜的施肥需求屬於中等。有效的營養管理能提供植株充足的氮、磷、鉀、硫、鈣、鎂、硼、銅、鐵、錳、鉬和鋅，使植株於全生長期發育並維持健康的葉片、大的株冠。施肥盡可能依據土壤檢測及葉片分析結果。氮素是最普遍需要的肥料；磷是有時需要，以促進苗期生長勢、最大產能及果實品質，尤其在鹼性土壤需要。礦物質土壤雖含有充足的鉀，但鉀會隨灌溉流失，因此每年要補充，特別是鬆質土壤。一作甜瓜吸收的N-P-K量每公頃大約分別為：氮素174 kg、磷28 kg及鉀174 kg。土壤檢測推薦的N與K量一般會少於此，因為由有機物及氮素循環所釋出的量也要計入；而推薦施用的P量一般會多於被吸收的量，因為在有些土壤中，磷肥會被固定(Lorenz and Maynard, 1988)。

在傳統栽培法，種植前將粒狀磷肥、如10-34-0或0-52-0條施(banding)在距離植行側10-15 cm、深約15 cm處；或採用養分滴灌法，由滴灌管路施肥。磷肥也可以在作畦時，先條施並稍微打入土中，再作畦。但在鹼性礦物質土壤，透過化學作用，磷可能被固定，使植株不能吸收利用。靠近種子條施比撒施為佳(Lorenz and Maynard, 1988)。

氮常分兩次側施，分別在植株有2-4葉期及株蔓繁盛期；氮素也可透過滴灌施加。甜瓜葉柄分析可以有效診斷植株營養狀態，並可全季持續監控作物肥力，只在有需要時施肥補充，以獲得最大產量和品質。過量施肥，尤其施氮肥，有利於營養

生長但抑制著果。氮含量、特別是氨態氮(ammoniacal N)量在開花期必須相對低量，才能增進著果及果實發育，而非長新葉、長新蔓。植體組織的氮量中等，有利於果實累積糖，而非進行更多營養發育。

◆ 田間栽植

甜瓜種子發芽的最低、最適及最高土壤溫度分別為16°C、35°C及38°C；當土壤溫度低於20°C，種子發芽慢而不規律。在果實成熟期，若日均溫＜21°C，果實品質變差。甜瓜在高溫下長得最好，但太高溫(43-46°C)會造成株蔓暫時性萎凋，成熟果實較軟而櫥架壽命縮短(Lorenz and Maynard, 1988)。

甜瓜一般單行植，行距2 m(圖10.15)，播種深度為1.25-2.5 cm，株距5-25 cm。在植株達2-4葉期，就疏苗成最後株距20 cm、密度每公頃9,800粒種子。在有些地方的小田區，甜瓜種在相距1.2-1.8 m的植穴、每穴3或4粒種子(Lorenz and Maynard, 1988)。

真空播種機能精準放置種子，最適用於價昂的雜交種子。配合理想的栽培環境條件，可直接以最後株距15-20 cm播種，不再疏苗(表10.3)。

若栽植距離窄，果實會變小；若植距寬則果實加大。雜交種比OP種受窄植距的影響小些。甜瓜種子常有薄膜披衣處理(film coated)，可以減少擦損及機器零件阻塞，機器也較易清潔及維護；其他好處尚有：於種子外表添加殺菌劑或少量肥料，

表10.3 甜瓜以行距2 m種植0.4 ha、所需種子數(Lorenz and Maynard, 1988)

株距(公分)	種子數／公頃
5	26,150
10	19,600
15	13,050
20	9,800
25	7,850

圖10.15 網紋洋香瓜(cantaloupe)高畦栽培、正值採收期(美國加州中谷區(Central Valley))。

可以查驗置放於土壤中的種子。

在生長季節短的地區，主要採用移植苗以減少發育所需時間。甜瓜不易產生不定根，並不適合移植，尤其是裸根苗。要用有土壤包住根的穴盤苗移植。先在設施內育苗至2-4片本葉，田間環境要夠溫暖，苗才能迅速生長。移植前，苗要先健化、增加乾物質及耐逆性。健化的措施包括：減少供水、機械(摩擦)健化(mechanical conditioning)、給予低於最適的溫度。種植後，苗要充分供水以降低逆境衝擊，通常於移植時，以促長肥液(starter solution)施在根部，以促進苗快速生長。

◆ 灌溉

網紋甜瓜的根系龐大、入土深度中等，可以有效吸水，灌溉次數比其他蔬菜少，但一般仍建議每週至少供給2.5 cm水，特別是在授粉期及果實快速發育期間。種植後要灌溉可確保種子發芽、萌發及長成植株(stand establishment)。盡可能將灌溉延後至開始爬蔓時(pre-vining stage)，或小心管理不要讓土溫冷涼，減少立枯病發生，並促使根系深入土層。最後一次灌溉是在採收前7-10天，但也可依環境條件如土壤類型、氣溫、溼度等作改變調整。

美國東部常用滴灌加上地面塑膠布覆蓋或不加覆蓋，美國西部及其他需要灌溉的地區也增加滴灌使用。滴灌能節水，且均勻提供水於根域。甜瓜田區常設有噴灌設備，但噴灌會增加成熟株的葉片與果部病害。

畦溝灌溉雖然效率低，但在一些平坦沙漠地區仍有使用；要小心確保水到達種子或根區。植株開始爬蔓後，畦面不會溼，免得果實會腐爛。排水不良、淹水或停滯的灌溉水對作物有害，過多水造成根系弱，當植株達到成熟期就會全株崩解，還有果實網紋形成不佳及糖度低。

◆ 開花與授粉

甜瓜的花性以雄花與兩性花同株型最常見，同株上有雄花及兩性花，兩種花都只開一天；雄花迅速老化，花閉合後即掉落；但可結果的花會在植株上保持數日，若授粉成功，子房迅速長大、著果，其他的花則老化掉落。甜瓜大多數的蔓一次只能支持少數果發育，後來的花不會著果。

甜瓜的花粉具黏性，須由昆蟲授粉，將花粉由雄蕊傳到雌蕊。最有效的授粉昆蟲是蜜蜂，將數百粒花粉平均地傳布到每一朵會結果的花的柱頭上每一裂瓣(lobe)。若每一柱頭的裂瓣授粉不足，會產生畸形果及／或小果。若要授粉足夠，當天開的花就必須有10-15次的蜜蜂到訪。生產者和養蜂者必須在一開始有花時，就要及時放置蜂箱；放早了，花還未開，蜜蜂飛去別處找蜜源；蜂箱放晚了，先開的花不能授粉。每一英畝需要1-2個很強的蜂群，才能達到充分的蜜蜂授粉，而有最高產量和品質。

通常蜂箱放置在田區周圍，但若放置在田區內，可以增加相同蜂群造訪花的次數。生產者和養蜂者必須溝通，以減少蜜蜂因有害化學物質致死、蜂群被栽培作業破壞。

環境因素和病害會大大影響開花、授粉及著果。植株遇逆境會減少開花，著果

數比健康株少。下雨、霧氣、強風和極端溫度都會使蜜蜂活動減少，而降低產量。

◆ **果實品質**

果實中可溶性固形物(soluble solids，即糖分)的累積是靠植株經由光合作用產生充足的糖分，除了供給植物基本代謝所需之外，尚有多餘可以貯藏於果實。在植株著果之前，要先有最大葉面積，對提高果實的含糖量非常重要，這樣可以使植株的光合作用能力達到最高，足以支持果實的生長需求。任何會限制植株光合作用的因子都會使果實中的含糖量降低；這些限制因子有：葉面積減少(葉子本身的大小、數量、病害、蟲害、機械傷害等)、光合作用能力下降(病毒感染、葉片病害、蟲害、機械傷害造成葉面積不足，還有化學物質的傷害或空氣汙染如氮氧化合物(nitrogen oxides)和臭氧，陰天、塵霧、其他植物的遮蔭、低透光性的噴霧)、水分逆境(土壤乾燥、根部生長受到抑制)、來自植株內部各種對糖分子需求的競爭(營養生長、受傷組織的修復、對抗病原菌的入侵等)。當生長環境是白天日照充足且溫暖，夜晚冷涼乾爽，加上植株本身沒有任何病害或受到逆境，可以生產出含糖量最高的甜瓜。含糖量很容易量測，只要擠壓幾滴果汁到光折射計(refractometer，或稱糖度計)上，即可讀出結果。美國是以可溶性固形物含量達到9%，即糖度計讀值(^{o}Brix)9度，作為甜瓜可以運銷上市的最低標準，以維持一定的商品品質及信譽。美國農部的分級標準中，甜瓜含糖量達到9度可列為優級品(USA No.1)，糖度達到11度並符合其

他特定條件時，可列為特級品(USA Fancy Grade)；真正好吃的網紋甜瓜的含糖量大約為14度(Suslow et al., 2013)。

除了含糖量之外，與網紋甜瓜果實品質相關的特性還有：網紋狀態、果肉色澤、果肉厚度、果肉質地、香氣及果腔大小等。在網紋甜瓜果實膨大發育時，果實表皮有些細胞會進行細胞分裂，在表皮下方形成一層木栓組織(corky tissue)，隨著果實長大，這些木栓組織最後由果皮上的裂縫向外突出，形成果皮上的網紋。在理想的環境條件下，包括適當的溫度、溼度，以及植株營養狀態良好、沒有病、蟲害或其他逆境，網紋形成良好，即網紋粗密完整，不僅外觀吸引人，也可以保護果實在運銷時不因摩擦受損。不利網紋發育的條件包括：營養及溼度的過多或不足、根系發育不良、光合作用能力不足，以及不良的氣候條件，如：極端的溫度、高溼度、水分過多或有雜草競爭。消費者在選擇網紋甜瓜時，應該避免挑選表皮「光滑」(slick)且網紋發育不佳的果實；這類果實的外觀不正常。最佳品質的網紋甜瓜是果實符合品種特性、網紋發育密而完整、形狀整齊且具一定大小。

甜瓜的果色是比較穩定的性狀，不像果實糖分含量受環境條件、尤其是在接近採收期時遭遇逆境的影響。然而在果實發育初期，植株受到逆境會使果實色澤強度下降；病害、營養不足、根部浸水、大量的蟲害或機械傷害和雜草競爭都會降低果實的色澤。但是，輕度水分逆境像是在半沙漠或沙漠條件下的情形，似乎會使

果肉的色澤增強(Rubatzky and Yamaguchi, 1977)。

果肉厚度是由遺傳控制，因此是最穩定的品質性狀之一。果腔大小影響果實的運輸及保存力；果腔小而緊，運輸性較好。果實處理粗糙，如：丟擲動作，會使種子腔鬆動，造成「shakers」；這是因為當果實在運輸過程、前後快速搖動時，鬆動的種子發出聲音。果腔大的果實較軟，運輸性及保存力就不像果腔小的果實好。

◆ 採收與運銷

網紋甜瓜的採收時機通常很容易判定，因為隨著果實的發育成熟，植株與果實間的連結會自然分開，這個連結處出現裂縫的現象稱為「脫裂」(slip) (圖10.11)。就近銷售的甜瓜，通常在果實出現四分之一或二分之一脫裂(one quarter slip, half slip)時採收，亦即在果蔓與果實之間仍有四分之三或二分之一連結時採收。由於各品種果實在達到特定脫裂階段的成熟度會有不同，有些品種的成熟度較高，有些較低，因此各品種之最適採收階段有所差異(Suslow et al., 2013)。

要銷售到遠地的網紋甜瓜，有時是在果梗連結處出現裂縫前，就是果實尚未完全成熟就採收。消費者應避免買仍有果梗連結的果實，因為這種果實提早採收，其含糖量較低且肉質仍硬脆。若果實的果梗痕仍然有點溼潤，稱為「溼鼻子」(wet nose)，表示該果實是新近才採收的。

也有些甜瓜種類，在果實發育成熟時，果梗不會形成脫裂，就比較難判斷這些種類的最適採收期。例如：光皮的洋甜瓜(honeydew)是在果實發育達成熟大小時採收，採收後，有時會用植物荷爾蒙乙烯(ethylene)來處理果實，以促進它的後熟。乙烯是一種天然的氣體植物荷爾蒙，具有啟動包括網紋甜瓜及冬甜瓜等多種果實後熟作用的能力。完整的洋甜瓜果實在20°C下，乙烯生成速率為40-80 μl/kg/h不等，而新鮮截切的果實在5°C下，乙烯生成速率為7-10 μl/kg/h(Suslow et al., 2013)。

可以被乙烯訊息誘導進行後熟的果實稱為更年型果實(climacteric fruits)，其後熟反應包括果實呼吸作用上升、果肉質地變軟、由未熟果轉為成熟果的色澤、果實特有香氣增加。在美國，已經成功的經由遺傳工程技術改變網紋甜瓜對乙烯的反應，這些果實的成熟速率較慢，可以有較長的櫥架壽命，減低貯藏時的損耗。然而這些基改品種僅經過測試階段，卻未進入商業生產。

在大部分情況下，氣調(controlled atmosphere)技術應用在網紋甜瓜的貯藏或貯運的效益為中等。當網紋甜瓜貯運期長達14-21天時，氣調貯藏可以延後果實後熟、降低呼吸速率及糖分的損耗，抑制果實表面的黴菌生長及腐爛。氣變(modified atmospheres)貯藏條件為3% 氧及10%二氧化碳、溫度3°C是有效的。甜瓜可以忍受10%-20%的高濃度二氧化碳，但是會導致果肉出現氣泡，產生的碳酸氣味在果實移至空氣中時就會消失。低氧(<1%)或高二氧化碳(>20%)都會導致不正常後熟，果肉有怪味及氣味，以及其他果實缺陷(Suslow et al., 2013)。

◆ 採後預冷處理

　　採後預冷處理可以降低果實在採收後的呼吸作用及後熟速率，這對維持果實的採後品質非常重要。在美國，有些地區是在夜間或清晨採收甜瓜，此時果實本身的溫度較低，可以減少所要移除的田間熱(field heat)。採收後以壓差預冷(forced-air cooling)方式將甜瓜果實溫度降低至10-13°C，但不能再低，因為甜瓜對低溫敏感。

　　由於甜瓜，特別是網紋甜瓜，果皮的木栓組織容易附著有害細菌，因此甜瓜在進行截切加工前都需要徹底清洗乾淨。對於那些在栽培期曾施用過動物性堆肥的作物更需要，因為動物性堆肥是生物性汙染源之一，再加上工作人員的不良衛生習慣，都是風險。甜瓜果實在截切後的貯藏應少於3天，以減少沙門氏菌(Salmonella)或其他細菌性病原菌感染的風險。採收後用含氯的水浸洗處理甜瓜，可以防治果實的腐敗以及危害人類的病原菌，如：李斯特菌(Listeria)、大腸桿菌(E. coli)及沙門氏菌。

病害

　　甜瓜有許多病害；栽培有抗病性的品種可以有效防治蔓割病(fusarium wilt, Fusarium oxysporum f.sp. melonis)生理小種0, 1, 2及1-2(races 0, 1, 2 and 1-2)。白粉病(powdery mildew, Sphaerotheca fuliginea及Erysiphe cichoracearum)可以用殺菌劑防治；現代F-1雜交品種對多數生理小種具有耐病性。露菌病(downy mildew, Peronospora cubensis)好發於溼熱氣候，可用殺菌劑防治。蔓枯病(gummy stem blight, Didymella bryoniae)亦屬溼熱氣候的病害。炭疽病(anthracnose, Glomerella cingulata)可由種子處理、輪作及藥劑防治。種子以殺菌劑，如：得恩地處理可以預防瓜類立枯病(damping-off, Pythium sp.及Rhizoctonia sp.)。細菌性萎凋病(bacterial wilt, Erwinia tracheiphila)病徵與缺水症狀相似，因為細菌在木質部的增殖，阻塞植株內的水分輸送。本病的防治包括：去除病株及控制媒介細菌的瓜類金花蟲(striped cucumber beetles, spotted cucumber beetles)(圖10.16)。

　　其他甜瓜病害包括：細菌性斑點病(angular leaf spot, Pseudomonas syringae pv. lachrymans)、由尾孢菌引起的瓜類葉斑病(Cercospora leaf spot, Cercospora citrulla)、葉枯病(Alternaria leaf spot, Alternaria cucumerina)及黑星病(scab, Cladosporium cucumerinum)等果實與葉部病害(Zitter et al., 1996)。

　　胡瓜嵌紋病毒(cucumber mosaic

圖10.16 網紋甜瓜細菌性萎凋病(bacterial wilt)。

virus cucumovirus)、西瓜嵌紋病毒–type 2(watermelon mosaic 2 potyvirus)及矮南瓜黃化嵌紋病毒(zucchini yellow mosaic potyvirus)都會感染甜瓜,並都由蚜蟲、主要是棉蚜(*Aphis gossypi*)媒介病毒。對這些病毒及棉蚜已有抗病(蟲)性,其他病毒病有木瓜輪點病毒(papaya ringspot potyvirus,蚜蟲傳播)、甜瓜壞疽斑點病毒(melon necrotic spot carmovirus,由土壤真菌*Olpidium* sp.傳播)及甜菜曲頂雜交雙生病毒(beet curly top hybrid geminivirus, BCTV;由葉蟬(leafhoppers)傳播)(Zitter *et al.*, 1996)。

蟲害

甜瓜害蟲有薊馬類 (thrips, *Thrips palmi*及*Frankliniella* spp.)、葉蟎 (spider mite, *Tetranychus urticae*)、棉蚜 (melon aphids, *Aphis gossypii*)、瓜實蠅 (melon fruit fly, *Bactrocera cucurbitae*)、瓜類金花蟲(cucumber beetles, *Diabrotica* spp.)、瓜螟 (leaf folder, *Diaphania indica*)、黃守瓜 (leaf feeder, *Aulacophora indica*)。當甜瓜沒有適當輪作,根瘤線蟲(root knot nematodes, *Meloidogyne* spp.)可能發生嚴重;雖然使用廣效性土壤燻蒸劑可以有效防治,但花費昂貴又對環境有害。其他蟲害還有南瓜椿象(squash bugs, *Anasa tristis*)、蔬菜斑潛蠅 (leaf miners, *Liriomyza sativae*)、瓜絹螟 (melon worm, *Diaphania hyalinata*)、粉蝨 (whiteflies, *Trialeurodes vaporariorum*)。最好在地諮詢有效的蟲害防治方法(Cornell, 2004)。

營養價值

網紋洋香瓜含糖量高,也是鉀與維生素A的良好來源(表10.4;USDA, 2011)。

西瓜
WATERMELON

起源與歷史

西瓜的起源並不確定,但依據由尼

表10.4 網紋甜瓜果肉組織的營養成分 (USDA, 2011)

營養成分	每100 g可食部分
熱能	141KJ(34kcal)
醣類	8.16 g
-糖	7.86 g
-膳食纖維	0.9 g
脂肪	0.19 g
蛋白質	1.84 g
水分	90.15 g
維生素A	169 μg(21%)
-β胡蘿蔔素	2020 μg(19%)
維生素B1 (硫胺 thiamine)	0.041 mg(4%)
維生素B2 (核黃素 riboflavin)	0.019 mg(2%)
維生素B3 (菸鹼酸 niacin)	0.734 mg(5%)
維生素B5 (泛酸 pantothenic acid)	0.105 mg(2%)
維生素B6	0.072 mg(6%)
維生素B9(葉酸 folate)	21 μg(5%)
維生素B12	0.00 μg(0%)
維生素C	36.7 mg(44%)
維生素E	0.05 mg(0%)
維生素K	2.5 μg(2%)
鈣	9.0 mg(1%)
鐵	0.21 mg(2%)
鎂	12.0 mg(3%)
磷	15.0 mg(2%)
鋅	0.18 mg(2%)
鉀	267.0 mg(6%)

百分比係依據美國農部推薦成人每日營養量計算。

羅河谷(Nile Valley)所得證據顯示，西瓜至少在西元前2000年即有栽培(Zohary et al., 2012)。西瓜種子不僅出現於古埃及法老王圖坦卡門(Pharaoh Tutankhamen)的陵墓中，也出現在更早的12th王朝的其他城市，只是沒有文獻或象形文字描述西瓜的食用。有一個論說是西瓜係由非洲特有、多年生的C. colocynthis衍生而來，此物種比西瓜早存在，並出現在早期的考古遺址(Zohary et al., 2012)。但有些學者認為西瓜是由C. lanatus的野生種馴化而來；在中非洲南部的喀拉哈里沙漠(Kalahari Desert)還有野生型的西瓜，有些種類的果實並不具苦味。西瓜近緣物種C. lanatus var. citroides，通名為硬瓤小西瓜(citron, tsamma melon或preserving melon)，也原生於喀拉哈里沙漠平原。西元1800年中葉，英國探險家李文斯頓(David Livingstone)橫跨中非探險時，就看到廣大的地區被野生西瓜蔓覆蓋著。中國早於西元第9世紀末葉即有西瓜栽培(Zohary et al., 2012)。

地中海地區的國家直到西元13世紀摩爾人(the Moors)引進西瓜前，並不知道西瓜。「watermelon」這個字在西元1600年代初期首度出現於英文字典中(Mariani, 1994)；顯然於西元1500年代西瓜被帶到北美，因為法國探險隊在密西西比河谷，看到原住民栽培西瓜。

植物學及生活史

西瓜為葫蘆科(Cucurbitaceae, Gourd Family)植物，其屬與種的學名為*Citullus lanatus* (Thunb.) Matsum & Nakai；舊時曾被分類為*C. vulgaris*或*C. citrullus* L.。它是一年生植物，花性表現為雌雄同株，偶有雄花兩性花同株型。莖為蔓性、可長達5-6 m以上；有節間短的矮性(bush)品種，成長所占的空間相對小。莖細、有角、有溝紋、多毛，卷鬚有分枝，可支撐莖蔓。根系發達，比其他瓜類入土深，但還是比深根系作物如番茄淺，大部分根系分布在土表60 cm深處(Rubatzky and Yamaguchi, 1997)。

西瓜葉片大，長5-20 cm，具深缺刻；花黃色、單生、直徑2-5 cm，只開一天(Rubatzky and Yamaguchi, 1997)。

西瓜種子大而扁、平滑，顏色有白、淺褐、綠、紅或黑色，1 g種子約有10-15粒(Lorenz and Maynard, 1988)。大果品種果實含種子約500粒，子葉占種子大部分體積。西瓜發芽與其他瓜類相同，是地上型萌發(epigeal) —— 子葉出土，可以進行光合作用。子葉為橢圓形，子葉間的上胚軸發育不明顯。

類型與品種

西瓜各品種的果實大小、形狀、肉色和果表顏色不同(圖10.17)。

小果品種之單果重約1-3 kg，被稱為icebox或midget；大果品種可重達24 kg，有些品種，如‘Tom Watson’更重達60 kg。大部分‘icebox’品種的果實大小與網紋甜瓜相似，但多數果皮薄、不耐長途運輸。甚至鳥能啄破一些小果品種的果皮並啄食瓜子。家庭園藝及生長期短的地區多採用成熟較快的小果品種，許多市場銷售的是果重7-11 kg的品種，較易處理與冷藏。果形

圖10.17 各種大小、形狀和顏色的西瓜展示(臺灣西瓜節)。

有圓形、橢圓形、長形 (兩端尖或鈍圓)；成熟時果皮光滑，果皮厚度介於 1-4 cm。果皮顏色由墨綠色到黃色，無具體條紋或帶有條紋或斑點紋；果蠟(wax)隨果實成熟而增加。種子散布於可食的胎座組織，而沒有中心腔(central cavity)。

各品種的果肉質地、顏色與糖含量不同。現代品種的果實胎座組織甜而多汁；有些品種為肉質、纖維多，特別是果實過熟時。果肉顏色有紅色、橙色、粉紅、黃色及白色(Rubatzky and Yamaguchi, 1997)。紅色果肉係因茄紅素，黃色果肉多來自β-胡蘿蔔素和葉黃素(Maness *et al.*, 2003)。黃肉種和紅肉種的風味與甜度相同。有時，一些祖傳品種因含有葫蘆素(cucurbitacins，又稱苦味素)，使果肉有苦味，但現代品種少有此情形。大多數現代品種的種子為黑色，因為有些消費者認為種子白色的果實還沒成熟，而黑色種子與紅或黃色果肉形成吸引人的對比。

◆ 用途

西瓜的主要用途是食用，其多汁味甜的果肉，先使冷卻、切片或切塊，作成水果沙拉或西瓜汁。果皮加醋作成甜或鹹的醃漬物。有些西瓜品種及其近緣種*Citrullus colocynthis*是食用其大而多的種子，經烘烤或烹煮、加甘草等調味料；在亞洲和中東，西瓜子是很受歡迎的零食(圖10.18)。

有些西瓜作為家畜飼料；榨出的果汁使發酵成水果酒。西瓜多汁，在有些沙漠地區的乾燥期或飲水汙染區，是人們重要的水分來源。

硬瓤小西瓜(citron)果肉不能食用，外觀形似可食的小果品種。*Citrullus lanatus* var. *citroides*之‘Green Citron’品種果皮硬，可供醃漬或作動物飼料用。硬瓤小西瓜果

圖10.18 食用種子的以色列小果西瓜。

肉白色或淺綠色或淡粉紅色，但肉質硬又苦，種子顏色為淺綠褐色。北美有些地區有野生硬瓣小西瓜，在西瓜生產區則其為雜草。這硬瓣小西瓜與柑橘類的枸橼(*Citrus paradisi*，英名同樣是 citron)不要混淆；後者是熱帶果樹，其果皮切丁製成蜜餞(candied diced citron)，是水果蛋糕裡的成分。

生產栽培

西瓜為暖季作物，不耐低溫，依品種及環境條件，需要75-120天生長期。最適日、夜溫度分別為32°C及20°C，輪作有助於防治土壤病害如凋萎病菌(鐮孢菌)*Fusarium*(屬)及線蟲危害。在生長期不夠長的地區，採用塑膠布覆蓋或低隧道覆蓋，以提高土壤溫度及氣溫。有些耐低相對溼度的品種如'Klondike'及'Peacock'適合於沙漠地區栽種，它們具中度耐旱性。F-1雜交品種雖然較貴，但整齊性、產能及接受度較高；許多地區仍普遍栽培OP品種。

◆ 地點選擇與整地

土壤壓實會限制根系生長；西瓜栽培以疏鬆、深層、排水力好的砂質壤土或壤土最宜。西瓜栽培常採用高畦，以增進排水及支援塑膠布栽培生產(plasticulture production)。畦面離溝底15-20 cm高，測量兩畦中央的距離，行距一般為203 cm；也有其他不同的畦高與行距。

西瓜生長可以沒有灌溉、不用地面覆蓋，但在商業生產不建議如此，因為在許多地區，生長期間有時會遇到缺水，造成產量、品質降低。西瓜栽培常採用地面覆蓋，其作用包括防治雜草、在生長期不夠長的地區可提高土溫、保持土壤水分、減少大雨後的肥料流失。塑膠布栽培西瓜可以增加產量，直播種子或移植瓜苗，特別是無子西瓜苗於覆蓋塑膠布上的打洞位置栽植，配合採用滴灌或養分滴灌可以供給種子、苗根部充分的水。技術上，生產西瓜採用保育耕作是可行的，但在北美洲還未普遍採行。

◆ 肥料與營養

西瓜生長會在上層土壤發育出龐大根系，可以有效吸收養分，因此西瓜相對於其他蔬菜作物，對肥料需求屬於中等。施肥計畫應依據種植前的土壤檢測及生長期間的葉片分析結果。氮素是最普遍需要的肥料；磷是有時候需要，以促進苗期生長

及最大產能和果實品質。鉀可增進果皮厚度及抗裂果，因此要施鉀肥，特別是在鬆質的土壤。一作西瓜自土壤吸收的N、P、K量每公頃大約分別為196 kg、28 kg以及196 kg。推薦施肥量為每公頃氮素67-168 kg、磷45-168 kg以及鉀112-224 kg (Lorenz and Maynard, 1988)。真正施肥需求係以土壤檢測結果和作物在生長期間的利用情形為依據。施用量和作物真正需求量間的差異，是由於N與K的流失、P被土壤固定、N由有機物分解及氮素循環和微生物的固定而獲得。理想的土壤pH值是6.0-6.5，但5-7都可以。

　　無論是液態或顆粒狀的肥料，一般採雙行條施(twin banding)，在植行兩側10-15 cm處，在種植前及種植時施肥，深度約15 cm；或採用養分滴灌法。於近種子處條施比撒施好，因為如果植行距離遠，肥料撒施沒有效率。氮肥以旁施(side dressing)或養分滴灌法施用，特別是在蔓開始伸展時。葉柄分析是最有效的作物營養狀態診斷方法，在果實發育初期，由生長點向下數、取第6片葉的葉柄分析，氮素充分濃度範圍為5,000-7,500 ppm、磷為1,500-2,500 ppm、鉀為3 %-5%。

　　最佳化生產的目的是要植株長得株冠大，並且健康葉之維持時間長；此生產策略使植株有最大光合能力，能有最大產能及果實含糖量。株冠的發育與健康要靠充分的營養，在生長期間N、P、K、S、Ca、Mg、B、Cu、Fe、Mn、Mo和Zn都要充分，但不能施過多N。施氮過多增加成本，流失到地下水位會破壞環境，也會抑制結果，延後採收。在植株開花期，氮量要低，當果實開始發育，植株不會產生太多新葉進行營養生長，果實才會積累較多糖。

◆ 田間栽植

　　有子西瓜品種一般直播於暖季地區，無子西瓜以穴盤苗移植，因其種子價昂，而且田間溫度偏低時發芽差。裸根西瓜苗不耐移植，因此要用穴植管苗。但在生長期短的地區，有子和無子品種都採用移植法。西瓜苗可以做為接穗，嫁接到南瓜根砧以增進西瓜對土壤病害及線蟲的抗性，加強耐旱性或增進植株生長 (圖10.19)。

　　在中東與部分亞洲栽培面積小的地區，嫁接栽培早用於溫室瓜類生產，以防治病害。而為了重視永續生產，減少使用合成化學藥劑，而且可用的土壤燻蒸劑減少了，瓜類的嫁接也快速在其他國家被採用。目前已開發有嫁接機，可以幫助嫁接，減少人力(圖10.19)。

　　西瓜播種深度為2-4 cm，多數品種的發芽適宜溫度為25-35°C，一週內即萌發；但在12-20°C時，發芽慢而不規律，要兩週或更久才萌發，視種子生長勢(seed vigor)而定。建議種子經殺菌劑處理，特別是種植於溼涼的土壤，以預防猝倒病 (Lorenz and Maynard, 1988)。

　　瓜蔓一開始生長即伸展快速，所以空間要夠大(圖10.20)。除矮性品種外，西瓜行、株距分別是2-3 m及25-50 cm。除成行栽種外，也可播種在等距離的個別植穴，每穴3-4粒種子，穴距2-3 m。長蔓品種要用寬行距，而且易有風害；節間短的矮性

圖10.19 (a)以簡單的機器將接穗和根砧嫁接聯合成功，可節省人力；(b)西瓜苗嫁接在根砧的子葉上方，根砧的生長點先切除，再放上接穗品種。

圖10.20 西瓜田全面覆蓋瓜蔓以及生長中的果實。

品種只要蔓性品種一半的距離。播種先以較高密度以確保成苗數，至2-4葉期疏苗到最後株數。植株距離較近時，產生的果實較小，距離較大則產生較大的果實。栽培密度為每公頃3,200-8,000株(Lorenz and Maynard, 1988)。有時要引瓜蔓向畦中央，以便進行中耕及採收。

✦ 開花與授粉

西瓜是日中性植物，當植株長到一定大小就會開花。大多數商業品種花性為雌雄同株型，雌花與雄花分開。蜜蜂為最有效授粉者；數以百計的花粉粒必須均勻授在雌花柱頭的每一裂片(lobes)上，以確保著果及果實充分發育。環境因素及病害會顯著影響開花、授粉及著果。植株遇有逆境時，開花較少，著果比健康株少。雨水、強風、極端高溫和低溫都會降低蜜蜂活動力、著果和產量。花開當日，要有10次蜜蜂訪花，才有充分授粉；若授粉不足或植株結果過量，花會掉落。若授粉不良，雖有時能結果，但果實畸形。

授粉成功後，子房快速膨大。發育初期的果實對後長的果實的發育有抑制作用；大多數大果品種在同一時期只能支持2-3果，著果後才開的雌花就會掉落。有時會進行疏果，使留果充分長大並累積糖分。小果品種則可以每株留較多果。

要維持前述需要的蜜蜂訪花次數，每公頃需要4-5個強的蜂群(colonies)；相同的蜂群數置放於田區內比放在田區周圍，可以加倍訪花次數。西瓜生產者與養蜂者要互相配合，以確保開花期就有蜜蜂，並且減少因施用殺蟲劑導致蜜蜂死亡。

✦ 無子西瓜

無子西瓜(seedless watermelon)最早是由日本遺傳學家木原 均博士在西元1950年代初期育成，以四倍體(tetraploid, 4n)植株和二倍體植株(diploid, 2n)雜交產生三倍體(triploid, 3n)種子(Kihara, 1951)。先以萃取自秋水仙植物(autumn crocus)的秋水仙素(colchicines)處理二倍體西瓜，使染色體倍加為四倍體(Deppe, 1993)。以四倍體為母本，用二倍體的花粉授粉，產生的果實內是三倍體種子，以此種子來生產無子西瓜。因為三倍體具不稔性(sterile)，其生殖細胞染色體數的變異，使其無法受精或機率極低，胚因此不能發育而相繼死亡。在果實胎座組織形成小而柔軟的秕子(無胚、未發育的種子)，吃西瓜時不影響口感，就像鮮食用胡瓜內的未發育種子。

三倍體植株仍需用二倍體的花粉授粉，刺激子房生長、單偽結果。於田區內要間植二倍體品種12%-18%，作為無子三倍體品種的花粉源。有時，一個標準二倍體品種授粉2-4行三倍體植株。所用的二倍體品種與三倍體品種應有不同顏色或形狀的果實，以區別無子西瓜和二倍體植株自交所結的果實。後者可以當成有子西瓜販售。近年已育有專為無子西瓜生產的二倍體花粉親品系，其僅有雄花(Freeman et al., 2007)，田間需要種植株數較少，就足夠授粉用。這些授粉品系使無子西瓜生產效率更高，不需要把部分田區用來種價值低的有子授粉親品種。

三倍體雖然造成染色體不平衡，但植株與果實發育不受影響。早期無子西瓜品種果實有缺點的比率較高，例如：果實呈三角形、花痕大、空心、果肉顏色淡、異味、成熟期延後等。現在的無子品種品質較高、整齊度更好，缺點極少。

三倍體種子發芽差，尤其是在低溫下。三倍體種子昂貴，苗株生長勢弱，田間栽種多用穴格苗，以降低移植逆境。先

以32°C高溫條件發芽，然後降低溫度，以22-23°C讓幼苗生長。三倍體種子的種殼會緊附在萌發子葉的外衣上，造成幼苗扭曲，發育不良。播種時，把有胚根的種子端朝上，有助於萌發的小苗脫去種殼。

◆ 灌溉

儘管西瓜有龐大根系，但是仍然需要持續供水，特別是在果實發育期，才能有最大產量及最佳品質。於種植前和種植後灌溉，能確保種子快速發芽、萌發及長成植株。在幼株發展蔓之前，灌溉次數較少，以免土壤溫度低涼，可抑制猝倒病，並有助於根系深入土層。西瓜需400-700 mm水(雨水或灌溉)，才有最大生產力。通常推薦每週至少供水2.5 cm(雨水或灌溉或兩者合計)；假如在砂質土或沒有覆蓋的田區，需水量還要更多。

無論田區有否覆蓋塑膠布，使用滴灌能節約用水，並直接、緩慢均勻地給水到植株根部。噴灌常在植株長成前施用，但噴灌並非最好灌溉方式，當株蔓發育完全，噴灌可能會增加植株及果實病害。在美國西部、西南部及墨西哥的平地產區，皆使用傳統畦溝灌溉，此方式雖然花費少，但用水效率低，對任何土壤都可能造成鹽分累積。

◆ 採收與運銷

各品種的果實成熟期不同。有些小果品種在種植後75天即成熟，有些品種則需要 140天或更久，視環境因素而定。最理想是當果實糖度最高時採收。糖分與果實肉質是主要的品質因素，除了甜度外，沒有其他明確的風味成分。由於果實內糖分的分布不均勻，可溶性固形物(糖分)讀值要在果實中央測。果實的向陽面，即與靠地面相反的那一面會累積較高糖分。有些品種可達 12%至13%以上的可溶性固形物含量；若低於7%的果實風味不會好。果實成熟期間的平均日溫若低於21°C，果實品質就差。採收後，果實不再增加糖分，不再後熟。因此要讓果實在植株上充分成熟，達到最高糖分含量時才採收。

西瓜果實不像網紋甜瓜，在果實完熟時並不會與植株脫離，所以採收工人在瓜田中要檢視瓜底(ground spot)色澤，決定西瓜的成熟度。瓜底是果實接觸土壤的部分，通常是白色的，果皮因不見光，不生成葉綠素。隨著果實發育成熟，瓜底的色澤會由白色轉為淡黃色。達到適採熟度果實瓜底呈現淡黃色，當果實發育過熟時，瓜底會變成暗黃色(圖10.21)。

成熟西瓜果底的色澤會因品種不同而有些差異。另外，果實成熟時，果皮色澤會由明亮退色為暗綠色，果實連接植株的莖節上的卷鬚會枯死，以上都是西瓜最

圖10.21 注意田間西瓜果實著地面的顏色由白色變黃色，是果實成熟的可靠指標。

可靠的成熟度指標。輕拍或用手指彈果實來聽聲音是低沉或清脆，以判斷果實的成熟度，是主觀而不可靠的方法。低沉的聲音也可能是果實空心(hollow heart)，即果肉組織中出現空隙，是一種常見的生理障礙。用儀器量測可溶性固形物含量或品嚐果肉，雖然是破壞性的方法，仍然是評量果實成熟度與品質的最佳方法。當取樣的果實都充分成熟時，就可據以判斷在同一瓜田中相同大小及果齡的西瓜都已達到同樣的成熟度，可以進行採收。當果實發育過熟時，種子周圍的果肉組織會變成「顆粒」狀(grainy)；延遲採收或貯藏太久，由於過熟導致細胞崩解，果肉吃起來會綿軟有絲。

◆採收後處理

採收西瓜時，要用刀切斷果梗而不是硬將果梗拉斷。西瓜果皮看起來似乎很堅硬，但實際上會因擠壓或碰撞而開裂，所以不宜以直立方向堆疊。西瓜可以裝入厚紙板做的大箱子或堆在塑膠棧板上來運輸。小西瓜品種可以放在厚紙板做的棧板上以防止果實受到擠壓受傷。在清晨採收的西瓜果實最為飽滿硬實，也最容易發生開裂問題。要運輸又不使果實受傷，品種的果肉硬度及果皮堅硬度是兩項很重要的特性。為了維持果實品質，西瓜在採後應盡快冷卻並在13-16°C中貯放。西瓜並不適於做長期貯藏，僅可在最適貯藏溫度下以80% RH貯藏2-3週；在10°C或更低的溫度中貯藏一段時間，就會因寒害使品質降低。西瓜的蠟質果皮可保持果實不失水。西瓜並非更年型果實，因此無法利用乙烯

將採下的未成熟果實催熟。西瓜也不宜和蘋果、網紋甜瓜或番茄這些會釋放乙烯的更年型果實放在一起貯藏或運輸，因為乙烯會導致果皮出現凹點、果肉崩解和黑腐，並且縮短果實的貯運壽命。

截切(precut)西瓜的銷售量在有些市場上大量增長。截切西瓜已去除果皮並切好，裝在可隨時開閉的容器中販售；對單身族或2人家庭而言，提供了食用方便與數量適當的好處。這樣可省去消費者的準備時間以及廚餘的處理問題，消費者也可以在購買前就看到截切商品的果肉色澤及質地。

在日本，有時將西瓜置於方形的模子中發育長大(圖10.22a)，這樣的西瓜售價就高，常被當作送禮之用。西瓜也可以做果實雕刻，成為餐桌上的裝飾物。利用西瓜果實內外不同層次的顏色，西瓜果雕可以呈現出非常複雜的設計與造型(圖10.22b)。

病害

西瓜有好幾種病害，大多都是在潮溼的環境發病。立枯病(damping off)好發於溼冷的條件，其病原菌有*Phythium* spp.、*Rhizoctonia* spp.或*Fusarium* spp.等真菌；會感染田間及溫室的小苗。用殺菌劑處理種子並控制溼度，可以有效控制立枯病。疫病(phytophthora root and fruit rot, *Phytophthora capsici*)會感染成熟中的果實(Noh *et al.*, 2007)。蔓枯病(gummy stem blight, *Didymella bryoniae*)是重要真菌病害，可以在西瓜田及育苗溫室引起數種發病，如：苗枯、冠腐、葉斑、莖部潰瘍及

圖10.22 (a)以堅硬容器包圍生長中的西瓜，可以塑成不同形狀；(b)經過雕塑，西瓜成為
工藝品。

果腐(Gusmini et al., 2005)。蔓枯病的病徵是在葉片上形成圓形或不規則的褐色病斑，在莖部上形成長形、水浸狀病斑，之後變成灰色。莖部病斑會裂開，流出膠狀物，而株蔓枯死是另一個診斷此病的特徵。

炭疽病(anthracnose, *Glomerella cingulata* var. *orbiculare*)危害西瓜的葉片與果實，嚴重時葉會枯死，只留下莖；此病好發於溫暖多雨環境。

露菌病(downy mildew, *Pseudoperonospora cubensis*)是世界性的西瓜病害，發病葉片產生黃色斑點，病斑擴展成褐色區塊，葉片捲曲，造成植株如燒焦狀。白粉病(powdery mildew, *Sphaerotheca fuliginea*及 *Erysiphe cichoracearum*)是很普遍的葉部病害(Tomason and Gibson, 2006)。蔓割病(fusarium wilt, *Fusarium oxysporum*)造成瓜蔓萎凋，嚴重時整個根系褐變，近根基部(near the crown)發生軟腐。

西瓜也感染病毒病，多由蚜蟲傳播。西瓜嵌紋病毒(watermelon mosaic virus)造成葉片斑駁嵌紋(leaf mottling)、植株

矮化、生長停止。其他病毒病包括：胡瓜綠斑嵌紋病毒(cucumber green mottle mosaic, CGMMV)、胡瓜嵌紋病毒(cucumber mosaic)、胡瓜葉脈黃化病毒(cucumber vein yellowing, CVYV)、瓜類蚜媒黃化病毒(cucurbit aphid-borne yellows, CABYV)、瓜類褪綠黃化病毒(cucurbit chlorotic yellows)、南瓜捲葉病毒(squash leaf curl, SqLCV)、南瓜嵌紋病毒(squash mosaic, SMV)、番茄斑點萎凋病毒(tomato spotted wilt, TSWV)、西瓜褪綠矮化病毒(watermelon chlorotic stunt, WmCSV)、西瓜銀斑嵌紋病毒(watermelon silver mottle, WSMoV)、夏南瓜黃化嵌紋病毒(zucchini yellow mosaic, ZYMV)、瓜類黃化矮化病(cucurbit yellow stunting disorder)。

細菌性果斑病(bacterial fruit blotch, *Acidovorax avenae* subsp. *citrulli*)是世界各地破壞性極大的西瓜病害，病徵包括葉片病斑、果皮上的水浸狀斑塊，嚴重時覆蓋整個果實表面，最後蔓延到果肉變成水浸狀。本病可由帶菌種子、瓜苗或雜草傳播感染(Lessl *et al.*, 2007)。另

一個細菌性病害是南瓜類褐紅細菌病菌(*Xanthomonas cucurbitae*)造成褐紅色斑點。西瓜其他重要病害有黑色根腐病(black root rot, *Chalara elegans*)、果實溼腐病(fruit wet rot, *Choanephora cucurbitarumi*)、葉斑病(Alternaria leaf spot, *Alternaria alternata*)及胡瓜葉枯病(cucumber blight, *Alternaria cucumerina*) (Zitter *et al.*, 1996)。

蟲害

有數種胡瓜金花蟲(cucumber beetle)危害西瓜，包括*Diabrotica undecimpunctata*。其成蟲及幼蟲都會造成危害，成蟲蠶食莖、葉，幼蟲危害根部。胡瓜金花蟲會媒介細菌性萎凋病，西瓜對此病的罹病性不像甜瓜、胡瓜那麼嚴重。在印度，南瓜黃守瓜紅甲蟲(red pumpkin beetle, *Aulacophora foveicollis*)危害西瓜還在發育中的葉片及花，是嚴重的害蟲。在非洲，瓜黑斑甲蟲(*Epilachna* beetles, *Epilachna* spp.)是常見害蟲，其成蟲、幼蟲都會危害西瓜葉片，在莖上、果上咬出孔洞(Cornell, 2004)。

瓜蚜(melon aphid, *A. gossypii*)和綠色桃蚜(green peach aphid, *Myzus persicae*)都會危害西瓜，蚜蟲族群高時，弱化植株，造成植株黃化和萎凋。蚜蟲還會媒介病毒，降低植株生長力和果實品質。還有幾種薊馬也會刺吸西瓜(Cornell, 2004)。

有些國家有瓜實蠅(melon fruit fly, *Bactrocera cucurbitae*)造成危害；雌蟲產卵於果實內，一週內卵即孵化為幼蟲蛀食，還引進病原菌，造成果實腐敗。瓜田可配合設施，搭設防蟲網，隔絕瓜實蠅。葉蟎類(mites, *Tetranychus urticae*及相關種類)喜高溫乾燥的環境，危害植株幼嫩部位，造成葉片黃化及斑點。夜盜蟲類(armyworms, melonworm, rindworms)會啃食幼嫩果實的果皮。危害西瓜的斜紋夜蛾類有數種：southern (*Spodoptera eridania*)、beet (*Spodoptera exigua*)及fall armyworms (*Spodoptera frugiperda*) (Cornell, 2004)。

玉米種蠅(seed corn maggots, *Delia platura*，舊名*Hylemya platura*)多發生於早種、溼冷氣候及覆蓋作物很多的田區。許多園藝作物(如：豆、豌豆、胡瓜、甜瓜、洋蔥、玉米、番椒、馬鈴薯、西瓜)都是這種害蟲的寄主，雖然玉米種蠅主要吃食腐敗的有機物質，但也會吃西瓜及其他作物的種子和種苗。切根蟲(cutworms, *Agrotis segetum*和*A. ipsilon*)同樣危害幼苗，造成缺株(Cornell, 2004)。

經濟重要性和生產統計

依據聯合國糧食與農業組織(United Nations Food and Agricultural Organization, FAO)的統計，西瓜是栽培最多的瓜類。全球在西元2011年有3,413,750 ha栽培面積，共生產西瓜98,047,947公噸。至少有96個國家生產約1,200個西瓜品種；其中2/3量是在亞洲地區生產，其次為歐洲生產占13%及非洲生產6%。僅中國就生產全世界的23%量，也是亞洲最大量。在西元2009年，中國的生產量為65,002,319公噸、生產面積1,776,579 ha；其他生產大國土耳其生產量為3,810,210公噸，伊朗為

3,074,580公噸、美國1,819,890公噸及埃及1,500,000 公噸。

西元2011年西瓜消費量在美國是每年平均6.8 kg。在過去50多年呈持續下降，這可能是因為有多種方便的飲料包及冷凍零食的競爭。在中東國家，西瓜人均消費量還是維持最高；在埃及，每人年均消費量將近45 kg。在美國所消費的西瓜，22%主要由中美洲國家輸入；德州是最大生產州，佛羅里達州次之。其他主要生產州有加州、喬治亞州及亞利桑那州。

營養價值

西瓜的英名顧名思義，充分表示它含水為主(表10.5)。西瓜也含可溶性糖及一些

表10.5 西瓜果實的營養成分(USDA, 2011)

營養成分	每100 g可食部分
水 (g)	92.6
蛋白質 (g)	0.5
脂肪 (g)	0.2
醣類 (g)	6.4
纖維素 (g)	0.3
鈣 (mg)	0.7
磷 (mg)	10
鐵 (mg)	0.5
鈉 (mg)	1.0
鉀 (mg)	100
維生素C (mg)	7.0
維生素A (IU)	590
維生素B1 (mg)	0.03
維生素B2 (mg)	0.03
菸鹼酸 (mg)	0.2

高量的礦物質；所含茄紅素(lycopene, 紅色的果肉色素)也是一種抗氧化物質。

南瓜
PUMPKINS AND SQUASH

起源與歷史

南瓜屬(*Cucurbita*)原產於熱帶美洲；考古證據認為最早可能在8,000-10,000多年前南瓜就栽培於中美洲(Roush, 1997; Smith, 1997)。*Cucurbita pepo*美國南瓜可能起源於今日的美國西南部及墨西哥；*Cucurbita argyrosperma*墨西哥南瓜可能原產於中美洲及墨西哥南部；*C. moschata*中國南瓜可能在中美洲及南美洲北部發展而成。*C. maxima*印度南瓜原產於南美洲中部及南部(Zeven and Zhukovsky, 1975)。

南瓜屬是栽培於美洲的最古老作物之一，*C. pepo*, *C. argyrosperma*, *C. moschata*, 及*C. maxima* 4個物種都只有栽培種。南瓜與人的密切關係以及美洲古文明廢墟存有這些物種的證據，顯示這些南瓜屬物種在美洲原住民農業發展上的重要性。南瓜與玉米、豆類是美洲原住民栽培的「三姊妹」(Three Sisters)。

植物學及生活史

南瓜屬是暖季、對低溫敏感的一年生植物，但*Cucurbita foetidissima* HBK是多年生植物。*C. foetidissima*包括油瓜(buffalo gourd)，油瓜還有其他名稱calabazilla, chilicote, coyote gourd, fetid gourd, Missouri gourd，臭瓜(stinking gourd)，wild gourd 及

野南瓜(wild pumpkin)。油瓜為美國西南部和墨西哥西北部的旱生、塊莖植物,嫩果可像南瓜煮熟食用,但成熟果味極苦、不食用。它生長快速、需水少,地下生成一個大塊莖,具藥效,被認為是生產生質燃料的原料(Curtin *et al.*, 1997)。種子可食用,富含脂質與蛋白質(Berry *et al.*, 1976)。

黑子南瓜(Bouche, malabar, figleaf gourd, *Cucurbita ficifolia*)具匍匐性,蔓可長達5-15 m。它在溫帶地區不耐低溫,是一年生,在熱帶地區則是多年生(Andres, 1990)。在自然界,黑子南瓜生長在海拔1,000-3,000 m的溼潤地區,但也可栽培於其他氣候型地區,因為它有耐寒的根系及抗病性。黑子南瓜也被用來作為瓜類作物抗根部病害的嫁接根砧;在墨西哥,其花與嫩梢作為蔬菜。它最富營養的部位是富含脂質與蛋白質的種子(Andrés, 1990)。

其他南瓜屬植物為野生,僅有地區性的利用,可能與其他同屬植物雜交;在國際上不具經濟重要性。其中3個最主要物種為:*C. lundelliana* Bailey原產於中美洲;*C. andreana* Millan能與*C. maxima*雜交,可能是*C. maxima*的野生原始種,原產於南美洲;*C. texana* Gr. Millan能與*C. pepo*雜交,原產於美國南部及墨西哥北部(Robinson and Decker-Walters, 1997)。

具經濟重要性的物種包括:*C. pepo* L. 美國南瓜 —— 包括各式各樣的南瓜(pumpkin, winter squash, summer squash, gourds);*C. moschata* Duch. 中國南瓜 —— 包括南瓜及冬南瓜(pumpkin, winter squash);*C. maxima* Duch. 印度南瓜 —— 包括南

瓜及冬南瓜(pumpkin, winter squash);*C. argyrosperma* Pang. 墨西哥南瓜 —— 包括南瓜、冬南瓜及瓠果(pumpkin, winter squash, gourds) (Robinson and Decker-Walters, 1997)。

夏南瓜(summer squash)採其嫩果食用,果皮尚未變硬(圖10.23)。

冬南瓜(winter squash)採其成熟果食用,果皮已硬,指甲無法戳入;採收時種子已有活性。冬南瓜經過適當癒傷處理(cured)且無機械傷害或病害者,可在室溫下存放數月。許多地方也用pumpkin一詞指冬南瓜,但在美國、加拿大,pumpkin特指一種果皮鮮亮橙色、果肉多纖維的冬南瓜,在秋季慶祝萬聖節(Halloween)時用於裝飾或做南瓜派(pie)用。慶祝萬聖節主要用*C. pepo*及*C. maxima*的橙色或白色成熟果,裝飾或雕刻用(圖10.24)。

南瓜屬各物種間的差別細微,種子解剖、莖與葉的特性見於表10.6。同一物種就有不同的葉形、葉面花紋,一般要聯合

圖10.23 矮性夏南瓜'zucchini'栽培,地面有塑膠布覆蓋及滴灌。夏南瓜於開花後數日即可採收嫩果食用(加拿大東南Nova Scotia省)。

圖10.24 在美國，南瓜指冬南瓜的橙色品種，於慶祝10月31日萬聖節時，作擺飾或雕刻成此南瓜燈(jack-o'-lantern)。南瓜燈為南瓜果肉挖出，放入蠟燭或燈。

莖部、雄花器、果梗、果肉質地及種子性狀一起來區分不同物種。種子顏色有白、淺褐、褐或黑色，視物種而異。用於區分南瓜屬主要栽培物種的特性列於表10.6。

表內所列栽培物種都是雌雄異花同株型，大多具匍匐性，蔓長。有些C. pepo的夏南瓜品種為矮性、節間短(圖10.23)。其主根為中等到深，有龐大、淺而水平式的伸展；花鮮黃色、單生於葉腋，多只開一天；開花多為日中性，少數受日長影響。

◆用途

南瓜屬植物果實大，特別是C. maxima及C. argyrosperma，曾有展示比賽用的C. maxima大果品種重達800 kg以上(圖10.25)。

Cucurbita pepo可能是變化最多、栽培最廣的南瓜種，包括夏南瓜及冬南瓜品種。有些矮性品種採收其嫩果，稱為夏南瓜，如：summer squash、courgettes、vegetable marrow，還有開花當天採收的雌

表10.6　南瓜屬各物種之植物特性(Rubatzky and Yamaguchi, 1997)

南瓜屬物種	葉	果梗	種子
美國南瓜	多刺，葉裂片間有深凹陷。	果端沒有明顯肥大。	黃褐色，種子先端平或圓。
中國南瓜	無刺，葉裂片間沒有明顯凹陷，裂片先端尖。葉軟多毛，葉脈交接處有白色點狀。	呈五角形，有規則凹溝、質硬。果端肥大。大致為圓柱形，不一定有、凹溝也不規則。果端沒有明顯肥大，質硬。	灰白色至淺褐色。種子邊緣厚，顏色較深，質地與其他部分不同。種子先端斜面、或平、或圓。
印度南瓜	缺刻圓，多粗毛，腎形，沒有白點。	圓柱形。軟而鬆，大拇指指甲可搯下。	種子邊緣與其他部分的顏色、質地都相同。白色或褐色至青銅色。種子先端斜面。

圖10.25 美國俄亥俄州Bradford大南瓜比
賽獲獎南瓜C. maxima重413 kg。

花帶著幼嫩子房,可以蒸、煮、烤或炸
食。採收時期依環境因素及品種而異,一

般在種植後35-50天。

　　*Cucurbita pepo*也包括許多觀賞用的成
熟南瓜(gourd, pumpkin);gourd有特別的形
狀、顏色,但因皮硬、肉薄而不食用。觀
賞用*C. pepo* gourd有許多顏色與形狀上的
變化,在美國和加拿大作裝飾用慶祝萬聖
節與感恩節。達生理成熟的南瓜果實,其
果肉可以煮、蒸或烤食,為冬南瓜(winter
squash)。也可以加奶、香料(肉桂、豆蔻
等)均勻混合,做成布丁或南瓜派餡料。在
北美洲傳統上,秋冬季節慶祝節日常做南
瓜派食用。製作南瓜派,通常用*C. pepo*或
*C. maxima*的中、小型果,也有人喜歡用另
一種南瓜 butternut squash(*C. moschata*),因
為它的纖維少、種子腔小、味溫和而淡、
果肉濃橙色(圖 10.26)。

　　有些*C. pepo*品種,如:Lady Godiva、
Streaker、Triple Treat、Eat All、Sweetnut

圖10.26 頗受歡迎又特別的冬南瓜 Butternut,品質優,適宜做派。

及Hull-less產生的種子沒有種殼，為「naked seed」；此特性是突變而來，種皮仍包括所有組織，只是外層組織(表皮(epidermis)、下皮(hypodermis)及厚壁組織(sclerenchyma)減少了次級壁增厚(secondary wall thickening)。當種子成熟乾燥時，外層組織崩解，變成很薄的種皮，種子不須去殼 (decoating)就可食用(Stuart and Loy, 1983)。種皮係由母本之組織形成，無種殼品種雜交授粉不會影響種皮發育。雖然種子無殼增進種子的食用性，但種植後，種子容易受到機械傷害並容易腐敗。

麵條南瓜(spaghetti squash)又稱為「vegetable spaghetti」是*C. pepo*另一個具特別性狀之類型，果實烹煮後，可食的果肉組織可以分散成似麵條一般的絲狀，但質脆不像麵條般軟。

經濟重要性和生產統計

全球於西元2009年生產的各種南瓜估計共 2,210萬公噸，生產面積160萬公頃(FAO, 2011)。最大生產地為亞洲(1,440萬公噸)，其中以中國生產最多(650萬公噸)。歐洲共生產 280萬公噸，其中以蘇俄、烏克蘭、義大利和西班牙4國生產最多(FAO, 2011)；非洲生產190萬公噸。南美洲產量為70萬公噸、北美洲及中美洲共生產140萬公噸。美國生產70萬公噸，冬南瓜主要在美國北部生產，伊利諾、紐澤西、加州、印第安那、紐約、俄亥俄、密西根和賓夕凡尼亞等州是主要的生產州。伊利諾州有主要的加工業，生產南瓜派餡及其他產品，生產面積 共3,600 ha (圖10.27)。

夏南瓜在全美都有生產，主要生產州為喬治亞、佛羅里達及加州。

圖10.27　田間成排、待機械收集的南瓜將加工製成南瓜派餡。

營養價值

除了維生素C，其他營養成分皆以冬南瓜高於夏南瓜(表10.7)，冬南瓜是醣類及維生素A的良好來源。

生產栽培

◆生長與發育

冬南瓜、夏南瓜是暖季作物，對低溫敏感、不耐寒。大多栽培種南瓜屬植物的生長適溫為18-30°C，溫度低於13°C時會有寒害。雖然南瓜屬植物多為日中性，但一般在潮溼的熱帶生長不良。有一些*C. moschata*能適應熱帶氣候。夏南瓜比冬南瓜的生產分布廣(Rubatzky and Yamaguchi, 1997)。

南瓜能適應肥力中等、排水良好的多種土壤，但泥炭苔和黏重土不適宜。黏土一般通氣性不好、排水性有限，會抑制根部生長及增加果腐。在土質中等、保水力強的土壤栽培有最高產量。

安排輪作曆時，若是病原菌族群高、土壤又沒有經過燻蒸，種植瓜類後，最好在幾年內不再種瓜類，盡可能種植禾本科、玉米或高粱，但要注意不能有殺草劑留存，因為這些殘留會抑制瓜類作物生長。南瓜對酸性土壤及鹽分敏感，適宜的土壤pH值為6.5-7.5，植株生長及產量都好(Rubatzky and Yamaguchi, 1997)。

播種深度在黏重土約2.5 cm、在砂質土約5 cm；種子發芽需要土壤溫度在15°C以上，在30-35°C種子生長勢強的條件下，一週內即可萌發。在熱帶地區有些地方，尚有以扦插方式繁殖(Rubatzky and Yamaguchi, 1997)。在生長期短的地方，也有用穴盤苗帶有完整根團移植者。

塑膠布栽培主要為防治雜草、保持果實光潔、保持水分；並不是為了提早生產。一般除了夏南瓜外，其他南瓜生產沒有爭取提早的問題。在北方，用透明或紅外線可穿透塑膠布(infrared transmitting, IRT)覆蓋，以增加土壤溫度，特別是為早期栽植夏南瓜(圖10.28)，就可以直播，偶爾採用移植，在塑膠布上打洞種入。配合塑膠布栽培，可採用滴灌或養分滴灌。

田間採用不耕犁栽培(no-till-production)，就是當初夏土壤已回暖，地面尚有殘留(已枯死)的覆蓋作物如細粒禾穀類，可以防雜草生長，保水又保果實光潔，故不經耕犁作業，就直接播下南瓜種子或移植瓜苗於自然覆蓋的土面；此栽培法適用

表10.7 南瓜的營養成分(每100g可食部分，USDA, 2011)

營養成分	夏南瓜	冬南瓜
水分(%)	94	89
熱量(kcal)	20	37
蛋白質(g)	1.2	1.5
脂肪(g)	0.2	0.2
碳水化合物(g)	4.4	8.8
纖維素(g)	0.6	1.4
鈣(mg)	20	31
磷(mg)	35	32
鐵(mg)	0.5	0.6
鈉(mg)	2	4
鉀(mg)	195	350
維生素C(mg)	14.8	12.3
維生素A(mg)	196	4,060

圖10.28　一處南瓜栽培田，有黑色塑膠布
覆蓋及滴灌。果實正成熟中。

於南瓜，也迅速受到歡迎。

　　行、株距依植株是蔓性或矮性品種而
不同；蔓性植株伸展須有較寬的距離，因
此品種生長習性及採收果實的大小、數量
與產量影響行距甚大。常見的行、株距分
別是2-3 m及50-150 cm；距離大時，尚可採
行間作(intercropping cultivation)，在有些地
區瓜類如此栽培。南瓜類也可以每3-5粒種
子播於一穴(hills)，穴距2-3 m；矮性品種間
距較小，栽培密度比蔓性品種大2-3倍。

　　南瓜屬植物葉面積大，蒸散量高，
許多品種由於植株有中度深入的根系，還
有近地面水平伸展的廣大增生根，而能耐
旱。然而，作物需求高量的水，要土壤保
水性強；當植株旺盛生長期間，每週至少
要供水2.5 cm。南瓜蔓性種要產量高，需

水量500-900 mm。夏南瓜的根系沒有那麼
發達，遇有乾旱，比較容易受逆境影響。

◆ 肥料與營養管理

　　南瓜能自土壤有效吸收水分及營養，
相較於許多其他蔬菜作物，其肥料需求屬
中等。一作高產量的冬南瓜，依品種、
土壤及環境條件，自土壤吸收的養分大
約為一公頃168N-28P-168K kg (Lorenz and
Maynard, 1988)；夏南瓜吸收的養分略少
些。施肥要依據土壤測試(種植前)及葉片
測試(種植期間)的結果；葉柄植體分析是
診斷田間作物營養狀態最有效的方法。

　　氮素是最普遍需要的肥料；磷是有時
候需要，以促進植株早期生長，特別是在
冷涼土壤以及鹼性土壤使達最大產能和果
實品質。依據植體分析建議，氮肥以養分
滴灌或以旁施兩次的方式施用，第一次於
2-4葉期，第二次於蔓伸展時。要注意不能
過量施用氮肥，特別是在早季、開花結果
前。氮肥過多，有利於營養生長，而不利
於生殖生長，可能抑制著果。在開花前，
氮素要低，以使植株結果並且果實開始生
長後，新葉形成少，才能有較多糖分到果
實，而非過多營養生長。

　　有些礦物質土壤含鉀充足，但在鬆
質、不肥沃的土就會缺乏鉀。鉀的施用要
配合土壤及葉部測試的結果，栽培期間以
條施或養分滴灌的方式補充。

　　磷肥不論是液態或顆粒狀，一般採雙
行條施注入方式，在種植前，施在植行兩
側10-15 cm處、深度為10 cm，或以液體滴
灌。蔓性品種一般行距遠，靠近種子條施
磷肥比撒施效率高。

◆ 開花與授粉

南瓜都是雌雄同株型,雌花、雄花分開,都只開放一天。雄花閉花後,迅速老化、掉落。雌花若成功授粉,子房快速發育為果實,若未成功授粉,則會慢慢枯萎、數日後老化。多數大果品種植株在同一時期只能支持2-3個果實發育,後開的雌花不會著果。小果品種可以一株支持多果發育。

蜜蜂是最有效的授粉者;數以百計的花粉粒必須均勻授在雌花雌蕊上,才能有完全的果實發育,生長至市場規格的大小與果形。要授粉完全,於花開當日需有10-15次蜜蜂訪花;而要維持這樣的蜜蜂訪花數,每公頃需有4-5個強的蜂群(colonies)。若植株遇有逆境,則開花較少,著果數也比健康株少。光合能力降低、雨水、強風、極端高溫或低溫都會降低蜜蜂活動力而導致減產。

◆ 大南瓜生產

有些地區很重視冬南瓜的大小,特別是為展示目的(圖10.25)。特大南瓜的生長也闡明果實發育的部分重要原理。首先要選具有生產大果遺傳潛力的品種,如:印度南瓜*C. maxima*品種cv. Atlantic Giant,再以栽培方法使其表現遺傳潛力。

* 要提供植株特別大的距離以減少競爭。
* 一當著果,所有其他發育中的果實都要去除,即去除與比賽果競爭光合資源的所有積貯(sinks)。
* 必須降低植株病、蟲害的發生,因病蟲害會降低植株光合作用的能力。
* 定期灌溉供水,以免缺水造成氣孔關閉,光合作用減少。

* 著果後,每週要施完全肥料,以確保充足的必要元素。

有些生產者將碳水化合物(carbohydrates)注入莖部,希望植株吸收後,轉移至果實,並經過代謝以補充光合作用的乾物質累積。

* 定期轉動發育中果實,以免果實的著地面變平(flat side),可維持好的外觀,這不會影響最後的大小或重量。

◆ 採收與運銷

夏南瓜,包括黃皮的'Yellow Straight Neck'、綠色的'Zucchini'和小圓盤形的'Patty Pan'等,通常都是在種後約40-50天即採收其未熟果;此時果實嫩,外表有光澤,內部種子尚未明顯發育。理想的果實大小依市場需求而異,有些市場上的夏南瓜是在果實發育的很早期,在開花後僅數天即採收,果實上還帶著花冠;有些市場則偏好較大的果實(圖10.29)。

夏南瓜需要定期採收以得到最大產

圖10.29 矮性夏南瓜(zucchini)植株上連續發育的果實及開過的花。花只開放一天即迅速老化。

量,因為植株上正在發育的較大果實會抑制新生雌花的發育。在有些市場販售成束正開花的雄花,當作美食蔬菜(圖10.30);南瓜花有多種烹調方式,一般加蛋、麵粉或跟肉類一起烹煮。

大多數南瓜pumpkins和winter squash品種發育需要80-150天,確實日數依品種及環境條件而定。它們需要完全成熟才採收。所有南瓜類(*Cucurbita*)果實都是人工採收;除了夏南瓜外,果皮變硬是成熟採收的指標,有時植株也同時會呈老化。

要做長期貯藏的南瓜應在果皮達充分硬度後再採,用指甲或類似硬物無法刺穿果皮。採收時,用鋒利的刀子或剪果夾小心剪下果,減小果梗傷害,因為果梗是病原菌可能侵入的途徑。在美國作為觀賞用途的南瓜,通常在距離果頂一大段距離的地方剪斷,留一個長果梗當把手攜帶。冬南瓜的產量一般為每公頃20-30公噸(Lorenz

and Maynard, 1998)。

矮性夏南瓜品種要採收時比較麻煩,因為節間很短,果實都靠得很近,不易剪下。通常用剪果夾、鋒利的刀子或直接用手扭斷果梗(軟)來採收。由於果皮柔嫩,很容易被葉柄表面布滿的刺毛(trichome)擦傷;夏南瓜也很容易受到其他機械性傷害以及迅速失水。市面上,有時夏南瓜就裝在托盤以塑膠薄膜包覆方式販售。採收工人也需要注意保護手及手臂不被葉柄上的刺毛摩擦到。夏南瓜的產量大約是每公頃7-15公噸;其貯運壽命在13°C中,只有7-10天,又因夏南瓜對低溫敏感,不能以更低的溫度貯藏(Cantwell and Suslow, 2013)。

南瓜與冬南瓜雖然果皮硬,仍然會因為處理粗放而受傷。果實不應放在大太陽下曝晒或留在冰天雪地中。通常冬南瓜在採收後,先以27-30°C及80% RH的條件下癒傷10天左右,讓採收時的傷口癒合。癒

圖10.30 在農夫市集所販售的南瓜雄花(希臘克里特島 Hania)。

傷處理也有助於延長果實的貯藏壽命，因而使果梗切口及碰撞傷口得以癒合(木栓化)，阻止造成果實腐爛的病原菌入侵。沒有受傷或癒傷良好、無病害的冬南瓜，可以在13-15°C與55%-60% RH的環境中貯藏數月之久，因品種而異。冬南瓜也會發生寒害，所以不在低於13°C的溫度中貯藏，低溫會使果實產生異味並迅速敗壞，尤其由低溫放回到室溫後更如此(Cantwell and Suslow, 2013)。

病害

炭疽病(anthracnose, *Colletotrichum orbiculare*)是非常嚴重的病害，造成植株落葉及果實壞疽。細菌性斑點病(angular leafspot, *Pseudomonas syringae* pv. *lachrymans*)危害葉片、莖及果；在葉部

的病徵起初是水浸狀、小病斑，再擴大面積，以葉脈為界，形成角斑(Cornell, 2004)。白粉病(powdery mildew, *Erysiphe cichoracearum*)、露菌病(downy mildew, *Peronospora cubensis*)、黑星病(scab, *Cladosporium cucumerinum*)及黑斑病(leafspot, *Alternaria cucumerina*)主要危害葉與莖部(圖10.31)。

在其他瓜類作物上造成蔓枯病的*Didymella bryonia*也會引起黑腐(black rot)(Cornell, 2004)；這是病原菌感染果實的發病階段，最常見於butternut squash 和pumpkins 南瓜。蔓枯病(gummy stem blight)是感染葉與莖部的發病階段。溼腐病(Choanephora wet rot, *Choanephora cucurbitarum*)造成果實軟腐。重要的病毒病害有胡瓜嵌紋病毒(cucumber mosaic

圖10.31 南瓜葉片白粉病。

cucumovirus, CMV)、西瓜嵌紋病毒–type 2 (watermelon mosaic 2 potyvirus, WMV-2)、西瓜嵌紋病毒–type 1(watermelon mosaic 1 potyvirus)、矮南瓜黃化嵌紋病毒(zucchini yellow mosaic potyvirus, ZYMV)、南瓜捲葉病毒(squash leaf curl bigeminivirus, SLCV)。立枯病好發於冷溼環境，其病原菌有腐黴菌(*Phythium* spp.)、立枯絲核菌(*Rhizoctonia* spp.)及萎凋菌(*Fusarium* spp.)。若沒有使用無病介質，無論是田間或溫室，病原菌會感染幼苗及種苗。疫病(phytophthora blight, *Phytophthora capsici*)會造成病株突然萎凋，罹病果實表面產生濃密的白色菌絲。萎凋病(Fusarium wilt)和crown rot是由*Fusarium*屬的不同病原菌引起，有些亞種(subspecies)有寄主專一性(host-specific) (Cornell, 2004)。*Fusarium* 屬的病菌可由種子傳遞，也可在土壤中不需寄主以孢子形式存活多年。本菌的傳播係透過移動病土及／或植株殘留。細菌性萎凋病對南瓜的危害不像胡瓜、甜瓜那麼嚴重；南瓜植株的維管束較大，不容易完全阻塞。但還是有報導，本病由金花蟲傳播到南瓜，有特定品種較感病。

蟲害

南瓜黑斑瓢蟲(squash vine borer)是主要害蟲，它會在莖上鑽孔，進入植株吃食、棲息。在每個洞口周圍排出殘餘物，好像莖被小徑口的螺旋鑽鑽過。一旦蟲進入了植株就很難用傳統方法防治。金花蟲(cucumber beetles)會吃花和小苗，造成外表損傷。會吃葉的瓢蟲(*Epilachna* beetles)是南瓜生產的嚴重問題。南瓜椿象(squash bug, *Anasa tristis*)的成蟲深灰色，體長16 mm，吸食莖、葉的汁液；嚴重時葉先萎凋，再變黑而死。南瓜椿象也會直接危害果實，造成損傷；它在有保護的地方越冬，像田間或建物裡的殘留物下面；到春夏季產卵於葉下方。蚜蟲，主要是棉蚜(*A. gossypii*)對瓜類並不會造成嚴重傷害，可能被吃的葉片會扭曲，但有些蚜蟲會媒介病毒。要有抗病品種才是最可靠的防治法。南瓜其他的害蟲有切根蟲(cutworms, *Agrotis segetum*及*A. ipsilon*)、瓜類斑潛蠅(leafminers, *Liriomyza sativae*)、夜盜蟲(rindworms, *Spodoptera* spp.)。

參考文獻

1. Andrés, T.C. (1990) Biosystematics, theories on the origin and breeding potential of *Cucurbita ficifolia*. In: Bates, D.M., Robinson, R.W. and Jeffrey, C. (eds) *Biology and Utilization* of *the Cucurbitaceae*. Cornell University Press, Ithaca, New York, pp. 102-199.

2. Bélanger, R. and Labbe, C. (2002) Control of powdery mildew without chemicals: prophylactic and biological alternatives for horticultural crops. In: Belanger, R.R., Bushnell, W.R., Dik, A.J. and Carver, T.L.W. (eds) *The Powdery Mildews*. A Comprehensive Treatise. The American Phytopathological Society Press, St. Paul, Minnesota, pp. 256-267.

3. Berry, J., Weber, C., Dreher, M. and Bemis, W.E. (1976) Chemical composition of Buffalo Gourd, a potential food source. *Journal of Food Science* 41, 465-466.

4. Cantwell, M. and Suslow, T.V. (2013) Pumpkin and Winter Squash: Recommendations for Maintaining Postharvest Quality. Available at: http://postharvest.ucdavis.edu/pfvegetable/PumpkinWinterSquash (accessed 18 November 2013).

5. Chen, J.C., Chiu, M.C., Nie, R.L., Cordell, G.A. and Qiu, S.X. (2005) Cucurbitacins and cucurbitane glycosides: structures and biological activities. *Natural Product Reports* 22, 386-399.

6. Cornell (2004) Cornell Pest Management Guidelines for Vegetables 2004. Available at: www.nysaes.cornell.edu/recommends (accessed 31 December 2013).

7. Curtin, L.S., Moore, M., Kamp, M. and Austin, M. (1997) *Healing Herbs of the Upper Rio Grande: Traditional Medicine of the Southwest,* Revised Edition. Western Edge Press, Santa Fe, New Mexico.

8. Curwen, D., Powell, R.D. and Schulte, E.E. (1975) *Vine crops.* Cooperative Extension Programs, University of Wisconsin-Extension, Madison, Wisconsin.

9. Deppe, C. (1993) *Breed Your own Vegetable Varieties*. Little, Brown & Company Publishing, Boston, Massachusetts.

10. FAO (2011) FAOSTAT Production Crops. Available at: http://faostat.fao.org/site/567/default.aspx#ancor (accessed 12 June 2012).

11. Freeman, J.H., Miller, G.A., Olson, S.M. and Stall, W.M. (2007) Diploid watermelon pollenizer cultivars exhibit varying degrees of performance with respect to triploid watermelon yield. *HortTechnology* 17, 518-522.

12. Gusmini, G., Song, R. and Wehner, T.C. (2005) New sources of resistance to gummy stem blight in watermelon. *Crop Science* 45, 582-588.

13. Hedrick, U.P. (1919) Sturtevant's notes on cultivated plants. *New York Department of Agriculture Annual Report* 27, 1-686.

14. Hochmuth, R.C. (2013) Greenhouse Cucumber Production - Florida Greenhouse Vegetable Production Handbook, Vol. 3. Publication #HS790. Available at: http://edis.ifas.ufl.edu/cv268 (accessed 18 November 2013).

15. Kihara, H. (1951) Triploid watermelons. *Proceedings American Society of Horticultural Science* 58, 217-230.

16. Lessl, J.T., Fessehaie, A. and Walcott, R.R. (2007) Colonization of female watermelon blossoms by *Acidovorax avenae* spp. *citrulli* and the relationship between blossom inoculum dosage and seed infestation. *Journal of Phytopathology* 155, 114-121.

17. Lorenz, O.A. and Maynard, D.N. (1988) *Knott's Handbook for Vegetable Growers,*

3rd edn. Wiley-Interscience, New York.

18. Maness, N., Mcglynn, W., Scott, D. and Perkins-Veazie, P. (2003) Alternative uses of watermelons: Progress towards on-farm lycopene production. *Proceedings of Horticultural Industry Show* 2003, 77-80.

19. Mariani, J.F. (1994) *The Dictionary of American Food and Drink.* Hearst Books, Charlotte, North Carolina.

20. Masabni, J., Dainello, F. and Cotner, S. (2011) Texas Vegetable Growers' Handbook. Available at: http://aggie-horticulture.tamu.edu/publications/veghandbook/index.html (accessed 27 September 2011).

21. Maynard, D. and Maynard, D.N. (2000) Cucumbers, Melons, and Watermelons. In: Kniple, K.F. and Orneles, K.C. (eds) *The Cambridge World History of Food.* University Press, Cambridge, UK, pp. 298-313.

22. Motes, J.E. (1975) Pickling cucumber production-harvesting. Bulletin E837. Available at: http://archive.lib.msu.edu/DMC/Ag.%20Ext.%202007-Chelsie/PDF/e837.pdf (accessed 17 November 2013).

23. Noh, J., Kim, W., Lee, K., So, S., Ko, B. and Kim, D. (2007) Effect of furrow mulching with PE black film and dripping of phosphorous acid on control of Phytophthora root and fruit rot (*Phytophthora capsici*) occurred in field-grown watermelon. *Korean Journal of Horticultural Science and Technology* 25, 24-28.

24. O'Sullivan, J.N. (1980) Irrigation, spacing and nitrogen effects on yield and quality of pickling cucumbers grown for mechanical harvesting. *Canadian Journal of Plant Science* 60, 923-928.

25 Robinson, R.W. and Decker-Walters, D.S. (1997) *Cucurbits.* CAB International, Wallingford, UK.

26 Roush, W. (1997) Squash Seeds Yield New View of Early American Farming. *Science* 276, 894-895.

27. Rubatzky, V.R. and Yamaguchi, M. (1997) *World vegetables: Principles, production, and nutritive value,* 2nd edn. Chapman and Hall, New York.

28. Sauer, J.D. (1993) *Historical Geography of Crop Plants: A select roster.* CRC Press, Boca Raton, Florida.

29. Smith, B.D. (1997) The initial domestication of Cucurbita pepo in the Americas 10,000 years ago. *Science* 276(5314), 932-934.

30. Stuart, S.G. and Loy, J.B. (1983) Comparison of testa development in normal and hull-less seeded strains of *Cucurbita pepo L. Botanical Gazette* 144, 491-500.

31. Suslow, T.V. and Cantwell, M. (2013) Cucumber: Recommendations for Maintaining Postharvest Quality. Available at: http://postharvest.ucdavis.edu/pfvegetable/Cucumber (accessed 18 November 2013).

32. Suslow, T.V., Cantwell, M. and Mitchell, J. (2013) Cantaloupe: Recommendations for Maintaining Postharvest Quality. Available at: http://postharvest.ucdavis.edu/pfvegetable/Cantaloupe (accessed 18 November 2013).

33. Tamang, J.P., Sarkar, P.K. and Hesseltine, C.W. (1988) Traditional fermented foods and beverages of Darjeeling and Sikkim - a review. *Journal of the Science of Food and Agriculture* 44, 375-385.

34. Tomason, Y. and Gibson, P.T. (2006) Fungal characteristics and varietal reactions of powdery mildew species on cucurbits in the steppes of Ukraine. *Agronomy Research* 4, 549-562.

35. USDA (2011) National Nutrient Database for Standard Reference 2011. Available at: www.nal.usda.gov/fnic/foodcomp/search (accessed 7 October 2011).

36. Whitaker, T.W. and Davis, G.N. (1962) *Cucurbits. Botany, cultivation, and utilization.* Interscience Publishers, New York.

37. Wolf, E.R. (1982) *Europe and the People without History.* University of California Press, Berkeley, California.

38. Zeven, A.C. and Zhukovsky, P.M. (1975) *Dictionary of Cultivated Plants and their Centers of Diversity,* 2nd edn. Centre for Agricultural Publishing and Documentation, Wageningen, the Netherlands.

39. Zitter, T.A., Hopkins, D.L. and Thomas, C.E. (1996) *Compendium of Cucurbit Diseases.* APS Press, St. Paul, Minnesota.

40. Zohary, D., Hopf, M. and Weiss, E. (2012) *Domestication of Plants in the Old World,* 4th edn. Oxford University Press, Oxford, UK.

第十一章 茄科
Family Solanaceae

馬鈴薯、洋芋
POTATO

起源和歷史

馬鈴薯有很久的歷史，作為食物至少8千多年；這是依據由安第斯的祕魯、玻利維亞一帶，考古採掘到的澱粉粒進行碳素定年的結果(Brown, 1993)。但直到西元16世紀西班牙探險家及征服者Gonzalo Jiminez de Quesada(1499-1579)的艦隊將其帶回西班牙前，世界其他地方並不認識馬鈴薯。西班牙人以為是種「松露」(truffle，蕈類)，而稱馬鈴薯為「tartuffo」；但不久，馬鈴薯就成為西班牙船隊上的標準供應，因為船員們吃馬鈴薯不會得壞血病(scurvy)(Brown, 1993)。

無論是野生或栽培種馬鈴薯都能在地下生存，薯球含水量高，還含有澱粉及其他營養成分，能不斷長出莖葉。沒有採收而留在地下的薯球會休眠，等到環境條件合適時發芽，不必重新種植就能繼續留有馬鈴薯。安第斯的印加人保存馬鈴薯球的方式是做成*chuño*，利用高海拔的夜間低溫、白天日晒，將自然晒乾的薯球搗爛去水，再經重複冷凍－解凍乾燥的循環製成。*chuño*有很長的貯藏期，也增加馬鈴薯作為食物的變通性。

馬鈴薯約在西元1570年被引到西班牙後，快速傳到世界其他地方，約西元1610年傳到印度、約西元1700年到中國、約西元1766年到日本(Brown, 1993)。在西元1700年代初期，蘇格蘭－愛爾蘭移民將馬鈴薯帶到北美。歐洲在廣泛接受馬鈴薯前，對馬鈴薯的食用性存有相當大的懷疑。馬鈴薯初到歐洲時，因葉子像顛茄(nightshade，茄屬*Solanum* sp.)，歐洲人以為它有毒(Hornfeldt and Collins, 1990)。因為馬鈴薯是地下結薯，被認為不適合人吃，或只能給動物吃。由安第斯帶去歐洲的馬鈴薯是*Solanum tuberosum* subsp. *andigena*，並不適應歐洲風土，產量低。比較高產的智利種馬鈴薯(*Solanum tuberosum* subsp. *tuberosum*)在西元19世紀才引至歐洲(Brown, 1993)。

法國軍事化學家及植物學家帕門蒂爾(Antoine-Augustin Parmentier, 1737-1813)看到馬鈴薯發展為新興糧食作物的潛力。因為當時歐洲許多農民只有稀粥吃，又飢荒頻仍。他做了馬鈴薯的化學檢驗，並以此在尋找新糧食的比賽中勝出(Brown,1993)。西元1785年，帕門蒂爾說服法國國王路易十六，鼓勵在巴黎城外栽種45 ha馬鈴薯，

並有重兵守衛。這使一般百姓認為一定是
很有價值的東西才要保護；有天晚上，帕
門蒂爾故意撤走守衛，如他所願的，讓當
地農民可以去挖馬鈴薯，種在他們自己的
田上。很快地，大家知道馬鈴薯可以作為
糧食，而且比種穀類作物節省生產成本，
產生更多熱量(calories)。這件事促使馬鈴
薯成為維生主糧，以因應歐洲人口增加的
糧食需求，特別是愛爾蘭人把馬鈴薯推
動成為主要的糧食作物(Woodham-Smith,
1991)。

愛爾蘭的氣候溼涼、土壤肥沃，很
適合種馬鈴薯。由於栽培成功，愛爾蘭
變得過度依賴馬鈴薯，以致當晚疫病(late
blight, *Phytophthora infestans*)發生時，變成
災難。上百萬人口餓死、病死，西元1845-
1846年愛爾蘭大饑荒時，造成大批移民潮
(Woodham-Smith, 1991)。當時大部分農田
一直種馬鈴薯，沒有輪作其他作物；所種
的馬鈴薯種類不多，遺傳變異很小。這些
都造成晚疫病一發不可收拾，最終造成大
饑荒。晚疫病使保存的薯球腐爛，無性繁
殖方法又把病傳給下一作。晚疫病一直是
世界許多地方，尤其是溼度高的地方的主
要病害。

正因為這段歷史，馬鈴薯被稱為
「Irish potato」；雖然馬鈴薯原產於南美
洲，現在世界各地都有生產。馬鈴薯的其
他英文名稱尚有white potato、tuber potato，
但馬鈴薯並不都是淺色薯皮(periderm)、白
色薯肉，有不少品種的薯肉與薯皮是不同
顏色。在有些地方，「white」和「Irish」
還是加在potato之前來稱呼馬鈴薯。

植物學及生活史

馬鈴薯(*S. tuberosum* L.)是茄科雙子葉
植物，是短期的多年生植物，一般作一年
生栽培。地上部的莖直立，初時平滑，後
持續分枝生長。生長習性依品種、生長階
段、環境條件不同，由緊密到開展。羽狀
複葉的小葉有不同形狀、大小及質地。薯
球由地下莖(rhizomes)生出的匍匐莖(stolons)
先端膨大長成；多數品種的匍匐莖生長與
薯球發育，以短日及冷涼溫度為宜(Miller
and McGoldrick, 1941; Gregory, 1965)。

葉片進行光合作用產生的醣類以蔗糖
形式移出，主要以澱粉形式累積在匍匐莖
先端的薯球；薯球透過細胞分裂及細胞膨
大，持續發育。薯球的成熟期受品種因素
以及溫度和日長交感作用的影響(Miller and
McGoldrick, 1941)。高溫及長日的聯合作用
下，大多數品種不能結球(Gregory, 1965)。
最適合薯球發育的條件是生長初期高溫、
生長後期低溫(Cao and Tibbitts, 1994)。在適
當的生產條件下，馬鈴薯成熟期為種植後
90-120天。

馬鈴薯為冷涼作物，但並不耐寒；一
段長時間低於-2.5°C就會有寒害。植物適
應氣候的馴化(acclimation)歷史及其遺傳組
成，決定各植物的耐寒性(frost tolerance)
(Chen and Li, 1980)。馬鈴薯的生長發育適
溫是15.5-18.3°C。

馬鈴薯的花是完全花，花冠五裂而合
併，顏色從白、粉紅到藍紫色，聚生於主
花序(圖11.1)。

馬鈴薯花朵不具蜜腺，有些還不具稔
性。有些品種大部分的花會掉落，有少數

圖11.1　馬鈴薯開花期(美國俄亥俄州西部)。

結果(Burton, 1966)。花粉乾燥似塵，由管狀、孔裂花藥(poricidal anthers)經振動釋出，有昆蟲收集並傳播(Batra, 1993; Harder and Barclay, 1994)。花受精後結出球形小漿果，顏色由綠變黃到紫色。果實含有植物鹼(glycoalkaloids)，不能食用(Burton, 1966)。種子可能少、可能多，種子小，扁卵圓或腎形，黃色或黃褐色，包埋在膠質果肉內。馬鈴薯並不以種子生產，因為大部分的馬鈴薯種子不能產生符合原來性狀的整齊世代(true-to-type)，必須利用薯球進行無性繁殖，由種薯長出不定根系(adventitious roots)，細分枝、淺而散開的鬚根細(Stevenson, 1951; Burton, 1966)。已有專為種子繁殖用的二倍體品種，能產生符合原來親本性狀(true-to-type)的馬鈴薯。由種子長成的植株是直根系，有許多側根。

馬鈴薯的薯球是短縮、肥厚、肉質的地下莖，其上的葉退化為芽眼(eyes)下方的鱗片(scales)或葉痕(scars)；芽眼相當於

腋芽(axillary buds)(Harris, 1978)。當薯球膨大發育時，位於葉腋痕的芽眼保持休眠狀態。每個芽眼是一群芽體，每個芽能生成莖，芽的數量因品種不同。薯球上的芽有極性(polarity)，相對匍匐莖的這端為頂端，頂端芽對另端芽體具有發芽優勢(Harris, 1978)。若將薯球切塊可打破頂芽優勢(apical dominance)，以至少帶有一個芽眼的種薯塊(seed pieces)種植，田間萌發較整齊。另外，低溫及種薯老化都會降低頂芽優勢。

薯球主要組織包括周皮(periderm, skin)、皮層、維管束(韌皮部、木質部)及髓部(Burton, 1966)。形成層產生少許次級組織。薯皮分為平滑或粗糙，後者帶有棕色密網(netting, russeting)。薯皮顏色由褐至淺黃褐、紅或深紫色都有(Clark and Lombard, 1951)。薯肉顏色多為淺黃或白色，也有深黃、橙紅或紫色的品種。商業品種薯球形狀有長形、塊狀、圓至扁形(Clark and Lombard, 1951)。

類型與品種

馬鈴薯育種比一般二倍體植物困難，因為它是四倍體，有四組染色體；因此不容易育成符合母本性狀、用種子繁殖的品種。這也造成馬鈴薯品種的市占期比其他蔬菜長多了；例如：西元1881年引進的品種'White Rose'適應性廣、具耐熱性，迄今仍在美國西部一些地區栽培。另有4個品種 ── 'Russet Burbank'、'Kennebec'(臺灣栽培稱為大葉種或克尼伯)、'卡大典'('Katadin')、'Sebago'占全美相當大比率的栽培面積。'Russet Burbank'又稱'Idaho Baker'，就是西元1900年代初期被Luther Burbank看到的自然突變種，自那時起栽培，至今仍為美國主要品種。它和廣泛栽培於美國東部及加拿大的'大西洋'('Atlantic')皆具有適合烤和加工的優良特性 ── 薯球澱粉含量高、糖含量低、比重高、細胞小，是成功的品種(表11.1)。薯球做成洋芋片或薯條油炸時，糖分會焦糖化，導致產品顏色不佳、太深。「russet」薯球是指薯皮粗糙、斑點狀、木栓化的周皮層，不只特別而且能抗採收和運送過程的磨損傷害(Clark and Lombard, 1951)。

並非所有品種都適合烤焙或加工，有些品種像'Red LaSoda'最適合炒、煮或做沙拉(表11.1)。適合煮食的品種要澱粉含量低、乾物質量低(表11.1；Clark and Lombard, 1951)。煮食用的薯球與加工用品種不同的是，前者細胞較大而後者細胞小；若細胞小，一煮會鬆脫，造成產品質地不佳(表11.1)。薯球比重和乾物質含量因地點和栽培條件而不同。

馬鈴薯可經遺傳工程(genetically engineered)表達出不同的轉殖基因(transgenes)。目前已有可以表達取自蘇力菌(*Bacillus thuringiensis*, Bt)的Cry(晶體蛋白質內含物，crystal proteinaceous inclusions)毒素基因的轉殖馬鈴薯生產。蘇力菌是革蘭氏陽性，棲息於土壤的細菌，也生存在幾種蛾類和蝴蝶的幼蟲腸道內及植物的深色表面(Roh *et al.*, 2007)。在美國，Bt馬鈴薯在西元1990年代後期就獲得政府許可，並有商業生產。但消費者對於轉基因作物有疑慮，最終造成美國及西歐國家都很少栽種轉殖馬鈴薯。不過仍有人認為轉殖馬鈴薯對於開發中國家資源缺乏的農民是有利的(Collins *et al.*, 2000)。

表11.1 馬鈴薯品種特性及用途(修改自Curwen *et al.*, 1982)

代表品種	薯球比重	總乾物量(%)	煮後質地	最適用途	薯球細胞相對大小
White Rose	>1.06	>16.2	很溼爛	炒、沙拉	大
Red LaSoda	1.06-1.07	16.2-18.1	溼爛	炒、沙拉、煮食	大
Goldrush	1.07-1.08	18.2-20.2	糯質	煮食、壓粉，洋芋片可	中
Atlantic	1.08-1.09	20.3-22.3	粉質、乾	烘烤、加工	小
Russet Burbank	<1.09	<22.3	很粉質或乾	烘烤、加工	小

生產栽培

◆ 地點選擇與整地

適合馬鈴薯栽培的土壤要通氣性及排水性良好、土層深厚、疏鬆、微酸性(pH 5.5-6.5)，土質由中細的坋質黏土(silty clay)到中粗的砂質土(Davis, 1949)。土壤質地和密實程度影響薯球形狀、產量和品質極大。土壤pH值低於5.5有助於自然防治馬鈴薯瘡痂病(scab, *Streptomyces scabies*)，且不影響薯球品質和產量(Harris, 1978)。與非茄科作物輪作是防治病蟲害的重要方法。

◆ 肥料與營養管理

為達到馬鈴薯最大產量，田土要有充足的礦物質養分。種植前，先做土壤檢測，可以知道土壤肥力狀況。馬鈴薯需肥重，一作即由每公頃土壤吸收235 kg N、34 kg P及308 kg K；薯球就含有168 kg N、21 kg P及224 kg K(Masabni *et al.*, 2011)。馬鈴薯是淺根系，宜於近種薯處條施固態肥料，使有最大吸收。所有肥料可以在種植時即施下，但最好的營養管理應配合植株最需要的生長階段。剛種植時，新苗株需要有效養分才能生長，但最大需求量則是當薯球膨大時。過量施用肥料，特別是氮肥，會延後薯球形成及成熟，並減少薯球內固形物的累積(Harris, 1978)。

於植株發育期間進行植體分析，可以確認營養是否缺乏。馬鈴薯要生長良好，在不同生長階段葉柄養分的充分含量不同。各地方的施肥推薦應參看葉柄分析，但生長初期，葉柄養分含量大致應該是12,000 ppm N、2,000 ppm P與11% K；於薯球發育期，葉柄養分含量降低，分別是5,000 ppm N、1,000 ppm P及6% K，此因養分移轉到地下器官(Rubatzky and Yamaguchi, 1997)。

◆ 營養繁殖

馬鈴薯商業生產採用種薯(seed potato(es))繁殖，而不是使用果實中的種子。「種薯」指繁殖用的薯球(Burton, 1966)，這樣的無性繁殖可以得到與薯球世代相同的營養系後代(clonal progeny)，但種薯用量大而重、不易保存且會傳遞病害，因此營養繁殖要成功，必須有足量無病害(disease-free)、無蟲害(pest-free)的種薯(Davis, 1949)。

利用組織培養技術如熱處理(heat therapy)及／或頂端分生組織微體繁殖(meristem micropropagation)，獲得健康無病小苗，再用以生產種薯。許多主要生產國家由政府或其他機構認證無病種薯(Rubatzky and Yamaguchi, 1997)。

◆ 種薯生產及貯藏

種薯生產一般在冷涼、乾燥的地方進行。於冷涼乾燥環境下，發病及病毒媒介昆蟲的活動較少，一些葉部病毒病徵比較明顯，容易檢視及除去感病株。除了田間檢查，實驗室檢測採樣的薯球，能鑑定病毒病。

有些病害，如：青枯病(bacterial wilt)、早疫病(early blight)好發於較高溫度。採種株生長期間的高溫會促使種薯生理成熟(physiological maturity)，影響下一作植株的生長及產量。例如：有些品種在冷涼環境(13-14℃)下生產的種薯比在高溫下(26℃)生產的種薯，有較高的生產力

(Rubatzky and Yamaguchi, 1997)。

種薯的生理成熟受採收期、貯藏期及溫度的影響。晚種植及／或早採的薯球因發育時間縮短，生理上未成熟；而晚採的種薯生理年齡增大。生理未成熟的種薯產生的植株莖數少，薯球少但較大。生理成熟種薯產生的植株，常是莖數多，小薯球比率高(Rubatzky and Yamaguchi, 1997)。當種薯生長期受到逆境及／或在採後處理和貯藏時受到物理傷害，種薯會加速老化。

新採收的薯球屬於生理未成熟階段，不會萌發，一定要經過貯藏，等過了休眠期才萌發。休眠期長短與薯球生理成熟度有關(Rubatzky and Yamaguchi, 1997)。薯球的萌發與其後的生長受貯藏期及溫度的影響，品種間也有很大的差異。因此，種薯要先貯藏，才能栽種；經過大約6-8週貯藏期，就能滿足大多數品種的休眠需求；有些品種的休眠期較長(Harris, 1978)。

種薯要貯藏在低溫3-4˚C和高溼90% RH、通風合宜的環境，才能有最大貯藏壽命、最少萌芽。溫度低於2˚C會對種薯造成傷害，以致萌發率減低。種薯貯藏在12-22˚C下，休眠期縮短，但表現的頂芽優勢比貯藏於較低溫度下的種薯強。

在低溫貯藏期間的種薯照光，生成的植株會產生許多小薯球；種薯貯藏在黑暗而高溫條件，生成的植株可產生數量較少但較大的薯球。在溫暖氣候區，以自然散射光(diffused light)的貯藏方式代替溫控貯藏，成本較低。散射光的效果與低溫相同，能抑制發芽、降低頂芽優勢。在歐洲一些國家，這種方法稱為綠芽法(chitting,

green sprouting)(Rubatzky and Yamaguchi, 1997)。

◆ 馬鈴薯實生種子

馬鈴薯是多倍體(polyploid)，每條染色體有2份以上，係高度異型結合，其種子(true potato seed, TPS)產生的植株及薯球變異很大，與母株不相同；換言之，子代不同於親代。馬鈴薯實生種子主要用於育種。

國際馬鈴薯中心(International Potato Center，在祕魯)已育成由TPS種植而得的二倍體品種；這樣的TPS品種，產量較低，在薯球大小、形狀、顏色及品質上的整齊度低，但對於沒有貯藏種薯設備的地區還是有吸引力。因此，對一些開發中國家，TPS的利用具有很大潛力(Almekinders et al., 2009)。

用TPS繁殖可以免除許多病毒的傳遞，以及處理大量種薯所需要的貯藏及運送作業與花費。TPS只要100 g就能繁殖相當於2或3公噸種薯所能繁殖的量(Almekinders et al., 2009)。雖然有些開發中國家已增加使用TPS，但用種薯(全薯或切塊)無性繁殖仍是多數已開發國家主要使用的栽培法。

◆ 田間栽種

栽種前，如果種薯已過休眠期，將種薯由低溫貯藏移至10-13˚C放置數日(Burton, 1966)；這種提高溫度的處理會增進種薯萌發。

如果種薯小，只要無病害，用全薯種植產生的莖比同重量薯塊產生的多。全薯的操作方便，也減少因切薯而傳遞病害

(Davis, 1949)。

大一點的種薯要切成大小相近的種薯塊，每片至少帶有一個芽眼，最好有2或3個芽眼(圖11.2)。種薯塊要夠大，重達40-60 g；種薯塊的大小影響它所含的養分量，也因此影響所發莖的大小和活力。種薯塊大，產生的莖也大，長得較快，有較大葉面積(leaf area)及產量；但種薯塊大於60 g時，這些效益減小(Harris, 1978)。根系由莖基部發生，而不是由種薯塊(圖11.2)。

使用無病種薯及符合衛生操作，以人工或用自動切薯機切種薯，切成的種薯塊通常會放置在15-21°C高溼度的環境下數日，促使薯片切面木栓化(suberization)而癒合。高一點溫度會加快木栓化(Burton, 1966)。也可用殺菌劑(fungicides)處理種薯塊，保護其不腐爛。

栽種方法由人工到高度自動化皆有，但注意不傷到種薯片，以減少腐爛(Davis, 1949)。種薯若已萌發，會加快出土生長；在生長期短的地方，會用預先發芽的種薯。催芽的方法是：將種薯或種薯塊攤開在有光、20-25°C溫暖的環境(Burton, 1966)；有光使萌發的芽體短而粗、綠色，不妨礙種植。如果芽伸長，就不好種。

種薯用量受生產目的、所用品種的特性、種薯供應量及價格等因素的影響；種薯或種薯塊大小決定株距以及種薯用量(Burton, 1966)。通常種薯用量為每公頃2,240-3,360 kg，若栽種密，所生產的薯球較小；栽種距離大，生產的薯球較少而大。豐產的品種應有較大栽種距離。

田間栽種種薯塊有幾個因素要注意，包括種薯(片)的成熟度、種薯貯藏條件、品種以及生長期長短(Burton, 1966)。如果使用的種薯是生理成熟(舊)的薯球，一般會有較高產量，要給予較大的栽種距離。反之，薯球生理年齡較不成熟，產量會較低，就要密植。透過適當調整，即使採用不同生理年齡的種薯，仍可有相同的產量。株距一般在15-38 cm，行距為76-102 cm。種植深度一般是5-15 cm，視土壤種類、溫度條件及所用品種而定。種薯(塊)要覆土夠深，以免新生薯球因氣流、陽光造成失水、綠化、日燒或其他損傷(Davis, 1949)。

只要田間溫度達到15°C以上，就能

圖11.2 馬鈴薯植株由下方種薯片萌發生長。種薯片左上方為新生成的小薯球。

種下種薯(塊)，溫度低於此會延後萌發時間；如在12°C，萌發出土需要30-35天，而在22-30°C，不到10天即可萌發(Rubatzky and Yamaguchi, 1997)。

◆灌溉

　　馬鈴薯的根系大約90%分布於距土表50 cm深，容易有缺水逆境，因此於田間用張力計(tensiometers)或其他裝置，定期監測是否需要灌溉。馬鈴薯生長期間要持續給水，最大需水期是薯球發生及膨大期。如果薯球膨大期缺水會造成薯形不規則、有瘤狀突起。整期作需水量由250到500 mm以上，依土壤、環境狀況而定。土壤水分宜保持在田間容水量(field capacity) 60%以上；依氣候和品種因素，生產1kg薯球，需水量介於500-1,500 L(Gleick, 2000)。田間水量過多以及溼度高會增加葉部發病，且土壤水分過多時，薯球皮目(lenticels)會增大。

◆生產栽培

　　生產馬鈴薯的土壤要細整地、耕犁，不要有土塊、石頭或其他障礙物。田區經翻土、圓盤犁(disk)、迴轉犁(rotovate)作業，使土壤疏鬆。在溫帶地區，先種冬季覆蓋作物(winter cover crops)，再種馬鈴薯，馬鈴薯很少採用無耕犁生產模式(no-till production)。

　　馬鈴薯可以在平坦地栽種，在植行上做高一點的畦，使發育的薯球不致露出地面，被太陽照射而綠化(Davis, 1949；圖11.3)。培土也有助於排水，可以在種下種薯時，即推土成壟；或在種後4週內、已萌發後，推土覆畦。

◆採收與運銷

　　馬鈴薯與其他大部分蔬菜不同的是不易敗壞，所以馬鈴薯的採收時期比較有彈性。除了極端寒冷或田地淹水外，馬鈴薯可以「保存」在原來生長的田間相當長的一段時間。有些時候，在馬鈴薯塊莖尚未完全發育成熟時就採收，然後以「新」馬鈴薯(新鮮採收的幼嫩馬鈴薯)的名稱在市場上販售，以獲取較高的售價。「新」馬鈴薯是刻意選在周皮尚未完全形成時就採收上市；此時，塊莖的外皮色澤比較淺。許多消費者偏好這種尚未完全成熟的馬鈴薯，因為看起來新鮮，容易去皮，而且糖分還多一些，適合水煮或用平底鍋煎來吃。

　　正常的馬鈴薯採收期應該是在莖蔓已成熟且乾枯後進行，此時塊莖的表皮叫周皮，已經完全木栓化；所以採收時表皮不易破損及擦傷。然而在生長季節短的地區，馬鈴薯通常在接近生長季末期採收，此時植株仍為綠色。在這種情況下，需要以人為方式殺死莖葉，以利於採收並增進

圖11.3 馬鈴薯種後兩個月，可以看到植穴內發育中的薯球。此時新薯球周皮尚未完熟。

塊莖的耐貯藏力(Burton, 1966)。以莖葉打擊機(mechanical beater)或噴灑化學枯乾藥劑都可以加速莖葉的死亡；大多數的品種在實施殺死莖葉處理後，需要等10-14天，待塊莖的周皮已經完全木栓化後，再進行安全採收(Burton, 1966)。

生產規模小的農戶，可以用人工挖取馬鈴薯，或者用機械將薯球翻出，再以人工或機械收集馬鈴薯。大規模生產者通常是用自走式或拖拉式採收走過田區，可挖出塊莖並除去土壤及莖蔓，塊莖立即輸送到一旁隨行的四輪拖車或卡車中(圖11.4)。

採收或其他處理作業都可能造成馬鈴薯的外表或內部傷害。對於高度敏感又皮薄的新鮮馬鈴薯塊莖，進行任何處理時應非常小心，特別是在接近冰點的氣溫下採收時。壓擠及擦傷這2種傷害常會導致塊莖迅速失水、皺縮，並在貯藏中腐爛。

◆採收後處理

馬鈴薯採收後要在包裝廠進行選別與分級。滿載新鮮採收馬鈴薯的大卡車先緩慢溫和地將塊莖傾倒在輸送帶上，再送入包裝廠。在傾倒區有時會加上一層軟墊以減輕傷害。由於馬鈴薯在採收後最好能保持在乾燥狀態，在包裝廠通常不會使用水浴槽(water baths)或流動水槽(flames)來接收馬鈴薯。有時會用短暫的噴洗來清除塊莖上的髒物，但需要迅速吹乾以降低病害的發生機率。

馬鈴薯周皮的創傷需要做癒傷處理來修復，通常是在10-20°C及95%-99% RH中放1-2個星期(Harris, 1978)。在癒傷期間，周皮增厚，傷口癒合，外表的泥土變乾；此外，受到病原菌感染的塊莖會出現病徵，因此可以很容易將感病的塊莖除去。為避免塊莖再度受傷，要在癒傷處理完成後再進行分級及長期貯藏。

圖11.4　馬鈴薯機械採收(美國科羅拉多州)。

馬鈴薯一旦送入包裝廠，會依大小進行選別分類，再做分級與裝袋(圖11.5)。在選別過程中，將受傷的馬鈴薯和雜物去除，以避免交叉感染。

視生產目的不同，馬鈴薯可鮮銷、加工或貯藏。塊莖在貯藏時會發生一些問題，包括芽眼發芽(sprouting)、含糖量增加，以及因蒸散與呼吸作用導致的失重等。馬鈴薯塊莖可在1-2°C及95% RH中貯藏數個月之久。在此低溫中貯藏，會使一些澱粉轉變為醣類(Burton, 1966)。在低溫長時間貯藏後的馬鈴薯塊莖，不適用於薯條或薯片加工，因為這種塊莖中的糖分含量太高，在高溫油炸時會焦化。貯藏在10-13°C及95% RH可防止澱粉轉變為醣類。經過低溫貯藏的塊莖可在加工之前置於18-20°C及85%-90% RH環境中調適(recondition)數天，使糖分轉變回澱粉。用於零售的馬鈴薯大多貯藏在1-2°C及高溼度環境中，一直到出貨時才取出。馬鈴薯在零售商店的室溫中幾天後，大部分的糖分都已轉為澱粉，因此消費者很少會買到含糖量高的馬鈴薯。在市場上通常以袋裝或散裝堆放出售。

馬鈴薯對空氣中的乙烯並不很敏感，低濃度的乙烯會使塊莖呼吸速率上升；特別是尚未成熟的薯球，因而導致失水及表皮輕微的皺縮。未使用抑芽劑的塊莖，在5°C以上溫度中貯存2-3個月之後，低濃度的乙烯可能會延後發芽；但是空氣中有高濃度的乙烯卻可能誘導發芽(Suslow and Voss, 2013)。

氣調或氣變環境對馬鈴薯沒有多少益處。當空氣中氧氣濃度低於5%時，會阻礙周皮形成及傷口癒合。氧氣過少(<1.5%)或二氧化碳過多(>10%)都會造成生理障礙，症狀包括異常氣味、風味差、內部變色及增加腐爛率(Ma et al., 2010; Suslow and Voss, 2013)。

圖11.5 新採冬薯分級(美國佛羅里達州，荷母斯特附近)。

馬鈴薯在採收前或採收後若被光線照到，會使表皮綠化，光線會誘使表皮開始產生葉綠素及一種生物鹼——龍葵鹼(solanine)(Burton, 1966)。塊莖受到機械傷害時也會生成龍葵鹼。由於加熱並不能使龍葵鹼分解，所以用水煮沸並不會使龍葵鹼消失，只會使一部分龍葵鹼滲漏到水中。將馬鈴薯削皮可以除去大部分的龍葵鹼。食用含有高濃度龍葵鹼的馬鈴薯會使人出現中毒症狀；安全濃度低於20 mg/100 g，龍葵鹼含量高於此濃度時，馬鈴薯吃起來有明顯的苦味，所以變綠馬鈴薯不宜食用。

營養價值

◆ 營養成分

馬鈴薯含有78%水分，比其他種類蔬菜含有更多的乾物質(表11.2)。塊莖含有很高量的澱粉，是很好的能量來源。馬鈴薯中的蛋白質品質很好，但必要胺基酸之一的甲硫氨酸(methionine)含量偏低；大部分的維生素C都在靠近周皮的外層部位，因此建議烹煮馬鈴薯時盡量不要去皮(表11.2)。

經濟重要性及生產統計

馬鈴薯是世界第4大糧食作物，僅次於稻米、小麥和玉米。自西元1960年初葉起，馬鈴薯在開發中國家生產大增，這些地區的生產占總產量的三分之一以上。全球馬鈴薯採收面積18,651,838 ha、總產量329,581,307公噸；主要生產國家為中國(生產面積5,083,034 ha、產量73,281,890公噸)、俄羅斯(生產面積2,182,400 ha、產量

表11.2　馬鈴薯薯球之營養成分(USDA Nutrient Database, 2011)

馬鈴薯帶皮、未烹煮、每100 g 含量[a]

熱量	321kJ(77 kcal)
醣類	17.5 g
－澱粉	15.4 g
－膳食纖維	2.2 g
脂肪	0.1 g
蛋白質	2 g
水分	75 g
硫胺素(維生素B1)	0.08 mg(7%)
核黃素(維生素B2)	0.03 mg(3%)
菸鹼酸(維生素B3)	1.1 mg(7%)
泛酸(維生素B5)	0.3 mg(6%)
維生素B6	0.3 mg(23%)
葉酸(維生素B9)	16.0 μg(4%)
維生素C	19.7 mg(24%)
維生素E	0.01 mg(0%)
維生素K	1.9 μg(2%)
鈣	12.0 mg(1%)
鐵	0.8 mg(6%)
鎂	23.0 mg(6%)
錳	0.15 mg(7%)
磷	57 mg(8%)
鉀	421 mg(9%)
鈉	6 mg(0%)
鋅	0.3 mg(3%)

[a]百分率係根據美國農業部對成人每日推薦量計算。

31,134,000公噸)、印度(生產面積1,828,000 ha、產量34,391,000公噸)、烏克蘭(生產面積1,411,800 ha、產量19,666,100公噸)。美國生產馬鈴薯面積為422,901 ha、產量19,569,100公噸；歐洲國家總生產面積6,275,139 ha、總產量123,755,681公噸(FAOSTAT, 2011)。

在西元1970年代、1980年代及1990年

代,歐洲馬鈴薯栽培面積與生產量都下降(Scott et al., 2000)。每人鮮薯年消費量(per capita consumption)及飼料用馬鈴薯量也下降。荷蘭在西元1963-1993年間,馬鈴薯生產量加倍,但之後就和其他歐洲國家一樣產量減少。美國和澳洲的馬鈴薯產量於西元1963-2003年呈明顯上升(FAOSTAT, 2011);但在美國,西元2009年之前的10年間每人馬鈴薯消費量已減少18%,馬鈴薯總生產量減少12%,與歐洲趨勢相同(USDA, 2009)。

在世界其他各地,特別是開發中國家,馬鈴薯生產增加(Scott et al., 2000)。在開發中國家,馬鈴薯可作為蔬菜以及季節性的主食,但不作為醣類的主要來源。開發中國家的消費者隨著收入增加,為增加食物多樣性,在穀類主食外,會多吃馬鈴薯。全球開發中國家生產馬鈴薯,由西元1963年2,800公噸穩定上升到西元2005年1.49億公噸,超過了工業化國家的減量(FAOSTAT, 2011)。開發中國家的個人年均消費量在過去30多年呈明顯增加,在亞洲是16 kg、非洲是7 kg、拉丁美洲是19 kg,還是低於歐洲(86 kg)(FAOSTAT, 2011)。在用途上,全球48%馬鈴薯供鮮食用、11%供加工用(其中2%生產澱粉用)、13%作種薯用、20%飼料用、還有8%廢棄(FAOSTAT, 2011)。

近年在美國和其他已開發國家,馬鈴薯加工食品的消費量明顯增加;在美國生產的馬鈴薯有88%供人食用,其中68%是加工食品。以每人年消費量53 kg而言,其中32%供鮮食、45%冷凍、10%脫水、8%製成洋芋片、>1%製罐、約3%製成澱粉、薯粉等(USDA, 2009)。朝向加工發展的趨勢也發生在西歐、東歐、俄羅斯、阿根廷、哥倫比亞、中國和埃及(Scott et al., 2000)。雖然全世界利用馬鈴薯製成酒精,再做成生質燃料和飲料的數量微不足道,但在有些地方,利用馬鈴薯製成酒精還是重要的。

病害

馬鈴薯病害種類多、分布廣,影響產量和品質,分為細菌性、真菌和病毒類(Harris, 1978)。主要的細菌性病害包括青枯病(bacterial wilt, *Ralstonia solanacearum*)、軟腐病(bacterial soft rot, *Erwinia carotivora*)及瘡痂病(common scab, *Streptomyces scabies*)。

真菌病害好發於高溼及潮溼的環境,重要真菌病害有晚疫病(late blight, *Phytophthora infestans*)、早疫病(early blight, target spot, *Alternaria solani*)、黑痣病(black scurf, *Rhizoctonia solani*)及紅腐病(pink rot, *Phytophthora erythroseptica*)。

重要病毒病害有馬鈴薯捲葉病毒病(potato leafroll luteovirus, PLRV)、嵌紋病毒(mosaic viruses,主要有馬鈴薯X病毒(potato X potexvirus, PVX)和馬鈴薯Y病毒(potato Y potyvirus, PVY))。

蟲害

馬鈴薯蟲害在有些地區破壞性極大,有葉部害蟲、薯球害蟲。常見的葉部害蟲有科羅拉多金花蟲(Colorado potato beetle, *Leptinotarsa decemlineata*)、雜色切根蟲

(variegated cutworm, *Peridroma saucia*)、黃條夜盜蟲(western yellow striped armyworm, *Spodoptera praefica*)、紅背切根蟲(redbacked cutworm, *Euxoa ochrogaster*)、苜蓿尺蠖蛾(alfalfa looper, *Autographa californica*)、蝗蟲(grasshopper, *Melanoplus* spp.)、吹沫蟲(blister beetle, *Epicauta* spp.)、葉蚤(tuber flea beetle, *Epitrix tuberis*)及蛞蝓(spotted garden slug, *Agriolimax reticulatum*)(Berry *et al.*, 2000)。

薯球害蟲有叩頭蟲幼蟲(wireworm, *Limonius* spp.)、葉蚤幼蟲(tuber flea beetle, *Epi-trix tuberis*)、金龜子幼蟲(white grubs, *Polyphylla* spp.)、大蚊幼蟲(孑孑)(leather jacket(cranefly)larvae, *Tipula dorsimacula*)、西斑黃守瓜幼蟲(western spotted cucumber beetle, *Diabrotica undecimpunctata*)、雜色切根蟲、紅背切根蟲、多足類節肢動物(symphylan, *Scutigerella immaculata*)及蛞蝓(slugs)(Berry *et al.*, 2000)。

還有吸食性害蟲有桃蚜(green peach aphid, *Myzus persicae*)、馬鈴薯蚜蟲(potato aphid, *Macrosiphum euphorbiae*)、二點葉蟎(two spotted spider mite, *Tetranychus urticae*)、葉蟬(potato leafhopper, *Empoasca filament*)、椿象(lygus bugs, *Lygus* spp.)、薊馬(thrips, *Frankiniella occidentalis*)及粉蝨(whitefly, Homoptera: Aleyrodidae)(Berry *et al.*, 2000)。蚜蟲族群要嚴格控制，特別是生產種薯的田區，因為蚜蟲會傳播病毒。各地推薦有蟲害的生物防治處理法，可以參考。

雜草管理策略

雜草要妥善控制，否則雜草會與馬鈴薯競爭養分、水分和陽光。正常生長的馬鈴薯植株能覆蓋田區，抑制雜草生長。但在生長初期就要防治雜草，以免在薯球膨大時，闊葉類雜草或一年生雜草競爭養分、水分。雜草可能提供害蟲棲息，也會妨礙採收作業(Holm *et al.*, 1991)。多數馬鈴薯田區雜草為一年生，也有一些多年生雜草。莎草科的香附子類(nutsedge, *Cyperus* spp.)就是頑強的多年生雜草，其地下走莖可以穿透薯球，造成馬鈴薯減產、品質降低(Boldt, 1976)。其他還有許多雜草，重要的有藜(*Chenopodium album*)、馬齒莧(*Portulaca oleracea*，南美洲及亞洲)、小米菊(*Galinsoga parviflora*)、繁縷(*Stellaria media*，歐洲、智利和紐西蘭)及稗草(*Echinochloa crus-galli*，保加利亞、波蘭和美國)。

生理障礙

馬鈴薯生理障礙是指非病原菌引起的薯球缺損，薯球品質降低，嚴重時降低銷售比率。最常見的生理障礙為空心(hollow heart)及生理性斑點病(internal spotting)。空心與品種有關，發生於薯球快速生長而水分供應不均勻的時候。

黑心病(blackheart)很少發生於早生的馬鈴薯，因為採收後很快上市販售。此病較多發生於晚生後期或正期生產、需要貯藏的馬鈴薯。發生條件為通氣不良、低氧、呼吸率高、15-20°C以上高溫，薯球褐變，最後薯球中央呈深黑色(Suslow and Voss, 2013)。

薯球黑色斑點與褐色斑點的造成原

因相同，是嚴重的採後生理病害及損失，與生產時N肥過多、土壤有效性鉀量低、灌溉不規則等田區因素有關。當薯球貯藏時，在薯皮下面的維管束組織生成無色素的化合物；若薯球有嚴重擦撞或切傷，受傷組織在24-72小時內變成紅色、繼而藍色、最後變成黑色。嚴重程度還會與時俱增，各品種的敏感度與病徵呈現也有極大差異(Suslow and Voss, 2013)。

薯球在接近0°C的低溫下貯藏數週即會發生寒害，有些品種組織變成赤褐色。低溫貯藏一般要更久時間才發生寒害(Suslow and Voss, 2013)。

薯球內褐斑病徵為乾燥、木栓化的紅褐色或黑色斑點、區塊(sectors)，發生於田間水分管理不規則及／或溫度變動大，造成植株鈣的吸收缺失，一般發生在薯球發育初期(Suslow and Voss, 2013)。

凍傷發生在溫度低於-0.8°C，病徵包括水浸狀、玻璃化透明，組織一旦解凍就破壞崩解。輕微的冷凍也可能造成寒害(Suslow and Voss, 2013)。薯球外表常見缺損為綠化、裂薯、畸形(Harris, 1978)；後兩者與水分不均勻有關。

番椒
PEPPERS

起源和歷史

番椒(peppers, *Capsicun* spp.)為番椒屬植物，原產於熱帶、亞熱帶美洲大陸，作為食物栽培已數百年。在祕魯基地找到一些早期番椒栽培的證據；在墨西哥東南部靠近Tehuacan城市的洞穴找到的種子遺物，鑑定其年代至少是西元前5千年以前。番椒屬主要物種的馴化地點不同：*C. annuum* 在墨西哥中部和南部；*C. frutescens* 在中美洲，可能是瓜地馬拉；*C. chinense* 在厄瓜多及哥倫比亞南部；*C. baccatum* 在玻利維亞東部；而 *C. pubescens* 在玻利維亞山區和祕魯南部(Pickersgill, 1997)。

起初應係哥倫布將番椒帶往歐洲成為食用作物，並很快在全球許多地方為人所食用。在歐洲，不辣的種類較受歡迎；西班牙與葡萄牙的貿易商是番椒分布世界的重要推手(Bosland, 1996)。

番椒長久被用於民間藥方，最顯著的是在非洲，還有拉丁美洲的原住民用番椒治療關節痛、帶狀疱疹刺痛、糖尿病神經病變、乳房切除術後疼痛、消化不良、脹氣、頭痛、水腫、腸絞痛、牙痛、霍亂等多種不同病症。番椒萃取物被用為風溼症的抗刺激藥，一些喉嚨漱口藥與潤喉劑也有此成分(Bosland, 1996)。在許多民俗文化中，番椒作為藥用；辣椒有抗菌作用，這是熱帶地區的人們吃辣椒來對抗疾病的可能原因(Cichewicz and Thorpe, 1996)。

在許多國家番椒為主要蔬菜。所謂的辣椒(chili, chile, chilli pepper)是番椒屬植物的果實，有些地方只單稱chili，不加pepper。chili 一字指果實長形、通常具有但並不一定的辣味，而不指大的甜椒型果實。番椒最明顯的特性是風味及是否有甜味還是微或強的辣味，但不要把番椒屬的番椒(pepper)和胡椒、黑胡椒(black pepper, *Piper nigrum*)混淆；後者屬胡椒科，為原產

於亞洲的熱帶蔓性開花植物，栽培者利用其果實，乾燥後加以磨碎，廣泛用為香料和調味料(McGee, 2004)。

植物學及生活史

番椒與番茄、茄子同為暖季、對低溫敏感的茄科熱帶多年生植物。但商業栽培只做一年生作物生產，特別是在生長季節短的地區。番椒是草本植物，但隨時間會木質化，變成灌木型，株型直立，分枝多，株高0.5-1.5 m。根系發達，直根系。單葉、葉面平滑、寬披針形至卵形(ovate)，有少許茸毛(trichomes)(Rubatzky and Yamaguchi, 1997)。

番椒屬物種花冠顏色由白至綠白色、淡紫紅至紫色，還有藍、紫或黃色。鐘形花萼隨果實增大，覆蓋部分或大面積果實。所有馴化種類以自花授粉為主，偶有異花授粉(Rubatzky and Yamaguchi, 1997)。

果實不開裂(indehiscent)，垂下或朝上，漿果種子多；C. annuum每節位單生一果，其他物種或每節叢生2-3果。馴化種果實辣度不一，不會脫落；果皮組織發育較胎座組織快，造成果實空腔。在果梗端的果實基部，心皮壁與胎座連合(fused)，但不一定一直連到果實另端。成熟果實外皮光滑有光澤，內壁因組成細胞大，呈泡狀(blistered)、表面粗(Rubatzky and Yamaguchi, 1997)。

番椒屬中以*Capsicum annuum*栽培最廣，最具經濟重要性，包括甜椒和辣椒，有多種形狀和大小。也有將栽培種分類為*C. annuum* var. *annuum*，將野生種分類為*C. annuum* var. *auiculare*。小米椒(*Capsicum frutescens*)是熱帶美洲低地的半馴化物種，東南亞為其次生岐異中心；它是多年生，花藥藍色、花冠綠白色，每節位有2-3花；所收集的眾多材料(accessions)在風味上有很大的變異。*Capsicum chinense*的果實最辣，除了花萼基部有一圈縊縮外，其他性狀與*C. frutescens*及*C. annuum*類似，果實光滑，形狀變化多如*C. annuum*，但果面多皺(puckered)。*C. chinense*有特殊的柑桔類香氣。*C. baccatum*和*C. pubescens*主要生長在南美洲(Pickersgill, 1997)。

類型與品種

番椒果色變化多，幼果綠、黃色，甚至紫色，隨成熟度轉為紅、橙、黃或這些的混合色。綠色因葉綠素、紅紫色因類胡蘿蔔素(carotenoids)、紫色因有花青素。果實形狀也變化多，有大的、圓錐形、圓形、鉛筆形或這些形狀的組合；果肉厚或薄，果長1-30 cm、果徑1-15 cm不等。

番椒有許多類型，果實和株形變化大，同一種類可以分在好幾群，因此不易做系統分類。園藝分類常根據果實形狀，分為辣與不辣；雖然常以果形來區分「甜」椒和「辣」椒，但這種關聯不準確。因為辣味和果實大小、形狀、成熟度或其他園藝性狀並無遺傳上的關聯。

◆不辣類型

美國和歐洲都以大果、四稜的甜椒(bell pepper)占鮮食種類最大比率(圖11.6)。

甜椒可以放在沙拉中生食，或鑲肉熟食，也可以炒成不同的料理，增添顏

色、質感和風味。品質最高的甜椒如品種'California Wonder'果肉厚、4心室(locules, chambers)、果實兩端平。品種'California Wonder'大約95-100天達綠熟期，約125天達紅熟期，種子已完全發育；而類似的品種就統稱為'California Wonder'型。也有65-75天成熟的品種，但品質沒那麼好，果實3心室而不是4心室，果肉較薄，果形沒那麼大；未熟果色由綠到橙到紫，成熟果色紅或黃色。

其他無辣味的類型／產品有paprika(辣椒粉)和pimento(或pimiento)。paprika之原料包括多個品種，將其乾燥的果實磨粉成為香料，紅色居多。pimento(或pimiento)指圓錐形像番茄、果壁厚的「西班牙」番椒的醃漬品，果實切片、製罐後作為調味料或鑲入橄欖。

◆ 辣味類型

有辣味(pungent)的品種一般較小、果形長，但這不是通則，果形與辣味沒有遺傳關聯。辣椒的辣度隨果實成熟度逐漸增加，但原本沒有辣味的品種不會突然在哪個階段變成辣的。有許多不同類型辣椒，下面列舉一部分。

圖11.6 值採收期之優質甜椒，果大、四稜、果肉厚。

'**Tabasco**'是小米椒(*C. frutescens*)中最為人所知的品種，廣泛栽培於溫帶暖地及熱帶地區。果實小、長度 5 cm，為不規則的長形，辣度中等(表11.3)。加工製成紅辣醬。

'**Cayenne**'(*C. annuum*)依法屬蓋亞那同名城市命名，別名「幾內亞香料」(Guinea spice)，因果實長而彎曲，又稱為牛角椒。果實紅色、味辣，乾燥後磨成粉，作調味用及醫藥用(表11.3)，例如：品種'Long Red Cayenne'。

'**Banana**'之形狀及未熟果色像香蕉，長形、黃色；成熟果為紅色。凡果實黃色的品種都可稱為「wax pepper」，有辣的、有甜的。有些品種的未熟果為黃色，但有些品種則成熟果為黃色。本類型可能微辣(0-500史考維爾單位(Scoville units)；表11.3)。加工醃漬用者如黃色品種'匈牙利'('Hungarian')、'安納海姆'('Anaheim')。

'**Jalapeno**'(*C. annuum*)果實為子彈形、5-9 cm長，未熟果極深綠色，成熟果紅色，有點辣(表11.3)。因墨西哥Veracruz州首府Xalapa的傳統生產得名，用途多樣，包括有鮮食、烤、烘焙、鑲填及加工成綠色醬料。為使不吃辣的消費者也能享用本類型的特殊風味，育有辣味極淡的品種，如：'TAM Mild Jalapeno II'。

'**Cherry**'peppers(*C. annuum*)因果實像櫻桃而得名。果圓而小，未熟果係綠色，成熟果深紅；有些品種辣，有些品種不辣(表11.3)。供鮮食或用醋醃漬。

表11.3 辣椒素、辣椒水(噴霧)及各種類型辣椒的辣度 — 史高維爾評比 (Tainter and Grenis, 2001; Lopez, 2007; Roberts, 2008; The Scoville Scale, 2012)

	史高維爾評比
純辣椒素(pure capsaicin)	16,000,000
降二氫辣椒素 (nordihydrocapsaicin)	9,100,000
高二氫辣椒素 (homodihydrocapsaicin)	8,600,000
辣椒產品	
警用辣椒水	5,300,000
一般辣椒水	2,000,000
番椒類型或品種	
Red Savina habanero	350,000-580,000
Habanero	100,000-350,000
Scotch bonnet	100,000-325,000
Birds eye	100,000-225,000
Jamaican hot	100,000-200,000
Carolina cayenne	100,000-125,000
Bahamian	95,000-110,000
Tabiche	85,000-115,000
Thai chili	50,000-100,000
Tepin(chiltepin)	50,000-100,000
Piquin	40,000-58,000
Cayenne	30,000-50,000
Tabasco	30,000-50,000
de Arbol	15,000-30,000
Manzano	12,000-30,000
Serrano	5,000-23,000
Hot wax	5,000-10,000
Chipotle	5,000-10,000
Jalapeno	2,500-8,000
Ancho	1,000-2,000
Coronado	700-1,000
Anaheim	500-2,500
Pepperoncini	100-500
Pimento	100-500
Cherry	0-3,500
Banana pepper(Hungarian wax)	0-500
甜椒類(Cubanelle, Aji dulce)	0

'**Scotch Bonnet**'(*C. chinense*)在加勒比海島嶼(Caribbean islands)、蓋亞那(Guyana)、馬爾地夫(Maldives)和西非很普遍(表11.3)。因果實像蘇格蘭圓帽(Tam O'Shanter hat)而得名(Andrews, 1998)。未熟果綠色，成熟果由南瓜橙色轉為深紅色，是加勒比海菜餚及乾豬肉／雞肉條特別風味的成分。

'**Habanero**'是西班牙名，指*C. chinense*中，外表、辣味及風味與'Scotch bonnet'相似的一種辣椒。'Habanero'和'Scotch bonnet'兩名稱雖常通用，但兩者是不同品種，前者略長、略尖些，成熟果長2-6 cm，後者略扁些。兩者風味上也有些差異，'Habanero'未熟果為綠色，成熟時轉為橙紅色。

'**Tepin**'又稱為'chiltepin'、'chiltepe'、'chile tepin'，屬於*C. annuum* var. *labriusculum*，原產於北美洲南部和北美洲的北部(Singh, 2006)。在那瓦特爾語(Nahuatl)，tepin的意思是跳蚤；tepin植株灌木形，株高達1 m，也有達3 m高的(Richardson, 1995)。果實小、極辣，紅至橙色，球形或微橢圓體，直徑約0.8 cm(表11.3)。當果實乾燥保存

時,雖然鮮果微橢圓形也會變成球形。

　　'**Thai chili**'又稱鳥眼辣椒(bird's eye chili),辣味強,是馬來西亞、印尼、菲律賓及其他東南亞國家料理常使用的成分(表11.3)。鳥眼辣椒是靠鳥傳播的一些小果辣椒通名,包括「tepin」。鳥眼辣椒是多年生,果端尖、果長2-3 cm,與tabasco同為每節2-3果,成熟果多為紅色。在分類學上,鳥眼辣椒原屬*C. frutescens* L.,但已愈來愈多被列為*C. chinense*(DeWitt and Bosland, 1996)。

　　番椒有多方面用途,可用於許多料理,不論是甜椒或辣椒都可加醋醃製。鮮食可增添沙拉的顏色、質感、養分與風味。辣椒也可和甜椒一樣加在沙拉生食或烹煮(煮、烘烤、炸、填充)為主菜、小菜,但多會用不太辣的種類。觀賞用品種的果實小而顏色多,且都顯露在株冠上方而易見,葉色或綠或斑駁雜色,果實有辣味或無。在都會區種在容器,既可觀賞又可作蔬菜／香辛料用(Bosland, 1996)。

　　番椒不同品種的植物特性有很多變化,且與茄子、番茄一樣,株型分為有限生長(或稱停心)型(determinate)、半停心型(semi-determinate)及無限生長(或稱非停心)型(indeterminate),依植株最後花序封頂所長的節位數而定。有限生長型植株小、叢生(bushy);無限生長型植株高,營養生長持續進行;半停心型植株特性介於兩型之間。區分品種的其他重要特性尚有葉片覆蓋情形、每節花數及結果位置,分別決定葉片是否能保護果實不被日燒、單花或多花影響果實大小,長在植株中央的果實採收不便等。

　　以傳統育種法已將幾種抗病性導入*C. annuum*,針對的病害包括:細菌性斑點病(bacterial leaf spot)、胡瓜嵌紋病毒(cucumber mosaic virus)、疫病(*Phytophthora*)、豌豆突起嵌紋病毒(pea enation mosaic virus)、菸草蝕刻病毒(tobacco etch)、菸草嵌紋病毒(tobacco mosaic virus)、Tabamovirus屬病毒O(tabamovirus O)及番茄斑點萎凋病毒(tomato spotted wilt)。*C. annuum*商業品種多為F-1雜交種,雖然種子價格貴些,大多數生產者認為值得,因為F-1品種產量及整齊度高。轉基因品種雖然試驗成功,但現階段不會大量推廣。

◆ 辣味來源

　　辣椒素(capsaicin)是無味、無色、沒有風味的化合物,是辣椒辣味物質。它會刺激皮膚的化學受體神經末梢,特別是黏膜。人的味蕾能測到僅10 ppm低量的辣椒素,只要一滴辣椒素加入10萬滴水中,就能使舌頭產生持續的灼燒感。咬辣椒時,刺激口中的神經受體,疼痛訊號就傳到腦中,引發流汗、唾液分泌、胃液流動。辣椒素是穩定的含氮生物鹼(alkaloid)($C_{18}H_{27}NO_3$),化學構造類似胡椒的成分物質(peperin)($C_{17}H_{19}NO_3$)(Bosland, 1996)。辣椒素是香草族醯胺類化合物(vanillyl amide of isodecylanic acid),很辛辣,化學構造與香草(vanilla)有關(Guzman *et al.*, 2011)。

　　辣椒素集中在胎座(placenta),即種子著生的白色組織的腺體(glands)內,切開或咀嚼果實時,腺體破裂,辣椒素散開到果肉組織,讓人覺得整個果實是辣的。如果

不切到胎座，只有果壁組織則是不辣的，亦即剝開果實或拍成半，不要破壞辣椒素腺體。

　　測量辣椒辣度的科學方法是用史高維爾單位(Scoville units)(Peter, 2001)。史高維爾(Wilber Scoville)是美國一位藥劑化學師，開發此辣度指標(Scoville heat units, SHU)，表示番椒辣椒素含量，量化了辣度或辣味(表11.3)。SHU數值愈高，表示愈辣。

　　高效液相層析術(high performance liquid chromatagraphy, HPLC)可以測定辣味物質如辣椒素和相關物質的濃度，百萬分之一的辣椒素相當於15 SHU。但與真正的Scoville測試比較，這樣的算法會低估辣度，而且不同實驗室的結果可以相差達50%。

　　純辣椒素有其商業用途。用濃縮形式施用在皮膚上，會引起熱感，醫藥上用於治療肌肉疼痛發炎；於飲料薑汁汽水中加辣椒素使有咬刺感；噴霧辣椒水是有力的刺激劑。

生產栽培
◆ 田間栽種
　　番椒栽培可採用直播或移植。雖然番椒也能用扦插法行無性繁殖，但不太會採用於大規模商業生產。

　　在現代移植技術和F-1種子發展前，標準番椒栽培都採直播，用自然開放OP(open-pollinated)種子。今日大規模生產加工用、機械採收品種仍用直播法(Bevacqua and VanLeeuwen, 2003)，例如在西班牙，用直播法高密度生產pimiento番椒供醃漬用(Gil Ortega et al., 2004)。

　　C. annuum之種子平滑、淡黃色、卵形、長3-5 mm，1 g種子有150-160粒。依品種和栽培法，新採種子需要後熟(after-ripening)才能有充分活性與活力。品質優良的種子在15.6-29°C，6-10天即發芽，但在15°C就發芽很慢。有些種子技術能增進番椒種子的萌發速率及同步性，如：種子披衣(造粒(pelleting)或膜衣處理(film coating))、吸水控制(滲調處理(priming))及含生長促進物質如激勃素的凝膠處理(gel coatings)(Halmer, 2008)。種子滲調處理特別能在低溫時縮短種子發芽所需時間，是常用的商業種子處理方法(Bradford et al., 1990; Khan et al., 1992)。

　　種植密度依品種而有不同，通常是25,000-30,000 株/ha；株距40-50 cm、行距約75 cm。植株間距離近，生產的果實會小些，但可以遮陰，減少日燒。

◆ 移植
　　在生長期短的地方以及用F-1品種生產番椒時，一般都採移植栽培。番椒苗的移植成活能力中等，其根與地上部生長較慢，不像番茄(Solanum lycopersicon)、甘藍(Brassica oleracea L. Capitata group)容易移植成活(Loomis, 1925)。甜椒移植用穴格(塑膠育苗盤)苗，一穴格(plug)一苗(Cantliffe, 2009)。相對於在田間培育的裸根苗(bare-root transplants)，穴格苗移植時，對根系的干擾、環境改變的衝擊及苗期病害都降到最小(Styer and Koranski, 1997)。採用移植栽培也能縮短占田時間，使較晚生(late-maturing)的habanero番椒能在生長季短的地方生長。甜椒種子發芽及苗生長都慢，移

植栽培可以有較好的雜草控制,而且也不需像直播後還要疏苗。田間直播番椒需要大量的水,如果栽培甜椒,灌溉必須納入考量。

◆ 嫁接

在亞洲(中、韓、日、臺灣)及地中海地區(西班牙、義大利、以色列、突尼西亞(Tunisia)和土耳其),嫁接(grafting)栽培很普遍。在許多地方,設施栽培番椒要靠嫁接(Lee and Oda, 2003)。由於溴化甲烷燻蒸劑的禁用以及採用更能永續的生產措施,預期全球嫁接苗的需求會再增加。

將番椒嫁接於特定的根砧,主要目的是為增加植株生長勢、整齊度及耐病性。有些市售的番椒根砧能抗土壤病原菌,主要針對疫病(*Phytopthora capsici*)、半身萎凋病(*Verticillium dahliae*)、萎凋病(*Fusarium oxysporum*)及根瘤線蟲(*Meloidogyne* spp.)(Oka *et al.*, 2004; Santos and Goto, 2004; Saccardo *et al.*, 2006)。此外,嫁接的番椒耐逆性較高,如:耐鹽性、耐根部缺氧(root hypoxia)以及耐熱或耐低溫。

劈接法(cleft grafting)、靠接法(approach grafting)及套管嫁接法(tube grafting)都可將番椒、茄子與番茄接穗(scions)嫁接到親合的根砧(rootstocks)。番椒接穗最親合的根砧還是番椒屬植物;在臺灣,自*C. baccatum*、*C. frutescens*及*C. chacoense*選出一些品系可以做甜椒根砧,使嫁接甜椒能在溼熱的夏季或乾熱的秋季生產(Palada and Wu, 2008)。在義大利的一項研究,以2個甜椒雜交品種為接穗,以劈接法嫁接於5種市售根砧;結果有些組合表現生長促進、

果實品質更好,比自根株(ungrafted plants)增產25%(Colla *et al.*, 2008)。

◆ 地點選擇與整地

番椒能適應的土壤範圍很廣,土壤pH值6.5-7.0,由砂質土到質地細的黏土均可。但番椒對土壤積水很敏感,會落葉、也易引發根部病害,因此土壤要排水良好。

種植番椒,土壤可以不同方式耕犁;若田間甚少殘留物,就用旋轉耕耘機(rotovators)建立畦床。有些情況是:田區要犁耕,特別是田裡有很多植物殘留,必須犁入土中掩埋,再翻鬆碎土、重建植床。美國番椒栽培所用植床多為15-20 cm高,利於排水。畦床通常寬122 cm,鄰近兩畦之中央(center-to center)的距離為183 cm。番椒也可採用不整地栽培,特別適用於後期栽培(圖11.7)。不整地田區的土溫較涼,對於生長季節短,又要早期栽培的地方就不適合。

◆ 生長與發育

番椒在夜溫低於10°C的情況下,生長不佳。低溫下,果實風味及顏色表現均受抑制,而且植株和果實易有寒害。氣候尚冷時,植株早期生長慢,故種植應等到春季土溫和氣溫都回暖時,以平均日溫20-25°C為宜。

番椒的耐熱性比番茄強;辣椒又比甜椒強,其高夜溫著果情形比甜椒好。當溫度低於15°C 或高於32°C,花粉的產生不良,影響受精。在高溫下,番椒授粉情形比番茄好,而在涼溫下,有時會產生單偽結果。授粉與受精的最適溫度為20-25°C。

小果品種對低溫或高溫的耐受性一般都比較強。在露地栽培，藉著風及昆蟲活動就足以自花授粉。番椒開花是日中性，種植後1-2個月開始開花，花開後一個月，果實發育至理想大小(Rubatzky and Yamaguchi, 1997)。

番椒根系旺盛，直根能深入土中達1 m以上。雖然番椒耐旱，但間歇性水分及／或養分逆境，會大大降低植株生長量、果實大小與產量。若開花期有缺水情形，花和幼果會掉落。

生產番椒需水400-1,000 mm，依品種及環境條件有很大差異。一般推薦灌溉為每週至少給水2.5 cm，在砂質地需水更多。滴灌能均勻有效、直接供水到根域。在水源充沛、其他條件也符合的地方，可以採用溝灌(furrow irrigation)。

◆ 肥料與養分

番椒吸肥沒有番茄多，連同植株與果實一起，一作番椒約每公頃吸收134 kg N、13.4 kg P及134 kg K (Maynard and Hochmuth, 1996)。施肥應依據土壤與葉片分析結果，只施缺乏的營養要素。通常在移植前，以條施法施氮肥；依測試結果，在剛開始開花時，施第2次氮肥。若施過多氮素，不只浪費金錢、破壞環境，也有利於營養生長而抑制生殖生長，導致延後成熟及可售產量降低。

滴灌常見於塑膠布栽培；磷肥因溶解度不高，在番椒移植時，條施(banded)P肥，生長期間依葉柄分析結果，以滴灌方式供應需要的P肥。番椒移植時，也常施磷含量高的促長液態肥(liquid starter solution)，以促進早季生長。標準促長肥含1.5 kg/200 L 的8N-24P-8K或 10N-52P-17K；每苗給肥118 ml(Maynard and Hochmuth, 1996)。

◆ 栽培

在同一田區不要連續幾年都種番椒，以免病害積累。番椒要與茄科以外的作物輪作，若病原菌族群高，輪作更是必要。

田區地面以塑膠布覆蓋，可以保持水分、調節土壤溫度，有些還能防止雜草。土壤溫度太高時，番椒栽培採用白色或反射覆蓋布(reflective mulch)(圖11.8)。

在生長期短的地方要早季栽培，採用透明或黑色塑膠布覆蓋地面，可以加熱土壤並且能加快種苗發育(Waterer, 2000)。在

圖11.7 甜椒不整地栽培(維吉尼亞州西南區)，值開花期。種甜椒前，小粒穀類覆蓋作物先乾燥致死，作為田區地面覆蓋，可保持水分及防止雜草。

美國西部栽培番椒，田區多採不覆蓋、高畦及溝灌或滴灌。

　　番椒栽培通常是雙行植(double rows)，畦面寬122 cm或其他寬度。株距因品種而異，一般是46-71 cm。田間栽培品種多為停心或半停心型，甜椒著果後，植株上部因結實多而負荷極重，又當土壤飽水時容易倒伏。在生長期長的栽培區，可以像番茄栽培採用繩索和立支柱系統(string-weave system)，使結果株保持直立，果實多著生於植株頂端。在生長期短的栽培區就不用立支柱。

◆ 溫室生產

　　以溫室或其他設施來生產番椒，主要因露地栽培的植株無法長到成熟期。適應溫室栽培的無限生長型品種以繩索支持向上生長，並配合修剪、整枝，以有效利用溫室空間(圖11.9)。

　　採用的栽植距離大約為50×90 cm，因品種而異；管理良好的番椒平均產量為15 kg/m²。荷蘭溫室系統採用岩棉支持介質及養分滴灌方式，與溫室番茄栽培系統相同。夜溫保持<15°C可有最佳果實發育；以蜜蜂或機械震動(mechanical agitation)來增加室內授粉。每1,440 m²有一個熊蜂蜂箱，大約60隻蜂，可以充分幫助授粉。人工授粉不僅昂貴，效率也不好。

◆ 採收與銷售

◦ 鮮食用

　　番椒類(包括甜椒和辣椒)的採收指標頗有彈性，可以依色澤、果實大小以及／或果肉厚度等決定。一般而言，比較成熟的果實表皮比年幼的果實更硬、更明亮，

圖11.8　甜椒雙行植、高畦、地面白色覆蓋降低土壤溫度(美國佛羅里達州)。

並有更多的果蠟。比較成熟的果實比年幼的果實在採收後更不易皺縮，因為後者果皮的角質層(cuticle)尚未完全發育完好。綠色果實是在果實發育已經達到成熟時的大小，但是尚未進入生理成熟階段，果皮尚未轉色時採收。番椒果實達到生理成熟時，內部的種子已經完全發育，果皮呈現成熟時的色澤，通常是紅色或黃色。有些栽培者是計算累積的熱量單位來規劃番椒的採收時間。

　　供應鮮食市場的甜椒和其他辣椒都是以人工採收。番椒的果實沒有離層，所以要很小心的將果梗剪斷或很有經驗的將果梗折斷，避免傷到脆弱的枝條以及周圍的

圖11.9　黃色甜椒的溫室栽培(以色列夏季)。室外溫度仍低時，溫室提供優化的保護環境、水的使用效率高、無病的栽培介質、溫度及溼度控制、杜絕害蟲飛入。

葉片。鮮食用番椒雖然可以使用具破壞性的機械採收來減輕勞工成本，但是由於會增加果實的受傷率及降低收穫量，所以並未被廣泛使用。機械採收多使用在加工用途的產品，如果在加工前不需要進行貯藏，則果實受點傷害對最後的結果影響不大(圖11.10)。

◆ 採收後處理

　　番椒果實容易發生機械性傷害，而且在運輸過程中很容易受傷。供應鮮食市場的果實在採收之後應迅速預冷到10°C左右以除去田間熱。番椒在貯藏或運輸前，通常會用加氯300 ppm的常溫水或溫水清洗乾淨，以降低採後病害的發生率。甜椒果實對低溫敏感，低溫會造成異味、使貯藏壽命縮短、表皮出現凹陷小點、種子腔褐變及果肉軟化等症狀(圖11.11)。一般的原則

是，甜椒類不可長期貯藏在低於10-13°C的溫度中；然而在7-8°C做很短期的貯藏並不會傷害到果實(Cantwell, 2013b)。辣椒類比甜椒類更耐低溫，辣椒類貯藏在7.5°C以上的溫度中，比較會發生失水、皺縮、變色及腐爛等劣變。7.5°C是辣椒類的最佳貯藏溫度，貯藏壽命最長可以達3-5週。辣椒類可以在5°C中貯藏至少2週，仍不會出現受傷的現象。在5°C中貯藏可以減輕失水及皺縮，但是超過2-3週後，以種子變色為主的寒害症狀會出現。完熟或已完全轉色的辣椒比綠熟的辣椒更能容忍低溫(Cantwell, 2013a)。

　　番椒類與番茄不同，並非更年性果實。綠色的甜椒及辣椒在採收後用氣態植物荷爾蒙乙烯處理，並不會進一步後熟。甜椒果實的乙烯生產速率很低，在10-20°C

圖11.10 機械採收加工用青椒。

圖11.11 在戶外分級包裝紅熟甜椒(美國佛羅里達州)。

大約是0.1-0.2 μl/kg/h(Cantwell, 2013b)。

　　有一些辣椒如哈瓦那辣椒(habaneros)，後熟時果實的乙烯生成會增加，在20-25℃乙烯生成速率超過1 μl/kg/h。辣椒類對外施乙烯的反應視種類而異。例如：墨西哥

‘波布拉諾’辣椒(chili ‘Poblanos’)會對乙烯處理有所反應，但是墨西哥的‘哈拉貝紐’辣椒(‘Jalapeño’ pepper)則不會。將部分轉色的辣椒果實放在較高溫度20-25℃及高溼度(>95% RH)環境中，可以幫助果實完成轉

色，此反應和甜椒相同。加入乙烯可以進一步促進後熟反應，但是反應程度與品種有關(Cantwell, 2013a)。

生理成熟的紅色及黃色甜椒比綠色甜椒的生產成本高。為了發育至完全轉色，果實需要留在植株上更長的時間；由於成熟的果實會抑制新生果實的著果與發育，因此果實的總產量減少。果實留在植株上更長的時間也會增加病害與蟲害的發生機率。紅熟的番椒果實還含有10倍以上的前維生素A(provitamin A)，質地較軟，可溶性糖含量較高，增加了它的商品價值(Rubatzky and Yamaguchi, 1997)。

番椒果實在後熟時會逐漸轉為紅色，是因為類胡蘿蔔素(carotenoids)的生成增加及葉綠素的分解所造成。當綠色甜椒開始轉紅時，果實會先轉為褐色，因為果肉中同時具有紅色的類胡蘿蔔素及綠色的葉綠素，這個階段常被稱為「巧克力」期(chocolate stage)。「巧克力」期的甜椒一旦採收下來，果實的色澤就停留在褐色。因為採收之後，後熟作用不太會進行；在一些市場中「巧克力」甜椒的市價比較低，因為這種色彩對消費者的吸引力不大。

番椒需要相對溼度高的環境以減少失水。有些時候水溶性果蠟被用來包覆果實，以降低皺縮並增加貯藏壽命。然而，上蠟處理卻可能增加果實發生細菌性軟腐病的機率。甜椒也可以用塑膠薄膜做個別包覆，或整批放在塑膠盤中用塑膠薄膜來包覆，如此可以保持新鮮度，並降低機械性傷害。上蠟或薄膜包覆的甜椒可以在13°C貯藏10-14天。甜椒的櫥架壽命隨品種

而異，主要的劣變是由失水所引起，有些類型的番椒比其他番椒更容易失水。

番椒類通常對氣調貯藏的反應不佳，單純的低氧環境(2%-5% O_2)對品質沒有幫助，而高二氧化碳(>5%)會成果皮下凹、變色及果肉軟化，這些反應在10°C以上的環境中尤其容易發生。在5-10°C中貯藏時，3% O_2 + 5% CO_2的大氣組成對紅色番椒的好處較多，對綠色番椒較少(Cantwell, 2013b)。

◆加工

番椒類的加工方式包括製罐及乾燥。隨果實發育愈接近完熟，總固形物、類胡蘿蔔素與維生素C的含量都會增加。用於加工的番椒，包括西班牙大紅甜椒(pimentos)、墨西哥紅辣椒(paprikas)及許多其他種類的辣椒，通常都在果實發育至完全紅色或黃色的生理成熟期採收；墨西哥'哈拉貝紐'辣椒('Jalapeño')及其他種類則在未成熟的綠色期採收加工。用以製造罐頭的番椒果實在採收時需小心的將果梗折斷或用利刀自果柄處切斷，以避免受傷。番椒果實需保持完整良好的果梗，以減少製罐前的失水和病原菌侵害。

用於乾燥加工的番椒，可以用人工或機械方式進行破壞性的採收。當環境條件許可時，做辣椒粉、墨西哥紅辣椒粉(paprika)及其他乾辣椒粉的小規模加工業者，通常將果實已完全轉色的整株辣椒自基部切斷，留在田間進行乾燥。在田間乾燥時，番椒的果實仍留在植株上，一直到完全乾燥為止。田間乾燥可以減少接下來用烘箱乾燥所需的時間及能源，但缺點

是產品可能會帶有較多的雜物；切下來的植株通常排放在塑膠板上進行乾燥。生產有些乾辣椒和墨西哥紅辣椒時，偶爾會噴施乙烯釋放物質「益收生長素」(Ethephon)，以加速果實顏色的變化。植株乾燥後用人工將果實摘下，再用打碎及磨粉機械將乾辣椒加工成不同的產品(Walker, 2013)。

大規模的業者近年來已經廣泛採用機械採收紅辣椒和墨西哥辣椒(paprika)。在美國境內，超過80%的商業栽培農田都已採用機械採收(Walker, 2013)。

目前使用於紅辣椒及墨西哥辣椒的採收機械有好幾種形式。最常見的採收器具(picking head)有3種類型：手指型(finger-type)、皮帶型(belt-type)及雙螺旋型(double helix type)。手指型採收裝置的設計是一系列逆時鐘方向旋轉的木棒，上面有多隻細木指，這些木指可以將果莢從植株上耙梳下來，落在輸送帶上；這種機制是屬於侵略性的，也會將植物殘渣一起收集下來。皮帶型的設計是由二組互為反向轉動的垂直皮帶組成，皮帶上有許多手指可以在植株的左右兩側將果莢耙梳下來。最為普遍使用的採收器具是雙螺旋設計(Marshall, 1997)，雙螺旋的方向可以是垂直或有一定角度，2支螺旋互相以相反方向旋轉，通過植株時，螺旋分別在兩側把果莢轉下，落在輸送帶上。

大型的商業化作業通常使用隧道式或輸送帶式的乾燥機，而不是用日晒法。不論哪一種方式都比日晒更可靠且衛生(Wall, 1994)。這種方法消耗比較多的能源，特別是在採收季的初期，此時採收的果莢含水量高，一定需要做烘乾處理。隧道式或輸送帶式乾燥機的另一個缺點是處理容量有限(Walker, 2013)。

營養價值

紅色甜椒是最佳的維生素A來源之一。當果實完熟轉紅時，維生素A含量會急速增加(表11.4)。隨著果實轉色，維生素C與糖的含量也會增加，成熟果為黃色的品種，其維生素A含量比紅色品種低。

經濟重要性與生產統計

全球番椒乾品生產比鮮果生產高出180-200萬 ha(FAOSTAT, 2011)。新鮮番椒(包括辣椒)西元2011年總產量為29,601,175公噸，乾番椒總產量3,457,533公噸。新鮮番椒生產大國有：中國生產705,000 ha、印尼239,770 ha、墨西哥144,391 ha、土耳其93,826 ha、衣索比亞(Ethiopia)89,205 ha、奈及利亞(Nigeria)57,382 ha、南韓47,388 ha、埃及39,666 ha、美國30,110 ha及北韓22,500 ha。西歐生產鮮食番椒的主要國家有西班牙17,193 ha及義大利 10,327 ha。

生產乾番椒的主要國家有：印度生產869,467 ha、衣索比亞330,000 ha、緬甸(Myanmar) 131,783 ha、孟加拉(Bangladesh) 104,967 ha、巴基斯坦68,370 ha、泰國64,341 ha、越南63,538 ha、羅馬尼亞54,403 ha、中國42,773 ha、奈及利亞 35,000 ha、墨西哥31,471 ha及埃及 17,327 ha。

北歐及北美北部流行食用不辣的番椒，而辣椒在熱帶與亞熱帶消費普遍

表11.4 甜椒紅色與綠色果實營養成分比較
(美國農業部營養資料庫，2011年)

成分	綠色果實	紅色果實
	每100 g可食部位之含量	
水分(%)	93.0	91.0
蛋白質(g)	0.9	0.8
脂肪(g)	0.3	0.6
醣類(g)	4.4	5.3
一糖	2.4	3.5
硫胺素(mg)	.06	0.11
核黃素(mg)	0.02	0.08
菸鹼酸(mg)	0.4	0.7
維生素C(mg)	160	220
維生素A(IU)	530	5,700
維生素E(mg)	0.4	1.6
維生素K(μg)	7.4	4.9
膳食纖維(g)	1.7	2.1
鈣(mg)	10	7
鐵(mg)	0.34	0.43
鎂(mg)	10	12
錳(mg)	0.12	0.11
磷(mg)	20	26
鉀(mg)	175	211
鈉(mg)	3	4
鋅(mg)	0.13	0.25

(Cichewicz and Thorpe, 1996)。過去80年，美國每人年消費的番椒量持續增加，在西元1930年、1960年和1980年每人消費分別為0.7、1.1和1.6 kg，到西元2005年每人平均消費6.9 kg，到西元2010年增為7.5 kg；這是由於西班牙裔或說西語後裔對美國飲食的影響，使各種番椒的供應增加，以及民眾認知番椒的保健效益，造成番椒消費穩定攀升。分析各類型的消費情形，每人一年甜椒類消費量由4.2 kg增為4.8 kg，辣椒類消費量由2.8 kg增為3.0 kg(Burden, 2012)。在西元2011年，加州甜椒生產全美第一，次為佛羅里達州；加州也是美國最大辣椒生產州，次為新墨西哥州(Burden, 2012)。

病害與生理障礙

番椒有多種嚴重的病害(Pernezny and Momol, 2006)，可參酌各地區所推薦的防治方法。炭疽病(anthracnose)由病原菌*Colletotrichum acutatum*、*C. gloeosporiodes*、*Colletotrichum* spp.所引起。在果實發育期間，病原孢子隨時可感染果實，但病徵通常在果實成熟後出現，水浸狀小斑點快速地形成較大凹陷斑塊。病斑上可見暗色真菌生長，有些明顯生成褐色至粉紅色孢子堆的圓形輪斑。有時發生葉斑及枝枯(stem dieback)的症狀。可選用無病種子播種及避免噴灌來防治炭疽病(Pernezny and Momol, 2006)。

細菌性斑點病(backterial spot)由病原菌*Xanthomona euvesicatoria*引起。發病初期在葉片上產生水浸狀小斑點，直徑達0.6 cm，之後轉為深褐色及呈油斑狀。果實上可能產生瘡痂病斑。降大雨或高溼度時，葉面上的病斑可能逐漸擴大融合，引起枯萎(blight)症狀及落葉。細菌性斑點病為種子傳播性病害，育苗期間蔓延迅速。

細菌性軟腐病(bacterial soft rot)由病原菌*Erwinia carotovora* pv. *carotovora*引起，主要發生於採收後及運輸途中。感病果實先變軟，再轉成泥腐；先由莖開始腐爛，在運輸及貯藏期間，迅速蔓延至果實。田間病徵十分明顯，軟化的果實從果梗下垂，像一個充水的球。軟腐部分通常呈灰色，

許多軟腐病原菌侵入、腐爛,產生特殊的惡臭。媒介昆蟲會傳播細菌。防治軟腐病的方法包括避免果實擦撞傷、不採收溼果、不於太陽下曝晒果實以免日燒及第二次感染(Pernezny and Momol, 2006)。

褐斑病(frogeye spot)由病原菌*Cercospora capsici*引起,危害葉片、產生圓形病斑,直徑大約0.6 cm。病斑中心呈淡黃至白色,邊緣狹而暗黑。重度感染時引起落葉與減產。

灰斑病(gray leaf spot)由病原菌*Stemphylium solani*引起,感病葉片產生圓形病斑。病斑最初呈褐色而後轉呈淡黃褐色至白色,最終病斑中央凹陷、邊緣紅褐色。病斑可能出現於莖、葉柄、小果梗,但不發生於果實及花瓣。

疫病(*Phytophthora* blight)由病原*Ph. capsici*引起,可以感染全株,引起幼苗死亡、根腐、莖部潰瘍、葉枯,以及果實腐爛。通常危害莖之地際處,以致植株突然萎凋及死亡。成株莖節感染時,整枝枯死。各葉片感病時會產生小圓形至不規則形病斑,呈現日燒、乾枯、褪色成淡黃褐色紙片狀。選排水良好的田區種植,並採取輪作,可以防止病害(Pernezny and Momol, 2006)。

菌核病(sclerotinia stem rot)由病原菌*Sclerotinia sclerotiorum*所引起,好發於冷涼潮溼的環境。本菌主要感染莖的地際部、葉柄,偶爾感染接近土表的果實。莖被感染,常環繞莖部導致萎凋及死亡。天氣潮溼時,感染於莖部組織的白色菌絲向上長到離地約17.5 cm高。葉柄及芽感染時迅速向植株下方蔓延,全枝條可能被纏繞危害。果實可直接經由土表感染,或由果梗向下感染,並迅速腐爛成一團塊。本病原菌以菌核(sclerotia)型態殘存於罹病株莖部或果實上之病斑。避免與感病性作物,如:甘藍、芹菜、萵苣、馬鈴薯和番茄等輪作。深度耕犁有病史的田區,掩埋掉落的菌核,有助於防治本病;於非產季時,發病田淹水6週可殺死菌核。

白絹病(southern blight)由病原菌*Sclerotium rolfsii*引起,主要發生於高溫多溼的環境,感染根及莖部,導致萎凋而死亡。在莖基部可見白色粗菌絲圍繞,形成白菌環(white collar)。後期形成淡褐色,像芥菜子大小之菌核,是病原菌在土壤中越季(over-seasoning)的方式。本病菌可藉風力、灌溉水及農具而於田間傳播。番椒可藉與牧草作物輪作以及深耕掩埋菌核,防治此病。

溼腐病(wet rot)由病原菌*Choanephora cucurbitarum*引起,罹病株產生花腐(blossom blight)、果腐,偶有葉枯(leaf blight)症狀。當花瓣老化時,侵入的菌絲尖端形成黑色、頭狀孢子囊(sporangia),導致落花。幼果被感染時軟化,發育不久就凋落。防治本病要注意維持空氣流通及採用殺菌劑。

多種病毒危害番椒,如:胡瓜嵌紋病(cucumber mosaic)、番椒斑紋病(pepper mottle)、縮葉嵌紋病(potato Y)、菸草蝕紋病(tobacco etch)、菸草嵌紋病(tobacco mosaic)、番茄斑點萎凋病(tomato spotted wilt)等。在田間可能是單一病毒感染或數種病毒的複合感染,不易判別感染的病毒

種類。大多數病毒都能導致不同程度的嵌紋、斑紋、葉脈條斑(vein banding)及植株矮化；也可能會有畸形、捲葉(leaf cupping)與果實歪扭的症狀。正確的診斷需依賴實驗室檢定(Pernezny and Momol, 2006)。

在育苗、採收及包裝時，菸草嵌紋病毒(TMV)經由機械傳播；番椒斑紋病毒、馬鈴薯縮葉嵌紋病毒及菸草蝕紋病毒經由蚜蟲傳播，番茄斑點萎凋病毒(TSWV)則由薊馬傳播。這些病毒亦可存活於多種雜草寄主，如：酸漿(ground cherries, *Pysalis* spp.)、龍葵(nightshades, *Solanum* spp.)、橐吾草(common groundsel, *Senecio* sp.)、野菸草(wild tobacco, *Nicotiana* sp.)、柳穿魚屬(toadflax, *Linaria* sp.)、決明(sicklepod, *Cassia* sp.)以及蔓陀蘿(jimson, *Datura* sp.)。

最好選用抗TMV的品種栽培。為防止TMV病毒傳播，工作人員尤其抽菸者，務必用強力肥皂或70%酒精先洗手，才處理植株。為降低媒介昆蟲傳播病毒(如：菸草蝕紋、馬鈴薯縮葉嵌紋及胡瓜嵌紋病等)，田間周圍的雜草寄主必須剷除乾淨。已感染的老株必須完全毀除，才能種下一作。田間種植15 m厚、不感病作物(玉米、小麥等)的阻隔帶(barrier strip)，可以阻隔昆蟲飛入感染。

番椒生理障礙(physiological disorders)有果頂腐爛病(頂腐病、蒂腐病，blossom end rot)，於果實頂部出現黑色乾病斑，這是因缺水逆境造成快速成長的果實組織局部性缺鈣所致。有些品種較感病。番椒小斑病(pepper speck)是另一種生理障礙，但原因未明，病斑呈小點狀，可以穿透果壁；而

有些品種較為感病(Cantwell, 2013b)。

陽光直晒會嚴重傷害果實，甚至使果實組織致死，導致日燒病(sunscald)。果實日燒部分呈現變白症狀，更容易遭受細菌性軟腐病及其他病原第二次感染。

蟲害

多種節肢害蟲(arthropod pests)會嚴重危害番椒。鮮食用甜椒必須完整無缺損，而害蟲及蟎類直接吸食植株與果實，以及媒介病原真菌及病毒，如：菸草蝕紋病毒及番茄斑萎病毒(TSWV)，導致產量及品質降低。

鱗翅目害蟲(caterpillar-like pests)包括秋黏蟲(fall armyworm, *Spodoptera frugiperda*)、甜菜夜蛾(beet armyworm, *S. exigua*)、南盜夜蟲(southern armyworm, *S. eridania*)、黃條夜盜蟲(yellowstriped armyworm, *S. ornithogalli*)、各種切根蟲(cutworms)及各種尺蠖(loopers)危害莖葉和果實。初孵幼蟲在葉表下取食，殘留完整的上表皮，產生玻璃窗效應(windowpane effect)。有些老齡幼蟲可長達7.5 cm，取食葉及蛀食果表，吃出大洞，破壞外觀並成為二次感染的通路。甜菜夜蛾是佛羅里達州甜椒的主要害蟲。切根蟲幼蟲在夜間由地下爬上植株，取食葉部或自土表部啃斷幼苗(Olson *et al.*, 2005)。

針對上述害蟲，應在孵化高峰期每3-4天施用Bt(蘇力菌)以防治孵化初期幼蟲。小面積栽培可以人工去除老齡幼蟲，田間可施用核准的殺蟲劑或用其他生物防治法。

番椒象鼻蟲(pepper weevil, *Anthonomus*

eugenii)是一種小、具光澤、有褐或灰色喙的甲蟲,長約3.5 mm,其成蟲取食葉片及花芽。雌蟲在發育中的果實或花芽鑽一小孔,產一粒卵後,以排泄物塞入孔口。幼蟲孵出,小而無足,一路往果實心部取食果肉及種子。幼蟲與成蟲取食後導致落花及落果。果實上的穿孔造成真菌繁殖,破壞組織。象鼻蟲族群可使用黃色黏板監測。本蟲的防治指標或稱防治閾值(action threshold)為每400個頂芽只有一隻蟲或僅1%芽有蟲危害(Capinera, 2005)。

細蟎(broad mite, *Polyphagotarsonemus latus*)成蟲白色細小,通常群集於嫩葉背面。葉片經吸食後扭曲、變窄而加厚;花脫落,取食嚴重時,果表出現暗色而平的粗皮(russeting)。細蟎多為早季或晚季害蟲,可用硫磺(sulfur)或殺蟲劑肥皂(insecticidal soap)防治。

蚜蟲類成蟲(superfamily Aphidoidea)又稱為plant lice,是一群纖小的吸食性昆蟲,亦是番椒害蟲中最具破壞力的昆蟲。不論有翅型或無翅型蚜蟲都屬於雌蚜,能胎生若蟲(nymphs)。若蟲較小,但外形與成蟲相似,只要7-10天即成熟。遭受蚜蟲重度侵害的植株衰弱,蜜露上長出煤煙病菌(sooty mold),葉變形。蚜蟲亦能傳播植物病毒如菸草蝕紋病毒,吸取(acquisition)及傳染(transmission)這些病毒都很快,但這些病毒保留在蚜蟲體內的時間很短,不超過數分鐘。大部分有翅型蚜蟲的傳染是成蟲連續刺吸不同植株造成,而非建立群落取食。蚜蟲可使用殺蟲肥皂或新菸鹼類殺蟲劑(neonicotinoids)來防治,其效果與天然尼

古丁殺蟲劑相同。

瓜薊馬又稱為南黃薊馬(melon thrips, *Thrips palmi*),其幼蟲及成蟲會銼傷番椒的芽、花及/或葉片組織,然後吸食所泌出的汁液。瓜薊馬數量多時,被害組織會產生鍍銀、黃化及鍍銅的色澤。葉片可能皺縮、枯死,植株頂端生長受阻,變小、褪色、畸形,果實可能脫落或產生粗糙疤痕;整體影響為植株生長勢降低,可售產量減少。成蟲的移動性高,能迅速地從舊田移往新作物。除番椒外,其他如茄子、胡瓜、馬鈴薯、豆類和西瓜均易被薊馬危害。新栽培植株宜與被害田隔離,有些傳統殺蟲劑似乎能激發瓜薊馬族群(Funderburk *et al.*, 2004)。

西方花薊馬(western flower thrips, *Frankliniella* sp.)習於將單粒卵產於花部與極小果內,引起落花、著果差及導致果實發育不良。幼蟲孵化後取食花及果。本蟲亦是番茄斑萎病毒(TSWV)的媒介昆蟲(Funderburk *et al.*, 2004)。

薊馬是纓翅目(order Thysanoptera)的通稱,多屬早季害蟲。番椒一個花朵在短時間內可忍受15隻薊馬而傷害小。生物防治利用花椿象科(Anthocoridae)的捕食性天敵花椿(pirate bug),配合使用反射塑膠布覆蓋可防止薊馬及延緩番茄斑點萎凋病之蔓延(Funderburk *et al.*, 2004)。

葉潛蠅(leafminers)成蟲是一種小蠅類(廣腰亞目suborder *Symphyta*),體長大約2.4 mm,頭部黑色,眼間黃色,胸部黑色。雌蟲腹部末端有一管狀產卵管,可刺破葉上表皮產卵其中。白色、橢圓形卵插

生於葉組織內，但有許多刺孔(stipples)為成蟲取食所致，其內不含蟲卵。幼蟲是蛆，黃色、具鐮刀形黑色口器，取食於葉片上下表面之間，幼蟲期約7日，留下蜿蜒的蛇行食痕，內含黑線條似的排泄物。熟齡幼蟲從食痕爬出來，掉落於地面或塑膠布覆蓋上，化蛹後7-14天內成蟲出現。葉面的蜿蜒食痕降低光合作用面積，並成為病原感染葉部的入口。嚴重受害的葉片呈現壞疽，誘發果實日燒病。

茄子
EGGPLANT

起源和歷史

茄子在中國、印度、日本及許多地中海國家普遍栽培，通名「brinjal」是印度或阿拉伯語，「eggplant」是英名，因為所結的果實像雞蛋(Rubatzky and Yamaguchi, 1997)。茄子還有另一個名稱 aubergine，在有些英語系國家通用。

茄子原產於印度次大陸(Indian sub-continent)，是大果種馴化之處，也有許多野生種。茄子在印度馴化後，向東傳到中國，成為次起源中心。在西元前5世紀，阿拉伯商人將茄子帶到非洲與西班牙(Rubatzky and Yamaguchi, 1997)。相對近代在地中海地區及美洲才有茄子栽培。

植物學及生活史

茄子屬於茄屬*Solanum*，屬內有一千多物種，但只有少數物種作為蔬菜，有商業栽培。*Solanum melongena*茄子品種

果形有蛋形到細長形，在世界許多地方有商業栽培；非洲茄(Gboma eggplant, *Solanum macrocarpon*)原產於西非。中國紅茄(Chinese scarlet eggplant, *S. integrifolium*)除供食用外，也供觀賞用。野生種一般味苦，全株多刺，萼片上也有刺；苦味來自於茄鹼(glycoalkaloids)，是一種配糖生物鹼。大多馴化種沒有苦味，也很少有刺。果實組織含有高量酚類化合物(phenolics)，當切開果實或果肉受損時，因多酚氧化酶(polyphenol oxidase)的作用，酚類化合物快速氧化而導致褐化。

茄子在熱帶是短年限的多年生植物，在溫帶地區以一年生栽培。一些有限生長型(停心型，determinate)品種(圖 11.12)也是矮性品種，生長高度達0.5 m；而無限生長型(非停心型，indeterminate)品種可長到高達2.5 m。根系是發達的直根系，入土深度中等。莖直立，有分枝，隨成熟而木質化。葉大、互生、單葉，莖、葉上或有刺，依品種而定。葉卵圓形到狹卵形，葉緣為波浪狀淺裂，葉基部圓。

具完全花，單生或數朵簇生於有限簡單花序。通常與葉對生，而不形成於葉腋。花直徑2-3 cm，紫色花冠有軟毛，自花授粉為主，異交率低。花朵開放2-3天，早上授粉率最高，漿果大而實心。

種子小、淺褐色，嵌於胎座組織；每公克約有225粒種子。果形有球形、梨形、長橢圓形或長形，果長由4-5 cm至30 cm以上。花萼有深缺刻，有些有刺。果皮光滑有光澤；顏色多，純色或有條斑紋，有白、黃、綠、褐、紅、紫、黑及這些顏色

的混合色。

F-1雜交品種栽種愈來愈多，其產量及整齊性比開放授粉品種高。也有單偽結果品種。以遺傳工程技術育成的轉殖茄子品種，具有能抗蟲的蘇力菌基因，但現階段還沒有商業化。

經濟重要性與生產統計

全球茄子生產面積1,817,798 ha、產量46,825,331公噸，平均產量每公頃25.8公噸(FAOSTAT, 2011)。主要集中於亞洲與中東國家，以中國生產787,000 ha 及印度生產680,000 ha最多，其他重要生產國有印尼52,233 ha、埃及45,020 ha、伊朗38,785 ha、土耳其25,355 ha、菲律賓21,377 ha和伊拉克19,917 ha。歐洲以羅馬尼亞10,020 ha和義大利9,423 ha生產最多。在美國只有1,922 ha茄子，是小宗作物；除8月、9月外，佛羅里達州全年生產，產量占全美30%以上；紐澤西州是第2大生產州，採收季自7月至10月；加州生產量占19%，在4-12月採收。墨西哥生產1,091 ha，由1月至3月輸出，主要銷售到美國和加拿大。

圖11.12 茄子有限生長型品種，果實長、綠色。

營養價值

茄子可謂維生素C、維生素K、硫胺素(thiamine，維生素B1)、菸鹼酸(niacin)、維生素B6、膳食纖維、葉酸、泛酸(pantothenic acid)、鎂、磷、鉀及錳的良好來源(表11.5)。

生產栽培

茄子在熱帶地區及中溫帶地區適應良好，只需夠長的生長期，並且持續暖溫。茄子比番茄或番椒更喜溫暖，對低溫也更敏感。在溫帶地區，早春土壤仍冷，茄子栽培於高畦，地面以透明或黑色塑膠布覆蓋來提高土溫(圖11.13)。也有以溫室栽培無限生長型品種。適合的日溫為22-30°C，適合搭配的夜溫為18-24°C。當溫度低於17°C或高於35°C，生長停滯，花粉功能不正常增多。長果形品種比卵形或卵圓形品種的耐熱性較強。

開花為日中性，早生品種可能在有6片葉後即開花，其他品種可能要有14、15葉後才開花。

根系發達，入土深度中等；只要土壤排水良好，不會妨礙根系發育，茄子能在多數土壤生長。茄子也比番茄或番椒耐旱，但要產量好則需充分供應水分，大約需要900-1,000 mm水量。土壤pH值以5.5-7.5為宜。茄子需肥量高，要施肥補充。排水要良好。

◆ 繁殖與栽植

茄子可以直播或用育苗移植來繁殖；種子發芽適溫為24-32°C，溫度低於15°C或高於35°C都發芽不良。有2-3本葉的裸根苗

圖11.13　紫色莖、萼及果的有限生長型茄子，地面有黑色塑膠布覆蓋與滴灌設施，提高土溫及防治雜草。長形果品種在西方市場被稱為亞洲型。

表11.5 茄子營養成分(USDA Nutrient Database, 2011)

養分	單位	每100g含量
水分	g	92.3
熱能	kcal	25
蛋白質	g	0.98
全脂質	g	0.18
醣類	g	5.88
全膳食纖維	g	3.0
總糖	g	3.53
鈣	mg	9
鐵	mg	0.23
鎂	mg	14
磷	mg	24
鉀	mg	229
鈉	mg	2
鋅	mg	0.16
維生素C	mg	2.2
硫胺素	mg	0.039
核黃素	mg	0.037
菸鹼酸	mg	0.649
維生素B-6	mg	0.084
葉酸	μg	22
維生素B-12	μg	0.00
維生素A	IU	23
維生素E	mg	0.30

(α-tocopherol)

或穴格苗適合移植；而在土壤有病的地方可用嫁接苗種植。茄子可嫁接於抗病根砧 *Solanum torvum*或*S. integrifolium*。

　　田間栽培距離依品種及栽培方式而定。不立支柱的品種常用20-30 cm株距及90 cm行距；生長茂盛的叢生有限生長型品種需要栽培距離較寬。有支架的栽培方式也需要較大距離，株距20-30 cm、行距100-120 cm。

◆ 採收與銷售

　　茄子從種子發芽至果實成熟通常需要生長3-4個月。從開花著果到可以採收所需要的時間隨品種及溫度而異，最短的只需10天，最長的可達40天。在良好的生長條件下，開花與結果會持續進行。如要得到最佳食用品質，茄子果實應在尚未成熟、果皮具光澤、種子尚未發育的階段食用。長茄品種可以在果實發育至大約已有完全成熟時的一半大小，就進行採收。有些茄子的食用熟度可以用大拇指輕壓果實來判斷，如果下凹部分會回復，表示果實尚未成熟；如果下凹部分無法回復，表示果實可能已達生理成熟，過了最佳品質期。另一個判斷果實是否已成熟的指標是果皮不再具有光澤。非常成熟的果實，果肉會變乾、有苦味，空心(pithy)，種子硬化。延遲採收或不採成熟果實會使開花數減少，導致產量降低。

　　茄子需不斷進行人工採收。因為茄子

果梗的離層尚未形成，採收時應將果實切下或剪下，而不是用拉扯的，以免植株及果實受傷。在最適合的條件下，果實生長很快，需要經常採收以免果實長太大。茄子的葉片有些粗糙堅硬，有些品種還會長刺，所以採收者的手、腳及手臂都應有良好的保護。茄子果實在採收後容易受到機械傷害，採收時需要戴棉質手套。採收後若沒有很小心的處理及搬運，果實很容易發生擦傷和壓傷。茄子不能放在堆疊很深的大型容器來搬運。

採收後迅速冷卻可以保持茄子果實的品質及櫥架壽命。果實在清洗後施用壓差預冷可以有效維持品質，也可用冰水預冷來去除田間熱。將茄子裝入塑膠袋中或用塑膠薄膜包裹再進行貯藏，可以減輕寒害及失水。茄子的貯藏壽命一般都低於14天，因為茄子的外觀及食用品質的劣變速度很快。最適貯藏條件是10-12°C及95% RH。茄子在低溼度的環境中貯藏，會產生明顯的失水症狀，包括表皮光澤減退、出現皺紋，果肉海綿化，果萼褐化等。在低於最適貯藏溫度的條件下，做短期貯藏或運輸可以減低失水，但在幾天之後會出現寒害(Cantwell and Suslow, 2013)。茄子果實不耐低溫，在10°C以下貯藏一段時間就會造成傷害，在5°C中寒害發生得更快，大約只需6-8天(Cantwell and Suslow, 2013)。茄子的寒害症狀包括表皮出現下凹小點或褐色斑點、種子及果肉組織褐化等。茄子的寒害具有累積性，有時寒害症狀是由於採收前在田間遇到低溫所引起。果實在-0.8°C即會發生凍害，實際的結凍點要看可溶性固

形物的含量高低。凍害的症狀包括果肉出現水浸狀，經過一段時間後會變成褐色且脫水(Cantwell and Suslow, 2013)。

茄子果實對乙烯的敏感性屬於中高級。在貯運及短期貯藏期間如果接觸到>1 ppm乙烯，可能會出現萼片脫落、腐爛增加及褐化等問題。

以氣調或氣變貯藏或氣變運輸對茄子的果實品質沒有多少好處。低氧(3%-5%)環境可使果實劣變及開始出現腐爛的時間延遲幾天發生。茄子可以耐受10% CO_2，但是高CO_2對延長貯藏壽命的效果不會比低氧的效果好。

病害

茄子褐斑病由*Phomopsis vexans*引起，造成果實及葉片上典型圓形褐色病斑。有時在採收時沒有明顯病徵的果實，在運送過程發生果腐。早疫病(early blight, *A. solani*)主要危害葉部，於苗期造成枯梢，全生長期包括結果期都可以被感染發病。發病葉片產生輪紋狀斑點，莖部引起側枝掉落，果實發病則腐爛。本病好發於16-32°C。生長不良的植株較易罹患炭疽病(*Colletotrichum melongenae*)，在果表造成凹陷小點與病斑。炭疽病發生溫度為13-35°C，但以27°C及93% RH或以上的溼度最適合。由*Verticillium alboatrum*危害植株維管束系統造成黃萎病，罹病株生長小、受抑制、變黃，最終下位葉落葉及植株死亡；本病好發溫度為13-30°C。菸草輪點病毒(tobacco ring spot virus, TRSV)造成植株葉片變黃，發病嚴重會造成植株死亡；

輪作可降低本病的影響。劍線蟲(dagger nematode, *Xiphinema* spp.)是菸草輪點病毒的媒介。果實採收後最嚴重的病害有黑黴病(black mold rot, *Alternaria* spp.)、灰黴病(gray mold rot, *Botrytis* spp.)、根黴菌引起的hairy rot(*Rhizopus* spp.)及褐斑病(*Phomopsis* rots)(Aguiar *et al.*, 2013)。

蟲害

茄子有許多害蟲，一些最嚴重的是葉蟎(spider mites, *Tetranychus* spp.)、桃蚜(green peach aphids, *M. persicae*)、椿象(lygus, *Lygus* spp.)、金花蟲(flea beetles, *Chrysomelidae* sp.)及叩頭蟲 (wireworms, *Elateridae* sp.)。葉蟎在高溫期危害特別嚴重。金花蟲只危害幼株，是早季害蟲。在開花期，椿象危害花部，引起落花。根瘤線蟲(root knot nematodes, *Meloidogyne* spp.)造成萎凋及葉黃化(Aguiar *et al.*, 2013)。

番茄
TOMATO

茄科作物除馬鈴薯外，番茄栽培最廣；其果實酸甜又有風味，廣受大眾喜愛。番茄原產於南美洲西部，但在原產地的飲食及經濟重要性遠落後於世界其他地區；番茄引入各地後，就在當地適應。

起源和歷史

由野生種的分布來判斷，栽培種番茄的起源種(progenitor)應原產於南美洲沿厄瓜多、祕魯及一部分智利北邊的狹長、乾燥、熱帶沿海地區。野生的櫻桃番茄(*Solanum lycopersicum* var. *cerasiforme*)是栽培種番茄最可能的直接原始種，分布於厄瓜多、祕魯到全熱帶美洲；可能是由墨西哥南邊維拉克魯斯州(Vera Cruz)及普埃布拉州(Puebla)的原住民所馴化(Peralta and Spooner, 2007)。

歐洲人原本並不知道番茄，是早期到墨西哥的探險者收集番茄，並帶回歐洲。這些番茄是從墨西哥而不是安第斯地區收集的樣本；而且「tomato」這個名字被認為是墨西哥的納瓦特爾語(Nahuatl)(Peralta and Spooner, 2007)。

在西元1554年，義大利就栽培番茄作為食物，當地稱為「金色蘋果」(porni di oro, golden apple)，顯示當初引去的番茄是黃色果實。在法國、美洲殖民地及其他歐洲國家栽種番茄作為奇特的觀賞植物，稱之為「love apple」，而不是當成食用植物。在英語系國家可能因為番茄與致命的癲茄(nightshade)都是茄科植物，而認為番茄有毒。番茄的葉與未成熟的果實含有毒性的番茄植物鹼(tomatine)。直到西元1800年後才知道番茄沒有毒，特別是在西元20世紀時，迅速發展為食用作物，在世界各地栽培(Peralta and Spooner, 2007)。

植物學及生活史

番茄(*Solanum lycopersicum*)在熱帶地區是短期多年生作物，但在溫帶地方作一年生栽培。各品種的生長習性由高度非停心型到強停心型，株高範圍 0.5-2.0 m、莖粗、實心。有些矮性品種可能不到30 cm，

為奇特種。株型有直立、半匍匐、蔓性；直根系強、入土深，有時可深達1.83 m。莖、葉和果梗上的短腺毛散發特殊的氣味，葉為羽狀複葉，葉緣粗鋸齒形，平或捲曲。

花與葉對生，著生在葉與葉之間；花序為總狀或複總狀，通常一個花序著生4-12朵完全花，有些品種一花序有多達30多朵花。花的直徑約2 cm；黃色花藥連成筒狀，花冠星形。通常自花授粉，花無蜜；但有蜜蜂能授粉，異交率不等。

小花(果)梗(pedicels)離果實上端1-2 cm處有離層帶(abscission zone)，許多較新的品種沒有這離層，而具有「jointless」性狀。採果不會帶有果梗，否則當大量處理果實時，果實上的小果梗會戳破其他果實，造成採後損失(Rubatzky and Yamaguchi, 1997)。

番茄果實為肉質漿果，幼果表面微有毛茸，成熟果外表光滑。果實多為球形(globose)，但也有長圓形、梅形(plum)、洋梨形等多種果形。有些品種的果表有明顯的圓形突出，表示果實有好幾個子房。成熟果顏色有紅、粉紅、橘紅、橙、黃、紫到無色，大多都是單一純色，但也有條狀紋的果實。紅色的色素是直鏈胡蘿蔔素的茄紅素(lycopene)，其他的類胡蘿蔔素致使橙色，成熟果中只有微量葉黃素(xanthophyll，含氧類胡蘿蔔素(oxygenated carotenoid))。果實的中間色是由不同比率的色素組成，少數情況有紫色花青素(anthocyanin)，再加上果皮顏色而成。紅色的番茄是由黃色果皮加上紅色果肉；粉紅色品種是紅色果肉加上因隱性基因而無色的果皮。果肉由另一個隱性基因變成黃色，加上黃色果皮而成為鮮黃色果。若黃色果肉加上無色果皮，則果實淡黃色(Rubatzky and Yamaguchi, 1997)。

果實成熟時，心室充滿膠狀物包圍種子。果內種子多，種子扁平、淺乳黃至褐色。種子2-3 mm長，每公克種子約300-350粒。

類型與品種

美國加州大學戴維斯分校(University of California, Davis)已故的Charlie Rick教授花了60年從南美洲及中美洲收集並定性番茄種源的先驅工作，對番茄的遺傳已有相當了解。相對近期，更以現代科技將番茄的基因組定序，做更深入研究。透過傳統育種將有益的遺傳性狀轉入當今的鮮食及加工用品種，性狀包括成熟一致、授粉和著果提升、果實抗裂性、耐逆境性、高色素含量及高度著色、抗病性、矮性株型、果實固形物含量增加。

在西元1960年代，加工和鮮食用番茄都用相同的非停心型大果品種，也都以人工採收。經過50年，這兩種不同市場的番茄各自發展出極為不同的產業。自西元1960年代中葉起，經育種育成可以機械一次採收的加工用品種，當時已預期農場勞力不足(Schmitz and Seckler, 1970)。要能機械採收番茄，Jack Hanna和其他人特地育成停心型、株小、著果集中、果小而多、果皮厚、成熟一致的品種。要製成番茄糊(paste)、番茄醬(sauces)的果實必須硬而皮厚、心室要少

而且小，加上果實小，比較不會受到壓傷或撞傷。要製成番茄汁的果實必須心室較大。果實紅熟了，要能留在植株上等待採收，這是vine storage對產量至關重要。一方面果實不能自然脫落，一方面機械採收時要容易脫落。加工番茄的小果梗其附著面積小，加上具有「jointless」特性，採果完全不帶果梗(Grandillo *et al.*, 1999)。

機械採收帶來增產，在西元1960年代人工採收大果番茄的平均產量為每公頃16公噸，今日機械一次採收小果番茄產量增為110公噸/ha以上。

鮮食用番茄是大果，主要以人工採收的半停心或不停心品種，一般要整蔓、立支柱。有些地方用停心型大果品種供鮮食用，未立支柱。有些地方鮮食市場的番茄是以機械採收的綠熟中、大果品種。

在北美及西歐已開發國家，有時消費者抱怨超市賣的番茄品質不好(Bland, 2005)。這樣的不滿常被歸咎於育種者，認為他們為了使番茄有好的運輸貯藏性，而犧牲了品質；其實是番茄產地與消費市場距離遠，必須長途運輸；以美國而言，超市的蔬菜平均都運送2,400 km才到貨架販售。番茄成熟會變軟，不耐處理流程，因而採收綠熟期果實運銷，果實在運輸過程或到達目的地時後熟。有時以植物荷爾蒙乙烯處理果實，加速其轉色及軟化。但這些措施對果實品質的影響是負面的；綠熟期果實就沒有在植株上紅熟的果實有風味與香氣(Rubatzky and Yamaguchi, 1997)。最好的食用品質是當果實紅熟期，有機酸和糖含量都高，這兩項性狀決定番茄的風味

(Kader *et al.*, 1977)。因此超市番茄的品質不好是運輸系統的問題，而不是品種的遺傳。

既然番茄的品質不好，一些農友或園藝愛好者便回歸到祖傳品種(heirloom cultivars)，這些相對較少經過遺傳改良。但祖傳品種雖有品種差異，一般抗病性較差，可售果實的比率較小、果實固形物含量低、抗裂果性低、果實著色不夠，有時授粉不足。比較祖傳品種'Brandywine'與當地F-1品種'Mountain Spring'都是在植株上成熟的果實，由42個大學生參與盲檢試驗(blind comparison)，結果顯示'Mountain Spring'的味道及外觀比'Brandywine'以2:1勝出(資料未發表)。表示就地生產適宜的現代品種，在果實紅熟期才採收，是解決鮮食番茄品質不佳的方法。

為增進植株上成熟果實之硬度，以遺傳工程技術育成的'Flavr Savr'於西元1994年獲得政府許可上市，是美國第一個轉基因番茄。利用反義(antisense) RNA技術抑制番茄聚半乳糖醛酶基因(polygalacturonase gene)；此基因會降解細胞壁的成分果膠(pectin)，使果實軟化。當反義基因表達，干擾聚半乳糖醛酶的生成，而延後果實成熟。'Flavr Savr'後來因一些緣故，沒有銷售成功，於西元1997年撤出市場。類似的技術，但用的是截斷的聚半乳糖醛酶基因，也用來延緩果實軟化。

有3家公司DNA Plant Technology (DNAP)、Agritope及 Monsanto(孟山都)各自育成緩慢後熟的番茄，關閉作物的乙烯發生(乙烯是氣體的荷爾蒙，能自然觸

發果實的後熟)。3家公司的番茄都減少了乙烯的前驅物ACC。DNAP育成的番茄'Endless Summer'，干擾內生ACC合成酶(ACC synthase)。'Endless Summer'曾短暫上市，但因專利爭議及消費者缺乏興趣，已退出市場。番茄是相對容易進行遺傳工程的作物，但消費者若不願購買基因轉殖的產品，還是只能採用傳統育種技術來改進品種，至少在北美與歐洲如此。但遺傳工程技術可以增強番茄耐逆境的能力、抗蟲性、營養價值、食味和產出疫苗(Ruf et al., 2001; Goyal et al., 2007)。

自然發生的幾個「果實慢完熟」遺傳變異經過定性研究及育種，用來延長番茄貯藏壽命(Matas et al., 2009)。後熟抑制突變基因rin(ripening inhibitor)使乙烯發生少，無後熟基因nor(nonripening)則抑制乙烯發生；另一個突變基因ale則延長果實貯藏期，但對轉色較少不良影響。這些突變性狀已導入後熟較慢、耐長途運輸的鮮食用品種，如：Extended Shelf Life(ESL) group(Plunkett, 1996; Matas et al., 2009)。這些番茄能在較高的後熟度下運輸。由於rin、nor、ale這些基因是自然就有，而非遺傳工程來的，消費者的接受度較高。

在過去30年，F-1雜交品種用量增加。兩個自交系(inbred)親本經人工授粉，產生雜交種子。因此番茄雜交種子生產比開放授粉(open-pollinated)種子貴。究竟這多出的費用值不值得？特別是加工用番茄：番茄是自交作物，沒有與天然雜交作物同程度的雜交優勢(heterosis)。生產鮮食用番茄採用雜交品種較普遍，加工用番茄生產也增加使用雜交品種，因雜交品種早生、整齊、生長勢強，比OP品種產量高。

鮮食用番茄品種分為大果和小果2類。小果番茄現在有些地區再度受歡迎，在採收及運送時，小果番茄較少受損，也能以較高成熟度運銷。小果番茄可當成健康的零食消費，有多種果形與顏色。

經濟重要性及生產統計

在西元2011年，番茄為世界農產品價值第8高的作物，產量159,000,000公噸、生產面積4,751,530 ha、產值超過580億美元。主要生產國家(2011)有中國(981,000 ha)、印度(865,000 ha)、美國(146,510 ha)、土耳其(328,000 ha)、奈及利亞(264,430 ha)、埃及(212,446 ha)、伊朗(183,931 ha)、俄羅斯(117,000 ha)及義大利(103,858 ha)(FAOSTAT, 2011)。產量最高的國家為中國(4,800萬公噸)、印度(1,700萬公噸)、美國(1,300萬公噸)(FAOSTAT, 2011)。番茄的大宗世界貿易來自地中海地區、美國及中、南美洲的加工產品；而北美和歐盟國家之間有鮮食番茄的自由貿易。

在美國，鮮食番茄產業和加工番茄產業有明顯區隔；前者因價格較高而產值較大。在美國鮮食番茄市場競爭的公司為數不多，因此一家公司就可影響價格。大約不到1,000家農場生產批發市場的番茄，而控制鮮食番茄到批發及零售市場和餐飲業的運送公司不到50家(Thompson and Wilson, 1998)。此外，產業垂直鏈的整合多，公司有自己的生產者、包裝商及運輸行。

依據美國經濟研究處資料，在西元

2012年，美國鮮食番茄生產面積39,845 ha、農場價值9億美元，是所有鮮食用蔬菜中最高。其中加州的採收面積為12,758 ha，佛羅里達州12,150 ha，但加州平均產量每公頃37.2公噸，生產總量占全美產量41%(Thornsbury, 2013)。

加拿大和墨西哥是美國番茄外銷最大市場，在西元2012年，美國輸出的鮮食番茄超過66%到加拿大，到加拿大和墨西哥的總合共占輸出總量的98%。同年美國輸入鮮食番茄達140萬公噸，主要來源依次為墨西哥和加拿大(Thornsbury, 2013)。

美國鮮食番茄每人消費量持續增加了20年，年均消費量由西元1981年的5.6 kg 增至西元2012年的9.3 kg(Thornsbury, 2013)。消費增加的一些原因是：加了番茄的沙拉和三明治的消費增加，番茄能全年供應及大家對新鮮蔬菜的健康效益認知增加。

營養價值

番茄也是維生素E(α-tocopherol)、硫胺素(維生素B1)、菸鹼酸(niacin)、維生素B6、葉酸、鎂、磷、鉀、膳食纖維、維生素A、維生素C、維生素K及錳的良好來源(表11.6)。

生產栽培

番茄可在許多不同環境栽培，由近赤道處的高海拔地區到高緯度的溫帶地區都有生產。在潮溼的熱帶地區則不適合，因為容易發病、授粉不良；而在溫度低或生長期短的地方，番茄生長被限制。

◆ 地點選擇與整地

番茄適應的土壤範圍廣，由砂質土到細質黏土，還有有機物質含量高的土壤都可。土壤pH值要在5.5-7；有一致的水分供應和排水好，番茄生長最好。番茄不耐土壤積水，特別當萌發期和果實成熟期，很敏感。過多水分易引發猝倒病及根腐病。以高畦栽培可以改善潮溼黏重土的排水。使用有萎凋病(fusarium wilt)或半身萎凋病(verticillium wilt)病史的田區，要選用抗病品種。輪作可以減少發病(Le Strange et al., 2000)。

表11.6 番茄紅熟果的營養成分(USDA Nutrient Database, 2011)

成分	每100g可食部位之含量
熱能	74 kJ(18 kcal)
醣類	3.9 g
−糖	2.6 g
−膳食纖維	1.2 g
脂肪	0.2 g
蛋白質	0.9 g
水分	94.5 g
維生素	42 μg(5%)
−β-胡蘿蔔素	449 μg(4%)
−葉黃素及玉米黃質	123 μg
硫胺素(vitamin B1)	0.037 mg(3%)
菸鹼酸(vitamin B3)	0.594 mg(4%)
維生素B6	0.08 mg(6%)
維生素C	14 mg(17%)
維生素E	0.54 mg(4%)
維生素K	7.9 μg(8%)
鎂	11 mg(3%)
錳	0.114 mg(5%)
磷	24 mg(3%)
鉀	237 mg(5%)
茄紅素	2,573 μg

百分率係依據美國農業部推薦成人每日攝食量概算

◆ 根系

番茄根系龐大，多分布在上層60 cm土壤。沒有硬盤(hard pans)或地下水位低時，直根系可深入達1.8 m，因此植株有些耐旱性。但雨水不足時，需有灌溉以獲得最大產量(Rubatzky and Yamaguchi, 1997)。

◆ 灌溉

滴灌不論是在地下或地面都很有效率，在許多地方採用。起初的安裝花費高些，但一旦安裝好，滴灌需要的人力與需水量都少，且可減少病害，如：疫病(phytophthora root rot)發生，並減少雜草生長。滴灌不但保水，還可以滴灌來供應養分。其他的灌溉方法有：溝灌、地下灌溉(sub-irrigation, subbing，升高地下水位)及噴灌。噴灌用水效率低，且植株上有水，增加葉部病害發生。

用水量通常每週25-30 mm，天氣乾熱時，一天的蒸發散量可以超過10 mm。加工番茄生長中期的作物係數(crop coefficients)即作物需水量和可能蒸散量的比值，通常介於1.05-1.25(Hanson and May, 2006)。在加州，生產加工番茄要600-900 mm水量，但灌溉頻率及每次給水量各地不同。為提升加工番茄的可溶性固形物含量，在果實發育後期有時會減少灌溉。

◆ 溫度

溫暖、無霜、平均溫度超過16°C達3-4個月以上的地方，就可露地栽培番茄。低於此溫度，番茄營養生長和生殖生長都慢；一段長時間的12°C或更低溫度就會造成寒害，發病果實的細胞膜滲漏及其他代謝會異常升高(Zhao et al., 2009)。番茄不耐寒，但比番椒、茄子耐寒。番茄生長及開花適溫為日溫25-30°C、夜溫16-20°C。日夜溫差大，有利於開花、果實生長及果實品質。以18-24°C對著果最好，低於15°C或高於30°C，則著果不良。要著果好，夜溫比日溫更為關鍵(Rubatzky and Yamaguchi, 1997)。

◆ 肥料與營養

氮肥是番茄營養生長所必需，是含硝酸態氮(NO_3^-)及銨態氮(NH_4^+)的混合肥料。施肥以硝酸態氮比率較高的氮肥效果較好。要產量高，必須植株在開花前就有充分生長或夠大的株冠，才能支持果實的發育。但過多氮肥促進過多營養生長，會降低早期和其後的著果(Rubatzky and Yamaguchi, 1997)。要依據土壤測試結果施氮肥，在種植前或移植時施部分氮肥，之後再依據葉片分析結果追施氮肥。葉片分析所得數值起初高，可以促進營養生長，到開花時，植體氮濃度減低，著果後，果實長大期的植體氮濃度再增加。養分滴灌是最有效率的氮肥施用法，也可採用旁施(side dressing)法(Le Strange et al., 2000)。

番茄植株早期發育和開花，需有充足的磷；植株有充足的鉀，果實可溶性固形物含量才會高。鈣是細胞壁發育所必需，並能有助於防止果實頂腐病(blossom-end rot)發生。一般在種植前或種植時，施以促長肥可促進苗早期生長。種番茄前，通常會施磷和鉀(Le Strange et al., 2000)。

◆ 繁殖

番茄可以直播或移植；也可以扦插莖來繁殖非停心品種，不過這不普遍。種子

發芽所需最低土壤溫度為10°C，最高溫度為40°C；在25-30°C 範圍，只要種子活力中等以上，大約6-9天小苗萌發。種子滲調處理(priming treatments)能增進萌發速率，以披衣或造粒技術加上化學物或生物製劑，可提高整齊度，方便種子操作，並能配合最後栽培密度作精準播種。

加工番茄一般採用直播與相對近的株距，有時甚至一處就播好幾粒種子，以確保全面出苗，特別是容易發生結塊的土壤。每處亦不疏苗，雖然稍擠，單株果數減少，但由於整體株數多，總產量可能與其他栽培法相當或更高。另一用於加工番茄的栽培法是穴格法(plug planting)，將乾種子或已浸水的種子加入有蛭石、泥炭或其他材料，如：少量肥料、生物製劑、化學物的混合介質，然後精準地將帶有3-7粒種子的混合物播於栽培床。混合的介質像覆蓋一樣有助於防止土壤結塊，還能支持小苗初期生長。若使用高品質的種子，又有順利的播種條件，可以精準播種加工番茄，不須疏苗。

當環境條件不適於直播，又想提早生產鮮食用或加工用番茄，可用移植栽培(圖11.14)。許多品種都是F-1雜交種，雖然種子價格較高，大量使用雜交種子就會採用育苗移植技術，減少種子用量和費用。育苗技術先進，降低了生產成本。縮短田區生產期、早生、雜草防治及其他投入的減少，都是採用移植栽培的好處。

大量栽培番茄，採用無土栽培的穴盤苗已取代露地生產的裸根苗。通常是在溫室或環境條件一致的其他設施，生產穴盤苗。小苗帶有小根團，可以降低移植的逆境衝擊。田間採用移植機，甚至可以完全機械化作業。為提早生產，常採用隧道棚覆蓋。

許多地方採用番茄嫁接栽培，嫁接步驟大多與番椒嫁接通用，在本章已述。因為土壤使用化學燻蒸減少，預期北美洲地區也將增加對嫁接苗的需求。使用番茄嫁接苗的最主要原因是為增加抗病性，市面已有一些抗主要土壤病害的根砧。此外，嫁接株可能生長勢較強、整齊，還有耐鹽、根部缺氧及溫度異常等逆境(Oka et al., 2004)。

◆ 行株距

栽種距離受品種生長習性、產品用途及採收方式等因素影響。停心型植株如加工用品種之栽培距離比非停心型品種密；機械採收的加工用番茄，栽培畦寬介於150-180 cm、株距30-60 cm，栽培密度10,000-20,000株/ha。加工用番茄採用高密度栽培，以求得總產量高，果實大小並不是追求目標(Rubatzky and Yamaguchi, 1997)。

鮮食用番茄的田間栽培密度，匐地栽培(ground culture)為8,000-14,000 株/ha，立支柱栽培為6,000-8,000株/ha；栽培距離通常為株距60-75 cm、行距120-150 cm(Le Strange et al., 2000)。常用於非停心型或半停心型品種的立支柱栽培是將植株固定於柱桿，或採用繩索及立支柱系統(圖11.15)。此法是每株或每隔一株之間立一支柱，當番茄長到60 cm高時，沿栽培行拉繩索繞過每一根木柱及番茄株，提供支持；

圖11.14 鮮食番茄早季栽培，以人工移植
於覆蓋黑色塑膠布的田區(美國維
吉尼亞州Eastern Shore)。

隨植株長高、全生長期共拉3次繩索支持。

本系統足以保持果實不碰地，較易採收、增進氣流流通、增加噴灑的覆蓋面。雖立支柱增加人力成本，但產量較高、病害較少、果實品質較好。停心型鮮食用品種也有種在以塑膠布覆蓋，但無支柱的匐地栽培系統，產量不如非停心性品種。

◆ 開花著果

通常以日溫21-30°C、夜溫15-21°C有利於授粉。有許多品種在32°C日溫時著果減少，40°C時幾乎不著果。高溫有礙花粉產生及散布，並對胚珠活性不利(Ho and Hewitt, 1986)。乾熱的風有同樣不良影響；低溫及高溼、及／或低光度限制花粉脫落。溫度15°C或以下，大大抑制花粉生成及其功能，低溫也能降低胚珠活性。

柱頭可以接受花粉的效期為4-7天，花柱在花藥筒內伸長，與花藥開裂、花粉釋出同時。視溫度而定，授粉後約48小時內受精；著果對溫度最敏感的時候是開花前5-10天至開花後2-3天。光強度高可以加速許多品種開花，低光度則限制營養生長，也可能延後開花。適當的營養生長應於開花前達成，才能支持最高果實發育及最少落果。一旦生殖生長開始，果實成為主要的光合積貯(photosynthetic sink)，而較少供給營養生長。發育不良的植株產量低；光度低加上高夜溫造成過度營養生長，與果實競爭同化產物。低光度加上夜溫低於10°C或高於27°C，會造成綠果脫落(Rubatzky and Yamaguchi, 1997)。有些品種如'Solar Set'能在不利的溫度下著果。

天氣冷時，若用植物荷爾蒙如吲哚乙酸(indoleacetic acid, IAA)、對氯苯氧乙酸(para-chlorophenoxyacetic acid, 4-CPA)、萘乙酸(naphthalene acetic acid, NAA)噴施於花，可增著果。所得果實可能是完全單偽結果或部分單偽結果，表現空心果(puffy)，因其心皮沒有正常充滿。可以噴施生長調節劑 —— GA加著果荷爾蒙，使果實正常發育。

◆ 果實後熟

番茄和網紋甜瓜相同，都是更年型果實。番茄果實的後熟是在自然情況下受到氣態植物荷爾蒙「乙烯」的啟動(Brady, 1987)。大多數番茄果實視品種不同，在開花32-60天後發育達到成熟。溫度對果實後

圖11.15　夏季田間鮮食用番茄栽培，地面塑膠布覆蓋、加立支柱再拉繩索(美國維吉尼亞州)。在植株間用氣槍槌釘下木柱，以後再拉繩索繞過每一番茄株及木柱，保持植株直立生長。地面白色塑膠布覆蓋可使土壤冷涼。

熟的速率有很大的影響。在前面章節中所提到的「溫度—天數」計算公式有時也用來規劃加工番茄的種植與採收。最適於番茄果實發育成熟與轉色的溫度是20-24°C。在適合的溫度中後熟，紅色的茄紅素(lycopene)甚至在黑暗中也會形成；不過光照可以加速顏色的形成並增加其色度。在高於32°C或低於10°C，茄紅素生成受到的抑制比其他類胡蘿蔔素更為強烈；在這種過高或過低的溫度中，成熟的番茄果實會發育為黃色或橘色，而非正常的深紅色。在溫度高於40°C，番茄果實維持綠色，因為在此高溫中葉綠素不再崩解。溫度低於10°C時，後熟反應基本上停止，然後出現寒害(Brady, 1987)。

對大多數的番茄品種而言，果實後熟時除了色澤改變及果實軟化外，還伴隨著糖類及有機酸含量的增加，這都是果實在更年期會發生的反應。除了果實中含有的有機酸外，醣類及香氣化合物逐漸增加，使果實發展出後熟時獨特的風味及香氣(Kader *et al.*, 1977)。

◆ 採收與運銷

　　番茄從田間定植起到第一次採收所需的時間視品種與生長條件而不同，通常從最短的55天到最長的125天不等。目前在全美各地，基本上所有的加工用番茄都是採用機械採收，另包括一部分供應鮮果市場的綠熟番茄(圖11.16)。

　　世界上一些主要的番茄生產國家也開始採用機械採收。現代化採收機械都配備了電子式的顏色選別設備，可以自動去除劣等果、未熟果及其他雜物。機械採收的果實都以很大的容器裝運，並通常在24小

時內即進行加工作業；因此採收造成的物理性傷害，除了很嚴重的之外，不會對加工產品造成影響。

供應鮮食市場的番茄是在達到生理成熟後採收，其成熟度從綠熟到全紅階段都有。在許多供應鮮食番茄的包裝廠中，會以含氯的水來清洗番茄果實，以除去泥土並控制採後病害。當使用冷水清洗時，果實的採後腐爛率往往會增加，這是因為受到汙染的水從果梗端被吸入果實中。不過當使用與果實溫度相同或更高的溫水清洗時，汙染的水就不會被吸入果實中。採收後迅速冷卻對維持番茄果實最佳的採後品質是很必要的。預冷時的目標溫度通常是12.5°C。壓差預冷的效果最好，但比較常被使用的是室內冷風(Le Strange *et al.*, 2000)。

鮮食用的番茄在包裝前要做分級，使果實的大小一致，品質整齊。番茄的品質標準主要是以形狀一致，沒有任何在生長及採後處理時發生的缺點為原則。在一些包裝廠中，大小選別是用機械式分級機，顏色選別則是用電子式選別機。有些時候，番茄果實會上蠟或用塑膠薄膜包覆以降低失水。美國農業部的分級標準(US grade)是將番茄分為4級：No. 1、Combination、No. 2、No. 3。番茄的外觀色澤依後熟程度分為6個階段，分別是綠熟(green)、一點紅或轉色期(breakers)、半紅或變色期(turning)、粉紅(pink)、淺紅(light red)、全紅(red)。不同等級間的主要差別是以外觀品質有無擦壓傷以及果實硬度為判別基礎。高品質番茄應具有該品種應有的果實形狀，果實的色澤可以是橘紅到深紅色，色澤的強度一致，且在果實中的分布要均勻，果實沒有任何綠肩(green shoulder)

圖11.16 機械採收加工用小果番茄。

或其他後熟不正常狀況。優質番茄的外觀應該很光滑，果頂(blossom-end)及果梗端(stem-end)的痕(scar)很小，裂果(cracks)、貓臉果(cat-facing，又稱開窗果或頂裂果，果頂出現畸形生長)、拉鍊紋(zippering)、日燒(sunscald)、昆蟲咬斑及機械傷害等。最高等級的果實應有一定的硬度，不會因過熟而容易擠壓變形(Le Strange et al., 2000)。

　　綠熟與全紅的番茄果實雖然在果實硬度上差異很大，但他們都已發育至生理成熟，果實中的種子都已具有發芽的能力。果實色澤轉完全與果實變軟有很高度的相關性，所以「紅熟」與「果色完全發育」2個用語常常被混用。番茄果實要在哪一個外觀色澤階段採收是依據處理方法及利用目的來決定。需要運送到遠處市場或不需立即食用的果實，通常在綠熟或一點紅的階段採收，果實會在運輸過程或貯藏期間進行後熟轉色。綠熟或一點紅熟度的番茄果實具有較佳的硬度，比全紅軟熟的果實更耐採後處理作業。若番茄的採後貯運時間並不很長，可以採收轉色期或粉紅階段的果實(Le Strange et al., 2000)。耐貯藏的長壽番茄品種(ESL cultivars)比較適合做長途運輸，果實開始轉色即可採收，因為這種番茄的軟化速度較慢。

◆採後處理與貯藏

　　造成番茄果實運銷損耗的主要原因經常是質地太軟造成採後劣變。粗糙的處理操作、包裝容器設計不良以及果實暴露在炎熱與乾燥的環境中，也都會造成果實的損耗。番茄果實在低於10°C的溫度中貯藏超過2週，或在5°C中貯藏超過6-8天會發生寒害。寒害會使番茄果實無法後熟或無法完全轉色及形成正常的風味，有時會出現只有部分區域後熟的不規則轉色(雜斑果，blotchy)，另外還有果實提早軟化，表面出現下凹斑點(pitting)，種子褐化，腐爛率(特別是由Alternaria spp.引起的黑腐病)增加(Snowden, 2014)。番茄的寒害具累積性，可能是因為採收前於田間遇到低溫所引起。番茄的最適貯藏相對溼度是90%-95% RH，在此環境下可以減少失水，並維持果實品質在最佳狀況。如果在更高的溼度下長時間貯放，或是果實上有水分凝結，都可能引起果梗痕及果實表面有黴菌生長。

　　綠熟番茄在12.5-15°C最多可貯藏14天，經催熟處理後果實會正常的轉色，風味也不會有任何損失。綠熟番茄若貯藏超過2個星期，果實的腐爛率會增加。當果實達到紅熟硬果期時，可在7-10°C有8-10天的櫥架壽命。有時番茄也用更低的溫度來做短時間貯藏或運輸，不過經過幾天之後果實就會發生寒害。正常的番茄果實後熟溫度是18-21°C與90%-95% RH。在運輸時為了使後熟速度減緩通常會採用14-16°C(Rubatzky and Yamaguchi, 1977)。

　　乙烯會促進果實轉色與質地軟化(Brady, 1987)，當果實達到綠熟或略超過綠熟階段，外施乙烯處理可以加速果實後熟；處理方法是在密閉的後熟室中，用100-150 ppm乙烯處理果實。乙烯催熟處理的最佳條件是在20-21°C及85%-90% RH中處理12-24小時。

　　氣調貯藏或氣調運輸對番茄有一些良好效果。綠熟番茄在13°C、3% O_2及97% N_2

的大氣中貯藏6週，在完熟後風味及其他品質沒有明顯的改變。3%-5%的低氧環境可以延遲果實後熟及果實表面及果梗痕上黴菌的生長，但對果實的官能品質沒有嚴重影響。曾有報告指出在4% O_2、2% CO_2 及5% CO的大氣中，番茄的貯藏壽命可達7週。在大多數情況下，綠熟番茄在催熟前，以3% O_2及0%-3% CO_2的大氣貯藏可使果實保有良好的品質達6週。二氧化碳濃度高於3%-5%會對大多數品種造成傷害。低氧(1%)的環境則會引起異味、不良氣味、內部褐變及其他缺點。

◆ 溫室栽培

設施如溫室或隧道棚提供環境調節功能，可以生產鮮食用番茄(圖11.17)。許多地方因氣候限制，不能在露地栽培番茄，必須使用溫室或其他設施；如有些地方土壤不良、雨水不足，即使在正常生長季，也需靠溫室提供適合的環境。在溫室生產番茄，比田間產量高、品質好(Cook and Calvin, 2005)。

在中國、日本和一些歐洲國家，溫室番茄栽培還是重要產業(Cook and Calvin, 2005)。歐、美一些主要生產國包括西班牙12,146 ha、荷蘭4,615 ha、英國/威爾斯1,215 ha、加拿大344 ha、墨西哥304 ha及美國263 ha(Peet and Welles, 2005)。加拿大生鮮番茄估計90%是溫室生產；墨西哥的番茄溫室栽培持續增加，占全國8% 生產量(Cook and Calvin, 2005)。

設施生產需有密集的栽培措施，與田間栽培不同。所用介質很多樣，包括：土壤、泥炭、合成土壤、發酵堆肥、草捆包(straw bales)、砂、岩棉；介質上還可放滴水管做養分滴灌。要注意根域需有良好通氣。

在養液薄膜法(nutrient film technique, NFT)，番茄根部浸在循環流動的淺層養液中，地上部立有支柱；不一定要持續流動，但流動頻率要足夠，提供植株養分和水。所用肥料及/或營養液要仔細監控其礦物質含量、pH以及是否有病菌汙染。採用核准的介質和其他材料，就可能得到認證的有機溫室番茄生產。

番茄可以水氣耕(aeroponics)栽培，根懸在空氣中，對根部做養液噴霧(Peterson and Krueger, 1988)。根部有屏蔽，水霧噴到根上而凝結，就提供水和營養給植株。這種系統對空間和水資源都有限的地方是有助益的。但一有機械故障就會快速破壞植株，因為沒有土壤可緩衝快速的水分或營養變化。

經由育種，已為溫室環境育成特殊非停心型品種，能在極端溫度和光照條件下生長、結果和發育。在北美市場常以成串番茄上市，標明是植株上成熟的番茄(tomatoes-on-the-vine)，屬新鮮、自然又特別的識別。

溫室栽培幾乎皆以移植法，播種會占用溫室寶貴的空間和時間，而且使用的F-1雜交種子較貴。植株密度以3-4株/m² 為宜，於生長初期溫室日溫維持15-21°C、夜溫14-17°C。當開花及果實發育期，日溫提高為18-30°C、夜溫14-17°C。夜溫需保持在13°C以上，以避免寒害；土壤溫度要維持高於14-15°C(Rubatzky and Yamaguchi, 1997)。

溫室光度不足，且日光週期短時，就要補加光；加熱及補光的能源消耗是主要生產成本。目前已發展出許多節能措施，包括雙層玻璃(double-wall polymer glazing)、隔熱毯(thermal blankets)減少夜間輻射損失、LED光、直接空氣加熱及反光塑膠布覆蓋。

當氣溫升高，要通風以降低溫度，必要時，還要降低相對溼度。低光造成生產限制，盡量不要讓透光率被限制。二氧化碳濃度低，造成光合作用降低；當溫度及／或光不是限制因素，增加CO_2濃度可以增加光合作用。CO_2濃度可升高為比正常空氣濃度的300 ppm大2-3倍。

由於溫室內的風及昆蟲活動都不夠，植株自花授粉也不好。一般植株或花要有震動來釋放花粉，可用手持式電動授粉棒(electric pollinator wands)、震動系統、吹葉機或熊蜂授粉(Greenleaf and Kremen, 2006)。最佳授粉時間是日正當中；一般溫室生產不施用荷爾蒙來幫助著果，以免損害品質。

整枝(vine training)與修剪(pruning)是增進葉果比的重要管理措施，也能增進透光量、通氣性、病害控制及採收容易。修剪可控制果實大小及開花。一般在溫室生產期為3-5個月或更長，整枝是持續性的作業，植株以自溫室頂上垂下的鐵絲、繩支持生長，以最大利用光和空間。

在番茄生產期中，要注意病害蟲害的發生及控制，以免蔓延迅速。於溫室不用土壤栽培番茄，而是使用無病的介質或水耕(hydroponics)。

蟲害與病害一樣麻煩，需要迅速採

圖11.17　夏季在溫室生產的番茄(以色列)。溫室生長環境適合作物生長，由溫室上方提供植株支持系統並整枝。

用防治方法；溫室的封閉環境使生物防治可行，例如：採用寄生性和捕食性的天敵昆蟲、殺蟲肥皂、誘捕、綜合防治(IPM programs)及良好衛生作業，可以控制溫室害蟲，如：粉蝨(whitefly)、薊馬(thrips)、蟎類(mites)和蚜蟲。

生理障礙

引起番茄果實異常的非寄生性因素多為環境因素，如：缺水、營養不足、過低或過高的溫度；這種生理障礙也與品種特性有關。生理障礙包括果頂腐敗病(blossom-end rot)，果實上的病徵為黑褐色凹陷壞疽；此病在土壤水分不足、局部鈣濃度不足時最易發生，發病也與品種有關(Snowdon, 2010)。

雜斑病(blotchy ripening)果實著色不良，果壁呈現白、粉紅或黃色斑塊，有時呈現褐色。果實組織硬。發病原因與養分及冷涼有關。internal browning (IB)是果壁維管束組織變色，gray wall(GW)是果壁組織有變色區塊；另有一種果實不規則著色是因粉蝨吸食產生的毒素引起(Snowdon, 2010)。

凍傷(freezing injury)係果實於-1°C環境造成，與可溶性固形物含量有關聯。其症狀是果實呈現水浸狀、過軟、心室果膠乾涸等。

其他果實異常有拉鍊果(zipper)，果實膨大時，花部黏著於果表造成；空心果(fruit puffiness)因授粉不良，造成胎座與果壁之間空隙大。開窗果、頂裂果(catface)也是因低溫或高溫造成的授粉不良，心室

果膠不充實。開窗果症狀為心室形成不一致、不對稱，自果蒂至果頂的側面接線處有不規則的嚴重裂開，是木栓化花痕，看起來像貓臉而得名。有些品種如‘Beefsteak’、‘Ponderosa’因為花柱長，柱頭常伸出於花粉管外，降低授粉效率，常易發生開窗果。光度低也會使一些品種產生開窗果或頂裂果。放射狀裂果(radial cracking)屬於遺傳性狀，大多現代品種經過改良，已無此性狀；但有些祖傳品種仍有此問題。環狀裂果(concentric fruit cracking)由雨水聚集於果梗周圍、果肩處，果皮細胞與果肉細胞的膨大速率不均衡造成。許多現代品種已有抗裂果的遺傳性狀。綠肩果是果實成熟時，果肩仍保持綠色、不轉紅色，且不變軟。後熟一致(uniform ripening)基因抑制綠肩果的發生，許多現代品種有此基因。日燒果的發生係因陽光直射，果壁細胞因高溫致死，果表變白凹陷。

雜草管理策略

在番茄生長初期即有雜草競爭，損害最大。常用的雜草控制法有塑膠布覆蓋、有機物覆蓋(organic mulch)、太陽曝晒(solarization)、機械或人工中耕、燻蒸及使用選擇性殺草劑(Stall and Gilreath, 2002)。在有些地區，菟絲子(dodder, *Cuscuta* spp.)及列當屬雜草(broomrape, *Orobanche ramosa*)是很難防治的寄生性番茄雜草。那就要採用番茄苗移植栽培，移植前田區先清耕(clean cultivation)，比較容易防治雜草。採取輪作也可有效減少雜草問題，輪

作改變了雜草喜歡的環境，或者允許採用不同的雜草防治法。溫帶地區以苜蓿(alfalfa, *Medicago sativa*)與番茄輪作，因苜蓿需要收割多次，可減少一些雜草；玉米也是理想的輪作作物，有些用於玉米的殺草劑能控制龍葵(*Solanum nigrum*)、田旋花(field bindweed, *Convolvulus arvensis*)等雜草，玉米亦非菟絲子的寄主(Stall and Gilreath, 2002)。

在有些地區，土壤經太陽曝晒後可以防治許多土壤性病害、線蟲和雜草。防止雜草種子進入生產田區或田區附近，可以減少下一作的雜草族群。在播種或移植苗前10-14天先做好植床，使先發的雜草以淺中耕或非選擇性殺草劑來控制。當番茄苗達10 cm高時，沿著播種行進行淺中耕產生一層乾土覆蓋(dry mulch)，以防止雜草種子發芽，也會抑制小草苗(Stall and Gilreath, 2002)。

病害

番茄有許多病害。青枯病(bacterial wilt, *R. solanacearum*)是溼熱地區的嚴重病害，推薦的防治方法包括長期輪作、栽培抗病品種及維持田間衛生，如隨時拔除病株並攜出銷毀；並無有效的化學藥劑。細菌性斑點病(backterial spot, *X. vesicatoria, X. campestris*)可由種子傳遞，好發於冷涼、多雨期。這些病害危害花、葉及莖部，但不發生於成熟果。防治方法包括噴施銅劑(如：嘉賜銅農藥)、種植抗病品種、使用無病的健康種子與健康苗，但抗病品種目前只針對某些菌系(strains)，並不能對抗所有菌系。其他細菌性病害還有潰瘍病(canker, *Clavibacter michiganensis* subsp. *michiganensis*)，是種媒病害，在溫室傳播快速；採用無病種苗為最重要的防治法。其他病害包括細菌性葉斑病(bacterial speck, *Pseudomonas syringae* pv. *tomato*)、細菌性軟腐病(bacterial soft rot, *E. carotovora* subsp. *carotovora*)、髓壞疽病(pith necrosis, *Pseudomonas corrugata*)及葉部斑點病(syringae leaf spot, *Ps. syringae* pv. *syringae*)(American Phytopathological Society, 1991)。

重要的番茄真菌病害包括早疫病(early blight, *A. solani*)、黑黴病(black leaf mold, *Pseudocercospora fuligena*)、葉黴病(leaf mold, *Mycovellosiella fulva*)、白粉病(powdery mildew, *Leveillula taurica*)、白絹病(southern blight, *Corticium rolfsii*)、灰黴病(Botrytis blight, *Botrytis cinerea*)和番茄斑點病(target spot, *Corynespora casiicola*)。萎凋病(Fusarium wilt, *F. oxysporum*)和半身萎凋病(Verticillium wilt, *Verticillium dahlia*)是土傳病害(soil-borne diseases)，危害植株維管束組織；可藉由輪作及燻蒸來防治。有些品種對病原菌的一些生理小種(races)有抗病性。疫病(phytophthora root rot, *Phytophthora parasitica, Ph. capsici*)可於全生長季感染番茄植株；最好的防治法就是避免田區溼度長時間飽和。木栓化根(corky root, *Pyrenochaeta lycopersici*)是有些地區的病害，要避免太早種在低溫的土壤。晚疫病(late blight, *Ph. infestans*)好發於溼度高的環境，在陰冷降雨期發病最嚴重。可由地面施藥來保護果實。在秋季於田區施用

殺菌劑以減少黑黴病(或稱莖枯病，black mold, *Alternaria alternata*)危害(American Phytopathological Society, 1991)。

番茄有許多病毒病害，危害程度由不明顯到很大的產量損失。依不同的病毒種類，傳遞方式有直接接觸感染或由媒介昆蟲感染，媒介昆蟲包括蚜蟲、粉蝨及薊馬等。最常見的病毒病有曲頂病毒病(curly top)、胡瓜嵌紋病毒病(cucumber mo-saic)、菸草嵌紋病毒病(tobacco mosaic)、菸草蝕刻病毒病(tobacco etch)、馬鈴薯Y病毒病(potato Y)。在有些地區還有番茄斑點萎凋病毒(tomato spotted wilt)、菸草條紋病毒(tobacco streak)。其他感染番茄的病毒尚有由粉蝨傳遞的gemini viruses、菸草捲葉病毒(tobacco leaf curl virus)、菸草輪點病毒(tobacco ringspot virus)。如有抗病毒品種就是最好的防治法；及早防治媒介昆蟲及田間衛生措施都是有效的防治方法(American Phytopathological Society, 1991)。

採收後發生的病害造成的損失程度依季節、地區及採收處理的措施而不同。真菌造成的果腐或果表斑塊有黑黴病(black mold rot, *A. alternata*)、灰黴病(gray mold rot, *B. cinerea*)、由傷口感染的酸腐病(sour rot, *Geotrichum candidum*)以及由酒麴菌屬(*Rhizopus*)真菌造成的灰白色腐敗(Rhizopus rot, *Rhizopus stolonifer*，病原菌為匐枝根黴或黑麵包黴)。細菌性軟腐病(bacterial soft rot, *Erwinia* spp.)可以是嚴重病害，特別當採收時及包裝廠的衛生管理不良時，就會發生。以熱空氣或55℃熱水浸泡果實0.5-1.0分鐘可以防止果表發黴。氣調貯藏能

延緩果梗端及果表的真菌生長。於溫室生長、在植株上成熟才採的串收番茄(cluster tomatoes)，如果以薄膜和盤包裝，很容易發生灰黴病。一般採收後常用的防治方法包括：妥當的衛生措施(將有病的果實留在田區，或於載運、貯藏前挑除)、用加氯的水清洗、UV光處理、殺菌劑處理、控制清洗的水溫等(Snowdon, 2010)。

蟲害及線蟲

番茄有許多蟲害，並依地方而異(Kennedy, 2003)。一些主要的害蟲包括番茄夜蛾(tomato fruitworms, *Helicoverpa armigera*, *Helicoverpa zea*)和斜紋夜蛾、甜菜夜蛾(armyworms, *Spodoptera* spp.)都具破壞性，囓食果實，造成嚴重損失。自然存在的天敵有赤眼卵蜂(*Trichogramma* spp.)，為卵寄生性，姬蜂(*Hyposoter exiguae*)為幼蟲寄生性，大眼長椿(bigeyed bug)和花椿(minute pirate bug)為捕食性，都可用於番茄夜蛾的生物防治。噴施蘇力菌(Bt)及賜諾殺(水懸劑，spinosad, Entrust formulation)對防治多種番茄害蟲都有效果，通常有機認證可以接受。除蟲菊精類及/或昆蟲生長調節劑可以防治夜盜蟲及椿象類(stink bugs，臭椿(*Euschistus conspersus*)、綠椿(*Nezara viridula*))，但除蟲菊精類為廣效性作用，也會誤殺有益的昆蟲。綜合防治(IPM)監控系統已在許多產地展開，以定啟動夜蛾、夜盜蟲防治系統的處理閾值。番茄不要種在靠近其他寄主處，如：玉米、棉花。

棉蚜(cotton aphid, *Aphis gossypii*)是乾旱期的重要害蟲，會媒介胡瓜嵌紋病毒

(cucumber mosaic virus)。銀葉粉蝨(silverleaf whitefly, *Trialurodes argentifolii*)及甘藷粉蝨(sweetpotato whitefly, *Bemisia tabaci*)都是嚴重的害蟲，還會媒介番茄黃化捲葉病毒(tomato yellow leaf curl virus)。薊馬，特別是西方花薊馬(*Frankliniella occidentalis*)是溫室重要害蟲，會媒介番茄斑點萎凋病毒(tomato spotted wilt virus)。其他重要果實病害有盲椿(tarnished plant bug, *Lygus hesperus*)、馬鈴薯蠹蛾(potato tuber moth, *Phthorimaea operculella*)及番茄蠹蛾(tomato pinworm, *Keiferia lycopersicella*)。重要葉部蟲害有beet leafhopper (*Neoaliturus tenellus*)、桃蚜(green peach aphid, *M. persicae*)、菸草天蛾(tobacco hornworm, *Manduca sexta*)、番茄天蛾(tomato hornworm, *Manduca quinquemaculata*)、潛葉蠅(leafminers, *Liriomyza sativae*及其他種類)、尺蠖類幼蟲(looper caterpillars, *Autographa californica*, *Trichoplusia ni*)、馬鈴薯長管蚜(potato aphids, *Macrosiphum euphorbiae*)、番茄瘦蟎(tomato russet mite, *Aculops lycopersici*)、葉蚤類(flea beetles, *Epitrix hirtipennis*及其他種)及叩頭蟲(wireworms, *Limonius* spp.)(Kennedy, 2003)。

　　番茄苗期的主要害蟲有葉蚤類(flea beetles, *Epitrix* spp.)、擬步行蟲(darkling ground beetles, *Blapstinus* spp.)及切根蟲(cutworms, *Peridroma*和*Agrotis* spp.)，但在移植時或已在田間生長後，很少造成問題。有時garden centipede(*Scutigerella immaculata*)危害小苗。根瘤線蟲(root rot nematodes, *Meloidogyne incognita*及其他種

類)使根部形成腫狀瘤，防治方法有輪作、種植抗病品種或採用土壤燻蒸。

參考文獻

1.　Aguiar, J., Molinar, R. and Valencia, J. (2013) Eggplant Production in California. Publication #7235. Available at: http://anrcatalog.ucdavis.edu/pdf/7235.pdf (accessed 14 November 2013).

2.　Almekinders, C.J.M., Chujoy, E. and Thiele, G. (2009) The use of true potato seed as pro-poor technology: the efforts of an international agricultural research institute to innovating potato production. *Potato Research* 52, 275-293.

3.　American Phytopathological Society (1991) *Compendium of Tomato Diseases.* APS Press, St. Paul, Minnesota.

4.　Andrews, J. (1998) *The Pepper Lady's Pocket Pepper Primer.* University of Texas Press, Austin, Texas.

5.　Batra, S.W. (1993) Male-fertile potato flowers are selectively buzz-pollinated only by *Bombus terricola* Kirby in Upstate New York. *Journal of the Kansas Entomological Society* 66, 252-254.

6.　Berry, R.E., Reed, G.L. and Coop, L.B. (2000) Identification & Management of Major Pest & Beneficial Insects in Potato. Publication No. IPPC E.04-00-1. Available at: http://ippc2.orst.edu/potato (accessed 29 December 2011).

7. Bevacqua, R.F. and VanLeeuwen, D.M. (2003) Planting date effects on stand establishment and yield of chile pepper. *HortScience* 38, 357-360.

8. Bland, S.E. (2005) Consumer acceptability of heirloom tomatoes. MS thesis. The University of Georgia, Athens, Georgia.

9. Boldt, P.F. (1976) Factors influencing the selectivity of U-compounds on yellow nutsedge. MS thesis. Cornell University, Ithaca, New York.

10. Bosland, P.W. (1996) Capsicums: Innovative uses of an ancient crop. In: Janick, J. (ed.) *Progress in New Crops.* ASHS Press, Arlington, Virginia, pp. 479-487.

11. Bradford, K.J., Steiner, J.J. and Trawatha, S.E. (1990) Seed priming influence on germination and emergence of pepper seed lots. *Crop Science* 30, 718-721.

12. Brady, C.J. (1987) Fruit ripening. *Annual Review of Plant Physiology* 38, 155-178.

13. Brown, C.R. (1993) Proceedings of the symposium past, present and future uses of potatoes origin and history of the potato. *American Journal of Potato Research* 70, 363-373.

14. Burden, D. (2012) Bell and chili peppers profile. Available at: www.agmrc.org/commodities_products/vegetables/bell_and_chili_peppers_profile.cfm (accessed 15 December 2013).

15. Burton W.G. (1966) The Potato, 2nd edn. Wageningen Veenman, Rotterdam, the Netherlands.

16. Cantliffe, D.J. (2009) Plug transplant technology. *Horticultural Reviews* 35, 397-436.

17. Cantwell, M. (2013a) Chile Pepper: Recommendations for Maintaining Postharvest Quality. Available at: http://postharvest.ucdavis.edu/pfvegetable/chilepeppers (accessed 18 November 2013).

18. Cantwell, M. (2013b) Bell Pepper: Recommendations for Maintaining Postharvest Quality. Available at: http://postharvest.ucdavis.edu/pfvegetable/bellpepper (accessed 18 November 2013).

19. Cantwell, M. and Suslow, T.V. (2013) Eggplant, Recommendations for Maintaining Postharvest Quality. Available at: http://postharvest.ucdavis.edu/pfvegetable/eggplant (accessed 18 November 2013).

20. Cao, W. and Tibbitts, T.W. (1994) Phasic temperature change patterns affect growth and tuberization in potatoes. *Journal of the American Society for Horticultural Science* 119, 775-778.

21. Capinera, J.L. (2005) Pepper Weevil, Anthonomus eugenii Cano (Insecta: Coleoptera: Curculionidae). *Entomology and Nematology Department Document ENY-278,* Florida Cooperative Extension Service, Institute of Food and Agricultural Sciences, University of Florida, Gainesville, Florida.

22. Chen, H.H. and Li, P.H. (1980) Biochemical

changes in tuber-bearing Solanum species in relation to frost hardiness during cold acclimation. *Plant Physiology* 66, 414-421.

23. Cichewicz, R.H. and Thorpe, P.A. (1996) The antimicrobial properties of chile peppers (*Capsicum* species) and their uses in Mayan medicine. *Journal of Ethnopharmacology* 52, 61-70.

24. Clark, C.F. and Lombard, P.M. (1951) Descriptions of and key to American potato varieties. *United States Department of Agriculture Circulars* 741, 50.

25. Colla, G., Rouphael, Y., Cardarelli, M., Temperini, O., Rea, E., Salerno, A. and Pierandrei, F. (2008) Influence of grafting on yield and fruit quality of pepper (*Capsicum annuum* L.) grown under greenhouse conditions. *Acta Horticulturae* 782, 359-363.

26. Collins, W., Witcombe, J., Lenne, J. and Eden-Green, S. (2000) Workshop on Transgenic potatoes for the benefit of resource-poor farmers in developing countries. In: Lizárraga, C. and Hollister, A. (eds) *Proceedings of the International Workshop on Transgenic Potatoes for the Benefit of Resource-poor Farmers in Developing Countries.* International Potato Center (CIP), Lima, Peru, pp. 5-8.

27. Cook, R.L. and Calvin, L. (2005) *Greenhouse tomatoes change the dynamics of the North American fresh tomato industry* (No. 3). United States Department of Agriculture, Economic Research Service, Washington, DC.

28. Curwen, D., Kelling, K.A., Schoenemann, J.A., Stevenson, W.R. and Wyman, J.A. (1982) *Commercial Potato Production and Storage.* Publication A2257. University of Wisconsin Cooperative Extension, Madison, Wisconsin.

29. Davis, G.N. (1949) *Growing Potatoes in California.* College of Agriculture, University of California, California.

30. DeWitt, D. and Bosland, P.W. (1996) *Peppers of the World. An identification guide.* Ten Speed Press, Crown Publishing, New York, 219 pp.

31. FAOSTAT (2011) Online Database of Crop Production Statistics 2011. Available at: http://aostat.fao.org/site/567/DesktopDefault.aspx?PageID=567 (accessed 27 December 2011).

32. Funderburk, J., Olson, S., Stavisky, J. and Avila, Y. (2004) Managing Thrips and Tomato Spotted Wilt in Pepper. Available at: http://edis.ifas.ufl.edu/in401 (accessed 31 December 2013).

33. Gil Ortega, R., Gutierrez, M. and Cavero, J. (2004) Plant density influences marketable yield of directly seeded 'Piquillo' pimiento pepper. *HortScience* 39, 1584-1587.

34. Gleick, P.H. (2000) Water for Food: How Much Will Be Needed? In: Gleick, P.H. (ed.) *The World's Water.* Island Press,

Washington, DC, pp. 63-91.

35. Goyal, R., Ramachandran, R., Goyal, P. and Sharma, V. (2007) Edible vaccines: Current status and future. *Indian Journal of Medical Microbiology* 25, 93-102.

36. Grandillo, S., Zamir, D. and Tanksley, S.D. (1999) Genetic improvement of processing tomatoes: A 20 years perspective. *Euphytica* 110, 85-97.

37 Greenleaf, S.S. and Kremen, C. (2006) Wild bee species increase tomato production and respond differently to surrounding land use in Northern California. *Biological Conservation* 133, 81-87.

38. Gregory, L.E. (1965) Physiology of tuberization in plants. *Encylopedia Plant Physiology* 15, 1328-1354.

39. Guzman, I., Bosland, P.W. and O'Connell, M.A. (2011) Heat, Colour, and Flavour Compounds in Capsicum Fruit. In: Gang, D.R. (ed.) *Recent Advances in Phytochemistry 41: The Biological Activity of Phytochemicals*. Springer, New York, pp. 117-118.

40. Halmer, P. (2008) Seed technology and seed enhancement. *Acta Horticulturae* 771, 17-26.

41. Hanson, B.R. and May, D.M. (2006) Crop coefficients for drip-irrigated processing tomato. *Agricultural Water Management* 81, 381-399.

42. Harder, L.D. and Barclay, R.M.R. (1994) The functional significance of poricidal anthers and buzz pollination: Controlled pollen removal from dodecatheon. *Functional Ecology* 8, 509-517.

43. Harris P.M. (ed.) (1978) *The Potato Crop. The Scientific Basis for Improvement*. Chapman & Hall, London.

44. Ho, L.C. and Hewitt, J.D. (1986) Fruit development. In: Atherton, J.G. (ed.) *The Tomato Crop*. Chapman Hall, London, pp. 201-239.

45. Holm, L.G., Pancho, J.V., Herberger, J.P. and Plucknett, D.L. (1991) *A Geographic Atlas of World Weeds*. Krieger Publishing Company, Malabar, Florida.

46. Hornfeldt, C.S. and Collins, J.E. (1990) Toxicity of nightshade berries (*Solanum dulcamara*) in mice. J*ournal of Toxicology - Clinical Toxicology* 28, 185-192.

47. Kader, A.A., Stevens, M.A., Albright-Holton, M., Morris, L.L. and Algazi, M. (1977) Effect of fruit ripeness when picked on flavor and composition in fresh market tomatoes. *Journal of the American Society for Horticultural Science* 102, 724-731.

48. Kennedy, G.G. (2003) Tomato, pests, parasitoids, and predators: tritrophic interactions involving the genus *Lycopersicon*. *Annual Review of Entomology* 48, 51-72.

49. Khan, A.A., Maguire, J.D., Abawi, G.S. and Ilyas, S. (1992) Matriconditioning of vegetable seeds to improve stand establishment in early field plantings. *Journal of the American Society for*

Horticultural Science 117, 41-47.

50. Lee, J. and Oda, M. (2003) Grafting of herbaceous vegetable and ornamental crops. *Horticultural Reviews* 28, 61-124.

51. Le Strange, M., Schrader, W. and Hartz, T. (2000) Fresh-Market Tomato Production in California. Available at: http://anrcatalog. ucdavis.edu/pdf/8017.pdf (accessed 31 December 2013).

52. Loomis, W.E. (1925) Studies in the transplanting of vegetable plants. *Cornell Agricultural Experiment Station Memoirs* 87, 1-63.

53. Lopez, S.L. (2007) NMSU is home to the world's hottest chile pepper. Available at: http://web.archive.org/web/20070219124128/ http://www.nmsu.edu/-ucomm/ Releases/2007/february/hottest_chile.htm (accessed 21 February 2007).

54. Ma, Y., Hong, G., Wang, Q. and Cantwell, M. (2010) Reassessment of treatments to retard browning of fresh-cut Russet potato with emphasis on controlled atmospheres and low concentrations of bisulfite. *International Journal of Food Science & Technology* 45, 1486-1494.

55. Marshall, D.E. (1997) Designing a pepper for mechanical harvesting. *Capsicum and Eggplant Newsletter* 16, 15-27.

56. Masabni, J., Anciso, J., Lillard, P. and Dainello, F.J. (2011) *Texas Commercial Vegetable Production Guide.* Publication No. B-6159. Texas A&M Cooperative Extension Service, State College, Texas.

57. Matas, A.J., Gapper, N.E., Chung, M.Y., Giovannoni, J.J. and Rose, J.K. (2009) Biology and genetic engineering of fruit maturation for enhanced quality and shelf-life. *Current Opinion in Biotechnology* 20, 197-203.

58. Maynard, D.M. and Hochmuth, G. (1996) *Knott's Handbook for Vegetable Growers,* 4th edn. Wiley-Interscience, New York.

59. McGee, H. (2004) *On Food and Cooking,* revised edn. Scribner Publishing, New York.

60. Miller, J.C. and McGoldrick, F. (1941) Effect of day length upon vegetative growth, maturity and tuber characteristics of the Irish potato. *American Potato Journal* 18, 261-265.

61. Oka, Y., Offenbach, R. and Pivonia, S. (2004) Pepper rootstock graft compatibility and response to Meloidogyne javanica and *M. incognita. Journal of Nematology* 36, 137-141.

62. Olson, S.M., Simmone, E.H., Maynard, D.N., Hochmuth, G.J., Varina, C.S., Stall, W.M., Pernezny, K.L., Webb, S.E., Taylor, T.G. and Smith, S.A. (2005) *Pepper Production in Florida.* Horticultural Department Document HS-732, Florida Cooperative Extension Service, Institute of Food and Agricultural Sciences, University of Florida, Gainesville, Florida.

63. Palada, M.C. and Wu, D.L. (2008)

Evaluation of chili rootstocks for grafted sweet pepper production during the hot-wet and hot-dry seasons in Taiwan. *Acta Horticulturae* 767, 151-157.

64. Peet, M.M. and Welles, G. (2005) Greenhouse tomato production. In: Heuvelink, E. (ed.) *Tomatoes*. CAB International, Wallingford, UK, pp. 257-304.

65. Peralta, I.E. and Spooner, D.M. (2007) History, origin and early cultivation of tomato (Solanaceae). *Genetic Improvement of Solanaceous Crops* 2, 1-27.

66. Pernezny, K. and Momol, T. (2006) Florida Plant Disease Management Guide: Pepper. Available at: http://edis.ifas.ufl.edu/pg052 (accessed 5 January 2012).

67. Peter, K.V. (ed.) (2001) *Handbook of Herbs and Spices,* Vol. 1. CRC Press, Boca Raton, Florida.

68. Peterson, L.A. and Krueger, A.R. (1988) An intermittent aeroponics system. *Crop Science* 28, 712-713.

69. Pickersgill, B. (1997) Genetic resources and breeding of Capsicum spp. *Euphytica* 96, 129-133.

70. Plunkett, D.J. (1996) Mexican Tomatoes - Fruit of New Technology. *Vegetables and Specialties S&O/VGS* 268, 26-30.

71. Richardson, A. (1995) *Plants of the Rio Grande Delta.* University of Texas Press, Austin, Texas.

72. Roberts, S. (2008) Scoville Scale. Available at: www.scottrobertsweb.com/scoville-scale

(accessed 31 December 2013).

73. Roh, J.Y., Choi, J.Y., Li, M.S., Jin, B.R. and Je, Y.H. (2007) *Bacillus thuringiensis* as a specific, safe, and effective tool for insect pest control. *Journal of Microbiology and Biotechnology* 17, 547-59.

74. Rubatzky, V.E. and Yamaguchi, M. (1997) *World Vegetables, Principles, Production, and Nutritive Values,* 2nd edn. Chapman and Hall, New York.

75. Ruf, S., Hermann, M., Berger, I.J., Carrer, H. and Bock, R. (2001) Stable genetic transformation of tomato plastids and expression of a foreign protein in fruit. *Nature Biotechnology* 19, 870-875.

76. Saccardo, F., Colla, G., Crino, P., Paratore, A., Cassaniti, C. and Temperini, O. (2006) Genetic and physiological aspects of grafting in vegetable crop production. *Italus Hortus* 13, 71-84.

77. Santos, H.S. and Goto, R. (2004) Sweet pepper grafting to control phytophthora blight under protected cultivation. *Horticultura Brasilera* 22, 45-49.

78. Schmitz, A. and Seckler, D. (1970) Mechanized agriculture and social welfare: The case of the tomato harvester. *American Journal of Agricultural Economics* 52, 569-577.

79. Scott, G.J., Rosegrant, M.W. and Ringler, C. (2000) *Roots and Tubers for the 21st Century: Trends, Projections, and Policy Options.* Food, agriculture, and the

environment discussion paper. Vol. 31. Intl Food Policy Res Inst, 64 pp.

80. Singh, R.J. (2006) *Genetic Resources, Chromosome Engineering, and Crop Improvement: Vegetable Crops.* CRC Press, Boca Raton, Florida.

81. Snowdon, A.L. (2010) *Post-harvest Diseases and Disorders of Fruits and Vegetables: Vegetables,* Vol. 2. Manson Publishing, London.

82. Stall, W.M. and Gilreath, J.P. (2002) Weed control in tomato. In: *Weed Management in Florida Fruits and Vegetables.* IFAS Extension Publication #HS200, University of Florida Cooperative Extension Service, Gainesville, Florida, pp. 5-58.

83. Stevenson, F.J. (1951) The potato - its origin, cytogenetic relationships, production, uses and food value. *Economic Botany* 5, 153-171.

84. Styer, R.C. and Koranski, D.S. (1997) *Plug and Transplant Production: A Grower's Guide.* Ball Publishing, Batavia, Illinois.

85. Suslow, T.V. and Voss, R. (2013) Potato, Early Crop: Recommendations for Maintaining Postharvest Quality. Available at: http://postharvest.ucdavis.edu/pfvegetable/PotatoesEarly (accessed 18 November, 2013).

86. Tainter, D.R. and Grenis, A.T. (2001) S*pices and Seasonings.* Wiley-IEEE, New York.

87. The Scoville Scale (2012) Available at: www.happystove.com/recipe/32/The+Scoville+Scale (accessed 1 January 2012).

88. Thompson, G.D. and Wilson P.N. (1998) The organizational structure of the North American fresh tomato market: Implications for seasonal trade disputes. *Agribusiness* 13, 533-547.

89. Thornsbury, S. (2013) North American Fresh-Tomato Market. Available at: www.ers.usda.gov/topics/in-the-news/north-american-fresh-tomato-market.aspx# backgroundstatistics (accessed 16 December 2013).

90. USDA (2009) Economic Research Service. 2009. US Potato Utilization. Available at: www.ers.usda.gov/data/foodconsumption/Spreadsheets/potatoes.xls (accessed 29 December 2011).

91. USDA Nutrient Database (2011) The USDA Nutritional Database for Standard Reference. Available at: http://ndb.nal.usda.gov (accessed 11 July 2011).

92. Walker, S.J. (2013) Red chile and paprika production in New Mexico. Publication Guide H-257. Available at: http://aces.nmsu.edu/pubs/_h/h-257/welcome.html (accessed 15 December 2013).

93. Wall, M.M. (1994) *Postharvest Handling of Dehydrated Red Chiles.* Guide H-236. New Mexico State University Cooperative Extension Service, Las Cruces, New Mexico.

94. Waterer, D.R. (2000) Effect of soil mulches and herbicides on production economics

of warm season vegetable crops in a cool climate. *HortTechnology* 10, 154-158.

95. Woodham-Smith, C. (1991) *The Great Hunger: Ireland 1845-1849.* Penguin Publishing, London.

96. Zhao, D.Y., Shen, L., Fan, B., Liu, K.L., Yu, M.M., Zheng, Y., Ding, Y. and Sheng, J.P. (2009) Physiological and genetic properties of tomato fruits from 2 cultivars differing in chilling tolerance at cold storage. *Journal of Food Science* 74, 348-352.

第十二章　菊科
Family Asteraceae

起源和歷史

　　菊科是分布範圍廣，相當大的科，有1,620屬、23,000個以上的物種(Jeffrey, 2007)；為一年生或多年生草本植物。本科有不少是雜草或野生花卉，也有少數木本植物，但不是樹木。菊科有多種為人熟悉的觀賞植物，包括翠菊、萬壽菊、金盞菊、雛菊、菊花、大麗花及百日草，還有包括膠草(洋紫菀屬，grindelia)、紫花馬蘭菊(松果菊，echinacea)、西洋蓍草(yarrow)等多種藥用植物(Duke, 2013)。

　　菊科的拉丁名「Asteraceae」是從希臘字的「星星」而來；Compositae是菊科的舊名稱，仍會出現在文獻中，表示本科植物的聚合花序(composite)。被子植物中只有少數科有此花序特徵。

　　許多菊科植物有一個特徵，即其組織含有乳狀膠乳(latex)。蒲公英(dandelion)根部的膠乳可以作為橡膠原料。二戰期間，一些歐洲國家無法得到熱帶地區的橡膠時，就種蒲公英來生產橡膠。現今，好幾個蒲公英物種，尤其是俄羅斯蒲公英再次被研究用於商業生產橡膠的可行性(van Beilen and Poirier, 2007)。山萵苣膏(lactucarium)是自*Lactuca virosa*產生的膠乳

的乾燥品，具有醫療用途(Duke, 2013)，有些麻醉性能，被用作鎮靜劑。蒲公英是北美洲常見的雜草，有侵入性；原先歐洲殖民者將其帶到北美洲是為蔬菜用，結果它散到四處繁衍。今日有些地區仍以蒲公英嫩株為蔬菜。本章進一步探討的有萵苣(lettuce)、野苦苣(chicory)和苦苣(endive)等作物。

萵苣、苦苣(菊苣)和野苦苣
LETTUCE, ENDIVE, AND CHICORY

起源和歷史

　　萵苣(*Lactuca sativa* L.)是世界主要的沙拉作物，適於溫帶地區生長的冷季蔬菜(cool-season vegetable)。由於萵苣已無野生種，因此栽培種的起源無法確定；有可能是從其野生近緣種*L. serriola*衍生而來。*L. sativa-serriola* 的複合物種大又有多樣性，能互相雜交，所以萵苣可能直接從*L. serriola*選育而來(Jeffrey, 2007)。

　　萵苣由埃及人馴化(domesticate)，不僅使用萵苣葉也用種子生產油；由埃及古墓出現的畫推定是立生萵苣(romaine lettuce)的葉，萵苣栽培可以追溯到西元前4500年。這些畫顯示萵苣是廣為人知且受歡迎的作

物；同時，埃及人還栽培苦苣(endive)、野苦苣(chicory)，二者都是原產於地中海區域的作物。萵苣傳播給希臘人和羅馬人，然後到整個地中海流域。到了西元50年之前，該地區已有多種類型(Zohary et al., 2012)。在中世紀的文獻中提到萵苣是藥草，到了西元16-18世紀歐洲就有許多類型，到西元18世紀中葉前所描述到的一些品種至今仍有。原本只有歐洲和北美主導萵苣市場，但在西元20世紀末前，萵苣消費已遍布世界各地(Zohary et al., 2012)。

植物學和生活史

◆萵苣

萵苣是一種直立、光滑、一年生草本植物，在營養生長階段不斷生成葉片，質地清脆，為食用部位。葉呈螺旋狀密集排列形成葉簇(rosette)，在葉形、葉質和葉緣上有高度多樣性，有許多形式，例如：葉片無毛，葉面可以是平滑、起皺或皺縮；葉緣可能有缺刻、平滑或細裂，葉色從淺到深綠色，有些品種帶有紅色或紫色(圖12.1)。

葉用品種的內葉顏色往往較淺，而結球類型的內葉為白色。除了莖用萵苣外，其他類型的莖短縮、圓柱形。一旦抽薹(bolting)，莖伸長、直立、高、有分枝(Rubatzky and Yamaguchi, 1997)。

菊科的花序為頭狀花序(capitulum)(McKenzie et al., 2005)，外形似單一花朵的花實際上是由同一花托上的許多小花組成的複合花序(composite inflorescence)，這些小花無花梗，聚集在縮短的花軸上。每花序有10-25朵小花，都在早晨開放；小花自花授粉，極少昆蟲授粉。誘導開花後，花期可以持續1-2個月。菊科果實像瘦果(achene

圖12.1 紅色和綠色葉萵苣(leaf lettuce)生產(美國加州，Salinas附近)。

like)，稱為連萼瘦果(cypsela)，心皮連合成一室(locule)；子房就只有一個乾燥的小種子，種子有稜紋，頂部帶有冠毛(pappus)。冠毛是花萼的變形，協助種子隨風散布；在採種、種子處理過程會去除冠毛。種子長橢圓形，頂端最寬，顏色有白色至黃色、褐色、灰色和黑色等變化(Rubatzky and Yamaguchi, 1997)。

大多新採的萵苣種子會有短暫休眠期，在貯藏期間或經浸種淋洗後解除。一些老的祖傳品種(heirloom)具有光休眠性(photodormancy)，需要光才發芽。許多現代栽培品種有不同程度的熱休眠性(thermodormancy)，溫度高於24°C就不發芽。萵苣種子千粒平均重1 g。種子發芽後，在厚層的土壤中，主根迅速發育，還有廣大的側根系，雖然主根有時可以長到1 m深，但以靠近地表的側根吸收大部分的水分和養分(Rubatzky and Yamaguchi, 1997)。

◆ 苦苣

苦苣(*Cichorium endiva* L.)是一種冷季、耐寒、一年生或二年生植物；先在短縮莖上產生密集葉簇，葉像葉萵苣，但比較匍匐性。生長適溫為18-20°C，在適宜條件下，播種後約60-80天達採收成熟度。苦苣比萵苣耐熱，高溫和長日引起抽薹；二年生植物則需有春化作用(vernalization)完成生活史(Rubatzky and Yamaguchi, 1997)。

◆ 野苦苣

野苦苣(*Cichorium intybus* L.)是深根性、耐霜的多年生植物，作一年生或二年生栽培。一旦抽薹，莖伸長且有分枝；有

很多頭狀花序，小花淺藍色或白色。花為自花授粉，每個小花產生一個種子；800粒種子重1 g。野苦苣是冷季植物，溫度15-18°C之下生長最好；播種後約70-100天可達採收成熟度。野苦苣葉為食用部位，用在沙拉或烹煮蔬菜，有些品種的根也可利用，綠色和紅色的野苦苣葉都有強烈味道，有不同程度的苦味。老葉和深色葉比嫩葉或淡色葉苦(Rubatzky and Yamaguchi, 1997)。

類型和品種

◆ 萵苣

萵苣根據形態分成4個類型：結球型(crisphead)、半結球型(奶油萵苣，butter-head)、立生型(romaine, cos)和葉萵苣(鬆葉萵苣，loose leaf)(表12.1)。其他類型還有嫩莖萵苣(stem lettuce)、油用種子和拉丁萵苣(Latin lettuce)(Rubatzky and Yamaguchi, 1997)。巴塔維亞(Batavian)型萵苣是另一種結球萵苣，比「iceberg」品種早、葉球較小、較不緊實(Miles, 2013)。

結球型萵苣常被統稱為iceberg或head lettuce(表12.1)，植株先發育葉簇，之後再長出的葉片開始形成重疊，最終新葉包在緊密近球形的葉球內，葉球重量為0.7-1.0 kg(圖12.2)。

結球萵苣(iceberg lettuce, crisphead let-tuce)葉球可變得很緊實，如果延遲收穫，葉球會裂開。外葉一般深綠色，內葉顏色會逐層較淺；葉片易破，但質地脆且含水量高。結球萵苣偏好冷涼、陽光充足的環境，而在暖溫條件下生長不良。結球萵苣

圖 12.2 雙行植結球萵苣在採收前數週。

最佳特性之一是耐長途運輸和貯藏能力；它耐採後處理作業，並因密度高的特性，運輸效率高。結球萵苣為生菜沙拉(tossed salads)的主要組成分，也用於三明治；現在愈來愈多的結球萵苣加工成截切、預洗、立即可食的袋裝品項，或與其他蔬菜先混合成沙拉，供應餐飲服務公司、餐館和消費者(Turini *et al.*, 2011)。

半結球萵苣(奶油萵苣，butterhead lettuce)是另一種結球類型，葉柔嫩而較小(表12.1)，葉片相互重疊，形成光滑柔軟的葉球，葉質油潤細緻。半結球萵苣質地很嫩，不易保存，不像結球萵苣適合大量處理或長途運輸；植株容易擦傷，葉片容易破損、萎凋，必須格外小心以維護品質。巴塔維亞(Batavia)型的品種特性介於結球萵苣和半結球萵苣之間(Miles, 2013)。

立生萵苣(cos lettuce, romaine lettuce)的葉球長形，葉粗、質脆、中肋寬而明顯(表12.1)。長形葉片直立生長，會互相鬆散地包覆，但不形成結實的葉球(圖12.3)。採後處理與結球萵苣類似，櫥架壽命長。立生萵苣較耐溫暖氣候，一般認為其風味優於結球萵苣。

不結球的葉萵苣(loose-leaf lettuce, bunch-

表12.1 萵苣主要類型(Doležalová *et al.*, 2004)

種名及變種名稱	通用名稱(英名)	說明
L. sativum bot. var. *asparagina*	嫩莖萵苣(stem lettuce, asparagus lettuce, celtuce)	食用部位為其直立、加厚的莖，長約30-40 cm。
L. sativum bot. var. *capitata*	結球萵苣(crisphead, iceberg)	葉球緊密像甘藍，質地脆。
L. sativum bot. var. *capitata*	法國結球萵苣(Batavian lettuce, summer crisp lettuce, French crisp lettuce)	葉球較小、較開張，不像結球萵苣緊密。
L. sativum bot. var. *capitata*	半結球萵苣(butterhead lettuce, Boston lettuce, bibb lettuce)	葉球較小、較扁、較不緊密，葉寬、質地柔軟油嫩。
L. sativum bot. var. *crispa*	葉萵苣(loose-leaf lettuce, bunching lettuce)	葉鬆散、有切葉、皺葉或脆葉，顏色變化多。
L. sativum bot. var. *longifolia*	立生萵苣(cos lettuce, romaine lettuce)	葉球直立、長形，葉卵圓至長橢圓形、葉尖鈍圓，有明顯中肋。
L. sativum	拉丁萵苣(Latin lettuce)	葉鬆散，葉長形、柔軟、像立生萵苣，可形成半封閉葉球。
L. serriola	油用子(oil seed)	葉不食用，種子含35%油、可用於烹飪。

圖 12.3　立生萵苣田區，每畦四行，採用滴灌(美國加州，吉爾羅伊(Gilroy)附近)。

ing lettuce)品種生長容易，也是家庭園藝常見的春季作物(表12.1)；品種間在葉片大小、葉緣性狀、顏色和葉質上有很大的變化，植株葉片發育形成緊密的葉簇(圖12.1)。許多品種葉片脆嫩而平滑，質地從清脆到油質，依品種而異。播種後只要約50天，葉片即達成熟可食，或只要約30天即可採幼葉(baby leaf)。葉萵苣不易保存，即使冷藏、處理良好，葉還是很容易破裂和萎凋；在冷涼、短日照條件下，可連續採葉直到夏天發生抽薹前(Miles, 2013)。

嫩莖萵苣(stem lettuce)在埃及、日本、中國和東南亞國家都是重要作物，但在其他地區就少種(表12.1)。嫩莖萵苣不結葉球，主要是生產直立、增厚的可食莖部，去皮後，心部綠色、軟質，可生吃或烹煮。除了最嫩的葉片，其葉片因含膠乳量高、有苦味，而不宜吃(Rubatzky and Yamaguchi, 1997)。

由於萵苣以自花授粉為主，花又小、僅產生一個種子(瘦果)，沒有發展F-1雜交品種。因此，萵苣品種都是自花授粉的純系(pure lines)；種子可保存而不會有大的變異。基因工程轉殖萵苣尚無經濟效益。

◆野苦苣

野苦苣(chicory)包括葉菜沙拉、葉球型(heading)、促成栽培葉球型(forcing heads)和根用型等不同類型。外型像蒲公英的綠色葉菜用類型稱為葉用野苦苣，是部分歐洲地區的大眾化蔬菜(圖12.4)。

種子一般採直播，相隔2.5 cm，行寬46 cm；生產微型葉蔬(microgreen)時，播種距離可更密。葉色從淺綠色到深紫色都有。一般，平滑葉型要烹煮，而皺葉型作為生菜沙拉食用。葉用野苦苣往往有苦味，並非所有人都喜歡；播種後約50-90天成熟，如果生產微型葉蔬則可在播種後30-40天採收，可以連續採葉或全株一次採

圖12.4 葉用野苦苣品種'Catalogna'的大植株。

收。葉用型對高溫較不敏感,可在24°C、有冷涼夜溫下生長;但是高溫和乾旱逆境會增加苦味和纖維。採收後,在1°C和95% RH條件下,苦苣和野苦苣可貯存約15天(Rubatzky and Yamaguchi, 1997)。

產生紅色或綠色小葉球的品種稱為'radicchio'(圖12.5),其葉球像個小甘藍,但有明顯的白色葉脈,重量0.25-1 kg。品種分為圓形的'Chiaggia'型和直立的'Trevisio'型,移植後55-70天成熟。在美國最流行的為紅色、具白色葉脈的品種。栽培可採直播或移植,最終株距為15 cm(行寬46-61 cm)。'radicchio'野苦苣能為沙拉和蔬菜料理增添色彩、口感和苦味;它在高溫下生產易有頂燒病(tip burn)和葉球腐爛。日溫<21°C和夜溫<15°C是最佳生長條件(Rubatzky and Yamaguchi, 1997)。

促成栽培產生的窄葉球稱為chicons(軟化的野苦苣芽球),這樣的蔬菜稱為witloof(源自荷蘭,意為白色葉)、witloof chicory,另有French endive、Belgium endive等名稱。witloof型在第一年行營養生長,採收根、

貯存根,供之後生產chicon用(圖12.6)。

witloof chicory栽培及作物管理與美國防風(parsnips)相似。通常促成栽培用根的生產方式是在春末直播於室外,全夏季生長、使第一年長成茂密的葉簇。初秋時,保留根冠(root crown)上方約5 cm葉部,切去地上部,使處理作業中不致傷害植株生長點。促成栽培前,根先貯存在1.7°C以下的低溫誘導環境20-30天,以確保促成栽培會整齊出芽生長(Rubatzky and Yamaguchi, 1997)。每個誘導處理過的根在室內軟化促成栽培,以水耕方式或密植於覆土植槽,在黑暗、10°C環境下,生產小型直立的chicons。有時覆土為隔絕光線,並使發育的小葉球保持緊密;也可用塑膠布或織布來覆蓋隔離光,保持chicons小葉球不沾到土。根種入室內後約110-120天,小葉球成熟(Rubatzky and Yamaguchi, 1997)。採收時,從根上折斷白色至淡黃色的chicons小葉球並修剪多餘組織;由於生產週期長而且勞力密集,chicons售價貴。它可加在沙拉或與肉類、其他蔬菜一起烹煮,增添食物的微苦風味和獨特質感(Rubatzky and

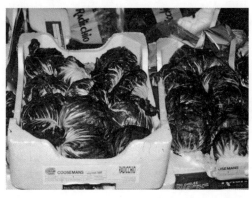

圖12.5 市售紅色葉球(radicchio)的野苦苣。

圖12.6 待售之白化野苦苣葉球(witloof chicory chicons)(荷蘭蔬菜拍賣場)。

Yamaguchi, 1997)。

　　有些野苦苣生產是為其膨大、含高量醣類的肉質根。根先烘乾再加工處理為咖啡代用品。'Magdeburg'和'Brunswick'是兩個重要根用野苦苣品種，其葉粗糙不能做沙拉。根用野苦苣的生產實務與根菾菜類似。

◆ 苦苣

　　苦苣是耐寒、一年生或二年生植物，在短縮莖上產生密集的葉簇，其葉片像一些不結球的葉萵苣(loose-leaf lettuces)，但它不屬於萵苣；跟野苦苣一樣，同為菊苣屬(*Cichorium*)的物種。因此，前述有關野苦苣的大多資訊也適用於苦苣。苦苣有兩種主要栽培類型，escarole型葉形寬、粗糙而皺；而endive型葉片窄、深裂、捲曲(圖12.7)。

　　苦苣植株一旦抽薹，莖會伸長並分枝。花序有許多淡藍色，或有時為白色的小花；自花授粉，每朵小花產生一粒種子，類似萵苣種子，大約800粒種子1 g(Rubatzky and Yamaguchi, 1997)。

　　苦苣最適生長溫度為15-18°C，播種後約70-100天可採收，隨品種和環境條件而異。其生長很像萵苣，要持續快速生長才有嫩脆的葉片。許多人不喜歡苦苣的微苦味，但另有些人喜歡(Rubatzky and Yamaguchi, 1997)。高溫和乾旱逆境往往會增加苦味和纖維，高溫和長日導致一年生品種抽薹，高光度加速抽薹；二年生品種需要春化作用。有時對植株行軟化處理，將外葉一起綁住以阻擋光，或覆蓋禾草或其他材料，以減少苦味、增加柔嫩性並改善外觀。其他栽培、行株距、採收和處理方法大部分與萵苣相似。苦苣作擺盤裝飾用或作沙拉組成分，不論是否取代萵苣，都增加獨特的風味和口感，闊葉的escarole種有時用於燉菜或湯品。苦苣容易種植，在歐洲比在美國普遍；在美國生產有限(Rubatzky and Yamaguchi, 1997)。

經濟重要性和生產統計

　　依統計數據，中國是世界萵苣生產大國，領先萵苣的生產及消費。西元2011年，

圖12.7 苦苣'Salad King'品種。

中國生產萵苣和野苦苣的面積為57萬 ha，總生產量超過1,340萬公噸(FAOSTAT, 2011)。美國是第2大萵苣生產國，生產量超過390萬公噸；印度生產110萬公噸居第3位。其他主要生產國依次為：西班牙(歐盟最大生產國、＞864,000公噸)、日本、土耳其和墨西哥(FAOSTAT, 2011)。

萵苣是美國產值最大的蔬菜作物，將近所有(98%)在美國消費的萵苣都是自產的；西元2010年的栽培總面積是121,500 ha(ERS, 2011)。其中90%以上的萵苣在加州和亞利桑那州生產，從4月至10月主要產地在加州薩利納斯谷(Salinas Valley)，從11月至次年3月在亞利桑那州尤馬(Yuma)和加州南部近墨西哥的帝國谷(Imperial Valley)生產(Boriss et al., 2012)。在美國生產的主要萵苣類型有：結球萵苣、半結球萵苣、立生萵苣和葉萵苣；結球萵苣的消費量一直下降，人均消費量從西元1990年的12.6 kg降到西元2011年的7.3 kg(ERS, 2011)。在西元1980年代後期推出的輕度加工、即食、袋裝蔬菜沙拉日益普及，使結球型萵苣的受歡迎度下降，再加上立生萵苣、不結球葉萵苣和菠菜的消費大幅成長。估計全美約三分之一的結球萵苣經過輕度加工成為洗過立即可食的袋裝沙拉(Boriss et al., 2012)。

西班牙是全球萵苣最大出口國，主要出口到歐盟其他國家；美國次之(FAOSTAT, 2011)。在西元2010年，美國出口296,893公噸萵苣，價值4.393億美元(Boriss et al., 2012)；最多出口到加拿大、臺灣和墨西哥，其中加拿大約占出口量的86%。同年美國進口萵苣133,191公噸，主要是立生萵苣和葉萵苣，以加拿大和墨西哥的為主(Boriss et al., 2012)。

營養成分

萵苣、野苦苣和苦苣的葉部組織含水量高而乾物質低，它們的蛋白質、脂肪、醣類含量都少，食用這些作物大多是因其質地和風味，而不是營養。然而，特別是立生萵苣含有大量的維生素A、維生素C和礦物質；各作物所含之營養成分量有很大差異(表12.2)。結球萵苣受歡迎主要是因其獨特的質地、耐長途運輸及櫥架壽命長。

生產與栽培—萵苣

萵苣是冷季、耐霜凍的作物，有些幼苗在4.0°C低溫仍存活。幼嫩植株能耐受的最低溫度依基因型和馴化程度而不同；隨植株接近採收成熟度時，較容易受霜害。例如：輕微結霜會引起最外葉表皮層起泡，尤其是結球萵苣會有此現象(Rubatzky and Yamaguchi, 1997)。

萵苣在溫度低於7.2°C時生長極為緩慢，日間生長適溫是18.3-21°C、夜溫是7.2-10°C。作物的成熟取決於溫度，氣候溫暖時，移植後60天就可採收；而冬季栽培的結球萵苣可能需要120天以上才可採收。葉萵苣品種比結球萵苣成熟快。溫度高於30°C會抑制萵苣生長，造成萵苣味苦、葉球疏鬆、品質不佳。高溫還會導致有些品種發生頂燒病(tip burn)，即葉緣壞死，因二次感染導致葉球腐爛。立生萵苣和葉萵苣比結球萵苣、半結球萵苣稍耐高溫(Turini et al., 2011)。

表12.2 新鮮野苦苣(軟化芽球(witloof chicory))、苦苣、半結球萵苣、結球萵苣、葉萵苣 和立生萵苣的營養成分(每100g可食部分)(USDA ARS, 2013)

	野苦苣 (軟化芽球)	苦苣	半結球萵苣	結球萵苣	葉萵苣	立生萵苣
水分(%)	95	94	96	96	94	95
熱量(kcal)	15	17	13	13	18	16
蛋白質(g)	1.0	1.3	1.3	1.0	1.3	1.6
脂肪(g)	0.1	0.2	0.2	0.2	0.3	0.2
醣類(g)	3.2	3.4	2.3	2.1	3.5	2.4
纖維(g)	N/A	0.9	N/A	0.5	0.7	0.7
鈣(mg)	N/A	52	N/A	19	68	39
磷(mg)	21	28	25	20	25	45
鐵(mg)	0.5	0.8	0.3	0.5	1.4	1.1
鈉(mg)	7	22	5	9	9	8
鉀(mg)	128	314	257	158	264	290
維生素A(IU)	0	2,050	970	330	1,900	2,600
硫胺素(維生素B1)(mg)	0.07	0.08	0.06	0.05	0.05	0.10
核黃素(維生素B2)(mg)	0.14	0.08	0.06	0.03	0.08	0.10
菸鹼酸(維生素B3)(mg)	0.50	0.40	0.30	0.19	0.40	0.50
抗壞血酸(維生素C)(mg)	10.0	6.5	8.0	3.9	18.0	24.0
維生素B6(mg)	0.05	0.02	0.06	0.04	0.06	0.06

通常，高光照強度和長日照提高萵苣生長速度、加速葉片發育，產生的葉片較寬、促進葉球快速形成。然而，長日誘導萵苣抽薹，高溫加速抽薹進程。有些品種在春末或初夏種植時，因為高溫結合長日條件而提早開花。當抽薹啟動後，花莖快速生長達0.6-1.2 m高，同時就很少營養生長。由於萵苣花莖形成損壞作物，大部分現代育成的品種已非常抵抗抽薹，有些品種甚至會種子生產困難(Rubatzky and Yamaguchi,1997)。

◆ 地點選擇和整地

萵苣對土壤的適應性廣，在排水良好、保水力好的有機土壤、砂質或砂質壤土都可以生長。萵苣不耐土壤壓實、土表結塊和酸性土壤，土壤pH值應高於5.5，以pH值6-8為宜。幼苗不耐鹽，但隨株齡增加，耐鹽性會增加。土壤萃取液的電導度>2.5 dS/m 時，會降低種子發芽率及／或影響生長；萵苣生產要用電導度<1 dS/m的灌溉水最好(Turini et al., 2011)。土表結塊會阻礙小苗萌發出土，降低栽培密度及成苗的整齊度，如果採用的灌溉方法不超過土壤滲透速率，可以減少土表結塊的情形。可用旋轉鋤或其他器具淺中耕，破除硬土殼；土壤覆蓋也有助於避免結硬殼。作畦無論是平畦或高畦，要均勻平整、構形良好，對幼苗整齊建立和生長很重要。萵苣應該與其他無親緣關係的作物輪作，以防止土傳病、蟲害的積累(Turini et al., 2011)。

◆田區繁殖與成株建立

成功建立田區一定的植株密度是栽培萵苣者的主要挑戰，萵苣可以採用直播或移植。當土壤環境均勻，用精準播種機直播；萵苣種子細小、狹長，利用披衣(coated)種子或造粒種子(pelleted seeds)可精準播種位置、種子與土壤接觸良好以及種子單粒化。直播栽培時，土壤要先用迴轉犁或圓盤犁精細耕犁，去除土塊、石頭和其他影響迅速發芽和出苗均勻的障礙物。萵苣無法與雜草競爭，因此苗期的雜草控制很重要。在土壤條件理想時，通常以高品質萵苣種子精準播種到最終栽植密度；但在土壤條件不太理想的情況下，就會提高播種密度，再以間拔、疏苗到所要的密度。

萵苣種子有些會出現不同類型的休眠期，而影響田間的成苗率。像'Grand Rapids'品種具有光敏素介導的光休眠性(phytochrome-mediated photodormancy)，需要光才可發芽(Borthwick *et al.*, 1954)。然而，育種已將這種休眠性汰除，只有一些祖傳品種仍存在這種特性。有些萵苣品種新採的種子具有初級休眠性(primary dormancy)，經過貯存，種子完成後熟(after-ripened)，才能發芽和具有活力。

將吸水溼潤的種子暴露在24°C以上的溫度，只要24小時就會誘發熱休眠而抑制發芽；這特別是沙漠地區的萵苣秋、冬作會遇到的問題。萵苣於晚夏直播在暖溫的土壤，溫度愈高，通常會有愈大數量的種子受高溫影響，休眠程度也愈深。在萵苣種子熱休眠的遺傳機制研究上已有進展。種子滲調(seed priming)，即控制種子吸水，然後回乾的處理，可以提高萵苣發芽的上限溫度(Schwember and Bradford, 2010)。

在許多地方，土壤條件不一致或生產季節短，萵苣生產即採用移植方式；而當市場價格有利時，為加快萵苣成熟及縮短作物在田區的時間，也應用移植栽培。萵苣幼苗不耐逆境，不適合採用裸根苗移栽。先於溫室或其他設施內，以穴盤育苗數週後再移植；通常會用有轉盤的移植機將萵苣穴盤苗定植於田區。工人從穴盤拉出單株，一一放入旋轉盤，隨移植機在田區緩慢前進移動時，苗株落入植溝，並由壓土輪將土壤圍在穴盤苗根團周圍。在加州和亞利桑那州大面積栽培萵苣，都使用自動化移植機，進行機械化取苗、機械化定植於土壤(圖12.8)。

萵苣不耕犁生產採移植栽培，但是美國大面積生產尚未普遍採行無耕犁栽培。

萵苣栽培採用高畦，可以改善排水和通氣性、減少病害。田區常見的配置是兩畦中央的距離為102 cm、畦面寬61 cm，畦上雙行植、兩行間隔30-51 cm，依種植的萵苣類型及品種而異；不結球葉萵苣的行距較結球萵苣密。行內株距依品種有很大的差異，不結球葉萵苣約為5 cm、結球萵苣則為30-46 cm(Turini *et al.*, 2011)。

◆肥料與營養

萵苣具有淺鬚根系，需肥重，因此施肥的時間和位置必須精確以避免浪費。在連續且密集生產作物的區域，可能含有高量的硝酸態氮及／或磷，所以施肥前應該

先進行土壤檢測。

　　磷肥施用應根據土壤檢測結果，土壤內的碳酸氫鈉溶液可萃取磷(bicarbonate-extractable P)含量高於60 ppm即足夠萵苣的生長；磷含量低於60 ppm，推薦施肥量為種植前每公頃施P$_2$O$_5$ 45-90 kg或於種植時施用22 kg／ha磷酐。土壤檢測結果的鋅含量若低於1.5 ppm，則建議施用鋅肥；在磷含量高的地區需要施用鋅肥，因為磷會抑制鋅的吸收(Turini et al., 2011)。

　　施鉀肥也應依據交換性醋酸銨檢測法(ammonium acetate-exchangeable test)的結果，土壤鉀含量>150 ppm屬含量充分。由於鉀肥對環境造成的風險低於N、P，所以生產者可能在土壤雖有充分交換性鉀，仍例行性地施鉀肥。一作萵苣大約由田區每公頃移走134 kg鉀，所以施用鉀肥不要超過此量，否則即是浪費(Turini et al., 2011)。

　　種植前就提早施用氮肥時，會有硝態氮淋失的風險；因此就在種植前或種植時，每公頃施用22 kg少量氮。如果有需要，再於疏苗時，每公頃旁施56-90 kg氮肥(Turini et al., 2011)。之後每隔數週施追肥，需根據葉片分析(foliar analysis)結果或者追施前的土壤氮素檢測結果。葉片分析結果，依乾重：氮、磷及鉀含量分別為6,000、3,000及30,000 ppm表示含量充足(Rubatzky and Yamaguchi, 1997)。土壤氮素分析結果，在土層上方30 cm的硝酸態氮含量大於20 ppm即可充分供應萵苣生長。通常採收前7-10天，每公頃施11-17 kg氮素，可以確保植株後期的充分生長及好的葉球顏色。在有滴灌的田區，氮肥可以依需要，由滴灌系統施用；一般滴灌系統的供水和供N肥效率較高，比傳統灌溉田區節省20%-30%施肥量。一季氮肥總施用量在早季期作約每公頃169 kg，而在冷涼氣候每公頃施用224-280 kg(Turini et al., 2011)。

　　萵苣對高量的銨離子敏感，一般在早季、土壤低溫期或黏重土壤，銨離子轉化

圖12.8　高度自動化的自走式移植機定植萵苣(美國加州薩利納斯谷(Salinas Valley))。

為硝酸態氮過程緩慢，銨離子累積造成傷害，即根尖褐化、老根內部形成空洞。考量生物性汙染的問題，未充分腐熟的堆肥不能施在萵苣植株。田區有時施以完全腐熟的堆肥和有機廢棄物以改善土壤結構，一般每公頃施9公噸(Turini *et al.*, 2011).

♦ **雜草管理策略**

萵苣幼苗難與雜草競爭，因此有效的雜草管理是成功生產的關鍵。目前已經開發了幾種用於萵苣雜草防治的有效除草劑。播種後施用萌前除草劑(pre-emergence herbicides)，條施於畦上，施用寬度12.7-15.2 cm。舊床耕犁技術(stale-bed technique)即先用灌溉促使雜草萌發，再以淺中耕來清除雜草的技術，為一種非化學、有效的種植前防治策略。全面致死的除草劑(burn-down herbicides)或丙烷燃氣也可有效控制雜草。其他防治策略包括機械中耕、割草、人工除草及清除田區周遭雜草。重要的是要防止雜草種子吹入生產田區(Turini *et al.*, 2011)。

♦ **灌溉**

由於萵苣根系淺，全生長季期間必須持續供水。在乾旱和半乾旱地區，需要灌溉供應水分；在其他地區雨水可能不足以生產萵苣。溫帶大多地區會在萵苣生長期間有時會遇到缺水，因此需要灌溉補充，以優化生產。灌溉方法包括淹水、地下滲灌、溝灌、噴灌和滴灌，可以組合不同方式使用。不論採直播或移植栽培，通常採用噴灌，每2-3天一次，需要持續6-10天，直到出苗或移植成活；之後直到播種後2-3週，灌溉次數減少；若需疏苗，噴灌常在

疏苗前及旁施追肥時使用。根據田區地形和土壤類型，可以使用人力移動、直線式移動或用埋管系統進行噴灌，直到作物成熟，然後再改為溝灌或滴灌。在中耕及旁施追肥後，安裝地表滴灌系統已大為增加，以提高用水效率和生產力。萵苣生長期間，滴灌系統能依需要，每次運送低量的養分供應，降低對地下水的汙染。通常在1 m寬的畦上，兩行之間安裝一條滴灌管路；在2 m寬的植床上，5或6行之間安裝3條滴灌管路。有些情況下，滴灌給水線在採收前先收集起來，於後作再次使用。愈來愈多生產者在種植前埋設2.5 cm或7.6 cm寬的滴灌帶(drip tape)，可用於全生長期、包括發芽期或移植成活期的供水(Turini *et al.*, 2011)。系統定期注入酸以清除出水口的碳酸氫鹽和鐵的沉澱物。

無論使用哪種灌溉系統，目標都是均勻的水分供應以優化生長。如果土壤長時間土壤水分飽和會促使發生底腐病(bottom rot disease)。當植株成熟，過多的水分和肥料會導致葉球開裂或葉球過大、葉球密度低、櫥架壽命降低。約40 cm的水量，均勻分配在萵苣生長期間就足夠；然而，總需水量還是因萵苣類型、種植季節、氣候和土壤類型而異。根據加州的生產建議，噴灌需水量750-1,000 m³/ha，溝灌需水量1,000-1,250m³/ha，滴灌需水量500-750 m³/ha(Turini *et al.*, 2011)；需水量最高期為採收前30天。

何時要灌溉以及灌溉多少量是萵苣生產節水及確保肥料有效利用的重要考量。結合土壤溼度監測和配合天氣的時間表能

有效預估需水量和灌溉時間。土壤張力讀值應保持在25-30 centibars(25-30 kPa千帕)以下。萵苣作物的灌溉需水量可由蒸發散量(evapotranspiration)參考值和作物係數(crop coefficient)來估算，後者為株冠覆蓋地面的比例；當萵苣最大株冠覆蓋率為85%時，作物係數接近1.0。如果蒸發散數據顯示，自前次灌溉後失水5 cm，設作物係數為0.95，表示應加回田區4.8 cm的水，補回土壤張力值升到25 kPa(25 centibars)所失的水分。當土壤張力值已達需要灌溉的閾值，作物係數與蒸發散失水量的乘積，就是應灌溉的水量。由於蒸發散量代表植株在生長初期的大部分失水，因此在株冠的田區覆蓋率達30%前，作物係數應在0.3-0.7間(Turini *et al.*, 2011)。在有些地區，政府機構會提供每天的蒸發散量估計值，以計算灌溉所需的水量。如果沒有提供這樣的資訊，蒸散散量可利用蒸發皿技術來估算。作物係數是從試驗研究而定，許多地方有灌溉報告，都會提供作物係數。

◆ 採收和運銷

雖然已有機械採收萵苣的技術，但結球萵苣大多仍以人工採收。只要條件許可，就在田間包裝萵苣；如此即不需要包裝廠，處理步驟少一些，廢棄的部分直接留在田間，比較有效率。在美國加州和亞利桑那州生產的結球萵苣、半結球萵苣及立生萵苣大多採田間包裝。就是在氣候比較不穩定的產區，萵苣仍然是以人工切下，就近在田區附近作分級與包裝。除非採收時田間溫度很低，否則在運銷至市場前，萵苣要先預冷處理以除去田間熱。

萵苣的田間包裝作業情形大致如下：一群20至30人的採收工人，3個人一組，分成多個小組，每組沿著一行萵苣前進，有2人負責採收，另一人負責裝箱(圖12.9)；移動式的採收及包裝輔助機組隨著採收工人一起緩慢前進，成為一個配備輸送帶的作業平臺，將包裝好的箱子移走，將空箱交給工人。採收工只選葉球堅實的萵苣，從底部割下，同時修整(trimming)葉球只留幾片外葉(wrapper leaves)，放在作業板上，再由包裝工將葉球用塑膠膜或塑膠袋包覆封好，放入紙箱中(Turini *et al.*, 2011)。萵苣不論有沒有塑膠膜包覆都可裝入紙箱中，以保持產品中的水分並減少機械傷害。

目前萵苣的銷售趨勢是截切成便利的袋裝產品，而不是以整個葉球販售。用於截切加工的萵苣在田間採收後放入大型容器運送至加工場所，經過清洗、截切、離心去除多餘水分，最後裝入袋中成為有附加價值、立即可食的便利產品。萵苣截切後，會用檸檬酸或其他抗氧化劑處理以減少切面變色，延長櫥架壽命，維持產品新鮮的外觀。截切萵苣不論是單獨包裝或搭配截切甘藍、胡蘿蔔等其他沙拉蔬菜一起，都有相當大的銷售量。這種用於附加價值加工的萵苣規格在大小及形狀上要求較少，所以可以非選擇性的破壞性機械採收，但是尚未成為標準作業模式。由於栽種的萵苣種類很多，各有不同的成熟程度，不易概論產量；萵苣苗菜(baby lettuce)的產量每公頃40公噸，結球萵苣產量為75公噸以上。

田間包裝好的萵苣應迅速運至預冷

圖12.9 結球萵苣切下、包好、裝箱作業一次完成；葉球發育整齊才能一次採收所有的葉球(美國加州薩利納斯(Salinas)附近)。

設備以去除田間熱、降低呼吸速率、最大化貯藏壽命。真空預冷能迅速降低產品溫度，加上田間包裝就可免用包裝廠，也不需用碎冰水(slurry ice)來降溫(圖12.10)。

真空預冷是產品在密閉的容器中，降低的大氣壓力下，在15分鐘內就可去除田間熱。沒有真空預冷條件時，可用壓差預冷(forced-air cooling)來去除田間熱。水冷處理(hydrocooling)可用於非結球類的萵苣，但不適用在結球萵苣，因為會有多的水分留在葉球。若要增加萵苣的櫥架壽命，必須有良好的採後處理作業及運銷鏈的溫度控管。萵苣預冷之後應貯放在1.1°C及98% RH的環境中；結球萵苣可以貯放2-3週，其他種類比較短。若貯藏在3.3°C，櫥架壽命只有1-2週(Turini *et al*., 2011)。萵苣類對乙烯氣體很敏感，乙烯是啟動更年性果實(climacteric fruit)後熟的天然植物荷爾蒙。當萵苣和後熟的水果一起貯放，或有引擎排出廢氣，空氣中存在的乙烯會使萵苣發生一種稱為鏽斑病(russet spotting)的生理障礙(Lipton *et al*., 1972)。

在西元1980年代及1990年代初期，美國加州有一些生產者開始成功生產並銷售有機栽培、立即可食的特別萵苣及其他沙拉用葉菜的混合沙拉。這正符合市場上對高品質袋裝有機混合沙拉的需求，但是有許多業者已被大型、全國性的傳統蔬菜生產企業併購，也搭上北美地區快速成長中的有機市場潮流(圖12.11)。

圖12.10 真空預冷設備(美國加州薩利納斯(Salinas)附近)。

萵苣設施栽培

萵苣是最常見的溫室栽培蔬菜，種在溫室和塑膠棚等簡單的設施內生產，當低溫期不能在戶外生產時，保護設施特別有用。半結球萵苣常在保護設施，特別是永久性溫室內種植。藉由溫室內控制的溫度、光環境及水耕栽培管理，可以在非生產季節生產萵苣；但設施結構成本與加熱成本使生產成本相對較高，在價格上難與戶外種植，由遠地運來的萵苣競爭。但在環境惡劣如中東沙漠地區，土壤、溫度都不利的條件下，利用溫室的環境調控，可以在一年的任何時間生產萵苣(Shah, 2010)。

設定夜溫13°C、日溫16°C，能促進幼苗早期生長；當溫度超過21°C，設施通常需要通風。在葉簇生長期，推薦維持夜溫10°C、日溫13°C，當溫度超過18°C就要通風。為了減少加熱成本，也常設定較低的溫度，如夜溫7°C、日溫13°C，溫度在16°C或以上即通風。除了直接增加溫室內的氣溫外，也有加溫土壤的。在水耕栽培生產，加熱循環養液可增進生長(Rubatzky and Yamaguchi, 1997)。

光照常是非產季栽培的限制因素，但補充光照的花費比加熱更貴。在加拿大東部和其他一些地方，生產者可以在非尖峰時段以較低電價降低補充照明的成本。當光度充足，提高溫度和增高二氧化碳濃度能增進植株生長。有些萵苣品種專為能在弱光和低溫條件下生長而育成(Yamaguchi

圖12.11 有機方式生產(右)苦苣及(左)半結球萵苣，以用於即食、袋裝混合沙拉。田區以高密度栽培並人工除草，幾無雜草(美國加州沃森維爾(Watsonville)附近)。

and Rubatzky, 1997)。

保護設施栽培通常採用移植，在寶貴的溫室空間加速成熟。育苗有專門的育苗室，提供幼苗生長最佳的光照、溫度和溼度條件，以高密度、高效率生產苗；播種後3-5週即可以移植。育苗可盡量密植，以充分利用溫室空間。

對有害物的控制是所有設施栽培的主要問題；當溫室作物種植在原來土壤時，要透過輪作、燻蒸、日光曝晒或蒸汽消毒進行病害管理。溫室生產萵苣時最好採用水耕系統，免去昂貴的土壤燻蒸／消毒作業控制病害；溫室水耕系統給生產力低的溫室土壤提供替代方案，可更好地利用垂直空間，萵苣可快速生長，不會有缺水逆境。溫室生產半結球(奶油)萵苣常利用循環式養液薄膜系統(NFS)，植株栽培於淺植槽，以多孔性、排水良好的介質如海綿或岩棉(rockwool)種植與固定植株於植槽

中。其他如採用礫石、潮汐系統(ebb and flood)、草捆包或其他介質的水耕系統也可用以生產萵苣。萵苣種在室外原有土壤上，加上暫時性的覆蓋，如可移動的隧道棚，就可以實施輪作。整合良好的衛生、生物性及／或化學農藥的使用是溫室有效管理病蟲害的關鍵。識別病株並從溫室移除，是水耕生產尤其重要的措施，因為病害會經由養液，特別是NFS系統迅速蔓延到鄰近植株。限制植株上有水、降低相對溼度及通風良好都有助於降低溫室病蟲害問題。

病害／生理障礙

數種生理性病害會顯著降低萵苣品質，各栽培品種對這些生理障礙的敏感性不同。頂燒病(tip burn)係因溫度突然升高、植株快速生長、蒸散作用有限所引起(CABI, 2013)，運送到快速生長新組織的鈣

量減少，造成嫩葉葉緣壞疽。病株二次感染細菌會導致葉球腐敗。

萵苣接觸到乙烯會造成鏽斑病(russet spotting)，多發生於較老的植株，並且在運輸過程、較高貯藏溫度或低濃度氧氣下發病更嚴重。鏽斑病可發生於葉球的任何部位，但心葉發生少；這些小斑點呈黃褐、粗褐色或橄欖色，多發生於葉的中肋，也可能在葉的其他部位發生。在中肋上的斑點呈凹陷狀，在葉片上則呈淺、圓形、分散狀(Lipton et al., 1972)。

造成葉球中肋壞疽(internal rib necrosis, rib blight)的病因不明，但與特定季節栽培的特定品種有關。葉球中肋下位散布深色、灰綠色或偶爾煤黑色的汙點，通常以葉球的外層葉(outer head leaves)及一些內葉上最為明顯，偶爾也出現在包住葉球的外葉上(Lipton et al., 1972)。

二氧化碳傷害(CO_2 injury)引起生理性褐斑病(brown stain disorder)，造成葉片上有明顯病斑。病斑平均寬約2.5 cm、病斑中心些微下陷，病斑邊緣顏色較深，產生暈環效應。病斑通常發生在葉球外層葉下方的一些葉片，但也可能發生於葉球更內層的葉；而葉球心與外葉沒有病斑(Lipton et al., 1972)。

粉紅葉肋病(pink rib)多發生於過熟的萵苣葉球，也可能發生於不太成熟的葉球；特徵是在葉球外層葉、中肋近基部散布粉紅色的異常變色。葉片內表面(inner surface, adaxial surface)的症狀通常最明顯，葉片外表面(outer suface, abaxial suface)也看得出病徵。發病嚴重的葉球除最嫩的球葉

外，幾乎所有葉都可能呈粉紅色，甚至大的葉脈也變色(Lipton et al., 1972)。造成中肋粉紅色的原因尚不清楚，但在運輸或貯藏期間，不利的高溫加速此病發生，氧氣量也似乎有關(Martínez and Antes, 1999)。

另一種生理障礙是玻璃化現象(glassiness disorder)，發生於溼度高、土壤積水、限制蒸散作用之環境。葉片上發生幾乎呈透明水浸狀部分，但只要溫室或隧道棚內氣流通暢，病徵不會持續，會消失。假如玻璃化狀態持續長時間，葉片細胞就會死亡。

病原菌病害

感染萵苣、引起黃化的主要病毒有萵苣壞疽黃化病毒(lettuce necrotic yellows virus, LNYV)、甜菜西方黃化病毒(beet western yellows virus, BWYV)、蕪菁嵌紋病毒(turnip mosaic virus, TuMV)及萵苣嵌紋病毒(lettuce mosaic virus, LMV)(CABI, 2013)。防止萵苣嵌紋病毒(LMV)及其他病毒蔓延的方法有：防治媒介蚜蟲、即刻移除田間或溫室內的罹病植株、使用無病毒的健康種子。生產並使用無LMV的種子可以大大抑制病害發生。檢查取樣種子有無帶LMV病毒的方法有：(i)從一批種子(seed lot)的取樣種子育成30,000株苗，檢查葉部是否有病徵；(ii)從一批種子取樣30,000粒種子，加以磨碎，以萃取物接種在LMV感病植物觀察其反應；(iii)種子樣本採用酵素聯結抗體免疫測定法(enzyme-linked immunosorbent assay, ELISA)，利用抗體與抗原的專一性結合，檢測陽性抗體反應。

萵苣巨脈病毒(big vein, Mirafiori lettuce virus, MiLBVV)使葉脈畸形、變大、透明，因而葉片皺褶、畸形，使結球品種不能形成葉球。如果感病株病徵不那麼嚴重，仍可採收銷售(UC IPM, 2013)。

萵苣巨脈病毒係由附著在萵苣根部的土壤真菌薹薹油壺菌(*Olpidium brassicae*)所媒介傳播。雖然病毒棲息於土壤，在感染田全年有，但發病程度受季節影響極大，在冷涼天氣發病最多(UC IPM, 2013)。如果田區有慢性及嚴重的巨脈病史，避免在春季栽培感病品種。輪作無法防治本病，現已有一些抗病品種。

由立枯絲核菌(*Rhizoctonia solani*)引起的底腐病(bottom rot)多發生於潮溼的田區。罹病株由近地面的植株下方開始腐爛，病勢向上進展到葉球；因此萵苣栽培於排水良好的土壤及／或採用高畦栽培、輪作、注意田間衛生並施用殺菌劑可防治此病(UC IPM, 2013)。

菌核病(lettuce drop, *Sclerotinia sclerotiorum*)由土壤真菌引起，從作物葉簇期(rosette stage)到採收都會感染。本病由莖基部開始，終致全株呈現溼腐症狀；在溼涼的環境發病嚴重。本病的最佳防治方法包括：做好田間衛生、輪作、施用殺菌劑、做好排水工作(UC IPM, 2013)。

露菌病(downy mildew, *Bremia lactucae*)是溫帶地區最嚴重的萵苣病害之一。罹病株葉面出現淡綠至黃色角形病斑，病斑的葉背產生白色黴狀物；爾後這些病斑褐化乾燥。老葉先感染，嚴重時病葉壞死。露菌病感染幼苗子葉，造成植株枯死；溫室育苗也會感染。露菌病的防治方法包括：栽培對本病生理小種(race)具有抗性的品種，或噴施殺菌劑(UC IPM, 2013)。

細菌性斑點病(bacterial leaf spot, *Xanthomonas campestris* pv. *vitians*)、細菌性釉斑病(varnish spot, *Pseudomonas cichori*)和炭疽病(anthracnose, *Microdochium panattonianum*)3種葉部病害會感染發育中的植株。細菌性斑點病好發於溼涼的環境，可以用殺菌劑防治，而其他防治方法有限。細菌性釉斑病菌存於蓄水池中，可由噴灌傳播；不使用有病菌汙染的水可達到防治目的。炭疽病只發生於有休眠病菌的溼潤土壤；避免在有炭疽病史的田區種萵苣，施用殺菌劑可以防治此病。Corky root由土壤細菌*Rhizomonas suberifaciens*引起，防治可採用輪作、抗病品種、減低土壤氮量等措施(UC IPM, 2013)。

黃萎病(verticillium wilt, *Verticillium dahliae*)是加州各種萵苣類型的病害，嚴重時，可摧毀整片作物。本菌產生的微菌核(microsclerotia)是一種可長期休眠的構造，可以在土壤中休眠10年以上，在發病田區使用過的農具必須先清潔，以免傳染到其他田區，主要防治方法包括：燻蒸消毒、與無親緣關係的作物輪作及栽培抗病品種(UC IPM, 2013)。

避免把已感染的病土帶入乾淨田區是防治萵苣萎凋病(fusarium wilt)的最佳方法。本病在土壤溫度較高時容易發生，在罹病田栽培萵苣時宜避開土溫高的時期。

萵苣還有猝倒病(damping-off, *Pythium* sp.)、灰黴病(gray mold, *Botrytis* sp.)、葉

斑病(leaf-spot, *Cercospora* sp.)。翠菊黃萎病(aster yellows)係由葉蟬(six-spotted leafhopper, *Macrosteles fascifrons*)媒介的植物菌質體(phytoplasma, mycoplasma)所引起(CABI, 2013)。

蟲害

萵苣蚜(lettuce aphid, *Nasonovia ribisnigri*)是危害萵苣最嚴重的害蟲之一，危害葉球的內葉；馬鈴薯蚜(foxglove aphids, *Aulocothum solani*)也會危害萵苣內葉。兩種蚜蟲受到葉球保護，因此及時發現及處理為必要的防治措施；由土壤注射或葉面噴施新尼古丁類殺蟲劑(neonicotinoid)不一定能充分防治。桃蚜(green peach aphid, *Myzus persicae*)及馬鈴薯長管蚜(potato aphid, *Macrosiphum euporbiae*)多發生於外葉，施用殺蟲劑防治較有效。天敵寄生蜂(wasps)可以有效抑制發生在外葉的蚜蟲。粉蝨的真菌病原通常在溼涼的春季發生。食蚜蠅幼蟲(hoverfly larvae，食蚜蠅科(Syrphidae, *Baccha* spp., *Criorhina* spp.)及其他捕食性天敵如瓢蟲(lady bugs, ladybird beetles, lady beetles，瓢蟲科(Coccinellidae))能抑制外葉上的蚜蟲。已有抗萵苣蚜(*Nasonovia*)之立生萵苣品種，但對其他蚜蟲沒有抵抗性(Turini *et al.*, 2011)。

葉潛蠅(leafminers, *Liriomyza* spp.)在葉內蛀食葉肉，造成食痕；其雌蠅以產卵器刺破葉面吸食汁液，造成點刻狀斑點。釋放*Diglyphus*屬的寄生蜂有助於抑制葉潛蠅族群數；殺蟲劑可以防治幼蟲，但對成蟲無效(Turini *et al.*, 2011)。

甜菜夜蛾(beet armyworms, *Spodoptera exigua*)、擬尺蠖(cabbage loopers, *Trichoplusia ni*)及其他鱗翅目幼蟲有時危害萵苣。甜菜夜蛾及擬尺蠖的幼蟲有好些天敵，如：病害、捕食性天敵及寄生蜂。鱗翅目幼蟲可施用選擇性殺蟲劑防治。蘇力菌(*Bacillus thuringiensis*, Bt)是革蘭氏陽性(grampositive)之土棲細菌，常用為生物性農藥；由Bt產生的蛋白毒素(Cry toxin)可萃取製成殺蟲劑(UC IPM, 2013)。

在較暖的氣候下，數種粉蝨可能會危害萵苣，包括銀葉粉蝨(silverleaf whitefly, *Trialeurodes argentifolii*)、溫室粉蝨(greenhouse whitefly, *Trialeurodes vaporariorum*)及帶翅粉蝨(banded-winged whitefly, *Trialeurodes abutiloneus*)等。粉蝨成蟲多數極小，體長大約1.5 mm，翅白色、蟲體顏色不同(UC IPM, 2013)。

粉蝨多棲於葉背，當植株受到干擾即飛起。這種一受驚擾即起飛的習性可利用來防治粉蝨；溫室內周期性的走過機械式攪動桿攪動萵苣葉，攪動桿後裝有黏板(sticky traps)就黏住粉蝨。粉蝨的卵橢圓、細小，孵化後的一齡若蟲有足及觸角，能移動。最後的第四齡若蟲期就是蛹，有紅色眼點清晰可見，最容易識別。銀葉粉蝨之蛹呈橢圓形，白色而軟，蛹體邊緣自上向下、往葉面方向變小，蟲體周圍有少或無的白色蠟質長絲狀物；但溫室粉蝨蛹之蟲體邊緣生出許多長長的蠟質絲狀物。粉蝨吸食葉組織汁液，並於葉片上分泌蜜露，造成黑色煤煙菌(sooty mold)孳生。銀葉粉蝨吸食植株，造成結球萵苣的矮化及

黃化(UC IPM, 2013)。

數種寄生蜂(*Encarsia* spp., *Eretmocerus* spp.)可寄生於粉蝨類。大眼長椿(big eyed bugs)、草蛉(lacewing)幼蟲及瓢蟲都會捕食粉蝨若蟲。在美國，銀葉粉蝨係外來害蟲，美西大多數地區都沒有天敵；雖有原生的寄生性及捕食性天敵，但不能給予充分的防治。瓢蟲(*Delphasfus pasillus*)有助於生物防治，噴撒殺蟲劑也可防治粉蝨(UC IPM, 2013)。

西方花薊馬(western flower thrips, *Frankliniella occidentalis*)成蟲小，蟲體細，具兩對狹長的翅，邊緣生有長毛。成蟲體色呈黃、橙、褐或黑褐色，幼蟲則是白、黃及橙色。春季，薊馬於雜草和其他植被上建立族群，當雜草凋萎後移入萵苣田；成蟲在萵苣植株上繁殖並迅速立足，建立大族群(UC IPM, 2013)。

西方花薊馬吸食萵苣，能媒介傳播植物病毒。薊馬銼傷葉片並吸取汁液，造成受傷的葉片呈現銀色，最終斑痕褐化，常誤以為是風害或砂吹所傷。在被損害部分出現小的黑色排糞汙斑，就可確認是薊馬危害(UC IPM, 2013)。

西方花薊馬是番茄斑點萎凋病毒(tomato spotted wilt virus)最主要的媒介昆蟲及唯一已知能媒介鳳仙花壞疽斑點病毒(impatiens necrotic spot virus, INSV)的薊馬種類。西方花薊馬吸食萵苣田區周圍感染病毒的雜草、觀賞植物或其他植被，然後遷移至萵苣田傳播病毒。只在幼蟲期可以獲取這些番茄斑萎病毒(tospoviruses)而且可以一生持續傳播病毒。

萵苣田區內外的植被管理、生物防治及栽培措施是降低西方花薊馬危害的重要策略。當薊馬出現在萵苣時，通常施用殺蟲劑防治。花薊馬的天敵有捕植蟎、花椿(minute pirate bug)及草蛉(lacewings)，但牠們對農藥非常敏感，施過農藥，這些有益昆蟲即會消失(Turini *et al.*, 2011)。

植物寄生性線蟲是一種極小的蠕蟲狀動物，可寄生於萵苣根部，包括根瘤線蟲(root knot nematode, *Meloidogyne incognita, M. javanica, M. arenaria, M. hapla*)、針線蟲(needle nematode, *Longidorus africanus*)、矮化線蟲(stunt nematode, *Melinius* spp.)及螺旋形線蟲(spiral nematode, *Rotylenchus* sp.)。線蟲在土壤和植物組織中生存，同一田區可能出現數種線蟲。宿主範圍根據線蟲種類而異。有些線蟲的寄主範圍很廣，有些只有特定寄主。線蟲危害的症狀也依據線蟲物種和作物類型而不同，但通常都有黃化或發育不良的症狀。根瘤線蟲會在感染的植株根部造成腫瘤狀。不同物種的地理分布因溫度、土壤類型和作物栽培史而高度不同。植株苗期即感染會發育不良，在生長中期前，田區形成一塊塊感病植物就很明顯。可用燻蒸、田間衛生、栽培方式和輪作等方法防治(UC IPM, 2013)。

朝鮮薊和西洋薊(刺苞菜薊) GLOBE ARTICHOKE AND CARDOON

起源和歷史

朝鮮薊原產於歐洲南部和非洲西北部

的地中海區域，起源很早。義大利南部可能是馴化地點(Pignone and Sonnante, 2004)。古希臘哲學家提奧弗拉斯特(Theophrastus，西元前371-266年)提及朝鮮薊在西西里島栽培(De Candolle, 1959)。從基督教時代開始，羅馬學者普林尼(Pliny)、蓋倫(Galen)寫到有關朝鮮薊的治療特性。在西元第5-15世紀的中世紀，朝鮮薊跟隨阿拉伯人從西西里栽培到全地中海地區(Pignone and Sonnante, 2004)。自西元15世紀以來，朝鮮薊已在全南歐栽培。

歐洲人在殖民時期將朝鮮薊帶到美國(Ryder *et al.*, 1983)；美國政治家及農學家的傑弗遜總統(Thomas Jefferson)早於西元1767年在他維吉尼亞州(Virginia)中部的農場就種植朝鮮薊(Welbaum, 1994)。

西洋薊(刺苞菜薊，cardoon, *Cynara cardunculus* L.)與朝鮮薊親緣近，是同屬的植物。西洋薊在地中海中部和西部地區已栽培了幾千年，現在除了在義大利是重要蔬菜外，在世界大多地方它是小宗蔬菜作物(Rubatzky and Yamaguchi, 1997)。

菊芋(Jerusalem artichoke, sunchoke, *Helianthus tuberosus*)也是菊科作物，有時會與朝鮮薊混淆。菊芋原產於北美洲，與向日葵(sunflower, *Helianthus annuus*)親緣近。當歐洲人來到美洲時，原住民即有栽培菊芋；今日，全球只有少量栽培，採收其形狀不規則的小塊莖。菊芋塊莖含菊糖(inulin)，是由果糖組成的大分子醣，糖尿病患者可安全食用菊糖(Rubatzky and Yamaguchi, 1997)。

植物學

朝鮮薊(globe artichoke, green artichoke, French artichoke, *Cynara scolymus* L.)是菊科植物，有好幾個英名。它是冷季、有刺針(薊狀)、多年生草本雙子葉植物，生產其未成熟的花蕾。英名中的球字「globe」，是指其扁圓形或橢圓形的未成熟頭狀花序，包括外苞片的肉質基部、內苞片、花托和部分花莖(Rubatzky and Yamaguchi, 1997)。花蕾的可食部分是苞片的柔嫩基部和肉質花托或稱朝鮮薊心(De Vos, 1992)。朝鮮薊植株完全成熟時，株高可達1.2-1.5 m、株寬1.5-1.8 m；花蕾成熟時綻放鮮紫藍色的長花絲，使花朵具有觀賞性並吸引蜜蜂。在此階段，苞片和其他花部纖維化，不可食用；有時新鮮的花或乾燥後作為觀賞用(圖12.12)。

朝鮮薊是冷季作物，在日溫24°C、夜溫13°C下生長最好；它是日中性植物，但需要春化作用來誘導花芽。一年生的朝鮮薊5月移植成活後，有給予低溫處理的，在第一年產生花蕾的比例較大(Rangarajan *et al.*, 2000)。為一年生栽培而培育的品種

圖12.12 *沒有採收的朝鮮薊植株開了漂亮的藍色花，只能觀賞，不能食用。*

‘帝王星’(‘Imperial Star’)在晚春種植、未經春化作用，在第一年產生花蕾的比率比‘綠球’(‘Green Globe’)高(Welbaum, 1994)。植株的營養生長期能耐較高的溫度，但在29°C以上的高溫，花蕾發育過快而品質較差。冷涼的溫度、但日溫13°C以上和夜溫7°C以上可誘導花芽發生，延長生產期。當花蕾內部組織發育時，纖維會增加，導致可食用的部分變少。在冷涼條件下，植株生長和花蕾發育慢，才有最高品質的花蕾。

　　朝鮮薊很難在北國惡劣的冬季越冬。在美國能栽培的地方只限於農業部訂出的耐寒帶7或以上的地區(hardiness zone，數字愈小最低均溫愈低)。馴化的植株可以耐-6.7°C低溫而傷害少，但花蕾在-1.1°C就會損傷；若長期在-9.4°C以下的低溫會使葉片凍死，最終基盤也凍死。輕微的凍溫0--2.2°C會損害苞片，視持續時間的長短，造成花蕾外部組織起泡、白化，但不影響食用品質。長期暴露在-2.2°C以下溫度會造成花蕾損壞，不能食用(Smith et al., 2008)。

　　西洋薊(C. cardunculus L.)像朝鮮薊，是菊科植物；它多花，花比朝鮮薊小，有時作觀賞用。儘管這些花蕾不那麼肉質，也都可吃，但主要是生產其嫩葉和葉基，經煮熟、烤或炒後食用，具有朝鮮薊的風味(圖12.13；Rubatzky and Yamaguchi, 1997)。

類型與品種

　　朝鮮薊品種分為一年生及多年生；一年生品種的育成使生產可從種子播種、再經一年生長即可。這類一年生品種包括‘帝王星’(‘Imperial Star’)、‘沙漠球’(‘Desert

圖12.13　西洋薊(刺芭菜薊)的肉質葉基和葉部可以烹煮食用。

Globe’)、‘Talpiot’及‘翡翠’(‘Emerald’)(Schrader and Mayberry, 1992; Smith et al., 2008)；其優點是可以在生長季節短、植株不能越冬的區域種植，可與其他一年生作物輪作。有些一年生品種如‘帝王星’與多年生品種相比，兩者同樣都由種子種植，一年生品種在第一年就產生較多可售花蕾(Welbaum, 1994)。

　　雖然多年生品種也可以產生種子，但一般來說，其種子不能長出與親本同樣性狀的植株，通常還是由基盤分株行無性繁殖或由組織培養繁殖。在美國最重要的多年生品種是‘綠球’(‘Green Globe’)和‘改良綠球’(‘Green Globe Improved’)，約占加州50%的生產(Smith et al., 2008)。

　　朝鮮薊品種的花蕾顏色有所不同，有些品種的頭狀花序全綠，而另一些品種的苞片尖端帶有紅色或紫色；‘Magnifico’品種的苞片全紅色。雖然‘帝王星’和‘Talpiot’可用種子繁殖出與親本相符的後代品種，但這些品種仍有植株間的差異。這樣的變異還是比多年生品種‘綠球’以種子繁殖時少多了(Schrader and Mayberry, 1992)。

　　在義大利南部栽培朝鮮薊，用‘Violetto

di Sicilia'、'Spinoso Sardo'及'Brindisino'品種生產秋作、冬作以及早春採收，而在義大利中部生產為早春採收，種植'Campagnano'、'Castellamare'、'C3'、'Terom'及'Violetto di Toscana'品種(CABI, 2011)。

朝鮮薊品種的許多重要特性影響品質和市場性，包括：植株高度和寬度、抗病性、抗蟲性、花蕾大小、花蕾形狀、花蕾發育速率、單株花蕾芽數、苞片的數目、苞片大小、纖維形成速率、多刺的程度和風味。

西洋薊的葉比朝鮮薊的葉多毛，多毛的程度依品種不同；'Long Spanish'和'Ivy White'是兩種常見的西洋薊品種。'Ivy White'品種非常多毛，外觀看起來白色，不是綠色。

經濟重要性和生產統計

全球在西元2010年朝鮮薊種植不到125,000 ha，產量1,440,903公噸。表12.3顯示世界朝鮮薊主要的生產國家，以歐洲生產最多，義大利是最大生產國。歐洲以外的重要生產國家為埃及、祕魯和阿根廷，都在排行榜的前5名。近年中國生產量顯著增加。

義大利主要生產區在西西里島和拉提奧(Latium)中部地區、薩丁尼亞島(Sardinia)、坎帕尼亞(Campania)和托斯卡尼(Tuscany)；在這些地方，朝鮮薊一般在7月至9月種植，並作多年生、全年生長。在義大利和西班牙，約有80%-75%採收的朝鮮薊供鮮食用，剩下的30%-25%加工製罐(朝

表12.3 全球朝鮮薊主要生產國(FAOSTAT, 2010)

國家	產量(公噸)	世界排名
歐洲	711,432	
義大利	480,112	1
西班牙	166,700	3
法國	42,153	8
希臘	20,400	13
南美洲	247,303	
祕魯	127,503	4
阿根廷	84,000	5
智利	35,000	11
中東	N/A	
土耳其	29,070	12
伊朗	15,800	15
敘利亞	6,100	16
北非	319,194	
埃及	215,534	2
阿爾及利亞	39,200	10
摩洛哥	45,460	7
突尼西亞	19,000	14
其他		
美國	40,820	9
中國	59,900	6

鮮薊心)或冷凍(CABI, 2011)。

在美國，加州生產占99%，一半的面積是一年生栽培，另一半是多年生栽培。加州出口新鮮朝鮮薊到加拿大、墨西哥、日本和歐洲，絕大多數加州朝鮮薊為鮮銷市場用(Smith *et al.*, 2008)。

營養價值

許多人認為朝鮮薊是奢侈的蔬菜，因為它需要大量生長空間、不容易種、每個頭狀花序能吃的部分相當少，它又不提供

很多營養成分而且相對昂貴(表12.4)。很多人喜歡朝鮮薊只是因為它們的風味獨特和食的趣味。

生產與栽培

✦ 土壤需求

最適朝鮮薊和西洋薊生長的土壤pH值都為6.0-6.8。朝鮮薊根系深，可深達0.9-1.2 m；適合生長的土壤類型範圍廣，但在深厚肥沃、排水良好的壤土表現最佳。有時會採高畦栽培，特別在較黏重的土壤，以改善雨季期間的排水。應避免使用排水良好但保水性差的土壤，如砂質土。朝鮮薊具中度耐鹽性，可以在電導度高達6 dS/m(ECe, mmho/cm, 25°C)的土壤種植而不減產；高

表12.4 朝鮮薊心的營養成分(Rubatzky and Yamaguchi, 1997)

營養成分	每100公克可食部位含量
水分(%)	84
熱量(kcal)	51
蛋白質(g)	2.7
脂肪(g)	0.2
醣類(g)	11.9
纖維(g)	1.1
鈣(mg)	48
磷(mg)	77
鐵(mg)	1.6
鈉(mg)	80
鉀(mg)	339
維生素A (IU)	185
硫胺素(維生素B1) (mg)	0.08
核黃素(維生素B2) (mg)	0.06
菸鹼酸(維生素B3)(mg)	0.76
維生素C (mg)	10.8
維生素B6	0.11

於此土壤鹽度閾值每增加6 dS/m，大約減產11%(Smith *et al.*, 2008)。

✦ 多年生栽培

朝鮮薊多年生栽培係利用分株法(crown divisions)繁殖。將自生產田區所選的基盤(crowns, stumps)分株並使發根後，以人工種植到10-15 cm深的植穴中。行內株距1.0-1.1 m、行距2.7-4 m，格狀的田間配置使除草和其他管理措施較為容易。生產田通常每5-10年需更新，因為隨植株基盤擴大，植株間的競爭增加，花蕾生產降低。因此會把植株切回近地面高度，開始新的多年生栽培週期。植株在4月中到6月中切回地面高度，可以秋作、冬作及春作採收。如果是夏作採收，在8月底或9月切植株；將植株切回近地面高度，以促進發生新梢。收穫季時，採收花蕾後，切除著生老莖，以刺激新梢發育，此法稱為留樁法(stumping)，類似宿根栽培(ratooning)，採收工以斧頭或刀由地面下方砍去花莖。全年每隔3-4週就去除已採收過的花莖，這要看新花莖的生長情形。留樁法可以增加產量，延長田區的生產力。

✦ 一年生栽培

朝鮮薊種子發芽緩慢，與雜草競爭能力差，難以直接在田區直播生產。通常需先育苗，用穴盤育苗4-6週，再移植。朝鮮薊苗有一個大的中央主根，苗株在小穴格的育苗淺盤中生長不良。朝鮮薊不像許多其他蔬菜作物容易成活，它需要特別照顧，才能在田區存活，例如：避免在炎熱又風大的天氣移植，需定時灌溉直到苗株成活。

朝鮮薊主根長，因此種植前土壤應先

深耕犁。栽培床1.8-2.0 m寬，移植苗只作單行植，苗株間距76 cm。一年生栽培可以調整在不同時間成熟，以把握銷售好機會。在生長季短的地區，非常冷凍的時期過了以後，就種植一年生朝鮮薊；在生長季長的地區，雖可以直播一年生朝鮮薊，但一般多採用移植法以減少作物在田區的時間，避免雜草競爭和病害發生。

　　朝鮮薊可以適應的溫度範圍寬，但為了有最好的花蕾品質，涼爽而陽光充足才有緩慢均勻的生長。生產適溫為13-24°C。霜會損害花蕾，但地上部組織可以耐到-5.5°C的溫度。

　　多年生朝鮮薊常以激勃素（GA3或GA4+7)處理，以提早花蕾發育和整齊性。通常處理時間在預期第一次採收之前6週，噴施標準為每0.4 ha田區、10g的GA加到380公升水中(Smith *et al.*, 2008)。

　　對於西洋薊生產的建議類似朝鮮薊；但西洋薊比朝鮮薊更多用種子種植。通常在地面上方0.3 m處的葉子常綁起，植株基部四周有土壤堆起以軟化葉和莖，減少苦味。

◆ 肥料與養分

　　多年生朝鮮薊作物需要中量的氮肥，許多生產者需要施112-224 kg/ha氮，依土壤測試結果而定。對於一年生朝鮮薊栽培，不推薦一次施完氮肥，因為硝酸鹽會淋出根區外，特別是在暴雨後的砂質土壤。種植前先施用22-34 kg/ha的少量氮肥，足夠供移植後苗的第一個月生長所需。作物對氮肥的需求隨植株成熟度而增加，所以在生長季開始時，每公頃每週6 kg氮肥就足

夠，隨著植株長大及花蕾形成，氮肥需要量增加一倍至12 kg/週/ha以維持生長。累計一作總施用量，依土壤特性每公頃144-180 kg，就足夠有很好的產量。如果一年生朝鮮薊在其他作物如萵苣或青花菜輪作之後，會有土壤中殘留的養分；硝酸態氮含量20 ppm或以上就足夠維持朝鮮薊移植苗的早期生長，節省肥料成本。在施用任何養分之前，應先進行土壤檢測，評估殘留的養分含量，以免浪費金錢，還可能危害環境。

　　土壤含磷60 ppm或以上就含量充足；如果土壤含磷量少或冬季土壤冷、植栽吸收力降低，推薦依土壤檢測結果，每公頃施用45-90 kg P_2O_5。鉀肥需量也可以經由土壤測試結果訂定，土壤鉀含量150 ppm就足夠朝鮮薊生長所需。

◆ 灌溉

　　缺水使植株生長緩慢，造成花蕾纖維多、品質差，還未充分長大即提前開放。缺水也可能造成苞片尖端黑化(black tip)的生理障礙，苞片轉深褐色，不能銷售。

　　灌溉會調節朝鮮薊的生產週期，而且直接關係到採收時間，所以土壤水分管理特別關鍵；全生長期需要土壤溼度均勻。在季節性降雨地區，朝鮮薊由舊植株切回地面，開始新週期生產的多年生栽培後1個月就開始灌溉。最常用的灌溉方式為地下(subsurface)和高架噴灌(overhead sprinkler irrigation)2種。朝鮮薊一年生栽培常採用噴灌，以確保植株根區的均勻溼度及植株成活。成活生長後，用地下灌溉；滴灌管路埋置於植行一側或有時兩側的地面下30-35 cm

深處，可以有效率地直接供水在根區。在地面不平的田區，有壓力補償的滴灌管有助於均勻輸送水分。在有些地區常用耐用的滴灌帶，它們在一年生朝鮮薊產季結束後，還可再用。

用噴灌系統在夏季常每2或3週灌溉，依土壤類型而異；每次噴灌水量每公頃約506-706立方公尺。相比之下，滴灌次數較頻繁，每週一次，依土壤類型和氣候條件而定；以維持土壤水分含量高，也減少噴灌系統常有的蒸發散失。在黏重土壤，滴灌可以減少25%的用水量；在砂質土壤可增加產量，滴灌並已大量取代溝灌，有更高的用水效率。多年生朝鮮薊栽培每年所需要的水量大約每公頃2,539-6,093 m^3。一年生栽培每季每公頃需水5,078-6,093 m^3，因株冠較密、蒸散作用較高和生長季較短(Smith *et al.*, 2008)。

水分管理是朝鮮薊生產的關鍵要素，而且朝鮮薊生產地區通常水分有限，因此，結合土壤水分監測和依據天氣的灌溉常用來決定何時給水以及需要水量。朝鮮薊植株在夏季、葉冠最大時的用水量最大。多年生朝鮮薊根系廣且深，能在少雨或灌溉少的生長季初期供應植株生長發育的水分。但在花蕾形成和發育期間，要有持續的供水才能有最大產量和品質。朝鮮薊植株的用水量約等於蒸發皿蒸發散量(pan evaporation)，或經作物係數調整的蒸發散量參考值估算。作物係數與株冠覆蓋地面的百分比密切相關，一年生朝鮮薊在完全覆蓋時，作物係數趨近為1.0(Smith *et al.*, 2008)。

◆ 採收

多年生朝鮮薊可整年採收，但在北半球從3月到5月的產量最高(圖12.14)。

調整種植時間，播種的朝鮮薊可以在當年任何時間採收。依氣候狀況，通常以人工，一週採收2次；天氣熱時，增加採收次數，天氣冷，採收次數減少。在寒冷的冬季，多年生朝鮮薊每隔2週採收一次；一個生產季通常可以採收30次甚至更多次。在一年生朝鮮薊，生產季較短、較集中。朝鮮薊的適採階段是當花蕾已發育達最大，但苞片(bracts)仍緊包著尚未張開，內部的花器組織已生長高出花托(圖12.12；Rubatzky and Yamaguchi, 1977)。

朝鮮薊要用人工採收，是勞力密集產業。採收工人需要來回在田裡走動數星期，檢視所有可能採收的花蕾，依其大小及緊密度將已達標準的花蕾採下。由於植株很像薊類(thistle)，有些品種是有刺的，會造成採收作業的困難。最先採收的是頂花蕾或稱主花蕾(primary buds)，也是最大的花蕾。次級(secondary)及三級(tertiary)花蕾要等其長大以後再採。更後級的花蕾可能因為太小而不會採收。採收朝鮮薊時，在花蕾基部下方7.6 cm處切下。在有些市場，花蕾還要帶著一片葉，切斷花莖的位置更低。健康的多年生朝鮮薊，每季一株應可採5-8個可售花蕾。

有些播種的朝鮮薊品種不像多年生品種如‘綠球’，花蕾不會隨成熟度而張開；所以這類品種如果過了適採期，過熟的花蕾在外觀上仍然很緊密，但這種過熟花蕾內的花器組織已經發育很好，纖維化且有

圖12.14 7月下旬的多年生朝鮮薊栽培田，前方有一株已經抽薹並長出花蕾。本田區的採收高峰期是在10月及11月(美國加州卡斯托維爾(Castroville)附近)。

苦味，花蕾可食用的肉質部分就變少了(圖12.12)。取一些花蕾樣品，了解它們內部的發育特徵，有助於決定哪一種花蕾外觀是適採期。將在田間採下來的花蕾放入一個用金屬架撐開的布袋，布袋與採收工一起移動。一年生朝鮮薊的產量若每公頃有19,552 kg算是好產量，不過產量好壞可能因環境及市場因素而異。對多年生朝鮮薊而言，每公頃14,652 kg是好產量(Smith *et al.*, 2008)。

◆ 採收後處理

無論是一年生或多年生的朝鮮薊，採收後都立即在田間檢視它的外觀有無蟲害或病害的損傷。可售花蕾依據大小及品質分級，直接在田間裝入紙箱或袋子；不合格的花蕾丟棄在田間。在有些地區，採收朝鮮薊後用大型容器裝運到另外的包裝廠進行分級、裝箱及預冷(圖12.15)。

然而，愈來愈多採用田間採收即包裝，來降低成本及縮短處理過程。在田間包裝放入紙箱的朝鮮薊運送到預冷場所去除田間熱，並留置到出貨。花蕾大小的分級是依照一個標準紙箱中可以裝入幾個花蕾，例如：每箱裝18個花蕾稱為18s，這個等級的花蕾直徑是11.3 cm以上。24s級的花蕾直徑是10-11.3 cm，36s級是8.8-10 cm，48s級是7.5-8.8 cm，60s級是6.9-7.5 cm。而直徑2.5-6.9 cm的小花蕾，則隨機取100-175個裝入紙箱。美國及加拿大的鮮食市場偏好24s及36s的花蕾；不過有些零售商及世界其他地區的市場偏好36s及48s規格。因為朝鮮薊通常依花蕾定價，而非依重量定價。有些消費者以為花蕾較小表示發育較嫩、較少纖維、花的發育也較低，不過未

圖12.15 朝鮮薊在包裝廠經過清洗、依大小分級、裝箱及預冷後才運往市場。

必如此(Smith *et al.*, 2008)。

在田間裝箱的朝鮮薊通常用壓差預冷來冷卻,在運輸及貯藏期應保存在或接近1°C及90%-95% RH的條件以防止失水。花蕾貯藏在這樣的條件中,品質可以維持到2週。若要長程運輸,朝鮮薊通常用冷藏車來運送(Smith *et al.*, 2008)。

病害

缺鈣造成苞片尖端變黑,有些品種比其他品種發生嚴重。苞片黑尖問題在較高溫和砂質土壤比較大。白粉病(powdery mildew, *Leveillula taurica*)和褐斑病(ramularia leaf spot, *Ramularia cynarae*)都會危害苞片與葉部,導致落葉和花蕾受損。黃萎病(verticillium wilt, *V. dahliae*)引起植株退綠、矮化和萎凋;感病株所生的花蕾小,發病嚴重時,植株會死亡。所有品種都感病,一年生栽培的朝鮮薊可以與花椰菜或青花菜輪作來防治此病害(Smith *et al.*, 2008)。灰

黴病(botrytis, *Botrytis cinerea*)在發病的組織上有本菌的灰色或褐色黴狀物生長,本病害在陰雨和氣溫適中氣候下更嚴重。

病毒*artichoke curly dwarf virus*(ACDV)引起的捲葉矮化(curly dwarf)造成植株發育不良,最終致死;本病症狀包括葉片捲曲、植株矮化、花蕾生產降低。已知的唯一防治措施是使用無病的種植材料以及立即移除並銷毀病株。奶薊草(水飛薊,milk-thistle, *Silybum marianum*)是本病毒的中間寄主。

其他病毒病包括:菜薊潛伏病毒(artichoke latent virus, ArLV)、菜薊斑紋漣葉病毒(artichoke mottled crinkle virus, AMCV)、菜薊黃化輪點病毒(artichoke yellow ringspot virus, AYRSV)、蠶豆病毒屬的蠶豆萎凋病毒(broad bean wilt virus, BBWV)與野芝麻微嵌紋病毒(lamium mild mosaic virus, LMMV)、菸草條紋病毒(tobacco streak virus, TSV,造成蘆筍發育

不良)、番茄黑環病毒(tomato black ring virus, TBRV)、番茄感染性黃化病毒(tomato infectious chlorosis virus, TICV)和番茄斑點萎凋病毒(tomato spotted wilt virus, TSWV)(CABI, 2011)。

蟲害

朝鮮薊羽蛾(globe artichoke plume moth, *Platyptilia carduidactyla*)在葉背或花芽下方的莖部產卵，幼蟲鑽入莖、葉、花芽，破壞花托和苞片，使花蕾發育扭曲和發育不良，造成的作物損失常達20%-50%。在沙漠產區，羽蛾並不是問題，防治羽蛾靠嚴格的田間衛生，包括在採收期移除已感染的花芽、栽培結束時要立即將砍到地面的植株殘體打入土壤內。有效的管理方式結合田區衛生和綜合害蟲管理(IPM)策略，例如：使用昆蟲生長調節劑、費洛蒙干擾交配法、生物防治劑、大量誘殺法以及減少傳統農藥的使用。自西元1970年代開始，為大規模商業生產開發綜合防治(Integrated Pest Management, IPM)策略；羽蛾是首批防治成功的害蟲之一。在實施IPM防治措施之前，靠大量噴施殺蟲劑，導致害蟲的抗藥性，以及在朝鮮薊田區周圍城市的公共衛生疑慮。

蚜蟲包括豆蚜(bean aphid, *Aphis fabae*)、桃蚜(green peach aphid, *M. persicae*)和朝鮮薊蚜蟲(artichoke aphid, *Capitophorus elaeagni*)，都會在一年中不同時期危害朝鮮薊。除了影響生長外，朝鮮薊蚜蟲還會導致芽上發生煤煙病(sooty mold)，降低產量和可售率。象鼻蟲(cribate weevil,

Oyiorhynchus cribricollis)的幼蟲取食根部，而成蟲取食葉和花芽。鱗翅目幼蟲如燈蛾(salt marsh caterpillar, *Estigmene acrea*)、切根蟲(cutworms, *Peridroma saucia*)等會取食葉和花芽，這些害蟲會吃食發育中幼苗的生長點，特別成為移植、一年生栽培朝鮮薊的問題。盲椿象(proba bug, *Proba californica*)的生活史和取食行為像另一種盲椿象(lygus bug, *Lygus hesperus*)，其若蟲和成蟲主要以嫩葉為食，並注入植株毒素、導致植株發育不良；發育中的芽因植物毒素而畸形。二點葉蟎(two-spotted spider mite, *Tetranychus urticae*)造成嚴重危害，會降低植株生長勢和產量。潛葉蠅(chrysanthemum leaf miner, *Phytomyza syngenesiae*)會嚴重危害葉部。

其他害蟲可包括切根蟲(black cutworm, *Agrotis ipsilon*)、木蠹蛾(carpenter moth, *Cossus cossus*)、蛺蝶(painted lady butterfly, *Cynthia cardui*)、西方花薊馬(western flower thrips, *F. occidentalis*)、疆夜蛾(珠光翼蛾)(pearly underwing moth, *Peridroma saucia*)、根腐線蟲(nematode, northern root lesion, *Pratylenchus penetrans*)、根瘤細菌引起冠瘤(crown gall, *Rhizobium radiobacter*;gall, *Rhizobium rhizogenes*)、斜紋夜蛾類(cotton leafworm, *Spodoptera littoralis*; taro caterpillar, *Spodoptera litura*)和根線蟲(stubby root nematodes, *Trichodorus* spp.)(CABI, 2011)。

參考文獻

1. Boriss, H., Brunke, H., Geisler, M. and Jore, L. (2012) Lettuce profile. Available at: www.agmrc.org/commodities__products/vegetables/lettuce-profile (accessed 13 June 2013).

2. Borthwick, H.A., Hendricks, S.B., Toole, E.H. and Toole, V.K. (1954) Action of light on lettuce-seed germination. *Botanical Gazette,* 205-225.

3. CABI (2011) Crop protection compendium. Available at: www.cabi.org/cpc/?compid=1&dsid=17585&loadmodule=datasheet&page=868&site=161 (accessed 12 July 2012).

4. CABI (2013) Datasheets: *Lactuca sativa* (lettuce) production and trade. Available at: www.cabi.org/cpc (accessed 28 May 2013).

5. De Candolle, A. (1959) *Origin of Cultivated Plants.* Hafner Publishing Co., New York.

6. De Vos, N.E. (1992) Artichoke production in California. *HortTechnology* 2, 438-444.

7. Doležalová, I., Lebeda, A., Tiefenbachová, I. and Kr ístková, E. (2004) Taxonomic reconsideration of some *Lactuca* spp. germplasm maintained in world genebank collections. *Acta Horticulturae* 634, 193-201.

8. Duke, J. (2013) Dr. Duke's phytochemical and ethnobotanical . Available at: www.ars-grin.gov/duke (accessed 19 June 2013).

9. ERS (2011) Vegetables and melons yearbook. Available at: http://usda.mannlib. cornell.edu/MannUsda/viewDocumentInfo.do?documentID=1212 (accessed 11 June 2013).

10. FAOSTAT (2010) Food and Agriculture Organization of the United Nations. Available at: http://faostat.fao.org/site/567/DesktopDefault.aspx?PageID=567 (accessed 16 July 2012).

11. FAOSTAT (2011) Lettuce and Chicory production statistics. Available at: http://faostat.fao.org/site/567/Desktop_Default.aspx?PageID=567 (accessed 3 June 2013).

12. Jeffrey, C. (2007) Compositae: Introduction with key to tribes. In: Kadereit, J.W. and Jeffrey, C. (eds) *Families and Genera of Vascular Plants,* Vol. VIII: *Flowering Plants, Eudicots, Asterales.* Springer-Verlag, Berlin, pp. 61-87.

13. Lipton, W.J., Stewart, J.K. and Whitaker, T.W. (1972) *An illustrated guide to the identification of some market disorders of head lettuce* (No. 950). Agricultural Research Service, US Department of Agriculture. Washington, DC, pp. 1-7.

14. Martínez, J.A. and Artes, F. (1999) Effect of packaging treatments and vacuum-cooling on quality of winter harvested iceberg lettuce. *Food Research International* 32, 621-627.

15. McKenzie, R.J., Samuel, J., Muller, E.M., Skinner, A.K.W. and Barker, N.P. (2005) Morphology of cypselae in subtribe arctotidinae (compositae-arctotideae) and

its taxonomic implications. *Annals of the Missouri Botanical Garden* 92, 569-594.

16. Miles, C. (2013) Winter Lettuce. Available at: http://agsyst.wsu.edu/WinterLettuce. html (accessed 28 June 2013).

17. Pignone, D. and Sonnante, G. (2004) Wild artichokes of south Italy: did the story begin here? *Genetic Resources and Crop Evolution* 51, 577-580.

18. Rangarajan, A., Ingall, B.A. and Zeppelin, V.C. (2000) Vernalization strategies to enhance production of annual globe artichoke. *HortTechnology* 10, 585-588.

19. Rubatzky, V.E. and Yamaguchi, M. (1997) *World Vegetables: Principles, Production and Nutritive Values,* 2nd edn. Chapman & Hall, New York.

20. Ryder, E.J., De Vos, N.E. and Bari, M.A. (1983) The globe artichoke (*Cynara scolymus* L.) production in California. *HortScience* 18, 646-653.

21. Schrader, W.L. and Mayberry, K.S. (1992) 'Imperial Star' artichoke. *HortScience* 27, 646-653.

22. Schwember, A.R. and Bradford, K.J. (2010) A genetic locus and gene expression patterns associated with the priming effect on lettuce seed germination at elevated temperatures. *Plant Molecular Biology* 73, 105-118.

23. Shah, M. (2010) Gulf Cooperation Council food security: Balancing the equation. Nature Middle East. Available at: www. nature.com/nmiddleeast/2010/100425/full/ nmiddleeast.2010.141.html (accessed 8 July 2013).

24. Smith, R., Baameur, A., Bari, M., Cahn, M., Giraud, D., Natwick, E. and Takele, E. (2008) *Artichoke production in California.* University of California, Division of Agriculture and Natural Resources, Publication 7221, Oakland, California, pp. 1-6.

25. Turini, T., Cahn, M., Cantwell, M., Jackson, L., Koike, S., Natwick, E., Smith, R., Subbarao, K. and Takele, E. (2011) Iceberg Lettuce Production in California. Publication 7215. Available at: http://anrcatalog.ucdavis.edu (accessed 29 June 2013).

26. UC IPM (2013) How to manage pests: Lettuce. Available at: www.ipm.ucdavis. edu/PMG/selectnewpest.lettuce.html (accessed 28 June 2013).

27. USDA ARS (2013) National nutrient database for standard reference, release 25. Available at: http://ndb.nal.usda.gov/ndb/ search/list (accessed 1 July 2013).

28. van Beilen, J.B. and Poirier, Y. (2007) Guayule and Russian dandelion as alternative sources of natural rubber. *Critical Reviews in Biotechnology* 27, 217-231.

29. Welbaum, G.E. (1994) Annual culture of globe artichoke from seed in Virginia. *HortTechnology* 4, 147-150.

30. .Zohary, D., Hopf, M. and Weiss, E. (2012)

Domestication of Plants in the Old World: The Origin and Spread of Domesticated Plants in Southwest Asia, Europe, and the Mediterranean Basin. Oxford University Press, Oxford, UK.

第十三章 禾本科
Family Poaceae

甜玉米／爆玉米／觀賞玉米
SWEET CORN, POPCORN, AND ORNAMENTAL CORN

起源及歷史

甜玉米(sweet corn, green maize, maize)是新世界、新大陸的作物；科學家認為它是很久以前在墨西哥的南部馴化(Ranere, 2009)。現代玉米的起始種是野生的一年生禾草，花序頂生，上方為雄花，雌花在下。另一種論點為原始植物具有一個頂生雄花穗(spikelet)，其下方節位有幾個雌花穗(Goodman, 1988)。墨西哥市附近收集到的花粉樣本據估已有6、7萬年，說明玉米的古老(Beadle, 1981; Sears, 1982)。

玉米大約於7,000年前開始栽培；大芻草(teosinte, *Zea mays* ssp. *mexicana*)可能類似玉米的原始野生種(Matsuoka *et al.*, 2002)。從起初2.5 cm大小的野生果莢，經人為選拔得到了比野生種大很多倍的果莢(Galinat, 1992)。現代玉米品種與其野生起源種已很少相似處(Goodman, 1988)。在歐洲人到達新大陸之前，玉米已在全美洲廣傳，作為基本糧食作物好幾百年(Ranere, 2009)。北美洲甜玉米或爆玉米(popcorn)都來自於美國原住民；在過去200年甜玉米已成為北美

主要蔬菜作物。甜玉米在世界其他地區的流行是更近年的事。因為甜玉米與農藝用玉米的密切相關，它在有些文化或地區的消費並不多。

植物學和生活史

甜玉米(Z. *mays* var. *saccharata*)是暖季、不耐寒、一年生禾本科(Poaceae，舊名Gramineae)單子葉植物，花性為雌雄異花同株(monoecious)，由風媒授粉，花粉隨風吹動，因地心重力從雄穗(tassel)落到莖稈下方的雌花上(圖13.1)。

我們所食用的甜玉米是在穗軸(cob)上或已剝下的未成熟玉米粒(kernels)(禾本科的果實稱為穎果(caryopsis))。反之，飼料玉米(field corn, agronomic corn)是當植株達生理成熟期所採收的乾穀粒。甜玉米品種比大田玉米(飼料玉米)的植株小，有些甜玉米品種的雄花穗明顯較大、顏色較淺(Fonseca *et al.*, 2003)。

發芽後先長出主根固定幼苗，種子根(seminal roots, seed root)從胚內的子葉盤節位(scutellar node)長出，包括胚根(radicle)和側生種子根(Gardner *et al.*, 1985)。後者由胚芽鞘(coleoptiles)後方較晚萌發。種子根系從土壤中吸收水分，幫助維持幼苗的發

圖13.1 玉米是雌雄異花同株、植株上方的雄花穗(a)和中間的雌花(b)分開。花粉須從雄花穗落到花絲上發芽，完全伸長到花絲底的胚珠授粉，才能長成可食的玉米粒。一直重複這樣的程序才能發育出正常的玉米穗。

育；但幼苗主要先靠玉米粒的澱粉質胚乳所貯存的養分，之後有節根系(nodal root)發育。幼苗萌發後，在中胚軸(mesocotyl)上方開始發育節根系，種子根系的生長速率

就減慢(Gardner *et al.*, 1985)。

節根系是由基部數層地下莖節長出的次級不定根組成，它們橫向生長、分枝多、分布廣、入土深，入土深度依土壤特性而定。相較於其他作物，玉米算是淺根系；這些次生根從土壤吸收養分供應植株。除節根外，玉米還有支持根(prop, brace)幫助固定植株，並吸收養分；支持根是在土面上2-3個莖節處所長出的節根(Gardner *et al.*, 1985)。

玉米莖(stem, axis, culm)硬質，1.5-2.5 m高，依品種而定；莖稈由互生的葉鞘緊密包住，節位明顯(圖13.2)。所生出的葉鞘包住節位上方，形成一段主莖。在每片葉與葉鞘間有葉舌(ligule)，葉片由此位置與葉鞘方向不同，與莖形成一定角度側向伸展，葉片寬、葉緣波浪狀、有明顯中肋(midrib)。葉片大、互生、外觀似草；葉長、寬度均勻、平行脈多(Rubatzky and Yamaguchi, 1997)。

有些基因型在植株基部產生分蘖株(suckering, tillers)(圖13.3)，由近土面的下位葉腋著生次生莖或分蘖。這樣的分蘖株上形成雌穗(ears)較晚，也比主莖的雌穗小。分蘖性狀有顯著的遺傳差異，許多現代品種單莖、無分蘖。

● 植株和花部特徵

● 雄花

雄花序(tassel)生於植株頂部，為圓錐花序(panicle)，其中央為主穗軸及分枝形成穗狀(圖13.1a)。主穗通常有4行或更多的成對小穗(spikelets)，而側花穗有一對兩行的小穗。成對小穗包含無柄(sessile)和有柄

圖13.2　玉米莖稈強壯而直，雄花穗在頂
端，雌穗在中間。葉長、互生相
對、具平行脈。

圖13.3　萌糵或分糵是由玉米植株基部發
育的小株，株距寬可支持分糵株
的發育。現代品種不分糵。

(pedicelled)小穗。雄小花含有雄蕊和早期
即退化的雌蕊，有些情況下，雌蕊可能會
發育。雄花成熟時，先由花序中央開始開
花(anthesis)，之後向上下兩個方向同時開
放。先從上方的小穗伸出花藥，接著迅速
從無柄小穗伸出花藥，致使花粉釋放時間
很長。花粉由花藥先端的孔釋出。甜玉米
雜交種，估計每雄花穗產生820萬-1,496萬
個花粉粒(Fonseca *et al.*, 2003)。花粉釋出量
受溫度、風和品種影響，通常花粉釋出為
期3-10天。花粉釋放比花絲柱頭伸出苞葉
(husk)早，因此行異花授粉(cross-pollination)

(Gardner *et al.*, 1985)。

· 雌花

　　雌花是緊包在苞葉內的頂生花序
(圖13.1b)，稱為雌穗，就是食用的玉米
穗(ear)。雌小花伸長的花柱是絲狀柱頭
(silks)，連接到各胚珠(ovule)。雌花穗也是
穗狀花序，穗軸上縱行排列成對的小穗，
小穗發育成的果實為穎果。花粉粒先要發
芽、生長通過花柱、到達子房授粉。苞葉
(husk)保護穗軸和發育中果實(圖13.1b)；
如果苞葉發育不完整，穗軸尖端外露，玉
米穗先端的子粒發育會受損、可能發生蟲

害、更易感病(Gardner et al., 1985)。

胚珠經適當授粉後發育成果實,在發育未成熟階段採收,成為甜玉米;果實外層的果皮(pericarp)與其下方的種皮(testa)融合。胚占果實下方四分之一的位置。玉米粒大部分(約75%體積)是胚乳,胚乳外層為糊粉層(aleurone layer)。軟質種(flour)、馬齒種(dent)和硬質種(flint)玉米的胚乳成分以澱粉及油為主,甜玉米的胚乳則含糖和澱粉,其比例取決於品種的基因型,以及發育階段。

每一類型的甜玉米都是澱粉合成受阻斷,導致胚乳累積糖分,無法快速轉化成澱粉。這使甜玉米味甜,而沒有澱粉質。糖分子比澱粉分子短,澱粉實際上是長的糖分子聚合物。玉米粒乾燥時,較短的糖分子連結更緊密,因此糖質種子外觀皺縮且玻璃化狀(Rubatzky and Yamaguchi, 1997)。

當穗軸的幼嫩主軸發育時,周邊的花芽原基進行細胞分裂形成兩個一樣的裂片並排一起,由橫切面看起來胚珠成對出現。每一個裂片發育成兩個小花、一上一下的小穗;大多數玉米品種僅上面的花發育為成熟玉米粒(Rubatzky and Yamaguchi, 1997)。

品種'鄉村紳士'('Country Gentlemen')也稱 'Shoe peg'是例外,花的排列沒有秩序;它是祖傳(heirloom)品種,產生的玉米粒隨機散布,而不成對排列在穗軸上(圖13.4)。

本品種小穗上的兩個花都產生子粒,在發育過程中,子粒太擠,無法形成兩兩一對的直行排列(Rubatzky and Yamaguchi, 1997)。

• 授粉

玉米是風媒授粉,要種植成區塊(block configuration),以確保雄花花粉有效傳送給雌花。不同類型的玉米至少要間隔210 m以上,以避免不要的雜交授粉(cross-pollination)和花粉直感(xenia)效應。如果沒有足夠的空間隔離,要用時間來錯開不同類型玉米的種植日期,以避免雜交授粉(Gardner et al., 1985)。

◆ 甜玉米之遺傳

玉米是最先商業出售F-1雜交品種的作物之一,可以回溯到西元1930年代;由於它的花性表現為雌雄異花同株,可以去掉雄花穗以控制授粉,生產自交系,供生產

圖13.4 '鄉村紳士'('Country Gentleman')是奇特的祖傳白色甜玉米品種,也被稱為'Shoe Peg',玉米粒排列不直,由穗軸上吃較困難。

F-1雜交種。目前，幾乎所有的甜玉米和飼料玉米商業品種都是F-1雜交種。但仍然有些奇特和特殊的非雜交、採用自然授粉的品種 (open pollinated cultivars) (Darrah *et al.*, 2003)。

甜玉米的遺傳複雜，影響糖含量就有幾個不同的等位基因(alleles)。甜玉米並不是由基因工程而來，它是自然的基因突變，被選拔並維持而成為新品種。甜玉米的基因可以分為3類，最久的一類是隱性*su*基因，使每個子粒的胚乳累積糖而不是澱粉(Tracy *et al.*, 2006)。這是標準甜玉米(表13.1)，採收後，糖非常迅速轉化為澱粉，因此，果穗必須迅速冷卻降低轉換速率，以保持糖含量。基因*su*的發生可能是過去出現的幾次自然突變，被原住民保持下來。

甜玉米除了*su*基因外，另有兩個主要的甜度基因：糖增強基因(sugary enhancer gene, *se*)使此類甜玉米比*su*品種含較高糖量(表13.1)。這類品種採收時，糖較慢轉化為澱粉；失水速度也比普通甜玉米慢，這有助於延長其收穫期。此類第一個品種是西元1970年代育成的'Illini Extra Sweet' (Tracy, 2000)。

超甜玉米(supersweets)是帶有shrunken-2基因(sh_2)的甜玉米(表13.1)；這個基因限制糖的轉化成澱粉，使超甜玉米比其他類型的甜玉米含更高的糖量(Darrah *et al.*, 2003)。研究顯示，超甜玉米能在植株上保持甜度7天，採下後冷藏可存放30天(Brecht, 2004)。超甜玉米品種除較*su*和*se*類型有更高的含糖量外，果皮柔嫩；因此，其胚乳減小、子粒極為皺縮，種子很容易識別(Darrah *et al.*, 2003)。有些超甜玉米品種的種子發芽不良、幼苗活力低，這類玉米較難種，尤其是在低溫土壤。

花粉直感(xenia)是指花粉親基因立時對發育中的玉米粒外表型有明顯可識別的影響(Rubatzky and Yamaguchi, 1997)。玉米是少數由花粉特性決定果實外觀和特性的一種蔬菜作物，在此就指玉米粒。最常見的兩種直感效應是玉米粒顏色及澱粉含量。因此若由不同特性的其他品種雜交授粉後，幾乎立即可由發育中果穗現顯出，要維持品種品質，就要明白花粉直感效應。當甜玉米種在飼料或大田玉米田區旁，控制授粉特別重要，因為許多飼料玉米花粉的性狀是顯性的，包括澱粉含量，使甜玉米的優良性狀不能表達。飼料玉米的澱粉基因對*su*和*se*是顯性，如果甜玉米植株由飼料玉米授粉，發育的胚乳是澱粉質而非甜質(圖13.5；Darrah *et al.*, 2003)。例如：如果白色甜玉米不小心由高澱粉的黃色馬齒種玉米授粉，甜玉米果穗上的子粒由飼料玉米花粉授粉，因為花粉直感效應，會長成黃色、下凹形玉米粒，在發育過程中即可辨識(圖13.5；Darrah *et al.*, 2003)。

表13.1 授粉對甜玉米*su*、*se*、和sh_2品種含糖量的影響

基因型	標準甜玉米 *su*	增強甜玉米 *se*	超甜玉米 sh_2
su	不影響	不影響	澱粉質
se	不影響	不影響	澱粉質
sh_2	澱粉質	澱粉質	不影響

不影響指雜交授粉對子粒味道沒有影響，或風味像標準甜玉米。澱粉質指需要隔離，否則胚乳如同飼料玉米般。

圖13.5 甜玉米與飼料玉米或馬齒玉米雜
　　　交，出現一些顏色較淺、飽滿的
　　　玉米粒。甜玉米必須隔離，防止
　　　雜交授粉的汙染。飼料玉米花粉
　　　所攜帶的澱粉質性狀會立即對甜
　　　玉米的外觀和發育產生影響，雜
　　　交授粉得到的未熟玉米粒雖可食
　　　用但不甜。

超甜玉米(sh_2)也必須與su、se類型甜玉米隔離；如果隔離不夠，發生雜交授粉，無論是超甜玉米和su、se類型甜玉米都可能產生澱粉質子粒。但su和se類型可以彼此授粉，仍維持其正常糖含量(Darrah $et\ al.$, 2003)。

甜玉米的顏色基因，黃色是顯性而白色是隱性；當黃色果皮植株的花粉在白色果皮植株受精，依孟德爾遺傳定律，玉米粒會有黃色果皮。當黃色玉米由白玉米授粉，子粒是黃色但顏色較淺。子粒顏色和甜度性狀為獨立遺傳，沒有連鎖關係。甜玉米和其他類型包括飼料玉米間應保持至少213 m的隔離距離(Darrah $et\ al.$, 2003)。

類型和品種

世界各地生產的玉米有許多類型，所以要先認識這些不同類型，因為大部分種類可作為我們的食物，而且是非常不同的形式(表13.2)。玉米通常分為2大類：成熟採收的乾玉米和未熟採收為蔬菜用；兩種都可作人類的食物。菜用玉米包括甜玉米、玉米筍(baby corn)和烤玉米(烤包穀，roasting ears)(Rubatzky and Yamaguchi, 1997)。乾玉米有爆玉米(popcorn)、觀賞玉米(ornamental corn)、馬齒種玉米和硬質種玉米(Hallauer, 2001)。除了在「甜玉米之遺傳」小節所述的甜玉米類型外，其他具商業重要性的玉米類型概述如下(表13.2)。

◆ 馬齒種玉米(大田／飼料／農藝玉米)

馬齒種玉米(dent corn)是世界上生產乾玉米最常見的一種類型(圖13.6)。例如：在美國的玉米產量99%以上是馬齒種玉米，甜玉米不到1%。

在有些地區也商業生產蠟質(waxy)、硬粒種(flint)或軟質種(flour)乾玉米。馬齒種玉米和其他類型的乾玉米都是在秋季以機械採收的成熟玉米，馬齒種子粒頂部的獨特凹痕與其他類型玉米可明顯區分。馬齒種玉米用途很廣，有許多不同的用法，因此很受歡迎。一粒馬齒種玉米大約含61%的澱粉、19.2%的飼料成分(麩質(gluten)和皮殼(hull))、3.8%的油及16%水(Barker and Beuerlein, 2005)。它的用途有作動物飼料、轉化澱粉為乙醇當車輛燃料、植物油、高果糖玉米糖漿和人的食物，如：早餐穀片、玉米澱粉、玉米粉(corn meal)、玉米粥(hominy)和粗碾穀粒(grits)。

乾玉米產業的主要用途是生產高果糖玉米糖漿(high-fructose corn syrup, HFCS)。

HFCS並不是由甜玉米製成，這是常見的誤解；在英國稱為glucose-fructose syrup、在加拿大稱為glucose/fructose、其他國家稱為high-fructose maize syrup。都是含有一部分經過酵素處理使部分葡萄糖轉化為果糖，成為理想甜度的玉米糖漿(Marshall and Kooi, 1957)。在美國，消費的食物產品常用HFCS作為甜味劑，像加工食物和飲料，

如：麵包、穀片、早餐營養棒、簡便午餐肉片、優格(酸奶，yogurts)、湯和調味佐料(condiments)。 HFCS在西元1970年代後期開始普遍，根據美國農業部，HFCS含24%的水，其餘為糖。最廣泛使用的種類有：HFCS 55常用於增甜飲料，約含55%果糖和42%葡萄糖；HFCS 42常用於穀物片和烘焙食品，大約含42%果糖和53%葡萄糖；

表13.2 玉米類型及其用途

普通名	學名	採收期	用途
甜玉米 (sweet corn)	*Zea mays* var. *saccharata*	未成熟採收當蔬菜食用。	水煮或有時烤。
爆玉米 (popcorn)	*Z. mays* var. *everta*	硬質種玉米、成熟時採收乾玉米。	加熱至高溫當爆米花食用，有時當觀賞用。
觀賞玉米 印地安玉米 (ornamental corn Indian corn)	*Z. mays* – 有些品種採收成熟的全果穗當裝飾用。	成熟果穗。	裝飾用，以全果穗展示，露出彩色子粒。
馬齒種玉米 (dent corn)	*Z. mays* var. *indentata*	最普遍的玉米，有多種名稱。	食用油、玉米粉、酒精、動物飼料、澱粉。
硬質種玉米 (flint corn)	*Z. mays* var. *indurata*	成熟子粒硬而光滑，很少軟質澱粉，在印度及其他國家商業栽培。	裝飾用，許多印度玉米品種為此類型，烹煮成玉米糊(polenta)和玉米粥(hominy)。
軟質種玉米 (flour corn)	*Z. mays* var. *amalacea*	類似硬質玉米，但含軟質澱粉，甚少或不凹陷，是最古老類型之一。	成熟時加工為玉米粉。
蠟質種玉米 (waxy corn)	*Z. mays* var. *ceratina*	成熟子粒外觀蠟質，含膠質澱粉，含高量支鏈澱粉(amylopectin)。	生產作為澱粉來源。
玉米筍 (baby corn)	*Z. mays*	用甜玉米或其他玉米，播種後45-50天、未受精的雌花穗，在抽穗後2天內採收。	用作沙拉或煮食蔬菜，以1.5%鹽水保存、製罐或冷凍。
有稃種玉米 (pod corn)	*Z. mays* var. *tunicata*	現代玉米原始種，每一子粒外包有稃。	迄未有商業栽培。

圖13.6 馬齒種玉米也稱爲飼料玉米或農藝玉米，是世界上栽培最多的類型。當植株乾燥、完全成熟時，用機械採收當成穀物；在尚未成熟的乳熟期，果皮仍軟嫩時可作蔬菜食用。

HFCS 90約含90%果糖和10%葡萄糖，小量用於特殊應用，主要是混合HFCS 42一起做成HFCS 55(USDA, 2012)。

在美國及一些其他國家，因為政府對國內生產食糖的配額和補貼有利於國內生產玉米，還有進口糖關稅，提高糖價；HFCS主要取代白糖，為多種食品的主要甜味劑，也使HFCS在使用上較便宜(USDA, 2012)。

◆ 爆玉米

爆玉米(popcorn)是一種特殊的硬質玉米(flint corn)，也有人稱為「印地安玉米」(Indian corn, calico corn)。硬質玉米得名係因它容易識別的堅硬外果皮，並像一種石英的礦物燧石(flint)(Hallauer, 2001)。

爆玉米成熟時採收乾玉米，子粒比甜玉米或飼料玉米小，而有明顯的尖端；其胚乳硬、果皮很厚，封住所含水分。要爆裂的子粒必須含水量低於13.5%。在加熱過程中，子粒內的水分變成超高壓的蒸汽，

所含澱粉凝膠化(gelatinizes)、軟化、柔化。壓力繼續增加，到約930 kPa(135 psi)，就是溫度約達180°C的果皮爆破點(Lusas and Rooney, 2001)。果皮迅速爆裂，子粒內部的壓力突然下降，連帶蒸汽快速擴張，使胚乳內的澱粉和蛋白質膨大成泡沫狀。當泡狀物快速冷下來，澱粉和蛋白質變成大家熟悉的酥脆泡芙。爆玉米大多為白色或黃色，也有一些其他顏色。觀賞型果皮顏色從紅色到藍色，帶殼和不帶殼(hulless)的種類都有。

◆ 觀賞玉米

觀賞玉米(ornamental corn, Indian corn, decorative corn)有許多種名稱及形式(圖13.7)。有些類型積聚澱粉、果皮顏色鮮明、從白色至黑色都有。一個果穗的玉米粒可以全相同顏色或有不同的顏色。整個果穗乾燥後，苞葉反綁顯示鮮明色彩的子粒，可為裝飾品。其乾燥苞葉為棕褐色、白色或紅色(圖13.7)。也有觀賞型爆

玉米，如'Cutie Pops'、'Feather Mixed'、'Strawberry'等品種。觀賞玉米和甜玉米可雜交授粉，所以它們必須互相隔離(Hallauer, 2001)。

◆ 玉米筍

玉米筍(baby corn, candle corn)是在果穗非常小、未成熟階段即採收，是胚株還未經授粉的全穗，生食或烹煮都可。常見於亞洲美食，作開胃小菜 (Chutkaew and Paroda, 1994)。

玉米筍可以是甜玉米或飼料玉米生產的主產物或次要產物；若作主產物栽培，當選擇適合的品種，專生產玉米筍(Miles and Zenz, 2000)。專為生產玉米筍而育成的品種，每株產生較多果穗(Bar-Zur and Saadi, 1990)。若玉米筍為次要產物，選用甜玉米或飼料玉米品種；從植株上方算來的第二

果穗就採收為玉米筍，而第一個果穗成熟才採。

只要玉米絲狀花柱(silk)一出現或幾天後，以人工採收即為玉米筍，所需採收的時間和勞力與人工採收甜玉米一樣。通常玉米發育非常快，所以玉米筍採收必須要及時，以免果穗過度發育。玉米筍的長度通常為4.5-10 cm、直徑7-17 mm。收穫後玉米筍連同完整苞葉要立即冷藏，以保持果穗水分和品質(Miles and Zenz, 2000)；在勞力充足的國家，玉米筍可製罐頭或冷凍。

◆ 烤玉米

烤玉米(roasting ears)品種為果皮發育緩慢而具有強烈風味的玉米，於未成熟時採收；通常果穗於糊熟期(dough stage)前期收穫，供烘、烤食用。由於這種烘烤玉米品種是澱粉質的馬齒種玉米，就像其他

圖13.7 觀賞玉米植株。在品種評估試驗可見到許多類型的觀賞玉米，表現在玉米粒特性和顏色上的變化，還有植株和苞葉大小、顏色的變化也很大。

乾玉米或馬齒玉米類型，其乾玉米粒可以研磨成粉或作牲畜飼料；例如：Truckers Favorite、Asgrow Favorite等品種為烘烤用玉米。今日，更常用甜玉米來烘烤，因為許多市場已難有真正澱粉質的烘烤用玉米；但甜玉米果穗含糖量較高，烘烤時常易燒焦。

◆ 甜玉米

有許多重要的特性可以區別甜玉米品種。植株要有足夠大小的秸稈和堅韌性，能耐狂風大雨或結穗重時也不致倒伏。由主植株基部發育出的小、弱植株是分蘖芽(suckers)，很少能產生可售的果穗。大多數現代品種不產生分蘖株，但一些祖傳品種或印地安玉米品種會產生分蘖(Rubatzky and Yamaguchi, 1997)。

甜玉米的一些重要性狀可區分不同品種，也影響生產方式和品質。有機械採收和自己動手採(pick-your-own)這2種生產方式，成熟度一致對破壞性的機械採收非常重要，可減少不可售果穗的數量並提高採收效率。果穗在植株上的位置及每株的果穗數影響成熟性和收穫效率。有些品種的果穗緊緊著生在植株上，很難用人工採下，不適宜自己動手採。

甜玉米品種的苞葉外觀差異很大，有淺綠、深綠、綠色、紫色，到幾乎全紫色。苞葉覆蓋包住果穗，可以增進抗鳥食、蟲害及一些抗病性如玉米黑穗病(corn smut)。果穗頂端的苞葉要充分覆蓋以免果穗先端開放，造成胚珠凋落或在發育過程中受損害。果穗先端覆蓋好，有助於防止昆蟲危害。旗葉(flag leaves)是與果穗呈垂直方向伸出的小葉，應該是深綠色、無撕裂或斑點。愈來愈多玉米出售時不帶苞葉，因此旗葉的存在和外觀只有在玉米帶苞葉出售時才重要。一些市場喜歡出售帶有穗柄(shank，果穗下面的柄)的甜玉米。然而，一些市場已不流行賣帶苞葉的果穗，因為消費者喜歡立即可烹煮的新鮮冷凍果穗，喜歡已經去殼、去絲狀花柱、預洗的方便包裝品。

果穗特性是最重要的甜玉米品質性狀。要有令消費者滿意的大小，果穗大小隨著成熟性增加，早熟品種的果穗很小，晚熟品種果穗大。穗軸要小，果穗形狀要長形而非粗短形。玉米粒大小和數量決定視覺質感；早熟品種每穗12-14行，較少行而大粒種仁，與中熟性品種或主季(18行)品種的較細緻種仁比較，大玉米粒顯現質感較粗。玉米穗的行數是偶數、成對排列的，行數較多的果穗品質較好。高品質的果穗玉米粒排行直，由穗軸上吃起來(corn on the cob)較容易。

種仁特性決定食用品質。玉米粒深長比短玉米粒好，比較不會咬到穗軸。玉米粒過寬，咬時必會戳破，所以中型大小的種仁優於過寬或過細的種仁。由穗軸上吃玉米粒，若帶有淺色或透明的絲狀花柱不影響果穗外觀，反而是優點。果穗尖端充實表示授粉完全，是全玉米穗的重要品質性狀。玉米粒應該布滿到穗端，而授粉不良、乾旱逆境都會導致穗端充實不良。苞葉完全蓋住整個果穗可以保護先端的玉米粒不失水、不被蟲吃(Rubatzky and Yamaguchi, 1997)。

糖含量是最重要的品質性狀之一。Su甜玉米的甜度(Brix)讀值範圍為10%-15%、se玉米為13%-28%，sh_2玉米為25%-35%。隨玉米的成熟度以及採收後，糖會轉化為澱粉。這種轉換在sh_2玉米少很多，在採收後能保留較多的糖含量(Rubatzky and Yamaguchi, 1997)。

甜玉米的質地決定於玉米的類型、品種和採收成熟度，其玉米粒含植物肝醣(phytoglycogen)，給了玉米特有的乳脂質地。玉米粒的外皮(果皮)決定質地；su玉米和se玉米的果皮類似，但sh_2玉米的果皮質地脆或硬，就看品種。同一甜玉米類型內，其硬度與果皮有關聯。一般，se型玉米果皮往往比su型玉米柔軟(Rubatzky and Yamaguchi, 1997)。

依照種仁的顏色，甜玉米品種通常分為黃色、白色和雙色3類。雙色指玉米粒混有白色和黃色。黃玉米通常風味較強，而白玉米的風味有時淡些。

◆ 成熟期分級

根據甜玉米從直播到收穫所需的時間，分成不同成熟期。例如：極早生(first-early)品種從播種到採收為65-74天，與成熟期較晚的品種相比，通常植株小、果穗較小、品質較差。這些極早生品種每個果穗只有12-14行玉米粒，且種仁淺；種植它們是因其果穗早熟而將就品質。早生(early)品種成熟期範圍為75-80天，果穗玉米粒行數比特早生品種多，玉米粒較深；品質算好，但還不特別好。主季生產的品種常於仲夏期間上市，並廣用於加工。它們成熟期為81-90天，果穗大、18行、種仁深、食味品質優良。晚生(late)品種成熟期為90天以上，品質極高、果穗大；更晚生的品種常用來作為時間上的隔離，以防止不希望發生的雜交。在生長季初期種植一系列不同成熟期的品種，有助於確保整個夏季持續供應新鮮的甜玉米(Tracy, 2000)。

經濟重要性和生產統計

◆ 甜玉米產量

美國是全球最大的甜玉米生產國，生產面積為236,860 ha、產量3,788,030公噸。其他重要生產國包括：奈及利亞(Nigeria) 705,700 公噸、墨西哥627,092公噸、印尼458,200公噸、祕魯408,181公噸、南非402,100公噸、法國351,184 公噸。美國在西元2009年，甜玉米採收面積為255,438 ha，包括94,514 ha鮮食市場用玉米和153,578 ha加工用玉米(FAO, 2011)。佛羅里達州和加州是鮮食市場甜玉米的最大生產州，而明尼蘇達州、威斯康辛州和華盛頓州是加工用甜玉米最大生產州。美國甜玉米產值，包括加工用和鮮銷用總共1,171,396,000美元，但甜玉米占不到1%全美總生產量。美國也是世界最大的飼料玉米生產國，約4,000萬 ha、產值約150億美元。大部分美國生產的乾玉米主要用作動物飼料，或加工成甜味劑和酒精。美國成人每年平均消費約68 kg有熱量的甜味劑，其中一半以上來自HFCS，是由乾玉米經由酶催化澱粉分解而成(USDA, 2012)。

世界甜玉米從西元1995至2005年期間，生產面積約增加6%，生產量增加14%，並持續增加。甜玉米的普及性隨收

入而增加。在中國、印度等國家，甜玉米生產和消費都隨快速的經濟成長而大量增加(FAO, 2011)。

營養價值

甜玉米是磷、鎂、鐵、鋅等礦物質、維生素(特別是黃玉米)和抗氧化物的良好來源(表13.3)。白玉米則普遍營養成分較差，尤其是維生素和抗氧化物含量。一個甜玉米果穗提供88卡路里的熱量。大部分熱量來自於每穗19.1 g的醣類。甜玉米的甜味來自6.4 g的糖，主要是葡萄糖，也有一些果糖和蔗糖。

生產與栽培

玉米是暖季作物，從緯度50°到赤道地區都有適應的品種。玉米於短暫0°C低溫或高達44°C的溫度逆境仍可存活；但溫度降到5°C或超過35°C時生育減緩(Barker and Beuerlein, 2005)。在播種深度的土壤平均溫度達到13°C前就種玉米，可能會發芽差、成活率降低。發芽後幼苗的生長點仍近地面或在土面下時，不會受霜害。植株達5-6葉節(每葉可看到葉圈(collar)為準)階段時，株高約25 cm，此時發生冰凍溫度的概率大大降低(Barker and Beuerlein, 2005)。植株小時，因霜造成的落葉傷害不嚴重，但會延遲植株發育。由於新發芽種子和小苗能耐霜，因此在北方地區增加了在無霜期之前就提早播種玉米，就是為了盡早上市產品，以獲得較高的價格。但是，如果出現過低的溫度或長時間低於冰點，仍會造成早期作的受損。在早季期作，幼苗活

力和耐低溫是非常重要的特性，而且有品種間差異(Welbaum *et al.*, 2001)。許多早生sh_2品種由於胚乳的貯藏物質減少，幼苗活力低。種子皺縮的sh_2玉米比標準型甜玉米滲漏較多糖分，好發土傳病害，有時造成更多缺株。早生sh_2品種田間成活不易，因此會延後生產供加工用，在冷涼環境延後生產供應鮮食市場。育種提高了種子活力，種植前的種子處理都增進田間成活率(Westgate and Hazzard, 2005)。

生長適溫因白天、夜晚及生長季節而異。例如：白天最適溫度範圍25-33°C、夜間適溫為17-23°C；全生長期平均適溫為20-23°C(Barker and Beuerlein, 2005)。

在雌穗形成、繁殖、穀粒充實時，高溫逆境會降低產量；但溫度低於38°C，如果土壤水分充足，通常不會造成太大的傷害。對於沒有灌溉的玉米，在雄花穗成熟、雌花穗吐絲的授粉期(tasseling-silking, pollination)氣溫超過32°C，就開始發生逆境衝擊。在授粉期每天溫度超過35°C或更高時，因為炎熱乾燥的風可能會造成雄蕊爆裂和花粉損失，造成顯著減產。花粉通常在較涼爽的清晨釋出，此時溫度條件不太嚴峻(Barker and Beuerlein, 2005)。

玉米是短日作物(short-day plant)，因為許多品種在光照12-14小時下會加速成熟，而在較長的光週期會延遲成熟。針對不同緯度條件育成的品種，光週期需求不同。

◆ 地點選擇

玉米可在很多不同類型的土壤中生長，從砂質壤土到黏質壤土；較早種植的

表13.3　黃色甜玉米的營養價值(未煮子粒)[a]
(USDA Nutrient Database, 2011)

營養價值	每100 g可食部分
熱量	360 kJ (86 kcal)
醣類	19.02 g
－糖	3.22 g
－膳食纖維	2.7 g
脂肪	1.18 g
蛋白質	3.2 g
－色胺酸(tryptophan)	0.023 g
－蘇胺酸(threonine)	0.129 g
－異白胺酸(isoleucine)	0.129 g
－白胺酸(leucine)	0.348 g
－離胺酸(lysine)	0.137 g
－甲硫胺酸(methionine)	0.067 g
－半胱胺酸(cysteine)	0.026 g
－苯丙胺酸(phenylalanine)	0.150 g
－酪胺酸(tyrosine)	0.123 g
－纈氨酸(valine)	0.185 g
－精胺酸(arginine)	0.131 g
－組胺酸(histidine)	0.089 g
－丙胺酸(alanine)	0.295 g
－天門冬胺酸(aspartic acid)	0.244 g
－麩胺酸(glutamic acid)	0.636 g
－甘胺酸(glycine)	0.127 g
－脯胺酸(proline)	0.292 g
－絲胺酸(serine)	0.153 g
水	75.96 g
維生素A當量	9 μg (1%)
硫胺素(維生素B1)	0.200 mg (17%)
菸鹼酸(維生素B3)	1.700 mg (11%)
葉酸(維生素B9)	46 μg (12%)
維生素C	6.8 mg (8%)
鐵	0.52 mg (4%)
鎂	37 mg (10%)
鉀	270 mg (6%)

[a]一個中等大小、長17.1-19 cm的果穗有 90 g的玉米粒。
百分比係依美國農部推薦成人每日營養量計算。

通常選擇較輕質土壤，因這種土壤能在春天回溫較快。而為後期市場種的玉米，種植在較黏重的土壤。有些甜玉米栽植在腐泥土(muck)，因為土壤有機質和氮使植株生長良好。

在土壤pH 6.0-6.8產量最高，雖然玉米在pH5.5-7.5的範圍都能生長良好。應避免pH值低於5.5的酸性土壤。玉米應與其他沒有親緣關係的作物輪作，有助於病害和蟲害的防治(Barker and Beuerlein, 2005)。

◆ 肥料和養分

土壤分析結果可確定作物的肥料需求。甜玉米需要較高的養分，在生長季初期土壤供給充足的養分，以確保幼苗迅速生長和成活率高。作物對氮肥反應良好，而氮肥施用因土壤類型有很大不同。一般在輕質砂質土壤施氮肥量會比較黏重的砏質或黏質壤土多。玉米常用氮肥追肥；許多大規模生產者在種植時條施氮肥，供應幼苗早期生長所需。當玉米長到及膝高度時，追施無水氨(anhydrous ammonia)以促進生殖生長。無水氨是含有82%氮的加壓氣體，被注入土壤後，與水反應形成帶正電的銨離子，由土壤中帶負電的粒子吸附住。在溼潤的土壤使用無水氨非常重要，以減少揮發的流失。在不能使用無水氨的地區可以追施其他形式的氮肥(Barker and Beuerlein, 2005)。

磷(P)、鉀(K)肥施用通常根據土壤測試結果；在有些地區，因為土壤類型、輪作計畫以及農用土壤已施多年的肥料，並不需要每年施用磷、鉀肥(Barker and Beuerlein, 2005)。一般，全量鉀肥和磷肥都在種植時條施；磷和鉀不會如同氮從土壤中流失，因此對其施用較少限制；磷最常隨徑流流失。利用保育耕作措施減少土

壤隨地表水流失的風險，就是良好的磷管理方法。通常在種植時，在種子附近條施磷、鉀肥，距離種子5 cm、種子下方5 cm處施放，以避免種子肥傷(fertilizer burn)。鉀和氮的施用總量(N + K₂O)不要超過110 kg/ha(Barker and Beuerlein, 2005)。

雖然飼料玉米愈來愈多採用不整地栽培，這種栽培方式的改變在甜玉米較慢，因為保育耕作措施，尤其在冷季地區，不利於早季甜玉米的萌發。在許多地區，尤其有覆蓋作物或很多植物殘留，甜玉米田區要用圓盤犁或迴轉犁翻耕整地，使植床平坦、土壤均質。如果沒有殘留物，土地可以用圓盤犁或迴轉犁鬆地。無論哪種土壤類型，排水良好非常重要，所以玉米經常以高畦栽培，特別是土壤較黏重或採用畦溝灌溉的地方(圖13.8)。

早季栽培，築畦可有些坡度以增加陽光照射。

◆ **田間定植**

甜玉米通常採用直播。雖然偶爾使用移植以縮短第一次採收所需時間，但因玉米不是適合移植的作物，通常不會採用移植栽培(Welbaum *et al.*, 2001)。精確播種以獲得高產量及一致的成熟度非常重要；精確播種有精確的株距、成活率高、節省種子，並免去出苗後的間苗。精確、適宜的種植深度會影響出苗和成熟的一致性。

株距要看品種而定，早生品種之植株小，需要的空間比晚熟的大植株要小。一般播種行距0.6-1.2 m、株距15-46 cm。

推薦的栽培密度為：生產主季的品種大約每公頃37,064株，特早生品種每公頃61,774株。如果有用灌溉可以增加栽培距離。播種量(seeding rates)每公頃 9-16 kg種子。

適當的栽植深度因土壤和氣候條件而異。在正常條件下玉米播種深度為3.8-5 cm可以預防霜害，根系可充分發育。種植較

圖13.8 甜玉米高畦栽培(臺灣)。

淺往往導致根系發育不良。在春天，土壤通常潮溼且蒸發散很少，種子可以種淺些、深度不超過3.8 cm。隨著季節進展，土壤蒸發失水增加，種植較深可確保有充足水分，使種子發芽。在乾燥條件下、沒有結塊土壤，播種深度可深至5 cm。播種後有壓輪(press wheels)可協助使種子與土壤接觸良好，這在氣溫上升到21°C-27°C且土壤形成空隙時很重要。甜玉米通常用帶式或真空播種機精確播種。為了確保授粉成功，單一品種要種植至少8行以上的區塊(Barker and Beuerlein, 2005)。

　　栽培密度依種植時間、品種、栽培措施和有無灌溉而定。株距較寬，果穗增大，但單位面積可售總產量可能減少(圖13.9)。栽培密度太高，可能果穗變短，果穗先端充實度減少。

　　在北方地區早季種植甜玉米，為了增進發芽和幼苗生長，有時會用透明塑膠膜、不織布(spunbound polyester)、矮隧道棚或其他材料覆蓋(Westgate and Hazzard, 2005)。種植時，施用這些覆蓋物以提高土壤溫度、保持土壤水分，使提早栽種有最大發芽率。使用土壤覆蓋可能不會改變總產量，但成熟日期可提早10-12天。最常見的步驟是雙行植、播種，播種後鋪設有孔、透明的塑膠膜，增加空氣流通，並避免葉燒。如果用裂縫式類型(slitted types)的塑膠膜，可以留在畦上。而隧道棚、沒有孔洞的畦面覆蓋和透明塑膠布覆蓋應在萌發後移走，使苗適當發育，防止過熱。

◆ 灌溉

　　甜玉米的鬚根系淺，大部分根分布在土壤上層0.6 m處。因此，要在根圈保持足夠的水分，尤其當栽植成活期、幼苗初期生長時很重要。一作甜玉米在生長季節

圖13.9　甜玉米栽培行距較寬，增大果穗並方便人工採收。

通常用38-50 cm的水，有最佳生長，沒有缺水逆境。土壤水分必須足夠供應玉米作物，以補充植株蒸散作用失掉的水量。如果無法滿足需求，植物將枯萎。一清早葉片緊緊捲曲表示嚴重的乾旱逆境(Barker and Beuerlein, 2005)。玉米水分需求根據生育階段、品種與氣候而有不同(表13.4)。

在整個營養生長階段，玉米相當地耐受土壤乾燥和乾旱逆境；輕度乾旱逆境可以刺激根發育較深，有利於作物後續的發育。在授粉前、後各2週期間，玉米對乾旱非常敏感，因此，在此期間土壤乾燥可能會導致嚴重減產。乾旱逆境會延遲成熟且成熟度參差不一。當玉米植株在授粉期間，即雌穗吐絲期(silking)時，用水量達最高峰(表13.4)。當雄花穗開穎(tasseling)時遇乾旱逆境，將減少授粉而引起果穗先端子粒中止或不發育，降低產量和果穗外觀不佳。這樣的損失大多是由於授粉失敗，最常見的原因是雌穗無法吐絲；絲狀柱頭無法接收花粉，沒有受精而不能發育子粒(Thomison *et al.*, 2012)。

通常每週需由灌溉補充或降雨至少2.54 cm總水量，以促進生長穩定及雄花穗抽出開穎。生長在輕砂質土壤的玉米甚至需有更多的水。甜玉米栽培使用噴灌和溝灌，而溝灌限用於平坦的地面。

雜草管理策略

淺中耕可以控制行間雜草；也有許多有效除草劑可以控制闊葉雜草，因為玉米是單子葉植物。選擇除草劑之前應先參考當地推薦使用的除草劑。草脫淨(Atrazine,

表13.4　玉米於各生育階段所需的用水量
(Thomison *et al.*, 2012)

生育階段	用水量(in/day)
長至12片葉前	<0.20
12片葉期	0.24
雄花抽穗早期	0.28
吐絲期	0.30
灌漿期	0.26
乳熟期	0.24

2-chloro-4-(ethylamino)-6-(isopropylamino)-s-triazine)控制玉米田萌前、萌後的闊葉雜草及草類雜草，由於有效且不貴，廣泛用於玉米之雜草控制。草脫淨主要經由微生物作用，在土壤降解，其半衰期從13-261天，因環境條件而異(EPA, 2003)。因此，如果用在甜玉米，草脫淨的殘留效應(轉移效應)可能會不慎影響隨後栽在同一田區的作物。基因轉殖抗除草劑的玉米已經育成，可控制萌後雜草(Boerboom, 2006)。

玉米生長發育階段

玉米植株生長經過下列不同的生長發育階段(Barker and Beuerlein, 2005)。後期階段隨種仁成熟，呼應胚乳的狀態改變。

◆ 苗期

苗期約為播種後1週、種子發芽、萌出土壤，發育到2-4葉期的階段。低溫和缺水可能延緩發芽、延緩幼苗的初期生長。

◆ 莖葉旺盛生長期(齊膝期)

約為播種後35-45天(視環境條件)，株高及膝的階段，是玉米生長的關鍵階段。在此階段藉由適當的灌溉、肥培管理及雜草管理可以顯著提高產量。

✦ 雄花抽穗期

雄花穗或雄花開花、釋出花粉期，也稱為雄花分化生長階段。最後一次追肥應在此階段完成。

✦ 吐絲期

也稱為雌花分化形成階段(cob initiation stage)，花柱伸出苞葉，等有花粉粒落到絲狀柱頭之後，花粉發芽、花粉管生長、穿過花柱、穗軸上個別胚珠受精開始。

✦ 灌漿期(子粒形成期、泡狀期)

在此期，發育中的小子粒內，胚乳為清澈透明的液體狀；由於果皮薄，大拇指容易戳破，流出液狀胚乳。這是還不能採收的未成熟階段。

✦ 乳熟期

這是甜玉米的採收階段，也是胚乳由清澈液體變成白色濃稠液體的階段。在這階段，果皮可用大拇指掐破，流出乳狀胚乳。甜玉米最佳品質就是當胚乳仍乳狀時最好，之後胚乳會硬化成麵糊狀。

✦ 糊熟前期

原本乳狀的胚乳經過吸收後，變成柔軟的糊狀。在這階段，子粒長到最大，果皮咀嚼有黏性口感。從果穗先端伸出的絲狀花柱開始變成乾褐色。苞葉和旗葉深綠色且充分發育，但邊緣開始褐化。當緊握玉米穗苞葉時，可明顯感覺到每行的種仁。烤玉米就在此發育階段前期採收。

✦ 糊熟後期

此階段為生理成熟期，植株死亡、褐變；此期的玉米粒已太硬，不能作為甜玉米。但乾玉米的爆玉米、硬質玉米都在此發育階段採收。非F-1雜交種的開放授粉品種可以在此階段留種繁殖。

採收及運銷

✦ 採收期

甜玉米的採收或販售很少以甜度讀值(brix readings)或水分含量百分率為依據。無論加工用或供應鮮食市場，通常以較為主觀的判定方法，如：用目視或用手握住玉米穗的感覺來判斷甜玉米成熟度。鮮食用甜玉米的採收成熟度會比加工用的低些；加工用的「標準型*su*甜玉米」或「增甜型*se*甜玉米」的含水百分率是72%-74%，鮮食用的含水量是75%-77%。鮮食用「超甜玉米sh_2」可以在水分含量高達78%時採收(Suslow and Cantwell, 2012)。

甜玉米，特別是加工用的，通常會採用生長累積溫度(growth-degree-days, GDD)系統來決定採收期；即根據作物生長期間累積多少臨界溫度以上的熱單位(units of heat)來評估成熟期的系統(Barker and Beuerlein, 2005)。GDD系統比成熟天數(days-to-maturity)系統能夠更確實判定甜玉米的發育程度；因為甜玉米的生長與發育和生長期間累積的總熱量直接相關，而與種植後日曆天數不相關。GDD系統和成熟天數系統相比有幾項優點：GDD系統的訊息可以讓生產者了解作物的發育進展並輔助安排採收時程(Barker and Beuerlein, 2005)。

在北美地區，通常會採用GDD 86/50界限法(86, 50分別表示30°C及10°C)來追蹤玉米成熟度。此方法是用每日平均溫度減10°C來計算GDD，公式如下：

$$GDD = (T_{max} + T_{min}) \div 2 - 10$$

GDD：生長累積溫度

T_{max}：當日最高溫度

T_{min}：當日最低溫度

　　若當日最高溫度大於30°C，則用30作為當日最高溫度；同樣的若當日最低溫度低於10°C，則用10為當日的最低溫度，來計算日均溫。設定溫度上限為30°C是因為玉米的生長速率在30°C以上時就不再增加；溫度降至10°C時，玉米生長速率已接近0，在更低的溫度下也不能更低了。將每日計算的GDD數值加總，即為一定期間內的積熱 (thermal time)(Barker and Beuerlein, 2005)。北美地區的早熟品種需要累積778有效溫度(或1,400華氏溫度)達到採收成熟度，而晚熟品種大約需要累積1,111有效溫度(或2,000華氏溫度)或以上。

　　就像任何系統，GDD系統也有一些缺點，一些成熟天數(days-to-maturity)相近的品種，它們的有效累積溫度等級並不一定相同，尤其是不同種子公司所生產的品種。這通常是由於有些種子公司從播種日開始計算GDD，而另一些種子公司從萌發出土才開始計算。從播種開始計算與從幼苗出土開始計算GDD，往往會有55.6-83.3有效溫度(或100-150華氏溫度)的差異。還有雖大多種子公司採用30/10(華氏86/50)界限法，還有些公司用不同方法來計算生長積溫。另外，若種植時間因故延後，或遇到極端的環境逆境時，至成熟所需的生長積溫會顯著降低(Barker and Beuerlein, 2005)。

◆ **採收方式**

　　加工用玉米通常都用機械採收，而鮮食玉米用人工或機械採收。人工採收可有多次田間挑選採收最佳熟度玉米的機會。在有些地區盛行自助式採收(pick-your-own)，讓消費者自行在田間挑選及採收玉米穗，這種作法可以降低生產成本，但也可帶來較多浪費。

　　大型採收機的造價昂貴，只有在大面積栽培才適用(圖13.10)。這種收穫機將玉米穗自植株上拉下，因此仍留有穗軸，讓每個玉米穗看起來像是人工採收的。機械採收必須所有玉米穗都具有相同的採收成熟度，就是種子發芽及出土要快速整齊，才會有一致的成熟度。在生鮮玉米，好收量是每公頃有29,640-34,580支玉米穗，加工用玉米收量則是每公頃11-13公噸。

◆ **採收後處理**

　　帶有*su*基因的甜玉米採收之後，糖分會很迅速地轉換成澱粉，為了要減緩這個變化，玉米穗要立即冷卻到接近冰點的溫度，才能維持好品質。產業上，常以冰水或水冷式預冷來達成；將採收的玉米穗立即浸在冰水，以去除田間熱，之後即冷

圖13.10 以破壞性方式一次完成採收的甜玉米收穫機。

藏,直到出售(Brecht, 2004)。而對於*se*增甜型及*sh₂*超甜型甜玉米的採後處理就比較不這麼嚴格,但還是需要預冷處理,以有最佳品質及櫥架壽命。玉米是一種暖季、不耐寒的作物,但不像許多其他暖季蔬菜,玉米在13°C以下的低溫不會有寒害。

◆ 運銷趨勢

傳統上許多市場販售的鮮食用甜玉米都帶苞葉;採收時玉米穗的絲狀花柱褐色,但苞葉應鮮綠色。有些市場銷售偏好保留甜玉米旗葉(劍葉),甚至穗軸。

近年來在許多市場中,消費者的偏好已經改變。現在,許多消費者偏好苞葉已剝除、清潔的鮮食玉米;就是已去除絲狀花柱及苞葉的玉米穗,可以沖洗後立即烹煮,預備時間最少及方便。去除苞葉的玉米頗具吸引力,因為消費者購買前可以看到整支玉米的狀況。這種預先清理的玉米可以免除消費者烹煮前的剝除作業及廢棄物的處理。另一方面,市場販售苞葉剝除乾淨的甜玉米,也減除生產者要保持苞葉新鮮、引人、無蟲害的壓力。以收縮包裝(shrink-wrapped packages)的乾淨玉米穗先端通常切除,就減少必定會被切除的廢棄部分,也不會顯出是否先端不充實及蟲害問題。收縮包裝除了保護玉米穗在運銷過程中不受機械傷害外,還會產生氣變貯藏效果,延長產品的櫥架壽命。

病害

葉部真菌病害造成葉片的光合能力降低,導致減產。真菌病害可損害玉米粒及苞葉,降低食用品質及可售性。玉米的真

菌病害有炭疽病(anthracnose, *Colletotrichum graminicola*)、普通型鏽病(common rust, *Puccinia sorghi*)、露菌病(downy mildews, *Peronosclerospora* spp., *Sclerophthora* spp.)、煤紋病(northern corn leaf blight, *Exserohilum turcicum*)、葉枯病(southern corn leaf blight, *Bipolaris maydis*)、南方型鏽病(southern rust, *Puccinia polysora*)、熱帶鏽病(tropical rust, *Physopella zeae*)和褐斑病(yellow leaf blight, *Mycosphaerella zea-maydis*)(Sherf and MacNab,1986)。其他真菌病害包括玉米黑穗病(common smut, *Ustilago maydis*)和絲黑穗病(head smut, *Sphacelotheca reiliana*)(Sherf and MacNab, 1986)。感染黑穗病的玉米穗長出難看的菌塊(孢子堆),沒有市場價值。在墨西哥和有些地區,將還未釋出孢子的這些腫塊採下烹煮,食味如蘑菇,成為一道美食(圖13.11)。

玉米莖腐病(corn stalk rot)是由*Diplodia maydis*或鐮刀菌屬(*Fusarium* spp.)引起(Rubatzky and Yamaguchi, 1997)。土壤傳播真菌如腐黴菌(*Pythium*)和鐮刀菌(*Fusarium* spp.)造成種子萌發前即死亡和猝倒病(Rubatzky and Yamaguchi, 1997)。

圖13.11 玉米穗感染黑穗病真菌,食味如磨菇。

玉米細菌性萎凋病(Stewart's bacterial wilt, *Erwinia stewartii*)由玉米金花蟲(corn flea beetles)媒介傳播，會導致嚴重減產；現有抗病品種可選用。甜玉米易感染病毒病害，包括胡瓜嵌紋病毒(cucumber mosaic virus)、玉米褪綠矮化病毒(maize chlorotic dwarf virus)、玉米矮化嵌紋病毒(maize dwarf mosaic virus)、玉米嵌紋病毒(maize mosaic virus)、玉米粗縮病毒(maize rough dwarf virus)、玉米條斑病毒(maize streak virus)和甘蔗嵌紋病毒(sugarcane mosaic virus)。利用基因工程已開發抗玉米條斑病毒的品種(Shepherd *et al.*, 2007)。蚜蟲常是病毒病的媒介，已育成抗病毒品種。其他類似病毒病的病害包括由菌質體(mycoplasma)引起的玉米叢矮化病(corn bush stunt)、螺旋菌質體(spiroplasm)引起的玉米矮化病(corn stunt)，和葉蟬(leafhopper, *Cicadulina bipunctata*)吸食後造成的玉米鼠耳病(maize wallaby ear)(Sherf and MacNab, 1986)。

蟲害

鱗翅目幼蟲是甜玉米的重要害蟲，危害世界各地的玉米穗(Rubatzky and Yamaguchi, 1997; Flood *et al.*, 2005)。歐洲玉米螟(European corn borer)以甜玉米為食，能直接鑽過苞葉，危害玉米穗任何部位，是最有攻擊性的害蟲之一；一旦進入果穗又有苞葉保護，玉米螟很難防治。

蘇力菌(*Bacillus thuringiensis* (Bt))是一種天然存在、對昆蟲具專一性(entomopathogenic，蟲生病原)的土壤細菌。Bt產生一種晶體蛋白質，對特定的昆蟲族群具有毒性，包括鱗翅目幼蟲，特別是歐洲玉米螟(Tanada and Kaya, 1993)。這種蛋白質具選擇性，不會傷害其他目(orders)的昆蟲(如：金花蟲、蠅類、蜜蜂和胡蜂)。自西元1960年代開始，蘇力菌就是微生物殺蟲劑商品，以傳統設備噴灑施用，市面上有多種不同名稱的商品。要有殺蟲效果，必須要這些害蟲吃下細菌，因此防治噴灑時，藥劑覆蓋良好至為重要。

利用遺傳工程將微生物Bt基因轉殖到甜玉米基因組，轉殖的Bt甜玉米品種可以表達細菌Bt毒素，在鱗翅目幼蟲消化道產生孔洞。這些孔洞可讓自然發生的腸道細菌(enteric bacteria)，如：大腸桿菌(*E. coli*)和腸桿菌屬(*Enterobacter*)，進入血腔(容納血液的腔道，hemocoel)，並在內增殖引起害蟲敗血症(sepsis)而致死 (Broderick *et al.*, 2006)。要殺死會感染的害蟲，蟲要攝食植物含有Bt蛋白質的部分(植株並非所有部位含相同濃度的Bt蛋白質)。

在美國，種植轉殖Bt玉米的生產者必須遵照法律，在附近也種植非Bt玉米。這些非轉殖Bt玉米田區稱為「逃城」，可棲息害蟲，以延緩害蟲對Bt毒素產生抗性。害蟲藉由自然基因突變，演化產生隱性等位基因(recessive allele)，對Bt毒素產生抗性。有抗性的害蟲攝食附近「逃城」的非Bt玉米，牠也不比無抗性的害蟲更有優勢。因此在附近混有對Bt不具抗性的害蟲，可增加有抗性的害蟲與不具抗性的害蟲交配機會。由於抗性基因為隱性，交配的後代只有一份(one copy)抗性基因，都對

Bt不具抗性。科學家和農民都希望利用這種方法，維持抗性基因數量低來減緩抗Bt基因的擴散(Jaffe, 2009)。這種有Bt毒素的轉基因甜玉米在美國並未廣泛栽培，雖然政府允許種植，消費者對基改蔬菜是有顧慮的。

除了歐洲玉米螟外，還有其他蟲取食絲狀花柱，並由苞葉開口端進入，先攝食玉米穗先端附近的子粒，再繼續向果穗基部取食。危害甜玉米害蟲包括夜蛾類(armyworms, *Spodoptera frugiperda, Pseudaletia unipuncta*)、玉米穗蟲(corn earworm, *Heliothis zea*)、亞洲玉米螟(Asian corn borer, *Ostrinia furnacalis*)(He *et al.*, 2002)、豆白緣切根蟲(western bean cutworm, *Richia albicosta*)和蛀心蟲(pink stem borer, *Sesamia nonagrioides*)(Velasco *et al.*, 2002)。玉米種蠅(seed corn maggot, *Hylemya platura*)危害種子及幼苗。 根部害蟲有金針蟲(wireworms, *Melanotus* spp.)、蠐螬(white grubs, *Phyllophaga* spp.)、根金花蟲(rootworms, *Diabrotica* spp.)、切根蟲(cutworms, *Agrotis* spp., *Feltia* spp.)、雜色切根蟲(variegated cutworm, *Peridroma saucia*)等取食幼苗，顯著降低成活率。

玉米金花蟲(corn flea beetles, *Chaetocnema pulicaria*)取食葉部與絲狀花柱，使果穗頂端露出，但更嚴重的是媒介細菌性萎凋病(Stewart's bacterial wilt)的病原細菌*E. stewartii*.。其他害蟲包括蚜蟲(corn leaf aphid, *Rhopalosiphum maidis*)、蝗蟲(grasshoppers, *Melanoplus* spp.)、葉蟎(spider mites, *Tetranychus urticae*)、節蜱(wheat curl mite, *Aceria tosichella*)、蛀食性夜蛾(stalk borer, *Papaipeema nebris*)、盲椿(tarnished plant bug, *Lygus lineolaris*)、出尾蟲(sap beetles, *Carpophilus* spp., *Glischrochilus quadrisignatus*)和薊馬(thrips, *Anaphothrips obscurus*)(Flood *et al.*, 2005)。

有害脊椎動物

在有些地區，囓齒動物和鳥類會吃田區種下的甜玉米種子，無論是發芽前或後，明顯地減少甜玉米數量。發育中的玉米穗對鳥類、臭鼬(skunks)、松鼠、浣熊(raccoons)和鹿也都是美食，牠們會導致產量的顯著損失，特別是在隔離的小田區(Barclay, 1996)。用高圍籬、電柵欄和噪音裝置會有一些防治效果。

參考文獻

1. Barclay, J.S. (1996) Animal pests of sweet corn. In: Adams, R.G. and Clark, J.C. (eds) *Northeast Sweet Corn Production and Integrated Pest Management Manual.* University of Connecticut Cooperative Extension System, Storrs, Connecticut, pp. 93-101.

2. Barker, D. and Beuerlein, J. (2005) Corn Production. In: *Ohio Agronomy Journal,* 14th edn. Ohio Cooperative Extension, Columbus, Ohio, pp. 31-56.

3. Bar-Zur, A. and Saadi, H. (1990) Prolific maize hybrids for baby corn. *Journal of the American Society for Horticultural Science*

65, 97-100.

4. Beadle, G.W. (1981) Origin of corn: Pollen evidence. *Science* 213, 890-892.

5. Boerboom, C. (2006) Pest Resistant Sweet Corn and Other Herbicide Developments. *Proceedings of the 2006 Wisconsin Fertilizer, Aglime & Pest Management Conference,* Volume 45, 238-243.

6. Brecht, J.K. (2004) Sweetcorn. In: Gross, K.C., Wang, C.Y. and Saltveit, M. (eds) *The Commercial Storage of Fruits, Vegetables,* and Florist and Nursery Stocks. Beltsville, Maryland.

7. Broderick, N., Raffa, K. and Handelsman, J. (2006) Midgut bacteria required for *Bacillus thuringiensis* insecticidal activity. *Proceedings of the National Academy of Sciences* 103, 15196-15199.

8. Chutkaew, C. and Paroda, R.S. (1994) *Baby corn production in Thailand - a success story.* FAO Regional Office for Asia & the Pacific, Asia Pacific Association of Agricultural Research Institutions, APAARI Publication.

9. Darrah, L.L., McMullen, M.D. and Zuber, M.S. (2003) Breeding, genetics, and seed corn production. In: Ramstad, P.E. and White, P. (eds) *Corn: Chemistry and Technology.* American Association of Cereal Chemists, Minneapolis, Minnesota, pp. 35-68.

10. EPA (2003) *Interim Reregistration Eligibility Decision for Atrazine Case No. 0062 Report.* Office of Prevention, Pesticides and Toxic Substances, United States Environmental Protection Agency, Washington, DC.

11. FAO (2011) Online Database of Crop Production Statistics 2011. Food and Agriculture Organization (FAO), Rome. Available at: http://aostat.fao.org/site/567/DesktopDefault.aspx?PageID=567#ancor (accessed 27 December 2011).

12. Flood, B.R., Foster, R., Hutchison, W.D. and Pataky, S. (2005) Sweet corn. In: Foster, R. and Flood, B.R. (eds) *Vegetable Insect Management.* Meistermedia Worldwide, Willoughby, Ohio, pp. 39-63.

13. Fonseca, A.E., Westgate, M.E., Grass, L. and Dornbos, D.L., Jr. (2003) Tassel morphology as an indicator of potential pollen production in maize. Available at: www.plantmanagementnetwork.org/pub/cm/research/2003/tassel (accessed 15 December 2013).

14. Galinat, W.C. (1992) Evolution of corn. *Advances in Agronomy* 47, 203-231.

15. Gardner, F.P., Pearce, R.B. and Mitchell, R.L. (1985) *Physiology of Crop Plants. Iowa State University Press,* Ames, Iowa.

16. Goodman, M.M. (1988) The history and evolution of maize. *CRC Critical Reviews in Plant Science* 7, 197-220.

17. allauer, A.R. (2001) S*pecialty Corns,* 2nd edn. CRC Press, Boca Raton, Florida.

18. He, K., Zhou, D., Wang, Z., Wen, L. and Bai, S. (2002) On the damage and

control tactics of Asian corn borer O*strinia furnacalis* Guenee in sweet corn field. *Acta Phytophylacica Sinica* 29, 199-204.

19. Jaffe, G. (2009) *Complacency on the Farm: Significant Noncompliance with EPA's Refuge Requirements Threatens the Future Effectiveness of Genetically Engineered Pest-protected Corn.* Center for Science in the Public Interest, Washington, DC.

20. Lusas, E.W. and Rooney, L.W. (2001) *Snack Foods Processing.* CRC Press, Boca Raton, Florida.

21. Marshall, R.O. and Kooi, E.R. (1957) Enzymatic conversion of D-glucose to D-fructose. Science 125, 648-649.

22. Matsuoka, Y., Vigouroux, Y., Goodman, M.M., Sanchez G.J., Buckler, E. and Doebley, J. (2002) A single domestication for maize shown by multilocus microsatellite genotyping. *Proceedings of the National Academy of Sciences* 99, 6080.

23. Miles, C.A. and Zenz, L. (2000) Baby Corn. Available at: http://cru.cahe.wsu.edu/CEPublications/pnw0532/pnw0532.pdf (accessed 20 August 2012).

24. Ranere, A.J., Piperno, D.R., Holst, I., Dickau, R. and Iriarte, J. (2009) The cultural and chronological context of early Holocene maize and squash domestication in the Central Balsas River Valley, Mexico. Available at: www.pnas.org/content/106/13/5014.full (accessed 15 December 2013).

25. Rubatzky, V.E. and Yamaguchi, M. (1997) *World Vegetables.* Chapman & Hall, New York.

26. Sears, F.B. (1982) Fossil maize pollen in Mexico. *Science* 216, 932-934.

27. Shepherd, D.N., Mangwende, T., Martin, D.P., Bezuidenhout, M., Rybicki, E.P. and Thomson, J.A. (2007) Maize streak virus-resistant transgenic maize: a first for Africa. *Plant Biotechnology Journal* 88, 325-336.

28. Sherf, A.F. and MacNab A.A. (1986) *Vegetable Diseases and Their Control.* John Wiley & Sons, New York.

29. Suslow, T.V. and Cantwell, M. (2012) Corn, Sweet: Recommendations for Maintaining Postharvest Quality. Available at: http://postharvest.ucdavis.edu/pfvegetable/CornSweet (accessed 25 September 2012).

30. Tanada, Y. and Kaya, H.K. (1993) *Insect Pathology.* Academic Press, San Diego, California.

31. Thomison, P., Lipps, P., Hammond, R., Mullen, R. and Eisley, B. (2012) Corn Production. In: Ohio Agronomy Guide, 14th edn, Bulletin 472-05, The Ohio State University Cooperative Extension Service, Columbus Ohio. Available at: http://ohioline.osu.edu/b472/0005.html (accessed 20 August 2012).

32. Tracy, W.F. (2000) Sweet corn. In: Hallauer, A.R. (ed.) *Specialty Corns,* 2nd edn. CRC Press, Boca Raton, Florida, pp. 155-199.

33. Tracy, W.F., Whitt, S.R. and Buckler, E.S. (2006) Sugary1 and the origin of sweet

maize. *Crop Science* 461, 49-54.

34. USDA (2012) Sugar and sweeteners outlook SSS-M-289. Available at: http://usda.mannlib.cornell.edu/MannUsda/viewDocumentInfo.do?documentID=1386 (accessed 25 September 2012).

35. USDA Nutrient Database (2011) The USDA Nutritional Database for Standard Reference. United States Department of Agriculture, Washington, DC. Available at: http://ndb.nal.usda.gov (accessed 11 July 2011).

36. Velasco, P., Revilla, P., Butrón, A., Ordás, B., Ordás, A. and Malvar, R.A. (2002) Ear damage of sweet corn inbreds and their hybrids under multiple corn borer infestation. *Crop Science* 42, 724-729.

37. Welbaum, G.E., Frantz, J.M., Gunatilaka, M.K. and Shen, Z.X. (2001) A comparison of the growth, establishment, and maturity of direct-seeded and transplanted sh2 sweet corn. *HortScience* 39, 261-265.

38. Westgate, P. and Hazzard, R. (2005) New England Sweet Corn Crop Profile. Available at: http://ipmcenters.org/cropprofiles/docs/NewEnglandSweetcorn.pdf. (accessed 22 August 2012).

第十四章 石蒜科，蔥亞科
Family Amaryllidaceae, Subfamily Alliodeae

起源及歷史

洋蔥(onion)起源於中亞，馴化於今日的阿富汗、伊朗和巴基斯坦一帶；是非常古老的作物，早在西元前600年就栽培甚廣。在西元前400-300年即是希臘人和羅馬人喜歡的食物，約在西元500年中世紀開始，就被帶到北歐(Zohary and Hopf, 2000)。全球都有洋蔥生產，最多集中在北半球；在熱帶及大部分東南亞氣候不利環境下，不能生產洋蔥，而多生產分蔥(分蘗洋蔥，shallots)。分蔥起源於亞洲，在亞洲地區很普遍。

大蒜(garlic)起源於中亞，人類使用的歷史已超過7,000年(Ensminger, 1994)。大蒜栽培與洋蔥相似。希臘詩人荷馬(Homer)在西元前9世紀提到大蒜(Zohary and Hopf, 2000)。古埃及人熱愛大蒜，作烹調用和入藥；希臘奧林匹克運動員咀嚼大蒜。中世紀時期認為大蒜是不讓吸血鬼靠近的必要品。西班牙人、葡萄牙人和法國人將洋蔥和大蒜帶到新大陸。

植物學和生活史

蔥亞科(Allioideae)是一個相當新的植物學名稱，為單子葉(monocot)天門冬目(Asparagales)石蒜科(Amaryllidaceae)下的一個亞科。蔥亞科舊名是蔥科(Alliaceae)，亞科Allioideae得名來自於*Allium*屬，本屬包括數種重要的蔬菜：

A. cepa.—洋蔥、分蘗洋蔥(shallot, multiplier onion)、頂生洋蔥(top-set onion)；

A. sativum—大蒜；

A. ampeloprasum—大頭蒜(elephant garlic)、韭蔥(great head leek)；

A. schoenoprasum—細香蔥(chive)；

A. fistulosum—蔥、大蔥、青蔥(Welsh onion, Japanese bunching onion)；

A. chinense—薤、蕗蕎(rakkyo)；

A. tuberosum—韭菜(Chinese chive)；

A. cepa × *A. fistulosum*—Beltsville bunching onion。

洋蔥和大蒜
ONIONS AND GARLIC

洋蔥

洋蔥是二年生單子葉草本植物，作一年生栽培，或以其鱗莖(bulb)作多年生栽培。洋蔥是冷季作物，可耐輕微霜凍，但無法長時間在冰點以下存活。高溫對鱗

莖的形狀和品質不利。與其他蔬菜相比，洋蔥的形態和發育很不同；葉身管狀、中空、上方稍扁平，葉尖封閉(圖14.1)。

葉由葉身(blade)和葉鞘(sheath)構成。葉鞘成管狀，包住並保護幼葉和莖頂分生

圖14.1 在田區的洋蔥幼株。洋蔥葉中空、直立向上，兩兩相對形成，新葉從植株中心長出。

組織。葉身和葉鞘連接處有孔，讓後來形成的葉片通過而長出。葉片交替生成、彼此相對，所有的葉子位於同一平面，都從一個短縮莖發出(圖14.1、14.2)。在葉片和莖之間，所有葉鞘組合形成假莖(pseudostem)。

每片葉都比前片葉大，直到要開始結鱗莖，新葉形成，愈來愈短，成為無葉身的貯藏葉。因此，洋蔥鱗莖是由營養莖、軸和同心的貯藏葉基構成(圖14.2a)。洋蔥乾燥紙狀的外皮是原來最外層的鱗葉，結球期間失去其肉質性。

鱗莖形狀從球形至近圓柱形，包括扁平形和圓錐形(圖14.2b)。大小變化相當多，外皮顏色有白色、黃色、棕色、紅色或紫色。辛辣度和乾物質含量是另外的重

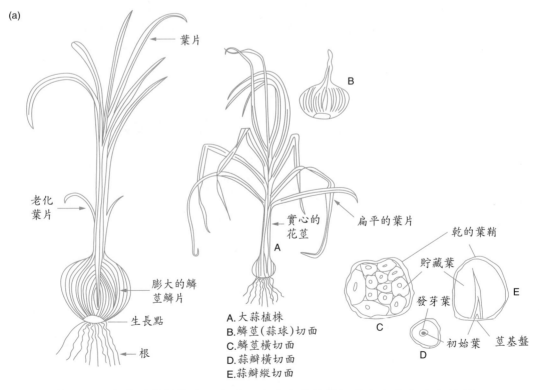

A. 大蒜植株
B. 鱗莖(蒜球)切面
C. 鱗莖橫切面
D. 蒜瓣橫切面
E. 蒜瓣縱切面

圖14.2 (a)左為洋蔥植株的切面圖。右為大蒜植株及其各部位組織之繪圖。

(b)

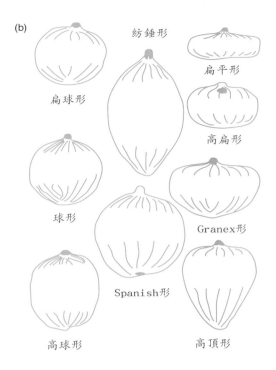

紡錘形

扁平形

扁球形

高扁形

球形

Granex形

Spanish形

高球形

高頂形

圖14.2 (b)洋蔥品種的不同鱗莖形狀和大
　　　小。

要特性。這些性狀都由基因決定，但可依
環境條件而改變(Rabinowitch and Currah,
2002)。

　　洋蔥根系淺，只分布土面下15-20 cm
深處、水平寬度不到50 cm。發芽後，幼
苗最初長出主根，其他都是不定根。根從
葉子基部的短縮狀莖部長出，向下通過莖
盤伸出。根很少分枝、有根毛、增寬。洋
蔥根的生命短，但不斷產生新根，每週3-4
根，而老根死亡。當生長早期，活性根增
加，但在鱗莖成熟期，根的死亡速度超過
形成速度(Rubatzky and Yamaguchi, 1997)。

　　經過春化作用，頂端分生組織發育
為頂生花序；花莖(flower stalks, scapes)有
一至數枝，高30-100 cm或更高，伸出葉
上(圖14.3)。花莖是指花序鞘(inflorescence

sheath)和最後的葉之間的節間，花莖最初
為實心，之後成為薄壁空心。洋蔥花莖的
特徵為其下方三分之一處有隆起(bulge)，
發育的花莖數決定於發芽的側芽數；花莖
頂上的球形花構造為繖形花序(umbel)，直
徑2-15 cm(圖14.4)。花序發育初期由苞片
(spathe, sheath)包住，隨發育過程，花序開
放、露出小花。繖形花序是由許多不同發
育階段的小花聚集而成。

　　一個繖形花序含200-600朵小花，但
數量範圍可以從50到1,000朵(Rubatzky and
Yamaguchi, 1997)。花期可以持續4週或
更長，個別的小花有一週的生殖力。偶
爾會在花序頂端產生珠芽(bulbils)。花為
完全花、花瓣6片、白色，包括6個雄蕊
和一個雌蕊、3個心皮(carpel)。雄蕊先熟

圖14.3 洋蔥採種田的抽薹植株很少鱗莖
　　　增大，因為開花抑制鱗莖生產。

圖14.4 洋蔥採種田。每株花莖上的繖形花序正成熟中，幾週後將以聯合收穫機採收種子。

(protandry)、花粉先成熟散出，柱頭成熟在後，促進昆蟲雜交授粉(George, 2009)。

大蒜

大蒜(garlic, *A. sativum*)是鱗莖類植物，株高0.6 m，根據美國農業部植物抗寒區分區原則，大蒜屬第8耐寒區(hardiness zone 8)作物，表示它可以耐受短時間-7°C至-12°C的低溫。大蒜是一個適應性強的物種，有些品種能在寒冷氣候下生長良好；但大部分商業生產是在氣候溫和地區。大蒜品種為營養系(clones)，因為它是無性繁殖，在遺傳上是相同的。大蒜形成蒜瓣(clove)和鱗莖需要特定的溫度和光週期。

大蒜有兩個亞種，即*A. sativum* subsp. *ophioscorodon* 和*A. sativum* subsp. *sativum*；前者為硬骨蒜(hardneck)，在美國甚少商業栽培(Rosen *et al.*, 2008)。亞種*sativum*稱為軟骨蒜(softneck)，是北美主要商業栽培的種類。兩亞種都是先長葉，硬骨蒜比較容易抽薹、產生蒜薹(scapes)；有些硬骨蒜營養系會穩定抽薹，另外有些營養系則甚少抽薹(Rosen *et al.*, 2008)。

在美國最主要的兩個品種是'加州早生'('California Early')和'加州晚生'('California Late')，兩者都是軟骨蒜。'加州早生'比'加州晚生'約早一個月成熟，主要作脫水乾燥用；'加州晚生'通常供鮮食市場(WIPMC, 2004)。

大蒜也有野生種，但已馴化。在英國有野生種*A. ursinum*(wild garlic)、*A. vineale*(crow garlic)和*A. oleraceum*(field garlic)。在北美，*A. vineale*和*A. canadense*(wild garlic, wild onion)是常見的雜草(McGee, 2004)。*A. ampeloprasum*是一種韭蔥(leek)，英名elephant garlic，並不是大蒜。

　　雖然大蒜在生長和外觀上類似洋蔥，但兩者在幾個重要的特性上不相同。大蒜跟洋蔥都是短縮莖，但大蒜的不定根系較廣；大蒜葉身扁實、V形、能折疊。大蒜只有無葉身的蒜瓣有貯存養分，葉片基部不貯存養分(圖14.2a；Rubatzky and Yamaguchi, 1997)。

　　大蒜花莖直而實心，但因品種和生長條件的不同，花莖高度有差異；其頂端的繖形花序近球形，通常只含有珠芽、或有珠芽有花，但花甚少結子。如有花淡紫色，通常枯萎掉落。有些品種可以在花莖上形成珠芽(Rosen *et al.*, 2008)。有些抽薹的硬骨蒜，其花序不明顯，珠芽仍在假莖內，就在鱗莖上方產生。在過去25年，德國、日本和美國的研究人員研究大蒜的遺傳，並由一些營養系取得可靠的活性種子(Rabinowitch and Currah, 2002; Volk *et al.*, 2004)。產生真正種子的植株多為亞種 *ophioscorodon*(Pooler and Simon, 1994)。

　　大蒜鱗莖即蒜頭(head)，比洋蔥複雜；由一群無柄的鱗芽即蒜瓣(cloves)所組成(圖14.5)。所生成的蒜瓣數從1至25以上。

　　大多數生產者喜歡平均8-10個蒜瓣的大蒜，但可能會有更多蒜瓣(圖14.5)。蒜瓣一般卵圓形至長橢圓形，由兩個成熟葉組成，一個是保護性葉鞘，如薄紙般，包住其內的第二葉，即肉質肥厚的貯藏葉，貯藏葉中心有一幼芽。蒜瓣是從葉腋的腋芽分化長成，每個芽基原可形成2-6個生長點，這些鱗芽都可以發育肥大，形成蒜瓣。如果生長條件適宜，葉腋內的營養芽過了休眠期，就會開始發芽、發育成蒜瓣。通常由於長時間的低溫，蒜球外圍的鱗芽發育成蒜瓣，造成蒜球形狀不規則(Rubatzky and Yamaguchi, 1997)。大蒜在持續高溫下生長，因低溫不足導致無法形成鱗莖。占蒜瓣大部分的是貯藏葉，肉質而無葉身。蒜球由蒜瓣組成，每個蒜瓣由不同的側芽形成，外面包著的是來自種蒜蒜瓣所長的葉鞘。假莖由層層環繞的葉鞘形成，新葉自假莖的老葉內萌生。植株最外幾層老葉發育成光滑、紙狀的保護性葉鞘，環繞整個發育中的鱗莖或蒜頭。最上面的頂端分生組織形成花莖或最後的葉(Rubatzky and Yamaguchi, 1997)。

類型和品種
◆洋蔥品種

　　洋蔥生產可以分為兩類：採收綠色、未成熟的植株和採收鱗莖(蔥球)，各有不同的栽培品種。葉鞘可全枝或切碎後用於調味其他鮮食和加工食物。未熟、綠色蔥株可以切碎後冷藏、乾燥或冷凍保存。植株未成熟時，葉可以食用，但隨植株成

圖14.5　大蒜乾蒜球，每個蒜球由蒜瓣組成。

熟，葉會纖維化(Smith *et al.*, 2011a)。

鱗莖用的洋蔥需要較長時間才成熟。植株感應臨界日長，在基部的無葉身葉和葉鞘膨大，此反應為品種因素。洋蔥鱗莖可以鮮食、乾燥或加工用。

許多重要園藝特性可以區分各品種洋蔥植株，包括同一品種內的植株整齊性、抗病性、葉面蠟粉量(bloom，葉片角質層上的蠟粉使葉表呈白色)、葉色(由綠到藍綠色)、葉片大小和高度(小而密集或大)、產量、抽薹性和成熟期。成熟期性狀複雜，由日長及種植期決定。結球反應雖有一般分類，但最後由各品種對日照時數的需求決定(表14.1)。一般成熟期的分類，如：早生、中生等，是依據結球所需最低特定日長時數而定。

區分品種及表示鱗莖品質的一些重要特性包括：鱗莖皮色(從棕褐色到黃色、白色、棕色、紫色或紅色)、鱗莖大小(小、大或特大)、鱗莖形狀(圖14.1)、鱗莖大小的整齊性、內部鱗片顏色(綠色、白色、紫色、紅色或黃色)、辛辣度、貯藏品質、外皮厚度、硬實性(solidity，鱗莖密度、可溶性和不溶性固形物含量)、鱗莖頸部大小(頸較細，鱗莖乾燥封頸，病原不能進入鱗

莖)、耐放性和外皮保留性(外皮可保護內部鱗莖，過度的外皮脫落不宜)、內部鱗葉厚度(薄或厚)、沒有雙鱗芽(有兩個鱗芽不適合做洋蔥圈)等。

● 辛辣味

洋蔥辛辣程度因品種而異，環境因素也影響辛辣度(Yoo *et al.*, 2006)。品種分為甜味、溫和、辛辣或強辣。洋蔥和大蒜等不含澱粉，但會累積糖，因而有甜味。

甲基(methyl)和丙基二硫化物(propyl disulfide)、特別是 thiopropanyl sulfoxide，與辛辣度有關(Rabinowitch and Currah, 2002)。當辛辣的洋蔥鱗莖切片、切碎或破損時，會有揮發性的含硫物釋出，蒜胺酸酶(alliinases)分解硫胺基酸(amino acid sulfoxides)，產生次磺酸(sulfenic acids)。次磺酸由第二種酶，即催淚因子合成酶(lachrymatory factor synthase)分解，產生揮發性氣體syn-propanethial-S-oxide，就是眾人所知的洋蔥催淚因子(onion lachrymatory factor, LF)(Block, 2009)。當催淚因子在空氣中擴散、接觸人眼，激活感覺神經元，產生刺痛感，激活淚腺以稀釋和沖洗刺激物。在水下切洋蔥可以防止刺激眼睛的揮發性化合物的釋出。低溫下，酵素產生LF的作用較慢，所以洋蔥使用前先冷藏可減少流淚。洋蔥辛辣度可由化學法測量丙酮酸(pyruvic acid)含量來評估(Yoo *et al.*, 2006)。

洋蔥的顏色和辛辣度之間沒有遺傳關聯。蔥球鱗片(bud scales)顏色是黃色、棕色、白色或紫色，任何顏色的鱗片可能辛辣、可能不辛辣。辛辣類型的櫥架壽命通常比甜味品種長。

表14.1 洋蔥成熟期依日長需求分類

成熟期分類	日長(小時)	生產地區
早生種	約12小時(短日)	在低緯度區
中生種	13.5-14小時(中間)	中緯度地區
晚生種	15小時	中緯度地區
極晚生種	超過15小時(長日)	高緯度地區

• F-1雜交種

　　現代流行的洋蔥品種很多是由傳統育種育成的F-1雜交種。在西元20世紀中葉，洋蔥育種家Henry Jones率先利用雄不稔性(male sterility)，交配自交系，研發花費低的雜交種，無需昂貴且耗時的人工授粉。F-1雜交品種比自然授粉品種整齊且高產。轉基因洋蔥或大蒜尚未對世界生產有影響(Rabinowitch and Currah, 2002)。

◆ 大蒜品種

　　目前所有真正大蒜是用蒜瓣營養繁殖來商業栽培。私人公司已經開始使用在亞洲所獲得能產生真正種子的大蒜，來育種。若用種子繁殖大蒜，會對蒜瓣貯藏、種植和防治病毒及線蟲有顯著的影響。但一直到最近，大蒜尚未利用育種進行遺傳改良(Rabinowitch and Currah, 2002)；跟其他蔬菜相比，大蒜的品種選擇有限，因為只經由突變和選種來獲得新品種。大蒜品種間的差異有：植株大小(小型到大型)、成熟期、產量、抗病性和花莖有無等。鱗莖的特性變化有：顏色(紅、白或黃褐色)、平滑度、形狀、蒜瓣大小、蒜瓣顏色和蒜瓣數、貯藏壽命和辛辣度。一些常用的大蒜品種(營養系)描述如下(Brewster, 2008)。

　　‘Artichoke’是在寒冷氣候區種植的高產、軟骨蒜，經過寒冷的冬季，有部分會抽薹。經過低溫處理後，就在蒜球上方形成珠芽，降低市場價值。在暖冬只有1%-2%植株會抽薹，但若冷冬沒有雪覆蓋，有70%-100%將抽薹。鱗莖顏色變化從全白到帶紫紅色；若珠芽形成，則通常為紫色。鱗莖通常含12-20個蒜瓣，重0.45 kg的鱗莖產生約80個蒜瓣。蒜瓣難剝皮。鱗莖可貯藏6-9個月。從‘Artichoke’選出的相關品種有‘Inchellium Red’、‘加州早生’(‘California Early’)、‘Susanville’、‘加州晚生’(‘California Late’)、‘義大利紅色早生’(‘Early Red Italian’)、‘Machashi’和‘Red Toch’(Rosen et al., 2008)。

　　‘加州晚生’(‘California Late’, CL)是加州種植最廣的大蒜品種，它產生許多粉色或粉褐色蒜瓣，蒜球白色、光滑且大小中等。植株的莖小、葉窄而直立，係10月定植後在次年8月成熟；產量中等、貯存期長、固形物含量高，是美國最主要的商業品種(WIPMC, 2004)。

　　‘加州早生’(‘California Early’)比‘加州晚生’提前2-3週成熟，植株大，生長較旺盛、產量高。但蒜球大、不平滑，蒜瓣棕褐色、固形物含量低、不像‘加州晚生’耐貯藏(WIPMC, 2004)。

　　‘Creole’又較‘加州早生’早一個月成熟，蒜瓣小、蒜皮深紫色。貯藏期和固形物含量介於‘加州早生’和‘加州晚生’之間。‘Creole’普遍種植在墨西哥、美國加州帝王谷(Imperial Valley)、路易斯安那州(Louisiana)，其選系包括‘Ajo Rojo’、‘Burgundy’及‘Creole Red’(Rosen et al., 2008)。

　　‘Elephant’(A. ampeloprasum)產生的蒜頭和蒜瓣都比真正的大蒜大，特別在美國東部它比大蒜(A. sativum)許多其他品種容易生長，它的味道淡、早生。植株長到高約0.9 m，有其獨特、較淡的風味，不像許多A. sativum能耐貯藏(Rosen et al., 2008)。

'Rocambole' 植株中等大小、高約0.9-1.2 m、有花莖展開；花莖伸直前盤繞2-3次。'Rocambole' 適應寒冷氣候，鱗莖米白色有紫色條紋，容易產生雙蒜瓣。有很多珠芽，通常是紫色。蒜瓣外皮棕色、易剝。蒜球可貯藏約4-5個月。由它選出命名的品種有'德國紅'('German Red')、'德國褐'('German Brown')、'Spanish Roja'、'俄國紅'('Russian Red')、'Killarney Red'和'Montana Giant'(Rosen et al., 2008)。

'Purple Stripe' 植株中等大小、高約0.9-1.5 m，有花莖展開、適應冷氣候。花莖會先在3/4位置盤繞成圈或向下彎成U形再長直。鱗莖有紫色條紋，珠芽多，通常紫色。蒜瓣外皮為褐色、較難剝離，很少有雙瓣。蒜球貯藏壽命約5-7個月。通常一個蒜球有8-12個蒜瓣，蒜球0.45 kg有約60個蒜瓣。本品種的選系有'Chesnok Red'和'波斯星'('Persian Star')(Rosen et al., 2008)。

'Porcelain' 是適應冷氣候的一個較老的品種，株高可達1.2-1.8 m、有花莖展開，花莖鬆散盤繞成圈。鱗莖大，通常有4-6個蒜瓣。蒜瓣大，獲得廚師青睞，但生產者需要保存較多蒜瓣供繁殖用。蒜瓣外皮白色、光滑，比'Rocambole'難剝離；很少有雙蒜瓣。珠芽很多、小、一般白色。蒜球可貯藏5-7個月。蒜球0.45 kg重約有35個蒜瓣。'Porcelain'的選系很多，包括'羅馬尼亞紅'('Romanian Red')、'喬治亞水晶'('Georgian Crystal')、'Music'、'波蘭硬骨'('Polish Hardneck')、'Zemo'、'Georgian Fire'、'北方白'('Northern White')、'德國白'('German White')、和'Krasnodar

White'(Rosen et al., 2008)。

'Asiatic' 花莖完全生長時，植株高僅約0.9 m。'Asiatic' 是硬骨蒜，能在寒冷氣候生育良好；經過低溫會形成花莖，花莖上帶有特別的、長的珠芽蒴果(bulbil capsule)。珠芽深紫色，比其他營養系的珠芽大的多。每個鱗莖通常有4-8個蒜瓣，蒜瓣可能單瓣或雙瓣。蒜瓣棕色，鱗莖顏色從白色到粉紅色到紫色條紋。蒜瓣外皮有些緊，難剝；如果收穫延遲，鱗莖容易裂開。鱗莖通常可存放5-7個月。本類型的品種包括'Asian Tempest'、'Japanese'、'Wonha'、'Sakura' 和'Pyong Vang'(Rosen et al., 2008)。

'Silverskin' 是真正的軟骨蒜，經過寒冷的冬季後，只有少數花莖形成。因為花莖少，本品系常用作編辮。每蒜球的蒜瓣數從8至40；蒜球0.45 kg重者約有90個蒜瓣。'Silverskin'最適合冬季溫和的溫暖氣候，若生長在冷環境下，產生的蒜球小(通常不到 5 cm)，但生長在暖冬後，產生的蒜球明顯較大。春季盡快地整地種植，也能產生大蒜球。植株因無花莖、軟骨，常在採收前就已倒伏。蒜瓣外皮有些緊，剝皮難。蒜球通常可貯藏達1年。'Silverskin' 的選系有'銀白('Silver White')、'Nookota Rose'、'Mild French'、'S&H Silver'、'愛達荷銀白'('Idaho Silver')(Rosen et al., 2008)。

'Turban' 是軟骨蒜類型，但在冷條件下會形成花莖。花莖弱，常轉向下。通常每個鱗莖有7-11個蒜瓣，並且很少產生雙瓣。鱗莖通常是深紫色條紋，蒜瓣棕色。珠芽很多、紫色、小。蒜瓣外皮鬆、易剝皮。貯藏性差，只維持3-5個月。'Turban'

比其他許多品種早1-3週成熟。本類型的選系有'Red Janice'、'花蒜'('Blossom')、'Xian'、'Tzan'和'Chinese Stripe'(Rosen *et al.*, 2008)。

其他重要大蒜品種包括'德州白'('Texas White')、'Chilean'(墨西哥重要品種)、'Mexican'(Elephant Paw或Tahiti)和一些地方性的重要品種(Rubatzky and Yamaguchi, 1997)。

經濟重要性和生產統計

◆ 洋蔥

洋蔥是世界主要食用作物，在大多數國家消費。世界糧農組織估計，世界洋蔥的人年均消費量不到10 kg(FAOSTAT, 2011)。洋蔥生產統計資料分為蔥用和乾洋蔥。世界青蔥或蔥用洋蔥生產總面積超過237,000 ha、平均產量22.55 t/ha，主要生產國包括中國27,429 ha、日本24,200 ha、土耳其20,366 ha、韓國19,666 ha、伊拉克19,195 ha、厄瓜多爾15,720 ha、泰國15,511 ha和奈及利亞14,000 ha。

世界洋蔥蔥球的平均產量約為15 t/ha，但有優良管理和植株生長情況良好時，產量也可能達到每公頃45-60 t。乾洋蔥鱗莖生產面積較大，約4.3百萬ha(FAOSTAT, 2011)，每公頃平均產量為21.96公噸。印度是世界乾洋蔥最大生產國，生產面積略大於110萬 ha，其次是中國，生產面積略超過100萬 ha。其他重要乾洋蔥生產國包括奈及利亞192,000 ha、巴基斯坦147,600 ha、孟加拉(Bangladesh)127,940 ha、俄羅斯95,500 ha、烏干達

(Uganda)74,581 ha、緬甸(Myanmar)72,400 ha、伊朗69,752 ha和烏克蘭(Ukraine)66,600 ha(FAOSTAT, 2011)。

洋蔥是美國在西元2010年產值第2高的蔬菜，鮮食市場農場值12億美元(ERS, 2011)。在西元2010年，美國民眾平均每人洋蔥消費量9.7 kg(表14.2)(ERS, 2011)。在西元1970年代，因洋蔥圈的風行，洋蔥需求量迅速增加；西元1980年代，餐廳沙拉吧普及增加，使洋蔥消費增加(Burden *et al.*, 2012)。輕度加工、立即可吃、已切好的新鮮洋蔥產品也刺激需求。

在美國，洋蔥的採收面積約60,595 ha，平均產量為每公頃54.9公噸，總產量為330萬公噸。加州為西元2010年最大洋蔥生產地，共生產854,545公噸，其次是奧勒岡州645,454公噸和華盛頓州640,909公噸(Burden *et al.*, 2012)。

◆ 大蒜

西元2011年全球大蒜生產為140萬 ha以

表14.2　美國自西元1930年以來每人洋蔥和大蒜平均消費變化(ERS, 2011)

年份	每人每年消費量kg	
	洋蔥	大蒜
1930	5.9	0.1
1940	5.3	0.05
1950	5.4	0.1
1960	5.6	0.2
1970	5.6	0.2
1980	6.5	0.4
1990	8.7	0.6
2000	8.4	1.1
2011	9.7	1.0

[a]包括加工洋蔥

上，平均產量每公頃16.796公噸(FAOSTAT, 2011)。中國是世界最大生產國，生產面積超過 833,000 ha，其次是印度200,600 ha、孟加拉41,997 ha和緬甸29,129 ha。歐洲主要生產國有俄羅斯26,800 ha、烏克蘭21,000 ha和西班牙15,661 ha(FAOSTAT, 2011)。在美洲，阿根廷生產面積17,739 ha、巴西12,928 ha、美國10,180 ha(FAOSTAT, 2011)。

在美國，大蒜主要生產區是加州。近年在美國和其他西方國家大蒜消費增加，是因世界大蒜貿易量增加，以及民眾對大蒜用在各種料理的認同，還有許多有關大蒜健康效益的文獻(見表14.3)。在西元2010年，美國出口新鮮大蒜8,431公噸，主要到加拿大和墨西哥(ERS, 2011)。美國是大蒜的淨進口國，是世界最大的新鮮大蒜進口市場，美國進口4,119公噸，主要來自中國、阿根廷和墨西哥(Boriss, 2011)。

營養成分

乾洋蔥主要用途為調味，在飲食中提供碳水化合物和礦物質(表14.3)。洋蔥熱量低且是膳食纖維的來源；青蔥用洋蔥所含維生素與礦物質量比洋蔥球高(表14.3)。蔥用洋蔥含有維生素C，一個中等大小的蔥用洋蔥提供美國人每日所需的15%至20%維生素C(Ensminger, 1994)。

總體而言，大蒜比洋蔥(綠色蔥用或乾蔥球)更富營養。大蒜的乾物質含量、碳水化合物和礦物質含量都較高(表14.3)。然而，通常人們食用的大蒜量比其他蔬菜少得多，因為大蒜主要用來調味麵包或其他食物(Ensminger, 1994)。

表14.3 洋蔥及大蒜營養組成(USDA, 2012)

營養成分	每100 g 可食部分的含量		
	洋蔥 (乾)	洋蔥 (青蔥用)	大蒜 (乾)
水(%)	91	92	59
熱量(kcal)	34	25	149
蛋白質(g)	1.2	1.7	6.4
油脂(g)	0.3	0.1	0.5
醣類(g)	7.3	5.6	33.1
纖維(g)	0.4	0.8	1.5
鈣(mg)	25	60	161
磷(mg)	29	33	153
鐵(mg)	0.4	1.9	1.7
鈉(mg)	2	4	17
鉀(mg)	155	257	401
抗壞血酸(mg)	8.4	45	31.2
維生素A(IU)	0	5,000	0

生產與栽培

◆ 概要

洋蔥是冷季作物，耐霜凍，但不能長時間生長在-6.7°C以下的溫度。適合生長的溫度是12.8-23.9°C，幼苗生長適溫稍高為18.9-25.0°C，溫度範圍並不太寬。洋蔥乾蔥球是最難生產的作物之一，因為品種的選擇非常重要，且環境因素影響生長和發育極大。生產青蔥用的挑戰性小得多，因為只約45-50天即成熟，且環境因素影響較不大。

◆ 地點選擇和養分管理

洋蔥、大蒜以及蔥屬相關作物在肥沃、排水良好且無結塊的礦質土壤或有機質含量高的腐泥土中生長良好。因為排水系統必須良好，所以蔥屬作物常以高畦栽

培(圖14.6)。

　　洋蔥應與沒有親緣關係的作物輪作，以防止土傳病害的增殖。土壤以圓盤犁或迴轉犁精細耕犁鬆土，並除去土塊、石塊和其他障礙物，特別是直播栽培者，整地後才可確保發芽整齊和成活良好(圖14.6)。洋蔥造粒(pelleted)種子常用精準播種機栽種，增加種子單粒化和有一定間距。

　　一般來說，蔥屬作物對微量元素需求高，對氮(N)、磷(P)和鉀(K)需求中等。洋蔥和大蒜的營養需求相似。大蒜肥料需求量中度到高量，最佳施用方法為條施或灌溉施肥。蔥屬作物為淺鬚根系，分布限於土壤上層30 cm，因此精確地放置肥料、防止浪費是必要的。許多因素決定肥料需求，包括土壤類型；因此應根據土壤測試結果施肥，以確保礦物質肥料的投入不浪費，且不成為汙染物。

　　氮素需求量受到土壤的供氮能力、灌溉效率和降雨等環境因素造成氮素流失的影響。在有效率的灌溉系統下，在大多礦質土每公頃施氮280 kg就足夠達最大產量；在腐泥土或其他有高量氮殘留的土壤類型需N量可少些。如果雨量多，或者在灌溉效率較低的農場，可能要施較高的N量。在全生長期，氮肥應分多次施用，一次施加量不超過全期總量的25%(Smith *et al.*, 2011b)。大蒜栽培在種植時，條施大約20%-30%氮肥以供早期生長；其餘的氮肥可在春季透過灌溉施肥，或在萌發後追肥(撒施或旁施)、過2-3週後再施一次；在此之後施用氮肥就可能會延遲成熟，降低鱗莖品質和貯藏壽命。過量的氮肥造成不需要的二次生長(Rosen *et al.*, 2008)。

　　土壤有效磷(碳酸氫鈉可萃取磷)含量大於30 ppm時，種植前每公頃施用P_2O_5不超過56 kg；土壤有效磷 ≤10ppm時，就需要每公頃施用高達224 kg的P_2O_5。種植前

圖14.6 *新萌發的洋蔥冬作田，生產乾鱗莖(美國德州南部)。*

充分施磷肥，生長期間很少需要再追施磷(Smith *et al.*, 2011b)。

土壤的有效性鉀(醋酸銨可交換性鉀)超過150 ppm時，再多施K肥就沒有用。然而，如果土壤分析結果小於100 ppm，可能每公頃需施鉀肥達168 kg，以確保有足夠的肥力供應洋蔥生產。一般腐泥土比礦質土需氮和磷肥較少，但鉀肥需較多(Smith *et al.*, 2011b)。

有些生產者在種植前條施全部磷肥，或在種植前就施磷和鉀肥於畦上。氮肥可以幾種方式分次施用，若需施鉀肥也如此，例如：在播種時先條施一次，大約4週後，開始結球時撒施追肥；或配合葉柄分析結果，每週灌溉施肥(Smith *et al.*, 2011b)。鱗莖類作物不耐氨和鹽分，但耐pH值低至5.3-6.5範圍內。pH值高於6.5時，會發生缺銅、缺錳和缺鋅(Smith *et al.*, 2011b)。

◆ 繁殖方法

洋蔥繁殖方法有直接播種、移植或用小蔥球(sets)。隨著發展種子預措(priming)、造粒和精確種子大小這些技術，已改進種子品質，可以採用精準帶式或氣吸式播種機直播，獲得如預期而一致的苗株。在生長季短的地區採用移植或採用小種球種植，可使作物早成熟，獲得較高價格；特別是在田間條件苗株不易成活情形，採用移植法可以使產量較高。

洋蔥苗可在田區、隧道棚或溫室生產，以日溫17°C、夜溫10°C生長最有利。苗床的播種密度為每公頃75-100 kg種子量。在適宜條件下，幼苗生長8-12週，及

/或幼苗莖粗達3-4 mm時，即可移栽。洋蔥相對容易移植成活，可使用裸根苗，雖然穴盤育苗、移植的採用增加，以減少移植的衝擊並生產整齊的幼苗。如果移植的苗過大，對春化作用敏感，若移植時，氣溫低於10°C的寒冷天氣，苗會提前抽薹。

採用移植法生產鱗莖時，田間移植密度比直播的密度低。生產蔥用植株通常採用直播法，因為移植法的成本較高，而且栽培密度高、生長期短，不需採用移植栽培。

洋蔥還可以使用小蔥球(sets)種植，小蔥球就是小鱗莖，先使之暫停生長，等稍後再恢復生長。採用此法的優點是能早熟，適合生長季較短的地方。短日照品種在春末播種，在長日照的夏季生長，繁殖過程中會產生鱗莖。可調整播種期，使植株還小時有適當的日長誘導早期結球。每平方公尺1,000-1,300株的高密度，有最大產量、鱗莖大小被限制，並抑制了雜草。生產這種小蔥球時，需要充足的施肥支持早期的生長過程。施氮過量會導致葉生長羸弱多汁、蔥球頸部厚而易感病、難乾燥。在收穫之前抑制給水，待地上葉部乾了，就能採收小蔥球。先切除乾燥葉，如果葉小且乾燥則保留不動，然後從植株底下切割，由土壤裡挖出小蔥球使風乾，放置田間數日以進一步乾燥。小蔥球在田區乾燥時，必須避免潮溼和陽光直射。小蔥球產量每公頃通常超過20公噸，其直徑應達15-20 mm，單球重量2-3 g。若小蔥球大於25 mm，易對春化作用敏感，日後發育中若有低溫誘導，就會抽薹。

直徑小於10 mm的迷你小蔥球可以當成像種子，用播種機種植。生產迷你小蔥球所需時間比生產一般小蔥球少些，然而，迷你蔥球所產生的洋蔥較小、較不均一，因為種植時排放的方向不一定適當。

品質優良的小蔥球在0-5°C、相對溼度60%條件下，或在20-30°C、60% RH的通風箱或網袋中，可以存放6-8個月。溫度高於20°C可降低抽薹風險，但也降低了貯藏壽命和失重。貯藏在28-30°C比貯藏在20°C會提早結球(bulbing)。貯藏在5-20°C、相對溼度>75%可能會發芽、發根及／或腐敗。因此，小蔥球必須存放在5°C以下或20°C以上。

◆ **種植**

蔥屬作物栽培在田區，植行可有幾種不同的構型和畦寬。生產洋蔥蔥球，以種子、小種球或移植苗種植，通常都以0.8-1 m寬的高畦雙行植，行距30-46 cm(圖14.7)。

也可種在150 cm寬的畦上、四行植(圖14.6)。直播、精確栽植的洋蔥一般不會間拔，所用種子必須品質優良，並且間隔一致，才能生產高比率的大鱗莖，有最高產量。種子通常播種深度0.64-2.45 cm，在較輕質而乾燥的土壤，播種深度會深些。適宜發芽的溫度為24°C，種子小，每公斤220,000-286,000粒(Smith *et al.*, 2011b)。

蔥用栽培在植株嫩時採收，因此播種很密，在1 m寬的畦上播種9-10行，或在2 m寬的畦上播種18-20行。種子播種深度約1.3 cm，土壤耕犁良好、保持溼潤直到出芽。蔥用栽培播種量每公頃13-20 kg種子，或

3.0-5.7百萬粒種子(Smith *et al.*, 2011a)。

在溫帶地區，大蒜通常於秋季或初冬種植，次年夏季採收鱗莖。在冬季氣溫很低的地區，則春季種植，於夏末或秋季收穫。種植時，鱗莖剝開以個別蒜瓣繁殖，但通常中央的小蒜瓣不種，因為它們產生的植株小、產量低，蒜瓣較少。大蒜種植密度為每平方公尺25-40蒜瓣，但也有用每平方公尺60-70蒜瓣的高密度，可獲得較高產量。大約1噸蒜瓣可種植1 ha。蒜瓣大小影響產量極大，種植大蒜瓣的產量比種植小蒜瓣的大(Rubatzky and Yamaguchi, 1997)。蒜瓣種植深度約3-5 cm，基部向下，使新萌發的幼芽向上生長(Rubatzky and Yamaguchi, 1997)

嵌紋病毒和莖線蟲(*Ditylenchus dipsaci*)危害繁殖材料，是大蒜生產的主要問題。大蒜種蒜可能感染嵌紋病毒，所以盡可能用組織培養繁殖的無病毒、無線蟲材料種植。

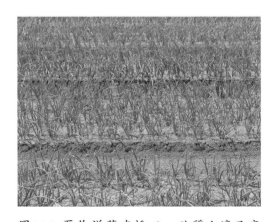

圖14.7 夏作洋蔥直播田，砂質土壤及高畦栽培生產乾鱗莖(加拿大新斯高沙省(Nova Scotia) Annapolis Valley 區)。

◆ **灌溉**

　　洋蔥直播栽培常採噴灌,以防止種子發芽期乾燥和避免土壤表面結塊。通常幼苗萌發持續10-20天,依種子品質而定(Smith *et al.*, 2011b)。出苗成活後,可繼續採用噴灌或改為溝灌或滴灌。株高15-20 cm時,在畦面上放置滴灌帶。地下滴灌愈來愈受歡迎,可在種植前、地面下2.5 cm處放置滴灌帶,就不需要為發芽而施以噴灌(Smith *et al.*, 2011b)。

　　洋蔥全生長季需要時常灌溉,需要水分以刺激新根生長,因為洋蔥根大多不分支,從基盤長出的根在土面30 cm內的範圍生長,從較深土層吸取的水少;缺水造成鱗莖小、鱗芽分裂成雙鱗芽的機率增加、裂球增加,產生的洋蔥較辛辣(Smith *et al.*, 2011b)。影響灌溉次數及水量的因素有灌溉方式、土壤類型、環境條件和作物發育階段。剛出苗後的水分需求最小,因為作物小、灌溉頻率低,如果週期性雨量足夠,可不需灌溉。開始結鱗莖時,水的需求增加,如果降雨量不足,可能要更頻繁的灌溉,才能保持栽培畦的水分均勻(Smith *et al.*, 2011b)。氣候乾燥時,生長期間要每2-4天滴灌,或每5-6天溝灌一次(Smith *et al.*, 2011b)。當鱗莖成熟時,需停止灌溉。依環境條件而定,田區要停止給水至少一個月,使充分乾燥才採收。一作採收蔥球的洋蔥需要至少50-75 cm的水分,如果水分充足,給水75-125 cm可有最大產量(Smith *et al.*, 2011b)。

　　結合土壤監測與根據氣候的灌溉,來決定洋蔥和大蒜的需水量。在大多土壤類型,土壤上層30 cm處的水分張力應保持在30 kPa(30 centibars)以下,植株才有良好生長。土壤水分過多(10 kPa或10 centibars),浪費水又減少洋蔥鱗莖的貯存壽命(Smith *et al.*, 2011b)。當作物株冠達完全覆蓋時,用水量最高;用水量可根據蒸發散量數據及作物係數來估算,作物係數與株冠覆蓋率及失水量有關。田區最大株冠覆蓋率85%時,作物係數近1.0,表示應補回作物由蒸發散失去的全量水分。作物生長早期的耗水,大部分是因蒸發作用,田區的株冠覆蓋率不到30%,作物係數採用0.3-0.5,可較好的預估需水量。供應洋蔥100%-150%蒸發散量的水分時,洋蔥有最大產量(Smith *et al.*, 2011b)。用蒸發盤法估計蒸發散量,就是將一個有垂直邊的盛水容器放在田間,與株冠平高,並定期監測其水位變化。

作物生長發育

　　洋蔥在幼苗成苗期間,不斷產生新葉和新根,短縮莖稍許伸長與加寬。最初,愈晚發生的葉片愈長、基部愈寬,但開始結球後,葉片趨向愈來愈短、愈小,葉形改變、沒有葉身(bladeless)。抽薹改變葉部生長,花莖形成比葉片發育優先。

　　在長時間溫度會低於冰點的地區,秋冬季大蒜植株會有地面覆蓋,以保護對抗寒冷和氣溫陡降(Rosen *et al.*, 2008),有助於雜草防治和保持水分。定植後,通常在畦上覆蓋7.5-12.5cm厚的無雜草種子、有機覆蓋層。到春天,冰點以下低溫威脅已經結束時,可以移除覆蓋物。有些生產者在春季完全去除覆蓋物,使土壤較快回暖,另

一些生產者仍留著覆蓋物，以保持水分、沒有雜草(Rosen *et al.*, 2008)。

◆ 結球、鱗莖形成

鱗莖形成(bulbing)是指洋蔥在臨界日長下時間充分，開始發生葉形態上的改變，但溫度也具有影響力(Rubatzky and Yamaguchi, 1997)。每個品種誘導結球的臨界日長不同。在鱗莖形成時，貯藏物質累積在葉基部，導致膨大，形成貯藏器官，即為鱗莖。植株各生長階段的光合產物分配不同，當幼苗生長早期以葉片發育為主，葉身生長優先於葉鞘的貯藏物質累積。誘導結球後，葉鞘比葉身加速增長。隨著繼續發育，鱗莖葉鞘，即無葉身的葉片生長較植株生長發育優先。

洋蔥品種分為短日型、中日或長日型(表14.1)。就結球性狀，所有品種是長日植物，因為它們隨日長增加，非隨日長變短才形成鱗莖。光照處理時間最重要，而且這種處理過程有累積性；短暫適當日長處理的刺激不能啟動結球。在苗期尚未有足夠的營養生長，若達到臨界日長，植株尚在苗期，發育的鱗莖小。需要長日結球的品種在短日下生長，不會結球。要生產蔥球的短日品種通常生長於緯度30°以下的地區，長日型品種生長在緯度38°以上的地區，中間型品種在緯度30°-38°之間的地區生長。

溫度對結球過程的影響比日長難以預估；當安排種植日期和選擇品種時，產地的日長是最重要的考慮因素。植株一旦開始結球，溫度就是影響葉部生長和鱗莖膨大的重要因素(Rubatzky and Yamaguchi, 1997)。長日及較高的溫度條件下，結球與成熟皆較早、較快；在臨界日長的結球反應會因高溫而縮短，但圓球形品種的鱗莖在最適溫以上的溫度發育時，隨溫度增高，鱗莖形狀變為長橢圓形(圖14.8；Rubatzky and Yamaguchi, 1997)。

低溫條件下可能會延遲結球但不會阻礙結球。有些品種在低溫下，即使有適當日長，也不會結球，要在暖溫下才結球。

鱗莖產量受植株大小，特別是開始結球前的葉面積而定。鱗莖的生長和成熟速率也受到品種、植株營養、水分供應、植株競爭、光強度和光質的影響。鱗莖開始發育後，植株應分配70%-90%所累積的乾物重到鱗莖，才有高產量(Rubatzky and Yamaguchi, 1997)。當達到日長需求時，大植株和株齡大的植株比小植株、幼株先結球。但給予很強的光週期刺激時，即使是單片葉的小苗也能結球。當日長接近臨界日長而植株缺氮時，會加速開始結球，而過多的氮會延遲結球；缺水、雜草競爭也可能加速結球。

洋蔥在未達結球所需的臨界日長前

15℃　　20℃　　25℃　　30℃

溫度對Spanish型洋蔥蔥球形狀的影響

圖14.8 高溫導致洋蔥圓形鱗莖成為長圓形。

會繼續生長發育新葉，不長鱗莖。生產蔥用為目的，不希望結球，就要選用長日、外皮白的品種。短日品種在長日條件下生長，鱗莖形成早，且因植株生長和光合能力還不充足，產生的鱗莖小。為生產繁殖用的小種球或加工醃漬、開胃用小洋蔥(pickling onions, cocktail onions)，會在長日照條件下，刻意選用短日品種。

◆ 抽薹

抽薹(bolting)是指形成花莖及花序，會大大降低鱗莖的品質和產量；所以生產目的為鱗莖者應避免使用會引起抽薹的品種和條件。然而，生產目的為洋蔥種子者就要引起抽薹。植株發育過了幼年期階段，要完成低溫春化處理，才能形成花莖。植株在4-5葉以下或蔥頸，包括小種球直徑小於鉛筆粗(6 mm)時，通常被認為仍在幼年期，不能感應春化處理。大植株對春化處理一般都比小植株感應大。各品種對誘導抽薹所需低溫及處理的時間有很大不同。許多品種在5-10°C春化處理1-2個月就足夠，而有些品種在10-15°C就能充分抽薹。低溫處理後暴露於高溫條件，會逆轉春化作用。鱗莖的快速形成會抑制已開始分化的花莖萌發。鱗莖和花莖可能同時發育，因為花莖和花序的形成優先，同時發育的鱗莖小，鱗莖品質也降低，其中心硬不能吃，鱗莖也不能封頸口而不能長期貯藏。

◆ 洋蔥採收

蔥用洋蔥或青蔥(green bunching onion)是在植株假莖直徑如鉛筆大小、6.5-12.5 mm時採收；由地下切斷，將蔥株拔起，依大小選別並去除腐敗、老化和受傷的葉子，再綁成一束。在包裝前，清除根部附著的泥土、修整及清洗。青蔥不耐貯藏，但在0-3°C、90%-100% RH環境中可以保存3-4週(Smith *et al.*, 2011a)。

鱗莖用洋蔥(bulb onion)從播種到成熟通常需要80-170天，這個時間可能有很大的變異，因為結球過程同時受日長與溫度極大的影響。當洋蔥鱗莖發育達最大時，葉子開始老化；通常在田區洋蔥地上部有50%-80%已倒伏時進行採收。為提早採收，趕上有利的市場價格，在地上部有10%倒伏後，可用滾輪壓斷地上部以加速蔥球成熟。有時也會在地上部倒伏前就採收；如果採收時蔥株仍然直立、肉質，表示尚未開始自然老化，這種情況下鱗莖收量降低，而且採收後的貯藏問題增加。未成熟的洋蔥鱗莖含水量高，貯藏壽命較短。若洋蔥自然老化及成熟，蔥葉會乾枯，假莖會收縮伏倒、自然封住，減少鱗莖失水、降低病害發生並增加貯藏力。然而，在洋蔥葉部完全老化時收穫的蔥球，它的貯藏壽命也降低。因此，洋蔥最適合採收的時期是既要顧到鱗莖重量增加，又要顧到採後品質及貯藏壽命可能降低，取得其中的平衡點。採收洋蔥時，採收機先由地下切斷蔥球，收到土面上，於淺層留置畦上風乾。有時會先把蔥球根部切斷以加速老化，才採收。在許多地區是以人工採收蔥球、地上部及根部，並以人工修整。在乾燥地區，採收下來的蔥球在田間進行乾燥、風乾，會加上遮蓋材料、以免日燒(sunburn)。在潮溼地區，則將洋蔥收集起來進行熱風乾燥。脫水加工用的洋蔥會

以機械採收，因為其單價比鮮食洋蔥低，而且可以接受鱗莖受到一些機械傷害。

◆ 大蒜採收

大蒜蒜球的採收、處理及貯藏作業與乾的洋蔥球相似。在美國，大蒜是在夏季中旬至下旬成熟，此時葉子乾枯、地上部倒伏。大蒜採收時，通常地上部已倒伏、蒜球已充分乾燥，因此至少在預定採收的日期前3週就停止灌溉。在溼度低的地區，先從地下切斷植株根部，用機械或人工方式採收蒜球；排放在淺行風乾使乾燥(圖14.9)。

蒜球需用乾枯的葉或其他透氣又能遮陽的材料覆蓋，以避免日燒或接觸到水氣。在採收後，避免蒜球直接與水分接觸；通風良好可以幫助乾燥。蒜球常裝入切口紙箱(slotted containers)或網袋中，使空氣流通；通常7-10天就可充分乾燥，接著便可修剪根部及／或葉部，準備銷售或貯藏。在經常下雨或高溼度的地區，最好進行室內乾燥以防止病害發生。

◆ 洋蔥鱗莖之癒傷處理

洋蔥鱗莖採收後，要做癒傷處理(curing)使傷口癒合。癒傷處理可以改善蔥球採後的各項特性，並減低病原微生物從假莖或受傷組織的侵入。癒傷處理也可以幫助形成色澤優良、完整、引人的外皮。當氣候條件允許時，蔥球(鱗莖)可在田間癒傷數日，時間視環境條件而定，直到假莖封口、外層鱗片薄如紙狀，而且傷口癒合。癒傷處理可在田間或在室內以常溫進行，將採收的蔥球鋪排在畦上風乾，或放入室內通風良好的箱子或網袋中。洋蔥的外皮若脫落或有任何損傷，都會降低外觀品質及售價，並降低防止機械傷害及失水的保護作用。洋蔥蔥球也可以30°C、低溼度的強制通風做癒傷處理，將洋蔥放在大容器內或堆放在有細長孔的地板上，氣流通過洋蔥12-24小時。在此癒傷過程，洋蔥的失重可以高達最初採收重量的5%。

◆ 洋蔥之貯藏

蔥用洋蔥或青蔥應貯藏在0°C、95% RH中，可放10-20天；貯藏在5°C，壽命只有一週(Smith *et al.*, 2011a)。洋蔥蔥球需經過癒傷處理，蔥球頸部(假莖)封口、傷處癒合，才會有最佳的貯藏效果。洋蔥蔥球不像其他作物如馬鈴薯能成功使切口及表面傷口癒合，所以在採收時與處理時應盡量減少機械傷害，才好貯藏。在貯藏期間因蔥球腐爛、發芽及長根會造成損失；將蔥球貯藏在0°C和65%-70% RH環境下，可以將這種損失減到最低。貯藏在25-35°C也有良好的效果。在較高溫度下，洋蔥有些品種蔥球可以貯藏達3-6個月而不會發芽，但一旦移出貯藏庫，蔥球就會很快發芽。

貯藏過程中，蔥球中的乾物質及水分會逐漸減少；多數蔥球由於呼吸作用的

圖14.9 大蒜在田間乾燥(San Joaquin Valley, 美國加州)。

消耗、外層鱗片貯藏的醣類移轉到內層鱗片、或由於發芽(長根長芽)而縮小。這種貯藏物質的重新分配，使得原本多汁的外層鱗片漸漸失水，形成一層乾的保護膜，幫助減少內部鱗片的失水。隨著貯藏時間增長，多汁的鱗片失重，蔥球直徑減小。洋蔥的呼吸速率會隨溫度而改變，冷藏可降低呼吸速率；呼吸熱要經由通風或冷藏系統來移除。相對溼度影響貯藏壽命，降低失水造成的乾縮情形。以高CO_2及低O_2組成的氣變貯藏(modified atmosphere storage)可以延長洋蔥的貯藏壽命。

　　一般來說，長日型(long-day)而且固形物含量高者，貯藏性比短日型且固形物含量低者強。辛辣品種比甜味品種的貯藏力強。經過充分癒傷處理的辛辣品種，在適當的環境中可以貯藏達一年之久。相對的，甜味品種在相同貯藏環境中只能放2-3個月。

　　在過去20年中，切好的洋蔥及大蒜銷售快速增加，這是因為消費者及膳食服務公司喜歡立即可食的方便產品。在加工廠，將洋蔥蔥球切碎裝入密封的容器，以降低失水及氧化作用，並貯藏在0°C中(圖14.10)。

✦大蒜之貯藏

　　大蒜成熟時，其蒜瓣進入休眠，休眠期的長短隨品系及成熟期的環境條件而異。在貯藏期間，休眠逐漸減少，通常在數星期後就結束休眠，但也有些情形是休眠持續達2個月或更久。對於不成熟的蒜球，可以35°C處理打破休眠；完全成熟的蒜球貯藏在5-10°C下，會迅速結束休眠

(Rubatzky and Yamaguchi, 1997)。食用的大蒜貯放在室溫中，可以維持良好狀態達數月之久。若要貯藏更久，應貯放在0°C及60% RH條件。充分乾燥的成熟蒜球在-2°C條件下，可貯藏達8個月仍保持良好狀態。當休眠結束後，蒜瓣在5-10°C會迅速發芽；不過就像洋蔥一樣，貯藏在25°C可以防止大蒜發芽，但是會造成蒜瓣失水與皺縮較快。大蒜不可貯藏在相對溼度大於70%的環境中。用抑芽劑(maleic hydrazide, MH)處理，或用伽馬線照射(gamma irradiation)可以延長大蒜的貯藏壽命，但是作為繁殖用的蒜瓣不可使用發芽抑制處理。

　　種植用的蒜瓣在種植前，會先放在

圖14.10 在洋蔥截切、輕度加工工廠，Spanish型蔥球先以人工剝除外皮再切。

5-10°C處理數日；如果沒有做這種調節處理，放在低於5°C的蒜瓣種植後會提早成熟，產生小及／或形狀不整齊的蒜球。這個調節處理很重要。若蒜瓣貯藏在18°C以上，則有延遲發芽的結果。

◆ 鱗莖之靜止與休眠

洋蔥鱗莖的休眠有複雜的幾個階段。鱗莖在採收成熟度時，先進入為期6-8週的靜止階段(rest period)。在靜止階段之後，開始進入自然休眠(natural dormancy)，此時鱗莖不會萌芽或生長；這是由於植株發育時，在綠葉合成的抑制物質仍然留在鱗莖中。此抑制物質會隨時間而逐漸消失。因此，要讓洋蔥葉子自然老化，以確使抑制物質移轉至鱗莖，可以提高蔥球的貯藏壽命並減少提早萌芽。蔥球從靜止階段進入休眠階段是漸進的，受到品種的影響很大。休眠中的鱗莖在適當的貯藏溫度中不會萌芽；一旦過了休眠期，在有利的溫度及溼度條件下，會先發根、接著長葉(Rubatzky and Yamaguchi, 1997)。

◆ 鱗莖之萌芽及抑制

適合鱗莖萌芽的溫度是10-15°C，在高溫或低溫之下，萌芽會受到抑制。為了進行長時間貯藏，有時會噴施抑芽劑；MH的使用濃度是2,500 ppm，施用量為每公頃500 L水，噴施時間通常在採收前1-2週。若太早噴施會造成葉部傷害，若太晚噴施因葉面吸收量不足會降低效果。為了達到理想的吸收效果，在多數葉子仍綠而且沒有露水的時候噴施。經過MH處理的洋蔥，在-2-0°C及65%-70% RH的環境下，可以貯藏6-7個月而不會萌芽。用伽馬線照射處理或用低氧的氣調貯藏也可以抑制蔥球(鱗莖)發根與萌芽；而持續移除新發的幼根，也可延遲發芽。

病害

多種真菌性病害感染洋蔥作物，在此說明少數較嚴重的病害，還有其他病害見諸於文獻(Schwartz and Mohan, 2008; CABI, 2013)。灰黴病(botrytis leaf blight, BLB, *Botrytis squamosa*)是世界許多洋蔥生產區常見的真菌性病害，造成葉片組織的病斑及水浸狀，而致死亡和枯死。病斑呈白色，長度約1-5 mm，病斑周圍多有綠白色暈環(halos)，初形成時呈水浸狀(Schwartz and Mohan, 2008)。為了防治BLB灰黴病，生育期中、生長期結束後，應該剷除病株和附近的野生植株。生育中期還未有明顯病徵時，就要開始每7-10天施用殺菌劑一次，可以有效防治。

紫斑病(purple blotch, *Alternaria porri*)是洋蔥常見的世界性病害。病原菌以菌絲在洋蔥殘葉上越冬。葉片有水或相對溼度在90%或更高達12小時以上，會產生分生孢子，藉由風力散播本病。最適感染的溫度為25°C(Schwartz and Mohan, 2008)。本病最初病徵為橢圓形、棕黃色的小病斑，而後轉為紫褐色，當病斑擴大，可見到同心輪紋。病斑環繞有黃色暈環，並上下蔓延。病斑造成葉斷裂掉落(Schwartz and Mohan, 2008)。較老植株愈容易感染紫斑病。

土壤真菌引起赤根病(pink root, *Phoma terrestris*)，許多土壤都會發生，感病株根部變成粉紅色或褐紅色，很容易辨認。感

染的主要影響是鱗莖變小，嚴重時，特別是在較乾燥地區，發病根部可能枯死，植株衰弱或矮化。除非作物遭受高溫或乾旱逆境，在良好的土壤不致會沒有收成(Chaput, 2011)。

露菌病(downy mildew, *Peronospora destructor*)為洋蔥常見的葉部病害，有時會與紫斑病混淆，因為兩種病都會引起紫色病斑。露菌病以直播栽培的作物較為嚴重。本病好發於涼溫(22°C以下)、潮溼的天氣；早期病徵為紫灰色黴狀物，通常由單獨的區塊開始發生，然後迅速蔓延全田區(Schwartz and Mohan, 2008)。發病葉轉為淺綠色、黃色，然後枯死。露菌病防治需結合栽培措施與使用當地註冊的殺菌劑，3年期的輪作會減少土壤中越冬的病原族群。防治蔥田內及周圍的雜草替代寄主也可以清除越冬的感染源(Chaput, 2011)。

土壤真菌引起的白腐病(white rot, *Sclerotium cepivorum*)先發生在大蒜和洋蔥田區，而會感染貯藏期的鱗莖(Schwartz and Mohan, 2008)。地上部最初的病徵為葉尖黃化、枯萎，隨後全葉枯死。鱗莖和根部長出白色黴狀物並產生軟腐症狀。感病的鱗莖會在貯藏期間腐爛而汙染其他鱗莖。一般白腐病在田間區塊狀發生，在溫暖乾燥的土壤(>24°C)較不嚴重(Schwartz and Mohan, 2008)。白腐病不易防治，可能一年嚴重、翌年沒有。輪作至少4-5年不栽培其他蔥屬作物，才能控制白腐病。在種植前用殺菌劑處理土壤，也可以防治(Crete *et al.*, 1981)。

土壤真菌(*Fusarium oxysporum* f. sp. *cepae*)引起黃萎病(基腐，basal rot)，感染種植在暖地(適溫為29°C)的洋蔥(Schwartz and Mohan, 2008)。這種真菌可無限期地殘存在土壤，由鱗莖基部的傷口或在老根痕跡附近侵入感染。田間最初症狀為葉黃化和葉尖枯萎；隨著病情進展，全株可能枯死，如果拔出病株觀察，鱗莖上很少或甚至沒有根附著。洋蔥基盤呈粉褐色，可能會有細菌造成次生感染而腐敗。如果感染發生在生長季末期，可能直到洋蔥貯藏期才會出現症狀(Schwartz and Mohan, 2008)。防治本病，先避免在發病田區種洋蔥，與蔥屬以外的作物輪作3-4年。盡可能防治會造成植株傷口的土壤害蟲和葉部病害。洋蔥入庫貯藏前應予適當的癒傷處理後，再低溫貯藏，溫暖的環境會有真菌生長(CABI, 2013)。

頸腐病(neck rot)是洋蔥貯藏期常見的病害，由灰黴病菌*Botrytis* spp.引起，包括*B. aclada*、*B. byssoidea*和*B. squamosa*(Schwartz and Mohan, 2008)。通常病徵發生在貯藏期，然而也有一些鱗莖採收前蔥頸就變軟及腐敗。在同一個蔥球內，有病的鱗片(scales)和無病的鱗片是分開的。隨著病情進展，也可能滋生灰黴(Schwartz and Mohan, 2008)。感病的組織最終出現黑色菌核。腐敗的病徵容易誤以為是細菌造成的腐爛，最後整個鱗莖腐壞。有時細菌、真菌兩種病害同時存在(Chaput, 2011)。

蟲害

危害洋蔥及其他鱗莖類作物的害蟲和線蟲種類廣泛，在此只說明幾個較嚴重的

害蟲。更多有關鱗莖作物蟲害及其防治資訊，可向各地有關單位諮詢(CABI, 2013)。

◆ 切根蟲

　　危害鱗莖作物最嚴重的兩種害蟲都是切根蟲(black cutworm, *Agrotis ipsilon*及darksided cutworm, *Euxoa messoria*)(OMFRA, 2009)。有數種切根蟲會危害洋蔥；洋蔥和大蒜被切根蟲危害都發生在生育初期，苗期植株容易受害。被害植株被剪斷而倒落於地面或土表下。幼蟲軟而肥，受驚擾即捲成圓形；一隻幼蟲能吃斷數株幼苗。成蟲灰色、夜間飛行，體長約2.5 cm；用黑光燈(black light traps)及／或性費洛蒙(sex pheromones)可以監測成蟲族群，但有研究顯示，誘蟲燈可能低估生育初期的害蟲密度(OMFRA, 2009)。在早春，遷移的雌蛾會尋覓草多的田區去產卵。早期的切根蟲防治以防治初齡的幼蟲(小於2.5 cm)最有效，較大的幼蟲不易用殺蟲劑防治。更成熟的幼蟲體長不到2.5 cm，停止進食準備化蛹就不需要防治。施用殺蟲劑應在傍晚切根蟲爬出地面覓食時，土壤溼潤時殺蟲劑效果更好(OMFRA, 2009)。

◆ 蔥蠅

　　蔥蛆(onion maggot, *Deliaa ntiqua*)是蔥蠅的幼蟲，白色半透明，體型小於5 mm、長橢圓形無足。其成蟲灰黑色，5 mm大小，於晚春由越冬處出現，此時洋蔥植株最容易受害。本蟲每年發生好幾個世代，可用誘捕和視覺偵察一起確定其第一世代的經濟防治閾值。為監測本蟲族群，在田區中央及沿著田邊可放置黏板。田區受害率估算係以100株洋蔥為一小區、進行4次重複調查。蔥蠅幼蟲要溫度至少4°C才開始發育；可以採用生長累積溫度閾值的模式(degree-day threshold models)來預估不同世代的出現量(OMFRA, 2009)。害蟲的危害會造成苗萎凋、田間成活率差(OMFRA, 2009)；如果沒有防治措施，會造成作物失敗。防治措施包括良好的田間衛生，如：移除洋蔥殘留及其他廢棄物之管理，以減少害蟲之取食和越冬場所。如果使用量及施放位置正確，粒狀殺蟲劑可以有效防治。

◆ 薊馬

　　蔥薊馬(thrips, *Thrips tabaci*)蟲體小、軟，不到3 mm，是蔥屬作物的嚴重害蟲。蔥薊馬淡黃色到淺棕色，吸蔥葉汁液，造成組織損害，留下銀白色斑點。薊馬在草上越冬，在北美尤其像冬小麥和苜蓿；在晚春、初夏遷移向蔥屬作物田區。蔥薊馬喜歡炎熱及乾燥的天氣，及早偵測發現薊馬是防治成功的關鍵。在乾洋蔥(鱗莖)、韭蔥、大蒜之防治閾值是每葉一隻薊馬，未達危害閾值不使用殺蟲劑。噴施殺蟲劑時，高量的水有助於殺蟲劑透入葉腋，可提高防治成效(OMFRA, 2009)。

◆ 葉潛蠅

　　蔥潛蠅(leafminers, *Liriomyza* spp.)成蟲蟲體小、約2-3 mm、亮黑黃色的小蠅。產卵在蔥葉內，留下古銅色、小的刺破痕跡。雌蟲刺穿葉表、吸食汁液。因潛蠅物種之不同，其潛食痕跡有蛇形或直線形。幼蟲為淺黃色的小蛆。葉潛蠅取食及產卵的適溫為21-32°C。低於10°C的冷涼溫度會減少產卵(OMFRA, 2009)。成蟲除將卵產於蔥管內壁或

組織外，亦會以產卵管刺破蔥管表皮，以口器吮吸汁液，幼蟲潛食蔥管，自上而下。

田間採收後應即清除植株殘留物，有助於防治葉潛蠅。殘留物應完全覆蓋、掩埋或燒毀，以減少任何潛蠅成蟲的散布。被害程度依作物種類、鄰近作物、雜草、溫度及葉潛蠅種類而有不同。許多野生植物和雜草是葉潛蠅的寄主，建議維持無雜草。輪作也是有效的防治方法，輪流種植易感染葉潛蠅的作物與抗葉潛蠅的作物，以減少害蟲族群數量(OMFRA, 2009)。

有些農藥可用於防治葉潛蠅，而葉潛蠅對殺蟲劑很快產生抗藥性，要盡量輪流使用不同作用機制的殺蟲劑。最有效的防治是採用針對幼蟲的系統性或跨葉片的產品(translaminar products)，施藥要完全覆蓋作物才有效，而施用時間要在害蟲最敏感的時候才有最佳效果。噴藥應只根據定期、持續的偵察情報。

◆金針蟲

金針蟲(wireworms, *Coleoptera* spp.，鞘翅目)圓筒形、古銅色，體硬，近頭部有3對小足，蟲體大小由數毫米到2 cm長不等。被害植株發育不良、幼苗失去活力或不能萌發(OMFRA, 2009)。田區受害情形通常隨機分布。金針蟲可出現於全生長季，以幼株易受危害，因此早期防治為關鍵。金針蟲完成一代生活史需好幾年，牠們可能出現於有蟲害史的田區或最近種過草皮的田區。如果害蟲族群數量低或中，早期生長良好的植株會減少受蟲害的損失。可用誘餌站(bait stations)來鑑定田間的金針蟲和避免高密度害蟲發生(OMFRA, 2009)。在有些地區，可於種植時將粒狀殺蟲劑施於播種溝中。

雜草管理策略

雜草防治是洋蔥生產的重要一環。大蒜和洋蔥生產需要長的生長季，讓田區在一年中不同的時段連續滋生雜草。影響洋蔥和大蒜常見的雜草包括黃土香(yellow nutsedge)、野牽牛(field morning-glory)、小花錦葵(cheeseweed)、繁縷(chickweed)、寶蓋草(henbit)、灰藜(lambsquarters)、加拿大蓬(杉葉藻，marestail)、野莧(pigweed)、馬齒莧(purslane)、薺菜(shepherdspurse)、早熟禾(annual bluegrass)、稗草(barnyardgrass)、和狗尾草(oxtail)。洋蔥苗與實生苗無法與雜草競爭，若有雜草問題，必須採用人工或殺草劑除草。洋蔥是單子葉植物，有許多防治闊葉雜草、效果良好的殺草劑可用。大蒜所用的殺草劑一般分為：(i)種植前用；(ii)萌前用；及(iii)萌後用的。生產洋蔥、大蒜時，由於不易成活和雜草防治問題，很少採用不整地栽培。

韭蔥、分蔥、和細香蔥
LEEKS, SHALLOTS, AND CHIVES

韭蔥

韭蔥(leek, *A. ampeloprasum* L., Leek Group)是二年生、冷季、耐寒作物，在世界各地栽培，但在歐洲比在北美洲或亞洲普遍(McGee, 2004)。韭蔥是自交親合的四倍體，可與*A. ampeloprasum*的其他園藝群如大頭蒜(great head garlic)雜交。韭蔥在

聖經上有記載，是古老的作物；對土壤和環境條件的選擇不嚴，根系淺而多，能由土壤吸取養分和水分。韭蔥可以直播或移植，在生長季短的地區多用移植栽培，因為植株長得慢，又無法與雜草競爭。栽培距離依採收時的莖粗而定，要採最粗的莖，株距要15-20 cm；採較細的莖，株距要7-10 cm。韭蔥一旦成活後，耐寒性強，有些品種在冬季能存活在田間。韭蔥在田間容易保持良好，又因可採收的規格範圍大，採收時期可以很長。韭蔥不形成鱗莖，植株大而直立可達40-75 cm高，多層葉鞘抱合成一長圓柱；而在植株基部周圍培土軟化，可使風味溫和(McGee, 2004)。各品種成熟期不同，營養生長的最佳溫度為20-25℃；韭蔥經低溫春化，過了幼年期的植株在15℃下一段長時間就會抽薹(Rubatzky and Yamaguchi, 1997)。春化作用所需低溫及處理時間依品種而定，從種植到成熟需70-140天，品種分為夏季、秋季或冬季成熟型。韭蔥採收和處理方式與青蔥相似，當韭蔥達到青蔥大小時就可採收，成束出售；或可以間拔使發育更成熟，達更大的大小。F-1品種和開放授粉品種都有。

韭蔥風味似溫和的洋蔥，其食用部分是白色的葉基部；深綠色部分因組織硬、味道較強，通常不食用。但葉可以過火炒(sautéed)或加到湯汁(broth)、湯及燉品來增加風味。韭蔥的白色葉基組織可煮熟使變軟，味道溫和，增加燉菜、湯或湯汁的風味。應小心切碎韭蔥，否則咀嚼韭蔥時，順著葉基的完整纖維將糾結成團。韭蔥也

可以炸，使質地更脆、保留原味；也可放入沙拉生食。

分蔥

分蔥(shallots, *A. cepa* var. *aggregatum*)是冷季、耐寒、二年生作物，可以在排水良好的多種土壤，包括腐泥土和壤土生長(Brewster, 2008)。分蔥的葉和鱗莖與洋蔥相似但較小，發育良好的分蔥鱗莖直徑約5 cm(Rubatzky and Yamaguchi, 1997)。鱗莖梨形，外皮紅褐色，在植株基部群生；它在歐洲，特別在法國是很普遍的蔬菜，在pH值為5.5-7.0的土壤生長最好。由於分蔥為異質結合體(heterozygosity)，來自種子播種的植株不像其親本、有變異，故一直利用鱗莖行無性繁殖(Rubatzky and Yamaguchi, 1997)。鱗莖栽種深度2.5-3.8 cm、株距7.6-10.0 cm、行距30-64 cm。現已育成能用種子生產的新品種，長出的植株與親本一樣(true-to-type)(Rabinowitch and Currah, 2002)。自種子生長的分蔥能感應日長，必須在早春種植，以感應夏季較長的日長，產生鱗莖。在氣候溫和地區，分蔥可以在秋季種植，而能於大多冬季存活。在寒冷地區，冬季地面冷凍，分蔥要盡早，一俟土壤能耕犁，就早季種植，以有最佳產量(Rubatzky and Yamaguchi, 1997)。種子種植深度1.3 cm、間距0.6-1.9 cm，植床上條播寬度為5.0-10.0 cm，播種密度為每30 cm行長40-50粒種子；此間距可產生高百分率的單鱗莖植株，較寬的間距則鱗莖叢生，一叢有數個到多達15個鱗莖。分蔥也有像洋蔥的靜止休眠期，鱗莖在種植前要貯藏。

當葉子開始老化、枯萎就可採收。根據生長條件的不同，成熟期為定植後60-100天。鱗莖拔出後，先乾燥再清理並成束綁好。分蔥鱗莖有特別細緻的風味，其用法與洋蔥相似(McGee, 2004)。

細香蔥

細香蔥(chives, *A. schoenoprasum* L.)原產於亞洲和東歐，是耐寒、耐旱的多年生植物，株高達20-51 cm；由地下鱗莖長成密生的株叢(圖14.11)。葉子中空、圓形似洋蔥，但纖維較少也較細。在6、7月，細香蔥長出大、圓球形花序，小花紫色到粉紅色，吸引人(Davis, 1997)。

細香蔥生長喜好陽光充足，土壤富含有機質、肥沃溼潤、pH值6-8。細香蔥能耐部分遮蔭，可適應多種土壤類型。尚未建立其特定營養需求，但一般建議在種植時，每公頃施用N、磷酐(phosphate)、氧化鉀(potash)各56-84 kg(Davis, 1997)。生長期間，每公頃另追施2次11-17 kg氮肥，能在採收後刺激新的生長。細香蔥應充分灌溉和除草。

細香蔥種子發芽慢。育苗時，種子播約1.3 cm深，穴盤含泥炭土介質，放置於16-21°C。苗齡4-6週時定植於田區。如果土壤溫暖、雜草控制良好，細香蔥可以直播田區。細香蔥直播時，第一年不採收其葉。老株叢可以分株供繁殖用。每2-3年應進行分株，以免過擠。分株後種植，株距10-38 cm、行距至少51 cm。相對於其他蔬菜作物，細香蔥病害或蟲害少(Davis, 1997)。

細香蔥採收葉作為裝飾配菜或調味用。當植株達至少15 cm高時，可採收葉子；離地面5 cm高處切下葉，可一次採收所有葉或只一部分葉。在整個生長期，同一株叢可重複採收新生長的部分。根據生長條件，採收後幾個星期，新的生長即可再採收。植株應定期採收，以促進幼嫩新葉生長以及新的小鱗莖發育，並防止形成花。

新採的葉可加以修整並綁成束，置於小塑膠袋或塑膠盒中販售。最好貯藏在略高於冰點、溼度高的條件下。也有整株在5.0-7.6 cm盆中出售。細香蔥可以冷凍乾燥或冷凍。當強制通風乾燥時，常造成變色、失去風味。

新鮮細香蔥切碎，常加入湯、酸奶油沾料(sour cream dips)和雞蛋菜餚。科學證據顯示細香蔥可改善消化、降血壓。細香蔥精油有殺菌作用(Davis, 1997)。

圖14.11 田間細香蔥(chive)植株(Blacksburg，美國維吉尼亞州)。

參考文獻

1. Block, E. (2009) *Garlic and Other Alliums: The Lore and the Science.* Royal Society of Chemistry, Cambridge, UK.

2. Boriss, H. (2011) Garlic Profile. Available at: www.agmrc.org/commodities_products/vegetables/onion-profile (accessed 11 June 2013).

3. Brewster, J.L. (2008) *Onions and Other Alliums,* 2nd edn. CAB International, Wallingford, UK.

4. Burden, D., Huntrods, D. and Morgan, K.L. (2012) Onion Profile. Available at: www.agmrc.org/commodities_products/vegetables/garlic-profile (accessed 11 June 2013).

5. CABI (2013) Datasheets: *Allium cepa* (onion) production and trade. Available at: www.cabi.org/cpc (accessed 28 August 2013).

6. Chaput, J. (2011) Identification of diseases and disorders of onions. Available at: www.omafra.gov.on.ca/english/crops/facts/95-063.htm (accessed 14 June 2013).

7. Crete, R., Tartier, L. and Devaux, A. (1981) *Diseases of Onions in Canada.* Agriculture Canada/Ministry of Supply and Services, Quebec, Canada.

8. Davis, J.M. (1997) Chives. Available at: www.ces.ncsu.edu/hil/hil-124.html (accessed 13 June 2013).

9. Ensminger, A.H. (1994) *Foods and Nutrition Encyclopedia,* Vol. 1. CRC Press, Boca Raton, Florida.

10. ERS (2011) Vegetables and melons yearbook. Available at: http://usda.mannlib.cornell.edu/MannUsda/viewDocumentInfo.do?documentID=1212 (accessed 11 June 2013).

11. FAOSTAT (2011) Onion and garlic production statistics. Available at: http://fao.org/site/567/DesktopDefault.aspx?PageID=567 (accessed 3 June 2013).

12. George, R.A. (2009) *Vegetable Seed Production.* CAB International, Wallingford, UK.

13. McGee, H. (2004) *On Food and Cooking,* revised edn. Scribner Publishing, London.

14. OMFRA (2009) Ontario Crop IPM: Onions. Available at: www.omafra.gov.on.ca/IPM/english/onions/index.html (accessed 14 June 2013).

15. Pooler, M.R. and Simon, P.W. (1994) True seed production in garlic. *Sexual Plant Reproduction* 7, 282-286.

16. Rabinowitch, H.D. and Currah, L. (2002) *Allium Crop Science: Recent Advances.* CAB International. Wallingford, UK.

17. Rosen, C., Becker, R., Fritz, V., Hutchison, B., Percich, J., Tong, C. and Wright, J. (2008) Vegetable management series. Growing garlic in Minnesota. Available at: www.extension.umn.edu/distribution/cropsystems/dc7317.html (accessed 15 June 2013).

18. Rubatzky, V.E. and Yamaguchi, M. (1997) *World Vegetables: Principles, Production and Nutritive Values,* 2nd edn. Chapman & Hall, New York.

19. Schwartz, H.F. and Mohan, S.K. (2008) *Compendium of Onion and Garlic Diseases,* 2nd edn. APS Press, St. Paul, Minnesota.

20. Smith, R., Cahn, M., Cantwell, M., Koike, S., Natwick, E. and Takele, E. (2011a) Green onion production in California. Available at: http://anrcatalog.ucdavis.edu (accessed 4 June 2013).

21. Smith, R., Biscaro, A., Cahn, M., Daugovish O., Natwick, E., Nunez, J., Takele, E. and Turini, T. (2011b) Fresh-market bulb onion production in California. Publication 7242. Available at: http://anrcatalog.ucdavis.edu (accessed 4 June 2013).

22. USDA (2012) USDA national nutrient database for standard reference, release 25. Available at: www.ars.usda.gov/nutrientdata (accessed 30 June 2013).

23. Volk, G.M., Henk, A.D. and Richards, C.M. (2004) Genetic diversity among U.S. garlic clones as detected using AFLP methods. *Journal of the American Society for Horticultural Science* 129, 559-569.

24. WIPMC (Western IPM Center) (2004) Crop profile for garlic in California. Available at: www.ipmcenters.org/cropprofiles/docs/CAgarlic.pdf (accessed 7 July 2013).

25. Yoo, K.S., Pike, L., Crosby, K., Jones, R. and Leskovar, D. (2006) Differences in onion pungency due to cultivars, growth environment, and bulb sizes. *Scientia Horticulturae* 110, 144-149.

26. Zohary, D. and Hopf, M.(2000) *Domestication of Plants in the Old World,* 3rd edn. Oxford University Press, Oxford, UK.

第十五章 **旋花科**
Fawily Convolvulaceae

甘藷
SWEETPOTATO

起源和歷史

　　甘藷是新大陸的古老作物；遠在歐洲人到中美洲、南美洲之前，馬雅文化和印加文明就以甘藷為重要糧食作物。在中美洲，甘藷被馴化至少是在5,000年前；在南美洲，祕魯的甘藷遺跡則可追溯到西元前8000年(Austin, 1988)。

　　甘藷的起源中心應該是介於墨西哥尤卡坦半島(Yucatán Peninsula)和委內瑞拉的奧里諾科(Orinoco River)河口之間(Austin, 1988; Zhang *et al.*, 1998)。分子遺傳比較研究結果顯示祕魯–厄瓜多地區是甘藷的次級起源中心(Zhang *et al.*, 1998)。

　　大約西元1600年歐洲探險者將甘藷帶到西班牙，葡萄牙商人將之帶到西非，再帶到印度、東印度群島、中國和日本(Woolfe, 1992)。在美國維吉尼亞州(Virginia)至遲在西元1648年就已栽培甘藷(O'Brien, 1972)；有關甘藷何時引進北美洲種植並不清楚。當歐洲探險者來到美國時，甘藷就已有栽培並納入東南部原住民的語言。然而，這並不表示甘藷的生產歷史與馬雅馴化有關。美國原住民可能是由加勒比海的西班牙島(Hispaniola)的西班牙殖民者獲得甘藷，而不是透過中美洲起源中心的原住民文化自然遷移而來(Austin, 1988)。

　　甘藷在300-400年前到了南太平洋群島，這是個謎；西方探險者可能在引進甘藷前，玻里尼西亞(Polynesia)就有甘藷。西元700年左右玻里尼西亞人曾前往南美，回去時將甘藷帶至中玻里尼西亞(Bassett *et al.*, 2004)；在西元1300年甘藷就被引入紐西蘭。

　　甘藷的墨西哥語是「batata」，由其衍生出馬鈴薯的英名「potato」。在亞熱帶和熱帶地區，甘藷遠比馬鈴薯(Irish potato)重要，因為甘藷能在溼熱氣候下生長旺盛，而馬鈴薯需要涼爽的氣候。

植物學

　　甘藷(*Ipomoea batatas* (L) Lam.)屬於旋花科(Convolvulaceae)，該科約有50屬1,000餘物種，甘藷是其中唯一非常重要的作物。有些甘藷品種的葉片和花色成為觀賞植物。番薯屬(*Ipomoea*)還包括牽牛花，是庭園常見植物；蕹菜(water spinach, *Ipomoea aquatica*)在東南亞是常見的葉菜(圖15.1)。在美國南部蕹菜可以變成難處理的雜草，政府禁止種植。

甘藷是草本蔓性植物，葉互生、心形或掌狀有缺刻，花為中型合瓣花(圖15.2)，葉脈綠色或紫色。甘藷是六倍體(hexaploid, 6n=90)，因此它從種子繁殖生長不會像原來親本，而以貯藏根發芽行無性繁殖。塊根可食用，紡錘形，外皮光滑，有黃色、橙色、紅色、銅色(紅褐色)、褐色、米色(beige)和紫色。塊根肉色由米色、白色、紅色、粉紅色、紫色、黃色、橙色到深紫色都有。貯藏根是白色或淺黃肉色的種類會累積較多澱粉，口感比紅色、粉紅色或

圖15.1 蕹菜在亞洲部分地區是重要的水生蔬菜。其花形似牽牛花，而牽牛花在世界有些地區為雜草及／或觀賞植物。

圖15.2 甘藷的葉和花。短日照條件下開花，因此，在溫帶地區夏季，生產田罕見開花。

橙色品種的乾。

山藥(yam)和甘藷經常被混淆，特別是在北美有些地區；植物學上兩者完全不同，山藥原產於非洲和亞洲，屬於單子葉植物薯蕷科(Dioscoreaceae)。山藥在亞洲、非洲和美洲熱帶地區分別馴化，所以每個區域的品種不同。薯蕷科植物具有單子葉植物和雙子葉植物的一些原始性狀，表明它們是最早的被子植物成員。並非所有薯蕷屬物種都具經濟重要性；重要的山藥包括*Discorea alata*、*D. esculenta*、*D. opposita*及*D. rotundata*(圖15.3)。

山藥生產的塊莖為長圓柱狀；甘藷是紡錘形貯藏根。山藥每株產生1至5個塊

圖15.3 正山藥(*D. opposita*)的植株和塊莖。

莖，為乾質、富含澱粉，成熟時植株老
化。山藥塊莖肉色白、澱粉含量高、乾
質，β胡蘿蔔素含量極低。表15.1摘述山
藥與甘藷間的差異。

生活史

甘藷是多年生雙子葉植物，在溫帶地
區(有冰點溫度)作一年生栽培。甘藷不耐
霜凍，在低溫地區生育差，在溫度13°C以
下，植物組織受損。適合甘藷生育的地區
為平均溫度25°C，陽光充足和夜間溫暖，
塊根成熟期需3-9個月，取決於品種和環境
條件。植株在地面匍匐生長，不用支柱。
甘藷是短日照植物，日照在11小時以上時

表15.1 甘藷和山藥特性比較

甘藷	山藥
旋花科	薯蕷科
雙子葉植物	單子葉植物
2n=90(六倍體)	2n=20(多倍體)
雌雄異花同株	雌雄異株
原產：熱帶美洲	原產：非洲西部，亞洲
美國有栽培	美國不栽培，由加勒比海地區進口
貯藏塊根	塊莖(下胚軸)
梭形、紡錘形	長形或圓柱形
每株4-10個塊根	每株1-5個塊莖
肉質溼潤、有甜味；沒有特定成熟期	肉質乾、澱粉質；植株老化時成熟
富含β胡蘿蔔素(橙色薯肉品種)	β胡蘿蔔素含量很低
以苗、扦插苗繁殖	塊莖切塊繁殖
生長季：90-150天	生長季：180-360天
癒傷溫度27-29°C	不需要癒傷
貯藏溫度13-16°C	貯藏溫度12-16°C

很少開花。花的直徑大約2.5-3.8 cm，形似牽牛花(圖15.2)。種子僅用於育種。

甘藷根系

甘藷的食用部分是膨大、肉質、帶有不定芽的塊根。甘藷根系可深入土壤，中度鬚根系向水平方向伸展廣，因此比較耐旱。貯藏根呈紡錘形，近莖端的芽會先發芽；貯藏根即食用部分，由次生根膨大形成。只有約15%的根會增厚成塊根，通常每株形成4到10個塊根。大部分根系生長在前2個月(圖15.4)。只要一直有葉子，根的直徑會持續增長，沒有一定的成熟期。

類型和品種

在世界各地生產的甘藷味道和口感偏好不同；很多地方以高澱粉、低糖、乾口感為首選。這種類型就是白肉、硬且乾的肉質、澱粉含量較高、粉質，在加勒比海地區、非洲和亞洲部分地區很受歡迎。然而，在美國特別是在美國東部，消費者喜歡甘藷品種烹煮後溼潤、塊根肉深橙色、外皮深紅色或古銅色，市場銷售稱為「yam」。市場上，對於烹煮後乾質、塊

圖15.4 只有5片完全展開的本葉階段容易區分甘藷貯藏根與鬚根。

根肉顏色較淺、皮色較淺的甘藷品種則常稱為「Jersey types」。這種名稱上的混亂造成多年前嘗試想把新育成的肉質溼潤、橙色的品種通稱為「Porto Rico type」，以與較舊、紡錘形、藷肉乾質、黃色的標準「Jersey types」品種區分。Porto Rico型外皮紅色、塊根肉溼潤、鮮橙色，包括品種‘Covington’、‘Centennial’、‘Beauregard’、‘Eureka’、‘Jewel’及‘Porto Rico’。外皮棕色，肉質乾、黃色的Jersey型品種有‘Nugget’、‘Nemagold’及‘Jersey’。肉質溼潤的Porto Rico型品種是目前美國最流行的甘藷(圖15.5)。

另外，塊根肉白色、富含澱粉的甘藷愈來愈普遍，在佛羅里達州南部和加州都有種植，為當地一些族裔所熟悉。這些品種也更適合加工，因為其澱粉含量在高溫下不會像糖一樣易焦糖化(caramelize)。甘藷炸薯條和薯片是由含糖量較低的品種加工而成。有些澱粉質的甘藷品種發展為動物飼料或加工成澱粉和酒精。

近年來觀賞品種受到重視；有些品種葉色淺綠，有的品種葉色深紫色。觀賞品種在陽光充足而土壤貧瘠的地方提供生動的景觀色彩；許多品種的塊根肉為白色，也可食用。甘藷嫩葉和新芽在東南亞為流行的蔬菜(Loebenstein and Thottappilly, 2009)。

用途

甘藷是許多國家的重要主食，尤其是在熱帶和亞熱帶地區。在開發中國家，栽培甘藷主要替代水稻和玉米；以鮮重計，甘藷是世界第5大糧食作物，次於水稻、

圖15.5 各甘藷品種的皮色、肉色
不同。(a)左邊是'Jersey'，
外皮棕色、肉黃色、乾
質；'Jewel'和'Garnet'是
肉質溼潤型，外皮分別爲
古銅色和深紅色，肉爲橙
色；(b)在市面上的甘藷
有紅色、棕色、古銅色外
皮；(c)棕色外皮、紫色肉
的甘藷塊根。

小麥、玉米和木薯(FAOSTAT, 2010)。在
開發中國家甘藷葉幾乎全用作動物飼料。
然而，甘藷用途已多元化發展出麵條、麵
粉、澱粉、果膠和甜點等食品。在非洲和
亞洲，乾燥的甘藷供人吃外，也作飼料，
代替玉米餵養動物。在中國，據估計每年
有3,000萬至5,000萬公噸甘藷(貯藏根和植
株)餵豬和其他牲畜。在美國北部，甘藷只
用作人的食物，但在美國南方廣泛用在地
方料理和家畜飼料。

經濟重要性和生產統計

中國是最大甘藷生產國，約占世界總
產量的75%(表15.2)。最熱帶的生產地在非

洲，且生產量穩定增加。在西元1970年代初期，世界甘藷種植面積1,500萬 ha、生產超過1.3億公噸，達到最高峰，之後又下降。在西元2009年世界甘藷生產面積970萬 ha、產量1.05億公噸。

在美國從西元1930年代起甘藷產量及消費量顯著下降，直到西元1990年代初期以後開始增加。在西元1930年到1989年間，美國每人甘藷年消費量從 8.3 kg降至2 kg(表15.3)，有兩個因素造成此大降；甘藷不像馬鈴薯那麼適合加工，因為甘藷含糖量較高和質地不同。在此期間馬鈴薯加工產品漸受歡迎，而甘藷就消費量減少；第2個原因在於甘藷是窮人主食的認知問題。從飲食的角度來看，甘藷的流行下降是不合宜的，因為甘藷很有營養，又能在其他作物生長不好的邊際土地生長良好。

在西元2011年，甘藷人均消費量已升到每年2.9 kg。20年前，此上升是由於有更適合加工成薯片、薯條的新品種育成。育成鮮食市場用的新品種以及促銷甘藷產業的

大量廣告活動，也都刺激了美國的市場。

在西元2010年美國出口的新鮮和冷凍甘藷躍升至90,859公噸；加拿大和英國是美國甘藷的兩大國外市場(USDA, 2010)。同年新鮮和冷凍的甘藷進口量繼續下滑，降至9,555 公噸。

營養價值

甘藷提供很多對人體健康非常重要的營養物質。甘藷富含複合碳水化合物、膳食纖維、β 胡蘿蔔素(維生素A原)、維生素C和維生素B6(表15.4)。深橙色藷肉的甘藷品種含 β 胡蘿蔔素比淺色或白色藷肉品種多。甘藷乾物質含量高，也是菸鹼酸(niacin)、硫胺素(thiamine)、核黃素(riboflavin)和一些礦物質的良好來源。

生產與栽培

在亞熱帶(溫帶)和熱帶栽培甘藷有一

表15.2 世界甘藷產量(2009年)[a]

國家	產量 (百萬公噸)
中國	76.8
烏干達	2.8
奈及利亞	2.8
印尼	2.1
坦尚尼亞	1.4
越南	1.2
印度	1.1
日本	1.0
世界合計	102.7

[a]有關最新甘藷生產，見糧農組織(FAO)統計。

表15.3 美國甘藷產量

州	收穫面積 ha×1,000	產量 cwt/ha [a]
北卡羅來納州(NC)	15.4	321
路易斯安納州(LA)	9.3	259
加州(CA)	3.6	445
德州(TX)	3.0	272
喬治亞州(GA)	2.6	346
阿拉巴馬州(AL)	2.4	284
南卡羅來納州(SC)	2.0	247
密西西比州(MS)	1.9	259
紐澤西州(NJ)	1.0	272
合計	41.9	309

[a]cwt是 hundredweight，在北美為100 1b，為大宗穀物貿易使用的一種單位。

個主要區別。前者將甘藷作一年生栽培，到冬季，貯藏塊根作為食物及營養繁殖的種藷用。在熱帶地區，甘藷當作多年生，由本田採莖部插穗(stem cuttings)使之發根再種，形成連續循環種植。

◆ 地點選擇和整地

甘藷可以在多種類型土壤生長，但以排水良好、具黏質底土的砂質或矽質壤土最好。甘藷雖可栽培於較黏重的土壤，但會使根表粗糙不平。最好的土壤整體密度(bulk density)為1.3-1.5 g/mL。較高的整體密度會減少貯藏根形成，造成減產或貯藏根形狀不良。甘藷最適合的土壤pH值是5.6-6.8，但在土壤pH值低達4.2，仍能生長良好。甘藷對鹼性土壤、鹽土敏感，能容忍且不會減產的最大土壤鹽分含量以電導度表示是1.5dS/m。跟多數塊根作物一樣，良好的通氣是必要的，這會是黏重土的問題。甘藷根系深度可達1.8 m，土層深有利於根系發育良好。最好甘藷每隔3-4年與其他作物輪作。

◆ 生長發育

甘藷在熱帶國家是連續循環生長，新植株由本田取莖蔓插穗扦插、發根而得。在甘藷當一年生作物栽培的國家，甘藷苗(slips)是從「種藷」發芽長成。在早春在特定苗床生產甘藷苗供栽植用，所用種藷可以自前季保留或是採購而得。塊根沒有自然休眠，從維管束組織發出不定芽(裔芽)。裔芽將沿接觸土壤莖部的每節位的兩側形成不定根。種藷250 kg大約產生13,000裔芽，可以種植0.4 ha(Coolong et al., 2012)。

表15.4 生鮮甘藷的營養值(USDA, 2012)

營養值(每100 g)	
熱能	86.0 kcal
水分含量	69.4%
醣類	20.1 g
-澱粉	12.7 g
-糖分	4.2 g
-膳食纖維	3.0 g
-脂肪	0.1 g
蛋白質	1.6 g
維生素A當量	709.0 μg(89%*)
β胡蘿蔔素	8509.0 μg(79%)
硫胺素(維生素B1)	0.1 mg(9%)
核黃素(維生素B2)	0.1 mg(8%)
菸鹼酸(維生素B3)	0.61 mg(4%)
泛酸(B5)	0.8 mg(16%)
維生素B6	0.2 mg(15%)
葉酸(維生素B9)	11.0 μg(3%)
維生素C	2.4 mg(3%)
維生素E	0.26 mg(2%)
鐵	0.6 mg(5%)
鎂	25.0 mg(7%)
磷	47.0 mg(7%)
鉀	337.0 mg(7%)
鈉	55.0 mg(4%)
鋅	0.3 mg(3%)

*百分比是相對於美國農業部(USDA)建議的成人每日需量

在種植前，種藷(seed stock)貯存在RH 90%-95%、24-29°C條件下約3-4週。此期間不可有凝結水，保持室內通風。這樣的預發芽(presprouting)處理減少移植苗的生產時間且增加移植苗產量2、3倍。種藷通常是小型到中型、直徑2-3.3 cm 的貯藏根，垂直種下。生產甘藷苗之苗床應該是排水良好的壤土或砂質壤土，該地點在過去3年沒有生產過甘藷，且在近水源處以利灌溉。

繁殖圃應該肥力充足以生產甘藷苗。通常在種植之前施加完全肥料或配合土壤測試結果施用(Coolong *et al.*, 2012)。

為快速均勻發芽，做苗床前連續幾天，在10 cm深的土壤溫度應有18°C。要小心處理種藷，減少破皮和擦傷。種植前去除突變、變色或罹病的貯藏根，如果使用認證的種藷，種藷都先經過檢查才能售出。種藷有頂芽優勢(apical dominance)，靠近母株的近端(近軸端，proximal end)比另一端即底端(遠軸端，distal end)發芽快。為了促進新梢均勻生長，種藷有時會先切半再種，或在老化前先切半，這樣打破種藷的頂芽優勢(Rubatzky and Yamaguchi, 1997)。種植前，種藷以殺菌劑處理，可以減少根黴菌(*Rhizopus* sp.)及其他引起腐敗的土棲病原感染；有時採種圃(seedbeds)先用蒸汽或化學藥劑燻蒸，以減少腐爛(Coolong *et al.*, 2012)。

再用疏鬆土均勻覆蓋苗床約5 cm深(圖15.6)；覆蓋太深種藷因缺氧會增加腐爛，而延緩苗的生產，並造成萌發不一致。苗床應立即澆水使土壤沉下和促進發芽。根據苗床過去的使用情形，可能需要有雜草防治策略；舊床耕犁技術(stale-bed tillage)、苗床燻蒸、人工除草或使用除草劑都是可用的防治方法。如果土壤溫度和氣溫偏低，苗床用透明塑膠布覆蓋以太陽能加熱，提高溫度但不超過29°C，可以加速發芽出苗；在晴朗的天氣，要注意通風以防止過熱。雖然不是同時發芽，每個種藷可產生15個以上的裔芽。

裔芽長到25-30 cm長，約有4到6葉便可種植(圖15.7)。可於砂面上2.5 cm處切下裔芽或裔芽仍留在種藷上，使之發根。支持裔芽切下另行發根者認為，這種作法可減緩種藷和土壤傳播的病害。切裔芽應刀向上切，不讓切刀接觸到土壤。要常以漂白劑和水1：1溶液浸漬切刀消毒(Jett, 2006)。

如果採用認證之種藷，在種植前又進行了土壤消毒燻蒸，長出的裔芽發根成無病苗。抓住裔芽底部附近往上拉，且同時扭轉下裔芽，與種藷分開；裔芽有完整根系，還不帶土壤。帶著根部的裔芽比無根的插穗定植更快成活。無論存放或運送這些甘藷苗，只能使用乾淨無病原的箱子。甘藷苗的費用占總生產成本的20%。

生產甘藷苗後的種藷，即使看起來狀況仍良好，不能再售出鮮食或加工用。用過的種藷可能含有一些生物性汙染物或化學物，會有害人體健康。

◆ 種藷認證、採種苗

許多國家已有甘藷健康種苗認證。認證甘藷的優點是它們已經過田間和倉儲的檢查，確認其遺傳純度、極小基因突變、無嚴重病害。如果有來源，許多生產者願意用認證的甘藷種藷，有助於控制病害和維持遺傳純度。採種苗(certified seed)是基本種(foundation seed stock)繁殖後的第二代；美國有好幾州有甘藷健康種苗制度(seed certification programs)，以確保生產者可得到高品質種藷供繁殖(Jett, 2006)。

◆ 田間栽植

預備種植前，土壤須先用迴轉犁(rotovators)或圓盤犁(disks)打地，使土壤

圖15.6 機械覆蓋苗床上的種藷，促進發芽生產甘藷苗(裔芽)。

圖15.7 甘藷苗床晚上要覆蓋以防低溫。

細碎、疏鬆，除去土塊、石頭和其他障礙物，以免造成根形不整齊。在溫帶地區商業栽培還不大施用保育耕犁(conservation tillage)技術。理想的甘藷生產田區一般作高畦，確保土壤淹水後能充分排水(圖15.8)。

若在種植一開始，土壤通氣差、氧氣濃度低於10%，就會增加中心柱(stele)細胞的木質化，並抑制初生形成層的活性，導致幼根過多纖維。接近收穫時淹水可能導致貯藏根在田裡或在貯藏時腐爛。

在商業生產田和種苗生產田所使用的

圖15.8 甘藷已成功在畦上生長的田區(美國北卡羅來納州東部)。

移植機或其他機具設備，每次用前(或用後)應清洗、去除土壤，以減少任何可能的汙染。種植甘藷苗通常行距為0.81-1.21 m、株距20-46 cm，取決於所用品種及甘藷如何利用(Coolong et al., 2012)。為了促進插穗發根，插植苗時帶點角度種下，增加土壤與苗莖的接觸面。土壤應潮溼以促進生根，所以採用噴灌，避免插穗變乾、保持土壤溼潤。已長根的甘藷苗較易成活，但移植後需要灌溉，以減少缺水衝擊和加速成活。

◆ 灌溉

　　甘藷根系發達，一般視為中度耐旱作物，但不能抵抗長期乾旱。若在貯藏根開始生成時發生乾旱，會明顯降低產量。定植成活的甘藷可耐受重度乾旱，但剛定植或甘藷苗根很少時，乾旱使成活率及最終收量減少。在乾旱地區要甘藷苗成活，尤其種植尚未發根的扦插苗時，灌溉通常可以減少種植衝擊，提高成活率。

　　最適合生長的需水量每週約為2.5 cm，年降雨量為750-1,000 mm，在生育期間至少要500 mm。一般而言，砂質土比黏質壤土需更多水分。乾燥天氣有利於塊根形成和發育；在塊根發生初期土壤水分以60%-70%田間容水量為宜，發育中期為70%-80%，發育後期宜60%(CABI, 2012)。過度灌溉導致塊根開裂和生長不規則。採收前3-4週應該停止灌溉，以避免龜裂和塊根過大。

　　在整個生長季有週期性降雨的地區，一般無需灌溉，若降雨不在生長季，則需要灌溉。一般常用滴灌、噴灌，有時也用溝灌，但要小心管理；其中以滴灌用水效率最高，但安裝費用最貴。

◆ 作物的生產和發育

　　長日照及高溫是甘藷最佳產量所需條件。初期溫度24-29°C有利於蔓、葉發育，此為支持塊根發育所必需。當溫度低於12°C或超過35°C時，生長受阻。土壤溫度20-30°C增加乾物質產量，但超過30°C反而下降。在夏末和初秋，相對較短的日照和中等溫度21-34°C，有利於延長貯藏根有效發育期。雖然甘藷在插植後不久即開始根的增大，但需要4-5個月塊根才能成熟長成市場所需大小(Woolfe, 1992)。

　　甘藷是喜光作物，但可以容忍全日量

減少30%-50%。單片葉光合作用的光飽和點約為800 μE/m²/s。植株光飽和點隨葉面積指數而增加，日照射量在380 gcal/cm²/天時，最適葉面積指數是3-4(CABI, 2012)。在田間上午10點到下午2點之間株冠光合速率最高。

在甘藷生產上，採用塑膠膜覆蓋及滴灌都是有效的技術，尤其適用於需要增加土溫的北國。黑色塑膠膜覆蓋可以防治雜草和提高土壤溫度(Jett, 2006)；土面要整平，使塑膠膜能接觸土面，以獲得最佳效果。用塑膠膜鋪設機覆蓋效率最好。透明塑膠布覆蓋可有效提高土壤溫度，但不能抑制雜草。紅外線透射薄膜(IRT, infrared-transmitting)可以提升土溫、防治雜草。早期產量和總產量所增加的收益，遠超過所增加的材料和人工成本(Seavert, 2003)。

利用不織布聚酯或聚丙烯(non-woven或spunbonded polyester, polypropylene)和已穿孔的聚乙烯(perforated polyethylene)田間覆蓋，比周圍環境增加2到3倍積熱，在生長季短的地區可以促進早期生長。隧道棚覆蓋(row covers)增加土壤溫度和根的生長，也提高早期產量，有時總產量增加；還可提高2-4°C防霜保護(Seavert, 2003)。

◆ 施肥和營養管理

相較於其他蔬菜作物，甘藷需肥量中等；其葉和根均可從土壤吸取相當量的礦物營養素。株蔓比根部含較多氮和鈣。為維持土壤肥力，自貯藏根移除之養分必須回施田區(表15.5)。如果藷蔓切下仍留在田間分解，其養分仍在田區，不需回施。

甘藷對磷的需求低，在相對貧瘠的土

表15.5 甘藷塊根及葉片吸取之養分ª(修改自Scott and Bouwkamp, 1974)

養分	塊根 kg/ha	葉及蔓 kg/ha	總和 kg/ha
	甘藷組織		
N	47	52	99
P	19	8	27
K	179	101	280
Ca	11	46	57
Mg	9	9	18
總和	265	216	481

ª 4個品種平均值。

壤仍生長良好。相對於其他作物，甘藷需N量較低，而需中高量的鉀；缺鉀會產生太細的紡錘形塊根。甘藷對微量養分的需求量比較低。

條施是最有效的施肥方法。有些生產者習慣在插植前或後或同時將所有肥料條施，而有些藷農則喜歡分次施用，其中一次為接近插植時，其餘在之後施用。促長肥(starter solution)(15N-30P-15K)以7.2 g/L的用量配成，於移植時施用。對於有些品種，建議是插植後3或4週旁施(side dressing)所有氮肥。過量氮會促進藷蔓過度生長，而延緩貯藏根發育(Motes and Criswell, 2003)。

◆ 採收與運銷

在北美地區，早些採收甘藷可以降低生產季末期溼冷天氣造成的損失風險。實際的採收時間是由市場狀況及品種來決定。甘藷可以留在田間，它不會像有些作物有後熟或老化問題；但要在土壤溫度降至13°C前採收，以免寒害。需在降霜之前，先切除莖蔓，然後挖取甘藷；或再等

一段時間才掘取。挖取塊根可用改良板犁（moldboard plow），或用鍊式馬鈴薯收穫機（chain-type potato harvester），將甘藷與土壤分開。在有些地區，先將甘藷排列成行，田間自然乾燥後，再收集塊根，運往包裝廠進行選別與分級。甘藷塊根皮薄，機械收穫時容易受傷；即使全自動收穫機已很普遍使用，有時仍以人工收集田區甘藷。

在西元1994年，全球甘藷塊根的平均產量是13 公噸/ha，亞洲地區的平均產量是15 公噸/ha，但變異很大，從 2-22 公噸/ha。中國的平均產量是17 公噸/ha，因此提高了亞洲及全球的平均產量。東南亞地區的平均產量低於8 公噸/ha，非洲地區的平均產量是6 公噸/ha(FAOSTAT, 2010)。甘藷有高產潛力，但在熱帶地區，各種生物性及非生物性的逆境會使生產潛能無法完全表現。

◆ 癒傷處理和貯藏

在溫帶地區與熱帶地區對甘藷的採後處理步驟是不同的。在熱帶地區，需要甘藷的時候才採收，通常是以人工方式採收；使藷蔓繼續發根，再長甘藷(Rubatzky and Yamaguchi, 1977)。在溫帶地區，甘藷通常以機械採收及處理，其過程常造成塊根受傷。收穫後，甘藷要在29°C及90%以上RH的環境中癒傷(curing)7-10天，讓傷口周皮層癒合。癒傷處理應在收穫之後盡快開始；癒傷處理會促進傷處的木栓化，以及受傷表面產生酚化物(phenolics)，而會阻止水分的過度散失及病原菌感染。癒傷也將一些澱粉轉化為醣類，可增進甘藷的食用品質。經過癒傷處理的甘藷如果貯藏在13-15°C及85%-90% RH中，可以貯藏長達6-12個月(Coolong et al., 2012)。

甘藷塊根很容易發生寒害，不要放在接近結冰的低溫中。寒害(chilling injury)是熱帶作物貯放在13°C以下的低溫時發生的嚴重生理障礙，它會縮短貯藏壽命並降低品質。寒害造成細胞膜滲漏，導致塊根萎縮、表面出現凹陷、創傷周皮層形成異常、真菌引起腐爛，以及「硬心」(hardcore)，就是甘藷烤焙後，塊根內部仍硬、未變軟。未經癒傷處理的塊根比已處理的更容易發生寒害(Rubatzky and Yamaguchi, 1997)。

雜草管理策略

雜草管理可以結合及時使用中耕與施用除草劑，不過，准許用於甘藷的除草劑種類很少，至少在北美洲是如此。施用除草劑除了增加生產成本外，還可能會飄散至相鄰的作物，而有不利影響，還有在施用後需等待30-55天才可收穫。化學防治不能用於永續／有機生產，對有些傳統生產也不是最好的方法。如果甘藷插植時先有效防治雜草，成活後由於株蔓增長旺盛，甘藷葉冠可遮蔭許多雜草。因為甘藷要到夏初天氣暖時才移植，所以有足夠的時間先採用舊床耕犁技術，就能有效控制早季雜草而不用化學藥劑。此技術是種植前先盡量讓雜草種子發芽，然後淺中耕除草。如果該田區沒有多年生雜草或前幾季的雜草種子，用中耕機有效可控制雜草，標準作法是3次中耕才能有效防治雜草。用舊床耕犁技術時，進行一次中耕；甘藷種植

後10天之內再次中耕，並持續到藷蔓開始延伸，蓋住大部分田區。最後一次中耕可能會切到一些株蔓頂梢，這通常不會造成問題。若田區蘊藏很多雜草種子，機械中耕不足以減少行內所有雜草(Coolong et al., 2012)。

甘藷田區雜草控制的另一種方法是用地面覆蓋。甘藷插植後，撒布有機覆蓋物蓋住雜草，直到藷蔓可以覆蓋土面；如果雜草穿透覆蓋物或甘藷蔓，就需要一些人工除草。

甘藷栽培也可有效運用塑膠布栽培系統，以增加土溫、控制雜草和保持水分(Seavert, 2003)。

病害

萎凋病(fusarium wilt, *Fusarium oxysporum*)可以用抗病品種和只施用硝酸態氮來防治。土壤pH值高也可增進對萎凋病的防治，但可能有利於土棲病原如放線菌(Streptomyces soil rot, pox)的滋長。田區經3年輪作，不種甘藷，也有助於防除大多數真菌病害。甘藷和菸草都會感染鐮孢菌(*Fusarium*)的相同菌系(strains)，因此不能輪作菸草。採用無病的採種苗(certified transplants)也是控制甘藷病害的重要方法。

瘡痂病(scab, *Sphaceloma batatas*)是甘藷最常見病害之一；先是葉脈上形成褐色小病斑，隨著病勢發展，這些病斑木栓化，而使葉片捲曲。莖上病斑略突起呈鏽褐色斑點，病斑擴展合併形成瘡痂病斑。防治甘藷瘡痂病的方法，包括用無病種藷繁殖、與不同科的作物輪作、實行田間衛

生；有些品種具抗病性。

甘藷簇葉病(witches' broom)或稱小葉病，是由菌質體(phytoplasma)引起，罹病植株嚴重矮化(Gibb et al., 1995)。病徵包括葉脈透明、葉變圓而小、萎黃，葉緣捲曲，植株發育不良、偏直立生長、腋芽增生、根系銳減，致使植株弱化呈叢生狀，貯藏根的數量和品質降低。甘藷簇葉病以南斑葉蟬(leafhoppers, *Orosius lotophagorum*)為媒介，由番薯屬(*Ipomoea* spp.)的感病株傳播菌質體到健康株。本病的病原潛伏期很長，由嫁接傳遞追蹤，潛伏期可長達283天，被感染的種苗可能看起來健康(Jackson and Zettler, 1983)。在甘藷健康種苗計畫，不容許有菌質體感染，使用健康種藷可以預防發生病害。

黑斑病(black rot, *Ceratocystis fimbriata*)造成甘藷塊根上小圓形並略凹陷的深褐色斑點；隨後斑點擴大，潮溼時呈現墨綠色至黑色，乾燥時呈灰黑色。黑腐病徵淺層而硬，但經常發生組織被真菌或細菌二次感染，病斑下方到塊根中心的藷肉變黑色。變色部位附近的組織有苦味。嚴重時，終使整個塊根腐爛。收穫時呈現健康的塊根，可能在貯藏期、運輸過程或在銷售時腐爛(Coolong et al., 2012)。甘藷黑腐病真菌存活於土壤中的作物殘留物，如在收穫時或做育苗床時，沒被檢驗到的已感染塊根，真菌會在嫩梢繁殖，或感染莖部。病原菌容易由土壤、農具及種苗傳播，種苗被感染，移植田間後，全田都會被感染。

黑痣病(scurf, *Monilochaetes infuscans*)

是土壤傳播的真菌病害，罹病塊根表面呈現黑色到咖啡色。在苗床取用土面以上的莖部插穗，再使發根成苗，可以成功防治黑痣病和白絹病(southern blight, *Sclerotium rolfsii*)。田區經3-4年輪作，不種甘藷，也能有效防治。採收時小心處理塊根，避免擦傷藷皮，加上適當的癒傷處理，可以降低收穫後這些病害的發生(Coolong et al., 2012)。

為了預防甘藷痘瘡病(pox soil rot, *Streptomyces ipomoea*)，必須實行輪作，採用無病種藷和插植苗，以及田區土壤pH值維持在5.5以下。若土壤受到嚴重感染，須採用燻蒸處理(Coolong et al., 2012)。

甘藷羽狀斑駁病毒(feathery mottle virus)引起塊根內部木栓化和粗皮龜裂。「Internal cork virus」是另一種常見的病毒系統。使用無病的種植材料和作物輪作是防治這些病毒病最可靠的方法。

採收和採後處理的情形大大影響是否發生採後腐敗(postharvest decays)。甘藷貯藏期間常見的病害是由黑黴菌引起的黴腐病(Rhizopus soft rot, *Rhizopus stolonifer*)。此病表現出毛絨狀軟腐病徵，典型的入侵途徑是由採收時或癒傷過程的傷口。適當的癒傷處理可以確保傷口癒合防止感染；只貯存無損傷的塊根，丟棄有損傷或腐爛的塊根，有助於防治此病害(Coolong et al., 2012)。

蟲害

在熱帶和亞熱帶地區危害甘藷的300種昆蟲及蟎類中，只有甘藷蟻象(sweetpotato weevil, *Cylas formicarius*)和甘藷螟蛾或稱甘藷莖螟(vine borer, *Omphisa anastomosalis*)在很多地區造成損害和減產。甘藷蟻象是熱帶和亞熱帶地區最具破壞力的害蟲(CABI, 2012)；還沒有抗病的品種，因此推薦採用病蟲害綜合防治(IPM)，包括輪作、去除番薯屬雜草、使用清潔種植材料、種深一點、定期培土、蓋住植株周圍的土壤裂縫、及採用性費洛蒙(sex pheromone)誘捕蟻象雄蟲。

在溫帶地區以土壤害蟲為最重要的甘藷害蟲。金針蟲(wireworms, *Melanotus communis*)和金龜子幼蟲(蠐螬)(white grubs, *Phyllophaga smithi*)因其危害根部很長的期間，形成防治上的困難。有些地區常有金針蟲危害，受損甘藷達40%以上，造成經濟損失。在任何形式的輪作後，土壤中仍有金針蟲，但一般在種了草皮之後或第2年，金針蟲更為嚴重。在甘藷全程生長期間，金針蟲危害甘藷的小根。大部分老熟幼蟲體硬、棕色、光滑，長1.3-3.7 cm。大部分金針蟲生命週期為2年或更長，因此田間最近的金針蟲發生史表示其危害風險增加(Coolong et al., 2012)。

金龜子幼蟲是地下害蟲，危害發育中的根。金龜子有多種，英名有May beetles、June beetles或June bugs。其幼蟲囓食直徑可達1.25-2.5 cm。土壤中的金龜子幼蟲數量受前期輪作、接近林地的程度及土壤中有機物含量的影響。若前作是草皮或田區有機質含量高，金龜子幼蟲數量會比較多。有時種植時或之前，土壤施用殺蟲劑可以防治金龜子幼蟲及金針蟲

(Coolong *et al.*, 2012)。

在溫帶地區有一些害蟲以甘藷葉為食，但很少發生經濟規模的侵襲。甘藷金花蟲(flea beetles, *Chaetocnema confinis*)的成蟲吃葉，在葉面上留下狹窄凹道，終致葉褐化而乾枯。幼蟲棲息在地下吃食藷根，在根表留下蜿蜒食痕，顯示金花蟲幼蟲危害。這些蟲吃成的食道最終變黑裂開，留下淺痕疤。一些栽培措施能有效防止金花蟲危害：防除垣籬雜草及犁除作物殘留，以去除金花蟲越冬及產卵處所；採用抗病品種，如：'Jewel'、'Centennial'是最有效的預防方法(Sorensen and Baker, 2012)。

銀葉粉蝨(silverleaf whitefly, *Trialurodes argentifolii*)和甘藷粉蝨(sweetpotato whitefly, *Bemisia tabaci*)吸食植物葉子汁液，導致植株衰弱，提早萎凋並降低植物生長速率和產量(Berlinger, 1986)。蟲害亦會使葉片黃化、枯萎及提早落葉；嚴重時，植株死亡。粉蝨產生的蜜露累積還導致間接損害，蜜露成為葉上煤煙病原(black sooty mold)的生長基質(Berlinger, 1986)。

甘藷粉蝨不易防治(Mau and Kessing, 2007)，卵的死亡率極低。天氣和天敵捕食可以造成成蟲及第一齡若蟲高死亡率，但對後齡蟲只有中等效果。在世界有些地區，甘藷粉蝨對化學藥劑已迅速產生抗性。定期施用殺蟲劑會導致其他害蟲再發生。耕作防治法與化學防治法併用，為防治甘藷粉蝨的最佳選擇(Mau and Kessing, 2007)。主要使用栽培技術來避免、延後或降低甘藷粉蝨的危害度是防治關鍵。謹慎選用和及時使用殺蟲劑，有助於控制粉蝨

族群，亦為IPM策略的一部分。

甘藷綠背金花蟲(tortoise beetles, *Aspidomorpha furcata*)可在葉片下面找到，嚼食甘藷葉片，造成圓形蟲孔。在東南亞已有效地使用數種天敵來防治，包括寄生卵和幼蟲的寄生蜂屬(*Tetrastichus* sp.，釉小蜂科(Eulophidae))和捕食性的汙斑螳屬(*Stalilia* sp.，螳螂科(Mantidae))。斑點金花蟲(spotted cucumber beetle, *Diabrotica undecimpunctata*)、條紋金花蟲(banded cucumber beetle, *D. balteata*)也危害甘藷蔓和葉；防治可用葉面殺蟲劑或誘殺，以及天敵防治(Coolong *et al.*, 2012)。

根瘤線蟲(root-knot nematode, *Meloidogyne* spp.)也會危害甘藷。防治法有種植前燻蒸處理，這比較花成本，且需有專門訓練和設備，才能妥當施用。大多數生產者採用輪作來控制根瘤線蟲：要2年以上的輪作，在溫帶地區與葦狀羊茅(tall fescue, *Festuca arundinacea*)、百喜草(Bahia grass, *Paspalum notatum* Flugge)、油菜(rapeseed, *Brassica napus*)或一些豆類作物輪作，可以降低線蟲族群，不需使用殺線蟲劑(Rodriguez-Kabana and Canullo, 1992; Coolong *et al.*, 2012)。

參考文獻

1. Austin, D.F. (1988) The taxonomy, evolution and genetic diversity of sweetpotatoes and related wild species. In: Gregory, P. (ed.) *Exploration, Maintenance, and Utilization of Sweetpotato Genetic Resources.* CIP,

Lima, Peru, pp. 27-60.

2. Bassett, K.N., Gordon, H.W., Nobes, D.C. and Jacomb, C. (2004) Gardening at the edge: documenting the limits of tropical Polynesian kumara horticulture in southern New Zealand. *Geoarchaeology* 19, 185-218.

3. Berlinger, M.J. (1986) Host Plant Resistance to Bemisia tabaci. *Agricultural Ecosystems Environment* 17, 69-82.

4. CABI (2012) Sweetpotato. Crop protection compendium. Datasheet: *Ipomoea batatas* (sweetpotato). Available at: www.cabi.org/cpc/?compid=1&dsid=28783&loadmodule=datasheet&page=868&site=161 (accessed 22 July 2012).

5. Coolong, T., Seebold, K., Bessin, R., Woods, T. and Fannin, S. (2012) Kentucky Sweetpotato Production for Kentucky. Available at: www.ca.uky.edu/agc/pubs/id/id195/id195.pdf (accessed 25 July 2012).

6. FAOSTAT (2010) Food and Agriculture Organization of the United Nations. Available at: http://faostat.fao.org/site/567/DesktopDefault.aspx?PageID=567 (accessed 22 July 2012).

7. Gibb, K.S., Padovan, A.C. and Mogen, B.D. (1995) Studies on sweat potato little-leaf Phytoplasma detected in sweetpotato and other plant species growing in northern Australia. *Phytopathology* 85(2), 169-174.

8. Jackson, G.V.H. and Zettler, F.W. (1983) Sweetpotato witches' broom and legume little-leaf diseases in the Solomon Islands. *Plant Disease* 67(9), 1141-1144.

9. Jett, L.W. (2006) Growing Sweetpotatoes in Missouri. G-6368. Available at: http://extension.missouri.edu (accessed 22 July 2012).

10. Loebenstein, G. and Thottappilly, G. (2009) *The Sweetpotato.* Springer Verlag, New York.

11. Mau, R.F.L. and Kessing, J.L. (2007) Crop Knowledge Master. Sweetpotato Whitefly *Bemisia tabaci* (Gennadius). Available at: www.extento.hawaii.edu/kbase/crop/Type/b_tabaci.htm (accessed 26 July 2012).

12. Motes, J.E. and Criswell, J.T. (2003) Sweetpotato Production. Available at: http://osufacts.okstate.edu (accessed 22 July 2012).

13. O'Brien, P.J. (1972) The sweetpotato: Its origin and dispersal. *American Anthropologist* 74, 343-365.

14. Rodriguez-Kabana, R. and Canullo, G.H. (1992) Cropping systems for the management of phytonematodes. *Phytoparasitica* 20, 211-224.

15. Rubatzky, V.E. and Yamaguchi, M. (1997) *World Vegetables: Principles, Production, and Nutritive Values,* 2nd edn. Chapman and Hall, New York.

16. Scott, L.E. and Bouwkamp, J.C. (1974) Seasonal mineral accumulation by the sweetpotato. *HortScience* 9, 233-235.

17. Seavert, C. (2003) Sweetpotato (*Ipomoea*

batatas) Commercial Production Vegetable Guides. Available at: http://nwrec.hort. oregonstate.edu/swpotato.html (accessed 22 July 2012).

18. Sorensen, K.A. and Baker, J.R. (2012) Insect and related pests of vegetables: Some important, common and potential pests in southeastern United States. Publication Ag-295. Available at: http://ipm.ncsu.edu/ ag295/html/index.htm (accessed 22 July 2012).

19. USDA (2010) US sweetpotato exports to selected countries. Available at: http:// usda.mannlib.cornell.edu/MannUsda/ viewDocumentInfo.do?documentID=1492 (accessed 27 July 2012).

20. USDA (2012) Data from national nutrient database for standard reference, release 24. Available at: http://ndb.nal.usda.gov/ndb/ foods/show/3273 (accessed 28 July 2012).

21. Woolfe, J.A. (1992) *Sweetpotato: An Untapped Food Resource.* Cambridge University Press and the International Potato Center (CIP), Cambridge, UK.

22. Zhang, D.P., Ghislain, M., Huamán, Z., Cervantes, J.C. and Carey, E.E. (1998) AFLP assessment of sweetpotato genetic diversity in four tropical American regions. *CIP Program Report 1997-1998,* pp. 303-310.

第十六章 十字花科
Family Brassicaceae

植物學

十字花科是非常重要的一科，有100多屬、1,800個以上的物種，包括許多重要的蔬菜、大田作物和油料作物(表16.1)。本科舊名為Cruciferae，本科植物簡稱crucifers (Nieuwhof, 1969; Rubatzky and Yamaguchi,1997)。

植株／花部特性

Cruciferae拉丁文意思為十字架，本科先前以此命名，係因本科植物的花都是十字形。每朵小花有4個相對的花瓣形成一個正十字(圖16.1)。花瓣顏色在不同物種間有很大的變化，包括白色、乳白、粉紅或紫

表16.1 十字花科具經濟重要性的作物學名和通名(Griffiths, 1994)

十字花科 (Brassicaceae，舊名Cruciferae)– mustard family	
Armoracia rusticana	辣根(horseradish)
Sinapis alba	白芥(white mustard)
Brassica juncea	葉芥菜(leaf mustard)
Brassica napus (Napobrassica group)	瑞典蕪菁(rutabaga)
B. napus (Pabularia group)	西伯利亞羽衣甘藍 (Siberian kale)
Brassica nigra	黑芥(black mustard)
Brassica oleracea (Acephala group)	羽衣甘藍(kale, collard)
B. oleracea (Alboglabra group)	芥藍(Chinese kale)
B. oleracea (Botrytis group)	花椰菜(cauliflower)
B. oleracea (Capitata group)	甘藍(cabbage)
B. oleracea (Gemmifera group)	抱子甘藍(brussels sprout)
B. oleracea (Gongylodes group)	球莖甘藍(kohlrabi)
B. oleracea (Italica group)	青花菜(broccoli)
B. oleracea (Costata group)	葡萄牙甘藍 (Tronchuda cabbage)
Brassica rapa (Chinensis group)	不結球白菜 (Chinese cabbage (nonheading), pak-choi)
B. rapa (Pekinensis group)	結球白菜 (Chinese cabbage (heading), pe-tsai)
B. rapa (Perviridis group)	小菘菜(spinach mustard)
B. rapa (Rapifera group)	蕪菁(turnip)
B. rapa (Ruvo group)	西洋菜薹 (broccoli raab, rapini)
Lepidium sativum	獨行菜、胡椒草 (garden cress)
Crambe maritime	濱菜(sea kale)
Nasturtium officinale	水田芥、豆瓣菜 (watercress)
Raphanus sativus	蘿蔔(radish)
Wasabia japonica	山葵(Japanese horseradish)

圖16.1　十字花科的花有4片相對的花瓣。

圖16.2　十字花科未成熟的長角果。長角
　　　　果成熟時變成褐色，開裂、釋出
　　　　圓形的小種子。

色(Nieuwhof, 1969)。

　　花是兩性花，每朵花有一個雌蕊和6
枚雄蕊—4枚長、2枚短。子房上位，發育
成長形果莢，稱為長角果(silique)，長4.5-
10 cm，內有薄而半透明的內膜－胎座框
(假隔膜，replum)將莢分開為2室，種子附
著其上(圖16.2；Nieuwhof, 1969)。

　　花由昆蟲異花授粉，最常為蜜蜂。雖
然是完全花，同時具雌、雄蕊，但因花粉
不親和性而無法自花授粉。花粉只能在別
株花的柱頭發芽生長，因為同株上的花有
遺傳上的不親和性(Myers, 2006)。花序有
分支，展幅可達0.5 m。當角果乾燥時會開

裂成兩半，內有10-30粒深紫色種子(Musil,
1948)。一株授粉良好的甘藍類(*Brassica
oleracea*)植株可以生產0.23 kg種子；種子1 g
大約有320粒(Lorenz and Maynard, 1988)。

　　未成熟角果可食用但很少吃。未成
熟的蘿蔔角果有時用於調味沙拉，與蘿
蔔(根)一樣有辛辣味。本科有許多植物，
但非全部，例如：芥菜(mustard)、辣根
(horseradish roots)、獨行菜(cress)、豆瓣菜
(葉)(watercress foliage)的根、葉或種子有
強烈的辛辣味。本科蔬菜的辛辣味來自異
硫氰酸烯丙酯(allyl isothiocyanate)，這是
一種有機硫化合物，有助於植株防禦草食
動物。植物以無害的硫代葡萄糖苷(硫糖
苷，glucosinolates)形式貯存異硫氰酸烯丙
酯(Fenwick *et al.*, 1982)，與分解它的酵素
芥子酶(myrosinase enzyme)是分開的。當動
物或昆蟲咀嚼植株組織時，硫糖苷和芥子
酶接觸釋放出苦味和致甲狀腺腫(goitrogenic)
的物質如異硫氰酸酯(isothiocyanates)、硫氰
酸酯(thiocyanates)、腈(nitriles)和甲狀腺腫
素(goitrin)等而驅走捕食性動物(Fenwick *et
al.*, 1982)。

蕓薹屬
GENUS *BRASSICA*

　　蕓薹屬是十字花科主要的屬之一，
有40個以上的物種，大多是一年生、二年
生，有些是多年生的草本植物或小灌木，
都屬舊世界起源。甘藍、青花菜、花椰
菜、抱子甘藍、羽衣甘藍和球莖甘藍都是
熟悉的蕓薹屬作物(Nieuwhof, 1969)。本屬

一些作物的正確學名有些混亂，因為分子遺傳研究證實：不同甘藍類*B. oleracea*植物間的形態差異可能只由少數基因造成，並不確保它們是不同的植物變種(botanical varieties)(Bancroft *et al.*, 2006)。在過去20年，植物生物學家們愈來愈一致認為甘藍類作物如甘藍、青花菜、花椰菜，不應分為不同的植物變種。例如：許多學者現在將甘藍分類為*B. oleracea* Group Capitata，而非舊文獻常見的植物學變種variety *capitata*。園藝學家用「群」(Group, gp.)來表示種內不同群植物，而以往以不同變種表示(Griffiths, 1994)。

在這一節，先探討蕓薹屬的共同特性和種植所需的條件。後續幾節，探討生產甘藍、花椰菜、青花菜、抱子甘藍和結球白菜的個別細節。

◆ 物種和品種選擇

選擇哪種蕓薹屬作物、哪個品種應考慮作物的生理上和環境條件的限制，也要知道可能的病蟲害問題。有些物種長期在低溫(1.7-10°C)下，會提早抽薹，特別是早熟品種(Nieuwhof, 1969)。由於花薹形成是基因控制，在溫度波動的地區就要選擇耐低溫的品種，應依據各地區所推薦最適應當地條件的品種，也要考慮市場需要的形態特徵。例如：甘藍有球形或圓錐形的，羽衣甘藍有皺葉或平滑葉，甘藍有紫色或綠色，或有些蔬菜的大小不同(如：矮性對標準型)。

◆ 整地

栽培蕓薹屬作物常先進行深耕犁和整地，但大多蕓薹屬作物也能適應塑膠布栽培和保育耕作方式，視當地條件而定。蕓薹屬蔬菜通常種在先作好約15 cm高的高畦，畦面整平(Swaider *et al.*, 1992)。若預期會有土壤飽和潮溼狀況，可以增加畦高，並耕犁排水道，因為大多數蕓薹屬作物喜排水良好的土壤。種植覆蓋作物及後來的殘留物有助於保持土壤溼度，減少水土流失；在易受侵蝕的土壤和降雨少的地區宜採用保育耕作。已經證明此法在較為山區之處進行夏作生產是有效的。在保育耕作體系採用條行耕作(strip-tillage)，可以成功移植栽培(Hoyt *et al.*, 1994)。

◆ 施肥

蕓薹屬蔬菜一般是冷涼作物，喜深厚、肥沃、疏鬆的砂質或坋質壤土(Nieuwhof, 1969)。大多數種類要求的土壤最適pH值為6.0-6.5，但有些種類比其他種類耐土壤酸性。作物對肥料的需求受生產地及許多環境因素的影響，包括土壤類型和結構、土壤原有肥力、前面輪作的作物、生長期的長短等(Swaider *et al.*, 1992)。因此，施肥應該依據該農地的土壤分析結果及針對特定作物所做的建議。

肥料可於種植前施用。在甘藍、青花菜、花椰菜、抱子甘藍和一些亞洲蔬菜移植栽培或精準播種，都可將部分肥料條施、距離幼根5-10cm處，有助小苗成活及早期生長。對生長期較長的晚熟品種，種植後的快速營養生長期間，要補充總需氮量的30%-50%氮肥。例如：對於結球的作物通常在葉球或花球開始形成時補充氮肥。青花菜和花椰菜氮肥過量時，容易使莖部中空且延遲花球形成。多數蕓薹屬植

物需硼，每公頃約1-4 kg；在砂質土壤或這些元素不足的土壤，需另施硼、硫及其他微量元素。許多蕓薹屬作物，特別當蔬菜用的，對缺鉬(Mo)敏感，這些作物的土壤pH管理就很重要。當土壤pH值低於5.5時，跟磷一樣，Mo的有效性會降低。過量施用微量元素如硼，會對作物有害並降低產量。可用滴灌時，灌溉施肥可有效提供作物所需的全部或大部分營養(Peirce, 1987; Swaider et al., 1992)。

◆ 直播

作物種植方法視作物種類、生長地區和目標市場而定。蕓薹屬蔬菜如甘藍、青花菜、花椰菜、綠葉菜和許多亞洲蔬菜使用精準播種機直播，有最適當株距，減少人工間拔成本及種子費用。土壤必須先充分整地，當土壤還溼潤、土溫適宜時播種，可以促進種子迅速發芽及最佳成苗率。種植健康認證種子有助於免除種媒病害，增進發芽和早期植株活力，這都是成熟整齊和有效率的採收關鍵。通常蕓薹屬蔬菜種子會用殺菌劑處理，以防止在溼冷的土壤發生苗立枯病(damping-off)。種子預措(滲調，priming)是控制種子吸水的處理，然後種子回乾，可以提高種子發芽率。然而，滲調處理會降低種子的貯藏壽命，特別是在不利的條件下(Welbaum et al., 1998)。

◆ 移植

對於生產期早、生產季短及常有溫度和水分逆境的地區，通常蕓薹屬作物採移植栽培。生產者可以自行生產菜苗或向專業育苗的業者或公司購買。菜苗可以在田間專門準備的苗床生產，以裸根苗移植，或在溫室或室外有覆蓋的苗床以穴盤育苗，再移植根帶有土球的苗到田區(Swaider et al., 1992)。

播種深度約1.5-3.0 cm，依土壤溫度和水分而定。在乾燥或容易乾燥的土壤，需播種較深；或苗床應有灌溉，以確保種子發芽並長成幼苗。大約28 g種子可生產約3,000株苗。過高或過低的溫度都不利於發芽和植株生長。種子一旦發芽，在幼年期的植株可容忍短期的0-5°C低溫，少有不利的反應。但是，如果植株已有4-5片以上的本葉，莖的直徑超過8 mm(約鉛筆大小)時，苗已達成熟階段，可感應春化作用，而提前抽薹。許多蕓薹屬作物發芽的上限溫度為32°C，溫度超過時，發芽不佳(Jett et al., 1996)。甘藍類主要蔬菜耐高溫的順序為甘藍(最耐)、青花菜、花椰菜和抱子甘藍(最不耐)(圖16.3)。

高量的氮及／或充足的水分條件有利於苗之快速生長，造成葉面積大而根數少的情形應避免。田間播種後約5-8週的苗可準備移植，依土壤溫度和天氣條件而定。理想情況下，裸根苗從苗床取出後，在24-48小時內應移植，但是在0°C下，苗可放長達9天，在19°C下可放5天。苗拔出後不可置於陽光下或使其失水(Swaider et al., 1992)。

另一種方式是用穴盤或育苗盤育苗，每穴格充填無土介質再播種子。雖然初始用育苗盤生產苗株的成本較高，但苗移植田間後的存活率提高，因為根球保持完整、降低移植衝擊和恢復生長所需時間

縮短。育苗穴格大小很重要，如果穴格太小，受根系嚴重限制的苗株較難以機械移植，較慢恢復生長，從而延緩作物成熟。控制溫度、營養和水分是生產優質容器苗的關鍵。育苗盤在16-18°C下育苗4-7週，苗株高度15-20 cm最適合移植，過大的苗株比苗齡較小、植株較小的苗難用機械移植與定植成活。苗株不摘心或修剪，因為移除頂端分生組織會刺激莖葉生長而犧牲根的生長(Swaider *et al.*, 1992)。

還可用浮動式苗床(float-bed systems)生產容器苗。用保麗龍(聚苯乙烯)育苗盤，各穴格填有無土介質、播種，苗盤在水上或養液上浮動。但可能會產生徒長羸弱的植株(Frantz and Welbaum, 1998)。

定植前先健化(harden)苗以減少移植衝擊。一般健化採用限水、減少給氮等措施，及 / 或使植株在低溫和直接日晒的環境，使苗株的莖短而壯、根系發育良好、苗株乾重較高。移植最好在冷涼、溼潤的條件下進行，可以減少失水；移植時通常會施用液肥(Swaider *et al.*, 1992)。

◆ **病蟲害管理**

生產管理包括植物病害、蟲害和雜草防治，依據各地所推薦、開發的綜合病蟲害管理(IPM)系統，防治方法要符合標示規定(Flint, 1987)。

十字花科作物應與其他科作物輪作3-5年，降低土傳病害的風險；若已有黑腳病(black leg, *Phoma lingam*)、黑腐病(black rot, *Xanthomonas campestris*)或根瘤病(clubroot, *Plasmodiophora brassicae*)發生時，輪作期

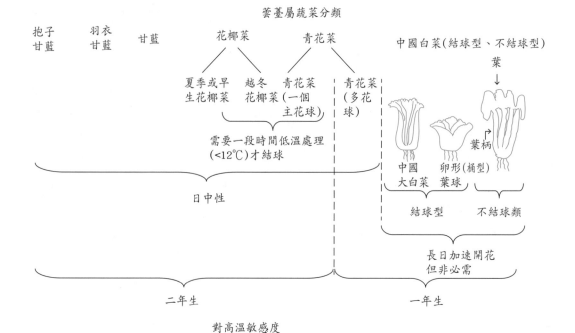

圖16.3 蕓薹屬植物的生活史及耐寒性。

需更長。雜草防治也是必要的，以免雜草
競爭造成減產，增加植株周圍的空氣流通
以減少病害。避免帶土的農場設備、移植
苗和灌溉水帶入植物病原、根棲昆蟲、線
蟲及雜草種子。蟲害管理應維持害蟲數量
在經濟閾值以下，同時保護天敵和害蟲的
競爭者(Cornell, 2004; Rimmer *et al.*, 2007)。

◆ **灌溉**

　　蕓薹屬蔬菜需要有灌溉系統，確保
植株生長不間斷且促進成熟整齊；一般法
則是每週至少供水2.5 cm，砂質土壤需較
多水(Saunders, 1993)。缺水會使線蟲、根
部病害、害蟲危害和雜草競爭的傷害更明
顯。在許多地區，會將最後一次灌溉排在
採收前數日至1週，以確保植株完全不缺
水。蕓薹屬蔬菜生產採用幾種灌溉系統，
如：噴灌、溝灌、地下灌溉和滴灌。作
物水分需求一般隨作物生育而增加，過
多水分或排水不良會導致黑腐病和疫病
(Phytophthora stem rot)的發生(Rimmer *et al.*,
2007)。

◆ **採收和貯藏**

　　生產鮮食用十字花科作物時，以產量
與品質為優先。當作物達到商業或生理成
熟時，應適時完成採收；如果規劃妥當還
可以配合在市場價格好的時候。以預冷處
理將田間熱移除並貯藏在適當的溫度及相
對溼度中，可以延長產品的貯藏壽命並減
少採收後的損耗。有好幾種預冷技術都可
以應用在蕓薹屬作物，如：室內風冷(room
cooling)、壓差預冷(forced-air cooling)、水
冷處理(hydrocooling)、真空預冷(vacuum
cooling)及碎冰水處理(slurry icing)。在一清

早、田間熱尚未開始累積時採收，可以節
省成本、增加品質、延長櫥架壽命(Kader,
1992)。

甘藍

◆ **植物學**

　　甘藍(*Brassica oleracea* Group Capitata)
有9條染色體，可以與該物種內其他群或變
種雜交。甘藍葉球是在短縮莖上的一個大
頂芽，由緊密相疊的葉片及外葉所包圍組
成(圖16.4)。

　　甘藍是冷季耐寒作物，適應性廣，
在北半球和南半球的溫帶和亞熱帶地區普
遍栽植。其起源中心多被認為是地中海、
不列顛群島和西歐沿海地區。如今，甘藍
在北歐、北美、亞洲中部和北部地區、澳
洲、非洲南部和高原地區以及南美洲，均
為常見的作物。在熱帶和亞熱帶地區僅限
於海拔較高、溫度較涼爽的地方生產。

　　甘藍是二年生植物，在陽光充分的地
方生長最好(圖16.3)。最適生長和葉球發育
的平均溫度是15-18°C、最低溫度4°C及最
高溫度24°C。一般，幼株對熱或冷的忍受
力比近成熟的植株大。充分健化的苗可耐
短時間-7°C；在限水或給苗株短時間低溫
處理的健化過程，植株可累積乾物質。

　　與其他二年生植物相同，植株過了
幼年期如果沒有春化處理，會繼續營養生
長。春化處理是對莖粗(直徑)7 mm以上、
已過幼年期的植株低溫(1.7-10°C)處理一段
長時間。然後發生抽薹、莖伸長，開始要
開花，葉球裂開後，花莖才能迅速伸長。
抽薹開始後，溫度較暖會加速花莖伸長，

圖16.4 綠色甘藍品種'President'的成熟葉球。

開花前花莖可伸長達1 m或更長。抽薹敏感度依品種而異，有些品種比其他品種需更長的低溫處理，才會開花。顯然抽薹只對種子生產有利，但為生產給人食用的甘藍則應避免。

甘藍品種在顏色、大小、葉片質地、抗病性和角質層蠟(葉面蠟粉，bloom)有很大變化。顏色有白色、綠色、藍色、紅色或紫色(圖16.4)。生產紅色品種及／或皺葉品種增加市場的多樣化，其風味與其他品種並無不同。許多現在的商業品種是F-1雜交種，由自交系雜交而成，抗一種或多種病蟲害；F-1雜交種因具雜種優勢、產量較高而受歡迎。由F-1植株產生的種子不能長成與親本相同，不能留種，每年應購買新的F-1雜交種子。甘藍品種依葉球特性分為不同類型，葉球有不同大小和形狀。

品種選擇根據幾個因素，包括適應性，但要特別考慮市場的偏好和時間性。一些主要品種類型及其特性如下(Rubatzky and Yamaguchi, 1997)：

* **Wakefield**：小型金字塔形的葉球、早熟、耐寒和晚抽薹。
* **Copenhagen**：葉球圓形、外葉(wrapper leaves)少、中心柱小，早熟、易抽薹。
* **Flat Dutch**：葉球大、緊實、扁圓形，外葉多。成熟期早至中。
* **Danish**：植株和葉球中型、葉球緊實、外葉少，葉面覆蓋蠟質多。秋季生產的晚熟種，可鮮食、加工、貯藏，保持性佳。
* **Alpha**：葉球小。早熟(商業重要性低)。
* **Volga**：葉球大、灰藍色葉厚、葉球頂部硬實而下方鬆開。晚熟(種植不廣)。

抗裂性是非常有利的品種特性。潮溼多雨的天氣和市場情況可能造成延後採收。在田間栽培能不裂球或爆球的品種非常有利，可以防止損失。各品種在田間的保存性有很大差異，生長較慢的晚熟品種比生長快速的早熟品種抗裂球。

◆ **施肥**

甘藍在水分和肥力充足的礦質土或

有機土壤均可生長良好。在升溫快的砂質土壤可以提早栽種，在較黏重的矽質壤土和有機土壤較晚種植，秋季或初冬收穫。土壤pH值以6.0-6.5較佳，但甘藍可忍受土壤pH 5.5-6.8 (Kemble et al., 1999)。各地和不同類型土壤的肥力不同，制定施肥策略前應該分析土壤養分含量。甘藍對氮肥需求高，充分氮肥才有最大產量。甘藍生長在有機土壤很少需要施加額外氮肥，但在礦質土壤需要施氮肥。缺氮時產量減少、成熟期延後、保存品質降低、變硬、有強烈令人不快的味道；反之，過量施氮造成葉球密度降低、二次生長和裂球。高氮也減少甘藍的貯藏壽命。在高溫及過量氮肥下，促使敏感的品種快速生長，造成頂燒(tip burn)症狀。甘藍如同大多數蕓薹屬作物對硼和鉬需求高，缺硼造成幼葉和莖黃化，病徵從葉的基部開始向葉尖進展(Kemble et al., 1999)。在極嚴重情況下，新芽叢生，甚至頂梢或芽死亡。甘藍缺鉬的常見症狀為黃化、葉緣和脈間黃化、葉緣捲曲壞死、老葉葉緣向下捲曲。

◆ 生產

甘藍有許多不同的生產方式，在此只說明幾種生產措施。甘藍生產可用傳統耕犁，用板犁翻土整地，然後移植或直播(Lal et al., 2007)。板犁切入並反轉鬆土，將疏鬆土壤帶到地面，而土壤上層的殘留物埋下。翻耕後，用圓盤犁將土塊打細，作一般種植。但這種傳統耕作方式，土壤容易沖刷，尤其是在秋天翻耕後或土壤不平坦時。還有，雜草種子被帶到土表，可以發芽。傳統耕作系統的雜草防治採用中耕、覆蓋或除草劑。早季的雜草防治可以採用「舊床耕犁技術」，即在種植日期之前數週就做好畦，但休耕幾週(CABI, 2012)，讓雜草種子先發芽，種植前施用除草劑或中耕來殺死雜草。然而在中耕時，要注意不要帶新的雜草種子到土表來。在有些地方難以採用「舊床耕犁技術」，因為早季土壤溼，種植前無法提前整地。甘藍通常種在高畦，這是整地耕犁後，常在平坦土地上作高畦並採用溝灌方式，增進塑膠布栽培生產之土壤排水(Kemble et al., 1999)。

保育耕作(conservation tillage)有一直增加的趨勢，尤其是在土壤易受侵蝕的陡坡(Hoyt et al., 1994)。保育耕作減少農用設備經過田間的次數，因此減少勞動力、土地壓實、設備磨損，並節約燃料；在前作採收後對土壤干擾最小。作物殘體留在田區可減少土壤流失、保持水分、抑制雜草生長，並作為綠肥。甘藍生產採用幾種不同類型的保育耕作，也有結合保育耕作和傳統耕作的(Hoyt et al., 1994)。一些較普遍的技術包括：

* 不整地(免耕、無耕犁，no-till)：前作或覆蓋作物採收後、到新作物種植前，不攪動土壤。養分不撒施而施在根區。由於地面殘留物多，用特殊種植設備在覆蓋的殘留物中切出窄行，進行移植或播種；所用設備有犁刀(coulters)、清行機(row cleaners)、圓盤開行器(disk openers)、鑿犁(in-row chisels)或迴轉犁(roto-tillers)。雜草防治以除草劑、壓滾(rolling)或割草(mowing)達成。中耕除草僅用於緊急情況。

* 壟作或帶狀耕作(ridge-till, strip till)：前作採收後直到種新作物前，不攪動土壤。施肥不以撒施而是注入土壤。種植在壟或窄行上，是用清行機、掃除機、圓盤開行器或犁刀從殘留植物中開出的條行。殘留植物就留在行中間(row middles)；雜草防制以除草劑或中耕方式達成。

* 底耕(mulch-till)：種植前用鑿犁(chisel plows)、釘齒耙(spike-tooth harrows)、中耕機(field cultivators)、圓盤耙(disks)、掃除機等翻耕土壤。大量植物殘體仍留在土面上當成覆蓋。雜草控制使用除草劑或中耕來達成。

保育耕作有些缺點，包括：土壤溫度較低、直播時發芽和萌發較慢、初期生長較慢、與雜草的競爭延後、春季種植延後、根部病害較多、作物殘體較多、種植較困難、雜草相改變及蟲害增加(Hoyt and Walgenbach, 1995)。

甘藍可以直播或移植。甘藍移植容易，因為植株容易生根、抗移植衝擊(Swaider et al., 1992)。在北國地區，早作甘藍用移植栽培，播種後4-6週菜苗就可移植。甘藍苗可在保護設施內以穴盤培育，或在露地苗床培育，拔起、帶小量的根移植至生產田。在田間培育的甘藍苗拔出後，在0°C下只能放到9天，在19°C下5天就必須定植(Kemble et al., 1999)。

在保育耕作系統，移植到地面有植物殘體的苗成活率增加，也有直播成功的。採用保育耕作來生產甘藍時，在較冷的土壤種植需要一些調節作業，例如：直播應種植較淺(2.5 cm，或更少)、種植機速度要較慢(每小時 8 km)、要用高品質的種子。乾燥條件下種植，種子以殺菌劑／生物防治處理以及使用抗病品種有助於減少根腐病發生。在保育耕作體系下，雜草防治需要在種植前殺草，尤其是多年生雜草(Hoyt et al., 1994)。

在生長季節長且土壤耕耘良好的地區，可使用精準播種機(precision planters)直播甘藍。然而，直播應比一般移植提早15-20天，才有相同成熟日。早熟品種播種到採收需要85-90天，而主季品種(main-season crops)要110-115天。甘藍可採用等距離種植，但通常為了便於機械作業而種植成行。

栽植成功的甘藍植株整齊，可減少葉球成熟度的差異，無論是人工或機器採收均可一次完成。在許多地區，甘藍除種在平畦外，也常栽培在高畦，畦從中央到中央畦距1.8 m，可以增進排水或方便灌溉。株距因市場和品種而異；鮮食市場要較小的葉球，而加工要較大葉球。因此，鮮食品種比加工品種種得較近。早熟品種外葉較少，株距25-40 cm；晚熟品種株距要 40-70 cm(圖16.5)。

種植距離較近可減少葉球內部頂燒病，葉球不易裂開，但成熟期延後。腋芽球(auxiliary heads)小如抱子甘藍，是一些甘藍品種直播時會產生的問題，但移植栽培則很少腋芽球的問題。間距寬和高量施肥增加腋芽球的發生。增加栽培密度、減少施肥及／或改變品種，應可減少或排除腋芽球發生，減少葉球成熟度的差異。

　　由於甘藍根系密而淺，雜草的競爭對作物發育、葉球品質、成熟期的整齊度和作物產量不利。當作物較小時，採用淺中耕除草，要避免深耕，以降低損傷根。在許多國家，人工鋤草已不符經濟效益。雜草的綜合防治包括栽培措施的結合及使用或不使用除草劑。

　　然而，許多國家有愈來愈多有機甘藍，用各樣不同栽培方式管理害蟲。例如：為了控制雜草，創造更加多樣化的農業生態系統，蕓薹屬作物可以採用間作栽培(overseeding, underseeding, interseeding)的管理方法(Stivers *et al.*, 1999)。就是在植行中間播種矮一點的有益植物，要比雜草的競爭性弱，如：白三葉草(white clover)豆科植物作為活地被或活體覆蓋(living mulch)(Akobundu, 1980)。這種技術可以有效替代慣行栽培，減少使用除草劑、減少土壤

侵蝕、建立土壤有機質和固定大氣中的氮(Infante and Morse, 1996)。活體覆蓋植物的生長抑制了麻煩的雜草，但它們會與經濟作物競爭水分，所以這種技術在乾旱地區或沒有灌溉的地方就無效。很少證據證明豆類在第一季對主栽作物的營養狀況有助益，但是這些間作活體覆蓋植物會累積養分及有機質，最終回歸到土壤。這種方式也可使用在保育耕作(Infante and Morse, 1996)。

　　甘藍生產也可採用塑膠布栽培系統(Lamont, 2004)。塑膠薄膜完全包覆高畦床面，邊緣用土蓋緊，由於畦面塑膠膜被拉緊覆蓋，畦面不會集水只會排水。塑膠膜下安裝滴灌管，可提供水分和養分，因為塑膠膜不是有孔洞的，所以雨水與噴灌都無作用。鋪設塑膠布後，土壤可注入燻蒸劑，以殺死土壤傳播的害蟲。等土壤燻蒸

圖16.5　鮮食用甘藍高畦栽培、雙行植(美國德州)。

劑消散後，移植菜苗至塑膠膜上切出或燒出的洞內。依所使用的種類，塑膠膜覆蓋有幾個優點：調節土壤溫度和保持土壤溼度、減少土壤壓實、防止土壤結塊、減少肥料淋洗流失、防止作物被淹死及減少雜草競爭。用塑膠布栽培方式生產的甘藍葉球發育較整齊，採收時外葉較乾淨、需較少的水清洗。雖然塑膠布覆蓋增加生產成本，但葉球品質高、較早熟、產量較高、有較大收益。為了在兩季分攤塑膠薄膜的成本，農民可在同樣塑膠布覆蓋上，於種甘藍之前或之後種植其他作物，即為雙期作(double cropping)。

◆ 灌溉

一般甘藍每週需 2.5-3.8 cm的水，以不間斷其生長。甘藍生長在砂質土壤或有高蒸發散量時，需要更多的水。當土壤水分長時間低於50%田間容水量，特別是在砂質土壤則會減產(Saunders, 1993)。在幼年期(3-4片真葉、莖直徑小於7 mm)發生乾旱，對植株發育和成熟整齊度均有不利影響。另一方面，過多水分會延緩成熟和降低產量，尤其是早熟品種。接近採收期時，過多水分可能會導致葉球裂開或爆開，無法銷售。

◆ 採收

當甘藍葉球硬實、尚未開裂，就可採收(Kemble, et al., 1999)。通常鮮食市場喜好的葉球平均重量為0.9-2.3 kg；要加工做甘藍沙拉(cole slaw)、德國酸菜(sauer kraut)或長期貯藏，就採用葉球較大的品種。採收時，是在葉球底部、近地面處切斷莖，通常還會將外葉去除。在人力缺乏的地區或甘藍供加工用，葉球的整齊度不那麼嚴格，就採用機械採收。在過去，以人工採收開放授粉品種時，一個栽培區通常要採收2-4次，以獲得大小及成熟度一致的葉球。至於雜交品種，由於整齊度比較高，通常只需採收1-2次即可。採用生長整齊的幼苗移植，配合穩定的生長條件也可以減少採收次數。鮮食用甘藍通常在田間包裝(field packing)，比較有效率；葉球在田間分級，裝入不同大小的木條箱(crates)、網袋或紙箱中，通常每箱的容量為23-27 kg。如果葉球大小不夠整齊，就需要有分級與包裝作業場所。以機械採收的甘藍通常送到在採收機旁的裝貨卡車上，再運往加工廠。甘藍的產量隨生產季節、品種及生產系統而異，良好的生產管理每公頃可收22公噸(Swaider, et al., 1992)。

◆ 採收後處理

甘藍一旦採收下來應做預冷，以移除田間熱，並放在相對溼度高的環境中以避免失水及萎凋。迅速移除田間熱可以增加櫥架壽命，降低貯藏期間腐爛病害的發生機率(Kader, 1992)。通常使用冰水預冷或壓差預冷；夜間或清晨採收可以降低預冷的成本，有些地區已經採用。甘藍的理想貯藏溫度是0°C，不要與會生成相當量乙烯氣體的水果一起貯藏，因為接觸到乙烯後，甘藍的外葉會變黃(Kader, 1992)。甘藍的貯藏壽命因甘藍種類及生長條件有很大的差異。大多數供鮮食用的品種在0°C及大於90% RH環境中，可以貯藏30-60天。有些為長期貯藏育成的甘藍品種在0-1°C、92%-98% RH中可以貯藏5-6個月(Kader, 1992)。

◆ 用途

甘藍是一種具多元利用價值的農產

品，它可以作為生鮮蔬菜、輕度加工的截切產品或加工成罐裝產品。甘藍的加工產品包括以食醋醃漬或發酵製成的德國酸菜或韓式泡菜，有些截切的甘藍加上調料，拌製做成甘藍沙拉販售。許多立即可食的沙拉中都含有切絲甘藍。鮮食或加工用甘藍都是國際商品，加工甘藍通常以罐裝食品或袋裝冷藏食品販售。在北美洲及部分歐洲地區曾經一度流行生產晚生甘藍品種，供作貯藏；但現在消費者喜好新鮮甘藍，如果有，不會選擇貯藏甘藍。有一些甘藍的貯藏目的是為了要延長供應製罐加工廠原料的時間。

◆ 全球甘藍生產／貿易

幾乎所有在南半球與北半球的溫帶及亞熱帶地區國家都有甘藍的生產，在熱帶、高海拔較冷涼地區也生產甘藍。依據聯合國糧食及農業組織(FAO)的統計，中國與印度是全球最大甘藍生產國，單單中國的產量就占全球產量的三分之一強(FAOSTAT, 2012)。在東亞國家間有新鮮甘藍和甘藍加工品貿易，這些地區許多也普遍食用結球白菜(Chinese cabbage)。甘藍在北歐很普遍，在歐盟及東歐國家間有大量貿易。在冬季，甘藍生產於歐洲南部、非洲北部及中東地區，出口新鮮甘藍到北歐。

在美國，紐約州、加州及德州是鮮食甘藍的最主要生產地，共生產將近全美的50%。美國每年進口價值約1,300萬美元甘藍，幾乎占了進口甘藍90%，大部分來自加拿大，墨西哥次之，只占少部分(USDA, ERS, 2010)。在德國、加拿大及波蘭生產

的德國酸菜(sauerkraut)是最主要的甘藍加工產品。美國是甘藍的淨出口國，但甘藍出口在美國的甘藍產業中並不很重要，出口量只占國內生產量的3.5%，大部分以新鮮甘藍銷往加拿大、日本及墨西哥(USDA, ERS, 2010)。

◆ 病蟲害管理

◆ 蟲害

小菜蛾(diamondback moth, DBM)幼蟲為世界各地蕓薹屬蔬菜的嚴重害蟲，因為牠對殺蟲劑已產生抗藥性(Cornell, 2004)。此蟲英名源自其成蛾體背的菱形斑紋；以春季和初夏最為活躍，在甘藍生長期間可以完成10個世代。幼蟲比其他蕓薹屬作物的鱗翅目害蟲的幼蟲為小。成熟幼蟲呈綠色，10-15 mm長，兩端漸細。遇觸動時蠕動劇烈，經常從葉片吐絲下垂。

溫度高於27°C小菜蛾族群會迅速激增，建議田間每週至少偵查兩次。大雨可能急劇減少蟲數。蘇力菌(*Bacillus thuringiensis*, Bt)殺蟲劑可以有效防治，一有該蟲活動徵兆出現就應用藥。當族群密度高時，每5天噴藥一次。蘇立菌亦可和除蟲菊類殺蟲劑(pyrethroid insecticides)聯合使用。小菜蛾蛹自然死亡率受本地寄生蜂之影響，被寄生的蛹有白色寬條紋環繞。清除或破壞作物殘體有助於防止小菜蛾滋長和遷移到鄰近的田區。

擬尺蠖(cabbage loopers, CL)在初夏和秋季最活躍，成熟幼蟲可長到38 mm長，後端有3對腹足(prolegs)。幼蟲行走時，身體中央隆起呈弓狀，移動時緊抓植株葉面。蟲綠色與葉同不易察覺，往往先看到其深

色排便才看到幼蟲。幼蟲吃食葉片成大孔狀，較成熟的大齡幼蟲食量很大。因為老熟幼蟲和較小的幼蟲相比對殺蟲劑較不敏感，噴藥應於幼蟲初孵化時期。蘇力菌殺蟲劑有中度至高度的防治效果，可以單獨使用或需要時可與除蟲菊精類殺蟲劑一起使用(Kemble *et al.*, 1999)。

紋白蝶(imported cabbageworm, ICW)為白色或黃白色蛾類，翅上有黑斑紋。不同於夜行性的尺蠖蛾(CL moths)，紋白蝶在白天飛行。幼蟲綠色、密被細毛，因而呈現絨狀外觀。成熟的幼蟲有淡橙色條紋在背下，取食葉片不規則的穿孔，蛀入葉球內部，蟲糞汙染葉片和葉球。造成的損害與擬尺蠖相同(Kemble *et al.*, 1999)。

甘藍菜心螟(cabbage webworm)幼蟲成熟時呈灰色、長19 mm，體背5條深褐色縱線。頭部黑色帶有明顯的白色V字形標記。菜心螟是蕓薹屬植物偶發性的蟲害，主要取食心芽。高齡幼蟲能吐絲纏結，可以防避接觸殺蟲劑(Kemble *et al.*, 1999)。

甘藍橫條螟(cross-striped cabbageworm)蟲背有黑色、白色橫線。可用蘇力菌和防治其他鱗翅目幼蟲的推薦藥劑防治(Kemble *et al.*, 1999)。

甜菜夜蛾(beet armyworm)會危害秋作甘藍和其他親緣作物，當其他作物死亡或採收後，甜菜夜蛾大量遷移到甘藍田，所以夏末或秋季種植時要小心監測，一有危害應立即施用殺蟲劑。卵塊產在葉背，並覆蓋雌蛾白色體毛。幼蟲體色淺綠色至深橄欖綠色，蟲體背面及側面有縱向條紋。當2%-3%植株有卵塊或幼蟲時，應採防治措施(Kemble *et al.*, 1999)。

切根蟲白天潛伏於土下，夜間活動、取食，造成莖、葉損害。蟲體深灰褐色、油狀外表，潛伏或受驚擾時蜷縮成C字形。幼蟲在田間越冬，因此種植時可能就有切根蟲，特別是田間有前作殘體、富含有機質時。當種植前整地時就可偵測到切根蟲；種植前應清除雜草和植物殘體，使發育中的幼蟲沒有食物。有益線蟲可危害土壤中的切根蟲。每週釋放赤眼蜂(*Trichogramma* wasps)連續3週以寄生切根蟲卵；於植物基部撒布矽藻土也非常有效；散施混合米糠或玉米粉的Dipel粉劑(庫斯蘇力菌，Bt-kurstaki)及糖蜜(molasses)在土面以殺死幼蟲。採收後清除有機殘體、犁耕菜田干擾幼蟲越冬；種植前或種植時施用土壤殺蟲劑也能達到有效的防治，如果種植後發現切根蟲危害時，應直接噴灑殺蟲劑於植株基部(Kemble *et al.*, 1999)。

根蠅幼蟲(root maggot larvae)可以發育成蠅，喜腐敗有機物，取食幼根、幼莖，嚴重降低甘藍成活率。危害通常發生在植株生長緩慢之溼冷環境。延後到溼冷氣候過去才種植，可以降低蠅危害的風險(Kemble *et al.*, 1999)。

危害蕓薹屬作物的蚜蟲有數種，包括菜蚜(cabbage aphids)。涼爽乾燥的天氣最適宜蚜蟲發生。通常蚜蟲不侵害移植苗，但苗定植田間成活後蚜蟲孳生聚集。大量蚜蟲可以致死小株，吸食較大植株會造成葉片捲曲；通常最嚴重問題是誘發煤汙。在甘藍葉球內部的蚜蟲無法在銷售前清除，可以採用天敵防治法，但高密度蚜蟲

族群可能無法控制到危害水平以下。使用廣效性殺蟲劑如除蟲菊酯，反而因殺死天敵而增加蚜蟲數量；因此，這些殺蟲劑只應在早期或必須防治其他害蟲時偶爾施用(Kemble et al., 1999)。肥皂殺蟲劑可以作為生物防治。

銀葉粉蝨(sweetpotato whitefly, silverleaf whitefly)成蟲小、有翅、約2 mm長，翅白色、蟲體黃色。蟲雖微小，牠們很容易在葉背找到，或一遇干擾即飛走。成蟲產卵於葉背，孵化的若蟲找到固定位置後，就不再移動。像蚜蟲一樣，銀葉粉蝨成蟲和若蟲均以刺吸式口器吸食植株汁液，並產生蜜露黏在葉上，誘發煤煙病菌生長。施用殺蟲劑防治粉蝨效果有限，預防是最好的方法。應採用無粉蝨汙染的苗移植，盡可能遠離受粉蝨危害的作物，清除雜草和前作殘體、避免粉蝨孳生，都是重要的害蟲管理技術(Kemble et al., 1999)。銀葉粉蝨往往是冬季溫和、生長季長的地區之害蟲。

菜椿象(harlequin bug)與普通椿象密切相關，體盾形，有紅色、黑色鮮豔紋記，刺吸式口器吸食甘藍葉脈。卵桶形、聚生於葉上，卵白色、有2條黑帶環繞卵周圍(Kemble et al., 1999)。

葉蚤(flea beetles)最常發生於春季，在孳生雜草或周邊雜草圍繞的田間。成蟲體型小、深色，後足腿節特別膨大，善跳躍遠距離。在葉背取食，造成許多小、圓或不規則的孔洞，是甘藍幼苗期及發育未成熟階段的重要害蟲，對成熟植株危害輕微(Kemble et al., 1999)。

蔬菜象鼻蟲(vegetable weevil)成蟲體長為6-10 mm，翅鞘褐灰色、上有兩個淺色斑點，有一個長口鼻部。幼蟲是無足蠐螬。成蟲和幼蟲取食植株莖葉，尤其損害幼苗，顯著降低幼株之成活，特別是在初秋及春作兩期。達5%以上植株受害時，需即刻防治處理(Kemble et al., 1999)。

• 病害

黑腐病(black rot, X. campestris)是一種危害世界各地甘藍及相關作物的細菌性病害，係溫暖氣候區最嚴重的甘藍病害之一。罹病幼苗黃化、發育受阻，子葉受害時葉緣變黑，最終凋萎枯死。幼苗感染時難以診斷，因為一區可能僅少數植株被感染。成株感染時較易判斷，因由葉緣向內伸展成V形或U形黃色病斑。隨著病勢進展，黃色病斑轉成褐色、組織壞死。罹病葉片葉脈變黑、中肋轉為黑色；葉脈變色逐漸延展至葉基部，終使病原細菌蔓延侵入到主莖。罹病莖橫切面可以明顯觀察到黑色維管束圈，證明細菌已侵入水分輸送的導管組織。維管束變色可由莖部向上擴展至上位葉、向下伸展至根部。在感病後期，主莖所有中央組織變成黑色。這種變色病徵易與黃葉病(fusarium yellows)混淆，但鐮刀菌引起褐變為深褐色而不是黑色。甘藍罹黑腐病後，葉球往往無法充分發育，下位葉掉落；通常只有葉球一側病徵較嚴重。罹病的葉球在採收前或採收後，因二次感染細菌軟腐病會迅速腐爛(Kemble et al., 1999)。

黑腐病原細菌可以在甘藍感病種子上、十字花科雜草如黑芥(black mustard)、

芥菜(field mustard)、野生蕪菁(wild turnip)、野生蘿蔔(wild radish)、薺菜(shepherd's purse)及獨行菜屬的胡椒草(pepperweed)上或在土壤中的罹病植株上越冬。病原細菌可在植物殘體上，或仍保持完整的植物殘體上存活1-2年。黑腐病的傳播可藉由種子和種苗、感染植株的移動、灌溉水或飛濺的雨水、昆蟲、栽培器具及田間工作者完成(Kemble et al., 1999)。

當春天幼苗長出，病株殘留上的病原細菌隨著飛濺的雨水傳到葉片外緣，由幼葉的自然開口或傷口侵入。細菌隨導管移動至主莖，向下至根部、向上達葉部。田間植株之間的傳染可經由葉緣的泌水孔(hydathodes)。細菌也可由昆蟲取食的傷口傳染。剪草機(連迦式(flail)或旋轉式(rotary))剪到過大的移植苗，如果病原細菌存在時，也可能促進本病蔓延。已感染的病土當水分飽和時，常見經由傷口引起的根部感染。黑腐病好發於溫暖潮溼(26.6-30°C)的環境；感染及病勢發展都要藉雨水、露水或霧水等游離水分(Rimmer et al., 2007)。

防治這種具毀滅性的病害，應當採用無病種子和無病種苗。田區土壤應無黑腐病，至少3年未種過十字花科作物。黑腐病通常在排水不良的潮溼土壤發生最嚴重；病原菌於耕作作業或經由積水傳播，可以順著植行蔓延下來。高畦栽培有助於去除黑腐病發生的條件。盡可能在採收後立即清除、燒毀或完全掩埋所有的作物殘體，以防止病原菌越冬。土壤燻蒸可以有效防治。使用含銅農藥可以降低黑腐病的危

害，而化學處理宜在天氣條件適合發病時開始實施(Kemble et al., 1999)。

黑腳病(black leg, Ph. lingam)的病徵發生於莖基部，呈橢圓形、凹陷、淺褐色的潰瘍狀，邊緣黑色或紫色。真菌潰瘍病斑擴大到環繞莖部，植株枯萎而死。淡色而不規則的病斑逐漸擴大成為圓形，中心呈灰色。在葉片病斑上可見黑色的小斑點，就是本菌產生孢子的柄子器(pycnidia)。嚴重感染的病株呈藍色、矮化、枯萎，由於莖部的劣變而突然崩壞(Kemble et al., 1999)。

本病原真菌可在植物殘體存活2-3年，並能由種子傳染。在苗床植株由飛濺的水傳播真菌孢子而感染；移植時，天氣若潮溼，本病真菌可由雨水飛濺、工作人員及機具再次傳播。

應採用無黑腳病的健康苗移植；輪作為有效的防治方法，在同一田區至少3年不應種植甘藍或相關作物。在生長季結束後清除植物殘體，防止病菌越冬、侵入蔓延到鄰近的田區。以殺菌劑處理種子、土壤燻蒸，或日晒消毒都可有效控制黑腳病(Kemble et al., 1999)。

根瘤病(根腫病，clubroot, Pl. brassicae)是十字花科蔬菜的另一種常見真菌病害(Cornell, 2004)。在植株地上部出現病徵前，根部早已發病；被危害的根部無法吸收水分和養分，地上部生長差，下位葉黃化、脫落。罹病株在白天呈萎凋狀，夜間又恢復正常。次生病菌可侵入根腫瘤，導致植株腐敗。防治措施包括定期施用石灰以維持土壤高pH值。如果因為土壤pH值

高而發生缺硼，則以葉面施硼補充。長期輪作能有效防治根瘤病，以及改善土壤排水，防止來自發病土壤之汙染，並使用無病原孢子汙染的灌溉水(Rimmer *et al.*, 2007)。

黑斑病(Alternaria leaf spot, *Alternaria brassicae*)危害老葉，造成葉面產生圓形、暗色小斑點。斑點擴大、病斑具同心輪紋、外圍有黃色暈環。病斑的棕色中央最終掉落，產生孔洞，或在潮溼的條件下覆蓋黑色孢子堆。在貯藏期病斑擴大，可能軟腐病菌侵染病斑。本病原菌能於作物殘體越冬，十字花科雜草也能隱匿病原真菌。本病孢子可藉風和水傳播，本病在溫、溼條件(20-30.5°C)下，危害最大。甘藍不宜種在過去3年種過其他蕓薹屬作物的田區。發病株殘體應在生長期結束後清除或銷毀，總要採用無病苗移植栽培。在病徵開始出現時，每7-10天噴施殺菌劑，可有效防治(Kemble *et al.*, 1999)。

苗立枯病(wirestem, *Rhizoctonia solani*)是苗床和田區的真菌性病害，罹病株在近地際的莖部變成紅褐色、縊縮，莖歪、扭曲，因此稱為wirestem。倖存植株長出的葉球弱小。本菌存在於各種土壤，但最常見於罹病株殘體尚未分解的土壤中。長期過度潮溼的土壤易發生本病。本病受田區近期栽培歷史很大的影響，輪作為有效的防治方法，同一田區3年不得種甘藍或相關作物。發病後清除植株殘體也可防止本病蔓延；土壤燻蒸、採用高畦栽培和注意灌溉都可降低本病發生。移植時施用殺菌劑也能有效防治(Kemble *et al.*, 1999)。

露菌病(downy mildew, *Peronospora parasitica*)是藉風力傳播病株孢子的真菌性病害。當天氣潮溼，罹病株葉背有白色黴狀物生長，過一段時間，葉面上相對位置長出黃至棕色斑點。幼株上的罹病葉可能脫落，終至植株死亡。發病老葉上病斑棕褐色、紙質，在葉背貼著灰色的孢子堆。露菌病罹病株容易感染細菌性軟腐病。露菌病病原真菌能在種子上、十字花科雜草上、也可能在土壤中越冬。濃霧、微雨、長期露水、噴灌及夜溫8-16°C、日溫低於23.8°C有利本菌感染。在溼冷的空氣中，病原孢子可長距離飄散傳播(Kemble *et al.*, 1999)。

黃葉病(fusarium wilt, fusarium yellows, *Fusarium oxysporum conglutinans*)會危害所有十字花科作物，包括甘藍、花椰菜、青花菜、抱子甘藍、羽衣甘藍(kale, collard)、球莖甘藍及蘿蔔，而且與其他蔬菜的*Fusarium*萎凋病親緣關係近。在萌發或移植後2-4週，罹病株會呈現黃綠色，病徵在植株一側比較明顯，之後莖葉捲曲。最初下位葉變黃，然後病徵蔓延至上位葉。經過一段時間，黃化組織轉為褐色，變得乾燥、易碎。莖、葉維管束組織轉成暗褐色，呈現變色如同黑腐病的症狀。但黃葉病係植株內部發病，並顯示於植株下方。*Fusarium*菌在土壤內和植物殘體上生長；它有兩種孢子，一種是生存短暫的分生孢子，另一種是厚膜孢子能夠耐長期的低溫和乾旱。本菌可在土壤中存活多年，甚至在沒有十字花科植物的情況下還能增殖；溫度低於16°C時，本菌生長不良；在

27-32°C下有最大生長速率。在35°C及更高溫，生長受到抑制。因鐮刀菌可在土壤中不需有寄主而存活，傳統的防治法如輪作、殺菌劑處理及銷毀作物殘留等都無效果。使用抗病品種是最好的防治措施之一(Cornell, 2004)。

蕪菁嵌紋病毒(turnip mosaic virus, TuMV)是十字花科蔬菜最普遍和最重要的病毒之一。本病毒寄主範圍不限於十字花科蔬菜，還會感染蘿蔔、蕪菁、萵苣、苦苣、菠菜和其他蕓薹屬植物。TuMV由數種蚜蟲以非持久性方式傳播，其中最主要為桃蚜(green peach aphid, *Myzus persicae*)和菜蚜(cabbage aphid, *Brevicoryne brassicae*)。TuMV造成甘藍、花椰菜與抱子甘藍的嵌紋及黑色壞疽輪紋斑點。在甘藍採收時，壞疽斑點不一定明顯，但在貯藏2-5個月後可能出現。這些斑點係在生長期間感染的結果；貯藏期間，不會在葉球間傳染蔓延。感病葉球的病斑可深達數層葉，也出現於中肋、側脈及葉脈間，病斑可能聯合。TuMV也可引起蘿蔔、蕪菁、芥菜下位葉上嵌紋病徵，以及葉片扭曲、壞疽(Cornell, 2004)。

花椰菜嵌紋病毒(cauliflower mosaic virus, CaMV)是另一種感染十字花科蔬菜的病毒，其病徵常與感染蕪菁嵌紋病毒病混淆。CaMV跟蕪菁嵌紋病毒一樣，由同種蚜蟲以非持續性方式傳播。CaMV寄主只限十字花科植物，主要分布於世界各溫帶地區。本病毒在多數寄主中引起嵌紋病徵及明顯葉脈黃化。慢性感病植株的病徵不明顯，尤其在高溫時。甘藍葉球於貯藏時出現黑斑點(pepper spotting)和葉脈條斑壞疽(vein streaking necrosis)症狀，以前以為是感染CaMV所致，但現在認為是不同的生理障礙(Cornell, 2004)。

青花菜

✦ 歷史

青花菜(sprouting broccoli, broccoli)在地中海地區，可能是塞浦路斯或克里特島(Crete)馴化，但確切位置還難以定論。青花菜大約於西元6世紀源自北地中海地區的蕓薹屬葉菜栽培種(Maggioni *et al*., 2010)。青花菜的英名來自義大利文「brocco」，意為「芽」、「莖葉」，它又源於拉丁文「brachium」，意思是「分枝」(Berg, 2012)。青花菜非常近代才在其原產地地中海沿岸以外的地方開始流行；在西元1800年代，青花菜(calabrese)從義大利被引進美國。但直到西元1920年代'D'Arrigo Brothers公司栽培並促銷青花菜成功後，才在美國流行(Berg, 2012)。到了西元1940年代，它已成為美國常見的蔬菜。經過這幾十年，它迅速成為重要蔬菜，受歡迎程度超過花椰菜(Thompson and Kelly, 1957)。青花菜在美國流行並推展到世界其他地區，近年再傳回歐洲且受重視。今日青花菜已是重要經濟作物，在歐洲、北美、部分中、南美洲、東亞和澳洲廣泛栽培(FAOSTAT, 2012)。DNA序列分析顯示，芥藍(Chinese broccoli, *B. oleracea* Group Alboglabra)與原產於葡萄牙的羽衣甘藍、甘藍親緣很近，可能是由葡萄牙商人引入亞洲的(Bancroft *et al*., 2006)。

◆ 植物學

青花菜(*B. oleracea* Group Italica)是冷季、耐寒、一年生或二年生雙子葉草本植物，它適應性廣，在南、北半球的溫帶和亞熱帶地區都有栽培(圖16.3)。青花菜比其他蕓薹屬作物耐熱，其一年生品種可以在亞熱帶氣候栽培；其營養生長可適應的溫度範圍寬，但優質花球發育在12-20°C範圍。若高於25°C，因為莖的伸長和花的發育快速，無法形成緊密的花球。早期發育過程遇到低溫，可能會導致提前結花球。溫度低於5°C生長緩慢。如果給予適當馴化，花序可耐短時間-7°C低溫而無損害。成熟營養組織比幼苗耐冷凍低溫(Nieuwhof, 1969)。

青花菜有9對染色體，可以與甘藍類(*B. oleracea*)的其他群或變種雜交。青花菜在苗期很難與其他甘藍類作物區分。葉厚、有點革質、光滑、長橢圓形，單葉、互生、羽狀葉、有葉柄。葉子從灰藍色到綠色。根系中淺，有明顯直根、容易分枝，產生許多鬚根集中在土下30-40 cm(Nieuwhof, 1969)。如同甘藍，青花菜花序的小花是兩性花，花瓣黃色或白色、有4片、呈十字相對，一枚雌蕊和6枚雄蕊。花序有分枝，之前原為緊密、微圓頂形的花球，在採收成熟度時可達約40 cm橫徑；之後隨花梗伸長，花球不再緊密，而後開花(圖16.6)。

在盛花期，原本矮的植株可以長到1.2 m高、展幅達約0.5 m(Nieuwhof, 1969)。雖是完全花，但因不親和性，通常由昆蟲，多為蜜蜂異花授粉。青花菜長角果的大小和構造與甘藍長角果相似，莢長4.5-10 cm、寬3-6 mm。乾燥的長角果會裂開成兩半，釋放出20-40粒種子，顏色深褐色至褐紫色(Musil, 1948)。種子在受精後50-90天成熟。一株充分授粉的青花菜植株可以產生0.23 kg的種子。跟甘藍一樣，每公克大約有300粒種子。

◆ 類型和品種

大多栽培在美洲、部分亞洲和歐洲南部的青花菜屬於一年生，其花球形成或開花不需要春化作用。一年生品種不需特別環境訊號，於萌發後50-70天在莖頂形成花球，即由許多密集、未熟花苞群集的花序。在歐洲北部較常見的是二年生類型，花球的形成和開花需要春化作用(Rubatzky and Yamaguchi, 1997)；植株過了幼年期，

圖16.6 青花菜花球食用成熟度(a)和大約2週後植株開花(b)。

接受13°C以下的充分低溫,啟動花部的發育。青花菜品種分早生、中生或晚生;後者和越冬品種是二年生,需要春化作用(圖16.3)。重要的青花菜類型有紫色青花菜(purple sprouting,越冬、有分枝的二年生作物)、purple cape(單花球、二年生、越冬)、purple Sicilian(淺紫色、單一花球、一年生,有時被誤稱為「紫花椰菜」,其花球由已發育的花苞構成而不是未分化的花芽)、白色青花菜(white sprouting,越冬、有分枝、二年生)和常見的calabrese(綠色、一或二年生)(Rubatzky and Yamaguchi, 1997)。

常見的calabrese類型栽培最廣,F1雜交種已普遍取代開放授粉品種。區分品種的重要特性有花球緊密度、花球形狀、分枝程度、個別花蕾大小及顏色、莖長、節間數和長度、以及腋生的側花球發育。許多目前的商業品種是由自交系雜交所得的F-1雜交種,多具一種或多種抗病性。F-1雜交種因表現雜種優勢、較豐產且整齊而受歡迎(Swaider et al., 1992)。保留F-1的種子種植時,植株與原來親本不同,因此要每年購買新種子。

青花菜花球由綠色或紫色、完全分化的未成熟花蕾所組成,再進一步就成熟開花。依此規則,凡花球由未成熟的花蕾組成,雖植株構型像花椰菜,花球還有外葉(wrapper leaves)伸出並高出花球的品種,就歸為青花菜,主要根據花的結構。反之,花椰菜花球由白色花原體群集而成,類似癒傷組織的結構;植株需經春化處理,即低溫處理,才有花莖產生。花椰菜花球

比青花菜的更緊密,而青花菜的花球在發育期間,沒有葉的覆蓋,是完全外露的(Rubatzky and Yamaguchi, 1997)。

青花菜是在莖的頂端形成主花序,莖伸長不分枝,但花序高度分枝(圖16.6)。食用的花球部位包括花序和柔嫩的莖上部;莖比甘藍或花椰菜高,約40-100 cm,節間也較長。花球為綠色或紫色,其下方葉子圍繞花球而不覆蓋花球。繼續生長,花序上的分枝會長開,造成花球不緊密、失去形狀。主花序生長後,接著在下位葉的葉腋長出小花序。二級花序的發生受主花序頂芽優勢的影響,抑制的程度因品種而不同(Rubatzky and Yamaguchi, 1997)。

在較新的文獻中,傾向用sprouting broccoli指一株有幾枝、花莖細、花球較小、採後綁成束的品種,而另以heading broccoli表示像calabrese、一株只有一個大花球、花莖粗的品種。然而,用傳統名稱,這兩種類型都稱sprouting broccoli,它們與越冬型不同,後者需要春化後才形成花球。例如:在一些地區,將花椰菜晚熟品種和越冬型統稱為heading broccoli(Rubatzky and Yamaguchi, 1997)。

此外,另有英名中有broccoli的蔬菜、外觀與青花菜相似。芥藍(格藍菜,Chinese broccoli, B. oleracea Group Alboglabra, B. oleracea var. alboglabra)是甘藍類的芥藍群(gp.)或芥藍變種(var.),還曾被分類為芥藍物種Brassica alboglabra;它的英名還有Chinese kale、white-flowered broccoli,芥藍像青花菜、羽衣甘藍(kale),株高40-50 cm。芥藍的食用部位包括莖、葉以及不

需春化作用、早發育的花序(CABI, 2012)。

西洋菜薹(broccoli raab, *Brassica rapa* L. rapa (DC.) Metzg.或Group Ruvo Bailey)是在部分南歐地區流行的葉菜，一年生、像青花菜，但花球小、不太緊密。西洋菜薹也稱為Italian turnip、cima de rapa或rapini。以下的敘述除非另有說明，否則均針對青花菜(CABI, 2012)。

✦ 生產

要控制青花菜的土傳病蟲害，生產上必須與非十字花科的作物輪作。青花菜可以直播或移植栽培；生產花球不太大、可綁成束的青花菜(bunching broccoli)，通常採用高畦、以精準播種機直播，可增進排水及實施溝灌。為了發芽整齊，需要精細耕作苗床，使土壤與種子接觸良好，以快速整齊萌發。青花菜綁成束，是將2-4個花球用橡皮筋圈起；因此採高密度栽培、株距密到10 cm時葉球大小最適宜。為了確保田間成活率好，有時會超量播種，到苗期間拔疏苗(Swaider *et al.*, 1992)。針對市場要求單莖、花球大的青花菜，則要栽培密度低，株距20-60 cm、行距50-90 cm，依品種而定。

要生產大花球或在生長季短的地區，青花菜栽培有時採用移植法(Swaider *et al.*, 1992)。育苗生產可在田間，土壤已先燻蒸或蒸汽消毒，苗床密植；或在設施內以穴盤育苗。青花菜移植容易，因其小根群也容易生根；播種後4-5週，即可移植至田區。在田間培育的青花菜苗在挖出後，於0°C貯藏不超過10天或19°C下不超過5天，就必須移植。

青花菜可生長於不同的礦質土及有機質土壤，要有充足的水分和肥料。土壤肥力因土壤類型與地區而異，種植前應該分析土壤養分。土壤pH值最好在6.0-6.5，但青花菜可容忍pH值5.5-6.8的範圍。青花菜需求高氮肥，且肥料要近植株施放，因為其根域小。缺氮時，產量減低、成熟延遲、貯藏品質降低，產品有強烈、令人反感的味道。通常氮肥分次施用，分別為種植時、結球時。生長在有機質土壤，青花菜只需施少量氮肥。過量的氮肥促進快速增長，但花球鬆開、品質差且櫥架壽命短。高溫結合過量的氮，促使敏感品種因快速生長而有頂燒病。如同大多數蕓薹屬作物，青花菜對硼和鉬需求高，缺硼造成幼葉和莖黃化，病徵從基部開始到葉尖。缺硼嚴重，造成頂芽或新梢簇生、甚至死亡。青花菜缺鉬常見症狀，通常發生在老葉上，黃化、葉緣和葉脈間退綠、葉緣捲曲壞疽、燒焦、向下捲曲(CABI, 2012)。

青花菜可以與前述甘藍同樣使用保育耕作技術，包括免耕、壟作、帶式耕作或底耕(Hoyt *et al.*, 1994)。保育耕作系統是在前季作物採收後，對土壤最小干擾，可減少水土流失、保持水分、抑制雜草生長和增加土壤中的有機質。青花菜生產採用保育耕作的優點也跟甘藍的相同，包括作物生產的機械使用較少、勞動力較少、節省燃料並減少土壤侵蝕和壓實(Hoyt *et al.*, 1994)。而保育耕作系統缺點包括：土壤溫度較低、直播栽培時發芽和出苗速度較慢、植株早期生長較慢、與雜草的競爭延後、春作時間延後、根部病害較

多、作物殘體較多、種植機操作較難、雜草相改變、蟲害增加和成熟較晚(Hoyt and Walgenbach, 1995)。因此也要與甘藍一樣做相同的調整,來處理土壤較涼、較溼的狀況(Infante and Morse, 1996)。

青花菜跟甘藍一樣可採用塑膠布栽培系統(Lamont, 2004)。在高畦上緊密覆蓋薄塑膠膜,邊緣用土蓋緊,可以排水而不是集水。常配合採用滴灌,因為雨水與噴灌都無法進入畦內,除非使用有孔塑膠膜。另外,鋪設塑膠膜可以注入土壤燻蒸劑殺死土傳病蟲害,並在膜下鋪設滴灌帶用於灌溉或施肥。移植時,塑膠膜上打孔、苗種入洞內。若使用燻蒸劑,必須過7天,足夠的時間後才移植。塑膠膜覆蓋有助於調節土壤溫度和保持溼度,減少土壤板結、結塊及肥料淋洗,還有積水和雜草的競爭,特別是土壤使用燻蒸或不透光的塑膠膜(Lamont, 2004)。使用塑膠布栽培,作物收穫時較清潔,需要較少清洗,田間包裝有效率。雖然使用覆蓋增加生產成本,但提早採收、較高量的高品質花球,便可抵消成本。為了在兩季分攤塑膠薄膜的成本,農民可在同樣塑膠布覆蓋上於種青花菜之前或之後種植其他作物(雙期作,double cropping)。

一般青花菜每星期需要2.5-3.8 cm的水,以不間斷植株生長。當土壤水分長時間在田間容水量50%以下時,特別是在砂質土壤,會造成減產(Saunders, 1993)。在幼年期(3到4片真葉期)乾旱對後續的植株發育和成熟度的整齊性,產生不利影響。滴灌效率高,無論地面有無塑膠布覆蓋都可採用。噴灌用水效率較低,還可能導致葉部病害。在地勢平坦、壤土區,可以使用溝灌。但水分過多會延遲成熟和減產,尤其是對早熟品種。淺耕作、除草劑、覆蓋,或這些方法的組合可控制雜草(Swanton and Weise, 1991)。

◆ 採收

大多數的青花菜都是用人工採收;採收工人組同時可採收好幾行青花菜,隨行有一臺採收輔助平臺,配合前進、移動紙箱,使修整及田間包裝作業更容易進行(圖16.7)。生產花球紮成一束的中型青花菜,是在花苞仍緊閉時以人工切下花球,將每個直徑大約10-20 cm的3-4個小花球以橡皮筋綁在一起,主莖留約20 cm長切齊。生產大花球的青花菜,花球直徑可達40 cm大,花球切下後不綁在一起,直接裝箱(Jett et al., 1995)。這種作業原本的目的是要在田間一次採收完畢,因為若工人要先挑選才切下適採的花球,效率較低。若採用精準播種、灌溉及雜交一代(F-1)品種,當生長條件理想時,可以得到整齊的成熟度,就可完成一次採收作業。在條件不一致的情況下,則需分多次、每2-4天進行採收。在田間很流行以硬紙箱包裝,這種包裝方式的效率高而且可以減少處理步驟及擦傷。青花菜採收後品質會迅速下降,必須立即送到處理廠進行預冷,移除田間熱(Kader, 1992)。

◆ 採收後處理

由於青花菜的呼吸速率很高,在採收後必須立即予以降溫,才能維持花球的品質和色澤;青花菜應貯藏在0°C及95%RH

的環境中(Kader, 1992)。青花菜採收後應立即用碎冰、強制風冷或其他預冷方式移除田間熱，使降溫至0°C，以保持品質。通常把碎冰水直接加在田間包裝的紙箱中，以去除田間熱，維持產品的新鮮度(Kader, 1992)。雖然趨勢傾向在田間包裝以減輕成本，但採收的青花菜有時仍會運到分級包裝廠去做修整、綁束及預冷，再放在冷藏庫中直到出貨。考慮到運送青花菜後，所用的加蠟紙箱要棄置、紙箱分解緩慢的問題，在一些地區不採用碎冰預冷法。青花菜先用其他方法預冷之後，再用收縮膜個別包裝(shrink film wrapping)後放入冷藏，可在長距離運銷過程中有效的維持產品的新鮮度(Jett, et al., 1995)。收縮包裝可在花球周圍形成調節大氣組成的微氣候環境，有助於維持產品的新鮮度。青花菜的櫥架壽命甚短，只有7-10天，如果延遲做預冷或冷藏溫度波動、不穩定，櫥架壽命會更短。不要將青花菜與會生成乙烯的水果一起貯藏，因為接觸到乙烯會導致花球黃化(Kader, 1992)。加工用青花菜以人工採收，裝入大箱，送到加工廠清洗、切塊，再快速冷凍。

◆ **用途**

青花菜不論是大花球或成束的較小花球都供鮮食，或煮或蒸，也可以當作沙拉生食。有時，市面上會將部分花莖切去，留下的花球只帶很少莖部，以crown、crown cut形式出售。市場上對輕度加工或截切青花菜的需求正日益增加，花球經清洗、修整、切成小花(florets)，裝入塑膠容器或塑膠袋中，也可與其他蔬菜混合當沙拉(salad mix)。

青花菜的加工方式有冷凍及脫水。脫水青花菜小花常和米或義式麵食(pasta)組合成為立即可煮的便利包。青花菜冷凍加工品有青花菜小花、小丁(diced，莖及花球切成小塊)、只有莖的小丁或花球切塊(chopped crowns)等。青花菜小丁有時與其

圖16.7　田間採收及包裝青花菜(中花球綁成束)(美國加州)。

他食物如義式麵食混裝冷凍,作為立即可煮袋裝包。

◆ 全球青花菜生產／貿易

美國是世界上最大的青花菜生產國,栽培面積接近60,000 ha(FAOSTAT, 2012);所生產的青花菜大多供鮮食用,有些冷凍。加州是最大生產州,種植面積占全美的90%。鮮食用青花菜在美國是第4大出口蔬菜;出口的青花菜有50%輸出至加拿大,44%運往日本(USDA,ERS, 2010)。美國也進口青花菜,主要來自墨西哥。在中國、義大利、厄瓜多、瓜地馬拉、歐洲及遠東地區也有大面積的青花菜栽培;中國已經成為供應東南亞地區青花菜的主要出口國,出口至日本的青花菜數量已超過美國成為第一位。

◆ 病蟲害管理

● 蟲害

青花菜和甘藍共有很多同樣的蟲害,因此可參考甘藍有關下列害蟲及其防治方法的詳細說明。小菜蛾(diamondback moth)幼蟲、擬尺蠖(cabbage looper)、紋白蝶(imported cabbageworm)、菜心螟(cabbage webworm)、甘藍橫條螟(cross-striped cabbage worm)、甜菜夜蛾(beet armyworm)、切根蟲(cutworms)、根蠅幼蟲(root maggots)、蚜蟲、銀葉粉蝨(silverleaf whitefly)、菜椿象(harlequin bug)、葉蚤(flea beetle)和蔬菜象鼻蟲(vegetable weevil)等害蟲都會危害青花菜和甘藍(Kemble *et al.*, 1999)。另外危害青花菜的害蟲有:夜盜蟲(armyworm, *Pseudaletia unipuncta*)、玉米穗蛾(corn earworm, *Heliothis obsoleta*)、甘藍粉蝨(cabbage white fly, *Aleurodes proletella*)、甘藍種莢象鼻蟲(cabbage seed pod weevil, *Ceutorrhynchus assimilis*)、甘藍莖象鼻蟲(cabbage stem weevil, *Ceutorrhynchus napi*)、甘藍夜蛾(cabbage moth, *Barathra brassicae*)、大菜螟(leaf webber, *Crocidolomia binotalis*)、捲葉蛾幼蟲(oblique-banded caterpillar, *Cacoecia costana*)、鹽澤燈蛾(salt marsh caterpillar, *Estigmene acrea*)、蔥薊馬(thrips, *Thrips tabaci*)和潛蠅類(leafminers, *Liriomyza* spp.)(CABI, 2012),應就地諮詢當地推薦的最佳防治方法。

● 病害

青花菜有許多病害,其中有許多同樣也危害甘藍和花椰菜,除了降低產量,感病也引起產品外觀不佳、可售性降低。下列病害的詳細論述,可參見甘藍的病害部分:黑腐病(black rot, *X. campestris*)、黑腳病(blackleg, *Leptosphaeria maculans*)、黑斑病(alternaria leaf spot, *Al. brassicae*)、苗立枯病(wirestem, *Rh. solani*)和露菌病(downy mildew, *Pe. parasitica*)(Kemble *et al.*, 1999)。其他危害青花菜的重要病害包括:細菌性葉斑病(bacterial leaf spot, *Pseudomonas syringae* pv. *maculicola*)、細菌性斑點病(leaf spot, *X. campestris* pv. *armoraciae*)、軟腐病(soft rot, *Erwinia carotovora*)、蓊薹斑點病(cercospora leaf spot, *Cercospora brassicicola*)、蓊薹白斑病(cercosporella leaf spot, *Cercosporella brassicae*)、根瘤病(clubroot, *Pl. brassicae*)、立枯病(damping off, *Pythium* spp., *Fusarium* spp. 或 *Rhizoctonia* spp.)、菌核病(sclerotinia rot, *Sclerotinia* spp.)

sclerotiorum)、輪黴菌屬黃萎病(verticillium wilt, *Verticillium alba-atrum*)及鐮孢菌萎凋病(fusarium wilt, *F. oxysporum*)(Cornell, 2004; Rimmer *et al.*, 2007)。

花椰菜

◆ 歷史

花椰菜(*Brassica oleracea* Group Botrytis)是耐寒的冷季作物，適應性廣，全球溫帶和亞熱帶地區都有栽培(Griffiths, 1994)，其確切馴化地點尚未定論，但相信是在東地中海區。花椰菜可能從甘藍的基因突變而來，上方的營養芽成了像癒傷組織的花原體，形成一個花球。最早敘述關於花椰菜的文獻為西元12、13世紀之間的阿拉伯科學家Ibn al-'Awwam 和 Ibn al-Baitar的著作(Fenwick *et al.*, 1982)。到西元16世紀中葉，花椰菜在法國普及，隨後在北歐和不列顛島栽培。在過去200年，印度從歐洲的品種選育耐熱的熱帶型花椰菜。如今，花椰菜普遍栽培在歐洲、北美洲、部分中南美洲地區、亞洲和澳洲；以美國、法國、義大利、印度和中國是主要生產國(FAOSTAT, 2012)。

◆ 植物學

花椰菜為草本雙子葉植物，依品種不同，作一年生或二年生栽培；它可與同一物種*B. oleracea*的其他群或植物變種雜交，它們在遺傳上非常相似。花椰菜在幼苗期很難與甘藍、青花菜和抱子甘藍等近緣植物區分。花椰菜根系中淺，主根有分枝和許多鬚根在土壤上層40 cm。葉長橢圓形、羽狀、厚、有點革質、灰綠色、平滑、互

生(Nieuwhof, 1969)。

花椰菜二年生品種植株過了幼年期後，接受足夠的低溫，可以誘導開花(圖16.3)。盛花時，原本叢生的莖伸長、株高約1 m，展幅約0.5 m(Nieuwhof, 1969)。花序是總狀花序、伸長迅速，許多小花、黃色、在末端形成；兩性花、4花瓣成十字形、一個雌蕊、6枚雄蕊，以及子房二室，如同青花菜和甘藍(Nieuwhof, 1969)。花由昆蟲授粉，通常由蜜蜂，因花多、有花蜜。因為花粉不親和性，無法自花授粉，花粉只能在不同植株上的柱頭成功發芽、生長(Rubatzky and Yamaguchi, 1997)。授粉後子房發育成果實，即長角果，每果有20-40粒種子，和甘藍和青花菜相同。

花椰菜花球(head, curd)是由未分化花原體組成，像癒傷組織、植物組織中未組織化的薄壁細胞團塊(圖16.8)。花球形成於植株粗短的莖的頂端，是重複分枝的肉質、肥厚、未分化且多為白色的密集組織(Rubatzky and Yamaguchi, 1997)。多數品種因側枝迅速增厚而伸長慢，花球厚短、圓頂狀，有些品種的花蕾球尖形或金字塔形。過了食用期，花球繼續生長，許多分枝不斷伸長，導致花球不再緊密、失去形狀。一般，花球起始發生在幼年期過後；早熟品種在15-20片葉後，過幼年期形成花蕾球。晚熟品種在25-30片或更多葉後，花蕾球才分化。熱帶夏季花椰菜品種在相對較高溫就能產生花蕾球，只要很少春化作用就開花。二年生晚熟品種在春化作用後，於莖頂分化產生花原體；當花蕾球早已過了可食用期，這些花原體變得較為

圖16.8 在食用成熟度的花椰菜花球。花球由花原體組成，一年生品種繼續發育，就生成花莖；二年生品種須先經過春化作用。

明顯。花芽在花球伸長的分枝側腋形成(Rubatzky and Yamaguchi, 1997)。

　　植株在營養生長階段株高不一，大多40-80 cm；葉片直立、橢圓形、比甘藍葉長且窄(Nieuwhof, 1969)。葉色從灰綠到青綠色，有蠟粉，葉緣平滑或捲曲。最初小內葉最初包圍並保護花蕾球，不使陽光照射而變色，隨花球增大、成熟，最內葉子無法遮抱保護花蕾球；花球的內、外葉遮蓋範圍在品種間差異很大。晚熟品種產生較多、較大的葉片，可以給花球較好的覆蓋。一般，葉大有大花球。夏季、熱帶品種生長葉片較少，需要綁葉片、保護花球，不使因照光變色(Rubatzky and Yamaguchi, 1997)。

◆ 類型和品種

　　花椰菜有開放授粉品種及雜交品種。在溫帶地區生長的花椰菜品種可大致分為3種成熟型：早熟(夏季或秋季收穫)、中熟(晚秋和冬初)和晚熟(冬、春季採收)。有一群重要的花椰菜品種Cavolofiore di Jesi，來自義大利，有不同的花蕾球形態：乳黃色到黃色、金字塔形花球；和兩個綠色花球品種、一個平滑形、另一個金字塔形，分別是品種Flora Blanca及Romanesco。北歐品種在夏季和秋季作一年生栽培的有Alpha及Snowball。西北歐的品種作二年生栽培，晚冬和春季生產，如品種Roscoff及St. Malo。從歐洲種原育成的澳洲品種作一年生栽培，晚冬、初冬或春季採收的有Barrier Reef。亞洲品種作一年生早生栽培，適應高溫地區的有Panta (Rubatzky and Yamaguchi, 1997)。

　　花椰菜有些品種一定要有低溫處理，才會形成花球；所有品種都要一些春化處理才開花，所需的低溫時間因品種而異(Rubatzky and Yamaguchi, 1997)。晚熟品種比早熟品種需要較長的低溫處理時間和較低溫度。各品種的重要特性有花球的大小、形狀、緊密度、花球表面質地和顏色。白色品種是大多數市場的首選，雖然也有乳黃色、紫色、綠色及橙色品種(Rubatzky and Yamaguchi, 1997)。就鮮食用白花球花椰菜而言，花球應形狀一致、乾淨、無擦傷、純白色至淺黃色；就加工市場而言，花球顏色不夠白，但加工過程會使變白是可接受的。花球組織通常缺乏葉綠素，但有一花椰菜品種是綠色花球，商品名為綠花椰菜(broccoflower, broccoliflower)，它不是青花菜和花椰菜的雜交品種，只是花球會產生葉綠素的花椰菜品種。

　　在北歐，一些晚熟、越冬的花椰菜品種有時會稱為broccoli或heading broccoli(Rubatzky and Yamaguchi, 1997)。這

些名稱不要與sprouting broccoli混淆，後者是一年生、植株構型直立，花球由綠到紫色、完全分化的未成熟花蕾組成，這些花苞進一步發育就開花。而花椰菜花球是由莖頂密集的白色、未分化花原體組成，是植株接受低溫處理後形成。

◆ **施肥**

生產花椰菜需要深厚、肥沃且排水良好的土壤。土壤肥力因區域和土壤類型而不同，播種前應分析土壤養分含量。土壤的pH值和肥力應注意維護，跟甘藍一樣；土壤pH值最好在6.0-6.5，但花椰菜可耐受較寬的pH值範圍5.5-6.8(Swaider et al., 1992)。

花椰菜需要高氮肥且肥料應施放於植株附近，因為其根系相對較小。缺氮時產量減少，成熟期延遲，貯藏能力縮短(Peirce, 1987)。通常在種植時施氮肥，到結球期，植株迅速生長、營養需求高時，再追施。有機土壤生產花椰菜時，需要較少氮肥。生長季長的花椰菜品種應在結球時補充氮肥，或根據葉柄分析結果決定(Swaider et al., 1992)。加工用的花椰菜施較高氮肥，可以提高花球的大小、密度和產量，因不須顧慮高N引起的櫥架壽命減短。過量氮肥會促進快速生長，且花球鬆開、品質降低、保鮮期縮短。若加上高溫，過量的氮肥會促進敏感品種發生頂燒病。

如同大多數蕓薹屬作物，花椰菜對硼和鉬需求高(Swaider et al., 1992)。缺乏硼導致幼葉和幼莖黃化，病徵從基部開始向頂端發生；極端情況下頂梢芽或頂芽簇生，

甚至死亡；缺硼導致莖裂開和花球褐變，花球的莖和分枝上可能有水浸狀。花椰菜對鉬不足非常敏感，尤其是在充分施肥的砂質土壤，其pH值接近或低於6；要避免缺鉬造成whiptail，可施用石灰提高土壤pH值高於6.5，或加鉬酸鉀或鉬酸鈉，可以增加鉬的有效性；花椰菜缺鉬造成的病徵包括葉片縊縮和變黃，稱為whiptail，通常老葉邊緣和葉脈間黃化、葉緣燒焦和向下捲曲(Swaider et al., 1992)；嚴重時，會中止花蕾球發育。當低溫或其他環境逆境，加上缺氮，會導致花球提早生成、早期出蕾(buttoning)(Rubatzky and Yamaguchi, 1997)。花椰菜對缺鎂、缺錳敏感，分別造成老葉、幼葉的脈間黃化。

◆ **生產**

與非十字花科作物輪作，是控制花椰菜土傳病蟲害的良策。花椰菜移植容易，因為植株容易生根、定植成功所需的根量小(Swaider et al., 1992)。然而，定植時及成活過程中，逆境壓力過大時，可能導致提早出蕾或不結球(Rubatzky and Yamaguchi, 1997)。為了減少逆境，在設施保護下生產花椰菜穴盤苗移植，而不要像有些甘藍在室外苗床育苗，定植前挖出裸根苗(bare root)。播種後4-6週，幼苗就可定植田間。花椰菜也可由直播種植，但多用育苗定植，以避免環境逆境和負面結果。花椰菜通常在高畦栽培，以增進排水和適用溝灌。依據不同的品種，株距為30-60 cm、行距60-90 cm (Swaider et al., 1992)。

溫暖的氣溫會抑制或延緩花椰菜花球的形成和開花，但促進營養生長，而冷涼

的氣溫有利於花球形成。花球形成應等到植株有充分的葉面積行光合作用，才能供應、支持花球的發育，花球才能達到足夠大小。因此，生產者的目標是植株先有旺盛營養生長並有大的葉面積，再有花球形成的啟動(Rubatzky and Yamaguchi, 1997)。花球提早形成是一些一年生和熱帶品種常見的問題。冬季品種必須有足夠的低溫，才會產生花球；如果在熱帶地區種植，植株會一直保持在營養生長期。為確定最佳種植時間表及產量，需要知道有關溫度和栽培品種之間的交互作用訊息。

一旦生殖生長啟動就不容易逆轉，花球開始分化、葉發育減少，而側芽伸長成莖頂，構成圓頂形花球的球面。許多品種在16-18°C發育的花球品質最好，溫度超過20°C品質就會下降。有些冬季品種在低至10°C的溫度，花球活性生成；而一些熱帶品種在氣溫達30°C時，花球仍可持續發育(Rubatzky and Yamaguchi, 1997)。一旦啟動花球發育，高溫加速花球發育速率，但也降低花球緊密度。

與溫度相關的花球生理障礙有提早出蕾(buttoning)、毛花(riceyness)、綠花(bracting)和畸形花球。提早出蕾係因植株尚未充分營養生長，發育的花球小。花球表面毛絨狀稱為毛花，提早形成花蕾，這是由於低溫誘導後，接著是暖溫，促進莖梢快速生長(Rubatzky and Yamaguchi, 1997)。毛花的外觀差異可能是由於品種成熟時間不同、暴露於不同的低溫和時間。綠花是高溫下側枝間的小葉片快速生長所造成。快速及／或繼續生長也會同樣使花

球的側枝伸長，導致花球變形及綠花。不結球的狀況是由於低溫或其他的頂端分生組織損傷造成，即沒有頂端分生組織、葉片數減少、無花球(blindness)(Rubatzky and Yamaguchi, 1997)。

市場要求花球白色，不要因陽光曝晒變色。許多品種當花球小時，葉片能保護花球，但隨著花球增大，包圍的葉片伸展反曲而暴露花球(Rubatzky and Yamaguchi, 1997)。自行白化(self-blanching)的品種是專為葉片長而直立、無需綁束就能遮陰花球而育成；高密度栽培及高氮肥有助於產生大且直立的葉以屏蔽花球。但在陽光強烈的美國加州夏季生產花椰菜，農人必須在花球上方用橡皮筋紮起外葉，防止陽光造成變色；以不同顏色橡皮筋表示綁葉時間，以便菜農能夠依此決定可能的採收日期。冬季型品種通常葉生長旺盛，不需要綁束。因為冬季型花椰菜需要較長的生育期，除了在法國北部、部分英國、丹麥和荷蘭地區，其生產在許多地區已減少。對熱帶品種，較少考慮陽光造成變色，熱帶品種的開放性生長習性也很難用葉子軟化花球。

花椰菜生產可以用施保育耕作技術，和甘藍、青花菜一樣，即前季作物採收後，給土壤最少的干擾。

保育耕作生產花椰菜，要求較少的機械作業、勞動力和燃料，以及減少土壤流失和板結。保育耕作也有缺點，如同前面甘藍和青花菜部分所論及。

花椰菜可以使用如前述甘藍和青花菜的塑膠布栽培方式。在前面甘藍的部分，

有詳細描述。

一般花椰菜每週至少需要2.5-3.8 cm的水，以供植株不間斷的生長。當土壤水分低於50%田間容水量一段長時間，特別是在砂質土壤，會造成減產(Saunders, 1993)。在幼年期(3-4片本葉)，乾旱會造成株冠小、不結花球、提早出蕾、減低成熟時的整齊度。滴灌是最有效的，有無塑膠膜覆蓋均可使用。噴灌的用水效率較差，並且容易罹病。在地勢平坦的壤土區，如果水分充足可選擇溝灌。過多水分會延後成熟、減產，尤其是早熟品種。防治花椰菜雜草可用的措施有：淺耕犁、除草劑、塑膠膜覆蓋或這些方法的組合。

◆ 採收

鮮食用花椰菜以人工採收，採收時花球仍緊密、未鬆開。當過了可售大小、花球不緊密了，花球形狀會改變，原本凸起的花球面會變扁，甚至下凹。要供應遠處市場的花椰菜通常在田間就地包裝，但也可以運送到分級包裝廠做選別、分級、移除田間熱及包裝運銷。原本生產者都希望能在田間一次完成人工採收，但實際上常要採收數次；這是因為植株間有差異、花球發育不一致。雖然已研發出具有選擇性的採收機械，但是大部分花椰菜仍用人工採收，田間配合一臺緩慢移動的採收輔助平臺；將包裝好的花菜紙箱送至大貨車，再送出田區。花椰菜的採收是在花球下方一段距離處切斷，保留一些花球周圍的葉片，並修整到與花球相同高度，一方面可以看到花球，又有保護花球不受到物理傷害的作用。達到採收成熟度的花球重量約

0.5-2 kg，直徑約15-30 cm。田間採用塑膠薄膜、個別包裝修整好的花球，可以減低失水及處理步驟。個別包裝好的花球裝入厚紙箱，可減少處理工作及擦傷，以免櫥架壽命變短。如果市場離產地不遠，花球可能不需做薄膜包裝。完成田間包裝後，花椰菜要運到預冷場，用壓差預冷或真空預冷將田間熱移除；之後連同紙箱仍要冷藏，直到出貨。加工用的花椰菜裝在大箱中，不經預冷，直接運往加工廠。由於市場對輕度加工鮮食用花椰菜的需求仍在增加，所以花球通常經過修整、清洗、分切成小塊後，裝入塑膠袋，以立即可食的形式販售。

◆ 採收後處理

花椰菜的呼吸速率高，容易失水，因此採收之後要立即預冷，以維持花球品質及色澤。花椰菜在貯藏或運銷前，可用壓差預冷、真空預冷或冰水預冷等方法去除田間熱(Kader, 1992)。真空預冷適用於田間完成包裝的花球，若預冷時花球有點潮，預冷的效率更高。商業貯藏以0°C及95%-98% RH的條件，可維持良好品質達3週。但在-1°C下就會發生凍害，使花球變色並變軟(Kader, 1992)。維持98-100% RH可以更進一步降低失重並維持花球的飽滿，但應避免游離水聚結於花球。在5°C貯藏，貯藏期減為7-10天；在10°C下，貯藏期降為5天，在15°C貯藏期只有3天，依最初的花球品質而定。經過長期貯藏後，花椰菜的品質變差，發生萎凋、褐化、花球鬆開、葉片黃化及腐爛等。氣調(controlled atmosphere)及氣變(modified atmosphere)貯

藏對花椰菜的效益不大；低氧(<2%)與3%-5% CO_2可以延遲葉片的黃化及花球的褐化。但是低於2% O_2及／或CO_2大於5%可能會有花球傷害(Kader, 1992)。受傷的花球在外觀上未必看得出來，但在烹煮後，花球變軟、呈現灰色及異味等。若在大於10% CO_2的環境中，2天內就會造成傷害。新鮮花椰菜與青花菜不同，放在低氧環境貯藏時，不會產生強烈的異味。花椰菜的乙烯生成速率很低(< 1 μ l/kg)，但對乙烯卻非常敏感，最常見的症狀是花球變色、葉片黃化及脫落(Kader, 1992)。

生長條件對新鮮花椰菜品質的影響非常大；花球一定要避免受到日晒，否則會出現黃化及風味不佳。只有高品質的花球才要貯藏或運銷遠地。花球在處理時一定要很小心以避免擦傷，受傷會造成花球迅速褐化及腐敗。有時花椰菜也會被運到分級包裝廠進行修整，將幾個紮成一束和預冷，最後放入冷藏庫等待運送。加工用的花椰菜是以人工或機械採收，集中在大箱中運往加工廠，經清洗、切塊、急速冷凍。

◆ 用途

市場所販售一個個鮮食用花椰菜花球，可經煮食、烤食或蒸食，也可以不經烹煮，當作沙拉食用。花椰菜適合做成輕度加工的截切蔬菜，花球經水洗及修整，與其他蔬菜混合，成新鮮蔬菜沙拉。

花椰菜的加工方式有冷凍及脫水。脫水花椰菜與乾米飯或義式麵食一起做成便利包。切丁的花椰菜(有莖及花球)、切丁的莖部或切塊的花球都可以冷凍形式販售。切丁的花椰菜有時與其他食材，如義式麵混合，做成立即可煮的袋裝冷凍食物。

◆ 全球花椰菜生產／貿易

中國大陸與印度是全球最大花椰菜生產國，約70%花椰菜在亞洲生產(FAOSTAT, 2012)。歐洲的生產量約占全球的20%，以義大利與英國為歐洲的主要生產國。北美洲也有相當的生產量，以美國生產最多(FAOSTAT, 2012)。

◆ 病蟲害

◆ 蟲害

花椰菜遭受之蟲害大致與甘藍、青花菜的相同；有關以下害蟲及其防治方法可參見甘藍部分。小菜蛾(diamondback moth)、擬尺蠖(cabbage looper)、紋白蝶(imported cabbageworm)、菜心螟(cabbage webworm)、甘藍橫條螟(cross-striped cabbageworm)、甜菜夜蛾(beet armyworm)、切根蟲(cutworms)、根蠅(root maggots)、蚜蟲(aphids)、銀葉粉蝨(silverleaf whitefly)、菜椿象(harlequin bug)、葉蚤(flea beetle)和蔬菜象鼻蟲(vegetable weevil)等昆蟲都會危害花椰菜和甘藍。另外危害花椰菜的害蟲有：夜盜蟲(*Ps. unipuncta*)、玉米穗蛾(*Heliothis obsoleta*)、甘藍粉蝨(*Al. proletella*)、甘藍種莢象鼻蟲(*Ce. assimilis*)、甘藍莖象鼻蟲(*Ce. napi*)、甘藍夜蛾(*Ba. Brassicae*)、大菜螟(*Cr. binotalis*)、捲葉蛾(*Ca. costana*)、鹽澤燈蛾(salt marsh caterpillar, *Es. Acrea*)、蔥薊馬(*Th. tabaci*)和潛蠅類(*Liriomyza* spp.)，應就地諮詢當地推薦的最佳防治方法。

• 病害

　　許多危害花椰菜的病害亦能危害甘藍和青花菜。罹病除降低產量外，也會造成外觀的缺損，因而降低可售性。關於各種病害的詳細論述可參看甘藍的相關部分：有黑腐病(*X. campestris*)、黑腳病(*Le. maculans*)、黑斑病(*Al. brassicae*)、苗立枯病(*Rh. solani*)、露菌病(*Pe. parasitica*)(Kemble *et al.*, 1999)。其他重要病害包括：細菌性黑斑病(*Ps. syringae* pv. *maculicola*)、細菌性斑點病(*X. campestris* pv. *armoraciae*)、軟腐病(*Er. carotovora*)、薹薑斑點病(*C. brassicicola*)、薹薑白斑病(*Ce. brassicea*)、根瘤病(*Pl. brassicae*)、立枯病(*Pythium* spp., *Fusarium* spp., *Rhizoctonia* spp.)、菌核病(*Sc. sclerotiorum*)，輪黴菌屬萎凋病(*V. alba-atrum*)、鐮孢菌萎凋病(*F. oxysporum*)、蕪菁嵌紋病毒(TuMV)和花椰菜嵌紋病毒(CaMV)(Cornell, 2004; Rimmer *et al.*, 2007)。

　　生理性黑點病(blackspeck)是花椰菜營養失衡的生理障礙，在花球上產生黑色小斑點，常見於'雪球'('Snowball')品種系列，是由於鈣營養失衡所引起。本病也與甘藍、結球白菜常見的缺鈣引起的頂燒病和內部褐變病(internal browning)相關，是鈣運輸至快速生長的組織不足。葉面噴施硝酸鈣或減少施用氮肥，可以控制本病害(Cornell, 2004)。

　　採收後腐敗由*Erwinia* spp.及*Pseudomonas* spp.造成，以及由*Alternaria* spp.造成褐腐病引起。貯藏品質優良且無病的花球，控制保持適宜的溫度，方可有效防治這些病原

(Cornell, 2004)。

抱子甘藍

◆ 歷史

　　一般認為抱子甘藍(brussels sprout)起源於歐洲北部發展(Field, 2001)；早在西元5世紀就在歐洲北部發展(Field, 2001)。抱子甘藍可能是在中世紀由羅馬人引到歐洲北部的甘藍自然突變而來。有來源認為抱子甘藍在西元13世紀栽培於布魯塞爾附近；最早的記錄是在西元1587年，所以抱子甘藍是近代起源的作物(Rubatzky and Yamaguchi, 1997)。所發生的突變是腋芽發達、營養莖伸長；收集穩定的突變、輪迴選拔較長的莖和較多的腋芽發育，就是目前我們所知的抱子甘藍。抱子甘藍隨法國殖民者首先到達北美洲，種在路易斯安那州。最早在加州中部沿海地區的栽植，始於西元1920年代；但直到西元1940年代，才在北美地區普及有相當的產量。在西元1980年代，瓜地馬拉高地因工資較低和氣候適宜，成為抱子甘藍主要出口產地。抱子甘藍除在北歐是主要作物外，在其他地方的發展及／或生產有限。抱子甘藍在北美洲、澳洲、紐西蘭、瓜地馬拉有商業栽培(FAOSTAT, 2012)。

◆ 植物學

　　抱子甘藍(*B. oleracea* Group Gemmifera)是冷涼、耐寒的草本、雙子葉、二年生植物(Griffiths, 1994)，它可以與甘藍、花椰菜、青花菜和甘藍類的其他成員雜交授粉，因為它們都屬同一物種。在苗期，抱子甘藍很難與青花菜、甘藍、花椰菜區

分。葉厚，有點革質、長橢圓形、光滑、單葉、互生，羽狀葉具葉柄。葉子顏色從紫色到綠色。根系中淺、有明顯直根、易分枝，形成許多鬚根，集中在土壤上層30-40 cm深的範圍(Nieuwhof, 1969)。抱子甘藍很容易識別，其莖伸長(50-90 cm)、不分枝、直徑約5-8 cm，全株葉腋著生許多營養芽(sprouts)(Nieuwhof, 1969)。植株頂芽優勢強，莖頂有一個大的頂芽抑制植株頂部附近的腋芽發育(Nieuwhof, 1969)。植株從底部向上繼續產生腋芽，直到植株停止生長(圖16.9)。

一株通常產生100多個芽球(Rubatzky and Yamaguchi, 1997)。早生品種比較矮，生產的芽球比高大的晚熟品種少。但高的品種較容易倒伏。芽球的緊密度、大小、形狀、色澤強度、採收期及生產力是重要的特性。冷涼或零下的低溫會增加芽球的緊密度及風味。

抱子甘藍植株經春化處理後，花序(總

圖16.9 在初冬，達採收成熟度的抱子甘藍植株。隨腋芽球從植株基部向頂部方向形成，下位葉就老化。

狀花序)從頂芽迅速伸長(圖16.3)，與其他十字花科蔬菜一樣有許多小花，花兩性，4片黃色花瓣呈十字型和一個雌蕊、6個雄蕊(Nieuwhof, 1969)。在盛花期，植株大約1.2 m高，橫徑0.5 m。儘管是完全花，最常由蜜蜂異花授粉；因為具花粉不親和性，不能自花授粉，表示花粉只能在不同植株上的花的柱頭上成功發芽(Rubatzky and Yamaguchi, 1997)。育種者利用不親和性基因來確保自交系間的雜交授粉，以產生F-1雜交種子。子房上位有一或兩室發育成為長角果，其大小和形狀類似甘藍、青花菜和花椰菜的長角果(Nieuwhof, 1969)。種子通常在受精後50-80天成熟。授粉良好的一株抱子甘藍可以產生175 g種子，每公克大約有350粒。

◆ 生產

抱子甘藍需與非十字花科作物輪作至少3年，以控制土傳病蟲害。抱子甘藍能適應多種礦質土及有機土壤，在排水良好、有充足水分和養分的土地上，生育良好。土壤肥力因區域和土壤類型有所不同，種植抱子甘藍前應該分析土壤養分含量。土壤pH值在6.0-6.5的範圍內最好，但抱子甘藍可容忍pH5.5-6.8。抱子甘藍對氮肥需求為中高量，施肥位置應在植株附近，因為它的根域相當小。缺氮時會減少產量，延後成熟、降低貯藏品質和有強烈、令人反感的風味。通常氮肥在種植時施用，芽球形成時再施一次；若種植在有機土壤，需要補充的氮肥少。過量施氮可促進快速生長和大芽球，但芽球不硬實且架售期短。如同其他十字花科蔬菜，抱子甘藍對硼及

鉬需求高，缺硼引起幼葉和莖黃化，病徵從基部開始到先端。極端情況下發生頂梢簇生甚至頂梢死亡。抱子甘藍缺鉬常見症狀有葉片黃化、葉緣和脈間退綠、葉緣壞疽捲起、焦枯和葉緣向下捲曲，通常發生在老葉。

營養生長可以適應的溫度範圍廣，但優質芽球發育要在涼溫5-18°C。高於25°C時，芽球不太緊實，具有很強的味道。如果溫度超過30°C，會抑制芽球發育；溫度低於5°C生長慢，雖然植株可耐受長時間寒冷氣溫。在冷涼溫度下發育的芽球比在高溫下發育的味道較淡，有些人認為抱子甘藍植株經過冷凍的低溫後，味道最好。抱子甘藍F-1雜交品種與自然授粉品種相比，表現出雜種優勢且較整齊，而受歡迎。從F-1雜交植株留種不能得到與親本相同的植株，每年應重新購買種子種植。抱子甘藍品種根據成熟期分為早生、中生(也是主季(main season)品種)及晚生品種，移植後到成熟日期85-125天。芽球較小的品種供冷凍用；早生品種從定植到收穫需要85-90天，主要生產品種需要110-120天。

通常抱子甘藍採移植栽培，依品種行內株距25-60 cm、行距50-90 cm。移植栽培可縮短田間生長期及增進採收時的整齊度。育苗在密植的植床或在設施內以介質及穴盤培育。抱子甘藍根團小，像甘藍一樣屬於容易移植成活的。播種後4-6週的菜苗可以定植田區。種植於苗床，挖出之移植苗放在0°C不要超過10天，在19°C不要超過5天就該移植。

抱子甘藍生產可採用保育耕作技術，但沿著加州中部海岸的坡地栽培採用慣行耕作方式。用在青花菜、花椰菜和甘藍的保育耕作技術也適用於抱子甘藍；移植栽培為最常用的方法，苗移植到保育耕作的植床。抱子甘藍在冷涼的土壤條件下生長良好，多在天暖季節移植栽培，於秋季或次年春季收穫。保育耕作技術用於暖季蔬菜栽培的缺點如：土壤溫度較低、直播時發芽和出苗速度較慢、早期生長較慢等，但這些對抱子甘藍就不是缺點。

抱子甘藍在溫度涼爽和中度嚴冬的地區適應良好，如在歐洲西北部，有時抱子甘藍越冬，春季採收。溫度低至5°C時，植株可繼續營養生長，雖然速度慢。植株耐寒，若經過馴化，溫度低至-5至-10°C下仍可存活。高溫抑制莖的伸長，雖然增進腋芽生長，緊密度降低。

一般抱子甘藍每週需要2.5-3.8 cm的水，以確保生長不間斷。當土壤水分長時間低於50%田間容水量，特別是在砂質土壤，會造成減產。在3-4片本葉的幼年期有乾旱逆境，會對後續植株發育和成熟的整齊度產生不利影響。滴灌是有效益的；噴灌用水效率較低，且導致葉部病害。地勢平坦的壤土區可以採用溝灌。要防治雜草，可採用淺耕作、除草劑、地面覆蓋或這些方法的組合。

◆採收

抱子甘藍作一年生栽培，採收其小腋芽球(sprouts)，可以在產季中個別採下，或一次破壞性採收完畢。當腋芽球已硬實、充分發育到直徑約為2.5-5 cm大小時，即可開始採收(Swaider et al., 1992)。從植株基部

的腋芽球開始依序向上，人工連續採收數次，供應鮮食市場。一個個腋芽球自莖上一個個折斷摘下，位於下方的芽球被採下後，其上方的幼芽仍會繼續發育長大。人工採收可能需要數星期，有時甚至長達4個月。採取人工多次採收作業時，不要將頂芽除去，莖可繼續生長並產生更多的腋芽球。個別芽球的重量自20 g至50 g以上，直徑為20-60 mm；冷凍加工用的要求為直徑15-25 mm的芽球。抱子甘藍的產量為每公頃6-20公噸，人工多次採收的鮮食用抱子甘藍產量要比加工用的產量為高。然而，隨著莖高度增加，植株可能會倒伏，造成栽培及採收作業的不便(CABI, 2012)。

雖然抱子甘藍可以人工採收，但是利用人力輔助或部分機械化作業的一次破壞性採收也在增加，特別是供應冷凍加工用的抱子甘藍。其過程是先將植株除葉(拉下)、莖切斷、用脫芽機組(sprout stripper)將芽球切拉下。當植株下方的腋芽球長到直徑約1.3 cm時，要施用頂芽抑制劑(tip inhibitor)，或直接切除頂梢的生長點。如此可打破頂芽優勢，促進莖上的全部腋芽球整齊發育，以進行一次性的機械採收。施用生長抑制劑SADH(Succinic acid 2,2-dimethyl hydrazine，商品名Alar)可以代替頂芽的去除，打破頂芽優勢(Rubatzky and Yamaguchi, 1992)。莖不會繼續伸長，但腋芽的總生長量不會受阻，靠近莖頂的腋芽膨大速率比靠近基部的大。芽球生長大部分靠葉片氮素及碳源的重新分配；因此，在植株尚未長到適當大小之前，不要去除頂芽。

◆ 採收後處理

抱子甘藍採收後應立即以冰水預冷、壓差預冷或其他方式移除田間熱，冷卻至0°C，以維持品質(Kader, 1992)。新鮮抱子甘藍貯藏在0-5°C、95-100% RH環境中，可貯藏達30天；若延遲預冷或冷藏溫度上下波動時，貯藏壽命則會明顯縮短。抱子甘藍不可與會釋放大量乙烯的水果一起貯藏，因為乙烯會造成黃化(Kader, 1992)。加工用抱子甘藍通常是用一種採收輔助機將芽球自莖上剝下，集中裝在大箱，運送到加工廠；經過清洗、切開，再快速冷凍。

◆ 病蟲害管理

• 蟲害

抱子甘藍與甘藍、青花菜、花椰菜的親緣關係極近，有很多共同的害蟲。以下抱子甘藍的害蟲及防治措施可參考甘藍的相關部分：小菜蛾、擬尺蠖、紋白蝶、菜心螟、甘藍橫條螟、甜菜夜蛾、切根蟲、根蠅、蚜蟲、銀葉粉蝨、菜椿象、葉蚤、蔬菜象鼻蟲(Kemble et al., 1999)。另外會危害抱子甘藍的其他害蟲有：夜盜蟲(Ps. unipuncta)、玉米穗蛾(Heliothis obsoleta)、甘藍粉蝨(Al. proletella)、甘藍種莢象鼻蟲(Ce. assimilis)、甘藍莖象鼻蟲(Ce. napi)、甘藍夜蛾(Ba. brassicae)、夜蛾(gramma moth, Phytometra gamma)、大菜螟(Cr. binotalis)、捲葉蛾(oblique-banded caterpillar, Ca. costana)、鹽澤燈蛾(Es. acrea)、薊馬和潛蠅類(Liriomyza spp.)等害蟲(Cornell, 2004)，應就地諮詢當地推薦的最佳防治措施。

• 病害

會危害花椰菜、甘藍和青花菜的許

多病害也危害抱子甘藍。除了造成減產，感染也影響外觀、降低商品性。關於每種病害的詳細論述，可參看甘藍的相關部分，病害有：黑腐病、黑腳病、黑斑病、立枯病、露菌病(Kemble *et al*., 1999)。其他一些重要的病害包括：細菌性葉斑病(*Ps. syringae* pv. *maculicola*)、細菌性斑點病(*X. campestris* pv. *armoraciae*)、軟腐病(*Er. carotovora* 或*Pseudomonas* spp.)、蕓薹斑點病(*C. brassicicola*)、蕓薹白斑病(Cercosporella leaf spot, *Ce. brassicae*)、根瘤病(*Pl. brassicae*)、猝倒病(腐黴菌(*Pythium* spp.)、鐮孢菌屬(*Fusarium* spp.)或立枯絲核菌(*Rhizoctonia* spp.)、菌核病(*Sc. sclerotiorum*)、黃萎病(*V. alba-atrum*)、鐮孢菌萎凋病(*F. oxysporum*)、蕪菁嵌紋病毒病(TuMV)和花椰菜嵌紋病(CaMV)(Cornell, 2004; CABI, 2012)。

✦ 用途

抱子甘藍主要分成鮮食用或冷凍，以散裝、袋裝或裝在塑膠籃的方式販售；一般需要烹煮後食用。抱子甘藍相當適合冷凍加工，冷凍有助於維持品質及風味。有時，抱子甘藍也以食醋做成醃漬品保存。

✦ 抱子甘藍貿易

抱子甘藍在北歐栽種最多。在歐洲大陸中，荷蘭是最大的生產國，年產量為82,000公噸，其次為德國的10,000公噸。英國的產量與荷蘭相當，但主要以國內消費為主，一般很少外銷。抱子甘藍在澳洲與紐西蘭也是重要的作物。在北美洲，抱子甘藍屬於小宗作物，加州約有1,000 ha栽培，生產量占全美商業生產的98%。加

州生產的抱子甘藍絕大部分、約80%-85%冷凍加工，其餘以新鮮狀態販售(NASS, 1999)。由於抱子甘藍的生產，勞力需求相對較高，所以已經轉移到人力充足、工資較低的國家去生產；此趨勢使得抱子甘藍國際貿易量，不論新鮮或冷凍品都在增加。瓜地馬拉是新鮮與冷凍抱子甘藍的主要出口國，出口至美國與加拿大。非洲也生產抱子甘藍，出口到歐盟各國。

球莖甘藍

球莖甘藍是冷季二年生植物，作一年生栽培，採收其膨大的莖部為蔬菜(Rubatzky and Yamaguchi, 1997；圖 16.10)。

球莖甘藍在歐洲比在北美洲普遍。在美國的品種選擇有限，以 'White Vienna' 最為常見，也有綠色和紫色品種，在一些市場流行。球莖甘藍的味道和用途類似蕪菁。在美國，球莖甘藍僅在戶外生長，在歐洲有室外和溫室的栽培。

肥沃的壤質土壤或大量施用有機物質有助於生產嫩質莖。施肥和栽培管理的需求類似花椰菜；過量的氮肥和水引起一些

圖16.10 一箱待售的球莖甘藍(荷蘭的蔬菜拍賣會)。

品種的莖裂開。植株快速持續的生長才能得到最好品質的嫩莖。球莖甘藍生長和發育的最適溫度為16-21°C；暴露於7°C以下的溫度可能會導致春化抽薹，而高溫抑制生長，組織變硬、纖維化。

雖然球莖甘藍可以移植，但一般採用直播，再間拔到植株間距10-16 cm，或者精準播種到最終株數。每2-3週連續栽培以確保全季可連續供應。當球莖甘藍膨大的莖部直徑達5-8 cm時可採收，球莖像一個小蘋果的大小，要在球莖木質化之前，即播種後55-65天採收(Swaider *et al.*, 1992)。將根切掉，嫩莖可個別出售、或綁成一束、或裝袋銷售。推薦貯藏溫度為0°C，但留著葉部時只能維持幾天品質。去除上方葉部並貯藏在0°C，可以延長貯藏壽命至4週(Kader, 1992)。

綠葉菜

綠葉菜(greens)指一群多元、不結球的蕓薹屬植物，包括芥菜(mustard)、蕪菁(turnip)、羽衣甘藍(kale, collards)；生產其葉供鮮食或烹煮。在加拿大有些地區，也採瑞典蕪菁(rutabaga)的幼葉作綠葉菜用。這些綠葉菜是冷季作物，在美國南部種植於夏季或秋季；有些蕪菁品種已沒有膨大的根部，僅作綠葉菜用。「西伯利亞」(Siberian)平葉種羽衣甘藍和蘇格蘭皺葉種羽衣甘藍栽培最廣。目前，在美國有多種皺葉型羽衣甘藍，葉色藍色或綠色(圖16.11：Rubatzky and Yamaguchi, 1997)。

所有綠葉菜的生產管理相同，類似甘藍的生產管理。這些全為涼季作物，在南方地區，於早春或夏末或秋天種植，於冬季和春季採收。雖然過去有些羽衣甘藍採移植栽培，但多數是直播，只在必要時疏苗。羽衣甘藍(kale)和芥菜於播種後生長期只有40-50天，collards播種後生長期通常為75-90天(Swaider *et al.*, 1992)。綠葉菜在排水良好的砂質壤土生長最好。在一些地區，兩作或三作穴格苗種植在地面有塑膠布覆蓋的田區，生產成束採收的collards。植株生長必須快速、一致，才能有嫩的綠葉菜，採收作業及田間包裝才方便。有充分的肥分才能維持營養生長，但過量氮肥會降低作物耐寒性及貯藏品質。collard、芥菜，特別是kale在沒有溫暖的天氣之前可耐受-9°C低溫(Rubatzky and Yamaguchi, 1997)。在北方地區，這些作物在霜凍後仍可採收，直到最終被冰凍天氣凍死。兩種羽衣甘藍當葉片達最大但仍嫩時，可連續採收。當collard植株15-30 cm高時即可齊地面切下，2或3株綁成一把零售。修整好的葉片可散裝銷售或綁成束裝在紙箱銷售。綠葉蔬菜預洗、切碎、用聚乙烯袋包裝販賣的比例增加。綠葉蔬菜很容易腐爛，應迅速用冰、水冷或真空預冷去除田間熱。貯藏適溫為0°C和95%-100% RH，但貯存壽命通常只有1-2週(Kader, 1992)。

亞洲蕓薹屬蔬菜
ASIAN BRASSICAS

有許多蕓薹屬蔬菜在東南亞普遍種植，而在其他地區較少。這些蔬菜的通名有許多來自不同語言，討論它們就很複

圖16.11 田區可採收的羽衣甘藍綠色皺葉種(德國北部)。

雜。然而,這些亞洲蔬菜可以分成3群:中國白菜(Chinese cabbage, *B. rapa*)、亞洲型葉用芥菜(Asian mustard greens, *B. juncea*)和芥藍(Chinese broccoli, Chinese kale, *B. oleracea*)(Myers, 1991)。

中國白菜、結球白菜

◆ 植物學

中國白菜(Chinese cabbage)的正確學名有些混亂;幾十年來仍有爭論,這也解釋為什麼幾個不同的學名還在使用。近來的分子遺傳研究顯示,不同*B. rapa*間的主要形態差異是由不多的基因造成多樣的外表型,因此,在*B. rapa*內分亞種或植物變種,不保證正確。現在園藝學者和植物學家用「群」(Group, gp.)來分類物種內的重要園藝群,而這些在以前是列為植物變種或亞種(Griffiths, 1994)。

中國白菜可以分為結球型和不結球類型(圖16.3, 16.12),它們分別為*B. rapa* L.的Group Pekinensis和Group Chinesis,前者的一些通名有nappa(napa)、大白菜(hakusai)、白菜(pai-tsai)、黃芽白(won bok)、白菜(pechay)及tsina。不結球白菜類(Chinesis群)的通名有:白菜(bok choy, pak choy, celery cabbage)、小白菜(celery mustard)、青菜(chongee)、白菜(petsay, pei tsai)。結球類型根據葉球形狀可進一步分成花心形(open)、直筒形(erect)、圓筒形(cylindrical)、卵形(ovoid, barrel)(Barlow, 2007; CABI, 2012)。

結球白菜在開花前,莖短縮、無分枝,葉片無柄、大多卵圓形、微皺,葉中肋寬平、顏色淺,有葉翅延伸到中肋基部。許多結球白菜品種外觀像立生(romaine)萵苣。葉球是一個大頂芽,由著生於短縮、不分枝莖上的葉片緊密層疊圍抱而成。植株經春化作用後,芽發育為花序,兩性花、一個雌蕊、6枚雄蕊,子房

上位、一或二室，發育為長角果。花通常由昆蟲，最常由蜜蜂異花授粉。花瓣黃色或白色，雖然是完全花，但因為花粉具不親和性，並不自花授粉。花粉只能在不同植株的花的柱頭成功發芽並伸長，因為花粉與同植株的花有遺傳不親和性(Rubatzky and Yamaguchi, 1997)。

白菜類是種植最廣的亞洲蕓薹類，也是最重要的*B. rapa*蔬菜。結球白菜為冷涼、一年生作物，產量高、成熟期相對短、適應性廣，有許多品種可選擇，使結球白菜成為世界重要作物(Wittwer, 1987)。就開花行為，許多品種是二年生，雖有一些品種的表現為一年生習性。大多數品種株高20-60 cm。結球白菜根系發達、細分枝，多分布在土壤上層30 cm處。日溫中等、夜溫涼，生產量與品質均高，在日平均溫13-21°C生長最佳(Rubatzky and Yamaguchi, 1997)。

在二年生類型，植株過了幼年期並接受充分低溫後，莖會伸長。在4-10°C低溫與15-16小時或以上的長日，處理4-5週會引起敏感品種抽薹開花；這使在較低緯度地區生產結球白菜限制在秋、冬季，作物便可在短日、較涼氣溫成熟(Fu et al., 1991)。植株生長和葉球品質的最適平均溫度是15-18°C，最低溫度為4°C，溫度上限為24°C，高於25°C往往會延遲結球和降低品質。一般而言，幼株比接近成熟的植株耐熱與耐寒。然而，移植苗經充分健化可短時間忍受-7°C低溫。有些人認為，給予結球白菜冰點以下的低溫可增進風味(Rubatzky and Yamaguchi, 1997)。

◆ 類型和品種

葉球直立圓柱形的品種稱為chichili，葉球緊密而圓的稱為chefoo(圖16.12a；Rubatzky and Yamaguchi, 1997)。白菜在中國自西元5世紀就有栽培，除了前述結球型與不結球型兩大類型外，自然雜交增加了不同的中間類型。有些品種耐熱性更強，它們的葉片窄、中肋與葉片組織的比率高(圖16.12b)。在亞洲許多地方存在各種不同的形態(Barlow, 2007)。許多現在的商業栽培品種是雜交種，抗一種或多種病蟲害。選擇品種要看成熟期特性，並依此安排種植期和採收期；應諮詢各地對地方性的適應品種所作的推薦事宜。早熟品種從直播到收穫需要55-70天，而主季品種需要80-110天，自種植至採收之日期受環境條件的影響很大(Rubatzky and Yamaguchi, 1997)。

中國栽培了幾百年結球白菜，透過育種創造了很多品種，有許多F-1雜交品種可在世界各地種植；F-1品種通常較自然授粉品種整齊且產量高。結球白菜育種使育成的品種有較大耐熱性及晚抽薹(Fu et al., 1991)，還有抗病性較強的品種。農桿菌轉殖結球白菜已經成功，未來在改良結球白菜上，可從*B. rapa*以外的材料，將其基因引入結球白菜。目前商業上採用基因轉殖的結球白菜還很有限。

◆ 生產

結球白菜需要肥沃、排水良好且保水力高的土壤，土壤pH值宜5.5-7.0。對結球白菜生長期間的施肥作業，應依照土壤分析和葉面分析結果所作的建議(Kalb and Chang, 2005)。通常在播種時施約一半的氮

圖16.12 (a)結球型(Pekinensis)和(b)不結球型(Chinesis)白菜類型。

肥，另一半氮肥於間拔後施加。如果移植栽培，可於葉球要形成前旁施氮肥。在溼涼的天氣，特別是在較黏重的土壤，會發生缺磷。全量磷肥和全量鉀肥可在種植前或種植時施加(Kalb and Chang, 2005)。或可根據土壤和植體分析的建議，就當地土壤和氣候所作的推薦，在生長期間採用灌溉施肥供應養分。過量氮，特別於高溫下，造成植株快速徒長、葉球疏鬆、可售的葉球少和發生頂燒病，並引起細菌性軟腐病(Cornell, 2004)。過量施氮也增加運輸和貯藏期間的腐爛。有些土壤可能需另施加硼(Stephens, 1994)。

　　結球白菜有許多不同的生產方式。採用保育耕作技術可以減少勞力、保持水分、減少土壤壓實。採用保護性耕作，苗移植在土壤干擾小的前作殘留中。有時，在兩作經濟作物之間種植覆蓋作物，可保護和改善土壤(Kalb and Chang, 2005)。

　　作物要有整齊的植株族群才會有最好的一致性，降低葉球成熟度的差異。結球白菜可以在平畦或高畦上栽培，依土壤類型和氣候而定。高畦，特別是在黏重土壤可以改善排水。在有些地區，結球白菜種在高畦，相鄰兩畦中心的距離為1.8 m(Kalb and Chang, 2005)。在北地或早季生產結球白菜採移植栽培。

　　栽植距離依目標市場和品種而定。春作一般採移植栽培，而秋作常用直播，播種深度1.3 cm。依環境條件，在定植前4-5週播種育苗，可以得到與直播結球白菜同樣的成熟度(Stephens, 1994)。結球白菜不像甘藍類容易形成不定根，所以不建議用裸根苗移植；用根系完整之穴盤苗，移植成功的機率最大(Swaider et al., 1992)。通常直播成行，之後疏苗到適當的植株密度。由於結球白菜種子小，土壤要充分耕作，以確保直播時種子與土壤接觸良好。可以精準播種機直播種子到最終株數。

　　間距取決於成熟葉球的大小。結球白菜可以用等距間隔種植，但通常種植成行便於機械化作業。行距50-60 cm、株距50 cm，適用於中型葉球、主季栽植品種。通常株距25-40 cm用於早熟、葉球較小、外葉少的品種，而晚熟品種需要40-70 cm株距(Stephens, 1994)。

　　由於結球白菜根系密集而淺，雜草競爭可能不利於葉球發育、品質、成熟整

齊度和產量。當作物小時,可以採用淺中耕,應避免深中耕以減少根的損傷。在許多地區,人工鋤草不經濟,雜草的綜合防治是結合化學防治和栽培技術,來減少雜草的競爭。

結球白菜植株一般每週需要2.5-3.8 cm水,依土壤類型而定,以持續生長;採用噴灌、滴灌或溝灌給水。砂質土壤需水較多而黏重土壤較少。溫度和相對溼度都影響灌溉需求。特別是在砂質土壤,如果土壤水分長時間保持低於50%田間容水量時,會發生減產。植株在幼年期(3-4片本葉,莖粗比鉛筆細)遇有乾旱,會對後續的植株發育和成熟的整齊性產生不利影響。然而,過多水分可能會延緩成熟和降低產量,特別是對早熟品種。缺水加上高溫尤其會造成葉球頂燒病和腐爛(Stephens, 1994)。

◆ 覆蓋

結球白菜覆蓋栽培有幾個優點。在較溫暖的地區,用稻草或其他有機覆蓋物可以降低土壤溫度,而有機物分解可以依其碳:氮比當作緩釋性肥料(slow-release fertilizer)。地面覆蓋能保持土壤水分,減少土壤壓實與結塊,減少雜草競爭(Kalb and Chang, 2005)。收穫時,外葉較清潔,需要較少的清洗,田間包裝大為方便。

塑膠布覆蓋也可用於結球白菜生產,特別是移植栽培;塑膠布覆蓋可以進行土壤燻蒸,防止大雨期間的作物淹水和肥料淋溶,並提供較大的土壤溫度調節。雖然使用覆蓋,特別是塑膠布覆蓋,增加了生產成本,但帶來的益處可以抵銷所增加的成本。

◆ 採收

結球白菜在播種後約55-110天採收,依栽培品種及生長條件而定。葉球已充分發育,採收通常是在地面、近葉球基部,人工切下全葉球。通常還會拔除鬆散的外葉。葉球最適採收的階段是在葉球仍緊密、硬、未開裂前,或尚未發育花莖之前(Wittwer, 1987)。

在較早期用人工採收結球白菜,一片田地採收3至5次,才能得到成熟度及大小一致的葉球。種植雜交品種後,由於成熟期較一致,只要採收1-3次。現在已研發出採收機,用在人力有限的地區及加工用結球白菜。結球白菜的產量會因生產季節、栽培品種及生產體系而異。栽培管理良好的狀況下,每公頃產量為20-27公噸;通常在田間進行分級與包裝,再裝入木箱或網袋中。加工用的結球白菜則會在採收後散裝運送。大多數的生鮮市場偏好平均重量在0.9-3.0 kg的葉球,加工用及長期貯藏用則偏好葉球較大的品種(Wittwer, 1987)。

◆ 採後處理

結球白菜在冰點以上的1-2°C及<90% RH的環境中,可以貯藏2-6個月,視品種而定。在做長期貯藏時,空氣流通非常重要;溫度升高,貯藏壽命會嚴重縮短。結球白菜有一些採收後生理障礙,生理性黑點病(black leaf speck)是在0°C貯藏數週後出現的生理障礙,在中肋及葉脈上出現斑點(Kader, 1992)。結球白菜暴露在濃度大於100 ppm的乙烯時會造成葉片脫落及變色(Kader, 1992);所以不宜與會產生大量乙烯的產品如蘋果一起貯藏。結球白菜貯藏在

接近1-2°C及高RH再加上適當的氣調或氣變環境時，可以降低這種生理障礙發生的可能性。貯藏於1%-2% O_2及2%-5% CO_2的氣調環境，可以得到最佳採後品質的結球白菜；如果結球白菜貯藏在<1% O_2的環境中，會造成無氧呼吸，產生不良氣味及風味(Kader, 1992)。用薄膜或其他包裝可以防止結球白菜在貯藏期間的失水。

✦ 結球白菜的貿易

　　結球白菜在中國大陸、南韓及日本都是重要的蔬菜作物，在其他亞洲國家也有相當數量的生產。在北美洲、歐洲、澳洲及南美洲的冷涼氣候區，結球白菜的栽培面積較少，算是小宗作物。結球白菜的3大生產國中國大陸、南韓及日本，栽培面積分別超過30萬 ha、5萬 ha及3萬5000 ha。由於結球白菜容易腐壞，所以在國際間的貿易量有限，基本上以生產地附近消費為主。利用冷藏及氣調貯藏技術可以延長結球白菜的貯藏壽命，使結球白菜有機會成為國際商品；預期隨著這些技術的普及可用，結球白菜的國際貿易量將會增加。加工產品如韓國泡菜(kimchee)，這種用結球白菜做成的傳統韓式發酵食物，要比新鮮結球白菜的貿易數量更大(CABI, 2012)。

✦ 蟲害

　　結球白菜與甘藍、青花菜、花椰菜親緣相近，有著許多相同的病蟲害。以下結球白菜的蟲害及其防治措施可參考甘藍相關部分：小菜蛾、擬尺蠖、紋白蝶、菜心螟、甘藍橫條螟、甜菜夜蛾、切根蟲、根蠅、蚜蟲、銀葉粉蝨、菜椿象、葉蚤、蔬菜象鼻蟲，都是危害青花和甘藍的害蟲

(Kemble *et al.*, 1999)。會危害結球白菜的其他害蟲包括：夜盜蟲(*Ps. unipuncta*)、玉米穗蛾(*Heliothis obsoleta*)、甘藍粉蝨(*Al. proletella*)、甘藍種莢象鼻蟲(*Ce. assimilis*)、甘藍莖象鼻蟲(*Ce. napi*)、甘藍夜蛾(*Ba. brassicae*)、大菜螟(*Cr. binotalis*)、捲葉蛾(*Ca. costana*)、鹽澤燈蛾(*Es. acrea*)、薊馬和潛蠅類(*Liriomyza* spp.)(Cornell, 2004)，就地諮詢當地推薦的防治措施。

　　棉花夜蛾(cotton leaf worm, rice cutworm, *Spodoptera littoralis*)基本上是食葉害蟲，危害許多十字花科作物，包括結球白菜。危害嚴重會使植株落葉，幼蟲以幼葉為食，在葉背取食(Rimmer *et al.*, 2007)。

✦ 病害

　　許多危害其他蕓薹屬的病害也危害結球白菜。可參看在甘藍部分所列也能危害結球白菜的病害。蕪菁嵌紋病毒(TuMv)是Potyvirus屬病毒，會感染大部分蕓薹屬植物，但特別危害結球白菜。最常見的症狀是葉子明顯的淡綠與濃綠鑲嵌，也會發生壞疽條斑、斑點或輪點。本病毒是從感染的作物或雜草由數種蚜蟲傳播，條件有利於蚜蟲種群遷移時，造成高感染發生率(Parker *et al.*, 1995)。有抗病的結球白菜品種，但沒有品種可抗本病毒的5種菌系。

　　結球白菜跟萵苣一樣，高溫會造成內、外葉葉緣的黑褐色壞疽；這是由於葉球快速生長，鈣的運送不足供應到迅速膨大的組織。加上高氮、缺水和植株Ca和B不足，問題會更嚴重。有些結球白菜品種比其他品種對這種頂燒病較有耐性(Fu *et al.*, 1991)。噴檸檬酸鈣可有效減少頂燒病

及連帶的腐爛；建議在頂燒病發生前，移植後4週開始，每週噴兩次、濃度25 g/100 L檸檬酸鈣水溶液。土壤鈣含量和pH值低時，一般建議以石灰調節土壤pH值，以符合作物對高鈣的需求(Stephens, 1994)。

當結球白菜在過高的溫度下生長，特別是當土壤中鈣有限或植株在乾旱逆境下，軟腐病常與頂燒病一起發生。細菌性軟腐病由*E. carotovora*引起，由傷口入侵，如葉痕、蟲害傷口、機械傷害以及由其他病原菌和頂燒病引起的病斑等，這些都是軟腐細菌危害的主要途徑(Cornell, 2004)。受感染的組織首先呈水浸狀病斑，然後病斑迅速擴大和加深；感染處變軟、崩解，在病情更嚴重時轉為暗色。感染軟腐病的植株氣味難聞，本病可在田間、運輸途中或貯藏期間發生。

軟腐細菌可由病株殘體、植株根系、感染的土壤和數種昆蟲傳播，降雨和高溫增強田間感染。運輸和貯存過程的感染可能來自田間，或來自採後處理設備和貯藏容器的細菌汙染。軟腐細菌可生長的溫度範圍為5-37°C，最適生長溫度約為25°C(Cornell, 2004)。

病害管理主要是藉著衛生和栽培措施。種植下一作前，要有足夠的時間讓作物殘體分解。蔬菜作物應與穀類或其他非感病作物輪作。田間應排水良好，減少土壤表面的水分。植株間應有充分距離使空氣流通、葉部快速乾燥。地面覆蓋和防止土壤飛濺、葉部溼潤的灌溉方式都可減少軟腐病發生。

生理性黑點病(black leaf speck)是一種生理障礙，在中肋和葉脈出現中等大小的變色病斑。本病在田區發生於低溫後，但通常與運輸、貯藏條件有關。貯藏在0°C1個月內就會出現病徵。氣調貯藏可減少結球白菜黑點病的發生，乙烯會加速或促進發病。

當結球白菜在長日下生長，會「抽薹」產生花莖，而不產生充實的葉球。當植株抽薹時，因無法產生成熟的葉球，不能銷售。幼苗生長期的低溫也會誘導抽薹。造成植株生長不良的因素如養分缺乏或缺水逆境，也會誘導抽薹。有些品種比其他品種容易抽薹。春作應該用「晚抽薹」(slow-bolting)品種。

亞洲葉用芥菜

亞洲葉用芥菜(Asian mustard greens, *B. juncea*)是一個大又多樣化的蔬菜群，包括中國芥菜(芥菜，gai choi, Chinese green mustard)、水菜(mizuna)和各種葉用芥菜(potherb mustards)(Barlow, 2007)。芥菜葉(mustard)可做混合沙拉生吃，中國芥菜品種可以像菠菜一樣料理。

亞洲的葉用芥菜作一年生栽培，與其他冷季葉菜一樣，要在每年同一時間生產，所需氣候、土壤肥力、灌溉以及採後的處理需求和不結球型白菜相似(Rubatzky and Yamaguchi, 1997)。大多數亞洲葉用芥菜在平畦或高畦直播，播種深度為1.3 cm，行距30-40 cm；萌發後，間拔成15-30 cm間距。植株生長3週以上，即可採葉；如果要在株高10-15 cm時就採，可以撒播，種子入土深度要小於1.3 cm。中

國芥菜有些種子特別小的品種，播種深度0.6 cm、間距2 cm、行距30 cm，之後間拔到10 cm株距。種子較大的品種播種深度1.3 cm、間隔5 cm，以後間拔到25 cm距離。較大的植株辣味較重，種植後45-70天可採收，株高15-20 cm(Myers, 1991)。

水生菜(mizuna)在日本廣泛種植，在北美洲和世界其他地區也漸盛行，因為它能耐輕霜、較耐熱，比結球白菜晚抽薹。株高30-46 cm，葉黃綠色、光滑、微有柔毛，葉深缺刻、葉窄、羽毛狀。

芥藍

芥藍(B. oleracea var. alboglabra，別名有gai-lon, gai-lohn, kailan)也稱格蘭，植株像青花菜，但葉較寬、莖較長、花球小得多。花薹形成初期像小花球，然後花莖迅速伸長、莖端有黃色或白色的花，像西洋菜薹(broccoli raab)。芥藍作一年生栽培，對磷和鉀的需求與結球白菜相似，對氮需求較高。種子種植深度1.3 cm，株距2.5-5 cm、行距46 cm；成活後、疏苗至15 cm株距。芥藍每週需水至少2.5 cm，自播種到成熟約55-60天。花開放前採收，花薹帶約20 cm長的花莖和幾片葉一起。由於植株生長快速，採收時間很重要，過了適當的發育階段，影響銷售。然而，每株可收穫數次。採收的芥藍(薹)應貯藏在0°C和95%-100% RH。在最佳條件下，貯藏期為10-14天(Rubatzky and Yamaguchi, 1997)。

根菜作物
ROOT CROPS

一年生根菜類作物有蘿蔔(radish, *Raphanus sativus*)、蕪菁(turnip, *B. rapa* subsp. *rapa*)和瑞典蕪菁(rutabaga, *B. napus* subsp. *rapifera*)。辣根(horseradish, *Armoracia rusticana*)是多年生草本植物。一年生根菜作物的生長和發育喜歡冷涼，長日和暖溫促進抽薹；充分供應氮、磷、鉀才能促進植株快速持續生長。在有些土壤中需要施硼，否則根會褐心或黑心(brown heart)。根菜作物直播需有精細耕作、沒有石頭和土塊的植床，才能進行精準播種，根發育整齊。土壤中的石塊會增加歧根和形狀不正根的發生，特別是蘿蔔，石塊也會增加採收根菜作物時的擦傷機率。

蘿蔔

在歐洲向東到俄羅斯的伏爾加河(Volga River)，以及在地中海盆地向東到裏海(Caspian Sea)發現有蘿蔔野生種。有些分類學家建議蘿蔔的起源更往東移，即中國，但多數認為蘿蔔起源於地中海東部。埃及人至少在西元前2000年就已經知道蘿蔔，在中國是於西元前500年、日本在西元700年、德國在西元1400年、英國是西元1548年、墨西哥在西元1500年就有蘿蔔(Zohary and Hopf, 2000)。

蘿蔔生產是為了其膨大的下胚軸和根部，可以依據根的成熟性分群(圖16.13)。

早生春季型的櫻桃蘿蔔(garden types)種後25-40天成熟，有圓形、長形，通常是

白色、紅色或雙色。春季品種及夏季品種在超市以綁成束或袋裝形式銷售。它們不能移植栽培，都是一年生作物，在長日與高溫下會抽薹。夏蘿蔔品種的根顏色有紅色、白色或雙色。常見的品種有：'Red'、'Early Scarlet Globe'、'Scarlet Knight'、'Cherry Bell'、'Champion'、'Cavalrondo'及'Comet'(Swaider *et al.*, 1992)。

晚生的冬季類型有'Spanish'蘿蔔、大根(daikon)及中國蘿蔔(圖16.14)；它們的發育時間較長，根較重，可達20 kg以上。根的顏色多種，保鮮期較長。圓形春季品種比長根形品種易抽薹，後者較耐高溫(Rubatzky and Yamaguchi, 1997)。

蘿蔔比青花菜、甘藍、花椰菜、結球白菜較耐土壤低pH值5.5-6.0，但以pH值6.0-6.8生長較好。雖然蘿蔔的土壤適應性廣，但以輕而疏鬆的土壤最好；砂質土或砂質壤土適合早生種，而溼涼的土壤較宜生產冬蘿蔔。在一些地區，蘿蔔生產於腐泥土(muck soils)。春蘿蔔(多為櫻桃蘿蔔)一般以高密度種植在平畦或高畦，而冬蘿蔔需要較大的間距，通常在植行內疏苗為株距5-10 cm。春蘿蔔可連續播種，僅3-5週即成熟；冬蘿蔔成熟需要兩倍時間。春蘿蔔成熟快，需要高量氮肥以供持續生長及長成品質好的肉質根，只要根達可售大小即開始採收。高溫會導致根部空心(pithy)、增加辛辣味、品質不佳。生長過快也會裂根，例如：在水分高、氮肥高和高溫條件下。最適生長溫度是13-15.5℃。

曾有一段時期，採收櫻桃蘿蔔時留有

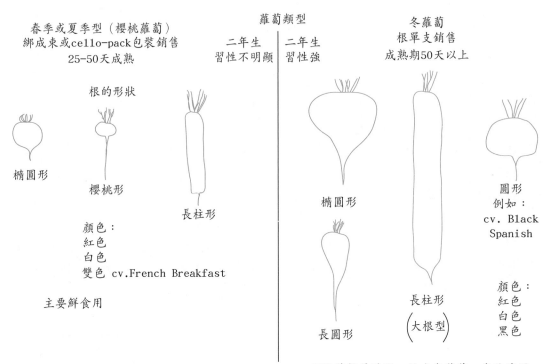

圖16.13 根據蘿蔔生活史和成熟期通常分類為夏季型或冬季型。

圖16.14 冬蘿蔔有許多形狀、大小和顏
　　　　色。(a)'Tokinashi'是長根形蘿蔔
　　　　(daikon)；(b)'Spanish'是圓形、
　　　　外面黑色、根內白色。

地上部，可以綁成束；但現在大多數以機械採收、經水冷、分級、用塑膠袋包裝，地上部已修剪掉。春蘿蔔在0°C和95%-100% RH下可貯藏3-4週。冬蘿蔔品種需小心避免擦傷，經水冷，以聚乙烯袋包裝；長根形品種以單支出售。冬蘿蔔品種在0°C下貯藏，可保存3-4個月。

蕪菁和瑞典蕪菁

　　蕪菁栽培已久。在基督教時代之前，羅馬人已知道蕪菁，約2,000年前在法國就有種植。Cartier在西元1541年將蕪菁引入北美。地中海地區、阿富汗東部和巴基斯坦西部被認為是蕪菁的主要起源中心。蕪菁為重要的冷季作物，在世界各地除了作為人類食物，也可作動物飼料(根部和地上部均可)(Swaider et al., 1992)。

　　目前尚不確定瑞典蕪菁(rutabaga, swede)有沒有真正的野生形態；其馴化是在近代，首次報導瑞典蕪菁約於西元1600年在英國，在歐洲大陸更早些，而約於西元1800年在美國。

　　蕪菁是冷季、二年生作物，它可以在有些地區越冬，而於早春收穫。然而，有足夠的低於13°C低溫處理時，會產生花薹(Rubatzky and Yamaguchi, 1997)。商業生產蕪菁通常作一年生栽培，它有多種根形，有圓形、倒圓錐形、扁圓形和圓柱形。蕪菁有明顯的主根，大部分次生根由此發出。通常它們很少或無根頸(圖16.15)。

　　蕪菁品種常依根用型、葉用型分類，專生產葉用的稱為「greens」，地上部和根部都食用的為兩用型。蕪菁根的顏色範

圍很廣，包括有紫色、綠色、白色、淺黃色或青銅色，有單色或雙色；雙色品種(bicolor cultivars)根頂和根底的顏色不同。葉和葉柄黃綠色、有茸毛。栽培方法似蘿蔔；行距46 cm、行內株距約5 cm，依品種而定。蕪菁根徑5-10 cm時品質最佳，從播種至成熟約需50-55天，最適生長溫度為15.5-18℃，好的根產量為每公頃22公噸。當花莖創始發育，根膨大和葉發育停止，造成根變硬、空心，破壞食用品質。根部過於成熟時，空心且硬。當水分過多、氮量高和溫暖的氣候，造成根生長太快、發生開裂。

瑞典蕪菁(蕪菁甘藍)是冷季、耐霜作物，喜好溫度<22℃。它是二年生、作一年生栽培，因為花莖發育會降低產量和品質；其根較蕪菁大，圓球形或長形，可長到每個重達2.3 kg以上(圖16.16； Rubatzky and Yamaguchi, 1997)。

次生根從膨大的根底部及直根產生。瑞典蕪菁有明顯的根頸部，葉平滑、藍白色、葉柄厚、葉面布有蠟粉。瑞典蕪菁和蕪菁都有白色或黃色的品種(Rubatzky and Yamaguchi, 1997)；與白肉蕪菁品種相比，瑞典蕪菁多為黃色、根形較大。兩種作物的根肩部顏色有銅色、綠色或紫色；在有些地區兩種作物栽培為動物飼料或冬季的覆蓋作物。

蕪菁和瑞典蕪菁可以適應所有類型的土壤，但以土層深而豐沃、排水良好的壤土產量較好。這兩種蔬菜都要栽植成行，

圖16.15 蕪菁F-1品種'東京雜交'('Tokyo Cross')，直播後約35天成熟，其根和葉均可食用，根白色、圓柱形，頗受歡迎。

圖16.16 圓形瑞典蕪菁、根肩紫色(加拿大市場)。

但瑞典蕪菁比蕪菁需要較大間距；兩種作物都對缺硼敏感。

在美國，瑞典蕪菁並不是重要的作物；主要生產國家在高緯度地區如北歐、加拿大。美國的瑞典蕪菁大多來自加拿大；在英國、加拿大和北歐，瑞典蕪菁比較重要，直播後約90天成熟。行距一般為56 cm、行內株距10-15 cm，依品種而定。有人認為蕪菁味道平淡，但經過低溫或輕霜可以增進風味(Rubatzky and Ya maguchi, 1997)。

蕪菁和瑞典蕪菁可以機械採收或以人工拔起。商業生產用機械挖起根部、切去葉部，類似胡蘿蔔或根萘菜。若採收後直接銷售，有時瑞典蕪菁會上蠟，以減少皺縮和失重。這兩種作物貯藏都需要近冰點的冷溫和高相對溼度，可保持2-6個月。蕪菁葉部富有營養，含高量維生素(特別是維生素A、C)和礦物質。根部營養較少。根瘤病(根腫病)和黑腐病是難控制的病害；根蠅(maggots)、葉蚤和蚜蟲都是嚴重的蟲害(Rubatzky and Yamaguchi, 1997)。

辣根

辣根是多年生草本植物，主要生產其辛辣的根，將之磨碎鮮食或加至其他食品如海鮮醬成為調味料。主要作一年生栽培，但也可以多年生栽培生產。辣根生長期長，在營養生長期喜好溫暖，隨後在夏末和秋季氣溫轉涼，增進根的發育。在一年生栽培系統，作物於前一年秋季或早春種植，在第一次霜凍後採收。在多年生栽培系統，會從母株長出肥厚直立的莖葉，隔年採收，原來的植株留在田間再生。多

年生田區可保持生產10-20年。在美國，除了很南部的較熱區域外，辣根的氣候適應性廣(Bratsch, 2009)。

辣根行無性繁殖，用根扦插(root cuttings, sets)，直徑1.25-3.5 cm、長20-40 cm。在一年生栽培系統，根苗生長肥大，到生長季結束時，採收成為主要上市的產品，還有許多沿中端和旁邊形成的次生根(Bratsch, 2009)。採收時，從原株產生的分支根切下，修剪到適當的長度，並除去三級小根(tertiary rootlets)，就成為繁殖用的插穗(根苗)，然後貯藏，供下季備用。因為辣根的根有極性(polarity)，作插穗用的根又上下直徑相同，故上端(頭)一般平切、下端(尾)斜切作為記號(Bratsch, 2009)。插穗依頭/尾一致之極性裝在鋪襯有塑膠布的木箱或塑膠箱，塑膠布大致蓋住插穗後封起，放在0-1°C冷藏直到春季。有時也貯藏於地窖或地下洞穴，代替現代冷藏庫。插穗(根苗)取下後，不需春化(低溫)處理，任何時間都可栽種(McClung and Schales, 1982)。

辣根在肥沃、溼潤、深厚疏鬆的壤土或富含有機質的砂質壤土生長得最好。需要排水良好，才會有高品質的根。砂質土壤和底土有硬盤的土壤會經常產生高度分枝、品質差的根。田區經深耕犁後，用槳輪(paddle wheel)來標示植行和株距，開出凹穴以放置插穗。行距一般0.9-1.2 m、株距45-60 cm(Bratsch, 2009)。人工將插穗略斜插入田區凹座，插穗頭朝上，依耕作設備的寬度，插植方向保持多行一致。插穗再以約45°角種下、平切端在上，種入土

面下約7.5-10 cm深。每公頃需要插穗大約2,940-3,538支,即450-560 kg(McClung and Schales, 1982)。

辣根需高量肥料,辣根需鉀高,需磷量中等,需氮量低到中。對於大多數土壤,施肥應每公頃至少提供111 kg的氮、磷、鉀。然而,當土壤可萃取磷、鉀的濃度高時,可降低施肥。在乾旱時期,尤其是在夏末至秋天,灌溉可提高可售產量。排水良好的田區生產高品質的根。根耐寒,可以在地裡越冬,但通常是挖出根貯藏備用。將根翻出到地面,用人工切除頂部和側根(McClung and Schales, 1982)。大且直的根最優質。重要的是,採收時要去除所有的根,否則在隨後幾年會成為嚴重的雜草問題。

山葵

日本辣根(Japanese horseradish, wasabi, *Wasabia japonica*)常稱為山葵,生產目的為其根莖(rhizomes)(Collins, 2003)。山葵跟辣根很不同;山葵栽培在半水生條件下,也可在溪流附近野生生長。水溫至關重要,需在10-13°C。在美國的一些餐館和超市販售的壽司附帶的綠色膏是用辣根,而不是用山葵做的,是為了節省成本(Bratsch, 2009)。

其他作物
OTHER CROPS

烹調用芥菜

白芥(yellow mustard, *Sinapis alba*)、褐芥(brown mustard, oriental mustard, *B. juncea*)都為生產其種子,將之加工成芥泥(paste, culinary mustard)如芥末醬或成粉末用作調味品。*B. juncea*的其他成員有油料作物、綠葉蔬菜和莖用蔬菜((Rubatzky and Yamaguchi, 1997)。白芥占北美烹調用芥菜類作物的90%左右,而褐芥只有小規模栽培。然而*Brassica juncea*比*S. alba*.耐熱及耐旱。在歐洲,white mustard即yellow mustard(Oplinger *et al.*, 1989; Pouzet, 1995)。

芥菜是一年生草本植物,在春季種植。它出芽迅速,但生長緩慢;可以生長在排水良好的不同類型土壤,但最適應肥沃、排水良好的壤質土。較黏重板結的土壤可能會阻礙出苗成活。在積水的土壤植株生長受阻,應避免容易乾旱的砂質土和砂質壤土。由於芥菜子非常小,種子一定要與土壤的接觸良好,才會成活生長。苗床應精細耕作使實在、平坦、無雜草和作物殘留。準備播種苗床時,適度淺中耕可殺死雜草,也可以保持接近地面的土壤溼潤。最少耕耘(minmum tillage)系統已成功用於芥菜生產,土壤夠實在(走過田區鞋跟只在地面留下淺凹痕)即可以播種。如果需要的話,在播種前應先作畦(Oplinger *et al.*, 1989)。

施肥需求類似於油菜(oilseed rape)和蕓薹屬植物,根據土壤分析結果於種植前施肥。添加氮肥對芥菜有利,於有些土壤添加硫時也有良好反應。土壤缺硼(低於0.5 ppm),應每公頃施加0.6-1.1 kg。土壤pH值接近7.0很理想,然而,芥菜可耐鹼性pH和稍微鹽化的土壤(Oplinger *et al.*, 1989)。

白芥每公頃播種量9-16 kg，在黏重肥沃的土壤或萌發困難時，播種量宜更高。褐芥種子較小，每公頃播種量6-8 kg，種植深度不超過1.3-2.5 cm。在乾燥土壤情況，播種深度應增加至3.5 cm。

幼苗通常耐微霜，但嚴重的霜凍會摧毀植株。在乾燥條件下直根伸長入土1.5 m，可有效利用土壤貯存的水分。在適宜的水分和溫度條件下，4-5週後植株即可覆蓋地面，約5週可見花芽，經過7-10天開始開黃花。如果水的供應充足，可繼續開花很長一段時間。如果發生水分不足則減少產量。

白芥品種一般在80-85天成熟，而褐芥需要90-95天。成熟時株高76-114 cm，依芥菜類型、品種和環境條件而定。白芥種子不易脫落散開，如果田區沒有綠色雜草，可先人工乾燥處理使種子含水量達12%-13%後，就可以聯合收穫。如果田區雜草多或作物成熟不整齊，當60%-70%的種子已經變黃，應當割下風乾。由最下方的種莢下面切斷，斷株集在殘茬上，減少大風的影響。褐芥種莢成熟時，容易開裂。當全田種莢顏色從綠色變為黃褐色，或當花序中央的種莢有75%黃色或褐色的種子時，就應該集成行風乾，讓還是綠色的種子成熟後，再聯合採收。採收的種子容易裂開，必須小心處理。乾燥過程中，溫度不要超過50°C，種子溫度保持在35°C以下。當種子水分含量達到10%，芥菜種子可妥適貯藏(Pouzet, 1995)。

水田芥

水田芥(豆瓣菜，watercress, *Nasturtium officinale*)生產需要大量清潔、連續流動的水。每天每公頃需供應3.78×10⁶ L的水、加上水溫和營養足夠，才有最適生長。水溫超過25.5°C會導致生長緩慢或不良(McHugh *et al.*, 1987)。

在整個生長期間也要天天陽光明媚，很少或沒有雲層籠罩。水田芥生長在淺池塘或植床，需有0.6-5 cm深的水不斷流動，流速每秒0.6-1.2 m。水在植床中流動要均勻，植株才有一致的生長。水流通不良的地區，作物生長不會繁茂(McHugh *et al.*, 1987)。

水田芥生長的最適日溫為21-29°C。氣候溫暖時，白天採用間歇噴灌系統(4 min/30 min)可以調節過高的日溫，藉蒸發冷卻降溫(McHugh *et al.*, 1987)。

水田芥(豆瓣菜)繁殖可用種子、莖段或頂梢扦插。在畦床上每隔30 cm種4-6支插穗。插穗長為30 cm，基部要有根，要插入淺水中，10-14天後根系適當發育能固定植株。當植株被固定，視生長情形，可加深水位。

豆瓣菜從水中獲得生長必要的養分。硝酸鹽形式氮肥是最重要的養分，當水中硝酸鹽含量為5 ppm時生長最佳。水中含氯化物高或pH值高時，會抑制水田芥生產。一般，水中氯化物含量大於1,000 ppm或pH值高於7.5時，抑制植株生長。缺鐵會導致黃化；可以葉面噴施螯合硫酸鐵(chelated iron sulfate)，以防止缺鐵(McHugh *et al.*, 1987)。

豆瓣菜從種植到收割需要45天左右。隨植株生長，水深應緩慢增加到5 cm，在

收穫後降低水位。由採收後留在畦上的莖以及在殘留植株上另外加種的營養梢插穗，繁殖產生後續作物(McHugh et al., 1987)。

當水田芥達到在水面上30-35 cm高度時可採收，一手抓住莖用鐮刀割下，去除任何黃色或有斑點的下位葉，捆綁成束，莖切至30-35 cm長，在清水中洗滌，30束成一捆。豆瓣菜包裝後，冷卻貯藏在1°C，可以貯藏達1週(McHugh et al., 1987)。

參考文獻

1. Akobundu, I.O. (1980) Live mulch: A new approach to weed control and crop production in the tropics. In: *Proceedings 1980 British Crop Protection Conference - Weeds.* British Crop Protection Council, Thornton Heath, UK, pp. 2:377-382.

2. Bancroft, I., Lydiate, D., Osborn, T., Renard, M., Friedt, W., Lim, Y-P., Sadowski, J., Meng, J., Edwards, D. and King, G. (2006) Brassica Genome Gateway. The Multinational Brassica Genome Project. Available at: http://brassica.bbsrc.ac.uk/welcome.htm (accessed 5 April 2006).

3. Barlow, Snow (2007) Multilingual Multiscript Plant Name - Brassica Names. Available at: www.plantnames.unimelb.edu.au/Sorting/Brassica_rapa.html#chinensis (accessed 31 July 2007).

4. Berg, L. (2012) History of broccoli. Available at: http://weightlossninja.org/history-of-broccoli (accessed 3 July 2012).

5. Bratsch, A. (2009) *Specialty Crop Profile: Horseradish Virginia Cooperative Extension, publication 438-104.* College of Agriculture and Life Sciences, Virginia Polytechnic Institute and State University, Blacksburg, Virginia.

6. CABI (2012) Crop protection compendium. Available at: www.cabi.org/cpc (accessed 14 October 2013).

7. Collins, R. (2003) Growing wasabi in western North Carolina. Available at: www.cals.ncsu.edu/specialty_crops/publications/reports/collins2.html (accessed 27 June 2012).

8. Cornell (2004) Integrated crop and pest management guidelines for commercial vegetable production. Available at: www.nysaes.cornell.edu/recommends (accessed 14 October 2013).

9. FAOSTAT (2012) Cabbage and other brassicas 2010, Online database of crop production statistics. Available at: http://faostat.fao.org/site/567/DesktopDefault.aspx?PageID=567 (accessed 3 July 2012).

10. Fenwick, G., Heaney, R.K., Mullin, W., VanEtten, J. and Cecil, H. (1982) Glucosinolates and their breakdown products in food and food plants. *CRC Critical Reviews in Food Science and Nutrition* 18, 123-201.

11. Field, R.C. (2001) Cruciferous and Green Leafy Vegetables. In: Kiple, K.F. and Ornelas, K.C. (eds) *Cambridge World*

History of Food, Vol. 2. Cambridge University Press, Cambridge, UK, pp. 1738-1739.

12. Flint, M.L. (ed.) (1987) *Integrated Pest Management for Cole Crops and Lettuce.* University of California Statewide Integrated Pest Management Project. Division of Agriculture and Natural Resources, 1987, Pub. 3307, 112 pp.

13. Frantz, J.M. and Welbaum, G.E. (1998) Horticultural crop production using hydroponic transplant production systems. *HortTechnology* 8, 392-395.

14. Fu, I., Shennan, C. and Welbaum, G.E. (1991) Evaluating Chinese cabbage cultivars for high temperature tolerance. In: Janick, J. and Simon, J.E. (eds) *Proceedings of the Second National Symposium on NEW CROPS, Exploration, Research, Commercialization.* Timber Press, Portland, Oregon, pp. 570-573.

15. Griffiths, M. (1994) *Index of Garden Plants.* Timber Press, Portland, Oregon, 1234 pp.

16. Hoyt, G.D. and Walgenbach, J.F. (1995) Pest evaluation in sustainable cabbage production systems. *HortScience* 30, 1046-1048.

17. Hoyt, G.D., Monks, D.W. and Monaco, T.J. (1994) Conservation tillage for vegetable production. *HortTechnology* 4, 129-135.

18. Infante, M.L. and Morse, R.D. (1996) Integration of no tillage and overseeded legume living mulches for transplanted broccoli production. *HortScience* 31, 376-380.

19. Jett, L.W., Morse, R.D. and O'Dell, C.R. (1995) Plant density effects on single-head broccoli production. *HortScience* 30, 50-52.

20. Jett, L.W., Welbaum, G.E. and Morse, R.D. (1996) Effects of matric and osmotic priming treatments on broccoli seed germination. *Journal of the American Society for Horticultural Science* 121, 423-429.

21. Kader, A.A. (1992) *Postharvest Technology of Horticultural Crops, Publication 3311.* Division of Agriculture and Natural Resources, University of California, Oakland, California.

22. Kalb, T. and Chang, L.C. (2005) *Suggested Cultural Practices for Heading Chinese Cabbage International Cooperators' Guide, Publication 05-642.* Asian Vegetable Research and Development Center, Shanhua, Tainan, Taiwan.

23. Kemble, J.M., Zehnder, G.W., Sikora, E.J. and Patterson, M.G. (1999) *Guide to Commercial Cabbage Production, Publication ANR-1135.* Alabama Cooperative Extension System, Alabama A&M University and Auburn University, Auburn, Alabama.

24. Lal, R., Reicosky, D.C. and Hanson, J.D. (2007) Evolution of the plow over 10,000 years and the rationale for no-till farming. *Soil and Tillage Research* 93, 1-12.

25. Lamont, W.J. (ed.) (2004) *Production of Vegetables, Strawberries and Cut Flowers Using Plasticulture, Publication*

133. National Resource, Agriculture, and Engineering Service Cooperative Extension Service, Ithaca, New York.

26 .Lorenz, A.O. and Maynard, D.N. (1988). *Knott's Handbook for Vegetable Growers,* 3rd edn. Wiley New York, p. 76.

27. Maggioni, L., von Bothmer, R., Poulesen, G. and Branca, F. (2010) Origin and Domestication of Cole Crops (Brassica oleracea L.): Linguistic and Literary Considerations. *Economic Botany* 64, 109-123.

28. McClung, C.A. and Schales, F.D. (1982) *Commercial Production of Horseradish, Publication HE 127-82.* University of Maryland Extension, College Park, Maryland.

29. McHugh, J.J., Fukuda, S.K. and Takeda, K.Y. (1987) *Hawaii Watercress Production, Publication 088.* University of Hawaii Extension, Hawaii.

30. Musil, A.F. (1948) *Distinguishing the species of Brassica by their seed, Circulation 857.* US Department of Agriculture, Washington, DC.

31. Myers, C. (1991) *Specialty and Minor Crops Handbook, Publication 3346.* University of California, Small Farm Centre, Davis, California.

32. Myers, J.R. (2006) *Outcrossing Potential for Brassica Species and Implications for Vegetable Crucifer Seed Crops of Growing Oilseed Brassicas in the Willamette Valley, Report 1064.* Oregon State University Extension Service, Corvallis, Oregon.

33. NASS (1999) National Agricultural Statistics Service Vegetables 1999 Summary. Available at: www.ipmcenters.org/cropprofiles/docs/cabrusselssprouts.html (accessed 4 July 2012).

34. Nieuwhof, M. (1969) *Cole Crops (World Crops Books Series).* Leonard Hill, London.

35. Oplinger, E.S., Hartman, L.L., Gritton, E.T., Doll, J.D. and Kelling, K.A. (1989) Canola (Rapeseed). In: *Alternative Field Crops Manual.* University of Wisconsin Cooperative Extension, Madison, Wisconsin.

36. Parker, B.L., Talekar, N.S. and Skinner, M. (1995) *Field guide: Insect pests of selected vegetables in tropical and subtropical Asia.* AVRDC, Shanhua, Tainan, Taiwan.

37. Peirce, L.C. (1987) *Vegetables: Characteristics, Production, and Marketing.* Wiley, New York.

38. Pouzet, A. (1995) Agronomy. In: Kimber, D. and McGregor, D.I. (eds) *Brassica Oilseeds - Production and Utilization.* CAB International, Wallingford, UK, pp. 65-92.

39. Rimmer, S.R., Shattuck, V.I. and Buchwaldt, L. (eds) (2007) *Compendium of Brassica Disease.* American Phytopathological Society, St. Paul, Minnesota.

40. Rubatzky, V.E. and Yamaguchi, M. (1997) *World Vegetables - Principles, Production, and Nutritive Values,* 2nd edn. Chapman Hall, New York.

41. Saunders, D.C. (1993) Vegetable crop

irrigation. Available at: www.ces.ncsu.edu/ hil/hil-33-e.html (accessed 7 March 2012).

42. Stephens, J.M. (1994) *Cabbage, Chinese - Brassica campestris L. (Pekinensis group), Brassica campestris L. (Chinensis group)*. University of Florida, Gainesville, Florida.

43. Stivers, L.J., Brainard, D.C., Abawi, G.S. and Wolfe, D.W. (1999) Cover crops for vegetable production in the northeast. Available at: http://ecommons.library. cornell.edu/handle/1813/3303 (accessed 3 July 2012).

44. Swaider, J.M., George, W. and McCollum, J.P. (1992) *Producing Vegetable Crops*, 4th edn. Interstate Printers and Publishers, Danville, Illinois.

45. Swanton, C.J. and Weise, S.F. (1991) Integrated weed management: The rationale and approach. *Weed Technology* 5, 657-663.

46. Thompson, H.C. and Kelly, W.C. (1957) *Vegetable Crops.* McGraw-Hill, New York.

47. USDA, ERS (2010) Cabbage statistics. Available at: http://usda.mannlib.cornell. edu/MannUsda/viewDocumentInfo. do?documentID=1397 (accessed 3 July 2012).

48. Welbaum, G.E., Shen, Z.-X., Oluoch, M.O. and Jett, L.W. (1998) The evolution and effects of priming vegetable seeds. *Seed Technology* 20, 209-235.

49. Wittwer, S. (1987) Chinese Cabbage-Year-Round. In: Wittwer, S., Yu, Y., Sun, H. and Wan L. (eds) *Feeding a Billion: Frontiers of Chinese Agriculture*. Michigan State University Press, Lansing, Michigan, pp. 271-277.

50. Zohary, D. and Hopf, M. (2000) *Domestication of Plants in the Old World,* 3rd edn. Oxford University Press, Oxford, UK.

第十七章 莧科，藜亞科
Family Amaranthaceae, Subfamily Chenopodiaceae

根菾菜/菾菜
BEETS AND CHARD

起源和歷史

　　根菾菜(beet, beetroot)是非常古老的作物，種植歷史悠久，可以追溯到西元前2000年。根菾菜可能在地中海地區馴化，約於西元前8世紀傳到巴比倫，於西元850年前引進中國(Zohary and Hopf, 2000)。亞里斯多德(Aristotle)和提奧弗拉斯特(Theophrastus)的著作顯示，早期根菾菜普遍栽培為葉用。然而，有了菠菜之後，作為綠葉菜用的根菾菜顯著減少。第2和第3世紀時，羅馬人食用根菾菜，認為是促進身體健康的重要食物。菾菜(chard)顯然起源較晚，可能直到西元13世紀才作為蔬菜食用。歐洲殖民者把根菾菜和菾菜帶到西半球；美國國父華盛頓(George Washington)還曾用根菾菜和菾菜在他的維農山莊(Mount Vernon)進行試驗。在西元19世紀初，美國庭園就廣泛種植菾菜及紅、白或黃色的根菾菜。

植物學和生活史

　　甜菜類植物(*Beta vulgaris* L.)一直被分類為藜科(Chenopodiaceae)；然而，目前許多生物學家將藜科植物(chenopods)歸屬為莧科(Amaranthaceae)的一個亞科(USDA Plants, 2010)。這個重要的科包括許多分布廣泛的雙子葉一年生、二年生和多年生植物，都具有不顯眼的小花朵。甜菜植物的花性有兩性花、單性花或雌雄異株；有時兩個或更多朵花密集聯生在一起，結的果實具有多胚稱為胞果(utricle)。甜菜開花後花萼繼續生長且木栓化，完全覆蓋住果實內的種子。

　　絕大多數藜科植物是雜草，而且多數耐鹽和耐旱。除了根菾菜(火焰菜，garden beets)外，藜亞科的植物包括飼料用甜菜(fodder beet)、糖用甜菜(sugarbeet)、菠菜(spinach)、菾菜(碧蓬菜，chard, Swiss chard, spinach chard)、藜麥(quinoa, *Chenopodium quinoa*)和西洋濱藜(orache, *Atriplex hortensis* Lamb's)。白藜(lamb's quarters, goosefoot, *Chenopodium album*)是生長快速的一年生草類，在有些地區當成蔬菜種植，但比較普遍被認為是雜草(Board, 2004; USDA, ARS, 2012a)。

　　Beta vulgaris(甜菜類)有時被分為3個亞種：*B. vulgaris* subsp. *vulgaris*、*B. vulgaris* subsp. *maritima*和*B. vulgaris* subsp. *adanensis*。其中*B. vulgaris* subsp. *vulgaris*亞

種包括許多常見的作物，如：莙薘菜、糖用甜菜、飼料甜菜和根莙薘菜。其他兩個亞種是野生近緣種、遺傳改良用的材料。野甜菜(sea beet, *B. vulgaris* subsp. *maritima*)是栽培種甜菜的野生起源種，在地中海、歐洲的大西洋海岸、近東和印度到處都有。另一野生亞種*B. vulgaris* subsp. *adanensis*的分布是從希臘到敘利亞(USDA, ARS, 2012b)。

　　B. vulgaris subsp. *vulgaris*亞種以前被分成不同的變種(botanical varieties)：即crassa 和cicla兩變種(Hanelt *et al.*, 2001)。以前的cicla變種現在被認為就是*B. vulgaris* subsp. *vulgaris*亞種內的葉用甜菜群(Leaf Beet Group)，指莙薘菜各品種的園藝性狀相似性，主要食用其葉，雖與根用型有顯著的遺傳差異，分類地位並不能成為植物變種。同樣地，以前的變種crassa現在被認為是飼料用甜菜群(Fodder Beet Group)，表示根莙薘菜、飼料甜菜和糖用甜菜的園藝相似似，主要利用其根部(USDA, ARS, 2012b)。

　　根莙薘菜為冷涼作物，耐霜(frost-tolerant)、二年生草本。發芽後，苗株的莖不伸長，葉由其上長出、叢生，莖下有肉質貯藏直根(taproot)，在第一年就深入土壤(圖17.1)。

　　葉色的變化由淺綠色到深紅色。葉柄細、長度不同，葉形從長橢圓形到三角形，葉緣波狀或直，葉表面光滑或為皺葉(savoy)。甜菜貯藏根是靠近土表形成的膨大「下胚軸—根軸」(hypocotyl-root axis)，根端漸窄，真根並能深入土壤、固定植株。供上市的成熟肉質根有球形或長形，有不同形狀；其形態組成包括根頭

圖17.1　發育中的，'Detroit Dark Red'型根莙薘菜植株(Nova Scotia, 加拿大新斯高沙省田區)。

(crown)、根頸和根。根頸在根頭下方、伸出土面。最寬部位在根頸以下，沒有側根，並且完全平滑。「下胚軸—根軸」之下是根，全根逐漸變細，成為細長(可能很長)的直根(taproot)。所有側根(次生根)從主根發出，分布在土表下40-60 cm之土層，主根可入土更深。野生根莙薘菜為白色，細、長，有很多分枝；經由人為選拔和育種得到人們現在較熟悉的根莙薘菜，與野生種很不一樣。

　　我們所食用的部位是植株增大的下胚軸—根軸組織，為方便起見，通常直稱為「根」(root)。根的內部是維管束組織和貯藏組織交替形成的環狀圈；根厚度的增加是由於形成層生長加上薄壁組織的細胞分裂和膨大。

　　根莙薘菜有豐富的顏色變化，由深

紅色到紫色、白色、深黃色；紫色種是北美和大部分歐洲市場最流行的顏色。內部木質部和韌皮部組織間之顏色差異，通常稱為環帶(zoning)，是由於色素含量不同。甜菜的紅色和紫色是由於甜菜青素(betacyanin)，是特性類似花青素(anthocyanin)的色素，是許多紫色蔬菜的顏色來源。甜菜還含有甜菜黃素(betaxanthin)，為黃色色素。各品種所含甜菜青素和甜菜黃素的比例不同，且可因環境條件而改變。白色品種兩種色素都缺乏，而強烈的紅色表示有甜菜青素，黃色甜菜則少甜菜青素。

根形多變化，有球形、圓柱形、陀螺形或扁形。貯藏根的大小也相當多變，直徑範圍 2-20 cm。

◆ 飼料用甜菜

根用甜菜*B. vulgaris*有3種不同類型，各有不同生產用途：飼料甜菜、糖用甜菜和根恭菜。3種都源自於相同的野生種，經過人為選拔和育種產生。飼料甜菜是冷涼溫帶氣候下種植的農藝作物，供作牲畜飼料；生產天數200天或更長，視地理位置和氣候而定。飼料甜菜(或稱 mangel-wurzel)在秋季播種，在溫暖的溫帶到亞熱帶氣候下作為冬作；在北美、北歐及其他生長季節短的地區作為夏作。在西元1770年代，德國和荷蘭由較小的飼料甜菜培育出大根型甜菜，即mangel-wurzel後，在歐洲和英國用作牲畜飼料。原本德文甜菜根(beet-root)是mangold-wurzel，但被英文誤譯為mangel-wurzel(指稀少的根，scarcity root)，造成誤以為此飼料甜菜可成為飢荒期窮人極好的食物；但結果是mangel-wurzel更適合為牲畜飼料。現代的用途主要作為牛、豬、其他牲畜的飼料；有時未成熟的植株也可作蔬菜用，葉、根都可食用。葉可稍微蒸過當沙拉，也可稍加水煮(Wright, 2001)。

◆ 糖用甜菜

糖用甜菜的植株大小和成熟期與飼料甜菜相似(圖17.2)，植株大，由育種和自然選拔而來，是相對較新的作物。在西元1700年代中期，德國化學家馬格拉夫(Andreas Margraff)發現白色和紅色的甜菜根都含有蔗糖，和從甘蔗生產的糖沒有區別(Hill and Langer, 1991)。在此之前，甘蔗是唯一的糖的源，對大多數歐洲人而言都是

圖17.2 糖用甜菜與根恭菜親緣相近，是不能栽培甘蔗的北國地區的主要糖來源；為育種者由飼料甜菜(mangel-wurzels)所選育根含糖量高的種類，重量多在 4.5-6.8 kg。

很昂貴為之卻步的。英國在拿破崙戰爭期間封鎖了甘蔗的供應後，全歐洲對糖的需求增加。

馬格拉夫的學生阿哈德(Franz Karl Achard)通過試驗，培育甜菜成為歐洲蔗糖的經濟來源；許多人認為阿哈德是糖用甜菜產業之父。他在現今的波蘭建立第一個糖廠，並利用當時糖含量相對較高的白色飼料甜菜，開發了加工方法。拿破崙鼓勵法國人研究糖用甜菜，在西元1810年到1815年間栽培生產超過31,995 ha，有300多家小型甜菜加工廠。拿破崙戰敗後，熱帶的糖很容易獲得，而且由於供應過剩，價格暴跌。大部分的糖用甜菜工廠關閉，新的開發進展緩慢。然而，當西印度群島奴隸制度衰微後，歐洲糖用甜菜產業變得比熱帶來源的蔗糖有競爭力，在西元1850年代前，糖用甜菜產業就已建立良好(Hill and Langer, 1991)。多年來，育種又提高糖含量到總根重的15%-21%，與甘蔗相當。

◆ 根恭菜(火焰菜)

最常見的菜用甜菜就是根恭菜(red beet，garden beet，table beet)，其植株比飼料甜菜和糖用甜菜，小很多，直播後只要50-80天，發育快速。根恭菜用途廣，有許多不同的烹調及保存方式。幼嫩的深綠色葉和柄可以作為沙拉生吃，或蒸煮、水煮或有時熱炒。根恭菜(下胚軸或根)可以去皮、煮熟，加奶油當作小菜；還可用醋醃漬冷食，作為配菜或調味品(condiment)。根恭菜也可以去皮、切絲，當作沙拉生食。在部分歐洲地區，做成湯如冷羅宋湯(cold borsch)，就是一道受歡迎的菜。

切開或壓碎根恭菜得到的甜菜汁含有甜菜苷(betanins)，此為食品工業上的天然紅色著色劑，用來增強餐後醬汁、甜點、果醬和果凍、冰淇淋、甜品和早餐穀物食品(cereal)等食物的顏色。

根恭菜各品種間在顏色、形狀和園藝性狀上有很大差異，分成開放授粉品種和F-1雜交品種，一些最普遍的類型綜述如下。

根恭菜紅色品種依根形和園藝性狀分為兩群。其中'Crosby Egyptian'和相關品種早熟、扁圓形、表面光滑吸引人、形狀整齊、直根小。其內部有明顯紅白顏色交替的環帶，對應木質部和韌皮部不同的組織。本類型適合早季市場，全根用、醃漬或成束銷售，但根內部的顏色較不吸引人。

反之，另一型'Detroit Dark Red'及相關品種成熟晚，根形圓到橢圓形、外表較粗糙、直根明顯；其橫切面是純紅色，沒有明顯環帶。要言之，'Detroit Dark Red'品種外表不怎麼有吸引力，但根內顏色均勻且著色深，更適合切片。由於'Crosby Egyptian'和'Detroit Dark Red'品種可以雜交，雖然兩型的品種仍受歡迎，但已有些結合兩型最佳特性的現代品種。

雖然大多數市場偏好深紫色的根恭菜，但也有其他顏色，如：白色、紅色和黃色品種作為新奇種栽培(圖17.3)。金色根恭菜(golden beets)就是受歡迎的新奇種，主要供應當地市場和家庭，因為它們為紫色根恭菜增添了彩色選項(Grubben and Denton, 2004)，綠葉可能有黃色葉脈。金色甜菜可

能不像紅色品種甜，其風味圓潤甘美，土味較少。

　　Chioggia型為有些市場的熱門祖傳品種，因為其根內木質部和韌皮部組織形成顏色淺／深交替的對比環帶(Burge, 1991)。這種根內部的特性與前述'Crosby Egyptian'型品種相似，且更加明顯。顏色會因品種和生長條件而不相同，有些是不明顯的黃色－橙色的組合，而另外一些品種為紅色－奶油色交替。Chioggia型品種看起來很吸引人，但烹煮後原來的條紋會褪色。

　　消費者通常喜歡提早採收發育未成熟的蔬菜，認為這樣的蔬菜比較嫩、營養成分較高、烹飪需時較短，而且因為提前採收而可能沒有農藥。通常根蒜菜苗僅有3-5片本葉(真葉)時就採收，作為微型葉蔬(microgreens)出售，或混合其他幼嫩蔬菜和香草植物一起成為微型混合葉蔬(microgreen mixes)。品種如：'Yellow Beet'、'Bull's Blood'和'Early Wonder Tall Top'皆用於生產微型葉蔬。另一種幼嫩的產品是小型根蒜菜(baby beets)，它並不是特定品種，而是還很小時就提早採收，通常能賣得很好的價錢(Schrader and Mayberry, 2002)。種植株距縮小，可以生產小的根蒜菜。

　　區分根蒜菜品種的一些重要性狀包括：植株生長速率、根色、葉色和葉子大小(即地上部大小)；品種有小、中、大的區分。葉中肋(midrib)顏色變化由白色到紅色、黃色。葉子的形狀、葉柄厚度和長度也有差異，當成束販售或要食用地上部時，這些葉部性狀很重要。以全根販售時，較小較不明顯的根肩(shoulders)和護肩(collars)較受歡迎。若要選擇成束販售的根蒜菜品種時，葉的附著強度是重要性狀。根頸和根頭要小，這決定葉片附著強度以及可以多少根蒜菜綁成一束。

圖17.3　根蒜菜(*Beta vulgaris*)有許多不同顏色和根形。左邊的為紅色，中央為金色，右邊為深紅或紫色。

根的整齊度對鮮食用根菾菜的外觀很重要，但對製罐、冷凍或半加工(minimally processed)的根菾菜則較不重要。高品質的根沒有纖維、無開裂；而纖維發育與株齡有關，和根的大小並不一定有關。生長快速的大的幼根可能無纖維，而較小、較老的根菾菜可能纖維多些。不論鮮食用或加工用，根菾菜都要很少分枝、很少側根。

生產和栽培—根菾菜

◆ 生長與發育

根菾菜是冷季、二年生作物作一年生栽培；直播需要50-80天達到菜用採收成熟度，依環境條件和品種而定。根菾菜耐寒，可耐冰點以下的低溫，栽植成活的植株可短暫耐低至-9.4°C的溫度，但長時間於這種低溫會致死。低溫條件會增加葉片厚度(Rubatzky and Yamaguchi, 1997)。在夜溫冷涼的地區，產量和品質最好，因植株呼吸率減緩，增進碳水化合物的貯存。最適生產溫度為12-24°C，與菠菜不同，根菾菜比較耐高溫。苗期於較高溫度下仍能生長，但在高於生長適溫時，根發育過快，變得木質化和纖維化。根產量高要有夠長的營養生長期，所以根菾菜應在15°C以上的溫度生長，以預防春化作用(vernalization，低溫處理)，防止引發生殖生長(reproductive growth)。

大多數種植在北國的根菾菜品種是二年生植物，植株過了幼年期(juvenile-phase)，經春化作用後生成花莖，亦即春化作用後，通常在生長期第2年，莖伸長、發育成花莖。抽薹(bolting)指花莖快速伸長，是在植株發育超過幼年期後引發，即當植株於鉛筆直徑粗細的大小，在低於10°C以下的溫度達21天或更久時啟動。對根菾菜春化需求的研究很少，許多相關訊息是由糖用甜菜而來。糖用甜菜的春化溫度約為8°C，臨界溫度為15°C，在臨界溫度作春化處理時，需要更長的處理時間(Smit, 1983)。

甜菜抽薹由顯性B基因控制(Abegg, 1936)；在北歐和北美商業栽培的二年生根菾菜品種都是bb基因型，需要大量春化作用誘導而在長日下開花。大多數根菾菜品種必須在14小時長日之前先有春化處理，才能誘導開花，這個過程稱為光熱開花誘導(photothermal flower induction)(Owen et al., 1940; Owen, 1954)。春化需求可以由低溫處理時間來量化。許多品種對於春化低溫的需求比一些其他二年生蔬菜大得多，所以早播種的植株通常不會有提前發育花莖的風險(Goldman and Navazio, 2007)。許多品種需要低於15°C之春化處理至少2個月，但也有品種可能在低於15°C經3週就能抽薹。

花莖生成會破壞作物的品質和減產，因為大部分貯存物供應花莖發育，而不供應根的生長。一旦花莖發育，根菾菜會變硬和纖維化。

◆ 選地和整地

土壤必須多孔隙(排水良好)和疏鬆才能得到高產量，因此，砂質壤土、砂質壤土和排水良好的有機土壤都適合甜菜生產(圖17.4)。

土壤須用迴轉犁(rotovators)或圓盤犁(disks)精細打地，讓田區沒有土塊、石塊

和其他障礙物，以確保萌發整齊和成活良好。用板犁(moldboard)或鑿犁(chisel)精細耕犁、中耕清除土塊、去除石塊和清除堆厚的殘留物，都有助於建立適合根生長的環境，促進根發育整齊而直、無缺損。

◆田區栽植

根菾菜胞果(utricles)一般直播，胞果可以是多胚型(polygerm)有好幾個胚，或單胚型(monogerm)只有一個胚。商業生產、精準播種通常用單胚型根菾菜種子，以免除疏苗，並促進成熟一致，可一次完成機械採收。根菾菜在土溫4°C以上時可發芽，但發芽適溫為29°C。

多胚型的胚可能一次全部或分在不同時間發芽，因此需要間拔疏苗。萌發不整齊雖不利於機械採收，但對家庭園藝和小規模生產者可以延長採收期，在人工採收較大的植株後，旁邊較小的植株就可成長發育。

根菾菜採單行或多行直播，種子播種深度1.3-2.6 cm，也可以窄行條播，行距取決於利用方式；鮮食市場用的根菾菜通常行距為38-51 cm，最終株距為4 cm(圖17.4)。加工用的則往往密植以生產小而完整的根菾菜。直徑超過15 cm的根菾菜容易開裂、纖維太多和著色不良(Rubatzky and Yamaguchi, 1997)。

◆施肥與營養管理

根菾菜像其他藜亞科植物有耐鹽性，但對酸性土壤敏感。有一個古老的雜草防治法即在甜菜田施鹽(Rubatzky and Yamaguchi, 1997)。甜菜在pH 6.4-6.8生長最好，氮肥是甜菜生產中最需要的養分。正確的氮肥管理對甜菜的生長非常關鍵。氮肥施用應根據預期的產量，減去在土壤根區殘留的N，以及土壤有機物分解、礦化

圖17.4 在砂質土壤生產的根菾菜(加拿大新斯高沙省(Nova Scotia)田區)。

的氮素量。土壤分析可以確定殘留的氮和有機物質。土壤有機質中的氮通過礦化作用成為植株可利用形式，礦化作用受溼度和溫度影響，因此很難建議礦化率。研究結果顯示，在每公頃土壤表層的每1.0%有機質，在生長季期間約有33.6 kg氮可為植株吸收利用(Westfall and Davis, 2009)。如果禽畜糞沒有經過堆肥處理即使用，在生長季後期，畜肥中的大部分N才以硝酸態氮NO$_3$-N釋出，而對初期生長無益(Westfall and Davis, 2009)；腐熟的堆肥會較快釋出氮。整體而言，根茹菜需要中量的氮、磷、鉀；一作每公頃產量28.4公噸，採收後，根部由土壤分別移出74、9、90、8、13 kg/ha的N、磷酐(P$_2$O$_5$)、氧化鉀(K$_2$O)、氧化鈣(CaO)、氧化鎂(MgO)。地上部則由土壤分別移出96、0、60、108、102 kg/ha的N、P$_2$O$_5$、K$_2$O、CaO、MgO(Knott, 1962)。

施用磷酸鉀、硫和微量元素肥料應根據土壤分析結果，因為土壤類型不同，養分合量變化大。根茹菜需要高量的多種微量元素，尤其硼和鋅才有正常生長。缺硼會造成生理障礙腔點症(cavity spot)，在根上形成黑色壞疽病斑，也會抑制分生組織和新梢生長，往往導致心部腐爛。甜菜是最需加強硼的一種作物，可能因為其野生原始種在沿海原始棲地持續暴露在大海浪花的影響。生產上，收量60 t/ha的甜菜田區需要硼600 g/ha方能有最佳生長。

◆ 灌溉

甜菜為淺根系，必須有持續的水供應，以保持根的活性生長，不致木質化。在有季節性雨水的地區，春作可能不需灌溉，因為作物成熟快，且田區蒸發散量(evapotranspiration)失水較低。然而夏作田間失水量較高時，通常使用噴灌，也可以用其他灌溉方式。根茹菜每週至少應有2.5 cm的水量以確保持續生長，生產一作約需300 mm水量(Rubatzky and Yamaguchi, 1997)。

◆ 採收與運銷

根茹菜的產量在豐收時大約每公頃有49公噸；如果不是為了採收無纖維、可以全粒完整處理的價格好小型根茹菜，產量其實可以更高。成束的根茹菜(bunched beets)是在田區以人工或機械挖起整株帶葉的根茹菜，將之綁成一束，保持葉子新鮮、狀態良好。先經冰水預冷，再用碎冰水(slurry ice)或於近冰點以上的低溫運銷，以保持尤其是葉片的新鮮度。根茹菜葉(beet greens)及根茹菜束貯藏在0°C及95% RH中，可以維持10-15天在可售狀態。根茹菜葉片的呼吸速率比根部高，需在採收後迅速做預冷，並在運輸及貯藏期間連續保持低溫與高溼環境，以維持良好的品質。在相同的條件下，袋裝的去葉根茹菜可以貯藏達4-6個月。但經長期貯藏之後，嫩度會降低，並因組織中的多醣轉變為單糖而甜味增加。用於加工的根茹菜是以機械除葉、挖根，以大箱散裝運送，與其他根菜類處理作業大致相同。

病害

雖然甜菜有病害問題，但不像其他

蔬菜那樣嚴重。白粉病(powdery mildew, *Erysiphe polygoni*)常是糖用甜菜的嚴重真菌病害，但對根菾菜並非嚴重病害，因病害變很嚴重前，根菾菜就先採收。在冬季不太冷的地區，白粉病能在根菾菜田附近的近緣植物上越冬，因此會較嚴重。病徵先出現在根菾菜老葉葉背，出現細小、白色粉狀斑點。在適當條件下，白粉病迅速蔓延全葉，最終感染罹病株的所有葉片；最適白粉病蔓延的條件為溫暖乾燥氣候，溫度為15-30°C。目前已育有中度抗病品種可選用，化學殺菌劑可有效防治。露菌病(downy mildew, *Peronospora parasitica*)可由種子傳播，造成成株葉片出現斑點、斑點邊緣紅色(Kaffka *et al.*, 2010)。

另一種葉部真菌性病害是褐斑病(Cercospora leaf spot, *Cercospora beticola*)，發病初期出現圓形、棕色至淡褐色的個別病斑，病斑邊緣紅紫色。隨病勢進展，個別病斑相連。嚴重感染的葉片最初呈黃色，最後變成褐色壞疽(Kaffka *et al.*, 2010)。本病主要發生於夜間溫暖高溼地區，根菾菜和糖用甜菜都會感病(Kaffka *et al.*, 2010; CABI, 2013)。最適發病的日溫為25-35°C，夜溫高於16°C和90%-95%RH。本病主要感染源為罹病的前作殘餘物，但也可以從種子傳遞，還有多種雜草為其中間寄主。褐斑病防治措施有：清除田間感染源、土壤翻犁、犁入作物殘餘物，並與非寄主作物輪作3年；各品種抗病性有很大差異。

*Pleospora betae*是種子傳播的真菌病害，引起幼苗立枯病，病徵與腐黴菌(*Pythium*)和立枯絲核菌(*Rhizoctonia*)造成的猝倒病(damping-off)類似(CABI, 2013)。缺硼造成的生理障礙是在根表面發生難看的壞疽黑色斑點或凹點。

甜菜有一系列病毒病害，最常見的有甜菜曲頂病毒(beet curly top virus)、甜菜黃化病毒(beet mild yellowing virus)、甜菜嵌紋病毒(beet mosaic virus)、甜菜偽黃化病毒(beet pseudoyellows virus)和甜菜土傳嵌紋病毒(beet soil-borne mosaic virus)。這些病毒病所引起的病徵包括矮化、葉皺縮、葉向上及向內捲，罹病葉片背面的葉脈有不規則的突起。大的根菾菜根橫切面可見黑色維管束環；病株的幼根扭曲、變形、無法生長。小根死，接著又生新根，導致毛狀根(hairy root)現象(Kaffka *et al.*, 2010)。

甜菜曲頂病毒是由葉蟬(beet leafhopper, *Circulifer tenellus*)媒介傳播，葉蟬寄主廣泛，繁殖能力強，並且可由孳生地長距離的移動。葉蟬可以在許多一年生和多年生雜草上越冬，當吸食罹病株後就容易獲毒，獲毒後可持續媒介傳播病毒。甜菜曲頂病毒發病程度受氣候因素的影響，因氣候影響雜草寄主的普遍性、媒介昆蟲葉蟬的繁殖力和移動性。本病毒也可造成番茄、豆類、番椒類的嚴重損失，有時影響瓜類。已有抗一些病毒的品種可以利用(Kaffka *et al.*, 2010)。

蟲害

甜菜夜蛾(beet armyworm, *Spodoptera exigua*)和夜盜蟲(yellow striped armyworm, *Spodoptera praefica*)成蛾翅顏色雜、灰色或

微黑色；於葉上產卵、成塊狀，卵淡綠或帶粉紅色、有橫線，卵塊有大或小、上覆有白色棉狀物。卵期僅數日，孵化後，幼蟲開始取食。幼蟲橄欖綠色，體表兩側各有一條黃線。大約2-3週後幼蟲達最大，體長約3.2 cm。甜菜夜蛾可在夏季和秋季造成嚴重危害(Natwick *et al.*, 2010)；蠶食根菾菜葉片，只留下大致完好的葉脈。當危害嚴重時，食物變少，會啃食葉脈、葉柄，甚至啃食露出土的根菾菜根部。由於數量可以很高，造成嚴重的落葉，因此在生育後期應密切監控斜紋夜蛾類。防治措施包括施用有益昆蟲或定期施用殺蟲劑。

螟蟲(beet webworms, *Hymenia perspectalis, Loxostege sticticalis, Spoladea recurvalis*)的幼蟲會結網、吃食根菾菜葉，使植株生長遲緩，嚴重時減產。有時蚜蟲、金花蟲(flea beetles, *Chaetocnema confinis*)、潛蠅類(beet leafminers, *Pegomya hyoscyami*)危害根菾菜。根瘤線蟲和其他線蟲也會危害根菾菜，造成扭曲發育和減產(Natwick *et al.*, 2010)。其他害蟲包括蔬菜象鼻蟲(vegetable weevil, *Listroderes costirostris*)、椿象(beet bug, *Piesma quadratum*)和尺蠖蛾(green looper caterpillar, *Chrysodeixis eriosoma*)(CABI, 2013)。

雜草管理策略

甜菜無法與雜草競爭，商業栽培需要有效的雜草控制策略，尤其當作物精準種植至最後行株距，不疏苗時。雜草沒有防治會顯著降低甜菜產量；雜草茂密使耕鋤、電動疏苗機、中耕和採收都困難。

造成困擾的雜草種類因地區而異，但一般以一年生雜草如十字花科(mustard species)雜草和早熟禾屬牧草(bluegrass)為問題。冬季一年生雜草到夏季會滅絕，但夏天的一年生雜草於3月開始發芽，並持續整個夏季生長期。這些夏季一年生雜草有稗草(barnyardgrass)、蒼耳(cocklebur)、藜(pigweed)、青麻(velvetleaf)和蓼屬雜草(knotweed)(Hembree and Norris, 2010)。

選擇有效的雜草管理策略取決於一些因素：地理位置影響種植日期、雜草相、灌溉或降雨；種植日期又影響雜草相和灌溉／降雨。現有的雜草種類決定了雜草控制方法和除草劑選擇；現有除草人力與工資決定是否納入人工除草。現有的設備決定可如何做好栽培，是否可以準確施用除草劑並能適當地施入土壤(Hembree and Norris, 2010)。

經濟可行的雜草防治是藉著幾種方法的綜合使用，因為目前沒有一個可以完全控制甜菜作物雜草的措施。最常見的兩種作法是在植行內條施(band application)殺草劑和／或於植行間進行中耕。這些綜合措施可減少除草劑使用及減少人工，降低生產成本和除草劑的使用(Hembree and Norris, 2010)。

菾菜(莙蓬菜、牛皮菜)

菾菜(Swiss chard)和根菾菜親緣很近，但不形成膨大的根，基本上是葉用根菾菜，食用其大而肥厚的葉柄及寬而質脆的葉片(Schrader and Mayberry, 2002)。菾菜比許多其他葉菜類耐受炎熱的天氣，其葉

的準備和食用方式同菠菜。茲菜栽培方法與根茲菜、菠菜相似。由於茲菜可連續採收而在家庭園藝廣泛種植。其栽培品種不多，葉平或皺，平葉種葉片平滑沒有起伏，皺葉品種葉脈間呈杯狀起伏。甘藍和菠菜也都有皺葉品種。'Lucullus'是最普遍的品種，有大而皺的深綠色葉片和寬而白色的中肋(midrib)及葉柄(圖17.5)。

其他品種有'白銀'('White Silver')、'大肋'('Large Ribbed')、'Fordhook Giant'及'Bright Lights'(Schrader and Mayberry, 2002)。茲菜品種有紅色、黃或白色的葉脈，'紅寶石'('Ruby Red')為紅色葉柄品種，常用於生產微型葉蔬(microgreen)。紅色葉脈品種常被稱為rhubarb chard(圖17.5)，這會令人混淆，因為rhubarb(大黃)是另一種無關聯的蔬菜(本書中有討論)。真正的大黃葉子含有高量的草酸(oxalic acid)，不宜食用。

經濟重要性和生產統計—根茲菜

雖然全世界許多地方生產根茲菜，包括北美、南美、澳大利亞、紐西蘭、歐洲和亞洲，大多都在當地消費沒有國際貿易。因此，聯合國糧農組織(FAO)和其他機構沒有根茲菜的國際生產數據，而是糖用甜菜比根茲菜的經濟重要性高很多。

在美國，根茲菜生產，特別是加工用的在北部諸州；因溫度比較冷涼，根茲菜生長及纖維發育較慢，安排採收時間表有較大彈性。以生產面積來看，紐約州、奧勒岡州和威斯康辛州為加工用根茲菜的主要產地。在冬季，北方不能生產鮮食用根

茲菜時，有些在南部生產。

在過去70年，美國每人每年鮮食用根茲菜的消費量呈持續下降，由西元1940年平均10.8 kg降至現今的0.1 kg以下。同時期加工用根茲菜，主要是罐頭根茲菜的人均消費量則保持穩定，將近0.5 kg/年(USDA, NASS, 1999)。

根茲菜需去葉、削皮，還要烹煮，加上市場上常有更多有意思的水果和蔬菜供應，美國鮮食用根茲菜消費量減少。喜歡根茲菜的消費者更喜歡罐裝加工品的方便、易食，以及比新鮮根茲菜更穩定的品質。

營養價值

比較根茲菜葉、根茲菜和茲菜的營養價值如表17.1。根茲菜含鉀、磷和醣類多，但其他營養素含量較低，根茲菜葉在許多方面比根更營養。許多人錯誤地認為根茲菜根是鐵的良好來源，可能因為許多流行的品種是紅色的。其實葉子含鐵量是

圖17.5 葉用茲菜，與根茲菜為同一物種；葉片較大、葉柄較厚，根部不膨大。葉片顏色由淺至深綠或帶紅色，葉面平滑、皺或半皺，因品種而不同。葉脈白色、紅色或黃色。

表17.1　每100g未烹煮樣品的營養成分
（USDA Nutrient Database, 2012）

營養成分	作物別		
	根莙菜葉	根莙菜	莙菜
維生素A(IU)	6,100	20	3,300
硫胺素(mg)	0.1	0.05	0.04
核黃素(mg)	0.22	0.02	0.09
菸鹼酸(mg)	0.4	0.4	0.4
抗壞血酸(mg)	30	11	30
維生素B6(mg)	0.11	0.05	0
水(%)	92	87	93
熱量(kcal)	19	44	19
蛋白質(g)	1.8	1.5	1.8
脂肪(g)	0.1	0.1	0.2
醣類(g)	4.0	10	3.7
纖維(g)	1.3	0.8	0.8
鈣(mg)	119	16	51
磷(mg)	40	48	46
鐵(mg)	3.3	0.9	1.8
鈉(mg)	201	72	213
鉀(mg)	547	324	379

根含量3倍以上。紅顏色是因為甜菜青素，它是水溶性，與花青素有關的植物色素，而不是因為鐵。莙菜含有高量的草酸，攝食後與鈣結合，因此認為它並不像其他綠葉蔬菜那麼好營養。

菠菜
SPINACH

起源和歷史

　　菠菜原產於亞洲西南部、伊朗和中東附近地區。古希臘人和羅馬人並不知道它，但約2,000年前傳到小亞細亞的其他地區；約在西元650年的中國古籍中提到菠菜。西元1100年左右由摩爾人傳到西班牙，而在17世紀(1600s)被早期的殖民者帶到了美洲(Zohary and Hopf, 2000)。

植物學和生活史

　　菠菜（*Spinacia oleracea* L.）是一年生、莧科（Amaranthaceae）藜亞科（Chenopodiaceae）葉用作物(USDA Plants, 2010)，專為生產其葉。只要沒有長時間低於-12°C低溫的地方，菠菜可以越冬，因而有時被稱為一年生冬季作物。

　　菠菜有很明確的營養生長期，莖短縮、葉叢生形成葉簇(rosette)；要感應環境刺激才會開花。植株可長到30 cm高，葉互生、單葉，葉長約2-30 cm、葉寬1-15 cm，基部葉較大，花莖上部的葉片漸次變小。

　　菠菜在營養生長期即採收其葉柄和葉片(圖17.6)。

　　苗期後，肉質葉集生於短縮莖上，形成葉簇。栽培距離和環境條件會影響葉片大小和葉數。葉片從卵形到長形，一些老品種的葉幾近三角形或狹戟形(Rubatzky and Yamaguchi, 1997)。葉的生長習性由匍匐型至直立型，受到株距影響。葉緣平或波狀，葉面由平滑到半皺(semisavoy)，到極皺。在皺葉上的泡狀(blistered)外觀是因為葉脈之間薄壁組織的生長差異(Rubatzky and Yamaguchi, 1997)。菠菜葉柄長度通常和葉片長度相同，成熟時葉柄空心。

　　植株生殖生長一經誘導後，主莖伸長(抽薹)，葉簇中抽出長花莖(flower stalk, seed-stalk)。植株抽薹嚴重限制了營養生長，即使形成任何新葉，葉小而窄，無法銷售。一旦發生抽薹後，不再適合採收為

蔬菜販售。菠菜開花誘導過程與葉萵苣類似，如第12章菊科所討論。長日誘導花莖生成，而溫度高於20°C時加速此進程。開花創始的臨界光週期(critical photoperiod)為12.5-15小時(Rubatzky and Yamaguchi, 1997)。當中央花莖伸長，側枝形成，含有高達20朵不顯眼、黃綠色、直徑3-4 mm的風媒小花，發育成熟成為乾、硬而小的果房塊(lumpy fruit cluster)，寬5-10 mm，內含種子數粒(圖17.7)。

　　菠菜根系係由膨大主根長出許多淺鬚根，主根很少分枝。有些品種不那麼容易開花，如果安排在長日照及溫暖的氣候下成熟採收，應選用晚抽薹(slow-bolting)品種。

　　菠菜植株的花性表現(sex expression)在營養生長期，很難判斷；雖然雄株一般較小、葉數也較少。通常菠菜的花性表現是雌雄異株(dioecious)，但也有一些其他類型；最常見的類型是雄株、雌株或雌

圖17.7 菠菜的花簇。

雄異花同株(monoecious)。偶爾有兩性花(hermaphroditic flowers)出現。除了這些常見的花性表現，也有其他情況發生。純雄株(extreme males)只有雄花，葉少、早花，往往開花後不久即死去。營養雄株(vegetative males)也只有雄花，但比純雄株有較多葉、開花較晚。雌株只生雌花，葉發育良好，較晚開花。雌雄異花同株是在同一植株上有雄花和雌花，葉發育良好，開花慢(Rubatzky and Yamaguchi, 1997)。雄花無花

圖17.6 冬天生產的半皺葉菠菜，用噴灌(田區後方)。田區左邊已進行第一次機械採收，
　　　菠菜可採收多次(美國德州南部)。

瓣，排列成穗狀花序(spikes)。育種者從採種田淘汰純雄株和葉片生長差的植株，所以現代F-1雜交菠菜品種的花性表現很一致，而舊的開放授粉祖傳品種(heirloom cultivars)就差異多(Rubatzky and Yamaguchi, 1997)。

　　雌花沒有花瓣，連在花萼基部，萼片包住子房。風媒授粉後，子房發育為胞果，只有一粒種子，果實也常被當成是種子。菠菜種子可以是光滑的圓形或不規則的有刺形，有刺型種子是冬季型，而平滑型種子為夏季型；種子有刺的品種常為祖傳品種。菠菜百粒種子重約1 g(Rubatzky and Yamaguchi, 1997)。

類型和品種

　　在溫帶氣候區，菠菜是重要的綠葉蔬菜。在亞洲地區，菠菜主要作為鮮食蔬菜，稍加烹煮後食用；但在西歐和北美洲，菠菜愈來愈多鮮食用，或經輕度加工、袋裝、立即可食的產品，菠菜還可製罐或冷凍。

　　一般而言，舊的或祖傳品種在長日照條件下會早抽薹。祖傳品種葉片較窄、風味較強、較有苦味；現在商業生產的新品種是F-1雜交種，生長較快速、較晚抽薹、葉片較寬、風味較淡。菠菜品種依葉面特徵主要可分為3類：

＊ 皺葉種葉深綠色、葉面皺而捲曲。由於外觀鮮明，常紮成束鮮銷。本類型的一個祖傳品種'Bloomsdale'，於商業生產上，它已被高產、以雌株為主的F-1雜交品種替代，這些新品種統稱為Bloomsdale型。像'Long Standing Bloomsdale'即是比原來的'Bloomsdale'晚抽薹的流行品種。

＊ 平葉種葉寬而平滑，比皺葉種易清洗；但包裝時平葉種的葉片易黏在一起。此類型通常用於製罐、袋裝即食菠菜、冷凍菠菜、湯用及嬰兒食品等。

＊ 中間型(semi-savoy)葉片介於平葉種與皺葉種之間，其質地似皺葉種，並不那麼難清洗，包裝和運輸時，葉片不會擠壓或聚結一起。

　　菠菜苗菜(baby spinach)在有些市場上流行，因為它柔嫩、少苦味。雖然有時會用較小葉、小株的品種來生產，但常用一般品種採較高密度播種，只有5-7葉時即採收。高密度栽植的額外好處是擠掉雜草且早採收，多在發生蟲害或病害前，不必使用農藥。生產菠菜苗菜可以用平葉種、皺葉種或中間型品種(圖17.8)。

　　除了上述葉片的變化外，葉形也有

圖17.8 有機生產皺葉菠菜苗菜(baby spinach)。每畦3行，密植可以遏止雜草。此苗菜品種比一般菠菜小，以輕度加工、立即可食的袋裝什錦沙拉(salad mix)方式販售(美國加州中部沿海)。

多種，從心形到卵圓形。抗病性上，有品種兼抗菠菜的兩大病害，即露菌病(downy mildew)及胡瓜嵌紋病毒(cucumber mosaic virus)。除了前面提到的重要性狀外，品種間的重要特性差異還包括植株整齊度、產量、大小、耐熱性、耐寒性，以及葉片大小、顏色、形狀、葉柄長度的不同。商業生產想要的高品質品種應具下列特點：葉柄短、葉色中等到深綠、沒有苦味而風味甜、葉嫩且厚、抗病和晚抽薹(Rubatzky and Yamaguchi, 1997)。

經濟重要性和生產統計

菠菜是全球都生產的重要作物，在西元2010年，全球收穫面積 825,207 ha。中國是領先的生產大國有640,370 ha；印尼第二，生產48,844 ha；土耳其第三，有23,000 ha；日本第四，有21,000 ha；美國第五，為17,520 ha(FAOSTAT, 2010)。

世界總生產量在西元2010年為2千萬公噸 ；中國就生產1.81千萬公噸。美國位居第二，將近40萬公噸，其次是日本26.9萬公噸、土耳其218,291公噸。歐洲主要生產國家有比利時和法國，分別生產93,150公噸和80,101公噸(FAOSTAT, 2010)。

世界菠菜平均產量為24,364 kg/ha。在西元2010年中國菠菜的生產總值估計為US$51億，而美國的菠菜總值為US$3.67億(FAOSTAT, 2010)。

在美國，大約25%菠菜為加工用，其餘鮮食用。在西元2010年，加州生產最多，約 10,886 ha；有7,931 ha鮮食用和2,954 ha加工用，以冷凍為主。其他重要生產州包括亞利桑那州、德州、紐澤西州(New Jersey)。加州有最高單位面積產量，部分原因是其生產區沿海谷地的生長季長、氣溫涼，可以重複採收(USDA, NASS, 2012)。

營養價值—菠菜

新鮮菠菜的營養價值見表17.2；菠菜是維生素A的良好來源，特別含葉黃素(lutein)高，還有維生素C、維生素E、維生素K、鎂、錳、葉酸、甜菜苷(betaine)、鐵、維生素B2、鈣、鉀、維生素B6、銅、蛋白質、磷、鋅、菸鹼酸、硒(selenium)、ω-3脂肪酸(omega-3 fatty acids)和抗氧化物。菠菜還含有相當高量的草酸，它會在人體內與鐵、鈣結合，而降低人體對鐵、鈣的吸收和利用。

生產和栽培—菠菜

◆ 生長與發育

菠菜春作自播種約需40-70天採收，視品種和環境而異。越冬生產由於氣溫較涼、光度降低，需要較長時間成熟；菠菜比許多其他蔬菜較耐低光條件。除了溫度影響植株發育外，早生性也與生長速率有關；早熟品種往往長得比晚熟種快(Rubatzky and Yamaguchi, 1997)。像其他蔬菜一樣，為了栽培成功，選擇品種非常重要。大多數菠菜生產者的目標就是品種配合生長條件，有快速的發育和高產量，而不抽薹。

◆ 溫度需求

菠菜是冷季、一年生作物，直播栽

培。生長適溫為15-20°C，最低生長溫度約為5°C，最高生長溫度為32°C。菠菜耐寒，在低至-12°C溫度仍可存活。在溫帶地方，菠菜於早春種植，在春末或初夏收；或秋季種植，越冬至春季收成。只要冬季不嚴寒的地區，菠菜可在田區越冬。溫度會影響葉的品質，低溫增加葉片厚度，但葉會變小、減少平滑度(Rubatzky and Yamaguchi, 1997)。高溫降低葉色和葉皺度，增加葉柄長。

◆ 選地和需水量

菠菜的土壤適應性很廣，但應避免栽培在排水不良、容易積水的土壤。最適合菠菜生長的土壤要排水良好及有充分的保水力；在較黏重的土壤，常用高畦來改善排水。因為菠菜是冷季作物，一般在生長期間蒸散量低，其需水量比許多其他作物較低。在有固定雨水的地區，春作和越冬栽培沒有灌溉仍可生產。生產一作菠菜大約需要250 mm的水。

由於菠菜根系淺，在乾旱期植株易有乾旱逆境，造成葉片變小，而直接影響產量和葉的嫩度。在乾燥地區如加州和德州，有時用噴灌以確保作物成活生長。在生長後期，作物成熟時，會用溝灌或滴灌(圖17.6)。

每週大約需要2.5 cm的水以保持作物活力生長。菠菜可以水耕栽培，但管理上會比萵苣或番茄困難些，需要充分通氣的循環系統才有最好的生長。

◆ 田間栽培

菠菜種子在土壤溫度高於1.7°C就能發

表17.2 每100g新鮮未烹煮菠菜的營養價值 (USDA Nutrient Database, 2012)

能量	97.0 kJ(23 kcal)
醣類	3.6 g
– 糖	0.4 g
– 膳食纖維	2.2 g
脂肪	0.4 g
蛋白質	2.9 g
水	91.4 g
維生素A當量	469.0 μg(59%)
維生素A	9,377.0 IU
– β 胡蘿蔔素	5.6 mg(52%)
– 葉黃素和玉米黃素	12.2 mg
硫胺素	0.078 mg(7%)
核黃素	0.189 mg(16%)
菸鹼酸	0.724 mg(5%)
維生素B6	0.189 mg(15%)
葉酸(維生素B9)	194.0 μg(49%)
維生素C	28.0 mg(34%)
維生素E	2.0 mg(13%)
維生素K	483.0 μg(460%)
鈣	99.0mg(10%)
鐵	2.71 mg(21%)
鎂	79.0 mg(22%)
錳	0.897 mg(43%)
磷	49.0 mg(7%)
鉀	558.0 mg(12%)
鈉	79.0 mg(5%)
鋅	0.53 mg(6%)

百分率係依據美國農業部推薦成人每日攝食量概算

芽，但最佳發芽溫度大約21°C；超過30°C發生熱靜止(熱休眠，thermoquiescence)，降低萌發率(Harrington and Minges, 1954)。種子滲調處理(seed priming)可以改進高溫的發芽情形。進行酸處理或浸種(presoaking)可增強生理作用、軟化果皮組

織(有時即種皮組織)、去除發芽抑制物而促進發芽(Atherton and Farooque, 1983 a, b)。以迴轉犁或圓盤犁精細耕犁土壤、打碎土塊,有助於確保萌發一致和成株率高,不過也可採用保育耕犁(conservation tillage)種植(Hoyt *et al.*, 1994)。菠菜直播深度1-3 cm,在標準102 cm寬的高畦上,採用精準播種設備多行播種,達到接近理想的株距,不需間拔。還有其他可行的栽種配置方式,也可以窄行條施撒播菠菜,播種寬度10 cm。株距因品種及預定用途而異。栽植密度為60-120株/m²;高密度促進葉直立生長,此有利於機械採收,但密度太高時,葉柄羸弱,還加速花莖發育(圖17.9)。

圖17.9 菠菜可以機械採收多次,每次只切取葉,留下完整的基部。(a)拖拉式(pull-type)菠菜採收機(美國加州Salinas附近);(b)左側畦床已採收,右側畦床待採收。

雜草防治很重要，特別是機械採收沒有選擇性，混收的雜草會汙染採收品。有些雜草與菠菜相似而難以去除：經常中耕、密植、採用舊床耕犁技術(stale-bed technique)和選擇性除草劑都可以有效防治雜草。

◆ 肥料和營養

菠菜對土壤酸性敏感但耐鹽，和根菾菜一樣可以耐鹽性土壤，是鹽生植物(鹼地植物，halophyte)。菠菜適宜的土壤pH值範圍為6.5-8.0，菠菜並不需要特別重肥。在肥沃的沖積土，配合土壤分析結果，通常只需適度施肥。在輕鬆砂質土壤，根據栽種歷史，可能需要大量的N-K-P肥。投入氮肥可增加冬季生產的菠菜產量，因為土壤溫度低時，硝化作用低。大多數菠菜生產者願意充分施肥，以期在短時間內滿足植株快速生長所需，多增葉數。約70%的作物生物量(biomass)是在採收前的最後三分之一生長期內產生。由於菠菜生產週期短，通常在種植前或種植時施肥，只在特別情況下才補加追肥。

◆ 採收與運銷

菠菜生長到理想大小時即可採收，大約是在播種之後30-150天，後者是越冬生產，需要日數長。採收時大多數植株有5-9片完全發育的葉子。

有些市場仍販售以人工齊地採收，並紮成束的菠菜；但這種方式增加成本，而且紮束好的菠菜在運送過程中不易保鮮、不受傷。這種成束的菠菜在許多市場正被或已被輕度加工的袋裝新鮮菠菜所取代；這種袋裝菠菜是由機械採收，以大箱散裝處理及清洗的菠菜。包裝處理增加產品的櫥架壽命，較容易操作，對消費者提供一種方便、不怎麼需要準備、立即可食的產品。機械採收已用在製罐、冷凍及袋裝鮮食用的菠菜(圖 17.10)。

採收時調整採收機由葉簇中央生長點上方約10-15 cm處切下，剪短葉柄長度，讓植株再次生長。如此，在理想的生長條件下，3-4週後植株可重複採收。加工用菠

圖17.10 自走式採收機採收加工用菠菜(美國德州尤瓦德(Uvalde)地區附近)。

菜的產量為5-24公噸，較高的產量表示採收多次；這在氣溫冷涼及白日較短的地區可行，例如：美國德州的冬作及加州中谷區(Salinas Valley)的春作，每作可以採收3-4次，之後植株會抽薹(圖17.9)。鮮食用菠菜的產量通常較低。

生產製罐、冷凍及袋裝鮮食用的菠菜喜用平葉種或中間型的半皺葉品種，這些品種生長較快、產量較高而且容易洗淨葉片上的土。鮮食市場喜用皺葉種或半皺葉品種則因它們在包裝時不易擠壓，通氣性、預冷效果及貯藏壽命都較好。

在北歐地區，由於冬季的低溫無法使菠菜越冬生產，在冬季及早春都用溫室商業栽培菠菜。特別育成一些能適應低光照、低溫及短日照的特殊生長環境，而且生長快速的品種(Rubatzky and Yamaguchi, 1997)。

菠菜的呼吸速率高，葉片易受損，所以非常容易敗壞。貯放在室溫或更高溫，菠菜會迅速品質變壞，因之必須快速預冷及冷藏，防止萎凋及失重。冰水預冷(hydro-cooling)及真空預冷(vacuum cooling)對菠菜都很有效；加水真空預冷(hydro-vac cooling)技術是在真空預冷過程中加入水霧的預冷方法，可以減輕產品的萎凋。袋裝的輕度加工菠菜常以氣變貯藏(modified atmosphere)方式來降低呼吸率並延長貯藏壽命。在氣變貯藏0.8% O_2大氣組成內，菠菜的氧氣吸收量平均減少53%；而CO_2的生成量比在一般空氣中降低35%，葉的劣變降低了30%-54%。失重及葉綠素含量並不因0.8% O_2的大氣組成

受影響(Ko et al., 1996)。

然而，低氧會使袋內菠菜產生異味。菠菜苗菜貯藏在1% O_2及CO_2中，貯藏結束時因為有異味，品質最差；貯藏在10% O_2及CO_2中的菠菜，異味較少(Tudela et al., 2012)。菠菜在0°C、95% RH中用氣變包裝可以貯放14天。袋裝內也提供有利於病菌微生物孳生的微環境，而對人有害，這在貯藏溫度偏高及貯藏時間加長的情況下尤其如此(Lopez-Velasco et al., 2010)。

病害

露菌病(downy mildew, *Peronospora farinosa*)是菠菜最嚴重的病害之一，如果植株已出現露菌病時，施用殺菌劑很難有控制效果。露菌病好發於溼冷環境；初期症狀是子葉與葉片上出現暗或鮮明的黃色斑點，這些病斑隨時間擴大，變成淡褐色、變乾。葉背的紫色生長是病原真菌。現代雜交F-1品種可以抵抗4個生理小種(LeStrange and Koike, 2012)。

胡瓜嵌紋病毒病(cucumber mosaic cucumovirus, CMV)是另一種嚴重危害菠菜的病害。病徵包括幼葉輕微黃化、變窄或皺縮，葉緣內捲；嚴重感染時，植株發育遲緩、基部完全枯萎，生長點壞死。防治媒介蚜蟲(甜菜蚜(*Aphis fabae*)及桃蚜(*Myzus persicae*))可降低CMV的發生(LeStrange and Koike, 2012)。

菠菜其他重要病毒病害包括甜菜黃化病毒(beet western yellows virus)；感病老葉有葉脈間和葉緣黃化現象。真菌的次級感染危害感病老葉，造成壞疽而使真

菌生長、呈現暗綠色到黑色。甜菜曲頂病毒(beet curly top virus)可導致葉部發育遲緩及黃化，葉簇中央的幼葉非常黃化、嚴重彎曲及變硬。植株常在病徵出現後數週即死。鳳仙花壞疽斑點病毒(impatiens necrotic spot virus)和番茄斑點萎凋病毒(tomato spotted wilt virus)均可造成葉上輪斑(ringspots)、圓形小斑點和壞疽斑點。菸草脆葉病毒(tobacco rattle virus)在菠菜葉上造成黃色壞疽斑點、斑駁(mottling)及漣葉(leaf crinkling)(LeStrange and Koike, 2012)。

　　雜草可能藏有病毒，在生產田區及周圍之雜草應予清除；但除草不一定會阻止病毒的感染。菠菜目前尚無抗病毒品種可採用。應盡可能管控好媒介昆蟲族群(LeStrange and Koike, 2012)。

　　立枯病(damping-off)危害世界各地的菠菜生產，發病程度受栽培品種、土壤質地、土壤水分和病原族群的影響。在黏土或排水不良的土壤，連續生產菠菜，易發生嚴重立枯病。而菠菜生育各階段都可感染根腐病原菌，通常以新萌發植株和幼苗最易感染。

　　多種土傳真菌可引起立枯病，包括下列一種或多種菌：尖鐮孢菌(Fusarium oxysporum)、腐黴菌(數種Pythium spp.)及立枯絲核菌(Rhizoctonia solani)。地上部的病徵與根腐病類似。由Pythium spp.和Rhizoctonia spp. 引起之苗立枯病，可藉減少土壤水分、用殺菌劑處理種子、使用經殺菌劑處理的種子預防(LeStrange and Koike, 2012)。

蟲害

　　危害菠菜的一些害蟲和線蟲包括：莖線蟲(Ditylenchus dipsaci)、椿象(African pod bug, Clavigralla tomentosicollis)、螺旋線蟲(common spiral nematode, Helicotylenchus dihystera)、甜菜包囊線蟲(beet cyst eelworm, Heterodera schachtii)、蔬菜斑潛蠅(vegetable leaf miner, Liriomyza sativae)、非洲菊斑潛蠅(American serpentine leafminer, Liriomyza trifolii)、蔬菜象鼻蟲(vegetable weevil, Lis. costirostris)、桃蚜(green peach aphid , My. persicae)、假根瘤線蟲(false root-knot nematode, Nacobbus aberrans)、赤葉蟎(carmine spider mite, Tetranychus cinnabarinus)、擬尺蠖(cabbage looper, Trichoplusia ni)、玉米穗蟲(corn earworm, Helicoverpa zea)和甜菜夜蛾(beet armyworm, Sp. exigua)(LeStrange et al., 2012)。

　　鱗翅目害蟲的幼蟲，如：尺蠖、穗蟲和夜盜蟲(armyworms)是最麻煩的害蟲，因為牠們直接啃食葉片，且能迅速破壞作物。這些害蟲傷害菠菜基部，使植株嚴重發育不良或夭折，並且持續傷害和汙染菠菜直到採收。切根蟲類(cutworms, Peridroma saucia, Agrotis subterranea)可在地表或地面下取食。本章前面已描述甜菜夜蛾產卵在葉面，並以明顯白色棉狀物覆蓋卵。西黃條夜蛾(western yellow-striped armyworm)也可能大量發生，迅速摧毀菠菜田。

　　數種管理技術可以有效防治菠菜的鱗翅目害蟲。生物防治採用天敵，可以系統性危害菠菜害蟲，效果很好；最常見

的寄生蜂(wasps)有姬蜂(*Hyposoter exiguae*)和小繭蜂(*Chelonus insularis*)，以及寄生蠅(tachinid fly, *Lespesia archippivora*)。在一個健康平衡的生態系中，自然發生的病毒病害也能殺死相當數量的鱗翅目害蟲。有效的栽培防治法，如：採收後立即耙田，可去除幼蟲和蛹；除去田區邊緣的雜草亦為有效防治技術(LeStrange *et al.*, 2012)。

有些有機方法可防治鱗翅目害蟲。一些栽培方法和生物防治法，加上用蘇力菌(*Bacillus thuringiensis*)或賜諾殺水懸劑(Entrust® formulation of spinosad)噴施等，在美國和一些國家准許用在有機生產上(LeStrange *et al.*, 2012)。賜諾殺(spinosad)是速效、廣效藥劑，主要透過昆蟲攝取或直接接觸，導致肌肉失去控制；害蟲攝食後1-2天內由於運動神經元的不停活動，以致耗盡而死。由於葉面施用賜諾殺只有一些進入葉部組織，為提高系統性效應，添加表面活性劑可增加組織的吸收，對潛食葉的害蟲產生作用(Larson, 1997)。

欲有效防治菠菜的害蟲，出苗前必須仔細監測周圍雜草上的卵及幼蟲。如果雜草上害蟲族群數量高，表示幼苗上已有幼蟲；一旦出苗，應該每週檢查2次有無卵塊及幼齡幼蟲。殺蟲劑對幼齡幼蟲的效果比蟲卵好，所以使用殺蟲劑應延後至大部分的蟲卵已孵化時。防治甜菜夜蛾，施用殺蟲劑的最佳時間在黎明，因為曙光微明時，害蟲活動性強(LeStrange *et al.*, 2012)。

番杏和西洋濱藜
NEW ZEALAND SPINACH AND ORACH

番杏(*Tetrogonia expansa*)屬於番杏科(Tetrogoniaceae)，而不是真正的菠菜。葉子長得像菠菜葉，通常用相同方式烹煮。番杏分枝多，可伸展達0.91-1.21 m、高度0.30-0.61 m。葉子比菠菜葉厚，較小、深綠色、三角形狀。莖較大、更肉質而硬。生長期間可採摘帶葉頂梢數次。番杏不耐霜，但在熱天能生長良好，成為菠菜的理想替代品；植株為多年生，但一般於2-3年後重新種植。

西洋濱藜(Orach, *Atriplex hortensis*)起源於南亞次大陸(Indian subcontinent)，藥、食兼用(Rubatzky and Yamaguchi, 1997)；它的俗名有山菠菜(mountain spinach)、法國菠菜(French spinach)，植株耐熱、耐乾旱。西洋濱藜在美國不是重要的作物，但在袋裝的混合沙拉、微型葉蔬(microgreen)裡會有它；西洋濱藜在法國和英國的部分地區是重要的沙拉蔬菜。它是耐寒、雌雄異花同株的一年生作物，它也耐旱、耐鹽及溫度適應範圍大。西洋濱藜常為溫暖地區的菠菜替代品，因為西洋濱藜慢開花和耐高溫，但莖會迅速抽長。

播種深度約1 cm，行距約50-75 cm，株距約3-5 cm。植株先形成葉簇，之後長出花莖約2-3 m高。株高約10-15 cm時可全株採收，煮食(圖17.11)。

嫩梢和葉可以單採。植株抽薹後仍可食用，因此整個夏季都可生長，其葉

圖17.11 西洋濱藜(*Atriplex hortensis*)是藜亞科的蔬菜；食用其葉如菠菜，但與菠菜不同的是西洋濱藜在暖溫和長日下，既使植株開花後，葉仍保持柔嫩。

平滑，心形至盾形。西洋濱藜有3種主要品種類型：淡綠(白色)、紅色、深綠色(Rubatzky and Yamaguchi, 1997)。'火紅'('Fire Red')品種葉和葉柄紅色，有時用在微型葉蔬及混合葉蔬(leafy green mixes)。

參考文獻

1. Abegg, F.A. (1936) A genetic factor for the annual habit in beets and linkage relationships. *Journal of Agricultural Research* 53, 493-511.

2. Atherton, J.G. and Farooque, A.M. (1983a) High temperature and germination in spinach. I. The role of the pericarp. *Scientia Horticulturae* 19, 25-32.

3. Atherton, J.G. and Farooque, A.M. (1983b) High temperature and germination in spinach. II. Effects of osmotic priming. *Scientia Horticulturae* 19, 221-227.

4. Board, N. (2004) *Handbook On Herbs Cultivation And Processing.* Asia Pacific Business Press, Delhi.

5. Burge, W. (1991) *Grow the Best Root Crops,* Vol. 117. Storey Publishing, North Adams, Massachusetts.

6. CABI (2013) *Beta vulgaris,* list of pests. Crop protection compendium. Available at: www.cabi.org/cpc/?compid=1&dsid=8778&loadmodule=datasheet&page=868&site=161 (accessed 31 January 2013).

7. FAOSTAT (2010) Spinach production statistics. Available at: http://faostat.fao.org/site/567/default.aspx#ancor (accessed 8 January 2013).

8. Goldman, I.L. and Navazio, J.P. (2007) Table Beet. In: Prohens-Tomás, J. and Nuez, F. (eds) *Handbook of Plant Breeding,* Vol. 1, *Vegetables: Asteraceae, Brassicaceae, Chenopodicaceae, and Cucurbitaceae.* Springer, New York, pp. 219-238.

9. Grubben, G.J.H. and Denton, O.A. (2004) *Plant Resources of Tropical Africa. 2. Vegetables.* PROTA Foundation, Wageningen, the Netherlands.

10 .Hanelt, P., Büttner, R., Mansfeld, R. and Kilian, R. (2001) *Mansfeld's Encyclopedia of Agricultural and Horticultural Crops.* Springer, New York.

11 .Harrington, J.F. and Minges, P.A. (1954) *Vegetable seed germination.* Mimeo leaflet. University of California Cooperative Extension, Davis, California.

12. Hembree, K.J. and Norris, R.F. (2010) UC IPM Pest Management Guidelines: Sugarbeet weeds. UC ANR Publication 3469. Available at: www.ipm.ucdavis.edu/PMG/r735700111.html (accessed 22 January 2013).

13. Hill, G. and Langer, R.H.M. (1991) *Agricultural Plants.* Cambridge University Press, Cambridge, UK.

14. Hoyt, G.D., Monks, D.W. and Monaco, T.J. (1994) Conservation tillage for vegetable production. *HortTechnology* 4, 129-136.

15. Kaffka, S., Turini, T.A., Wintermantel, W.M., Lewellen, R.T. and Frate, C.A. (2010) Management guidelines: Sugarbeet diseases. UC ANR Publication 3469, Statewide IPM Program. Available at: www.ipm.ucdavis.edu/PMG/r735100611.html (accessed 31 January 2013).

16. Knott, J.E. (1962) *Knott's Handbook for Vegetable Growers.* Wiley and Sons, New York, 245 pp.

17. Ko, N.P., Watada, A.E., Schlimme, D.V. and Bouwkamp, J.C. (1996) Storage of spinach under low oxygen atmosphere above the extinction point. *Journal of Food Science* 61, 398-401.

18. Larson, L.L. (1997) Effects of adjuvants on the activity of Tracer™ 480SC on cotton in the laboratory. *Arthropod Management Tests* 22, 415-416.

19. LeStrange, M. and Koike, S.T. (2012) UC IPM Pest Management Guidelines: Spinach. UC ANR Publication 3467, Diseases, UC Cooperative Extension, Statewide IPM Program. Available at: www.ipm.ucdavis.edu/PMG/r732100111.html#SYMPTOMS (accessed 7 January 2013).

20. LeStrange, M., Koike, S.T. and Chaney, W.E. (2012) UC IPM Pest Management Guidelines: Spinach, UC ANR Publication 3467, Insects and Mites, UC Cooperative Extension, Statewide IPM Program, Agriculture and Natural Resources. Available at: www.ipm.ucdavis.edu/PMG/r732300411.html (accessed 7 January 2013).

21. Lopez-Velasco, G., Davis, M., Boyer, R.R., Williams, R.C. and Ponder, M.A. (2010) Alterations of the phylloepiphytic bacterial community associated with interactions of *Escherichia coli* O157:H7 during storage of packaged spinach at refrigeration temperatures. *Food Microbiology* 27, 476-486.

22. Natwick, E.T., Summers, C.G., Haviland, D.R. and Godfrey, L.D. (2010) Sugarbeets: insects and mites. UC IPM Pest Management Guidelines: Sugarbeet, UC ANR Publication 3469. Statewide IPM Program, Agriculture

and Natural Resources, University of California. Available at: www.ipm.ucdavis. edu/PMG/r735300811.html (accessed 22 January 2013).

23. Owen, F.V. (1954) The significance of single gene reactions in sugar beets. *Proceedings of the American Society of Sugar Beet Technology* 8, 392-398.

24. Owen, F.V., Carsner, E. and Stout, M. (1940) Photothermal induction of flowering in sugar beet. *Journal of Agricultural Research* 61, 101-124.

25. Rubatzky, V.E. and Yamaguchi, M. (1997) *World Vegetables: Principles, Production and Nutritive Values,* 2nd edn. Chapman & Hall, New York.

26. Schrader, W. and Mayberry, K. (2002) *Beet and Swiss Chard Production in California. ANR Publication 8096.* University of California, Division of Agriculture and Natural Resources, Oakland, California.

27. Smit, A.L. (1983) Influence of external factors on growth and development of sugar beet (*Beta vulgaris* L.) Ph.D. Dissertation. Landbouwhogeschool te Wageningen, Agricultural Research Reports 914. Centre for Agricultural Pub. and Documentation, Pudoc, Wageningen, the Netherlands.

28. Tudela, J.A., Marín, A., Garrido, Y., Cantwell, M., Medina-Martínez, M.S. and Gil, M.I. (2012) Off-odour development in modified atmosphere packaged baby spinach is an unresolved problem. *Postharvest Biology and Technology* 75, 75-85.

29. USDA, ARS (2012a) *Chenopodium album* L. National genetic resources program. Germplasm resources information network. Available at: www.ars-grin.gov/cgi-bin/ npgs/html/taxon.pl?10178 (accessed 28 December 2012).

30. USDA, ARS (2012b) *Beta vulgaris* L. subsp. vulgaris. National genetic resources program. Germplasm resources information network. Available at: www.ars-grin.gov/ cgi-bin/npgs/html/taxon.pl?7057 (accessed 28 December 2012).

31. USDA, NASS (1999) *Vegetable and Specialties Yearbook. ERS-VGS-278.* Economic Research Service, US Department of Agriculture, Washington, DC.

32. USDA, NASS (2012) Vegetables 2011 summary. Available at: www.nass.usda.gov (accessed 7 January 2013).

33. USDA Nutrient Database (2012) Available at: http://ndb.nal.usda.gov/ndb/foods/show/ 3151?fg=&man=&lfacet=&format=&coun t=&max=25&offset=&sort=&qlookup=spi nach (accessed 7 January 2013).

34. USDA Plants (2010) PLANTS profile for *Beta vulgaris* (common beet). Available at: http://plants.usda.gov (accessed 21 November 2010).

35. Westfall, J.G. and Davis, D.G. (2009) Fertilizing sugar beets. Available at: www. ext.colostate.edu/pubs/crops/ 00542. html#top (accessed 24 January 2013).

36. Wright, C.A. (2001) *Mediterranean Vegetables: A Cook's ABC of Vegetables and their Preparation in Spain, France, Italy, Greece, Turkey, the Middle East, and North Africa with More than 200 Authentic Recipes for the Home Cook.* Harvard Common Press, Boston, Massachusetts.

37. Zohary, D. and Hopf, M. (2000) *Domestication of Plants in the Old World.* Oxford University Press, Oxford, UK.

第十八章 天門冬科
Family Asparagaceae

蘆筍
ASPARAGUS

起源和歷史

　　蘆筍是非常古老的作物，原產於地中海東部地區、小亞細亞，可能向東遠至高加索山脈(Rubatzky and Yamaguchi, 1997)。古希臘人(西元前200年)和古羅馬人把蘆筍當成精緻美味，且有緩解牙痛的藥用價值。蘆筍先由野外採集，直到羅馬人開始有栽培。羅馬帝國結束後，在中世紀時代很少人提及蘆筍(Vaughan and Geissler, 2009)。

　　有關蘆筍生產的歷史記載包括：英國於西元1538年、德國於西元1567年、法國在西元16世紀末前；路易十四非常喜愛蘆筍，還建造溫室栽培床於非產季時生產(Ilott, 1901)。蘆筍於西元1672年由歐洲引到北美，1700年代後期傑佛遜(Thomas Jefferson)總統在他維吉尼亞州的家栽培蘆筍。西元1860年代，蘆筍在加州首次栽培於San Joaquin地區，至今仍是該區的重要作物。今天蘆筍已傳播到世界各地，並且是60多個國家的重要蔬菜，包括歐洲、亞洲、澳大利亞和紐西蘭的許多地方(FAOSTAT, 2010)。

植物學

　　蘆筍(*Asparagus officinalis*)是天門冬科(Asparagaceae)、天門冬亞科(Asparagoideae)的多年生單子葉植物(Chase *et al.*, 2009)。蘆筍植株高100-150 cm，莖硬質，由嫩莖(spears)發育長出分枝多的羽狀針葉，嫩莖是我們所食用的部位(Rubatzky and Yamaguchi, 1997)。天門冬科有近300種植物，大部分是常綠多年生植物，包括常見的觀賞植物Sprenger's asparagus(*Asparagus aethiopicus*)(WCSP, 2011)。人們所吃的蘆筍是本屬幾種可食物種之一。

　　蘆筍每年從肉質地下根盤(crown)長出新的地上莖(圖18.1)，這些嫩莖尚未木質化之前採收食用。蘆筍根盤由母莖基部尚未伸長的節間所組成，其上有鱗芽(Blasberg, 1932)。根盤上的頂芽和側芽都發育，莖盤因而隨株齡逐漸增大，新根從旺盛生長的芽體基部發育。這些根增大且發育成貯藏根，貯存養分供生產嫩莖。蘆筍的貯藏根構成大部分的成熟根盤，因為貯藏根相當粗厚、少根毛，外層為木栓化的根皮層，有很多纖維，因皮層疏鬆而成肉質(Rubatzky and Yamaguchi, 1997)。

　　蘆筍根盤上有許多鱗芽，每個鱗芽都可能產生上市的嫩莖。與許多植物表現

圖18.1 蘆筍的莖盤和廣大的根系。

的頂芽優勢類似，根盤上也有優勢區，就在生長中的嫩芽附近，會抑制鄰近的芽生長，除非先去除這活性生長的嫩莖(Tiedjens, 1926)。每個芽由其前面一個芽的葉腋發出；蘆筍嫩莖由頂端分生組織，加上很多由鱗片緊密覆蓋的芽所組成。隨著嫩莖持續生長，其上鱗片下的各節伸長成側枝，產生針狀(fern-like)擬葉稱為葉狀莖(cladophylls)，看起來像葉，實際上是變態莖(modified stems)。嫩莖上真正的葉子是在嫩莖節點的小苞片，但不能進行有效的光合作用；葉狀莖才是蘆筍的有效光合組織。嫩莖大小與鱗芽大小正相關，因此，大的芽產生大的嫩莖。鱗芽大小比鱗芽數目變化多。大部分的細胞分化在細胞伸長

之前，故鱗芽可以視為微型嫩莖(miniature spears)但暫停生長；換言之，嫩莖生長和萌發是因細胞伸長而不是細胞分裂造成(Rubatzky and Yamaguchi, 1997)。

蘆筍是雌雄異株(dioecious)，即有雄株和雌株(圖18.2)。偶爾，在雄株可能出現完全花。花鐘形，綠白色到綠黃色，長4.5-6.5 mm，在分枝叉處單生或兩、三朵叢生。由蜜蜂授粉產生種子。果實未熟前是綠色，成熟時轉為鮮橙色。果實為紅色小漿果，直徑6-10 mm；含有糖苷(glucosides)，不可食用。漿果汁液可能會引起輕微的皮膚刺激(Anonymous, 2012)。漿果內種子深黑色(圖18.3)，鳥類取食漿果和散布種子，在野地發芽成為雜草。

氣候需求

成熟株尤其是在有葉(即擬葉)的階段，對環境逆境有相當大的適應性，包括

圖18.2 蘆筍嫩莖快速伸長、長成很大的地上部，大部分是針狀葉特稱為「fern」；其實葉狀莖或稱擬葉，才是蘆筍植株進行光合作用的組織。蘆筍是雌雄異株，產生鮮橙色漿果的是雌株，不結果實的是雄株。

圖18.3 蘆筍漿果果皮硬，成熟果為鮮橙
色，種子黑色。

高溫、乾旱和鹽度。成熟的蘆筍根盤在休眠狀態能耐零下的低溫，但新萌發的嫩莖與葉會受霜害(Swaider et al., 1992)。最適合嫩莖和葉生長及根部貯藏光合產物的平均日溫為25-30°C、夜溫15-20°C(Rubatzky and Yamaguchi, 1997)。春天土溫達10°C以上就足以引發萌芽，氣溫冷涼時發育速度慢，獲得的嫩莖品質較高。因此蘆筍通常歸為耐寒(winter-hardy)的冷季作物。品種間有相當大的差異，特別是耐寒性；有些品種能適應熱帶或亞熱帶氣候，就不適宜生長季節短的地區，反之亦然。

雖然商業生產不要求蘆筍休眠，如果植株有休眠期，其產量和生產年限會增加。當蘆筍葉(fern)被霜凍死，土壤溫度低於10°C時，植株進入休眠，呼吸率低。休眠保存了貯藏在根部的碳水化合物，能隨後用於嫩莖生產(Robb, 1984)。在溫暖的氣候區，限水可以部分取代休眠。在熱帶或亞熱帶地區冬季溫和，地上部繼續生長，由於植株不斷生長，沒有休眠，累積的貯存物質少，因此必須另有管理方法。

品種

蘆筍雄性由顯性單基因控制，但有其他基因影響花器構造的發育(Bracale et al., 1991)。同型結合(homozygous)的雄株稱為超雄株(supermales)，因其生產的嫩莖較大，生長勢強。商業栽培蘆筍較喜好雄株，許多流行品種大多是雜交種雄株。先以雄株的花藥培養產生單倍體，後以秋水仙鹼(colchicine)處理或以雄株上少見的完全花自交，倍加染色體得到超雄株。然後用超雄株作親本與雌株系雜交，得到雜交種(Rubatzky and Yamaguchi, 1997)。以組織培養繁殖優良雌株及雄株營養系，供商業生產蘆筍雜交種子(Murashige et al., 1972)。雄株通常壽命較長、抗病性較強和產量較高。雄株因為不產生漿果，可以在根盤貯存較多養分，而有較高生產力(Robb, 1984)。

美國紐澤西州Rutgers大學已經育成數個高產、以雄株為主的蘆筍雜交品種，可適應北美洲許多溫帶地區，如：'澤西寶」('Jersey Gem')、'Jersey Giant'、'Jersey King'、'澤西騎士'('Jersey Knight')和'Jersey Supreme'(Cantaluppi and Precheur, 1993)。有雄株和雌株的自然授粉老品種仍然流行，如：'Precoce D'Argenteuil'和'美麗華盛頓'('Mary Washington')。'Marte'是以雄株為主的雜交品種，適合生產白蘆筍。適應美國東部地區和加拿大的品種，在冬季溫和的北美西海岸生長不佳。在美國西部栽培的雜交品種包括'Atlas'、'Grande'、'Apollo'、'DePaoli'和'UC 157'(Cantaluppi and Precheur, 1993)。

大多數蘆筍品種是二倍體(染色體數2n)；'Purple Passion'是由義大利品種'Violeta'd Albinga'所選出，是自然授粉的四倍體(染色體數4n)，嫩莖紫色，烹調後變為綠色，因為水溶性色素花青素的浸出。'Purple Passion'的雄株和雌株所產生的嫩莖較粗，但數量較少；其平均含糖量比綠色品種高20%。一些在歐洲南部栽培的自然授粉傳統品種有'Altedo'、'Eros'、'Dariana'、'Larac'和'Minerva'。

有些更重要的嫩莖性狀可以說明品種的有：嫩莖直徑、筍尖形狀、筍尖緊密度、筍尖顏色(綠色、粉紅色或紫色)、整齊性、產量、含糖量、風味和纖維含量。重要的植株特性包括抗病性、生長勢(vigor)、地上部的抗倒伏性、產期(早、中或晚)和採收模式(如：嫩莖生產期集中或分散)(Cantaluppi and Precheur, 1993)

經濟重要性和生產統計

蘆筍在世界各地60個國家栽培，由冷涼的溫帶到熱帶都有。根據聯合國糧農組織的統計數據(2010年)，全球採收蘆筍面積為129萬 ha、採收量共約780萬公噸。中國是最大的蘆筍生產國，產量690萬公噸，其次是祕魯(335,000公噸)、德國(92,000公噸)、墨西哥(75,000公噸)、泰國(63,000公噸)、西班牙(50,000公噸)、義大利(44,000公噸)、美國(36,000公噸)(FAOSTAT, 2010)。

祕魯因有不同氣候帶的優勢，是全年可採收高品質蘆筍的少數幾個國家之一。祕魯生產的蘆筍有兩個不同市場：美國市場為綠蘆筍(green asparagus)、歐洲市場為白蘆筍(white asparagus)。生產總量的45%為綠蘆筍，以5 kg一箱，包裝送到美國鮮食市場，而白蘆筍加工後出口到歐洲。

蘆筍的兩種生產類型即白蘆筍和綠蘆筍，白蘆筍幾乎只在荷蘭、西班牙、法國、波蘭、比利時、德國、瑞士消費；有「白化蘆筍」(blanched asparagus)、「白金」(white gold)或「食用象牙」(edible ivory)之稱。因為白蘆筍較不苦、精緻、味道溫和，另有市場。

在美國，大多生產綠蘆筍，生產大州是加州、華盛頓州和密西根州，分別超過12,000 ha、9,000 ha及7,000 ha(USDA, 2012b)。近年來，美國東部地區的生產減少，而西部生產增加，部分原因是在西部有較多可用的季節性農場工人，蘆筍是勞力非常密集的作物。

蘆筍為季節性蔬菜，主要在晚冬、春季和初夏才有。北半球的人們在冬季仍可買到新鮮蘆筍，是因為有其他國家如智利出口蘆筍。加工用白蘆筍生長在勞動力較便宜的國家，如：中國、泰國和祕魯，它們還出口到其他國家(USDA, 2010)。

在世界許多地方蘆筍是常見的庭園蔬菜，因為它容易栽培且為多年生。一旦在庭園生長了，不怎麼需要維護就可以生產嫩莖很多年。有時在野地也能採到野生嫩莖。

營養價值

蘆筍是高價值的食用作物，含鈉低、熱量低(25 kcal/100 g；表18.1)。一份4枝

嫩莖的蘆筍只含有10卡路里。蘆筍是維生素B6、鈣(Ca)、鎂(Mg)和鋅(Zn)的良好來源，也提供膳食纖維、蛋白質、維生素A、維生素C、維生素E、維生素K、硫胺素(thiamin)、核黃素(riboflavin)、芸香苷(蘆丁，rutin)、菸鹼酸(niacin)、葉酸(folic acid)、鐵(Fe)、磷(P)、鉀(K)、銅(Cu)、錳(Mn)和硒(Se)等(USDA, 2012a)。蘆筍名字來源於胺基酸天門冬醯胺(asparagines)，蘆筍會積聚高量的天門冬醯胺，有利尿作用。

蘆筍嫩莖所含的一些成分經代謝作用，產生氨和各種含硫降解產物，包括各種硫醇(thiols)和硫酯(thioesters)使得尿有特殊氣味(White, 1975)。蘆筍的這些含硫化合物起源於蘆筍酸(asparagusic acid)及其衍生物。據估計，吃過蘆筍15-30分鐘後就開始有蘆筍尿味，非常迅速。

綠蘆筍和白蘆筍的營養成分不同。比較兩種類型，白蘆筍的酚類物質(苦味成分)含量較低，維生素C和蛋白質含量都較低，但單糖含量較高。而綠蘆筍和白蘆筍的纖維含量相似(Makus and Gonzalez, 1991)。

Makus(1994年)比較品種'Jersey Giant'的綠蘆筍和白蘆筍的礦物質營養素，結果綠蘆筍比白蘆筍含有較高濃度的礦物質營養素。兩種蘆筍的多數礦物質營養素含量從筍尖向筍基遞減。

生產與栽培

◆ 地點選擇

蘆筍在壤土、砂質壤土、砂土生產較優；適合蘆筍生長的pH值範圍是6.7-7.0。

表18.1 綠蘆筍的營養成分(Rubatzky and Yamaguchi, 1997; USDA, 2012a)

營養成分	每100 g可食用部分含量
水(%)	91.7
蛋白質(g)	2.5
脂肪(g)	0.2
醣類(g)	5.0
膳食纖維(g)	2.1
糖(g)	1.8
鈣(mg)	22
磷(mg)	62
鐵(mg)	1
鈉(mg)	2
鉀(mg)	278
維生素A(IU)	900
硫胺素(mg)	0.18
核黃素(mg)	0.20
菸鹼酸(mg)	1.5
抗壞血酸(mg)	33

蘆筍不耐酸性土壤，pH值小於6.0生長不好。由於立枯病(枯萎病，Fusarium wilt)喜低pH值的土壤，保持土壤pH值近7.0有助於防治此病(Cantaluppi and Precheur, 1993)。幼苗對鹽度敏感，但成熟植株相當耐鹽。蘆筍根可深入土1.2 m，因此蘆筍應栽培於土層深、排水良好和疏鬆的土壤(Lorenz and Maynard, 1988)。田區應該至少4年不種植蘆筍，尤其是有立枯病的田區。土壤排水良好或用高畦以改善排水，可幫助控制鐮孢菌(Fusarium)。

種植蘆筍可用根盤、實生苗移植(transplants)或直接播種。有些商業苗圃專門生產種植用根盤或移植苗。直播並不常見於商業生產，因為蘆筍幼苗生長緩慢，剛萌發的幼苗無法與雜草競爭。繁殖苗圃

生產根盤是先在已消毒的苗床播種，每行間隔約0.3 m；長到2年大，從苗床挖出，賣給商業生產者。有時也賣一年苗齡的根盤(Cantaluppi and Precheur, 1993)。

種植前，先在田區挖50-60 cm深的定植溝以放置根盤或蘆筍苗。在生長季較短的地區，將2年苗齡的根盤定植在15-25 cm深的畦溝(圖18.4；Cantaluppi and Precheur, 1993)。

在生長季節較長的地區，如：加州或地中海地區，是種植10-15週齡的苗，而不用根盤。先在溫室以穴盤(plug trays)生長培育苗，早春移種到田間。如果生長季夠長，苗比較容易生產，定植較易成活(Takatori et al., 1980)。

無論種根盤或種蘆筍苗，行內株距30-91 cm、行距107-152 cm，根據品種生長勢和土壤條件而定。早春種下筍苗或芽盤後，要覆蓋淺層的土壤；生長期間隨嫩莖發育，淺植溝逐漸填土加滿，直到產期結束，田區土面再恢復平坦(圖18.5；Takatori et al., 1980)。

種植後第一年不採收嫩莖，讓嫩莖長出葉以累積光合產物於根部，供後來的生產用。種植後的第2年，可有短期如3、4週的採收。第3年及之後，該田區可以採收整個6-8週。生產力最高的年度為第4-6年；之後產量會逐漸下降，因植株累積病害或根盤變太大、擁擠。當生產量降到採收不能獲利時，需重新種植(Cantaluppi and Precheur, 1993)。

在溫帶地區，春季收穫期導致春季和初夏市場飽和，價格偏低。目前已開發管理技術生產非產期的蘆筍，生產者可有較好的市場價格。

為了提早生產，早春用塑膠布隧道棚，可增溫土壤，促成(force)嫩莖提早生產。打開這種臨時的隧道棚，以採收提早萌發的嫩莖，然後繼續覆蓋，以提高溫度。到產季後期完全撤去隧道棚，使嫩莖

圖18.4 蘆筍根盤(二年苗齡的芽盤)種植(德國萊茵河谷)。

圖18.5　蘆筍苗定植在植溝中，生長期間逐次培土填高。

採收結束後，地上部可生長。

　　在作物更新前的最後一年可以有夏季生產。因為不需要根盤累積貯藏物質供以後的生產，可延長收穫期直到嫩莖已太小，不合市售大小為止。

　　另一種生產技術是利用春季的生長以貯備供秋季採收。此系統是讓春天先萌發的嫩莖立即長成莖葉。到夏末，控制灌溉水，使營養生長中止，等同替代冬季休眠。地上部乾燥後去除，再恢復灌溉，促進秋季嫩莖生產，然後進入冷凍天氣。

　　「留母莖」(mother-stalk)生產體系是為熱帶、亞熱帶地區開發的，以因應沒有冬天引發的休眠期。該系統的設計讓光合產物持續累積，供應全年連續生產嫩莖。先讓4、5枝嫩莖發育長成地上部(即母株)，製造光合產物，之後才採收；採收母莖周圍萌發之新嫩莖。讓新嫩莖發育成新的地上部，取代衰老中的母株。使用這個系統，可以得到較長的嫩莖生產期和

產量，但是生產成本較高、植株年限減短(Rubatzky and Yamaguchi, 1997)。

◆肥料和養分

　　按照土壤分析結果施肥，肥料於定植時施加在畦溝裡。動物性堆肥或腐熟廢棄物等有機物也可在定植前施入植行，改善土壤肥力和土壤健康。一開始就要施下充足的磷和鉀，有助於植株成活與生長良好；如果後來追加施肥，特別是磷肥，很難不傷及根(Cantaluppi and Precheur, 1993)。春作常以液肥形式的促長肥(starter solution)施少量氮肥給根盤或苗，促進早期生長。之後的養分施用應根據地上部的植體分析結果。氮肥應在莖葉發育過程中施用，養分可以更好的利用於生長，而非於嫩莖收穫前施用，此時養分吸收較少(Rubatzky and Yamaguchi, 1997)。在每年夏末或早秋莖葉枯死前，蘆筍田應該再補施肥料，依據土壤分析結果，補充嫩莖採收後和地上部生長所吸收及移走之養分。

◆灌溉

　　由於蘆筍根系深而廣，除了在定植時或極端乾旱期以外，若春季降雨期獲得足夠的水，一般不需灌溉。在需要灌溉區，推薦每年供應蒸發散量1.2倍的水(Rubatzky and Yamaguchi, 1997)。如：加州或地中海地區有季節性降雨的區域，在缺水期蘆筍作物會定期以滴灌、溝灌或噴灌給水，以保持植株的有效光合作用。地表灌溉方法較好，可控制葉部病害如鏽病和灰黴病，且更有效地利用水(Cornell, 2003)。亞熱帶和熱帶地區以限水處理代替冬季休眠期(Rubatzky and Yamaguchi, 1997)。

◆ 雜草控制和田區維護

由於蘆筍是多年生作物，雜草會累積於田間，如果不防治，雜草會與作物競爭，造成採收困難。一年生雜草於每年降霜時凍死，但其種子可能在次季發芽，造成雜草問題，因此在蘆筍田一定要防止雜草結種子掉落田區。為了讓農場工人更容易看到嫩莖，多數生產田區在收穫期是沒有任何覆蓋、光禿禿的。在溫帶生產田區，在春季嫩莖萌發前或在秋天地上部死亡後、清理田區時，進行淺耕犁來控制雜草(Swaider *et al.*, 1992)。如果進行深耕犁，必須小心避免損傷根盤或地下芽。已開發適用於蘆筍的萌前和萌後殺草劑。由於蘆筍雌株上的種子可隨後發芽成為野草，種植以雄株為主的品種可以避免這個問題(Rubatzky and Yamaguchi, 1997)。如果栽培有雌株、雄株的品種時，要移除有成熟果的地上部，以免種子落地產生不要的蘆筍自生株。一般只要地上部仍保持綠色，都盡量留住，因為它仍在進行光合作用，並將光合產物運移到地下的根盤貯存。一旦莖葉轉成褐色，它不再累積貯藏物質時，就應切碎、耙除或燒掉。但如果感染鏽病，應移走地上部，不可置回土壤。

◆ 採收與運銷

鮮食用蘆筍基本上是以人工採收，是勞力非常密集的工作。每年春季以人工採收萌發的新嫩莖6至8週，或採收到嫩莖數量和嫩莖直徑快速降低為止。在生長季節長的地區，因為有較長時間進行營養物質的累積，就有可能採收期較長。另外，當田區要準備結束生產時，也會有較長的採收期(Robb, 1984)。

蘆筍嫩莖生長快速，因為嫩莖的生長主要是細胞伸長而不是細胞分裂。嫩莖的組成細胞是還在地下鱗芽時即已形成，萌發的嫩莖主要靠吸水生長，直到筍尖開始張開產生側枝。蘆筍嫩莖通常不會筆直的生長，而會隨風向彎曲(圖18.6)，嫩莖的迎風面會失去水分，讓背風面生長速度較快，因而使筍尖向迎風面彎曲(Rubatzky and Yamaguchi, 1997)。在經常吹強風的地區，種植防風林可以減低嫩莖的彎曲現象。

當氣溫在10°C以上時，每天都需要進行採收作業，否則嫩莖會生長過高。工人採收時，會挑選長度20-30 cm，筍尖仍然緊密的嫩莖，用一把特製的長柄刀切下(圖18.7)。

採收蘆筍時務必要小心，不要傷到鄰近尚未冒出土面的蘆筍嫩莖。目前已發展出來的輔助機具可讓採收工人坐在移動平臺上，隨採收機組沿著蘆筍畦前行時，切下可售嫩莖，放入平臺上的容器，最後再卸下容器。具有選別性的收穫機先掃視栽培畦，找到萌發的嫩莖，機械式將嫩莖切下予以收集。非選擇性的收穫機則將所有不同長度的蘆筍嫩莖都切下，供加工冷凍及製罐。以人工採收，每年每株能有0.45 kg嫩莖是非常好的收量；多數情況下，標準產量是每年每株0.34 kg。機械採收的蘆筍量比較低，單位面積的收量為每公頃1.7-3.4公噸(Swaiden *et al.*, 1992)。

白蘆筍生產

白蘆筍因有培土隔離光線，而沒有

圖18.6 蘆筍嫩莖通常會向迎風面彎曲，
　　　造成包裝不便。

葉綠素；嫩莖在土面下伸長，達到可售大小，尚未出土就採收。筍尖剛出，採收機小心挖開嫩莖四周的泥土，以長柄刀由基部將嫩莖切下(Rubatzky and Yamaguchi, 1997)。有時，已培土的蘆筍壟上有黑色塑膠布覆蓋，這種作法有以下好處：阻隔光線照到萌出的筍尖、避免土壤乾燥、避免大雨沖刷畦面的覆土。大面積栽培，先移開畦面上一段夠長的塑膠布，使可採收蘆筍嫩莖，然後再蓋回塑膠布(圖18.8)。

　　另外一種生產白蘆筍的方法是用硬質的塑膠覆蓋在畦上阻隔光線，如此可不需覆土，供蘆筍嫩莖在黑暗中生長。工人移開塑膠板覆蓋，像採收綠蘆筍一樣切取嫩莖，不需挖掘土壤(Cantaluppi and Precheur, 1993)。採收後立即將塑膠覆蓋放回畦上。生產白蘆筍的人力成本高，因此罐頭及冷凍用的白蘆筍通常在工資較低廉的國家生產。

圖18.7 人工採收工作辛苦，需要彎身切取、收集蘆筍。為了工作便利，以長柄刀從土表
　　　下切取嫩莖。

採收後處理

鮮食用蘆筍自田間採收後立即運到包裝廠，先預冷移除田間熱，有時會將嫩莖重切一次，清潔後再裝箱待運。蘆筍嫩莖的呼吸率高，因此偏高的溫度會大大縮短櫥架壽命。採後的高溫使嫩莖快速伸長、糖分流失、老化。蘆筍若接觸到乙烯，也會加速老化。高品質的蘆筍糖分含量高(可溶性固形物含量4%-5%)而纖維少。若要減緩蘆筍纖維的生成及糖分的消耗，應在採收後立即用冰水預冷(hydrocooling)至2°C(圖18.9；Lipton, 1990)。

蘆筍貯藏在2°C及95% RH環境中，可以維持良好狀態達10-14天。長時間貯藏在低於2°C的溫度中，會造成嫩莖受傷並縮短櫥架壽命(Lipton, 1990)。嫩莖長度、筍齡以及高溫與纖維的增加呈正相關。嫩莖容易折斷的位置通常就是開始最纖維化的部位。

鮮食用蘆筍通常都是成束販售，將粗細相當、基部切齊的嫩莖綁成一束。在運銷前，先依蘆筍長度及莖粗分級，綁成束、筍基朝下的直立方式裝箱(圖18.10)；蘆筍若平放，嫩莖會因背地性而筍尖向上彎曲。綁紮成束的蘆筍放在箱內，基部墊有一片溼潤的墊子，以維持嫩莖的新鮮度；由於嫩莖在貯運期間仍會繼續伸長，因此包裝箱留有一些頂部空間以免筍尖受到傷害(Lipton, 1990)。

用途

白蘆筍或綠蘆筍都有好幾種烹調方式，通常作為配菜，有時也作開胃菜；蘆筍有時也當成沙拉生吃。相對於白蘆筍的生產，新鮮綠蘆筍的消費量持續增加。白蘆筍在烹煮前通常要削皮，但綠蘆筍一般無需去皮。白蘆筍、綠蘆筍都可以製成罐頭、醃漬、冷凍或脫水保存。不論有無削皮，整枝的蘆筍都比切段的價格高。冷凍蘆筍因品質優良，生產量在許多市場持續增加。蘆筍的種子已久用作咖啡的替代品(Rubatzky and Yamaguchi, 1997)。

病害

在世界許多地區，蘆筍主要病害是由鐮孢菌屬(*Fusarium*)兩個物種引起；冠腐病(crown rot, *Fusarium moniliforme*)導致

圖18.8 (a)白蘆筍生產的方式是培土覆蓋畦面，再用黑色塑膠布覆蓋，阻隔光線；(b)採收時小心挖開嫩莖周圍的土壤，才從筍基切取嫩莖。

圖18.9　(a)蘆筍採收後裝在塑膠籃中運送；(b)立即做冰水預冷以去除田間熱；對白蘆筍
　　　　而言，可同時將附著在嫩莖上的泥土洗去。

圖18.10　蘆筍預冷除去田間熱之後，再修剪、綁束、裝箱待運。

貯藏根、莖和根盤的腐敗，它也會感染玉米、草類、其他單子葉植物。*Fusarium oxysporum* f. sp. *asparagi*引起蘆筍根腐病(root rot)和苗立枯病(seedling blight)，並阻塞木質部導管組織(輸水組織)，導致嫩莖和葉枯萎(Howard *et al.*, 1994)。

　　這兩種病原菌分布廣、壽命長，在土壤棲息，以已死或分解中的有機物或蘆筍殘留物為營養來源。鐮孢菌屬在老根和根盤繁殖，直接由根尖或經由工具、切刀或昆蟲取食的傷口入侵。蘆筍植株在逆境下較易感染鐮孢菌(Howard *et al.*, 1994)。

　　感病的嫩莖在春季萌發前後就萎縮或腐爛，被感染的根盤有腐爛空心的根。罹病根盤內部變為紅褐色，植株地上部發育不良，顏色呈黃至褐色，根盤長出的莖數較少。感染鐮孢菌屬的植株會衰敗，最終死亡(Cornell, 2003)。

　　鐮孢菌屬物種在大多數農業土壤中都有，很難避免。謹慎管理，盡量減低根盤的早期感染是最重要的防治措施之一。降低鐮孢菌屬之推薦措施有：採取輪作，至

少4年未種植蘆筍；在長期栽培、多年生蘆筍田，鐮孢菌屬會建立高量族群，甚至在已移除蘆筍的田裡仍可生存多年。用適當的藥劑燻蒸土壤，可以降低苗床或生產田區的感染；播種前種子消毒，先浸在1：5的次氯酸鈉漂白劑：水中2小時，然後以清水沖洗並乾燥，可以預防種子傳播；種植材料要強健無病；剛成活的新作要盡量減少逆境；如果可能，採用抗鐮孢菌屬之栽培品種(Howard et al., 1994)

鏽病(rust, Puccinia asparagi)為另一種嚴重的蘆筍病害，病原菌有複雜的生活史，分成幾個時期。每個時期都在蘆筍上發生，沒有中間寄主(alternate hosts)，這與小麥和燕麥的鏽病類似。鏽病會在蘆筍殘體上越冬；在春天孢子發芽，經風吹到剛出土的嫩莖，造成感染。溫暖的天氣、露水重、濃霧或小雨的情況下，會增進病原菌的發育。到夏末，黑色冬孢子(teliospores)形成即完成一年的生活史(Howard et al., 1994)。

鏽菌感染蘆筍莖葉組織，競爭必要養分，造成葉子提早老化，進而降低光合產物以及在根盤的貯存。連年感染鏽病會弱化蘆筍的根盤。

切斷鏽菌生活史的連續性是最好的防治措施之一。傳染源可在蘆筍地上部殘體越冬，再自野地或鄰近的蘆筍栽培田傳播。因此剷除野生和不想要的蘆筍，採收時全田清理乾淨都很重要；如果可行，將蘆筍成田區與苗圃、新田區隔離開(Cornell, 2003)。燒毀或掩埋感病植物組織亦有效；採用有抗病性的品種，如：'Viking'，但在適宜發病的環境條件及有大量感染源時，仍會被感染。殺菌劑鋅乃浦(zineb, zinc ethane-1,2-diylbis(dithiocarbamate)，如果使用得當，可提供有限的防治(Howard et al., 1994)。

灰黴病(botrytis, Botrytis cinerea)是真菌性病害，發生於夏季，造成下位莖葉褐化。在炎熱潮溼的天氣，植株莖葉潮溼狀態時，灰黴病發病最迅速。本菌還入侵許多其他作物，如：小果類、蔬菜和許多觀賞作物(Howard et al., 1994)。

灰黴病初發生於老化花朵及受傷的莖葉；孢子由風及雨水在茂密的莖葉內傳播。病斑中間顏色淡、邊緣深褐色，外圍有黃色暈圈。天氣持續潮溼時，新萌發的嫩莖變成褐色或黑色，並布滿了灰色分生孢子。灰黴病是由於過度潮溼造成，因此在防治上，宜改善排水和保持葉部乾燥。殺菌劑鋅乃浦也可以有效防治(Howard et al., 1994)。

有數種病毒可能感染蘆筍，包括山芥菜嵌紋病毒(arabis mosaic virus, hop barebine)、蘆筍1號病毒(asparagus virus 1, AV-1)、蘆筍2號病毒(asparagus virus 2, AV-2)、草莓潛隱輪斑病毒(strawberry latent ringspot virus, latent ring spot of strawberry, SLRSV)和菸草條紋病毒(tobacco streak virus, TSV，引起蘆筍發育不良)(Cornell, 2003)。

其他可能危害蘆筍的病害包括：青黴病(crown rot of asparagus, Penicillium aurantiogriseum)、褐斑病(leaf spot, Cercospora asparagi)、莖枯病(stem blight, Phomopsis asparagi)、疫病(tomato foot rot, Phytophthora cryptogea及 root rot, Phytophthora *megasperma*)、細菌根瘤菌屬引起的冠癭 (crown gall, *Rhizobium radiobacter*)及葉癭 (gall, *Rhizobium rhizogenes*)、菌核病(cottony soft rot, *Sclerotinia sclerotiorum*)、格孢菌科的*Pleospora tarda*、葉疫病(onion leaf blight, *Stemphylium vesicarium*)(Howard *et al.*, 1994; Rubatzky and Yamaguchi, 1997; Cornell, 2003)。

蟲害和線蟲

蘆筍有許多蟲害，其中最嚴重、專門危害蘆筍的兩種害蟲為蘆筍金花蟲(asparagus beetle, *Crioceris asparagi*)和斑蘆筍金花蟲(spotted asparagus beetle, *Crioceris duodecimpunctata*)。其中以蘆筍金花蟲危害較大，區別這兩種害蟲就很重要(Delahaut, 2000)。

隱蔽場所如已鬆的樹皮或老蘆筍中空的莖均為蘆筍金花蟲成蟲越冬的地方。春天當蘆筍嫩莖萌發出土時，成蟲就出現在田間，將深褐色、橢圓形的卵成行產於嫩莖上，一週內卵孵化；幼蟲淺灰色、像蛞蝓、有黑色頭和足，移動到莖葉開始啃食。幼蟲取食約2週後即落地在土中化蛹，再一週後變為成蟲，開始另一世代。蘆筍金花蟲成蟲體長約 6 mm，藍黑色、背部有明顯的奶油色斑點(Howard *et al.*, 1994)。

斑蘆筍金花蟲有類似的生活史，但在田區出現時間通常在蘆筍金花蟲之後。成蟲紅橙色，每個翅鞘上有6個黑點，體長 6 mm；在莖葉上產卵，卵綠色。橙色幼蟲通常取食蘆筍漿果(Howard *et al.*, 1994)。

蘆筍金花蟲成蟲取食，造成嫩莖褐化和疤痕，使嫩莖不能銷售。嫩莖上的蟲卵令消費者反感；而幼蟲和成蟲到後來取食大量蘆筍莖葉，弱化植株，便容易感染鎌孢菌(*Fusarium*)。嚴重的落葉造成次季養分蓄積減少。斑蘆筍金花蟲，不同，其幼蟲鑽食漿果，對植株長期的損害並不多(Howard *et al.*, 1994)。

最好的栽培防治法是銷毀作物殘留、鏟除害蟲越冬場所。生物防治包括釋放青蜂(metallic green wasp, *Tetrastichus asparagi*)，牠會寄生70%的蘆筍金花蟲卵。瓢蟲幼蟲和其他補食性天敵會取食金花蟲卵和幼蟲。殺蟲劑中，可以防治蘆筍金花蟲的也多會殺死有益天敵；如果在早上蜜蜂活動最活躍時施殺蟲劑，還會殺死蜜蜂(Cornell, 2003)。

危害蘆筍的其他害蟲包括苜蓿盲蝽(lucerne bug, *Adelphocoris lineolatus*)、切根蟲(black cutworm, *Agrotis ipsilon*)、蕪菁夜蛾(turnip moth, *Agrotis segetum*)、花薊馬(thrips, flower, *Frankliniella intonsa*)、針線蟲屬(longidorids, *Longidorus*)、草地螟(beet webworm, *Loxostege sticticalis*)、桃蚜(green peach aphid, *Myzus persicae*)、介殼蟲類(pomegranate scale, *Parasaissetia nigra*; lesser snow scale, *Pinnaspis strachani*; olive scale, *Saissetia oleae*)、日本豆金龜(Japanese beetle, *Popillia japonica*)、小黃薊馬(chili thrips, *Scirtothrips dorsalis*)、劍線蟲屬(dagger nematode, *Xiphinema*)(Howard *et al.*, 1994; Rubatzky and Yamaguchi, 1997)。

參考文獻

1. Anonymous (2012) Poisonous asparagus. Available at: www.asparagus-friends.com/asparagus-knowledge/poisonous-asparagus (accessed 18 July 2012).

2. Blasberg, C.H. (1932) Phases of the anatomy of *Asparagus officinalis. Botanical Gazette* 94, 204-214.

3. Bracale, M., Caporalia, E., Gallia, M.G., Longoa, C., Marziani-Longoa, G., Rossia, G., Spadaa, A., Soavea, C., Falavignab, A., Raffaldib, F., Maestric, E., Restivoc, F.M. and Tassic, F. (1991) Sex determination and differentiation in *Asparagus officinalis* L. *Plant Science* 80, 67-77.

4. Cantaluppi, C. and Precheur, R. (1993) *Asparagus Production, Management, and Marketing. Publication 826.* The Ohio State University Cooperative Extension Service, Columbus, Ohio.

5. Chase, M.W., Reveal, J.L. and Fay, M.F. (2009) A subfamilial classification for the expanded Asparagalean families Amaryllidaceae, Asparagaceae and Xanthorrhoeaceae. *Botanical Journal of the Linnean Society* 161(2), 132-136.

6. Cornell University (2003) Vegetable disease ID and management. Available at: http://vcgctablemdonline.ppath.cornell.edu (accessed 19 July 2012).

7. Delahaut, K. (2000) University of Wisconsin extension. University of Wisconsin garden facts asparagus beetle. Available at: http://learningstore.uwex.edu/Assets/pdfs/A3760-E.pdf (accessed 19 July 2012).

8. FAOSTAT (2010) Food and agriculture organization of the United Nations. Available at: faostat.fao.org/site/567/DesktopDefault.aspx?PageID=567#ancor (accessed 20 July 2012).

9. Howard, R.J., Garland, J.A. and Seaman, W.L. (1994) *Diseases and Pests of Vegetable Crops in Canada: An Illustrated Compendium.* Entomological Society of Canada and Canadian Phytopathological Society, Ottawa, Canada.

10. Ilott, C. (1901) *The Book of Asparagus,* 1st edn. John Land, London.

11. Lipton, W.J. (1990) Postharvest biology of fresh asparagus. *Horticultural Reviews* 12, 69-155.

12. Lorenz, O.A. and Maynard, D.N. (1988) *Knott's Handbook for Vegetable Growers,* 3rd edn. Wiley-Interscience, New York.

13. Makus, D.J. (1994) Mineral nutrient composition of green and white asparagus spears. *HortScience* 29, 1468-1469.

14. Makus, D.J. and Gonzalez, A.R. (1991) Production and quality of white asparagus grown under opaque rowcovers. *HortScience* 26, 374-377.

15. Murashige, T., Shabde, M.N., Hasegawa, P.M., Takatori, F.H. and Jones, J.B. (1972) Propagation of asparagus through shoot apex culture. I. Nutrient medium for

formation of plantlets. *Proceedings of the American Society for Horticultural Science* 97, 158-161.

16. Robb, A.R. (1984) Physiology of asparagus (*Asparagus officinalis*) as related to the production of the crop. *New Zealand Journal of Experimental Agriculture* 12, 251-260.

17. Rubatzky, V.E. and Yamaguchi, M. (1997) *World Vegetables: Principles, Production, and Nutritive Values.* Chapman & Hall, New York.

18. Swaider, J.M., Ware, G.W. and McCollum, J.P. (1992) *Producing Vegetable Crops.* Interstate Publishers, Illinois, 626 pp.

19. Takatori, F.H., Souther, F.D., Sims, W.L. and Benson, B. (1980) *Establishing the Commercial Asparagus Plantation.* University of California, Division of Agriculture and Natural Resources UC Cooperative Extension Service, Berkeley, California.

20. Tiedjens, V.A. (1926) Some observations on root and crown bud formation in *Asparagus officinalis. Proceedings of the American Society for Horticultural Science* 23, 189-196.

21. USDA (2010) World asparagus: Import value, 1961-2007. Economics, statistics and market information system. Available at: http://usda.mannlib.cornell.edu/MannUsda/viewDocumentInfo.do?documentID=1771 (accessed 18 July 2012).

22. USDA (2012a) Nutrient data library. Asparagus raw. National nutrient database for standard reference, release 24. Available at: http://ndb.nal.usda.gov/ndb/foods/show/2892 (accessed 18 July 2012).

23. USDA (2012b) National agricultural statistics service, vegetables 2011 summary. Available at: www.usda01.library.cornell.edu/01-26-012.pdf (accessed 18 July 2012).

24. Vaughan, J.G. and Geissler, C. (2009) *Stem, inflorescence, and bulb vegetables.* In: *The New Oxford Book of Food Plants,* 2nd edn. Oxford University Press, Oxford, UK.

25. WCSP (2011) World checklist of selected plant families, *'Asparagus aethiopicus.'* Royal Botanic Gardens, Kew, UK. Available at: www.kew.org (accessed 12 July 2012).

26. White, R.H. (1975) Occurrence of S-methyl thioesters in urines of humans after they have eaten asparagus. *Science* 189, 810-811.

第十九章 蓼科
Family Polygonaceae

大黃
RHUBARB

起源和歷史

大黃有很久的歷史。早在4,500年前，在亞洲涼冷之地的中國人就用大黃的根作為緩瀉劑(Grubben, 2004)。約在西元1608年貿易商將大黃由東方經義大利帶到歐洲(Thompson and Kelly, 1957)；然而，直到西元18世紀在英國，大黃才成為重要的食用作物(Grubben, 2004)。大黃成為食物是相對新近的事，剛好那時有糖了，一般民眾也買得起糖。西元1815年冬天，在一個建築工地，意外發現把暖溫土壤覆蓋在靜止休眠的大黃植株上，能促成栽培(forcing)產生葉柄。促成栽培的大黃變成水果替代品大受歡迎，因為冬天沒有新鮮水果和蔬菜時，大黃成為有色彩、有水果味的蔬菜；在西元1800年代大黃作為春季和夏季庭園蔬菜增加。於西元1700年代後期，很可能大黃從義大利被引入美國；到1806年已在新英格蘭區(New England)廣為栽植(Thompson and Kelly, 1957)，直到第二次世界大戰前，大黃在美國一直是受歡迎的蔬菜(Foust and Marshall, 1991)。

戰爭期間糧食作物的生產優先於大黃，因勞動力、能源和糖的短缺，大黃消費下降。戰爭結束後，美國大黃產業恢復了幾年，之後就一直長期的持續下降，原因是西元1950年代和1960年代剛完成的州際高速公路系統，可以把冬季在南方生產味道更好的水果和蔬菜，用卡車運送到北方城市(Foust and Marshall, 1991)。

大黃是一個顯示消費者如何隨時代變遷，改變他們對蔬菜喜好的例子。在美國，大黃現在是小宗蔬菜，很大比例的民眾，尤其是年輕一點的人不認識大黃。所生產的新鮮大黃大多數賣給在佛羅里達州和其他南部各州的退休民眾，讓他們懷念在西元1950、1960年代的大黃(Foust and Marshall, 1991)。在美國北部，大黃仍是一種家庭園藝蔬菜，因為它極耐寒、易生產、在生長季短的地區又早熟。

在世界其他地區，大黃仍是流行且重要的商業蔬菜。像在加拿大和部分北歐地區，雖然生產減少，它仍然是重要作物(Foust and Marshall, 1991)。

植物學

大黃是蓼科(Polygonaceae, buckwheat family)多生年雙子葉草本植物，其葉柄又大又厚，為食用部位(Marshall, 1988；圖19.1)。

　　新葉由厚而半木質化的莖盤長出，莖盤由肉質根莖(rhizomes)、其上的芽和貯藏根構成。根系除了增厚的貯藏根外，還有大量的鬚根系。

　　對於栽培大黃的正確種名有過一些爭議。大黃屬(Rheum)約有50個物種，包括野生種和馴化種；有些地方偶會栽培一些野生種。大黃栽培種常以Rheum rhabarbarum L.表示，而一些較舊的文獻出現有R. undulatum、R. rhaponticum。現在商業品種愈來愈多以Rheum×hybridum Murray表示，以顯示它們是種間雜交種(Grubben, 2004)。其他物種還有常見的R.×cultorum、觀賞大黃R. acuminatum和R. alexandrae和野生大黃R. alpinum (Marshall, 1988)。

　　成熟植株主要是以莖盤越冬，莖盤在

圖19.1　大黃基盤發育的肉質肥厚葉柄，此為食用部位。

地面下數吋，還帶有粗厚的根。大黃的葉片大(20-50 cm × 15-50 cm)、深綠色、卵形或心形；葉頂鈍圓、掌狀脈3-7條、下位葉脈有柔毛，葉柄長且肉質。莖出葉(cauline leaves)會漸短、漸窄(CABI, 2008)。

　　大黃的花小、綠白色到玫瑰紅色，形成大的複合圓錐花序(panicles)，伸出莖盤上達1.5 m高。兩性花、綠白色，有兩輪花被片(tepals)、每輪3片，9個雄蕊、3個花柱。果實為卵圓形瘦果(achene)、長度1 cm以上(CABI, 2008)。

　　大黃在酷寒的冬季葉會凍死，植株進入休眠狀態；但大黃基盤極耐寒，甚至可耐受-40°C低溫及一年中非常乾燥的時期(Thompson and Kelly, 1957)。

類型和品種

　　大黃葉柄顏色與品質有密切相關，市場上的優先順序依次多為紅色、粉紅色、綠色。葉柄深紅色是因為存在花青素，而且根據大黃品種和生產技術而不同。綠色葉柄品種含葉綠素、產量較高，但較不受歡迎(Marshall, 1988)。品質好的大黃葉柄基部直徑至少2.5 cm，葉柄長度至少36 cm。新鮮未煮的大黃質脆似西洋芹且很酸(tart)，雖然所有大黃都有酸味，但品種間還是有差異，酸味較少的較好。高產品種一季至少產生6-10枝適售葉柄。不產生花莖也是一項區別大黃品種的一項特性；理想的品種是不會或很少有花莖產生，因為花莖妨礙採收，又抑制產生新葉和柄(Zandstra and Marshall, 1982)。

　　一些重要品種包括：'加拿大

紅'('Canada Red')、'深紅'('Crimson Red')、'麥唐納'('MacDonald')、'Strawberry'、'德國酒'('German Wine')、'情人'('Valentine')、'Sutton'、'維多利亞'('Victoria')、'紅櫻桃'('Red Cherry')、'河邊巨無霸'('Riverside Giant')(綠色)和加州第一大品種'Giant Cherry'(Zandstra and Marshall, 1982; Schrader, 2000)。品種'維多利亞'('Victoria')多用途,適用於促成栽培或用種子繁殖作一年生栽培。大多這些品種無法從種子長出與親本相同又一致的植株。'Hawke's Champagne'、'German Wine'、'Sutton'和'Timperley'都是適合促成栽培常用的品種(Anonymous, 2004; CABI, 2008);其中'維多利亞'、'麥唐納'和'Strawberry'比其他品種有較多花莖(Zandstra and Marshall, 1982)。

生產統計

大黃在美國或世界各地都是小宗作物,因此美國農業部(USDA)或聯合國糧農組織(FAO)都沒有生產統計數據。菜用大黃栽培主要在北半球,特別是在西歐、中歐、美國、北歐國家、加拿大、俄羅斯、日本和辛巴威(Zimbabwe) (Grubben, 2004; CABI, 2008)。

在東南亞,大黃栽培於冷涼山區作蔬菜用,如:印尼的爪哇、馬來西亞的金馬崙(Cameron)高地和菲律賓的碧瑤(Baguio)附近。在中非、東非、印度、西印度群島等地的山區也有少量生產(CABI, 2008)。

以下的數據顯示大黃在美國的生產降低:西元1940年美國估計有2,900位大黃生產者栽培超過2,000 ha多英畝(Foust and Marshall, 1991)。在2010年估計有60位商業生產者栽培不到405 ha。美國生產大黃主要在華盛頓州、奧勒岡州、密西根州和加州。加拿大以卑詩省(英屬哥倫比亞省(British Columbia))、安大略省(Ontario)和新斯高沙省(Nova Scotia)為重要產區。

在英國,大黃促成栽培集中在Wakefield、Leeds和Morley三地形成的「大黃三角」(Rhubarb Triangle)(Wakefield, 2012)。然而,這些地區的生產也式微了,在西元1930年代生產最高峰時有200位生產者,生產全球90%的促成大黃(forced rhubarb)。到西元2010年估計只有十幾位生產者還留在大黃三角地,生產面積大為降低。在美國華盛頓州、奧俄勒岡州和密西根州,大黃商業促成栽培估計有80 ha(Schrader, 2000)。

營養價值

大黃並不是營養豐富的蔬菜,它含93%的水、高量的鉀和膳食纖維。大黃含非常少量的蛋白質、脂肪和醣類,比許多其他蔬菜含的維生素A前驅物(provitamin)、維生素B或維生素C低量(表19.1;Rubatzky and Yamaguchi, 1997)。

大黃的葉片含有草酸,不宜食用;雖然各品種的草酸含量有差異,一般約為0.5%(Smolinske et al., 2007)。這表示要吃5 kg很酸的葉片才達致死劑量(LD_{50})。葉片還含有另一種有毒物質「蒽醌苷」(anthraquinone glycoside,或稱 senna glycosides)(Cooper and Johnson, 1984)。

葉柄汁也有強烈的酸味,葉柄所含草

酸量只是總酸度的2%-2.5%，酸味主要是蘋果酸(McGee, 2004)。這表示吃大黃葉柄沒有害，但味道很酸。大黃汁的pH值為3.2，因此準備大黃食物通常會用大量的糖。

生產與栽培

◆ 多年生大黃

大黃可在多種類型的土壤生長，但以土層深厚、排水良好的肥沃壤土、砂質壤土、矽質壤土最好。大黃耐酸，土壤pH值可低到5.0，但以pH值6.0-6.8生長最好。在春季，只要土壤適宜，應盡早種植大黃；可由莖盤的分株、芽或種子繁殖(圖19.2)。中央莖外圍的芽形成新梢；而從種子長成的植株通常會跟母本不同，有些品種會比其他品種情形好。莖盤或苗種在15 cm深的植溝，行株距為1.2 × 1.2 m或0.6 × 1.8 m，栽培密度 8,892 株/ha，莖盤或苗上至少覆蓋5 cm的土壤。

用機械採收的植株，栽培行距1.2 m、株距46 cm，栽培密度每公頃17,784 株。經過2-3年，大黃植株可長到直徑1.2 m大、株高 0.9 m，一般推薦採用較大植距以免過擠(Schrader, 2000)。

定植後，第一年不會有任何採收，以使莖盤生長發育；第2季最先發育的新梢可以採收；但應到第3年才作全面採收，特別是在生長季短的地區要如此。有限制的採收期可以使植株貯藏養分於莖盤，供以後的年度用。如果田區要在生長季結束後更新，才會建議收到晚夏和秋季。如果田區維護妥當，可以維持生產10年或更久(Thompson and Kelly, 1957)。最終，由於基盤的生長，植株間會變得擁擠。當生產力下降及／或葉柄變中空、變小時，就需要更新重種。花莖會消耗莖盤的貯藏物質、降低大黃產能，因此花莖一出現就要盡快剪除。可以挖出植株、將莖盤分開、修剪

表19.1 大黃葉柄的營養成分

營養成分	每100 g可食部分之含量
水(%)	93.3
熱量(Kcal)	18
蛋白質(g)	0.74
脂肪(g)	0.13
醣類(g)	3.8
纖維(g)	0.75
鈣(mg)	130
磷(mg)	21
鐵(mg)	0.9
鈉(mg)	6
鉀(mg)	360
維生素A(IU)	100
硫胺素(mg)	0.03
核黃素(mg)	0.04
菸鹼酸(mg)	0.3
抗壞血酸(mg)	10

圖19.2 大黃以莖盤行無性繁殖。大多品種不以種子繁殖。

後重種；但為控制病害，商業生產新田區要施行輪作，建議採用新繁殖的無病株。在有些地區採用組織培養，大量繁殖無病的優良品種。

種植時，依據土壤分析結果在植溝施肥。動物性堆肥或腐熟有機堆肥對大黃生長效果很好，可以在種莖盤之前打入植行。大黃需重肥，要有充分肥料才能得到最大產量。每年的施肥計畫要配合土壤分析結果，於採收前、採收後分次追施肥料。通常每年需要N-P-K肥45-68 kg，以維持礦質土壤(mineral soil)的生產力(Thompson and Kelly, 1957)。有時大黃以禾穀草稈或其他清潔的有機殘留物覆蓋，可以保持葉柄乾淨、保存水分，在冬季保護植株基盤。

大黃一般是春季最早的蔬菜作物之一；戶外生長的新鮮大黃依氣候條件，大多由晚冬到春季就可有(Marshall, 1988)。在溫帶氣候區，秋季一開始天氣冷時，大黃葉乾枯，植株進入休眠期；到晚冬或春季，植株滿足了低溫需求(需冷性，chilling requirement)，才會發芽(sprouting)。關於誘導休眠芽盤萌發新梢的低溫需求，資訊不一致。有些報告指出，要暴露在4.4°C以下的低溫才能打破休眠(Helsel *et al.*, 1981; Anonymous, 2004)。另有報告認為在9°C至-2°C之間的低溫會累積，以低溫單位表示(cold units)；譬如品種'Victoria'和'German Wine' 要累積470-500 cold units後，休眠的基盤才會長出葉(Anonymous, 2004)。各品種打破休眠的需冷性不同。

在熱帶條件下，通常不會發生休眠(Grubben, 2004)。休眠是由極短日(<10小時)引起，而不是由低溫引發。增加日長，加上較高溫度及乾旱後灌溉可打破休眠。在日長大於10小時和有利環境下，植株通常快速生長，熱帶條件下植株不會休眠，保持營養生長並不斷產生新葉。大黃種植在熱帶地區，可以採收很多年，但每季生產後需要一段時間的休息(Grubben, 2004)。

大黃生長的適應範圍廣，極耐寒、耐旱。日平均溫23.9°C及最低溫在10-12.8°C以上是大黃葉柄生長最適溫度。有時在畦面上方覆蓋透明塑膠布，可以提升溫度，促進早季的生長。注意土壤和塑膠布之間要有足夠的空間讓葉柄伸長肥大。採收前要移去塑膠布覆蓋。

雜草可能引起很大的減產，最好在種植前先去除。當大黃植株休眠時，淺中耕可以清除雜草；在生長期間，可以中耕或施除草劑去除雜草。大黃田區的維護是多面向且勞力密集的過程。

◆ 一年生大黃

只要有一段時間低溫即可生產大黃，在亞熱帶和熱帶氣候下為一年生作物，因為沒有充分的低溫行多年生生產。大多品種對高溫敏感，導致生產的葉柄細長瘦弱，有時空心且顏色差。在溫度高於32°C時，植株停止生長，葉子可能死掉，莖盤呈靜止狀態，除非再回冷。在溫暖氣候區，另一作法是用種子種植大黃作一年生作物生產。大黃種子種在育苗盤，深度0.5 cm，初期生長需避免強烈的陽光直射。

苗株高8-10 cm時，先健化以適應室外溫度和光照強度後，定植在田區。除了'Victoria'和少數其他品種，大多數大黃種

子播種後，其生長不同於親本，因此苗株可能會有不同顏色的葉柄。植株在高溫和短日照環境下很少開花，如果長出花穗應該去除。花莖發育與莖盤競爭養分，因而葉柄變小、減產。在較高溫度下生長的一年生大黃，葉柄較小、但是顏色很紅；品質一般不如多年生的大黃。葉柄成熟時採收。佛羅里達州的生產者在8月播種，由3月至5月採收葉柄，結果很好，而'Victoria'適宜一年生栽培(Maynard, 1990)。

促成栽培大黃

大黃莖盤在田區生長2年不採收、累積貯藏物質之後，才進行促成栽培。在秋天植株已進入休眠，滿足低溫需求，能夠產生新葉時，才從田間挖出莖盤，簡單清洗去土，並緊密排在特別的促成室內的土面上，促成室沒有窗戶、黑暗、溫度13°C(圖19.3)。另一作法是挖出莖盤後，如果尚未滿足低溫需求，可將莖盤存放在冷室；否則植株留在田間比較有效。激勃素(gibberellic acid)處理可以代替部分的低溫處理：直接注射激勃素到莖盤，打破其休眠(Anonymous, 2004)。莖盤以薄層有機物覆蓋，並定期澆水以防止莖盤失水。不需要光，在完全黑暗下促成栽培生產的葉柄品質最好。3、4週後葉柄從莖盤生出(圖19.3)；莖盤貯存的養分供應葉柄生長、發育所需。

促成生產之葉柄由工人帶著人工光源進行人工採收，由12月下旬到3月間採收。已耗竭的根莖要除去。促成生長、品質最好的大黃長40-50 cm、約2 cm厚，顏色由橙紅色到血紅色，因品種而異(圖19.3)。葉柄內面幾乎白色。因為大黃促成栽培的生產週期長且成本較高，因此售價高。現在由於有更多來自其他地區的各種新鮮水果和蔬菜，降低了消費者對促成大黃的需要，也造成大黃產業的下降。品種'Victoria'、'German Wine'適合促成栽培(Anonymous, 2004)。

灌溉

只要排水良好，大黃可適應高雨量地區，其莖盤不耐積水的土壤。在大黃生產期間每週約需2.5 cm的水，才能防止缺水逆境及產量和品質降低。在非生產的其他時間可以較少水；大黃的根系廣，它的活性生長大多在潮溼的早春，因此大黃在美國東部和歐洲不需灌溉。在加州，春作後在缺水的月份可以不用溝灌或其他灌溉系統，使植株進入靜止期。到夏末秋季再重新灌溉以促進莖盤生長為秋作(Schrader, 2000)。

採收

當葉柄長到成熟長度，由基部用力拔起，葉柄從根莖上俐落分開，不折斷，也可以用刀子切下葉柄。大黃不要過度採

圖19.3　非產季的大黃促成栽培。當戶外無法生產，大黃以莖盤種於室內生產。

收，在8-10週採收期後，新葉長出也不採收(Schrader, 2000)。在生長季短的地區，採收期應只要4-6週。之後長出的新葉進行光合作用，所生成的光合產物移轉到根部，貯藏在莖盤，可供下一作生長。大多作業是在早春採收所有發育的葉柄，到採收期結束就讓所有新長出的葉充分發育，以補充莖盤消耗的貯藏物質。另一種作法是讓一、兩枝葉(柄)發育，供應光合產物以補充貯藏養分，而採收其他新生成的葉柄。保留一些早長出的葉(柄)使發育成熟，可讓採收期持續較久。但周圍有發育好的大葉片，讓採收葉柄的作業慢，對採收工也是繁瑣的。加工用葉柄的兩端都會修剪，不留葉片組織。鮮食用的大黃，有時會保留葉柄上大約6 mm的葉組織，而葉柄基部不會修剪。在生產季較長的地區，若冬／春採收後植株能貯存充足的養分，到秋季可有第2作採收。植株若養分貯存不充分，所長出的葉柄就會空心(pithy)不實。葉柄若受凍或變軟就不宜販售，因為受凍後，葉片中的草酸運移到葉柄中，升高葉柄中的草酸濃度(Schrader, 2000)。在有些地區，加工用大黃可能會以機械採收，不過這不是標準作業模式。機械採收是採收機行過田間，會將所有長出的葉柄一次全收割完(Marshall, 1986)。

◆ 產量

大黃的收量非常好，每株每年可收葉柄1.5-3 kg，每公頃34-40公噸；單位面積平均產量是22公噸/ha(Zandstra and Marshall, 1982)。市面上最主要的品種是紅色種，但其產量比綠色種少了一半。多年生大黃田區可以維持15年，以第4-6年產量達最高，之後由於株間趨於擁擠和病蟲害原因，產量漸減 (Zandstra and Marshall, 1982)。

◆ 採後處理

大黃通常以9 kg裝紙箱包裝，或以每塑膠袋0.5 kg裝、10袋一紙箱的方式。大黃葉柄應迅速以冰水預冷或用壓差預冷，將田間熱移除並防止萎凋。葉柄的溫度應該在採收後1天內降到0°C或0.6°C。在0°C及95%-100% RH中，大黃可以貯藏2至4週(McGregor, 1987)。

用途

大黃的肉質葉柄作蔬菜用，可以燉煮、做成派(pies)餡、果餡餅 (tarts)、調料(sauce)、水果酒或製成果醬及果凍等食品。與大多數蔬菜不同的地方是大黃通常作小菜或甜點；大黃有一種酸澀味，要先加許多糖來去除酸味。在美國一般食品超市，新鮮大黃愈來愈難買到，因為愈來愈少人用它作為蔬菜，加上大黃的生產有季節性。不過，許多超市仍供應切成2.5 cm長的小段，以塑膠袋裝的冷凍大黃(圖19.4)。

大黃作為食物前，先為藥用；大黃根已長期用於傳統中藥。大黃的根莖富含蒽醌類化合物(anthraquinones)，如：大黃素(emodin)、大黃酸(rhein)，這些都是輕瀉劑(laxatives)。大黃根莖能促進排便，也用為節食助劑(dieting aid)。根莖中另含有芪類化合物(stilbenoids，反二苯代乙烯)，包括土大黃甙(rhaponticin)，能降低有糖尿病的試驗用老鼠血液中的葡萄糖量(Chen et al., 2009)。

病蟲害

大黃相對較無病害、蟲害，因此，不像許多其他作物，大黃較少用到殺蟲劑、殺菌劑。然而，仍有不少病害、蟲害可危害大黃(Howard *et al.*, 1994; CABI, 2008)。下列為部分危害大黃的有害物。

象鼻蟲(rhubarb curculio, *Lixus concavus*)為大型鏽色害蟲，體長約1.9 cm，可刺破葉柄，造成輕微損害。象鼻蟲產卵於野生酸模(wild dock plants)之莖內，在盛夏，清除大黃田區附近已有蟲卵的雜草，有助於防治象鼻蟲。蛀食性夜蛾(rhubarb stalk borer, *Papaipema nebris*)產卵在禾草上越冬，去除田周遭的雜草也有防治作用。另一種夜蛾(potato stem borer, *Hydraecia micacea*)可能成為盛夏期間的大黃害蟲；其幼蟲長約8.9 cm、粉紅白色，鑽入大黃葉柄；成蟲在8月產卵於草類的莖上，次年春天孵化。控制大黃田區內及附近的魁克麥草(couch grass，靠地下根莖傳播、多年生)和其他雜草，有助於防治。盲椿(tarnished plant bug, *Lygus lineolaris*)成蟲淡

紅褐色、體長約5 mm，主要危害新栽培的大黃，吃食嫩葉。防治方法為：保持田區周圍沒有雜草，不要在豆類作物田區旁種植大黃。大黃害蟲還有蝙蝠蛾(swift moth, *Korscheltellus lupulina*)、另種象鼻蟲(Fuller's rose beetle, *Pantomorus cervinus*)、日本金龜(Japanese beetle, *Popillia japonica*)、根腐線蟲(northern root lesion, nematode, *Pratylenchus penetrans*)、粉介殼蟲(scarlet mealybug, *Pseudococcus calceolariae*)、尺蠖蛾(green looper caterpillar, *Chrysodeixis eriosoma*)、另種蛀食性夜蛾(potato skin borer, *Hydraecia micacea*)、甜菜胞囊線蟲(beet cyst eelworm, *Heterodera schachtii*)和蛞蝓(slugs, *Arion rufus*)(Howard *et al.*, 1994)。

大黃有些採收後病害，引發損失：炭疽病(anthracnose, *Colletotrichum erumpens*)造成葉柄上橢圓形潰瘍狀病斑(watery lesions)。細菌性軟腐病由革蘭氏陰性細菌如：*Erwinia*、*Pectobacterium*、*Pseudomonas*等屬引起貯藏中之大黃軟化及汙泥狀腐敗。灰黴病(gray mold, *Botrytis cinerea*)造成葉柄上軟化、褐色病斑。採收後發生腐敗通常追蹤顯示係因預冷處理的用水不衛生所致，因此注意衛生與適當的貯存溫度才能避免感染(Snowdon, 1992)。大黃也能感染下列病害：露菌病(downy mildew, *Peronospora destructor*)、葉斑病(Cercospora leaf-spot, *Cercospora* spp.)、冠腐病(rhubarb crown rot, *Erwinia rhapontici*)、疫病(apple collar rot, *Phytophthora cactorum*)、緣枯病(lettuce marginal leaf blight, *Pseudomonas marginalis* pv. *marginalis*)、

圖19.4 新鮮的大黃葉柄加工處理經過清洗、切段、瞬間冷凍。

根瘤菌屬細菌引起的不正常增生(冠癭，crown gall, *Rhizobium radiobacter*; gall, *R. rhizogenes*)、菌核病(cottony soft rot, *Sclerotinia sclerotiorum*)、山芥菜嵌紋病毒(arabis mosaic virus, hop bare-bine)、草莓潛伏輪斑病毒(strawberry latent ringspot virus, SLRSV)、蕪菁嵌紋病毒(turnip mosaic virus, TuMV)(CABI, 2008)。

參考文獻

1. Anonymous (2004) Rhubarb, *Rheum rhabarbarum,* in commercial vegetable production guides. Oregon State University College of Agricultural Sciences. Available at: http://nwrec.hort.oregonstate.edu/rhubarb.html (accessed 8 July 2012).

2. CABI (2008) Crop protection compendium. Datasheets: *Rheum hybridum* (rhubarb). Available at: www.cabi.org/cpc/?compid=1&dsid=47109&loadmodule=datasheet&page=868&site=161 (accessed 12 July 2012).

3. Chen, J., Ma, M., Lu, Y., Wang, L., Wu, C. and Duan, H. (2009) Rhaponticin from rhubarb rhizomes alleviates liver steatosis and improves blood glucose and lipid profiles in KK/Ay diabetic mice. *Planta Medica* 75, 472-477.

4. Cooper, M.R. and Johnson, A.W. (1984) *Poisonous Plants in Britain and their Effects on Animals and Man.* Her Majesty's Stationery Office, London.

5. Foust, C.M. and Marshall, D.E. (1991) Culinary rhubarb production in North America: History and recent statistics. *HortScience* 26, 1360-63.

6. Grubben, G.J.H. (2004) *Rheum ×hybridum* Murray. Available at: http://database.prota.org/search.htm (accessed 7 July 2012).

7. Helsel, D., Marshall, D. and Zandstra, B. (1981) *Rhubarb, cultural practices for Michigan. Extension Bulletin E-1577.* Michigan State Cooperative Extension Service, Michigan State University, East Lansing, Michigan.

8. Howard, R.J., Garland, J.A. and Seaman, W.L. (1994) *Diseases and Pests of Vegetable Crops in Canada: An Illustrated Compendium.* Entomological Society of Canada and Canadian Phytopathological Society, Ottawa, Canada.

9. Marshall, D.E. (1986) Design and performance of a mechanical harvester for field grown rhubarb. *Transactions of the American Society of Agricultural Engineers* 29, 652-655.

10. Marshall, D.E. (1988) *A Bibliography of Rhubarb and Rheum species.* United States Department of Agriculture, National Agricultural Library and Agricultural Research Service Bibliographies and Literature of Agriculture No 62, Beltsville, Maryland.

11. Maynard, D.N. (1990) Annual rhubarb production in Florida. *Proceedings of the Florida State Horticultural Society* 103,

343-346.

12. McGee, H. (2004) *On Food and Cooking: The Science and Lore of the Kitchen.* Scribner, New York.

13. McGregor, B.M. (1987) *Tropical products handbook.* USDA Agric. Handbook No. 668, 158 pp.

14. Rubatzky, V.E. and Yamaguchi, M. (1997) *World Vegetables: Principles, Production and Nutritive Values,* 2nd edn. Chapman & Hall, New York.

15. Schrader, W.L. (2000) *Rhubarb Production in California, Agricultural and Natural Resources Publication 8020.* University of California, Division of Agriculture and Natural Resource, Communication Services, Oakland, California.

16. Smolinske, S.C., Daubert, G.P. and Spoerke, D.G. (2007) Poisonous plants. In: Shannon, M.W., Borron, S.W. and Burns, M.J. (eds) *Haddad and Winchester's Clinical Management of Poisoning and Drug Overdose,* 4th edn. Saunders Elsevier, Philadelphia, Pennsylvania.

17. Snowdon, A.L. (1992) *Color Atlas of Postharvest Diseases and Disorders of Fruits and Vegetables,* Vol. 2: Vegetables. CRC Press, Boca Raton, Florida.

18. Thompson, H. and Kelly, W. (1957) *Vegetable Crops,* 5th edn. McGraw Hill Book Co., New York, 611 pp.

19. Wakefield Council (2012) Rhubarb - welcome to the rhubarb triangle. Available at: www. wakefield.gov.uk/CultureAndLeisure/ HistoricWakefield/Rhubarb/default.htm (accessed 7 July 2012).

20. Zandstra, B.H. and Marshall, D.E. (1982) A grower's guide to rhubarb production. *American Vegetable Grower* December 1982, 6-10.

第二十章　豆科
Family Fabaceae

菜豆和豌豆
BEANS AND PEAS

起源和歷史

豆科(Fabaceae, legume family, pea family, bean family)是重要經濟作物，植物中第三大科，僅次於蘭科(Orchidaceae)和菊科(Asteraceae)，共有730屬，超過19,400物種(Stevens, 2012)。豆科原來稱為'Leguminosae'，但在西元1980年代被重新命名為'Fabaceae'，一般簡稱豆科植物為'legumes'。

根據放射性碳(radiocarbon)定年法，菜豆(common bean)的歷史可以追溯到大約7,000年前。Singh等(1991年)鑑定菜豆有2個不同的基因庫，一個原產地在安第斯(Andean)，另一個則在中美洲和墨西哥。豆類的主要起源中心是墨西哥南部和瓜地馬拉(Guatemala)的溫暖地區，而第2個中心是祕魯、厄瓜多爾和玻利維亞。在低海拔、高海拔地區以及乾燥和潮溼地方的野外都可找到菜豆。歐洲探險家把新大陸菜豆屬(*Phaseolus* sp.)植物，特別是菜豆(*P. vulgaris*)傳播到其他地區，並迅速在各地適應，變成食物(Zohary and Hopf, 2000)。

在馴化過程中，植株分枝減少，而花數、莢果和種子增大。雖然種子增大，但每莢種子數減少。總體而言，豆莢開裂性和莢纖維發育減少，而嫩莢型(四季豆)的肉質性增加。許多生物型(biotype)的光週期反應從短日型轉變成日中性(Rubatzky and Yamaguchi, 1997)。

◆ 大豆

大豆(soybean, *Glycine max* L. Merr.)起源於中國北方，菜用型(未成熟種子)和農藝型(成熟種子)都是已栽培了幾個世紀的重要作物(Hymowitz, 1970)。最早馴化的大豆可能是在西元前11世紀。在第一世紀傳播到日本之前，大豆只在中國和韓國地區性地生產了幾世紀；之後大豆從日本傳播到整個東南亞。大豆在西方生產是比較近代的事，歐洲人開始種植大豆的確切時間不明，但很可能是在西元1700年代，由傳教士從中國引進種子。美國殖民者在西元18世紀中葉就種植來自中國的大豆種子，在西元1850年代期間大豆種子也被帶到伊利諾州給農民，但將近100年後才在美國成為主要農藝作物，現在大豆是僅次於玉米的重要農藝作物。

毛豆(vegetable soybeans，食用綠熟種仁)在美國和其他世界各地愈來愈重要(圖20.1)；但全球仍以農藝型大豆(即大豆)生

產為主。大豆是種子乾時採收，可以做成許多不同產品，包括動物飼料、烹飪和工業用油、豆腐、醬油、豆漿和其他多種食品與工業產品。大豆在東南亞地區是許多人的重要蛋白質來源。

◆ 豌豆

豌豆(peas, *Pisum sativum*)是最古老的栽培作物之一。考古最早發現的豌豆可追溯至新石器時代，在今日的敘利亞、土耳其和約旦地區。豌豆在西元前5千年(5th millennium BC)時代存在於當今的喬治亞共和國(the Republic of Georgia)地區。在埃及尼羅河三角洲地區，早期發現的豌豆可溯至約西元前4800-4400年，在北埃及其他地區發現的豌豆大約是西元前3800-3600年，顯然豌豆更向東繁殖。於西元前約2000年，豌豆就出現在阿富汗，在西元前2250-1750年出現在哈拉帕(Harappa)、巴基斯坦和印度西北部(Zohary and Hopf, 2000)。在第一世紀時，古羅馬軍團在巴勒斯坦收集野生豌豆作為膳食補充品，此時也是豌豆

首次在中國出現(Makasheva, 1983)。中世紀時期，歐洲就有豌豆種植(Davies *et al.*, 1985)。在哥倫布發現新大陸後不久，豌豆被引入美洲；經馴化栽培後，分出種子型、飼料型及菜用型等豌豆種類；而嫩莢型豌豆(edible-podded peas)是較新的種類，可能是自然突變所產生。

◆ 萊豆

在祕魯考古遺址發現的大粒型萊豆(large-seeded lima beans)遺留種子已有幾千年。有證據顯示，小粒型萊豆(small-seeded lima beans)約在2,500年前種植在中美洲。西班牙探險者認為萊豆(lima bean, *Phaseolus lunatus* L.)是新奇的種類，將之帶到歐洲，並傳播到亞洲和非洲栽培。由於萊豆耐潮溼的熱帶氣候，因此在巴西北部以及印尼和東南亞有些地區成為栽培普遍的重要作物。

植物學及生活史

大多數菜用型豆類都是雙子葉、草本一年生或多年生作物。在溫帶地區，大部分的豆類作一年生栽培，但在熱帶地區，有些種類如翼豆(wing bean, *Psophocarpus tetragonolobus*)作為多年生植物栽植(圖20.2)。

豆科植物能耐受的溫度範圍廣，有許多暖季型、不耐寒的作物，如：菜豆和大豆；有些則是冷涼、耐寒的作物，如：豌豆、蠶豆(fava bean)(表20.1)。

豆科作物之株型從蔓性(vining)或無限生長型(indeterminate)到矮生型(bush)或有限生長型(determinate)。葉互生，大多為3

圖20.1　大豆是非常重要的世界性作物，可採收其乾種子，或如圖所示，在未成熟仍綠的階段採收作蔬菜用。

表20.1 菜用豆類(Rubatzky and Yamaguchi, 1997)

通名	屬名與種名	通名	屬名與種名
紅豆(adzuki bean)	*Vigna angularis*	萊豆(lima bean)	*Phaseolus lunatus*
非洲豆薯 (African yam bean)	*Sphenostylis stenocarpa*	羽扇豆(lupines)	*Lupinus* spp
安底斯豆薯、沙葛 (ahipa)	*Pachyrhizus ahipa*	marama bean	*Tylosema esculentum*
apois	*Apois americana*	蛾豆(mat bean)	*Vigna aconitifolia*
澳洲豌豆(Australian pea)	*Dolichos lignose*	綠豆(mung bean)	*Vigna radiata*
非洲花生 (bambara groundnut)	*Vigna subterranea*	花生(peanut)	*Arachis hypogaea*
蠶豆(broad bean)	*Vicia faba*	樹豆(pigeon pea)	*Cajanus cajan*
豇豆，短豇豆 (catjang cowpea)	*Vigna unguiculata* Group *cylindrica*	大地瓜(potato bean)	*Pachyrhizus tuberosus*
鷹嘴豆(chickpea)	*Cicer arietinum*	米豆(rice bean)	*Vigna umbellata*
瓜爾豆(cluster bean)	*Cyamopsis tetragonolobus*	紅花菜豆(scarlet runner bean)	*Phaseolus coccineus*
普通豇豆(cowpea)	*Vigna unguiculata* Group *unguiculata*	菜豆，四季豆(common bean, snap bean)	*Phaseolus vulgaris*
胡蘆巴(fenugreek)	*Trigonella foenum-graecum*	毛豆，大豆(soybean)	*Glycine max*
豌豆 (garden pea, field pea)	*Pisum sativum*	刀豆(sword bean)	*Canavalia gladiata*
草香豌豆(grass pea)	*Lathyrus sativus*	尖葉菜豆(tepary bean)	*Phaseolus acutifolius*
鵲豆(hyacinth bean)	*Lablab purpureus*	黑(小)豆(urd bean)	*Vigna mungo*
刀豆，白鳳豆(jack bean)	*Canavalia ensiformis*	翼豆(winged bean)	*Psophocarpus tetragonolobus*
葛根(kudzu)	*Pueraria lobata*	豆薯(yam bean)	*Pachyrhizus erosus*
扁豆(lentil)	*Lens culinaris*	長豇豆(yardlong bean)	*Vigna unguiculata* Group *sesquipedalis*

片小葉的複葉或羽狀複葉或掌狀葉。花為完全花，特徵為蝶形，花瓣有一片直立的旗瓣、兩片翼瓣以及下方兩片通常合生的龍骨瓣。雄蕊和雌蕊包在花瓣內(Rubatzky and Yamaguchi, 1997)。豆類以自花授粉為主，有些可由蜜蜂進行異花授粉。

　　豆類的果實為單生、乾燥裂果，有

成熟的子房壁(果皮)，其內所含種子數從少到多。豆莢是一個單心皮的果實，在成熟時沿著背、腹兩條縫線開裂以釋出種子(Rubatzky and Yamaguchi, 1997)。豆莢有綠色、紫色或黃色，或者帶有斑點，其顏色與莢色不同。菜豆品種莢壁較厚，而且種子發育速度較採收乾種子的農藝型慢。有

圖20.2　翼豆(wing beans)果實有獨特的四稜突起，蔓長，完全花淡藍色，自花授粉。

些品種稱為「string beans」，其維管束隨著豆莢成熟度增加而木質化，不能食用。

　　豆類種子由2片大子葉圍住一個小而發育完全的胚體組成。子葉含有醣類、脂肪和蛋白質，其比例依物種而有不同。種子外有堅韌的種皮(seed coat)，是由珠被(integument)發育成，有一些豆類的種皮會阻擋快速吸水，是硬實種子(hard seed)。種子的大小、形狀和色彩變化很大。有些豆科植物如豌豆為地下萌發型(hypogeal germination)，因為發芽時下胚軸伸長有限，子葉和種皮留在土壤下面；上胚軸(epicotyl)在發芽前已完全分化，會推出土壤萌發。菜豆為地上萌發型(epigeal germination)，其子葉因下胚軸快速伸長而冒出土壤。花生(peanut, *Arachis hypogaea*)則表現出豆科植物的第3種萌芽類型，即其子葉留在土表，不在土壤之下或之上，花生幼苗的進一步生長是靠地上之上胚軸伸長，而下胚軸長度與播種深度有關。

◆菜豆

　　菜豆的根系淺也不特別大，其直根明顯但不長，然而在適當條件下，在深厚疏鬆土壤中，直根可以伸長達1 m。有共生細菌(*Rhizobium* spp.)存在時，在側根上會有根瘤(nodules)。株型分為無限生長型(蔓性)和矮性(叢生型)，還有介於兩型之間的半蔓性菜豆(half-runner beans)。現代的矮性菜豆品種與以前的蔓性品種不同，比較少頂芽優勢(apical dominance)、少或無短日光週期反應(short-day photoperiod response)。蔓性種類可生長到莖長達3 m、25個以上的開花節位；但倒伏嚴重，需要立支柱或立格架(trellis)。有限生長、矮性種類大約60 cm高，節位數比蔓性種類少，且花序頂生(Rubatzky and Yamaguchi, 1997)。

　　菜豆類的花大而明顯，花色有白色、粉紅色或紫色，花有10個雄蕊，其中9個聯合成筒狀包住長形子房，還有一個分離的雄蕊。花是自花授粉，少有異交。菜豆葉是羽狀三出複葉，許多現代叢生型品種葉片小，以配合機械採收，且採用高密度栽培時可以改善透光率。葉較小雖能增加產量，但也與莢果較小的性狀有遺傳連鎖關係(Rubatzky and Yamaguchi, 1997)。

　　菜豆豆莢一般長形，莢長8-20 cm或更長，莢寬從不到1至數公分不等(圖20.3)。根據品種不同，果莢頂端尖或鈍，果莢橫剖面的形狀為圓形、長扁形或心形。大多數現代品種的豆莢是相對直的，但也有一些是天然彎曲的豆莢。

　　大多數品種是淺或深的藍綠色，但有新奇品種豆莢為黃色、紫色或多色(multicolored)。黃色豆莢的品種英名為wax beans。豆莢纖維發育速度及程度也各

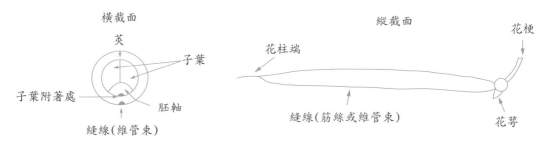

圖20.3 菜豆果莢繪圖。

種類不同。「筋絲」(string)指沿著豆莢背(dorsal)、腹(ventral)縫線，與維管束相關的長線狀纖維。食用時，背縫線纖維(筋絲)是最強硬的，吃到會令人反感。經由育種選拔，豆莢纖維已經隨著時間大為減少。無筋絲(stringless)特性已在100多年前即引進美國(Rubatzky and Yamaguchi, 1997)；紐約州LeRoy鎮的採種業者Calvin Keeney約在西元1800年引進第一個無筋絲品種(Rubatzky and Yamaguchi, 1997)。無筋絲是一隱性遺傳性狀，並且已導入大多數的現代品種，現在已經不需要先去除筋絲即可食用。無筋絲品種的莢壁纖維也較少。儘管已有「無筋絲」的特性，有些人仍用「string bean」表示菜豆或四季豆(green bean)品種。目前只有家傳、祖傳品種和其他老品種還有很強的縫線筋絲狀纖維。「snap」一詞則用以描述無筋絲品種，可能就是指鮮莢折斷時所發出的聲音。

豆莢內的種子數依種類而異(圖20.4)。大多菜用型菜豆品種含種子3到5粒，而乾豆型通常種子數較多。

成熟種子的大小和重量都有變化，種子長度5-20 mm，單粒重從0.15 g到0.80 g以上。種子形狀也有不同，有圓形、球形、卵圓形、橢圓形或腎形。種皮顏色依品種而不同，是品種的特性。拉丁美洲各國有特定偏好的種皮顏色，巴西、薩爾瓦多、墨西哥和委內瑞拉偏好黑色；哥倫比亞和宏都拉斯偏好紅色；祕魯偏好黃色，而智利偏好白色(Rubatzky and Yamaguchi, 1997)。加工用菜豆品種通常種子是白色或淺色，因此罐頭內的液體並不會因水溶性色素的浸出而變成深色。

◆ **豌豆**

豌豆為耐霜、冷季型蔬菜，一年生草本雙子葉植物；葉互生，複葉先端變形為卷鬚。生長習性從無限生長蔓性到有限生長叢生型或矮性。豌豆品種的葉部變化從多對小葉到小葉都成為卷鬚之無葉型

圖20.4 乾燥中的紅豆莢，每莢種子8至10粒。花色鮮黃，是完全花。

(leafless types)。葉表面有明顯的蠟質角質層，葉片顏色從黃綠色到深藍綠色。豌豆莖單生、細長、有角且空心，莖基部實心。有些品種株型直立，但是通常無法自行支撐且分枝少(Rubatzky and Yamaguchi, 1997)。

根可入土達80 cm深，但根系分布不廣。豌豆在葉腋開花，是完全花，有雄蕊和雌蕊。通常在完全開放前即完成自花授粉，很少異花授粉。花通常為白色，但也有粉紅色、紫色或混合色。開花節位是品種特性；極早生品種在第5或6節就有花產生，有些晚生品種要在15節以上才有花(Rubatzky and Yamaguchi, 1997)。

每節莢數是基因控制的性狀，但也受環境影響，例如：高溫或乾旱逆境會降低結莢數。早花品種平均每個節有1或2個果莢，而晚花品種每節平均2個果莢以上。有些品種每節有4個或更多豆莢。有限生長型品種之花序為頂生，不在節位上；花序發育後，植株的營養生長就停止(Rubatzky and Yamaguchi, 1997)。

豌豆莢是由雌蕊的心皮形成，成熟乾燥後會自行開裂。種子沿著連成一起的心皮兩側交互著生。嫩豆仁用豌豆(garden pea)和乾種子豌豆(field pea)的莢壁有一堅硬且木質化薄層，不能食用。嫩莢用豌豆(sugar snap edible pod peas)的莢壁沒有木質化層。豆莢大小和種子數依品種而異。豌豆種子由兩個大子葉圍住胚，外包有色或無色的種皮；種子外表光滑或皺縮。(成熟)種子平滑的類型含有較高量的澱粉、粉質及較耐寒，常用於罐頭加工。種子皺褶的類型含糖量較高而澱粉較少，常作冷凍加工用。

◆ 萊豆

萊豆分類為*Phaseolus lunatus*及*Phaseolus limensis*是有爭議的。種名*lunatus*意指月亮形的種子。有些分類系統認為厚莢且大粒種子的萊豆為*P. limensis*，而薄莢且小種子的種類為*P. lunatus*。但是把不同類型的萊豆分類成獨立的物種是有問題的，因為這些不同類型間為雜交可稔。許多植物學家認同萊豆所有野生種和栽培種都是*P. lunatus*(Rubatzky and Yamaguchi, 1997)。在*P. lunatus*內萊豆通常分為3群：小粒種是雪豆類(sieva type)，大粒種稱為butter bean和Madagascar bean，第3類就是potato lima，也稱為Fordhook(Fofana *et al.*, 1997)。

萊豆是多年生植物或生長期長的一年生植物，但商業生產作一年生栽培，蔓性和矮性品種都有種植。蔓性品種可以長到3-4 m高，而叢生型只長到50-90 cm。萊豆根系分枝多、入土深度超過1 m，也像其他豆類一樣，根部會發育含有根瘤菌(*Rhizobium*)的根瘤(nodules)。

萊豆開花是無限型，雖然可能會出現一些異花授粉，但仍屬於自花授粉作物。萊豆莢微彎、長橢圓形、長度5-15 cm、寬度2-3 cm。多數品種通常含有2-4粒種子，但有些可能多達6粒種子。有些品種的莢厚，有些則相對較薄。萊豆大粒種的種子大、扁平、長橢圓，長約3.5 cm；小粒雪豆型的種子也是平的，但較圓、約1 cm長。Fordhook型為中間型。

在北美地區的萊豆商業品種多為淺綠色或白色種皮，但在其他地區則有紅色、紫色、棕色或黑色；兩片大子葉占了種子的大部分體積。在南美洲和中美洲發現的野生萊豆的種子含有高量氰苷(cyanogenic glucosides)，必須在烹飪前或烹飪過程中瀝濾出來。現代品種特別是淺色的種子，含少量或無糖苷(glucosides)。萊豆不宜生食(Rubatzky and Yamaguchi, 1997)。

◆ 根瘤細菌共生

根瘤菌(rhizobia)是土壤細菌，與豆科植物形成共生(symbiotic)關係後，可固定大氣中的氮。根瘤菌需要有寄主植物才能固定氮，不能沒有寄主而自行固氮。土棲的根瘤菌可以感應豆科寄主植物根系所分泌的類黃酮化合物；類黃酮觸發根瘤菌分泌根瘤(nod)因子，根瘤因子得到寄主植物的辨認，導致根毛變形以及其他的細胞調節，而接納根瘤菌。最知名的機制為胞內感染(intracellular infection)，即根瘤菌通過變形的根毛，進入豆類根部。第2種機制是「破口進入」(crack entry)，亦即側根萌發時，產生裂孔，細菌侵入根部細胞間隙(Jones et al., 2007)。最終細菌由細胞壁內陷(invaginations)形成的感染針(infection threads)進入根部細胞，侵入後刺激皮層的細胞分裂而形成根瘤(nodule)。根瘤是豆類根部發育的特定瘤狀組織，內含固氮細菌。感染針伸長到根瘤，釋出根瘤菌到中央組織。在根瘤內，根瘤菌形態分化改變為類菌體 (bacteroids)，並能固定大氣中的氮分子，轉化成銨態氮($NH_3 + H^+ \rightarrow NH_4^+$)，供植物藉由固氮酵素(nitrogenase)加以利用

(Jones et al., 2007)。所有固氮細菌的反應是：

$$N_2 + 8 H^+ + 8 e^- \rightarrow 2 NH_3 + H_2$$

豆科植物與根瘤菌共生是一個典型互利共生的例子，根瘤菌供應氨或胺基酸給植物，而植物提供有機酸、醣類和蛋白質給細菌。豆血紅蛋白(leghemoglobins)是植物蛋白質，類似人類血液中的血紅蛋白，幫助維持足量的氧氣供呼吸作用，同時游離氧的濃度夠低，而不會抑制固氮酵素的活性(Nelson et al., 2008)。

豆類植株體內大多的氮是來自根瘤菌對大氣的固氮作用。豆類通常需要氮肥比較少，但在苗期還未與根瘤菌建立共生關係時，需要氮肥。在建立共生關係後，仍施氮肥就會適得其反，因為在土壤中氮含量高時，固氮作用會迅速下降。添加磷及／或鉀可以增加根瘤數、鮮重與固定的氮量。對固氮作用很重要的微量元素是鉬(Mo)，在種植豆類之前應進行土壤檢測，pH值低於6.0時可能會降低鉬的有效性。因為鉬肥的需要量少，可以加在種子處理上，有些根瘤菌接種劑已加有鉬(Erker and Brick, 2006)。

豆科植物接種是指將商業製備的根瘤菌接入植株，以促進固氮作用。不確定田區根瘤菌群時，應施接種源，尤其是田區從未或最近沒有種過豆科植物更應如此(Erker and Brick, 2006)。市售接種劑是針對固氮能力選出的根瘤菌，直接接種於種子或種植時接種到植溝。如果田區先前種植過同樣的豆科作物，土壤就很有機會含有

正確的根瘤菌種，因為根瘤菌在土壤中沒有寄主時也可以存活。根瘤菌在酸性土壤中存活力差，通常在地天然的根瘤菌固氮能力較小，有固氮活力的根瘤內部是粉紅色至紅色(Erker and Brick, 2006)。

菜用豆類的種子通常在購買時就已預先接種。農友也可以單獨購買接種劑，在種植時施加。市售接種劑有固體、液體和冷凍乾燥等3種形式(Erker and Brick, 2006)；最常見的接種劑是固態，以泥炭土為基質，可以乾燥形式施到種子上或做成糊料。乾式法有分布不均和黏合性不好的缺點。糊料製備是種植前把接種劑與水混合好，對種子有更好的披覆性(Erker and Brick, 2006)。液態接種劑以培養液或冷凍濃縮出售，兩者都是種植時先加水混合，再噴施到植溝。由於液態接種劑在運輸過程和貯存時必須冷凍或冷藏，很少能由一般流通管道取得(Erker and Brick, 2006)。

類型和品種

◆菜用菜豆與乾豆

菜豆依株型和果實特徵可以分為幾類，通常分為有限生長型、中間型(半蔓性)或無限型(表20.2)。有限叢生型株型緊密，不需要另立支撐。當著果多、負重大時，叢生型品種可能會在大雨之後倒伏，特別是在淺層土壤、無法發育深根的田區，植株更易倒伏。叢生型品種比較適合高密度種植，而其著果集中的特性非常適合一次破壞性的機械採收，不論是鮮食用或加工用品種，都以機械採收為主。叢生型品種的著果集中，也使人工採收更容易、更有效，這非常適合消費者自採(pick-your-own)，消費者可以專採著果集中、大小一致的豆莢。

蔓性菜豆可生長至1.8 m或更高，需要的空間及間距比叢生型大，也需要大量立桿、格架等支持系統增進植株生長及採收效率(圖20.5)。

蔓性菜豆成熟期長，並不適合於機械收穫，這是商業生產以矮性品種為主的原因。蔓性品種很適合家庭園藝(home gardening)，能在一段較長時期中穩定供應豆莢，也因為植株高度，人工採收不太需要彎腰，操作較為容易。

半蔓性菜豆是介於蔓性和叢生型的中間型，可以不立支架，但比叢生種較為開展，需要空間，植株覆蓋面可寬達1 m。半蔓性菜豆在美國有些地區很重要，如：阿

表20.2　菜豆的株型

名稱	植株類型	說明	代表品種
蔓性 (pole bean)	無限生長型 (indeterminate)	爬蔓型可長至高達3 m	Kentucky Wonder, Blue Lake Pole
半蔓性 (half-runner bean)	中間型 (semi-determinate)	蔓可長到約1 m	White Half Runner, Mountaineer Half Runner
矮性 (bush)	有限生長型 (determinate)	植株高60 cm	Provider, Top Crop, Green pod

帕拉契地區(Appalachian region)。

矮性品種多無筋絲,半蔓性品種為有筋絲或無筋絲,而蔓性品種通常有筋絲。有些消費者喜歡蔓性品種和半蔓性品種較濃的菜豆味,其種子發育比矮性品種快且莢較不肉質(fleshy)。加工用菜豆品種通常比鮮食用菜豆的豆莢纖維少;豆莢纖維較強可有助於降低破損,即使豆莢有些失水,仍能維持硬挺外觀。

現在大多數菜豆品種對光照不敏感,但仍有些品種只在短日下開花。菜豆在充足的陽光下生長最好,遮蔭會使產量降低。菜豆葉片向陽,在白晝時隨著太陽方向轉向,這是為了提高光合作用效率的一種適應方式。但是當太熱和土壤水分低時,葉片方向會轉成與陽光平行以降低葉溫。

菜豆也可根據使用方式分群(表20.3)。四季豆有好幾個英文通名French bean、green beans、snap bean、Italian green bean;其莢無筋絲而肉質,幼嫩之豆莢與種子尚未明顯發育故可食用。另一類食用豆莢的是有筋絲菜豆(string bean),雖然與四季豆相似,但烹飪和食用前要先去除筋絲(木質化維管束)。有筋絲菜豆的種子發育較快,莢壁肉質性較低。法式四季豆(haricot filet, haricot vert)是第3群,菜豆風味較強,豆莢極細且小,分為有筋絲和無筋絲,其豆莢肉質性不如四季豆。

有些豆仁用的菜豆有雙重用途,在豆莢發育早期可以食用全莢,也可在豆莢發育後期取用種子烹煮。有些品種只採收成熟綠莢內的新鮮種子,稱為shelly beans或shellie beans群。haricot beans也是採用莢內新鮮種子,與shelly beans群很相似。haricot群的品種多為白色種子,但這不是必要的。因豆莢有筋絲和纖維,除非豆莢很幼嫩,一般不食用豆莢。新鮮的嫩菜豆係於豆莢仍綠、莢內種仁還未成熟時採收,用途同haricot群;但這種菜豆(kidney beans)也可以在豆莢完全成熟、水分含量低時採收乾豆。

很多菜豆是採收成熟的乾種子(表20.3):在乾豆完全成熟,植株已老化並褐變,但豆莢還未裂開,以聯合收穫機進行破壞性採收,或人工採收。因此,乾豆在有些場合被認為是農藝作物,它不像新鮮種子易腐,如果一直保持水分含量低,可

圖20.5 無限生長型菜豆田間立有支柱,方便採收。

表20.3 菜豆以利用方式分群

名稱	特徵	說明	代表品種或類型
豆仁用 (horticultural bean及shelly (shellie) bean)	兩用，豆莢／豆仁(嫩豆仁比四季豆容易剝出)均可。	種子綠色或雙色，莢嫩時連豆仁一起食用，或較成熟時剝殼分開豆仁食用。與haricot類似。	French Horticultural Taylors Horticultural
菜豆、四季豆 (green bean, French bean snap bean, Italian green bean)	莢嫩時，全莢一起食用，種子發育緩慢。	豆莢肉質，綠色、黃色或紫色，莢內種子發育程度低，全莢食用。豆莢沒有筋絲或纖維薄層(parchment layer)，其橫切面呈圓形、扁平形或心形。	Provider Green Pod Greencrop Topcrop Contender
有筋絲菜豆，一般菜豆 (string bean)	食用前要去除豆莢纖維筋絲，肉質性比上一群菜豆(green beans)低，種子已明顯發育。	蔓性、豆莢長，比矮性菜豆成熟慢，菜豆風味較強。通常是無限生長習性。	Kentucky Wonder Blue Lake Pole
法式四季豆 (haricot filet, haricot vert)	與四季豆(snap bean)相似，但菜豆風味比較強、極細，柔嫩的小豆莢。	豆莢有筋絲或者無筋絲，肉質嫩莢連同豆仁一起食用。豆莢綠色、紫色或黃色。	Maxibell Tavera Conca
豆仁用 (haricot)	通常種子白色，但不是必要條件。	新鮮種子供食用。豆莢有筋絲和纖維，一般不食用，除非莢仍幼嫩；與豆仁群(shelly, horticultural)相似。	Cannellini, 一些Navy bean, Kidney bean品種
乾豆用 (dry (field) bean)	植株在乾熟期採收，豆莢開裂前，進行機械、破壞性採收。	乾豆仁視同雜糧穀物。豆莢纖維性，不食用。	Pinto, Marrowfat, Kidney, Navy, Black

以長途運輸和長期貯存。

專指乾豆(grain legume)的英文為pulse，指一年生豆科作物的豆莢內有1至12粒種子，種子之大小、形狀與顏色依種類不同(表20.4)。pulse可以僅指乾種子或指豆科全株(圖20.6)。

乾豆(pulses)只指人和動物吃的豆類，不含蔬菜、油用或牧草用豆類。gram也指一些會結種子的豆科植物，gram bean通指幾種豆類作物，如：*Phaseolus mungo*(現已

改為*Vigna mungo*；黑豆(black gram, black urd)和*P. aureus*(已改為*Vigna radiata*；綠豆(green gram))，這些在印度作糧食用(Rubatzky and Yamaguchi, 1997)。

◆ 嫩豆仁和乾種子用豌豆

豌豆可分為3大類型：(1)嫩豆仁用(garden peas)：豆仁充分發育但肉質、未成熟；(2)嫩莢用：嫩莢未成熟、肉質、連莢帶仁可食；(3)乾種子用(field peas)：種子充分發育、成熟、乾燥。在東南亞部分地區還以豌豆植株嫩梢作為綠葉蔬菜食用。嫩豆仁用豌豆的英文名有English pea、garden

表20.4 糧農組織認可的11種乾豆作物(pulse crops)

類型／屬名和種名	舉例
乾菜豆(dry beans, *Phaseolus* spp. 有些物種已移至豇豆屬(*Vigna* spp.))	乾菜豆(kidney bean, haricot bean, pinto bean, navy bean, *Phaseolus vulgaris*)
	萊豆(lima bean, butter bean, *Phaseolus lunatus*)
	紅豆(adzuki bean, *Vigna angularis*)
	綠豆(mung bean, golden gram, green gram, *Vigna radiata*)
	黑豆(black gram, black urd, *Vigna mungo*)
	紅花菜豆(scarlet runner bean, *Phaseolus coccineus*)
	米豆(ricebean, *Vigna umbellata*)
	蛾豆(moth bean, *Vigna aconitifolia*)
	尖葉菜豆(tepary bean, *Phaseolus acutifolius*)
乾蠶豆(dry broad beans, *Vicia faba*)	horse bean (*V. faba* subsp. *equina*)
	蠶豆(broad bean, *V. faba*)
	小粒蠶豆(field bean, *V. faba*)
乾豌豆(dry peas, *Pisum* spp.)	豌豆(garden pea, *P. sativum* subsp. *sativum*)
	青小豆(protein pea, *P. sativum* subsp. *arvense*)
雞兒豆(*Cicer arietinum*)	雞兒豆(garbanzo, chickpea, and Bengal gram)
普通豇豆(blackeye bean, *Vigna unguiculata*)	普通豇豆(dry cowpea, black-eyed pea)
gandules (*Cajanus cajan*)	樹豆(pigeon pea, arhar /toor, cajan pea, Congo bean)
金麥豌(*Lens culinaris*)	扁豆(lentil)
非洲花生(*Vigna subterranea*)	班巴拉花生(bambara groundnut, earth pea)
普通野豌豆(common vetch, *Vicia sativa*)	野豌豆(vetch)
白花羽扇豆(*Lupinus* spp.)	羽扇豆(lupins)
小宗乾豆	鵲豆(lablab, hyacinth bean, *Lablab purpureus*)
	刀豆(jack bean, *Canavalia ensiformis*; sword bean, *Canavalia gladiata*)
	翼豆(winged bean, *Psophocarpus teragonolobus*)
	虎爪豆、藜豆(velvet bean, cowitch, *Mucuna pruriens* subsp. *utilis*)
	豆薯(yam bean, *Pachyrrizus erosus*)

圖20.6 鷹嘴豆又稱雞兒豆(chickpea, garbanzo, Bengal gram)，是世界重要豆科作物，是一種pulse，利用其乾種子(表20.4)，加工成豆泥(hummus)或其他食物。種子可採新鮮的或採乾種子。本圖為帶有果實的未熟全株(希臘市場)。

pea、vining pea及 green peas；English pea名字的由來可能是早期改進豌豆的育種者是英國人。冷凍用豌豆品種與製罐用豌豆品種有很大不同，前者需有吸引人的深綠色、種皮皺而厚、含糖量較高；罐頭用品種淺綠色、種皮光滑而薄，澱粉含量較高。

嫩莢用豌豆為全莢可食用，包括豆莢和豆仁；因為豆莢內層不發育纖維化的薄層，維持柔嫩多汁能食用。莢用豌豆通常分為兩種，一種在莢發育的早期採收，莢平、寬且莢壁薄，莢內種子發育很小，英名為snow pea(sugar pea, China pea)，為 *P. sativum* subsp *saccharatum*；另一種甜脆型豌豆稱為sugar snap pea(*P. sativum* subsp. *macrocarpon*)，莢發育較厚，似四季豆，柔嫩多汁。此甜脆型豌豆是西元1979年最早由美國位於愛達荷州Twin Falls的Gallatin Valley種子公司推出；因此為新近起源作物。乾種子用豌豆(field pea, dried pea)是食用其成熟乾燥種子，通常被認為是農藝作物。

◆ 萊豆

許多用於描述菜豆品種的特性也適用於萊豆(lima bean, *P. lunatus*)。在美國和加拿大，小型品種如sieva類就稱為小萊豆(baby limas)。萊豆生長期較長，而且在極高溫度下授粉不良。萊豆採收時，豆莢可能已乾燥或仍然綠色，取用其內的種仁食用，其品種以種子大小、形狀、顏色及生長習性來區分。生長習性分為無限生長型、有限生長型及中間型(半蔓性)。

◆ 遺傳改良

菜豆、萊豆和豌豆品種都是開放授粉的固定品種，並不是F-1雜交品種。它們都是自花授粉作物，生產F-1雜交種子需要人工去雄及雜交授粉，皆很昂貴。如果將菜豆、萊豆和豌豆保留其種子再種，會與原來親本一樣(true-to-type)。雖然有些農藝型大豆品種已利用遺傳工程改良為具有抗除草劑和抗蟲性，但這種基因改造技術還沒有廣泛應用到毛豆。

經濟重要性和生產統計

在西元2011年，全世界共計採收超過2,900萬 ha、2,300萬公噸以上的乾菜豆。乾菜豆的主要生產國有包括印度(> 450萬公噸)、緬甸(> 370萬公噸)、巴西(> 340萬公噸)、中國、美國、坦尚尼亞、肯亞、墨西哥、烏干達和喀麥隆。同年，採收超過150萬 ha共計有2,000萬公噸以上的菜豆(四季豆)，主要生產國為中國(> 1,570萬公噸)、印尼(> 883,000公噸)、印度(> 617,000

公噸)、土耳其、埃及、泰國、摩洛哥、西班牙、義大利和孟加拉(FAOSTAT, 2011)。

在西元2011年，全世界共採收超過600萬 ha、950萬公噸以上乾豌豆，主要生產國包括加拿大(> 210萬公噸)、俄羅斯(> 200萬公噸)、中國(將近120萬公噸)、印度、法國、澳大利亞、烏克蘭、衣索比亞、美國和西班牙。同年，共計收穫220萬 ha近1700萬公噸豌豆仁；主要生產國為中國(> 1,020萬公噸)、印度(> 350萬公噸)、英國(> 42.4萬公噸)、美國、法國、埃及、阿爾及利亞、摩洛哥、肯亞和土耳其(FAOSTAT, 2011)。

在西元2011年全球乾豆作物生產面積超過490萬 ha，總產量350萬公噸以上。主要生產國是印度(70萬公噸)、英國(> 351,000公噸)、莫三比克(> 229,084公噸)、俄羅斯、波蘭、巴基斯坦、越南、中國、泰國和坦尚尼亞。

觀察豌豆和四季豆在美國過去80年的消費趨勢(表20.5)，有一些明顯有意思的趨勢。新鮮豌豆仁在美國原來是很流行的，但在西元1960年代期間消費量緩慢下降到零。這種產量下降很可能是因為新鮮豌豆仁需要時間去剝出來，而且還要預備，相較之下，罐裝和冷凍豌豆產品容易取用，而且品質差不多。近年，預先去殼的新鮮豌豆仁又開始販售，作為一種方便的產品；這種方便消費者、立即可食的新鮮豌豆仁是否可以在美國增加消費，挽回長期頹勢，值得注意。

數據顯示美國人喜歡冷凍豌豆多過罐裝豌豆。罐裝豌豆仁的消費量隨著時間逐步下降，而同期冷凍豌豆的消費量緩慢增加(表20.5)；豌豆仁的整體消費量在過去80年下降42%，但美國的人均蔬菜消費量在此期間是增加的(Cook, 2011)，這顯示消費者較喜歡其他蔬菜，豌豆仁的消費還是下跌。

相較於豌豆仁，四季豆的消費量在過去80年穩定得多(表20.6)。美國在西元2010年四季豆總消費量實際上是大於西元1930年的消費量，在此期間，鮮食用四季豆消費量大幅下降，雖然近年似乎穩定，每人每年消費0.9 kg；罐裝四季豆的消費量在西元1980年增加至最高，之後下降。冷凍四季豆是西元1950年代才出現在美國市場，而且之後消費量逐漸上升。自西元1930年以來，四季豆的穩定消費相較於豌豆仁的消費大幅下降，顯示美國消費者較喜好四季豆，也許價格差異也影響消費者的選擇。這些數據亦突顯消費模式是動態的，隨時間而改變。生產商和零售商必須知道這種變化以及造成的原因。

表20.5 豌豆的人均消費量(美國，公斤 / 人 / 年)(ERS, 2011)

年份	鮮食用[a]	罐頭[b]	冷凍[b]	全部
1930	1.2	2.1	0.0	3.3
1940	1.0	2.5	0.1	3.5
1950	0.3	2.4	0.4	3.2
1960	0.1	2.0	0.8	2.9
1970	—	1.8	0.9	2.8
1980	—	1.5	0.7	2.3
1990	—	0.9	1.0	1.9
2000	—	0.7	1.0	1.6
2010	—	0.5	0.7	1.3

[a]農場重量為基準
[b]加工品重量為基準

表20.6 四季豆的人均消費量(美國，公斤／人／年)(ERS, 2011年)

年份	鮮食用[a]	罐頭[b]	冷凍[b]	全部
1930	2.0	0.9	0.0	2.9
1940	2.3	1.0	0.0	3.3
1950	1.8	1.5	0.2	3.5
1960	1.2	1.9	0.4	3.4
1970	0.8	2.6	0.5	3.9
1980	0.6	2.4	0.5	3.9
1990	0.5	1.7	0.9	3.3
2000	0.9	1.8	0.8	3.5
2010	0.9	1.7	0.9	3.4

[a] 農場重量為基準
[b] 加工品重量為基準

營養價值

許多地區的人民以乾菜豆和乾豌豆為主要蛋白質來源(表20.7)，乾菜豆和乾豌豆含約24%的蛋白質，是小麥(12%)的2倍和大米(8%)的3倍含量。

菜豆生產和栽培

◆ 地點選擇與養分管理

排水良好、無結塊、中等土質的壤土適合菜豆生產，土壤壓實和排水不良會嚴重降低植株的生長。適宜的土壤溫度範圍為18-30℃，適宜菜豆營養生長和產量的平均氣溫是20-25℃。雖然有些品種比較耐高溫，但溫度逆境會降低著莢(Rubatzky and Yamaguchi, 1997)。

大多數菜豆特別是叢生型品種的根系比較小，因此植株吸收水和礦物質營養都在近處。施加礦物營養素必須靠近根區，植株才能最有效吸收和利用。豆類不耐鹽，施用的肥料不能接觸到種子或幼苗。

如果在種植時施肥，肥料應該施在距離種子旁邊和下方至少5 cm處(Davis and Brick, 2013)。最適宜的土壤pH範圍是6.0-6.5，在pH值低於5.5的酸性土壤中，肥料對幼苗的傷害更大。

一作四季豆的產量為每公頃11.2公噸，會從土壤移走N-P-K分別約134-11-62 kg/ha；植株還另外移走N-P-K分別約56-67.5-50 kg/ha(Lorenz and Maynard, 1988)。菜豆栽培管理若要產量高，至少要再施回這些量或更多量肥分。許多人誤以為豆科植物與根瘤菌有共生關係，不需要施氮肥，但這只有在前作已施大量氮肥，或前作留下大量含氮豐富的殘留物才如此(Davis and Brick, 2013)。因為並非種植後立即有共生關係，在根瘤菌固氮之前，尤其是叢生型品種會因氮不足而影響初期生長(Rubatzky and Yamaguchi, 1997)。因此，在很多情況下有必要施用氮肥，植株的初期生長才會旺盛。當菜豆種植在曾施重肥和密集栽培的田區時，通常需施氮肥56-90 kg/ha；如果田區在前一年沒有種過豆科牧草或施重肥的蔬菜作物時，通常要施氮肥90-123 kg/ha。過多氮肥會導致營養生長過旺、延後成熟以及降低著莢。氮肥施用取決於土壤檢測結果、有機質含量和土壤質地。砂質土壤採用分次施肥，種植後約10天施用一半的氮肥，再2週後施用其餘的量；較黏重土壤之淋洗可能性較少，所有氮肥可以在播種前施用，或後來在生長期間旁施作為追肥。

磷肥在豆類早期生長過程中尤為重要。根據土壤檢測，若土壤可萃取磷量低

表20.7 豆科蔬菜的營養成分

含量/100 g可食部分

營養成分	菜豆(鮮綠色豆仁)	矮性菜豆	毛豆	豌豆仁	嫩莢用豌豆
水分(%)	68.3	90.9	67.5	74.6	87.6
熱量	105	33	141	87	38
醣類(g)	22.2	6.6	12.5	15.4	7.9
蛋白質(g)	7.9	2.0	13.7	6.5	2.6
脂肪(g)	1.2	0.19	5.1	0.55	0.13
纖維	1.6	1.2	1.8	2.2	1.8
灰分	1.75	0.76	1.7	0.86	0.58
維生素A(IU)	250	550	410	780	405
維生素C(mg)	29	19	25	33	52
維生素B1(mg)	0.22	0.11	0.44	0.33	0.13
維生素B2(mg)	0.11	0.11	0.18	0.15	0.09
維生素B3(mg)	1.4	0.7	1.7	2.6	0.7
鈣(mg)	102	50	107	30	50
磷(mg)	165	41	205	118	50
鉀(mg)	460	220	436	285	185
鈉(mg)	3	8	6	4	4
鎂(mg)	5	34	64	35	24
鐵(mg)	2.8	0.9	2.8	1.8	1.3

或中等，菜豆對施用的磷肥會有好的反應。因為磷肥在土壤中不具移動性，通常條施在根區；磷肥也可以在種植前施於土壤表面並耕犁到土壤中，以避免種子和種苗在乾燥的土壤中受到鹽害。磷酸一銨(monoammonium phosphate, MAP, 11-52-0)、磷酸氫二銨(diammonium phosphate, DAP, 18-46-0)和聚磷酸銨(ammonium polyphosphate, 10-34-0)都同樣有效，取決於取得性、施用設備和每單位磷肥的價格(Davis and Brick, 2013)。

根據田區的栽培歷史和土壤檢測結果，有時可能不需要施鉀肥就可生產菜豆。但在砂質土或高度沖刷性的土壤，可萃取鉀量可能低。以孟立克1號抽出液(M-1 extraction)所得的土壤鉀濃度超過60 ppm時，不必施鉀肥。在佛羅里達州，土壤鉀濃度73-78 ppm(M-1抽出法)的田區使四季豆產量增加(Hochmuth and Hanlon, 2010)。常見的施鉀肥方式是在種植前將鉀肥混入土壤，或在離種子一段距離處條施。在較黏重的土壤，只要在種前或種植時施一次

鉀肥就有效用。而在砂質土壤、地面沒有覆蓋、採用噴灌的田區生產菜豆，則建議分次施用鉀肥，以減少肥燒和淋洗的危險。如同氮肥施用，種植前先施25%-50%鉀肥，經過2-3週生長後再追施其餘鉀肥(Hochmuth and Hanlon, 2010)。

當田區行距為0.9 m時，氮肥和鉀肥(K$_2$O)的施用量總和不要超過101 kg/ha；行距為0.75 m時，則N、K施量總和不應超過121 kg/ha，以免幼苗因高濃度鹽分而受損傷。菜豆對土壤中過量的硼非常敏感。在高pH值下，鋅可能是限制菜豆生產的因素。

土表結塊的土壤會抑制豆類出土萌發，造成子葉受損，減緩幼苗生長，造成缺株。灌溉土壤，或用迴轉犁(rotary hoe)或其他機具耕犁土壤，可以防止土面結塊。育種者已汰除豆類的硬實種皮性狀來提高發芽，但降低硬實卻增加了種子的物理傷害，如在種子採收、處理和種植過程中種皮裂開等損傷。採收機、處理和搬運設備以橡膠處理，可以軟化衝擊效應、降低乾豆種子的物理傷害。

菜豆種子發芽最適溫度為25-30℃，溫度低於10℃或高於35℃時，發芽慢、發芽率降低。在溫暖溼潤的土壤種植高品質的種子，可以在6-10天內萌發；種植在冷土中會減緩發芽、提高種子腐爛率。過去白色種子的菜豆品種比黑色種子的品種易有種皮裂開和滲漏情形，在冷土壤的萌發降低，增加感病機會(Mohamed-Yasseen et al., 1994)。並非所有白色種子品種都發芽不良，經由育種改良，已提高了白色種子品種的種皮抗裂性及低溫發芽力(Dickson, 1971)。播種在冷土壤的菜豆種子通常會給予殺菌劑處理，防止真菌感染。進行菜豆種子活力測試也常播種在低溫土壤，根據種子發芽情形評估種子在田間逆境條件下，能成功生長的潛力。

播種深度介於2-8 cm，取決於種子大小。乾種子的密度比土壤低，播種過淺往往在大雨或灌溉後種子會暴露到土面。如果種子近土表，可能會過於乾燥而不發芽或者被掠食者吃掉。美國俄勒岡州立大學的研究人員研究矮性菜豆品種，得到232 cm^2/株(429,780 株/ha)為最佳栽培密度(Hemphill, 2010)，此密度比慣行的每株290-387 cm^{2}空間、在相同的播種到採收日數下，可得到品質更好的菜豆和收益(Hemphill, 2010)。播種量26-40粒/m與行距38-76 cm可以配合中耕、噴霧或採收設備。間距太近會減少空氣流動而增加病害，例如：在潮溼氣候或使用噴灌時發生灰黴病和白黴病。在乾燥氣候下病害較少，可以藉由增加株距及／或有效的殺菌劑預防(Hemphill, 2010)。

增加植株密度會減少單株結莢量，但會增加豆莢總產量。行株距小，植株會比較直立，豆莢會接近莖部，且在較高位置著生。矮性菜豆最後的田區密度為296,400-432,250 株/ha，因行距不同而異，這相當於播84-123 kg/ha種子，依種子大小和發芽率而異(Hemphill, 2010)。

蔓性菜豆需要較大間距，因其為多次採收。立有格架栽培的蔓性菜豆一般株距是10 cm、行距120-150 cm；有時是穴植(hills)而

不是成行種植。穴植會立支柱，植穴為等距離，間距為90-120 cm；通常每穴播4到6個種子，之後再疏苗到約3株。

◆ 生長與發育

矮性菜豆品種從直播到採收需55-75天，蔓性品種大約需多10-20天，而半蔓性品種所需生長時間則介於蔓性和矮性品種之間。大部分菜豆品種開花後約7-15天豆莢就長至可採收的大小。乾菜豆類從播種到採收則需要100-120天(圖20.7)。

花芽分化和發育會因溫度較低而延緩；在低於10°C會受精不良、豆莢小且畸形。高於35°C也會引起落花和胚珠流失。側枝的發育提供較多的開花節位，延長開花期和提高產量。蔓性品種通常有較多側枝，使其對逆境有較高適應力。有限生長型品種較易受逆境影響，著莢不良再加上一次破壞性的機械採收，而導致減產。但在適宜的環境條件下，有限型植株具有集中著果和莢果發育整齊之特性，非常適合

機械採收。為了延長採收成熟度，同時維持食用品質，經育種已育成種子發育慢的菜豆品種(Rubatzky and Yamaguchi, 1997)。乾菜豆的生產方法與四季豆相似。乾菜豆較不易變壞，生產上需要的管理和勞力較少，所以乾菜豆生產規模通常比四季豆更大。

◆ 灌溉

菜豆水分管理對植株長成、病害控制、著莢及莢果品質極為重要。為避免土壤表面結硬塊以及促進菜豆在雨水不足地區萌發整齊，應在種植前灌溉(Hemphill, 2010)。灌溉時，一方面要有充足的水分供豆莢生長，同時要減少株冠潮溼以免發生病害。可在出苗前先採用噴灌，出苗後再改為溝灌。菜豆生產較少用滴灌，因為植株成熟快。在菜豆生產期間，土壤應保持至少50%田間容水量(Hemphill, 2010)。菜豆在開花結莢和豆莢肥大期對水分逆境最敏感，在此期間水分不足會降低品質

圖20.7 乾菜豆商業生產，將以機械採收(美國加州Sacramento Valley三角洲地區)。

和產量。夏作菜豆生產的用水高峰為0.5-0.4 cm/天。盛花後，只宜在早上灌溉，使株冠能盡快乾燥(Hemphill, 2010)。在不經常下雨的地區，植株最需水時期每週灌溉一次就足夠；但在砂質土和砂質壤土的地區須每3-4天灌溉一次。理想上，菜豆全生長季均勻給水共250-450 mm水量可充分供應菜豆生產。

◆ 採收與運銷

四季豆採收期決定於豆莢的發育階段，可以採收的時間範圍相當有彈性，基本上是由市場需求來決定。要獲得高產，應在豆莢發育至最大長度、仍然柔嫩多汁、沒有纖維、種子尚未明顯長大的時候採收(圖20.8)。

進行破壞性機械採收時，最理想的情況是所有豆莢都在相同的發育程度。通常以計算「溫度－日數」(degree-day)來預估及安排四季豆的機械採收時間表。對農場經營者與加工業者而言，準確預估作物的成熟期非常重要。預測四季豆發育最常用的方法是總積溫法(total heat unit model)，有兩種計算法：「生長－溫度－日數」(growing-degree days, GDD)，或「生長－溫度－小時」(growing-degree hours, GDH)(Delahaut and Newenhouse, 1997)。「溫度－日數」值是以每日平均溫度高於基本溫度之差值(°C)計算，「溫度－小時(degree-hour)」值是以每小時平均溫度大於基本溫度之差值(°C)計算。菜豆的基本溫度是10°C(Delahaut and Newenhouse, 1997)。如果當日平均溫度比基本溫度低，則當日沒有累積GDD值。例如：某日最高溫度為

23°C，最低溫度為12°C，以10°C為基本溫度，依照下面的公式可以算出當天的GDD值為7.5 GDD^{C}s：

$$GDD = 7.5 = (23 + 12)/2 - 10$$

許多四季豆品種發育成熟需要556-667GDD^C。GDDs值可用攝氏(°C)或華氏(°F)溫度來計算，並以下列公式換算：

$$5\ GDD^C = 9\ GDD^F$$

在許多已開發國家，四季豆生產多用矮性品種，並且用一次可同時採收好幾行的自走拉式採收機進行破壞性的採收。在生產季，四季豆分次陸續種植，之後可以連續採收。常見的採收機設計是將每株的葉片和豆莢拉下，藉風力將較輕的葉片和其他雜物吹回田區，而將豆莢收集起來。機械採收很重要的一點是植株要有很強的根系固定植株。以機械採收的鮮食用四季豆要先進行人工選別及分級之後才包裝。加工用四季豆的產量是13-17公噸/ha(Hemphill, 2010)；鮮食用四季豆的產量平均約為5-11公噸/ha。

圖20.8　裝箱的四季豆，大小整齊(美國佛羅里達州生產)。

全球多數地區並沒有自動化採收機，所以普遍用人工採收四季豆，有矮性、半蔓性及蔓性種。蔓性菜豆採收期比矮性菜豆長，總產量較高。此外，蔓性菜豆比較能適應多雨的氣候，因為整個植株及豆莢乾燥較快，發病減少。還有，蔓性株的豆莢不太會接觸到土壤，因此形狀筆直且乾淨；雖然如此，相對來說矮性菜豆的生產面積持續增加，因為矮性菜豆的生產成本較低。

豆仁用菜豆(haricot beans, shelly beans, horticultural beans)是在豆莢中的種子已發育至最大，豆仁也較硬時採收，此時種子中的含水量仍比乾豆高許多。乾菜豆是在豆莢呈褐色、種子含水量15%以下時，以聯合收穫機或人工採收。採收豆莢後，再去除外莢得到豆仁。多數品種都是不要外莢，但有少數兩用型的莢可以食用。剝出來的豆仁在烹煮後，仍有一定的硬度，類似乾菜豆；而四季豆內的種子在烹煮之後變軟，失去原有的形狀。

加工用四季豆在採收之後最好不經貯藏立即加工。採下的四季豆要避免日晒及受熱，並盡快運送到加工廠。鮮食用四季豆非常容易劣變，採後應迅速預冷到4-6°C，可以採用真空預冷、壓差預冷和冰水預冷。冰水預冷可以迅速移除田間熱並防止萎凋、皺縮；水冷之後要將豆莢上的水分完全排除，以免包裝袋中有水。四季豆若沒有適當包裝保護或貯放在相對溼度<95%中，會很快失水。當相對溼度接近飽和，亦即一般消費包裝袋內之相對溼度，應避免貯藏溫度高於7°C，否則幾天之內就可能出現腐爛。四季豆在4-7°C及95% RH中只能短期貯藏(Hemphill, 2010)，應只能貯藏7-10天，因為菜豆在這種溫度中可能會發生寒害。菜豆在3°C或以下的低溫容易發生寒害；有寒害的菜豆在移到較高的溫度24-48小時後，表面出現下凹小點及鏽斑。如果有凝結水，如游離水時，鏽斑症狀更為嚴重。品種'Tendergreen'在-0.6°C中可貯放大約2天，在1.6°C大約放4天，在5.5°C大約12天沒有寒害(Hemphill, 2010)。品種間對寒害低溫的敏感度差異很大；若在貯藏後立即食用或處理，菜豆可在4°C中貯藏大約10天。在高於7°C的溫度中貯藏較長的時間會加速黃化及纖維形成。菜豆貯藏太久或貯放溫度高，很容易有各種腐爛現象；包括菌核病菌屬引起的water soft rot(*Sclerotinia* spp.)、棉腐病(cottony leak, *Pythium butleri*)、灰黴病(gray mold, *Botrytis cinerea*)及黑腐病(Rhizopus rot, *Rhizopus* spp.)(Hemphill, 2010)。

菜豆貯藏容器堆疊應保持空氣充分流通；如果容器包裝過於緊密，由於產品的呼吸熱而使溫度上升，菜豆品質快速敗壞。菜豆可以貯藏在氣調環境(2%-3% O_2, 5%-10% CO_2)及4-7°C中以延遲黃化。貯藏在20%或30% CO_2中24小時，可以減低豆莢斷裂傷口的褐變(Hemphill, 2010)。

菜豆病害

由菌核菌科真菌(*Sclerotinia sclerotiorum*)所引起的菌核病在感染植株上造成白色棉絮狀生長的菌絲附著於莖部、分枝及豆莢。本菌在棉絮狀菌絲附近也會

產生黑色而硬的菌絲塊，稱為菌核，病原菌即藉菌核越冬。當下一作田區有葉冠(leaf canopy)完全覆蓋，土面冷涼(15-18°C)及潮溼達10-14天時，菌核隨之發芽。產生的白黴可使植株致死、感染豆莢，使收量銳減。高溼度及株冠溫度15-18°C時適合本病之蔓延(Meronuck et al., 1993)。

輪作有助於防止感染源之增殖，在感病作物之間必須進行3-4年輪作。由於小穀類(small grains)及玉米不感病，適合與豆類輪作。栽培有直立生長習性的品種，以寬行種植，並使用推薦的肥料及播種量，可減輕病害壓力(disease pressure)。謹慎的灌溉管理也非常重要，因菌核病在株冠過溼時會發生嚴重。適時施用殺菌劑可達防治成效(Meronuck et al., 1993)。

菜豆鏽病(bean rust, *Uromyces appendiculatus*)為真菌病害，主要發生於葉片，但豆莢及葉柄也會被感染。初期病徵為淡灰小斑點或黃色病斑、中心暗黑色，之後斑點擴大，同時形成鐵鏽色的夏孢子可以傳播病害。生育後期由病斑產生黑色越冬孢子。在恆溼及溫度17-27°C環境10小時或更久即引起感染，病徵在10-15天內出現。早期感染增加減產的可能性。與無親緣關係的作物輪作3-4年，可以防治此病。作物殘餘是下一季的主要感染源，應予以犁除掩埋。如果早期即能鑑定此病發生，可施用殺菌劑予以防治(Meronuck *et al.*, 1993)。

菜豆葉燒病(common bean blight)由*Xanthomonas campestris* pv. *phaseoli*引起，菜豆暈環葉燒病(halo blight)由*Pseudomonas*

syringae pv. *phaseolicola*引起，而褐斑病(brown spot)由*P. syringae* pv. *syringae*引起。菜豆葉燒病最初在葉片上出現半透明水浸狀斑點；當斑點擴大，葉片組織死亡，留下褐色病斑，病斑邊緣黃色而窄，通常病斑大而呈不規則形狀；豆莢上的水浸狀凹陷病斑，最後轉呈紅褐色；細菌感染維管束系統導致主莖及分枝死亡。

罹患暈環葉燒病植株之病徵與葉燒病相似，病斑周圍是淡黃色的大圓暈，直徑1.3 cm。溫度16-20°C適合暈環葉燒病之發生，系統性感染造成植株矮化及三出複葉小而褪綠，豆莢出現紅或褐色水浸狀病斑(Meronuck *et al.*, 1993)。

褐斑病病斑與葉燒病相似，有些病斑有黃色的窄邊緣，但無暈環，葉片組織亦無水浸症狀。相對冷涼的環境有利於褐斑病之感染。當病斑成熟，其中央的死亡組織脫落，造成穿孔。罹病豆莢在感染點呈扭曲或捲縮(Meronuck *et al.*, 1993)。

罹病種子之傳播及潮溼的環境條件有利上述3種細菌病害之病勢進展。採用3-4年輪作，將老化殘留之豆株打入土內，減少自生豆株，使用鏈黴素處理(streptomycin-treated)的認證種子，都有助於控制上述病害。有些銅劑可以防止細菌之傳播(Meronuck *et al.*, 1993)。

病原菌*Fusarium solani* f. sp. *phaseoli*, *Rhizoctonia solani*及各種*Pythium* sp. 常引起豆類根腐病(root rot)和立枯病(damping-off)。根腐病菌棲息於土壤中，靠分解中植物生存，當病菌族群數量夠多，土壤環境冷、溼而密實，就會危害植株(Meronuck *et* *al.,* 1993)。

輪作為防治根腐病之重要方法，3-4年之輪作可有效防治。排水不良與土壤積水環境可導致立枯病及根部病害。其他作物如：向日葵、馬鈴薯、甜菜及大豆也易感病，可支持病原菌之生存，應避免用為輪作作物。

豆類普通嵌紋病毒(BCMV)可使植株矮化、葉片畸形及斑駁。感染BCMV的葉片呈不規則形和淡黃綠色皺褶的斑紋。感病的小葉變窄長，向下捲。菜豆植株早期感染時，呈黃色、矮化及細長。有時在根部、葉柄、豆莢和葉片可見暗黑壞疽病斑及斑點。本病毒藉蚜蟲及種子傳播。主要防治方法為採用抗病品種及無病種子。剷除田間罹病株可以防止二次傳播(Meronuck *et al.,* 1993)。其他感染豆類的病毒包括菜豆金色嵌紋病毒(BGMV)、菜豆豆莢斑駁病毒(BPMV)、菜豆南方嵌紋病毒(BSMV)、菜豆黃化嵌紋病毒(BYMV)、胡瓜嵌紋病毒－菜豆系統(CMV-bean strain)、甜菜曲頂病毒－菜豆系統(SBCTV-bean strain)、花生矮化病毒(PSV)(Rubatzky & Yamaguchi, 1997)。

數種*Alternaria* sp.真菌可引起菜豆葉斑病(leaf spot)，病斑為灰褐色不規則形。在冷涼潮溼的天氣，病斑連合形成大斑塊。罹病葉可能破損而呈現粗糙殘破。*Alternaria*存活於感病株及雜草殘留，可經葉部傷口侵入葉片。此病好發於潮溼的環境，在成熟或老化葉上最多。此病尚未有理想的防治方法，採用輪作及寬行栽培有助於降低病害。目前尚無有效殺菌劑可用

(Meronuck *et al.,* 1993)。

角斑病(angular leaf spot, *Phaeoisariopsis griseola*)為真菌病害。在溫暖溼潤的條件下，又有殘留之罹病植株上的大量傳染源或由感病種子，病菌即危害葉及豆莢，所有地上部組織都易感染。葉片病斑呈灰或褐色，帶有黃色暈環。大約10天後，病斑轉為褐色及壞疽，並形成明顯的角斑。隨病情發展，病斑可能脫落，葉上留下孔洞。主要傳染源來自種子或罹病殘株。感染及發病溫度在16-28°C，最適溫度為24°C。栽培無病的檢定種子，採用抗病品種及輪作2-3年後再種豆科作物可達防治效果。殺菌劑應在病害初發生及環境條件適合病勢發展即施用(Meronuck *et al.,* 1993)。

炭疽病(anthracnose, *Colletotrichum lindemuthianum*)可危害菜豆植株地上部組織。最先出現水浸狀病斑，然後伸長成角斑狀，磚紅色到紫色，最終變成暗褐至黑色。病斑出現於葉柄、葉表、葉背及葉脈。著生分生孢子的構造侵入葉面的角質層。豆莢病斑呈黃褐色至鏽色潰瘍狀，外圍有黑色略突出的輪紋，病斑周圍紅褐色。病斑上產生淡褐色至桔紅色孢子堆。本病好發於溫度13-21°C，最適溫度為17°C。在經常下雨伴有風、飛濺雨水環境下，對感病品種發病最嚴重；在發病各階段都需要游離水。病原真菌存活於作物殘體，能藉種子、氣流及水分傳播。採用種子處理、一些含銅殺菌劑、輪作都可降低本病傳染源，栽培抗病品種可以防治(Meronuck *et al.,* 1993)。

菜豆蟲害

　　菜豆有多種害蟲(CABI, 2013a)。鱗翅目的尺蠖蛾(*Ascotis*)、裳蛾(*Spilosoma*)、燈蛾(*Amsacta*)以及毒蛾(*Euprotis*)各屬幼蟲都能危害菜豆植株。這些害蟲吃食葉片、芽、花及豆莢；許多捕食性與寄生性天敵可侵襲這些害蟲的卵，如赤眼卵蜂(*Trichogramma* spp.)。被寄生的蟲卵多會變成黑色，但也許有一段停滯期(lag period)。一般的捕食性天敵，如：草蛉(lacewings)、花椿(minute pirate bugs)及獵椿象(damsel bugs)會取食玉米螟的蟲卵及小幼蟲。生物防治法是噴撒蘇力菌(*Bacillus thuringiensis*)；傳統栽培也施用殺蟲劑化學防治法(UC IPM, 2013)。

　　數種葉蟬(leafhoppers)危害乾菜豆(dry beans)，以小綠葉蟬(*Empoasca fabae*, *E. solana*)最常見(CABI, 2013a)。這些葉蟬體型甚小(3 mm長)，全身亮綠色、楔形；其無翅若蟲或幼蟲也是綠色、楔形，前後左右移動迅速。成蟲及若蟲都棲息於葉背；嚴重時引起蟲燒(hopperburn)，葉緣尤其葉尖部分轉呈黃色，然後很快變成壞疽，全葉黃化似病毒病症狀。害蟲開始危害時以殺蟲劑防治效果最佳(UC IPM, 2013)。

　　危害菜豆的金花蟲(chrysomelid, leaf beetles)有好幾種，如豆金花蟲(*Ootheca bennigsem*及*Systena frontalis*)。成蟲為卵形或長卵形，體長不到13 mm；其體色與體形多變，故不易鑑定。成蟲取食花部和葉部，而幼蟲多危害根部(CABI, 2013a)。

　　擬步行蟲(darkling beetles, *Blapstinus* spp.)不屬於金花蟲。成蟲3.5-6 mm長，體色由黑或藍黑至鏽褐色，通常潛藏於塵土或土壤淺層中，故不易偵測。幼蟲呈圓筒狀或形似金針蟲，棲息土壤之幼蟲呈淡黃色或暗褐色，長度在0.8-8 mm間(UC IPM, 2013)，常被當作假金針蟲(false wireworms)。在夏天擬步行蟲由卵發育至成蟲需50天。卵在3-6天孵化，幼蟲有5個齡期。通常此蟲的數量在春季及初夏最多，而且於地面活動，但白天時刻多半發現於土塊或有機殘渣物之下。當幼株地表下部分遭本蟲環狀啃食或咬斷時即造成損害。一般成熟老株不受危害，當栽培作物出芽後，應即時檢查擬步行蟲發生與否。如蟲害降低幼株成活率，才行防治處理(UC IPM, 2013)。可以採用化學殺蟲劑防治。

　　墨西哥瓢蟲(Mexican bean beetle, MBB, *Epilachna varivestis*)成蟲為銅褐色有黑斑點。當成蟲進入菜豆田，會在葉背產下黃橙色的卵塊。卵孵化為明亮的黃色、有刺且橢圓形的幼蟲，蛻皮好幾次。牠們在葉片的背面化蛹(UC IPM, 2013)。成蟲和幼蟲主要咬食葉片，造成損害；如果害蟲數量很多就會危害豆莢。墨西哥瓢蟲的成蟲會越冬，會尋覓菜豆為寄主危害並繁殖；越冬後的成蟲在6月即在菜豆上建立族群。每季有2或3個世代，每世代增加害蟲數量。在夏季本蟲需要30-40天完成生活史。*Pediobius foveolatus*是防治墨西哥瓢蟲的寄生蜂，已成為生物防治劑商品(UC IPM, 2013)。本寄生蜂小(1-3 mm)、產卵在墨西哥瓢蟲的幼蟲上。寄生蜂幼蟲在墨西哥瓢蟲的幼蟲內啃食使致死，並在瓢蟲體內化蛹，瓢蟲的幼

蟲變成褐色的殼，即「木乃伊」。也有化學藥劑可用。

乾菜豆最嚴重的一些害蟲是象鼻蟲，有四紋豆象(cowpea weevil, *Callosobruchus maculatus*)、蠶豆象(broad bean weevil, *Bruchus rufimanus*)、大豆象(bean weevil, *Acanthoscelides obtectus*)。大豆象和四紋豆象分布甚廣，危害還在發育的菜豆和乾豆(CABI, 2013a)。成蟲小、體長3.5-5 mm，體形為淚滴狀或三角形，顏色暗，帶白色、紅色或黑色花紋(UC IPM, 2013)。四紋豆象蟲卵可能會黏附在豆或豆莢上，蠶豆象的蟲卵會黏附在綠莢上，大豆象產卵在豆粒之間或在豆莢裂縫處。幼蟲期和化蛹期都在豆內，使豆仁豆莢失去銷售性。被遺留在容器、採收機、播種機上或飼料區的成蟲一旦進入田區，就開始危害。蠶豆象也會在田區危害，但不是貯藏期的問題。大豆象與四紋豆象都會危害乾菜豆，是倉儲豆類的嚴重害蟲，幾乎把整個豆粒內容吃空(UC IPM, 2013)。大豆象在豆粒內化蛹，成蟲在種皮上鑽孔而出，對豆類造成蛀食和汙染雙重損害。清潔衛生是最實際的防治措施，因為田間蟲害起源於豆，產區任何潛在的象鼻蟲來源應予杜絕(UC IPM, 2013)。合成除蟲菊類能有效防治象鼻蟲。

薊馬(thrips, *Thrips tabaci, Heliothrips* spp.)危害菜豆幼苗的葉片和芽，葉部無法正常伸展發育，嚴重時，葉呈扭曲、邊緣褐化、向上彎曲，通常對植株生長不會造成大問題。生物防治和不利的天候狀況使薊馬族群減少，不需要進行處理。花椿(minute pirate bugs, *Orius tristicolor*)對薊馬族群的控制也有重要作用。薊馬為雜食性，也會在雜草上建立族群，因此在菜豆萌發前耕除附近的雜草，可以減少薊馬由開始死亡的雜草遷移到作物。豆類萌發後才耕除附近雜草，就會增加薊馬問題(UC IPM, 2013)。

菜豆潛蠅(bean fly, *Ophiomyia phaseoli*和stem fly, *Ophiomyia centrosematis*)在非洲和亞洲是許多豆類的嚴重害蟲(CABI, 2013a)。成蟲在植株單葉期造成的損害最嚴重，單葉上表面顯現典型的大量取食和產卵穿孔與相對應的淡黃色斑點，尤其是在葉片基部(UC IPM, 2013)。幼蟲孵出後很快就開始取食，在葉背表皮之下產生許多可見的鑽食痕跡，發育中的幼蟲在第二和第三齡向下鑽到表皮下方的皮層(cortex)，三齡幼蟲繼續向下進入主根取食並返回化蛹，但仍在接近土壤表面的莖內(UC IPM, 2013)，其取食的隧道在莖葉上都清晰可見。如果菜豆潛蠅的幼蟲的族群高，幼蟲覓食會破壞根－莖交界處的皮層組織，其初期症狀是黃葉、發育遲緩和植株致死。雖然這方面研究還在繼續，目前並沒有完全有效的生物防治。殺蟲劑加保利(Carbaryl)可以有些防治效果(UC IPM, 2013)。

蚜蟲有黑豆蚜(cowpea aphid, *Aphis craccivora*)、豆蚜(bean aphid, *Aphis fabae*)、豌豆蚜(pea aphid, *Acyrthosiphon pisum*)和桃蚜(green peach aphid, *Myzus persicae*)。蚜蟲危害植株藉由：(i)吸食植株汁液，嚴重受害的葉捲曲，植株生長遲緩；(ii)分泌蜜露，造成葉面具黏性、有光，葉片最終因為煤煙病(sooty-mold)變黑；(iii)傳播植物病

害(許多病毒由蚜蟲媒介)(UC IPM, 2013)。危害多為局部性，嚴重受害的葉片向下捲曲。田區有天然的寄生性和捕食性天敵可以有效控制蚜蟲量。溫度高於29°C會抑制豌豆蚜和桃蚜的族群。常見的豆類蚜蟲的捕食性天敵有瓢蟲(lady beetles, ladybugs)、食蚜蠅(syrphid flies, hover flies)和草蛉。寄生蜂幼蟲會在蚜蟲體內發育，取食組織，將之變成乾枯的木乃伊。殺蟲劑也是有效的防治方法，但是長期使用會造成抗藥性(UC IPM, 2013)。

盲椿象(lygus bug, *Lygus hespersus, Chauliops fallax*)成蟲長約 6 mm，體寬大約是體長的一半，通常是褐色，但會有從綠色到稻草色、褐黃色或淺棕色的變化。蟲體有深淺不同的棕色花紋，偶有黃色或紅色花紋(UC IPM, 2013)，靠近蟲體中心的翅膀底部有一個明顯的V形黃色區。盲椿象在植株組織內產卵，因此僅可見卵帽(oval-shaped cap)，這些卵即使放大也很難看到。有活力的綠色若蟲從卵孵化出來，觸角尖端的紅色有助於辨識早齡若蟲，可與蚜蟲做區隔。盲椿象可能在整個生長季節都有，極具破壞性，其刺吸式口器會取食植物組織，損害形式隨株齡而異。在早期花芽和開花階段，蟲害導致花芽和花的損失，產量降低，吸食發育中的種莢，造成扭曲凹痕、汙點以及降低種子發芽率(UC IPM, 2013)。

盲椿象蟲卵經常會被一種小的寄生蜂(parasitic wasp, *Anaphes iole*)寄生致死。一般的捕食性天敵如草蛉和獵蝽可捕食盲椿象若蟲，因此避免使用廣效性殺蟲劑以保護天敵。苜蓿為盲椿象喜好的寄主，藉由錯開苜蓿乾草的割收、管理，保留盲椿象棲地，減少盲椿象進入乾豆田區，留一小條沒切割的苜蓿帶將會限制盲椿象移入鄰近的菜豆田區(UC IPM, 2013)。

豆類最常見的線蟲害蟲是根瘤線蟲(root knot nematodes, *Meloidogyne* spp.)，根腐線蟲(lesion nematodes, *Pratylenchus* spp.)也很常見。豆類線蟲的管理策略包括幾種栽培措施：選擇品種、輪作、環境衛生和休耕期。已育成的抗線蟲品種有UC-301、White Ventura N、Maria、UC-90、UC-92、Cariblanco N(UC IPM, 2013)。

豌豆：地點選擇與生產

豌豆可以在多種類型的土壤生長，由輕質砂壤土到黏重土皆可。適宜的土壤pH值範圍為6.0-7.5。土壤排水不良和壓實會降低生產力，並增加植株根部感染病害。輪作有助於降低根腐病，豌豆在同一田地要隔4年才能再種。

豌豆在長時間冷涼氣候下生長最好。在溫帶地區，豌豆通常在春天種植；在沒有長時間冰點以下的氣候區，豌豆在晚秋、早冬種植，在開花前能耐輕微霜凍。在熱帶和亞熱帶地區，豌豆栽種在高海拔地區及相對冷涼的季節。

◆ 種植

種子品質至關重要，尤其是要種植在低溫土壤，需用高品質的種子。豌豆可發芽的土壤溫度範圍廣，但最佳溫度為20°C；高於25°C時，發芽率降低。以殺菌劑處理種子可以減少萌發期和幼苗生長早

期的病害。

　　豌豆通常以一般穀物的播種機種植，但也可使用真空精準播種機種植。在播種前先接種豌豆種子以確保有充足的固氮細菌，如前面菜豆部分所述。接種所用之根瘤菌應菌種正確、新鮮、有效及活性菌培養。如果田區輪作系統包括豌豆，而且產量一直不錯，接種的需要性就可減少。播種時，土壤應溼潤、充分耕犁，播種深度3-5 cm，株距3-5 cm、行距20-30 cm；以機械採收的田區，種植密度通常為80-90 株/m²。人工採收的鮮食用豌豆，種植的行距較寬為75-90 cm，以方便採摘(圖20.9)。栽植密度較高時，植株的下位分枝減少。由分枝上發育的豆莢成熟太晚，尤其對機械採收而言。因此，最好在選擇品種或栽培方法上，以植株發育為單莖株者優先。

　　植株倒伏即不利於機械採收作業，並降低產量；而栽培密度高時，因植株間的卷鬚纏繞可以提供相互支持，減少倒伏。矮性品種較少倒伏問題。除了家庭園藝和莢用型豌豆生產，商業生產較少種植需要

圖20.9 正值開花及結果的矮性豌豆仁品種。寬行距爲方便人工採摘。商業生產一般以機械採收。

垣籬格架支持的無限生長型品種。播種量因品種間種子大小差異而不同，每公頃從70至200 kg以上(Rubatzky and Yamaguchi, 1997)。

◆ 生長與發育

　　豌豆對溫度十分敏感，尤其在營養生長發育期；適當的平均溫度為13-18°C，當29°C以上時，營養生長很慢。豌豆雖屬涼季蔬菜，但零度以下的溫度對植株有害，幼株(開花前)比成熟株耐低溫。花和莢比葉和莖對冰點以下的溫度更敏感。

　　豌豆通常用「生長－溫度－日數」(GDD)來預測採收期，同前節在菜豆所述，並據此來分散加工用豌豆的種植日期(Delahaut and Newenhouse, 1997)。豌豆的基本溫度為4°C，上限溫度為29°C，通常以此範圍計算GDD；因為在此範圍外的生長可以忽略不計，而且此範圍外也只有很少積溫可以累積。品種通常以積溫需求來區分，早生品種積溫需求只要1,000 GDD即可達採收成熟度，有些晚熟品種則需1,600 GDD以上(Delahaut and Newenhouse, 1997)。一般早開花品種是日中性，但晚生品種可以長日處理加速開花。適當的溫度可減少開花所需時間，但溫度超過30°C會導致落花或胚珠消退。適度的晝夜溫差(diural temperature fluctuation)可以增進植株生長(Rubatzky and Yamaguchi, 1997)。

◆ 採收及運銷

　　豌豆仁的最佳採收期是在豆莢已充分發育而豆仁尚未成熟仍柔嫩時。當種仁成熟，硬度增加，種皮增厚，糖分轉為澱粉。在高溫環境中，豌豆仁快速成熟，適

採期只有1-2天，可以採到優良品質的豌豆仁，此點與甜玉米相同。加工用豌豆通常會在較冷涼的地區生產，豆仁發育慢，可使採收時間有更大彈性。

為延長生產期，可以栽種成熟期不同的品種，或是錯開種植的時間。人工採收雖然很花勞動力，但是物理性傷害少，有助於維持品質。有愈來愈多已去莢的新鮮豌豆上市，消費者可以立即烹煮。利用機械採收加工用豌豆，而鮮食用豌豆機械採收也增加，可減低人工成本。這些採收機將豆莢自植株分開，再將豆仁與豆莢分開，只留下豆仁，而丟棄莢殼及植株。有時是先用機械或人力採莢，再用另一臺機器將豆仁剝出豆莢。為了使採收機順利運作，需栽培有限生長型品種，莖短而硬，根系穩定固著，豆莢集中著生在植株頂端。採收機用於疏葉品種，如無葉種(leafless-type)，運作更有效率。

以機械一次破壞性採收得的豌豆成熟度不一；同一品種不同成熟度之豆仁可依大小分別。不同熟度的豌豆仁有不同的比重，可用不同濃度之鹽水依浮力原理進行分級。

由於豌豆仁會在很短時間內快速發育，生產豌豆不能只考量總產量，還要考量食用品質。豌豆的食用品質可用嫩度計(tenderometer)客觀量測其物理性，測定豆仁對壓力的抵抗性。對壓力的抗性愈大，表示豆仁愈硬，過分成熟了。對外力抗性的讀值與豆仁其他食用品質，如：甜度、嫩度、澱粉含量之間具相關性(Rubatzky and Yamaguchi, 1997)。

莢用型豌豆(edible-podded pea, snow pea)及甜脆型豌豆(snap pea)品種幾乎全以人工採收，有時甚至天天採，以避免過度發育，也保護豆莢不受機械傷害。莢用型豌豆適當的採收階段是豆莢已長到最大，莢內豆仁尚未明顯發育；甜脆型豌豆則是豆仁已發育但未成熟仍為嫩豆時。莢用型豌豆可以連續採收好幾週，而且經常採收還有助於開花更多；這要靠便宜勞力，例如：美國市場許多莢用型豌豆已經轉移至中美洲的高冷地區生產。

乾豌豆(field peas)的採收則是盡可能延後，讓後期形成的豆莢都可發育至成熟。不過，太晚採收可能有種子脫落(seed shatter)的問題。有時會施用除葉劑，讓葉片乾枯(foliage desiccants)，幫助採收作業進行。早採收會使產量下降，並且需要進行人工乾燥。乾豌豆採收時，水分含量為40%。完全乾燥時，種子含水量應低於15%，以避免黴菌生長(Rubatzky and Yamaguchi, 1997)。

◆ 採後處理與貯藏

豌豆的採後處理與甜玉米相同，豆仁中糖類轉變為澱粉的反應受到溫度的影響最大；為了維持豆仁中的糖分含量，豌豆在採收後不應在高溫中滯留，需要盡快做預冷將田間熱移除。豌豆莢或豌豆仁在採收之後應冷卻至0°C，以抑制糖類轉變及纖維形成，最有效的方法是冰水預冷。豌豆採收後在常溫中滯留短短3小時，糖分就會顯著減少。沒有去除豆莢的豌豆仁品質會比較好些，因為豆莢可以阻止水分散失，而且豆莢內部的高二氧化碳具有氣變效

果，可降低豆仁的呼吸速率。乾豆仁只要能將水分含量維持在低於15%就不會發生採後處理及貯藏方面的問題(Rubatzky and Yamaguchi, 1997)。

雜草管理策略

豌豆植株無法與雜草競爭，因此生長初期就要控制雜草，才可能生產成功。豌豆植行間距小，為降低使用機械或人力中耕的需求，普遍使用選擇性除草劑。中耕需要較寬的行距。當選擇除草劑時，重要的是須考慮在豌豆之後要種植的作物。其他雜草管理上的重要作法有輪作以及在種植前先使靠近土層上方的雜草發芽再予除草的「舊床耕犁」法。

豌豆病害

雖然豌豆有些病害與菜豆相同，但豌豆有很多特有病害。最常見的豌豆病害包括根腐病(Aphanomyces root rot, *Aphanomyces euteiches*)、炭疽病(anthracnose, *Colletotrichum pisi*)、葉枯病與葉斑病(Ascochyta blight complex, *Ascochyta pisi, A. pinodella, Mycosphaerella pinodes*)、細菌性枯萎病(bacterial blight, *Pseudomonas syringae* pv. *pisi*)、黑色根腐病(black root rot, *Thielaviopsis basicola*)、灰黴病(Botrytis, *Botrytis cinerea*)、露菌病(downy mildew, *Peronospora pisi, P. viciae*)、萎凋病(Fusarium wilt and near wilt, *Fusarium oxysporum* f. *pisi*、其他*F. oxysporum* 生理小種)、Fusarium 根腐病(Fusarium root rot, *Fusarium solani* f. sp. *pisi*)、莖腐病菌引起葉與莢斑

點病(leaf and pod spot, *Phoma medicaginis* var. *pino-della*)、白粉病(powdery mildew, *Erysiphe polygoni*、其他*Erysiphe* spp.)、腐黴菌引起的根腐病(Pythium root rot, *Pythium ultimum*、其他*Pythium* spp.)、鏽病(rusts, *Uromyces pisi*、*U. fabae*、*U. trifolii*)、菌核病(Sclerotinia, *Sclerotinia sclerotiorum*)和葉枯病(Septoria blight, *Septoria pisi*)。

病毒病是豌豆生產上的重要問題。下列大部分的病毒病是由蚜蟲或其他昆蟲媒介傳播：菜豆黃化嵌紋病毒－豌豆系統(bean yellow mosaic virus, pea strain, BYMV)、豌豆隆凸嵌紋病毒(pea enation mosaic virus)、豌豆條紋病毒(pea streak virus)、豌豆矮化病毒(pea stunt virus)、豌豆種媒病毒(pea seed-borne virus)，豌豆早褐病毒(pea early browning virus)、豌豆頂黃化病毒(pea top yellow virus)、普通豌豆嵌紋病毒(common pea mosaic virus)、胡瓜嵌紋病毒(cucumber mosaic virus, CMV)、菜豆捲葉病毒－豌豆系統(bean leaf roll virus, pea strain)(CAB I, 2013b)。

豌豆種仁空心及斑點(hollow heart, marsh spot)是缺錳造成的生理障礙；土壤pH值過高會降低錳的有效性。

豌豆害蟲、蟎及線蟲

危害豌豆的害蟲、蟎類和線蟲很多，包括豌豆蚜(pea aphid, *Acyrthosiphon pisum*)、苜蓿盲椿(lucerne bug, *Adelphocoris lineolatus*)、球菜夜蛾(black cutworm, *Agrotis ipsilon*)、豌豆象鼻蟲(pea weevil, *Bruchus pisorum*)、豌豆潛葉蠅(pea leaf miner, *Chromatomyia horticola*)、南方銀輝夜蛾(green looper caterpillar, *Chrysodeixis eriosoma*)、大白葉蟬(white leafhopper, *Cofana spectra*)、蝗蟲(devil grasshopper, *Diabolocatantops axillaris*)、褐翅椿象(brown stink bug, *Halyomorpha halys*)、棉鈴蟲(cotton bollworm, *Helicoverpa armigera*)、菸草夜蛾(native budworm, *Helicoverpa punctigera*)、豆莢灰蝶(pea blue butterfly, *Lampides boeticus*)、南美斑潛蠅(serpentine leafminer, *Liriomyza huidobrensis*)、蔬菜斑潛蠅(vegetable leafminer, *Liriomyza sativae*)、美洲斑潛蠅(American serpentine leafminer, *Liriomyza trifolii*)、甘藍夜蛾(cabbage moth, *Mamestra brassicae*)、豆潛蠅(stemfly, *Ophiomyia centrosematis*)、粉介殼蟲(scarlet mealybug, *Pseudococcus calceolariae*)、冠癭病(crown gall, *Rhizobium radiobacter*)、大豆細緣椿象(bean bug, *Riptortus clavatus*)、豌豆象鼻蟲(pea leaf weevil, *Sitona lineatus*)、哥斯大黎加夜蛾(Costa Rican armyworm, *Spodoptera albula*)、甜菜夜蛾(beet armyworm, *Spodoptera exigua*)、棉花夜蛾(cotton leafworm, *Spodoptera littoralis*)、花薊馬(flower thrips, *Frankliniella intonsa*)、西方花薊馬(western flower thrips, *Frankliniella occidentalis*)、豆薊馬(bean flower thrips, *Megalurothrips usitatus*)、角額薊馬(field thrips, *Thrips angusticeps*)、淡色薊馬(honeysuckle thrips, *Thrips flavus*)、赤足葉蟎(red-legged earth mite, *Halotydeus destructor*)、擬穀盜(red flour beetle, *Tribolium castaneum*)、豌豆包囊線蟲(pea cyst eelworm, *Heterodera goettingiana*)、花生根瘤線蟲(peanut root-knot nematode, *Meloidogyne arenaria*)、假根瘤線蟲(false root-knot nematode, *Nacobbus aberrans*)、螺旋線蟲 (spiral nematode, *Helicotylenchus dihystera*)(CABI, 2013b)。.

萊豆生產和栽培

　　萊豆比菜豆對環境的敏感性更高，其最佳生長需要更溫暖的溫度。有利萊豆生長的平均氣溫介於15-25°C。大粒型萊豆比小粒型萊豆喜好較低溫度、較高溼度，尤其是在授粉期。溫度超過30°C、相對溼度低於60%會造成大粒型萊豆授粉不良和落花。這種對環境的敏感性限制萊豆只能在特定的氣候區生產。生長調節劑萘乙酸(NAA)可以改善著莢(Rubatzky and Yamaguchi, 1997)。開花期間缺水也會減少著果。

　　種子發芽最適宜的溫度為15-30°C。播種深度3-6 cm，依種子大小而異，大粒種子要播種深些。在溫度25°C出苗最快。萊豆種子像菜豆一樣，容易受機械傷害。在播種前種子要先接種根瘤菌，尤其是田區近期內未種過其他豆科作物者更需要接種(Rubatzky and Yamaguchi, 1997)。矮性品種的種植行距為60-90 cm，株距為10-15 cm。蔓性萊豆需要更寬的行距以方便人工採收作業，也立支架栽培，如同蔓性菜豆(OSU, 2004)。

　　適合生產萊豆的土壤要輕質、溫暖、排水良好，最好是pH值6-7的微酸性土壤。除了溫度限制不同之外，萊豆栽培與菜

豆相似，但萊豆生長的時間比菜豆(四季豆)長，所需水分和養分更多。依照土壤測試結果，在種植前先施基肥，生長期間要施追肥或用灌溉施肥。雖然萊豆也會固氮，但施用氮肥對萊豆比對菜豆有更大效用。萊豆在種植前、種植後40天以及有時在盛花期，分次施氮肥，共施67-112 kg/ha氮素，依土壤類型而異。注意不要過量施肥，若在生長初期施過量氮肥會抑制根瘤形成；而在植株發育期間，施太多氮肥會延遲開花、增加病害。一作萊豆採收後，由田區移走約22 kg/ha磷、112 kg/ha鉀、11 kg/ha硫、11 kg/ha鋅。許多危害菜豆和其他豆類的病和蟲也會感染萊豆。

◆ 採收與採後處理

萊豆從播種到收穫所需的時間，視品種及生長溫度，可從70天至110天或者更長。和莢用菜豆相比，萊豆種子要生長到大粒但尚未成熟的可食用階段所需的時間比較長。當萊豆種子成熟時，種皮的顏色從綠色轉為奶油色或白色。在種子成熟過程中，豆莢會因種子長大而凸起。鮮食用萊豆的適當採收階段是豆莢仍綠色，種子含水量為60%-70%。由於開花的時間不同，所以豆莢不會同時發育成熟。

萊豆莢不易摘離植株，人工採收不容易。在已開發國家，商業生產萊豆的趨勢是種植矮性品種，並用機械採收以降低人力成本。去莢的新鮮綠萊豆仁產量是2.5-4公噸/ha(OSU, 2014)。

機械採收去莢萊豆的採後壽命短，所以都是立即販售，或盡快加工——冷凍或製罐。不同成熟度的萊豆用鹽水依比重原理分開。剛採收帶莢的萊豆櫥架壽命較長，可以在5-7°C及90% RH條件下保持可售狀態數週。在更低的溫度下，萊豆會發生寒害。提高大氣CO_2濃度可以延長萊豆的貯藏壽命(OSU, 2014)。

也有相當數量的萊豆是在種子完全成熟、乾燥的時期採收。與其他乾豆類相同，也用機械採收。乾燥的萊豆種子大多是白色或淺棕色。乾萊豆的含水量低於15%，貯藏性好；以袋裝或盒裝販售，烹煮前需要先泡水。

參考文獻

1. CABI (2013a) Datasheets: *Phaseolus vulgaris* (common bean). Crop production: Notes on Pests. Available at: www.cabi.org/cpc (accessed 17 July 2013).

2. CABI (2013b) Datasheets: *Pisum sativum* pea. Crop production: List of pests, major host of. Available at: www.cabi.org/cpc (accessed 17 July 2013).

3. Cook, R. (2011) Tracking demographics and USA fruit and vegetable consumption patterns. USDA Factbook Chapter 2. Available at: www.usda.gov/factbook/chapter2.pdf (accessed 27 July 2013).

4. Davies, D.R., Berry, G.J., Heath, M.C. and Dawkins, T.C.K. (1985) Pea (*Pisum sativum* L.). In: Summerfield, R.J. and Roberts, E.H. (eds) *Grain Legume Crops.* Williams Collins Sons and Co., London.

5. Davis, J.G. and Brick, M.A. (2013)

Fertilizing dry beans. Publication 0.539. Colorado State University Extension. Available at: www.ext.colostate.edu/pubs/crops/00539.html (accessed 17 July 2013).

6. Delahaut, K.A. and Newenhouse, A.C. (1997) *Growing Beans and Peas in Wisconsin: A Guide for Fresh-market Growers. Publication A3685.* University of Wisconsin-Extension, Cooperative Extension. Madison, Wisconsin.

7. Dickson, M.H. (1971) Breeding beans, *Phaseolus vulgaris* L., for improved germination under unfavorable low temperature conditions. *Crop Science* 11, 848-850.

8. Erker, B. and Brick, M.A. (2006) Legume seed inoculants. Publication No. 0.305. Colorado State University Extension. Available at: www.ext.colostate.edu/pubs/crops/00305.html (accessed 4 July 2013).

9. ERS (2011) Vegetables and melons yearbook. Economic research service. Available at: http://usda.mannlib.cornell.edu/MannUsda/viewDocumentInfo.do?documentID=1212 (accessed 11 June 2013).

10. FAOSTAT (2011) Beans, peas and pulses production statistics. Available at: http://faostat.fao.org/site/567/DesktopDefault.aspx?PageID=567 (accessed 3 June 2013).

11. Fofana, B., Vekemans, X., Du Jardin, P. and Baudoin, J.P. (1997) Genetic diversity in Lima bean (*Phaseolus lunatus* L.) as revealed by RAPD markers. *Euphytica* 95, 157-165.

12. Hemphill, D. (2010) Oregon vegetables: Snap beans-green roma, yellow wax. Available at: http://horticulture.oregonstate.edu/content/beans-snap-green-romano-yellow-wax (accessed 12 July 2013).

13. Hochmuth, G.J. and Hanlon, E.A. (2010) A summary of N, P, and K research with snap bean in Florida. Publication# SL 313. Available at: http://edis.ifas.ufl.edu/cv234 (accessed 15 July 2013).

14. Hymowitz, T. (1970) On the domestication of the soybean. *Economic Botany* 24, 408-421.

15. Jones, K.M., Kobayashi, H., Davies, B.W., Taga, M.E. and Walker, G.C. (2007) How rhizobial symbionts invade plants: the Sinorhizobium-Medicago model. *Nature Reviews. Microbiology* 5, 619-633.

16. Lorenz, O.A. and Maynard, D.N. (1988) *Knott's Handbook for Vegetable Growers.* Wiley, Hoboken, New Jersey.

17. Makasheva, R.K. (1983) *The Pea.* Oxonian Press Private Ltd., New Delhi, India.

18. Meronuck, R.A., Hardman, L.L. and Lamey, H.A. (1993) Crop pest management series edible bean disease and disorder identification. North Central Regional Extension Publication 159. Available at: www.extension.umn.edu/distribution/horticulture/dg6144.html#Bacterial (accessed 17 July 2013).

19. Mohamed-Yasseen, Y., Barringer, S.A., Splittstoesser, W.E. and Costanza, S. (1994) The role of seed coats in seed viability. *The Botanical Review* 60, 426-439.

20. Nelson, D.L., Lehninger, A.L. and Cox, M.M. (2008) *Lehninger Principles of Biochemistry.* Macmillan Publishing, New York.

21. OSU (2004) Commercial vegetable production recommendations. Lima beans *Phaseolus lunatus.* Available at: http://nwrec.hort.oregonstate.edu/lima.html (accessed 12 July 2013).

22. Rubatzky, V.E. and Yamaguchi, M. (1997) *World Vegetables: Principles, Production and Nutritive Values,* 2nd edn. Chapman & Hall, New York.

23. Singh, S.P., Gepts, P. and Debouck, D.G. (1991) Races of common bean (*Phaseolus vulgaris,* Fabaceae). *Economic Botany* 45, 379-396.

24. Stevens, P.F. (2012) Angiosperm phylogeny website. Version 12. Available at: www.mobot.org/MOBOT/research/APweb (accessed 2 July 2013).

25. UC IPM (2013) How to manage pests: Dry beans. Available at: www.ipm.ucdavis.edu/PMG/selectnewpest.beans.html (accessed 18 July 2013).

26. Zohary, D. and Hopf, M. (2000) *Domestication of Plants in the Old World,* 3rd edn. Oxford University Press, Oxford, UK.

第二十一章　**繖形科**
Family Apiaceae

起源與歷史

　　繖形科是顯花植物(flowering plants)中最大科之一，大多為草本香藥草(herbs)，包括434屬、共約3700種(Stevens, 2012)，其中有許多物種分布於全球各地的溫帶地區與熱帶高地。本科因其具有獨特的繖形花序(umbel)而得名，原名Umbelliferae出現於一些較舊的文獻中，現在多已被Apiaceae取代(Rubatzky *et al.*, 1999)。本科植物具有食用與藥用的雙重用途，但有些亦具有毒性。許多物種是二年生(biennial)植物。

胡蘿蔔
CARROT

　　胡蘿蔔(*Daucus carota* L. subsp. *sativus* (Hoffm.) Arcang)最初作為藥用植物，後來成為重要的世界蔬菜(Ross, 2005; USDA, 2013)。它是繖形科最重要也栽培最廣的蔬菜作物之一；野生種胡蘿蔔遍布於全世界，包括*D. carota* L. subsp. *maritinum, D. pusillus* Michx., *D. carota* L. subsp. *hispanicus*(Gouan.)Thell, *D. carota* L. subsp. *gummifer*(Syme.)Hooke, *D. carota* L. subsp. *drepanensis*(Arcang.) Hewood和*D. carota* L.

subsp. *major* (Vis.) Arcang等(Heywood, 1983; USDA-GRIN, 2013)。*Daucus carota* L. subsp. *carota* 是一野生種胡蘿蔔，在歐洲即為大家熟知的「安妮皇后的蕾絲」(Queen Anne's lace)，但在北美和亞洲仍是雜草。野生種Queen Anne's lace的葉很像馴化種胡蘿蔔，但根是白色、細而不規則，具有很濃的胡蘿蔔氣味。Queen Anne's lace是二年生植物，容易和栽培種胡蘿蔔雜交，而汙染胡蘿蔔栽培種的採種。這個野生種在有些地區被列為有害雜草(USDA, 2013)。現在的胡蘿蔔可能是從像「安妮皇后的蕾絲」的野生胡蘿蔔演進而來。

　　胡蘿蔔在西元前3000年起源於現今的阿富汗地區，當時可能是紫色或黃色(根)種；在西元1000年之前傳到敘利亞；在西元1100年之前，西班牙就有紫色和黃色的胡蘿蔔。西元1200年前，胡蘿蔔已傳到義大利和中國；在西元1300年代，法國、德國和荷蘭已有白、黃和紅色種胡蘿蔔的栽培；到西元1500年之前有第一篇橘色胡蘿蔔的報導，當時胡蘿蔔在全歐洲已是家喻戶曉(Banga, 1957, 1963)。

　　推測胡蘿蔔栽培種是來自突變(mutation)和選拔，而非與野生種原(wild germplasm)雜交而來(Banga, 1957, 1963)。在西元17世

紀，荷蘭進行胡蘿蔔育種，改進根的橘色和平滑度(smoothness)，培育出長形橘色和角形的胡蘿蔔(Banga, 1957, 1963)。在西元19世紀，法國園藝專家韋摩林路易士(Louis de Vilmorin)培育出'南特'('Nantes')和'察特南'('Chantenay')兩類胡蘿蔔，建立了現代胡蘿蔔育種的基礎。這兩類胡蘿蔔都是培育現代品種所使用許多種原的基礎(Banga, 1957, 1963)。早期歐洲殖民者把橘色胡蘿蔔帶到美國(Banga, 1957, 1963)，經過幾個世紀之後，橘色胡蘿蔔在北美、歐洲和大多西方世界成為主要的商業品種，而紫、黃和白色栽培品種只受地區性偏好。

植物學與生活史

◆ 植物特性

胡蘿蔔是冷季、二年生雙子葉植物(biennial dicot)，整個肉質軸部(fleshy axis)是可食用部位，地上部即葉子不可食用。第一年生長葉簇以及大的肉質貯藏直根(taproot)，莖非常短縮、為盤狀；葉的高度範圍在25-60 cm。莖出葉呈散射狀長出，葉柄長，葉片羽狀複葉，有許多細狹多缺刻的小葉。葉部與根的比例依品種而不同。地上部大的品種可長出較大的根部，但生長慢；而地上部小的品種會長出小的根部，但成熟快(Rubatzky et al., 1999)。

直根包括下胚軸和主根組織，兩者之間的比例品種不同而有差異；許多栽培品種肥大可食用的根主要是下胚軸的組織，帶有部分膨大的直根上方部。而沿著下胚軸下方長出主根和側根，形成分枝多的鬚根系，可深達75 cm以上。下胚軸大體上就像根，從下胚軸到根的過渡區不易識別(Rubatzky et al., 1999)。胡蘿蔔在萌發後12-24天，根開始快速伸長，此時可以決定最大根長；雖然根長和產量潛力有相關性，但若根長超過30 cm，在採收和處理時容易斷裂。

解剖上，根的組成包括外部的周皮(periderm)、其下一層周鞘(pericycle)，以及內部的初生木質部(xylem)和韌皮部(phloem)組織與連接兩者的一圈形成層(cambium)(圖21.1)。

根的肥大是由於形成層向內產生次生木質部，向外產生次生韌皮部。食用品質好——也就是理想的根，應該是相對於皮層(韌皮部)組織，木質部的核心要小。通常木質部顏色不如韌皮部組織深，但理想兩者應顏色均勻(Rubatzky et al., 1999)。

周鞘就在周皮下，由薄壁細胞(parenchyma)或厚壁細胞(sclerenchyma)組成，在周鞘的細胞間隙有油管，其內含的精油就是胡蘿蔔特有風味和香氣的原因。胡蘿蔔直根為貯存器官，累積蔗糖與其他糖類(Rubatzky et al., 1999)。

植株經春化作用(vernalization)後，第2年從肉質軸和短縮莖發育出伸長的花莖。抽薹(bolting)時有多枝花莖伸長，花莖又長出許多被覆著剛毛的分枝；花莖高度通常在1-2 m(Rubatzky et al., 1999)。

頂生複繖形花序(compound umbel)是由許多小繖形花序(umbellet)組成；花小、白色。繖形花序(umbel)是植物學專有名詞，指花莖頂端的特殊複合花簇。一個花莖上的大型主花序約含有50個小

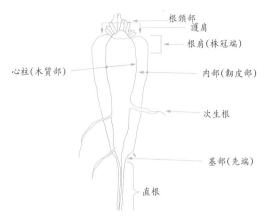

圖21.1　胡蘿蔔根的解剖圖。

繖形花序，每一個小繖形花序至少可著生50朵以上的小花。側枝的末端依序會發育二級(secondary)、三級(tertiary)與四級(quaternary)繖形花序，花序漸小(Oliva *et al.*, 1988)。三級和四級繖形花序所結的種子較小或發育不完全，所生產的種子量少、品質較差(Hawthorn *et al.*, 1962)。花通常是兩性花，但因雄蕊先成熟、中央的小花序先發育，仍需要昆蟲授粉(Peterson and Simon, 1986)。種子成熟時，花莖上外圍小繖形花序的花軸向內彎曲，整個繖形花序呈內凹形；種子扁平，外表有凹溝和毛刺，且大小變化非常大，每公克種子數500-1,000粒(Oliva *et al.*, 1988)。

類型和栽培品種

　　胡蘿蔔根形和大小的變化比市場上所見的多。不同區域消費者對胡蘿蔔根形狀和顏色的偏好也有所不同。依照胡蘿蔔栽培品種之特性，可以分為東方或亞洲型以及西方或歐洲型兩大類。歐洲型品種有很明顯的二年生特性，可以更耐低溫以利誘導抽薹；食用部位質地堅硬、味甜、風

味強、顏色從黃橘到深橘色、晚抽薹和適應冷涼溫度。亞洲型品種趨向質地較軟、較不甜、風味較淡、適應溫暖氣候、易抽薹、顏色紅色或紅橘色。具一年生習性的亞洲品種只需很少的低溫就能抽薹。溫帶地區的歐洲和北美洲品種是二年生，而熱帶亞洲的品種表現一年生習性；熱帶型也呈現短日促進開花(Rubatzky and Yamaguchi, 1997)

　　當胡蘿蔔發育過了幼年期(juvenile growth phase)──植株不到8片葉或直徑小於4-8 mm、不到鉛筆大小，在溫度低於5°C時就會進行春化作用。大根型品種的幼年期較長；誘導開花所需春化低溫的時間，由數週到抗抽薹(bolt-resistant)品種所需的12週都有。有些熱帶亞洲栽培品種只要溫度小於15°C就會誘導抽薹。春化處理後約4-5個月種子成熟(Rubatzky and Yamaguchi, 1997)。

　　栽培品種的分群通常依據相似的形態或園藝特性(圖21.2)。在西方，根據根的形狀和長度，栽培品種通常分為3類。其中短根型品種(baby cultivars)成熟快(50-60天)，供應早季鮮食市場，包括‘牛心’(‘oxheart’)、‘目谷早生’(‘Early Mokum’)、‘巴黎市場’(‘Parisian Market’)、‘南特早生’(‘Early Nantes’)和‘阿姆斯特丹促成’(‘Amsterdam Forcing’)等。中根型品種於播種後60-75天成熟，供應正期(’main-season’)的新鮮和加工市場，有‘目谷’(‘Mokum’)、‘佛雷奇’(‘Flakkee’)、‘秋天國王’(‘Autumn King’)、‘丹佛斯’(‘Danvers’)和‘皇家察特南’(‘Royal Chantenay’)等。長根型品種如‘音裴瑞特’(‘Imperator’)，通常種在充

分深耕的壤土或腐泥土，從播種到成熟約60-75天。

上述一些主要的商業類型描述如下：

* '南特'('Nantes')根形近乎圓柱形，兩端鈍圓，根長是18-23 cm，該品種是西元1800年代末期在法國南特附近培育出來；隨後還有較短的'南特半長'('Nantes Half Long')和'南特早生'('Early Nantes')育成。南特種的特色是風味甜美，但與'音裴瑞特'('Imperator')品種相比，'南特'('Nantes')較易有機械損傷，若掉落在硬面上更容易裂開。

* '察特南'('Chantenay')根肩寬，漸漸變窄成鈍圓的根端，根長約為15-20 cm，比其他品種短，但周長(girth)較大，有時直徑可長到8 cm。最常用於加工切塊或其他調理食品。在重肥的土壤中，比許多其他品種長的好。

* '丹佛斯'('Danvers')是西元1800年代末期在美國麻薩諸塞州丹佛斯鎮育成，與該鎮同名。其根形是錐形(conical)，有較寬的根肩，向根另一端漸變窄、類似'察特南'('Chantenay')，但沒有'Chantenay'的根端寬。'Danvers'長約15-20 cm、直徑可達5 cm；也適應黏重的土壤，經常被加工做為嬰兒食品或其他罐頭和冷凍產品。

* '音裴瑞特'('Imperator')是'南特'('Nantes')與'察特南'('Chantenay')的雜交後代，在西元1920年代推出，根長約25-30 cm，也是從根肩向根端變尖，根長比其他品種都長。本品種抗機械損傷，適合長途運輸；但有時也被批評缺乏'Nantes'的風味和食用品質。'音裴瑞特'在美國是銷售最多的全根胡蘿蔔，也可以去皮切成像小胡蘿蔔(baby carrot)形狀的輕度加工產品(lightly processed product)，以生鮮的袋裝點心食品(snack food)形式銷售。這比真正的小型胡蘿蔔品種價格便宜。

* '牛心'('Oxheart')或'瑰蘭地'('Guerande')來自法國，近乎圓形，在較黏重的淺層土壤可以生長良好。

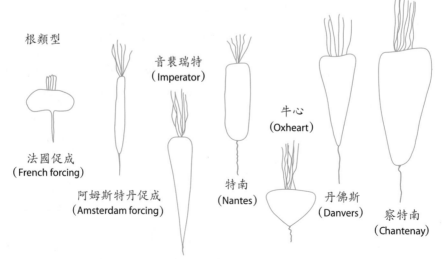

圖21.2 常見胡蘿蔔品種的根形狀。

所有栽培品種都可以供應生鮮市場，有些品種更適合加工；但就加工目的而言，大型根栽培品種如'Danvers'或'Chantenay'更受歡迎。

不同文化喜歡特定的根色和根形，所以還有其他類型的胡蘿蔔生產。在日本，很少生吃胡蘿蔔，人們偏好長的紅橙色胡蘿蔔如'黑田'('Kurodo')，甚至紅色或紫色的厚圓柱形品種(Rubatzky and Yamaguchi, 1997)。相反的，在歐洲偏好相對較短、較細、黃橙色的'Nates'和'Nates'型的品種，而在北美則以長形、深橘色的'Imperator'和相關品種為主。

研究人員透過傳統育種方法，培育出具有新奇性狀的胡蘿蔔新品種；截至西元2013年止，由遺傳工程產生的轉基因胡蘿蔔，尚未衝擊到世界胡蘿蔔市場。新開發的黃、白和紅色品種，在有些市場上愈來愈受歡迎，因為它們為沙拉和其他含胡蘿蔔的食物增加種類與變化。

胡蘿蔔花藥在雌蕊可接受花粉之前就先成熟、脫落，這種特性稱為雄蕊先熟(protandry)，是一種增加以蜜蜂為主的昆蟲進行雜交授粉的機制。花粉一定來自不同植株，或同株上較晚成熟的繖狀花序，以確保成功授粉(圖21.3)。因此胡蘿蔔種子混合有自交授粉和異花授粉者，增加了它的變異。

自西元1970年代起，在美國和歐洲已逐漸轉為栽培F-1胡蘿蔔品種，因為F-1有更好的整齊度和產量。優質的胡蘿蔔品種於單株之間差異很小。細胞質雄不稔(cytoplasmic male sterility, CMS)特性可確保自交系(inbred lines)間的雜交授粉，所產生的種子就是雜交品種。自然開放授粉品種仍然在一些利用上受歡迎，如：加工用作切塊、切形者，就不必額外增加F-1種子的花費。

◆ **品質特性**

除了整齊度外，胡蘿蔔育種要改良的其他性狀包括：增加病蟲害抗性、生長速率、產量、根表面平滑度、抗裂性，提高風味、一致的質地、耐高溫性和抗抽薹性。溫度升高，根的顏色會不夠深，有些品種原本就比其他品種有較高的類胡蘿蔔素(carotenoid)含量，選用可以補償。除了種子生產，一般不期望抽薹，因抽薹會抑制根部膨大；抽薹會引起根的木質化，也會引起次生根的發育。在溫帶地方，延後種植期可以降低植株暴露於低溫，避免或減少抽薹機會。晚抽薹(slow-bolting)品種也大大增加對低溫的耐受性。

胡蘿蔔的抗裂性是重要特性，特別對於長途運輸和零售很重要；在外觀和食材預備上，根表應光滑、沒有分枝、沒有根毛，才

圖21.3 胡蘿蔔的繖形花序由許多小花序組成。同一朵花的雄蕊和雌蕊發育時間不同，確保異花授粉。

有最佳外觀和容易料理。根的中間核心要小、顏色均勻。食用品質包含無苦味、糖含量、質地和維生素含量等特性；在貯存期和採種期，含糖量高的根容易腐敗。

胡蘿蔔的顏色主要是來自決定黃色的 α-胡蘿蔔素(carotene)和決定橙色的 β-胡蘿蔔素，二者均屬於類胡蘿蔔素。β-胡蘿蔔素通常占類胡蘿蔔素總量的50%或以上。胡蘿蔔素與維生素A有關，維生素A有兩種形式，人體中最常見的形式是維生素 A_1，即視黃醇(retinol)，在腸道和肝的酵素反應將植物的 α-和 β-胡蘿蔔素轉化成維生素A (Lietz et al., 2013)。

根的類胡蘿蔔素分布並不均勻，韌皮部組織的類胡蘿蔔素含量通常比木質部多出約30%(圖21.1)。而胡蘿蔔素含量也受到溫度、植株成熟度和品種的影響，栽培最廣泛的胡蘿蔔品種，其胡蘿蔔素含量為每公克鮮重41-78 mg以上(Rubatzky et al., 1999)。

與祖傳品種(heirlooms)比較，育種者已大大提高了一些新品種的胡蘿蔔素含量；美國農業部(USDA)胡蘿蔔育種計畫已培育出胡蘿蔔素含量是育種親本‘Chantenay’10倍以上的新品系(Simon et al., 1990)。且有一個栽培品種，根白色，含高量的生育酚(tocopherol，維生素E)(Goldman and Breitbach, 2002)。

胡蘿蔔根中還含有其他色素，包括茄紅素(lycopene)和花青素(anthocyanin)；茄紅素具有抗氧化作用；但除了一些紅肉栽培品種如‘黑田’(‘Kurodo’)之外，大多數胡蘿蔔品種其含量都相當低。而一些紅紫色品種才含有花青素。

經濟重要性和生產統計

西元2011年時，胡蘿蔔和蕪菁(turnips)的世界總產量為3,570萬公噸(表21.1)。中國是最大生產國，占世界總產量的45.4%。胡蘿蔔和蕪菁生產面積達120萬 ha，平均產量為每公頃30,109.7 kg (世界糧農組織統計數據庫，FAOSTAT, 2011)。在美國，鮮食市場包括輕度加工用量不到31,250 ha，其中5,580 ha供加工用。加州是胡蘿蔔鮮食市場最大的生產州，而華盛頓州、威斯康辛州和加州是重要的加工胡蘿蔔生產州。美國在西元2009年，胡蘿蔔的產值超過5億5千7百萬美元(美國農部──國家農業統計服務局，USDA-NASS, 2009)。

◆ 人均消費量

胡蘿蔔的消費趨勢反映出其可取得性(availability)與營養資訊更好。美國胡蘿蔔消費量保持不變多年之後，在西元1990年消費量急增至最高峰(表 21.2)。這種消費的增長可能拜科學資訊之賜，證據顯示胡蘿蔔是膳食纖維(dietary fiber)和類胡蘿蔔素

表21.1 胡蘿蔔 2011年世界生產量(統計包含蕪菁；FAOSTAT, 2011)

排名國家	百萬公噸
1 中國	16.2
2 俄羅斯	1.74
3 美國	1.31
4 波蘭	0.89
5 烏克蘭	0.86
6 英國	0.69
7 義大利	0.54
8 日本	0.60
9 德國	0.55
10 荷蘭	0.48

的優良來源，兩者都是人類重要的營養要素。同時又有了胡蘿蔔的方便包，如：輕度加工、去皮的小胡蘿蔔以及什錦沙拉混有胡蘿蔔絲，都有助於增加消費。自西元1990年以後，胡蘿蔔消費量下降，其中以冷凍胡蘿蔔消費下降最大，生鮮胡蘿蔔之人均消費量則平穩維持於每年約2.5 kg(表21.2)(USDA-ERS, 2011)。

營養價值

胡蘿蔔(根)被認定是醣類、膳食纖維和礦物質等營養素的良好來源；也含有高量的α-和β-胡蘿蔔素，這些是合成維生素A的前趨物(precursors)(Holland et al., 1991；表21.3)。

生產和栽培

◆生長和發育

胡蘿蔔屬於半耐寒(half-hardy)蔬菜，亦即它經馴化(acclimated)後能耐霜及輕度的冰凍(Lorenz and Maynard, 1988)。幼苗忍受低溫和霜凍的能力比成株好，苗株若經

表21.2 美國胡蘿蔔的人均消費量(每人每年，kg)

年份	生鮮市場[a]	罐頭[b]	冷凍[b]	總　計
1970	2.7	1.0	0.6	4.3
1980	2.8	0.8	0.8	4.4
1990	3.8	0.5	1.0	5.4
2000	2.5	1.2	0.5	4.2
2010	2.5	0.6	0.4	3.6

[a]生鮮市場(以農場供應時的重量為基準)。
[b]加工處理(以加工時的重量為基準)。

表21.3 新鮮胡蘿蔔每100 g的營養價值及占美國農部推薦成人每日營養量的百分比(USDA 國家營養資料庫，2013)

成分	含量
熱量	173 KJ (41Kcal)
醣類	9.6 g
糖	4.7 g
膳食纖維	2.8 g
脂肪	0.24 g
蛋白質	0.93 g
維生素A當量	835 μg (104%)
β-胡蘿蔔素	8285 μg (77%)
葉黃素和玉米黃素	256 μg
硫磺胺素(維生素B1)	0.066 mg (6%)
核黃素(維生素B2)	0.058 mg (5%)
菸鹼酸(維生素B3)	0.983 mg (7%)
泛酸(維生素B5)	0.273 mg (5%)
維生素B6	0.138 mg (11%)
葉酸(維生素B9)	19 μg (5%)
維生素C	5.9 mg (7%)
維生素E	0.66 mg (4%)
鈣	33 mg (3%)
鐵	0.3 mg (2%)
鎂	12 mg (3%)
錳	0.143 mg (7%)
磷	35 mg (5%)
鉀	320 mg (7%)
鈉	69 mg (5%)
鋅	0.24 mg (3%)
氟化物	3.2 μg

適當馴化，可以忍受霜凍至-6.5°C零下低溫。在4°C以下的低溫，地上部生長緩慢，若連續嚴重霜凍，葉片會凍死。低氣溫會傷害葉，但根部有土壤的緩衝，根冠可以繼續有新的生長。一旦土壤凍結，根冠也會受損，而貯藏根表面出現細紋及橫向開

裂；若長時間暴露在冰點以下的低溫，根冠也會凍死(Rosenfeld *et al.*, 1997)。

根和葉的生長適溫是16-21°C，在溫度低於10°C下會生長減緩(Lorenz and Maynard, 1988)。若溫度高於21°C，會產生粗短的根，而低於16°C的溫度有利於生長細長的根。葉子生長受溫度的影響小於根的生長，葉較耐高溫，但高於30°C時葉生長會受抑制而根會產生強烈的氣味。晝夜溫差大有利於快速生長，在熱帶地區如果夜間溫度夠冷涼，就可以種植胡蘿蔔(Rubatzky and Yamaguchi, 1997)。

胡蘿蔔素合成的適溫範圍是16-25°C，低於16°C或高於25°C都不適於其合成。色素合成是在根生長之後，這也是幼根沒什麼顏色的原因。隨著根繼續生長，胡蘿蔔素累積，約90-120天後達到最高量，之後通常保持不變或可能緩慢降低(Rubatzky and Yamaguchi, 1997)。

◆ 地點選擇和整地

生產胡蘿蔔的理想土壤是深層、疏鬆、肥沃、排水良好的砂質壤土或泥炭土(peat)(圖21.4)。特別是長根型胡蘿蔔品種，在土層淺或密實的土壤會明顯變短。胡蘿蔔可耐的土壤酸鹼值範圍寬，但以pH值5.5-6.5的有機質土壤和pH值6.0-6.8的礦質土壤最好。施肥量依土壤類型有很大的不同，要依據土壤測試結果與全季葉片分析結果，才不會造成浪費又汙染環境。一作胡蘿蔔平均可以從土壤中吸取並隨採收移走氮素162 kg/ha、磷28 kg/ha和鉀386 kg/ha，胡蘿蔔吸收鉀肥高。氮肥施用過度會促進葉生長過於根肥大；然而，通常在礦物質土壤於播種後4-6週採旁施(side dressing)氮肥，以達最大產量(Lorenz and Maynard, 1988)。

◆ 田區栽植

胡蘿蔔種子品質不一致是因為來自

圖21.4 砂質土壤的胡蘿蔔田區(加拿大新斯高沙省(Nova Scotia))。

成熟期不同的繖形花序，而混合了生理成熟度不同的種子，造成不一致的發芽和萌發。胡蘿蔔種子發芽慢，所以整齊萌發及幼苗成活一直是受關注的問題。而種子的高溫熱休眠性 (thermodormancy)是另一個降低發芽的因素(Nascimento *et al*., 2008)。

用帶式真空播種設備，能將胡蘿蔔大小均勻及／或披衣的種子(coated seed)依最終密度或位置，以單行或一連多行精準播種。一般是一連3或4行、每行間隔約5.1 cm，單行是窄行內隨機條播種子(圖21.5)。

為了配合機械採收，種子行(seed lines, seed bands)的寬度通常小於10-12 cm。播種量變化大，每公尺可有33-197粒種子。如果土壤條件不利於種子萌發，或栽培小根型品種時，條播種子密度較高。大根型、加工品種的播種密度較低，或用高品質造粒(pelleted)種子時，採精準播種達最終密度。胡蘿蔔種子播種深度為5-20 cm (Rubatzky and Yamaguchi, 1997)。將預先發芽的種子包埋在水基的凝膠(water-based gel)或是水中，可以保護剛萌發的胚根(radicles)不受傷害，種植這樣的種子，可

圖21.5 胡蘿蔔田間窄行種植。

增進田間萌發率。不論所用的栽植技術為何，理想的間隔即是根和根之間的距離一致。

種子播種密度為每公頃1-3百萬粒種子，取決於種子發芽率、種子活力(vigor)以及預期土壤和環境對出苗的影響等條件。選擇適宜的播種密度很重要，因為萌發後疏苗會增加生產成本。有適當的種植密度才有最大產量，才有期望的根大小以符合特定用途。

一般鮮食用胡蘿蔔的田間成株密度是每平方公尺80-100株(根)，小型根的小胡蘿蔔品種田間密度是100-200株(根)/m^2，需要每公頃播種500萬粒種子，以達到目標株數。加工用的大根型品種的田間密度是每平方公尺40-70株(根)。一般而言，種植任何品種，間距較寬則胡蘿蔔(根)大些，間距較小則胡蘿蔔(根)會較小。

胡蘿蔔生產上的一個大問題就是播種後表現差，種子很小又慢發芽。土壤溫度在4.4°C以上時，胡蘿蔔種子就可發芽，但最佳的發芽溫度是23.9°C。此外，品質較差的種子可能成株不齊；因為幼苗會受到土壤結塊、不利的溫度、雜草的競爭和乾燥等條件的影響，不能正常生長(圖21.6)。

充足的水分供應對整齊萌發和隨後的幼苗早期生長非常的重要，所以常用種子滲調處理(seed priming)、精準播種系統和噴灌等措施，以優化發芽，提高萌發整齊度。現在許多地區都有雜交品種可用，可以增進發芽整齊、幼苗生長和活力一致。

通常幼苗早期生長慢，因為種子萌發要7-20天以上，種植3-4週後才有第一

片本葉。晚萌發的苗常競爭不過首批萌發的苗，所長成的胡蘿蔔往往達不到可銷售的標準。生長緩慢的胡蘿蔔苗競爭不過雜草，在田區在尚未成株已被雜草壓蓋住。在有些情況下利用選擇性除草劑(selective herbicides)，可有效管理雜草。

✦ 灌溉

土壤水分要均勻，缺水(water stress)會造成胡蘿蔔生長緩慢，並導致細胞增厚、木質化、含糖量下降和有苦味。 胡蘿蔔需水量取決於土壤類型和蒸發散(evaportranspiration)量，每週約需水30-50 mm或每生長季450-600 mm 水量(Rubatzky and Yamaguchi, 1997)。如果從根區消耗掉40%可用水時，就要灌溉。胡蘿蔔種植後，一般先採用噴灌(overhead irrigation)，在萌發後換為溝灌(furrow irrigation)或滴灌(drip irrigation)，也可以全生長季使用噴灌。土壤水分過多會造成裂根，並可能抑制適當的色澤呈現。

✦ 採收及運銷

胡蘿蔔採收並不是依據有明確定義的成熟期，一般依品種及生長條件不同，胡蘿蔔從種植到採收，從不到70天至150天以上不等。小型品種及／或生長快速的品種較早採收。為了趕上好的市場價格或配合加工需要，有時在胡蘿蔔(根)尚未充分長大或未達最大產量，即會提早採收。胡蘿蔔的產量特別是加工用的種類，通常都可以達到每公頃53公噸，小根型品種的產量則顯著低些。

加工用胡蘿蔔通常會生長較久，以增加重量、色澤、甜度或乾物質量。根的色澤在15.5-21.1°C形成最佳。胡蘿蔔乾物重含量高時，貯藏性及採後處理較好。有些情況下會將胡蘿蔔先「貯藏」在田裡，需要時才去採收；不過延遲採收太久，會造成纖維含量增加，味道強烈。錐形的胡蘿蔔品種比圓柱形的品種，在生長時較不會有歧根，在採收時較不易折斷，處理作業

圖21.6 胡蘿蔔田區高畦栽培與溝灌，胡蘿蔔幼苗很難和雜草競爭。有幾種雜草控制策略，本田區以萌後除草劑控制闊葉雜草；人工除草和中耕鋤草都有效(美國加州 Salinas)。

時較不易受傷。

　　人工採收胡蘿蔔是相當困難的工作，只有小規模生產者才會採用。大面積生產都使用機械採收(圖21.7)。

　　有一型採收機先將葉部切下棄置田間，再挖取根部，類似馬鈴薯採收機的作業。另外一型採收機是先自根下方切過，同時由兩片轉動皮帶夾住葉片，將整株胡蘿蔔拉出土，使用這種採收系統時，需要植株有強壯且健康的葉部。在有些情況

下，採收機挖取後，會將地上部去除、棄置於田間，而收集根部送往一旁的大容器、大卡車或四輪開放式拖車。

　　帶著完整地上部的成束的胡蘿蔔(bunched carrots)，雖然比過去減少許多，但仍然在市場販售。將幾棵完整帶葉的胡蘿蔔在根部上方即葉基部予以綁紮(圖21.8)，完成綁紮後，將胡蘿蔔的根部清洗乾淨，再用水冷式或冰水預冷，降低產品溫度及呼吸作用。胡蘿蔔應盡快預冷至1-2℃，以保持品質、減少萎凋，這對成束的胡蘿蔔特別重要。葉子不食用原本就要丟棄，帶葉販售的主要理由只是要突顯胡蘿蔔的新鮮度；而要使帶葉胡蘿蔔看起來

圖21.7 (a)曳引機拉動的胡蘿蔔採收機將胡蘿蔔送至一旁隨行的敞篷拖車，而將葉子留在田間；(b)挖收機由土壤拉起胡蘿蔔葉部的近照。

圖21.8 綁成束的胡蘿蔔品種‘Imperator’；在運輸和銷售期間，需要特別用心去保持葉部新鮮的外觀，大多消費者買回後會丟棄地上部。許多市場已經用袋裝、去除頂部的胡蘿蔔取代。

新鮮、不失水，需要做一些額外的處理，因此成束的胡蘿蔔售價較貴。但現在這已大部分被塑膠袋裝的胡蘿蔔所取代。

已去除葉子的胡蘿蔔在做分級之前是散裝的，新鮮的胡蘿蔔在採收後都要經過清洗，然後以散裝方式或用小塑膠袋包裝方式銷售。袋裝胡蘿蔔因可以良好保鮮而廣受歡迎，消費者購買後可立即取出食用。

由於胡蘿蔔萌發時間上的差異或是生長競爭造成的差異，機械採收時，許多長得還小，無法在市場上販售，也不能列入產量。過去許多年，這種不夠大的胡蘿蔔都是等外品，只能作為動物飼料、果汁加工或其他低價用途；為了增加這些等外品的價值，將不夠大的長形胡蘿蔔截切成小段，再用滾動式粗磨機去皮，得到像小胡蘿蔔(baby carrots)的產品；這樣baby cut的胡蘿蔔是成功的加值方便產品，因已清洗去皮，買後立即可食。切絲胡蘿蔔(shredded carrots)則是許多現成混合沙拉中的常見成分，胡蘿蔔絲增加沙拉的顏色、營養價值及口感質地。

迷你型的胡蘿蔔品種不需截切即以小胡蘿蔔來販售；任何胡蘿蔔品種可以在幼嫩時期採收，因此已有成熟快速、根型較小的品種育成，專為生產真正的小胡蘿蔔。這種小型品種比長根型品種如‘Nantes’或‘Imperator’較耐黏重或石質土。真的小胡蘿蔔只是為了一些特色市場而生產，因其產量明顯較低，售價比截切加工成的小胡蘿蔔貴。

一些市場已增加販售有機生產的胡蘿蔔。在北美地區，有機胡蘿蔔生產集中在半乾旱的美國西部地區，這些地方的病害發生率較低。同傳統生產法，有機栽培用品種的要求是要有優良的食用品質、抗病性及經濟產量。

胡蘿蔔汁是從新鮮的胡蘿蔔榨成，常用的品種是‘Chantenay’及其他專供加工用的大根型品種。榨汁加工過程是胡蘿蔔經清洗、機械去皮、在沸水中殺菁以抑制酵素活性，再使用葉片打漿篩濾機將汁液榨出來(Wu and Shen, 2011)。胡蘿蔔汁含有大量的β-胡蘿蔔素，通常與其他蔬菜及果汁混合成蔬果汁，提供營養成分、顏色或風味。

◆ 貯藏

供應生鮮市場用的胡蘿蔔通常是以機械挖起，經清洗後以0°C及95% RH條件運輸及銷售。在0°C低溫中，以薄膜包裝的胡蘿蔔可維持良好品質達6-7個星期。在長期貯藏過程中，胡蘿蔔因呼吸作用、糖分消耗而品質劣變。胡蘿蔔的呼吸速率較其他蔬菜低，而且在冷藏環境中會更降低。在冷藏過程，可溶性糖的含量會略為上升。然而，成束胡蘿蔔的貯藏性差；由於水分會從葉部散失，根部迅速失去硬度，櫥架壽命因而顯著減少至只剩7天。成束綁紮的胡蘿蔔通常以含有碎冰的包裝運送，以維持葉片的新鮮度，但也增加運輸成本。經截切加工、以薄膜包裝、切段去皮的小胡蘿蔔貯藏壽命通常只有20天左右。

有些地區每年僅有幾個月能生產胡蘿蔔，便需更長期的貯藏胡蘿蔔；這些胡蘿蔔不經清洗，直接放入0°C及高相對溼度

冷藏庫中長期貯藏。氣調貯藏(controlled atmosphere storage, CA)可使胡蘿蔔貯藏的時間增長。以1°C配合2%-6% O_2 及3%-4% CO_2 做氣調貯藏，其與傳統冷藏結果相比，可降低胡蘿蔔的呼吸速率及糖分消耗。然而，如果貯藏環境偏離了前述的O_2 及CO_2 濃度，會造成胡蘿蔔品質下降。只要把低溫冷藏管理做好，也能達到與氣調貯藏相似的成效(Rubatzky *et al.*, 1999)。

胡蘿蔔接觸到乙烯之後，會產生具有苦味的次級代謝物質；因此，胡蘿蔔不可與會產生乙烯的產品如蘋果及甜瓜等貯藏在一起。胡蘿蔔經長時間貯藏後，還會造成組織中的類胡蘿蔔素含量的下降。

病害

胡蘿蔔根部的真菌性病害包括疫病菌根腐病(Phytophthora root rot, *Phytophtora medicaginis*)、紫根腐病(violet root rot, *Helicobasidium brebissonii, H. purpureum*)、白腐病(white rot, *Sclerotinia sclerotiorum*)、灰黴病(gray mold, *Botrytis cinerea*)、黃萎病(yellows, *Fusarium* spp.)。腐霉病菌(*Pythium* spp.) 引起多種胡蘿蔔病害，包括立枯病(猝倒病，damping off)、枯枝病(die back)、分叉根(岐根，forking)、褐變根(brown root)、側根枯死(lateral root die back)、rubbery slate rot、鏽根(rusty root)、蛀點病(cavity spot, *Pythium violae*)及褐腐病(Pythium brown rot, *P. sulcatum*)。根部病害在黏重土壤與結構不良之土壤發生更嚴重。防治根腐病的方法包括與親緣作物至少間隔5年之輪作、施用石灰預防土壤酸化以及土壤排水良好

(Strandberg, 2000; CABI, 2008a; Minnis *et al.*, 2013)。

主要危害胡蘿蔔葉部的真菌性病害包括白粉病(powdery mildew, *Erysiphe betae, E. heraclei*)、白鏽病(white rust, *Aecidium foeniculi* 或 *Uromyces gramini*)、黑葉枯病(Alternaria leaf blight, *Alternaria dauci*)和葉斑病(Cercospora leaf spot, *Cercospora carotae*)等(Strandberg, 2000; Takaichi and Oeda, 2000; CABI, 2008a)。

細菌性病害包括軟腐病(soft rot, *Erwinia chrysanthemi, E. carotovora* subsp. *carotovora*)、細菌性葉枯病(bacterial leaf blight, *Xanthomonas campestris* pv. *carotae*)、冠癭病(crown gall, *Agrobacterium tumefaciens*)、毛根病(hairy root, *Agrobacterium rhizogenes*)、牛乳病(milky disease, *Bacillus popilliae*)及瘡痂病(scab, *Streptomyces scabiei*)(Strandberg, 2000; CABI, 2008a; Minnis *et al.*, 2013)。

胡蘿蔔可感染多種病毒及類病毒(viroid)病，包括苜蓿嵌紋病毒(alfalfa mosaic virus, AMV, *Alfamovirus*屬)、胡蘿蔔潛伏病毒(carrot latent virus, CtLtV, *Nucleorhabdovirus*屬)、胡蘿蔔斑駁病毒(carrot mottle virus, CMoV, *Umbravirus*屬)、胡蘿蔔紅葉病毒(carrot red leaf virus, CaRLV, *Luteovirus*屬)、胡蘿蔔薄葉病毒(carrot thin leaf virus, CTLV, *Potyvirus*屬)、胡蘿蔔黃葉病毒(carrot yellow leaf virus, CYLV)、芹菜嵌紋病毒(celery mosaic virus, CeMV, *Potyvirus*屬)、胡瓜嵌紋病毒(cucumber mosaic virus, CMV, *Cucumovirus*屬)、甜菜曲頂捲葉病毒

(beet curly top, BCTV, *Hybrigeminivirus*屬)(Strandberg, 2000)。

胡蘿蔔非病原性病害(nonpathogenic disorders)及造成原因有：冠腐病(crown rot disorder，無特定病原菌)、熱潰瘍(heat canker，土表高溫)、黑心病(hollow black heart，缺硼)、臭氧傷害(ozone injury，臭氧汙染)、根瘡痂病(root scab，生理障礙)及胡蘿蔔斑點病(speckled carrot，遺傳病害)(Strandberg, 2000)。

蟲害和其他有害生物

蚜蟲類(carrot aphid, *Semiaphis dauci* (Aphididae)、willow-carrot aphid, *Cavariella aegopodii*、還有其他蚜蟲)、木蝨(carrot sucker, *Trioza apicalis*)吸食胡蘿蔔葉，並傳播病毒病害。薊馬類(thrips, *Frankliniella tritici, F. occidentalis*)、金花蟲(flea beetles, *Systena blanda*)及熱帶地區的粉蝨類(whiteflies, *Bemisia* spp.及*Trialeurodes* spp.)亦吸食葉部。葉蟬(leafhopper, *Macrosteles quadrilineatus*)為翠菊黃萎病(aster yellows)的媒介昆蟲。溫帶地區胡蘿蔔最嚴重的兩種害蟲為胡蘿蔔象鼻蟲(carrot weevil, *Listronotus oregonensis*)及胡蘿蔔鏽蠅(root fly, rust fly, *Psila rosae*)，兩種害蟲之幼蟲在根內蛀食，造成食痕隧道，但蛀食部位不同。胡蘿蔔象鼻蟲的食痕隧道在根的上方三分之一處，而鏽蠅蛆蟲主要在根部下方三分之二處，鏽蠅蛆蟲造成的食痕比胡蘿蔔象鼻蟲的更窄、更蜿曲。蕪菁夜蛾(turnip moth, *Agrotis segetum*)亦危害胡蘿蔔根部。還有數種切根蟲(cutworms, *Agrotis* spp.)危

害。另一種造成作物嚴重損失的害蟲為甜菜夜蛾(armyworm, *Spodoptera exigua*)，其幼蟲危害葉及根。盲椿(lygus bug, *Lygus hesperus, L. elisus*)危害採種植株，降低種子品質及收量，被害植株呈現類似病毒危害的葉片或提早抽薹(Rubatzky *et al.*, 1999; CABI, 2008a)。

線蟲(nematodes)是另一種危害胡蘿蔔之生物，包括矛線蟲(lance nematode, *Hoplolaimus uniformis*)、根腐線蟲(lesion nematode, *Pratylenchus penetrans, Pratylenchus* spp.)、刺線蟲(sting nematode, *Belonolaimus longicaudatus*)、包囊線蟲(cyst nematode, *Heterodera carotae*)及根瘤線蟲(root knot nematode, *Meloidogyne hapla*)。根瘤線蟲之防治方法包括輪作及施用堆肥(Strandberg, 2000)。

蝸牛(snails, *Helix aspera*)及蛞蝓(field slugs, *Deroceras reticulatum*)會損害作物，若出現於市售產品上即令人不快。葉蟎類(spider mites, *Tetranychus telarius*, crown mites, *T. dimidiatus*)危害葉部，葉變黃，嚴重時葉枯乾而落葉(Rubatzky *et al.*, 1999)。

芹菜
CELERY

起源與歷史

芹菜與其親緣作物的來源不甚清楚，被認為原產於溫帶歐洲和西亞的沼澤低地，其生長棲地及野生型的分布範圍從瑞典向南到阿爾及利亞、埃及、衣索比亞，再到印度的山區。似乎地中海區域的東部

是芹菜的馴化中心(center of domestication)，但野生型的廣泛分布又引起一些質疑(Rubatzky and Yamaguchi, 1997)。野生芹菜先作醫藥用多年，之後才被當作食物。埃及人於西元400年最早栽培芹菜為醫療用。早期文獻提到使用芹菜種子和種子精油作醫療用，例如：伊朗人使用種子蒸氣(seed vapor)治療頭痛(Rubatzky *et al.*, 1999)。

芹菜最早的植物形式可能是葉用型芹菜「smallage」，當西元16世紀歐洲開始栽培芹菜時還是原始型態。法國首先栽培芹菜為食物，最早的記載是在西元1623年。在西元18世紀初葉前，歐洲就已進行芹菜的遺傳改良(Rubatzky and Yamaguchi, 1997)。在西元1700年代，英國以芹菜調味羹湯和燉菜；歐洲殖民者將芹菜帶到北美洲。在美國，大約於西元1874年首先在密西根州、1897年於佛羅里達州栽培食用葉柄的西洋芹(stalk celery)(Rubatzky *et al.*, 1999)。

植物學和生命週期

芹菜包括3個類型，英名celery通常指西洋芹(*Apium graveolens* subsp. *dulce* (Mill.) Schubl. & G. Martens)，是冷季、二年生植物，作一年生栽培。植株發育到過了幼年期(即植株直徑約比鉛筆還細時)，只要暴露在低於10°C環境數週後，就完成春化作用。所需的低溫量因品種而異，有些品種可能只要10-14天即完成春化作用。春化作用期間，長日(照)(long days)抑制花芽分化與抽薹；春化處理後的長日照可以加速花莖發育。完成春化作用的植株可在一年內完成其生活史；植株很快抽出花莖，而抑

制葉柄發育。除非作物是為採種用，否則應避免發生抽薹。植株抽薹會減少營養生長和降低葉柄品質，經濟價值降低。經過健化處理(hardened)的芹菜植株可以短暫耐受冰點以下幾度的低溫。

西洋芹的菜稈是由數個肉質、肥厚、長而實心、可食用、叢生一起的葉柄所構成，外圍葉柄較大，遮住內側自頂端分生組織發育的較嫩葉柄(圖21.9)。芹菜葉柄寬而直立，基部形成鞘套。一株成熟的芹菜有7-15個葉柄，自外向內葉片逐漸變小，並因為外圍較大的葉片和葉柄遮光效應，內部葉片自行軟化(self-blanched)形成芹菜心(celery heart)。一般葉柄才是最重要的食用部分，芹菜葉因為味道重而不食用，但有時會烹煮葉片或用作餐食裝飾。芹菜葉柄橫截面是新月形，背(外)側有明顯的縱稜(ribbing)，內側光滑。每個葉柄外側的縱稜是由厚角組織構成，厚角組織的強度是維管束組織的4倍(Esau, 1936)。維管束組織提供葉柄強度以及纖維質地。維管束和厚角組織共同使芹菜葉柄纖維化，但

圖21.9　在生產田區的芹菜植株，尚未修剪。通常在田間先修剪掉許多葉片，成為市場出售以葉柄為主的西洋芹。

葉柄大部分還是由多汁多水的薄壁組織(parenchyma tissue)構成。

西洋芹易由母株基部長出吸芽(sucker)即腋生芽，但因吸芽形成晚，對母株貢獻小，通常在採收時就被除掉。現代品種的這種分蘗量(似單子葉的分蘗，tillering)已大為減少，已由育種者汰選此特性。

根芹菜(celeriac, *A.graveolens* subsp. *rapaceum*)與芹菜親緣相近，會發育一個白色、肉質、球形的膨大貯藏器官，直徑10-15 cm，是由下胚軸和根部上端組織組成，其頂部露出土面(圖 21.10)。

根芹菜在歐洲流行，比西洋芹的葉片少、葉柄小。葉芹(smallage, foliage celery, *A. graveolens* subsp. *secalinum*)是一種原始形式的芹菜，具有強烈的香味，植株直立，為二年生草本植物，用於調味。葉芹生成的葉叢、葉柄細長；植株可高至50 cm以上。西洋芹株高 60-90 cm，根芹菜株高大約 50-60 cm (Rubatzky and Yamaguchi, 1997)。

芹菜根系的直根不大，而有大量分枝多的細根。主根除外，側根發育都在土表30 cm範圍內，相對淺層(Rubatzky and Yamaguchi, 1997)。在移植時，直根常受傷或被破壞，而在植株基部大量增生不定側根。在營養生長期，芹菜莖短縮、肉質。當植株進入生殖生長期，莖迅速伸長即抽薹，並纖維化。

芹菜葉片顏色隨品種而不同，從黃綠到深綠色。根芹菜的葉色通常比其他大多數芹菜品種深綠，葉芹葉色也是深綠，還有品種葉帶紅色。

西洋芹、根芹菜與葉芹的花都小、為綠白色，著生於複合傘狀花序中；多由昆蟲授粉。雖然每朵小花是完全花，有雌蕊與雄蕊，但發育上因為同花的雌蕊與雄蕊不同時成熟(雄蕊先成熟，protandry)限制了自花授粉。果實是離果(schizocarp)，很小僅1 mm；成熟時分裂為兩個半生果(mericarps)，各含一粒種子。芹菜採種量高，種子非常小、橢圓形，1公克種子約有2,500粒(Rubatzky and Yamaguchi, 1997)。芹菜種子比葉柄香氣強，是重要但較少被使用的調味料。芹菜與根芹菜的種子可以研磨後與鹽混合(Geisler, 2012)。

類型和栽培品種

在西元20世紀初期，許多市場銷售軟化栽培的芹菜(blanched celery)。當時的綠色芹菜品種氣味強烈，令人反感。軟化栽培是一種生產技術，將葉柄遮光，以減少刺激的風味和纖維，同時增加芹菜稈的肉質多汁。在西洋芹採收前數週開始，以土壤、木板、紙或其他不透明材料遮住葉柄不照光，但是不遮蓋葉片。為了達到以土壤軟化的作用，通常先移植幼苗到淺植溝

圖21.10　田間栽培之根芹菜(德國)。

中，在生長期間再培土填高。泥炭土(peat soils)因為鬆軟，容易移動來遮蓋葉柄，最適合使用。以土壤軟化芹菜也提供一些防凍保護。也偶爾在芹菜採收後，處理天然的植物激素、乙烯氣體，以代替田間軟化技術。

這種軟化栽培逐漸較少的主要原因是勞力與材料的成本高，在採收後植株上留有土壤，需要仔細清洗。在西元20世紀後期，軟化栽培的芹菜已敵不過自行軟化的品種(self-blanching cultivars)，即不需遮蓋、原本稈就是淺白黃色的品種，如：'Golden Self Blanching'品種葉色淡黃綠，葉柄顏色更淺，就像軟化過的西洋芹。在西元1940、1950年代，'Pascal'(帕斯卡)類型的品種栽培很廣，也是在美國銷售第一個真正的綠色類型。但'帕斯卡'類型的品種品質較差，葉柄沒有今日流行的'Utah'(猶他)類型長、直。'Tall Utah'及其各選系已成為北美洲栽培的主要類型，因為其綠色葉柄很長又直、風味溫和。另外尚有帶粉紅色或紅色之品種，用於調味和裝飾，並不鮮食(Rubatzky and Yamaguchi, 1997)。

用以區分品種的性狀包括生長速率、顏色、每株葉柄數、吸芽發生率、植株直徑、葉柄形狀與彎度、芹菜心發育、葉柄叢的緊密度(stalk compactness)、容易抽薹的程度、在田間和運輸期間的保存力、葉柄長度和對病害、生理疾病的感病性等。

經濟重要性和生產統計

芹菜多用於鮮食，只有少量被乾燥、製罐和冷凍、煮湯，通常配合其他蔬菜一起。芹菜植株也可提取精油，供不同用途，在調味和香料產業上，每年約有36公噸芹菜精油的用量。印度生產全世界一半的芹菜精油，其他生產國有中國、法國、荷蘭、匈牙利和美國(Falzari and Menary, 2005)。芹菜的葉片和種子有時用做調味香草；葉柄當作生菜沙拉或做成鑲物(stuffed)。芹菜切片是許多湯品和燉菜的重要成分；芹菜葉片可以切碎，如洋芫荽(parsley)作為餐盤裝飾。

在美國和英國，流行葉柄肥厚的西洋芹，在歐陸常見根芹菜(root celery, turnip-rooted celery)；而在大部分亞洲，特別是中國，則常用葉芹作沙拉、調味或烹煮(Rubatzky et al., 1999)。

在美國，鮮食芹菜之人均消費量每年約2.7 kg，幾十年來一直維持平穩；大多數行銷至生鮮市場，但有些被加工製罐、冷凍或脫水。根據美國農業部統計，西元2011年芹菜產量總計783,477公噸，總產值接近3.82億美元，生產面積共計10,898 ha (Geisler, 2012)。加州生產美國約75%芹菜，其餘25%生產於密西根州、德州和佛羅里達州。加州產區位於冷涼的沿海谷地。芹菜生長需要長時間的涼爽期；在密西根州、紐約州和俄亥俄州的早春作，有時因寒冷天氣造成春化作用，或在仲夏有高溫危害。加州沒有此問題，可以全年生產，但最大產量是在秋天和初冬。在西元2011年，加州收穫芹菜10,684 ha、產量750,489公噸，價值將近3.69億美元；同年，密西根州採收芹菜728 ha、產量 36,370公噸，價值1,300萬美元。西元2011年，美國出口

100,014公噸新鮮芹菜，價值將近7,100萬美元。加拿大購買美國出口的80%新鮮西洋芹(Geisler, 2012)。美國也進口新鮮芹菜，一半以上在每年8月到次年4月中旬進口，主要來自墨西哥。於西元2011年進口41,915公噸芹菜，價值共1,830萬美元(Geisler, 2012)。義大利是歐洲共同體的最大芹菜生產國，其次是西班牙、德國、法國、荷蘭、希臘、英國和比利時(CABI, 2008b)。

營養價值

新鮮芹菜的含水量高，含有高量的維生素A、維生素C、葉酸和礦物質(表21.4)。芹菜也是膳食纖維來源。其蛋白質、脂質和醣含量低，因此屬於低熱量蔬菜。芹菜主要是吃其獨特的口感與脆度，是一種優良膳食。一些營養師認為吃芹菜和消化芹菜用掉的熱量比它提供的熱量更多(Nestle and Nesheim, 2012)。

芹菜是一種非常芳香的植物，其特殊的氣味主要來自3-丁基酞(3-butylphthalid)。芹菜作為藥用植物，用途廣泛，可作為壯陽藥(aphrodisiac)、驅蟲藥(anthelmintic)、解痙藥(antispasmodic)、驅風劑(carminative)、利尿劑(diuretic)、通經藥(emmenagogue)、瀉藥(laxative)、鎮靜劑(sedative)、興奮劑(stimulant)和補品(Simon et al., 1984)；芹菜還可用於治療氣喘、支氣管炎和風溼病。芹菜精油作為膳食補充劑，可促進和調節血壓健康、關節健康(抗關節炎、抗風溼)和正常尿酸量(改善腎臟功能和治療痛風)，對抗膀胱感染和預防癌症(Geisler, 2012)。芹菜含有黃酮(flavones)、芹菜素(apigenin)和木犀草素(luteolin)(Harnly et al., 2006)。芹菜也具有降低血糖的活性。

生產和栽培

◆ 田區栽植

芹菜即使在適合的條件下，種子發芽和萌發仍緩慢。種子在10°C通常需要15天以上、在5°C需要30天或更長時間，才能發芽，視該批種子的活力而定。在最適溫度15-20°C，發芽需要7-12天。有些芹菜種子批表現出熱休眠現象，在30°C以上的高溫不發芽(Rubatzky et al., 1999)。有光、低溫時間的改變和生長調節劑可以幫助減輕熱休眠現象；種子發芽亦有顯著的品種差異。

發芽不良的原因除了種植時的溫度影響，也可能是由於種子品質不一與種子休眠所致。芹菜與胡蘿蔔相同，也是種子在繖形花序上依次發育相當長的一段時間，故成熟度有差異。新收穫的種子有發芽抑制物質而表現休眠；克服種子休眠可在種子成熟後，透過種子浸泡以流失一些抑制物，或使用滲調處理(osmotic priming)、植物生長調節劑處理(Rubatzky et al., 1999)。

種子滲調處理常用於改善芹菜種子的發芽，滲調處理是一種有限制的種子吸水過程，之後回乾，使種子吸水並開始萌芽過程，但種子不能完全吸水、胚根不能萌發。芹菜種子經過滲調處理又回乾至原來含水量後，發芽和萌發比沒有經過滲調處理者更均勻和快速。種子滲調處理或將種子浸泡在10°C含生長調節劑如 GA4/7激勃素(gibberellic acid)和1000 ppm益收生長

表21.4 芹菜的營養價值及占美國農部
推薦成人每日營養量的百分比
（USDA 國家營養資料庫，2013）

新鮮芹菜	營養價值 （每）100 g
熱量	16 Kcal
醣類	3 g
糖	1.4 g
膳食纖維	1.6 g
脂肪	0.2 g
蛋白質	0.7 g
水	95 g
維生素A當量	22 μg (3%)
硫胺素(維生素B1)	0.021 mg (2%)
核黃素(維生素B2)	0.057 mg (5%)
菸酸(維生素B3)	0.323 mg (2%)
維生素B6	0.076 mg (6%)
葉酸(維生素B9)	36 μg (9%)
維生素C	3 mg (4%)
維生素E	0.27 mg (2%)
維生素K	29.3 μg (28%)
鈣	40 mg (4%)
鐵	0.2 mg (2%)
鎂	11 mg (3%)
磷	24 mg (3%)
鉀	260 mg (6%)
鈉	80 mg (5%)
鋅	0.13 mg (1%)

素(ethephon)的溶液中，可以克服熱休眠(Rubatzky *et al.*, 1999)。

芹菜種子通常經過造粒增大，方便精準放置種子，可以育苗和直播。預先發芽的種子在含水的凝膠(gel)或液體裡一起播種，可以加速幼苗萌發(Rubatzky *et al.*, 1999)。芹菜很少用直播方式，因為不易成活、生產時間又較長；芹菜大多採用移植栽培(圖21.11)。直播栽培西洋芹需160-180天成熟；移植栽培芹菜通常在90-125天收穫(Rubatzky *et al.*, 1999)。

芹菜生產要成功，移植苗的品質是關鍵；育苗生產是高度專業化的作業。塑膠穴盤苗(container-grown transplants 或 plastic plug-tray transplants)可以迅速在田區成活、生長整齊，故很少使用裸根苗(bare-rooted transplants)。雖然生產成本較高，但是容器育苗品質高，更適應機械移植設備，特別是全自動移植機。機械移植快速、需要的勞力較少，且可使種植深度和間距比人工移植更均勻。芹菜根系小，所以根區土壤要充分耕犁，以確保移植後的苗快速成活和生長整齊。只要穴盤苗能和土壤有良好接觸，就能成活生長，採用不耕犁系統(no till systems)或最少耕耘系統(minimum-till systems)也能成功。芹菜的間距安排通常是行距50-75 cm、株距12-20 cm，田區密度為每公頃 50,000-80,000株(Rubatzky *et al.*, 1999)。

芹菜移植的主要缺點是其成本較高，育苗需要4-6週；但這也可得到部分回報，因為移植而縮短了田間生長期，成株率高、間距一致，所需投入的施肥、灌溉、害蟲和雜草管理都減少(Rubatzky *et al.*, 1999)。

根芹菜大多是直播，移植會造成過多的側根，而膨大的球形根(食用部位)粗糙。根芹菜之間距為30-60 cm，田間密度為每公頃40,000-50,000株。葉芹(smallage)可以移植或直播栽培，栽培株數約100,000株/ha (Rubatzky *et al.*, 1999)。

◆ 地點選擇、整地、施肥和營養管理

就土壤肥力管理而言，芹菜是最不容易生產的冷季作物之一，它需要多量的養分，尤其是氮肥，所以栽培芹菜最適合的土壤是肥沃有機土、質地細的壤土或矽質壤土(silt loam)。適合芹菜的土壤pH值在礦質土壤約為6.5，在有機土壤約5.8；應避免排水不良或積水土壤(Rubatzky *et al.*, 1999)。

芹菜若與其他作物密集輪作，可能因田區土壤有大量殘留的氮而受益，依土壤條件和環境而定。種植前之土壤硝酸鹽測試可以評估土壤N素肥力。在表土30 cm內的硝酸鹽含量若高於20 ppm，表示肥力充分，足以供應芹菜生長用(Daugovish *et al.*, 2008)。採收一作芹菜可以從土壤移走每公頃225-280 kg N (Daugovish *et al.*, 2008)。在芹菜移植後的一個月，所生產的生物量(biomass)很少。移植前每公頃施用少量N

肥22-34 kg，就能充分供應植株在田間成活期間所需養分。氮素需量隨植株成熟度而增加，最大的營養需求是在收穫前的最後4-6週。在最快速生長期間，需要每週每公頃施用17-22 kg N素，可以透過灌溉、由滴灌帶(drip tape)添加，或如果灌溉施肥(fertigation)不可行，用旁施追肥(side-dress)方式(Daugovish *et al.*, 2008)。多數田間條件下，一季灌溉施肥總量為每公頃168-152 kg、所施總氮量為224-308 kg/ha，這是大多數土壤的情形，若是有機土壤，其施肥總量會較少(Daugovish *et al.*, 2008)。

磷肥施量應根據土壤測試所得的有效性磷(extractable P)含量而定。一作芹菜吸收磷酸鹽量為每公頃45-50 kg，有效性磷含量高於60 ppm即可充分供應芹菜生長。若土壤測試有效性磷含量較低，特別在冷涼地區於種植之前，每公頃推薦施用45-90 kg P_2O_5(磷酐)(Daugovish *et al.*, 2008)。

圖21.11 芹菜苗移植田區(美國加州)。

一作高產的芹菜吸收鉀量為每公頃390-505 kg，鉀肥施用量由土壤測試結果決定。土壤以中性醋酸銨法測得到的交換性鉀(ammonium-acetate-exchangeable K)，若在150 ppm以上，即表示鉀量充分、可供應作物生產。施鉀肥可補充被芹菜吸收而移走的鉀，以維持土壤肥力；通常在作物採收前6-8週，採旁施、分次施肥，特別是在不使用灌溉施肥的田區(Daugovish et al., 2008)。

芹菜除N-P-K外，也對其他營養素需求高，如果不足，會對作物生長有負面作用，引發症狀、降低作物品質。鈣對於細胞壁的形成很重要，缺鈣會引起芹菜生理障礙黑心病(black heart)，如果加上乾旱，會導致植株中心的頂端分生組織(apical meristem)死亡(Daugovish et al., 2008)。芹菜對缺硼(B)敏感，可造成葉柄橫裂(lateral cracking) (Rubatzky et al., 1999)；在美國的大湖區(Great Lakes region)和其他土壤硼含量低的地區常會補充B肥。如果土壤中的交換性鋅含量低於1.5 ppm，就要補充鋅。土壤中有效性磷高時，會降低芹菜對鋅的吸收，通常要加施鋅肥(Daugovish et al., 2008)。鎂不足會導致葉片黃化，最好在種植前土壤先施鎂肥較有效，但也有時在症狀出現時，用葉面噴施來補充鎂。

◆ 芹菜生長和發育

芹菜是生長要求較嚴格的蔬菜之一，芹菜生長慢，對環境條件有特定要求。芹菜也是一種勞力密集的作物，需要土壤肥沃、溫度16-21°C才適合生產(Rubatzky et al., 1999)。經過育種培育出一些現代西洋芹品種，能耐較高的溫度，可以在一些亞熱帶地區生產。西洋芹也不耐冷凍低溫，而根芹菜和葉芹較不敏感。西洋芹經馴化處理，可以耐短時間-2°C輕霜，而沒有傷害或傷害少。葉芹比根芹菜或西洋芹耐熱(Rubatzky et al., 1999)。

芹菜的生長速率穩定增加，因此大部分生物量是在收穫前最後3-4週累積的。西洋芹生長時間長，移植後約需90-125天成熟，依栽培品種和生長條件而定。噴施激勃素會加速芹菜生長和提早成熟，但這不是標準生產作業，因為處理後偶爾會產生細、長、顏色淺的葉柄。西洋芹葉柄的重要品質是脆度和柔嫩度，失水、空心(pithiness)或過度纖維化都大大降低其價值。空心是一種生理障礙，葉柄的薄壁組織變軟和降解，造成密度減低(Rubatzky and Yamaguchi, 1997)。成熟中的葉柄若生長過快，很容易空心，特別是植株有逆境時，如水分逆境或冷凍都會造成空心；嚴重時，葉柄中空，莖盤(stem plate)也會受影響。根芹菜中空的原因與西洋芹空心相似。

芹菜若持續在15°C或以上的溫度生長，就會保持在營養生長階段。本葉少於4、5片的芹菜苗尚在幼年期，對春化作用不敏感；但一旦超過幼年期，植株便容易感應春化作用。當植株暴露於10°C以下的低溫，即會開始抽薹。栽培品種對春化的溫度和處理時間有不同的感應閾值。有些品種能耐受的溫度低、時間長，而另一些品種可以春化的低溫高達13-14°C。植株遭遇逆境也會增加春化作用的傾向(Rubatzky et al., 1999)。

為了避免抽薹，田間種植應該安排在最小機會暴露於低溫的時期，而且在育苗期間不要使苗暴露於15°C以下的溫度。移植前，苗先在25-30°C下馴化10-20天，可以降低移植苗在田間對低溫的敏感性(Rubatzky and Yamaguchi, 1997)。

◆ 灌溉

芹菜是淺根系作物，需要連續供水，特別是在芹菜快速生長期間，才有最好的產量與品質。芹菜在收穫前的最後一個月有最高的水分需求。如果降雨量不足，可以使用噴灌、滴灌、溝灌或幾種方法的組合，確保作物接受每週大約50 mm、或每季750-900 mm的水量，依土壤特性和環境因素而定，以優化生產(圖21.12；Rubatzky and Yamaguchi, 1997)。

根芹菜和葉芹對於水分的要求低於西洋芹。結合土壤水分監測和依據天氣的灌溉調度，可以定出芹菜的整季需求量。保持土壤水分張力小於0.03 MPa (百萬帕)(30 centibars 厘巴)，可防止芹菜缺水、產量最大(Daugovish *et al.*, 2008)。可利用蒸發散量(evapotranspiration)參考數據以及與株冠失水有關的作物係數(crop coefficient)來估計作物所用的水量作物係數與作物株冠的失水有關，又受環境條件和發育階段的影響，要經實證確定。當土壤張力達到0.03 MPa (30厘巴)、需要灌溉時，應當參考當地正確作物係數值，以計算要灌溉的水量(Daugovish *et al.*, 2008)。

芹菜移植後常採用噴灌，一直到首次追肥。噴灌可以較多次、每次較少量給水，活化在苗成長早期所施的追肥或除草劑。通常在苗栽植成活後，轉換為溝灌。溝灌可以更均勻給水，特別是在有風的地區或作物高度超過噴灌的立管(sprinkler riser)高度時(Daugovish *et al.*, 2008)。

近年來在許多地區已增加使用地面滴

圖21.12 在收穫前幾週，芹菜田區進行溝灌。滴灌效率高，採用愈來愈多(美國加州Oxnard市附近)。

灌法，以保護水資源以及透過灌溉施肥較精確地提供養分。地下滴灌是新發展的技術，所需的管理不同，因為地下灌溉管線需在移植前先安裝，而且通常留在土壤內使用數季。

滴灌比溝灌或噴灌可更均勻分配水量。如果安排得當，從芹菜移植後可以專靠滴灌，不過滴灌管線通常在種植和旁施追肥後安裝。滴灌在各種不同土壤質地的田區，因為比較容易維持土壤高水分含量，並且透過施肥灌溉可有較好的營養管理，故有助於植株生長整齊(Daugovish *et al.*, 2008)。與溝灌或噴灌比較，滴灌透過多次施用低量肥料和較少用水，有助於降低N的流失。一些生產者可能在滴灌以外，於採收前的最後幾週補施噴灌或溝灌，使全畦水分飽和(Daugovish *et al.*, 2008)。土壤太乾燥即為缺水，會造成缺鈣。土壤水分充足有助於防止葉柄空心，

此為植物逆境造成的生理障礙。但仍應避免過度給水，否則會增加真菌病害的風險。

◆ 採收與運銷

西洋芹通常是在田間大部分植株都已長到可販售大小時進行採收，此時植株間不可避免仍有些大小上的差異。如果延後採收，葉柄會出現空心；如果早採收，大葉柄的數量會減少。芹菜主要是以人工採收，但係一次作業的全部採收，再依照大小來分級(圖21.13)；並不會選擇性的採收大株，留下較小的植株繼續生長。西洋芹的重要品質特性包括植株重量、展幅、高度以及葉柄的厚度與數目。

只要條件允許，採收後直接在田間或移動式操作臺做修整與包裝，這比運到在另一處的固定包裝廠去做有效率得多。芹菜採收時，自基部切去根、提起植株、修除側根及吸芽，再進一步去掉許多葉片和

圖21.13　在田區人工採收、修剪和包裝芹菜(美國加州)。

葉柄上端，使符合包裝長度；沒有修除的葉片很容易萎凋。葉芹的生長期較短，還可以多次採收；如果只採收葉，植株可重新再長新葉，又可再採收。

有少部分芹菜是使用機械採收，主要是加工用芹菜。根芹菜的採收是以機械先挖起，再以人工修整及清洗根球。芹菜的產量通常為每公頃60-75公噸，根芹菜為每公頃40公噸。

採收裝箱的芹菜通常以冰水預冷，也有用真空(加溼真空)預冷(vacuum (hydrovac) cooling)及壓差預冷(forced air cooling)。加溼真空預冷法會在抽真空的過程中噴水，以減少西洋芹的失水，因為只要失去少許水分，西洋芹就會出現萎凋。

美國生產的西洋芹大多是鮮食用，但有一部分加工，用在調理食物，包括湯、果汁及便利餐點。西洋芹也可經由輕度加工做成立即可食的便利包裝產品，如：芹菜條(celery sticks)及切片芹菜。西洋芹的生產成本頗高，但是每公頃或單位面積的產出是所有蔬菜作物中最高者。西洋芹以塑膠袋裝或散裝上市販售。芹菜心(celery heart)是美國市場的一種產品，由葉柄長度不到35 cm、低於美國分級標準規格的西洋芹整理出來。

鮮食用西洋芹在長到可售大小的幾天內即必須採收，並要做預冷除去田間熱，以避免品質劣化。西洋芹採後處理必須很小心，在貯藏或在運輸中，其堆疊不可超過4層以避免壓傷。新鮮西洋芹通常是直立放入板條箱，溫度及溼度要控制穩定，以維持產品的品質。適合西洋芹及根芹菜的

貯藏條件是0°C及95% RH，至少可以貯藏1個月。有些地區會將芹菜貯藏在田間簡易地窖，即有塑膠布覆蓋加上稻草隔熱的壕溝中，不過這種方法現在已經很少見。氣調貯藏可用以維持芹菜相當長時間的可售品質，這種貯藏技術的條件是0°C及高相對溼度，加上1%-2% O_2及4% CO_2的大氣，而且不能有乙烯(Rubatzky et al., 1997)。

病害

芹菜苗尤其是溫室生產者，極易感染葉斑病(late blight, Septoria apiicola)及芹菜黑斑病(early blight, Cercospora apii)。育苗時芹菜葉斑病可以藉下列方法達到有效防治：採用無病種子，施用殺菌劑，維持葉部乾燥，利用溝灌、滴灌或地下毛細吸水層墊(subsurface capillary mats)等灌溉系統(Daugovish et al., 2008)。

芹菜黃萎病(fusarium, Fusarium oxysporum f. sp. apii)是破壞性很大的土壤傳播性病害，嚴重時會全田遭害。此病原菌有數種生理小種，即使沒有寄主也能在土壤中存活多年，所以短期的輪作不能達到防治效果。在輪作選項有限的產地，有時採用土壤燻蒸，以防治鐮孢菌(Fusarium)及其他土壤有害生物。芹菜菌核病(pink rot, Sclerotinia sclerotiorum)及立枯絲核菌(crater rot, Rhizoctonia solani)為土壤傳播真菌，在土壤潮溼環境下會危害下位葉柄 (Daugovish et al., 2008)。此兩種病害可使用殺菌劑有效防治。芹菜其他真菌病害有炭疽病(leaf curl of celery, Colletotrichum acutatum)(澳洲發生)、露菌病(downy mildew)、白粉病(powdery mildew)、冠腐及根腐病(crown and root decay)、褐斑病(brown spot)、phoma 黑腐病(phoma crown and root rot)、白絹病(southern blight)、紫色根腐病(violet root rot)等(Davis and Raid, 2002)。芹菜採收後主要病害有灰黴病(gray mold, Botrytis cinerea)和圓斑腐爛病(licorice root, Mycocentrospora acerina) (Davis and Raid, 2002)。

最重要的細菌性病害為細菌性褐斑病(bacterial leaf spot of celery, Pseudomonas syringae)、芹菜細菌性葉枯病(bacterial blight)及軟腐病(soft rot, Erwinia carotovora 和 Pseudomonas marginalis)。選用抗病品種、維持葉片乾燥、使用無病種子及輪作可以防治細菌病害。降低植株密度、增加空氣流通,可使株冠環境較乾燥。芹菜細菌性葉枯病在田間通常不會持久。

芹菜易感染翠菊黃萎病菌質體(aster yellows mycoplasma)(Daugovish et al., 2008)。芹菜普遍有數種病毒病害,包括芹菜嵌紋病(celery mosaic virus, CeMV)、胡瓜嵌紋病(cucumber mosaic virus, CMV)、苜蓿嵌紋病(calico, alfalfa mosaic virus, AMV)、山芥菜嵌紋病(arabis mosaic virus, ArMV)、芹菜潛伏病毒(celery latent virus, CeLtV)、芹菜黃化嵌紋病(celery yellow mosaic virus, CeYMV)、番茄黑環病毒(tomato black ring virus, TBRV)、甜菜曲頂捲葉病毒(beet curly top virus, BCTV)、防風黃點病毒(parsnip yellow fleck virus, PYFV)、草莓潛伏輪點病(strawberry latent ring spot virus, SLtRSV)、芹菜黃網病毒(celery yellow net virus,

CeYNtV)、帶葉病毒(strap leaf)及番茄斑點萎凋病毒(tomato spotted wilt virus, TSWV)。防治媒介昆蟲如葉蟬類(leafhoppers)及粉蝨類(white flies)為防止病毒病害蔓延的必要方法(Davis and Raid, 2002)。

蟲害

依據地區和季節,對芹菜最具危害性的害蟲為潛葉蠅(leaf miners)、鱗翅目幼蟲及蚜蟲類(Daugovish et al., 2008)。葉蟬(aster leafhoppers, Macrosteles quadrilineatus)會媒介翠菊黃萎病,也可能是問題害蟲(CABI, 2008b)。豌豆潛蠅(pea leafminer, Liriomyza langei)及非洲菊斑潛蠅(serpentine leafminer, L. trifolii)在加州都是嚴重的蟲害(Daugovish et al., 2008)。蔬菜潛蠅(vegetable leafminer, L. sativae)也是芹菜的害蟲。潛葉蠅主要的危害來自於其幼蟲取食葉肉組織,在危害部位形成中空。潛蠅幼蟲有數種寄生蜂天敵,自然抑制其族群。針對幼蟲的防治策略比防治會動的成蟲容易成功,在有些地區,成蟲已有抗藥性(Daugovish et al., 2008)。如果使用殺蟲劑,應該輪流使用不同作用機制的藥劑,延緩害蟲的抗藥性發生。

其他害蟲包括鏽蠅(carrot rust fly, Psila rosae)、胡蘿蔔象鼻蟲(carrot weevil, Listronotus oregonensis)、盲椿(tarnished plant bug, Lygus lineolaris)、葉蟎類(spider mites)、雜色切根蟲(variegated cutworm, Peridroma saucia)、芹菜尺蠖(celery looper, Anagrapha alcifera)、甜菜夜蛾(beet armyworm, Spodoptera exigua)、草螟(celery leaf tier,

Udea rubigalis)(多發生於美洲大陸)、桃蚜 (green peach aphid, *Myzus persicae*)、黑豆蚜 (black bean aphid, *Aphis fabae*)及線蟲類,線蟲防治採用輪作或以陽光曝晒或燻蒸法消毒處理(CABI, 2008b)。

雜草管理

在芹菜移植前就要採用雜草綜合防治策略,通常包括:輪作、在雜草產生種子前就除掉、種植前先灌溉促使雜草發芽而後中耕去除首波雜草、調整種植時間以降低雜草衝擊、小心整備植床、適當行距、精準移植以便中耕設備能準確對齊植行作業(Daugovish *et al.*, 2008)。芹菜苗小無法與雜草競爭,移植後至成活成長、株冠建立前,為雜草防治最關鍵的時刻。芹菜已有種植前及種植後之殺草劑,只要適當使用,即效果良好。機械中耕及人工除草都有效,但需相當多人力。

繖形科的小宗作物
MINOR CROPS IN THE FAMILY APIACEAE

繖形科中有許多小宗的蔬菜作物與香藥草(herbs),一種有用的分類方式是將它們分為根用作物(root crops)、葉用作物(foliage crops)和香藥草／調味料等3群(Rubatzky *et al.*, 1999)。 但有些作物如歐白芷(歐當歸,lovage)有多用途,其葉片可作蔬菜用,根部和種子可以作為調味料。以下簡要敘述一些小宗作物。

調味料與香藥草類

◆ 茴芹(歐洲大茴香,洋茴香)

茴芹(anise, *Pimpinella anisum*)是一年生植物,種子具有強烈氣味,可作為麵包、餅乾與蛋糕的調味料。葉片可用於沙拉生菜或作為裝飾。茴芹有一種獨特的風味似甘草(licorice, *Glycyrrhiza glabra* L.)。

◆ 阿魏

阿魏(asafoetida, *Ferula assa-foetida*)是指由阿魏屬(*Ferula*)物種活的地下根莖或根滲出的乳汁乾燥成的樹脂膠 (gum oleoresin)。這幾種阿魏屬植物是多年生草本、株高約1-1.5 m;原生於阿富汗的山地,主要栽種於鄰近的印度。阿魏有強烈的臭味,但煮熟後的風味似韭蔥(leek)(Rubatzky *et al.*, 1999)。

◆ 葛縷子(貢蒿)

葛縷子(caraway, *Carum carvi*)是二年生植物,原產於亞洲西部、部分歐洲地區和北非。葉羽狀分裂、末回裂片線形,類似胡蘿蔔,株高約20-30 cm。抽薹後,花莖可生長到40-60 cm高,花小、白色或粉紅色。葛縷子的果實通常被誤稱為種子,其實是新月形的瘦果(achenes),長約2 mm。果實通常整粒使用,具有茴芹的辛辣香味,係其精油的味道。果實常用於調味麵包(特別是黑麥麵包)、甜點、酒類與咖哩等食品。

◆ 芫荽

芫荽(coriander, *Coriandrum sativum*)為一年生草本植物,coriander是指其果實與種子,常用於烘焙、蜜餞糖果、醃製和製作咖哩的調味。同植物的葉被利用時,稱

為香菜(cilantro)。

◆ 甜茴香

甜茴香(florence fennel, *Foeniculum vulgare* var. *dulce*)是多年生植物，作一年生栽培，在歐洲是普遍的蔬菜，但在世界其他地區較少利用(圖21.14)。植株直立、灰綠色，株高可達2.5 m、莖空心。葉細裂、線形，長40 cm、寬0.5 mm。其球莖狀的基部作蔬菜用，烹煮或生食、作沙拉；種子氣味強烈，可以加在湯或麵包中；葉作餐盤裝飾或醃漬用，味道似甘草。

根用作物

◆ 祕魯胡蘿蔔

祕魯胡蘿蔔(arracacha, *Arracacia xanthorrhiza*)是美洲新大陸重要的原生作物，在南美洲和中美洲一些地方，它是飲食中相當重要的熱量來源。其直根是食用部位，有多種烹煮方式，包括煮、烤、炸，可用原根、搗碎或泥糊方式加在湯或燉煮食物中(Rubatzky *et al.*, 1999)。

◆ 蒲芹(香菜芹、山蘿蔔、根用細葉芹)

根用細葉芹(turnip rooted chervil, *Chaerophyllum bulbosum*)是二年生草本植物，第一年生長膨大的根部形似一個短小的胡蘿蔔，但顏色暗灰、內部黃白色。植株發育迅速，但在葉片枯萎後，若繼續留在土壤，根的品質會更好(其澱粉在低溫下會轉化成糖)。根的貯藏期很長，通常煮食，具有甜美的芳香味。

◆ 美國防風(歐洲防風、歐防風)

美國防風(parsnip, *Pastinaca sativa*)是生長緩慢的二年生植物，栽培方法同胡蘿蔔。它原生於歐洲和亞洲，在古希臘和古羅馬時代非常流行。根為其食用部位，長25-38 cm、根肩寬、內部白至黃白色。美國防風耐寒力強，在田裡不會凍死，許多人認為經過霜凍之後，風味更甜。貯藏壽命長。

◆ 參芹(白根)

參芹(skirret, *Sium sisarum*)起源於中國，但自古即已傳到歐洲；它是多年生植

圖21.14　甜茴香田區(德國)。

物，根似甘藷、白色、長15-20 cm。株高約達1 m，耐寒、抗病、抗蟲。通常藉由種子繁殖，亦可以根進行分株(root divisions)繁殖。根可烹煮、燉食或烤食，但核心木質化不可食用(Rubatzky *et al.*, 1999)。

葉用作物

◆ 細葉香菜(細葉香芹、細葉芹)

細葉香菜(chervil, salad chervil, *Anthriscus cerefolium*)是冷季一年生草本植物，葉用於沙拉、湯類和裝飾用。栽培方法類似洋芫荽(parsley)，有皺葉型(curled-leaf)與平葉型(plain-leaf)。栽種後50-65天成熟，不耐熱，如果冬季氣候溫和，可越冬。全季可連續採收(serial harvests)。

◆ 香菜

香菜(cilantro, *Coriandrum sativum*)與芫荽(coriander, *C. sativum*)是相同的植物，但芫荽指果實與種子，而其嫩葉叫香菜，用於調味湯類、沙拉和其他菜餚。

◆ 蒔蘿

蒔蘿(dill, *Anethum graveolens*)可以作一年生或二年生作物生長，其幼葉(稱為蒔蘿草，dill weed)用於沙拉，調味其他食物。種子有強烈的風味，用於製作醃漬菜類；一般用乾燥的葉和種子來代替新鮮材料(圖21.15)。

◆ 鴨兒芹(山芹菜)

鴨兒芹(mitsuba, *Cryptotaenia japonica*)是冷季多年生草本植物，通常種在田間，於春季收穫，亦可在冬季於溫室中以促成栽培生產。它是日本和東南亞其他地區的重要作物；有一種獨特的芳香味道，其用途與芹菜相似，用於生菜沙拉、烹調湯類或作調味料。

圖21.15 蒔蘿採種田(美國加州Salinas附近)。

◆ 洋芫荽(歐芹)

洋芫荽(parsley, *Petroselinum crispum*)是二年生植物或是耐寒、年限不長的多年生植物。洋芫荽原產於歐洲，作蔬菜用已超過2,000年歷史；有平葉與皺葉兩種。洋芫荽以新鮮或乾燥形式放在沙拉作為裝飾。平葉種用於調味，皺葉種常用作餐盤裝飾材料(圖21.16)。在生長期可連續採收。

多用途作物

◆ 白芷(歐白芷)

當歸屬(Angelica)大約有60個物種，為二年生或多年生草本植物，植株高，原產於北半球的溫帶和亞北極(subarctic)

圖21.16 洋芫荽(歐芹)皺葉品種常用作餐盤裝飾。

地區。植株可長到1-3 m高，二次羽狀複葉大、複繖形花序大，花白色或綠白色。白芷(angelica, garden angelica, *Angelica archangelica*)的根去皮後煮沸，作為蔬菜食用；莖和葉柄在去皮後作沙拉用。從白芷根部萃取的精油(angelica oil)以及根磨成的粉，可作調味和醫藥用。種子也作醫藥用與調味用。

◆ 圓葉當歸(歐當歸，獨活草)

圓葉當歸(lovage, *Levisticum officinale* Koch)是直立性、多年生草本植物；株高1.8-2.5 m，基部叢生莖與葉。花莖由葉叢中央伸出，其頂端繖形花序會開花。圓葉當歸在歐洲已栽培很長時間，其葉片可作香藥草，根為蔬菜，種子作為香料(spice)，特別用於南歐美食。

參考文獻

1. Banga, O. (1957) Origin of the European cultivated carrot. *Euphytica* 6, 54-63.

2. Banga, O. (1963) *Main Types of Western Carotene Carrot and their Origin.* Tjeenk Willink, Zwolle, the Netherlands.

3. CABI (2008a) *Daucus carota* (carrot) carrot. Notes on pests. Available at: www.cabi.org/cpc (accessed 28 May 2013).

4. CABI (2008b) Datasheets: *Apium graveolens* celery production and trade. Available at: www.cabi.org/cpc (accessed 28 May 2013).

5. Daugovish, O., Smith, R., Cahn, M., Koike, S., Smith, H., Aguiar, J., Quiros, C., Cantwell, M. and Takele, E. (2008)

Celery production in California. Vegetable production series Publication 7220. Available at: http://anrcatalog.ucdavis.edu (accessed 4 June 2013).

6. Davis, R.M. and Raid, R.N. (2002) *APS Compendium of Umbelliferous Crop Diseases.* American Phytopathological Society, St. Paul, Minnesota.

7. Esau, K. (1936) Ontogeny and structure of collenchyma and of vascular tissues in celery petioles. *Hilgardia* 10, 431-476.

8. Falzari, L. and Menary, R. (2005) *Development of a celery oil and extract industry,* Publication No. 05/133, Project No. UT-35A. Australian Government, Rural Industries Research and Development Corporation, Kingston, Australia.

9. FAOSTAT (2011) Carrot and turnip production statistics. Available at: http://faostat.fao.org/site/567/Desktop Default.aspx?PageID=567#ancor (accessed 1 March 2013).

10. Geisler, M. (2012) Vegetables: Celery profile. Available at: www.agmrc.org/commodities_products/vegetables/celery-profile (accessed 31 May 2013).

11. Goldman, I.L. and Breitbach, D.N. (2002) Reduced pigment gene of carrot and its use. Patent number: 6437222. Available at: http://assignments.uspto.gov/assignments/?db=pat (accessed 28 February 2013).

12. Harnly, J.M., Doherty, R., Beecher, G.R., Holden, J.M., Haytowitz, D.B. and Bhagwat, S. (2006) Flavonoid content of USA fruits, vegetables, and nuts. *Journal of Agricultural and Food Chemistry* 45, 9966-9977.

13. Hawthorn, L.R., Toole, E.H. and Toole, V.K. (1962) Yield and variability of carrot seeds are affected by position of umbel and time of harvest. *Proceedings of the American Society of Horticultural Science* 80, 401-107.

14. Heywood, V.H. (1983) Relationships and evolution in the *Daucus carota* complex. *Israel Journal of Botany* 32, 51-65.

15. Holland, B., Unwin, I.D. and Buss, D.H. (1991) *Vegetables, Herbs and Spices. The fifth supplement to McCance & Widdowson's The Composition of Foods,* 4th edn. Royal Society of Chemistry, Cambridge, UK.

16. Lietz, G., Oxley, A. and Boesch-Saadatmandi, C. (2013) Consequences of common genetic variation on B-carotene cleavage for Vitamin A supply. In: Sommerburg, O., Siems, W. and Kraemer, K. (eds) *Carotenoids and Vitamin A in Translational Medicine.* CRC Press, Boca Raton, Florida, pp. 383-391.

17. Lorenz, O. and Maynard. D (1988) *Knott's Handbook for Vegetable Growers,* 3rd edn. Wiley Interscience Publications, New York.

18. Minnis, A.M., Farr, D.F. and Rossman, A.Y. (2013) Fungal nomenclature database,

systematic mycology and microbiology laboratory, ARS, USDA. Available at: http://nt.ars-grin.gov/fungaldatabases/nomen/nomenclature.cfm (accessed 23 May 2013).

19. Nascimento, W.M., Vieira, J.V., Silva, G.O., Reitsma, K.R. and Cantliffe, D.J. (2008) Carrot seed germination at high temperature: Effect of genotype and association with ethylene production. *HortScience* 43, 1538-1543.

20. Nestle, M. and Nesheim, M. (2012) *Why Calories Count: From Science to Politics. University of California Press,* Berkeley, California.

21. Oliva, R.N., Tissaoui, T. and Bradford, K. (1988) Relationship of plant density and harvest index to seed yield and quality in carrot. *Journal of American Society of Horticulture Science* 113, 532-537.

22. Peterson, C.E. and Simon, P.W. (1986) Carrot breeding. In: Bassett, M.J. (ed.) *Breeding Vegetable Crops.* AVI Publishing Company, Westport, Connecticut, pp. 321-356.

23. Rosenfeld, H.J., Baardseth, P. and Skrede, G. (1997) Evaluation of carrot varieties for production of deep fried carrot chips. IV. The influence of growing environment on carrot raw material. *Food Research International* 30, 611-618.

24. Ross, I.A. (2005) *Medicinal Plants of the World: Chemical Constituents, Traditional and Modern Medicinal Uses,* Vol. 3. Humana Press, New York.

25. Rubatzky, V.E. and Yamaguchi, M. (1997) *World Vegetables: Principles, Production and Nutritive Values,* 2nd edn. Chapman & Hall, New York.

26. Rubatzky, V.E., Quiros, C.F. and Simon, P.W. (1999) *Carrots and Related Umbelliferae.* CAB International, Wallingford, UK.

27. Simon, J.E., Chadwick, A.F. and Craker, L.E. (1984) *Herbs: An Indexed Bibliography. 1971-1980. The Scientific Literature on Selected Herbs, and Aromatic and Medicinal Plants of the Temperate Zone.* Archon Books, Hamden, Connecticut.

28. Simon, P.W., Peterson, C.E. and Gabelman, W.H. (1990) B493 and B9304, carrot inbreds for use in breeding, genetics, and tissue culture. *HortScience* 25, 815.

29. Stevens, P.F. (2012) Angiosperm phylogeny website. Version 12. Available at: www.mobot.org/MOBOT/research/APweb (accessed 12 June 2013).

30. Strandberg, J.O. (2000) Common Names of Plant Diseases - Carrot. Available at: www.apsnet.org/publications/commonnames/Pages/Carrot.aspx (accessed 28 May 2013).

31. Takaichi, M. and Oeda, K. (2000) Transgenic carrots with enhanced resistance against two major pathogens, *Erysiphe heraclei and Alternaria dauci. Plant Science* 153, 135-144.

32. USDA (2013) Natural resources conservation service plant profile. Daucus carota L.

Available at: http://plants.usda.gov/java/ profile?symbol=daca6 (accessed 25 February 2013).

33. USDA-ERS (2011) US carrot statistics. Available at: http://usda.mannlib.cornell. edu/MannUsda/viewDocumentInfo. do?documentID=1577 (accessed 1 March 2013).

34. USDA-GRIN (2013) National genetic resources program. Germplasm resources information network (GRIN). Available at: www.ars-grin.gov/cgi-bin/npgs/acc/display. pl?1593961 (accessed 26 February 2013).

35. USDA-NASS (2009) USA carrots: Area, production, price & value, 1950-2009. Available at: http://usda.mannlib.cornell.

edu/MannUsda/viewDocumentInfo. do?documentID=1577 (accessed 1 March 2013).

36. USDA National Nutrient Database (2013) Standard reference release 25. Nutrient data for 11124, carrots, raw, celery raw. Available at: http://ndb.nal.usda.gov/ ndb/foods/show/2886?qlookup=11124 (accessed 18 May 2013).

37. Wu, J.S.B. and Shen, S.-C. (2011) Processing of vegetable juice and blends. In: Sinha, N.K., Hui, Y.H., Özgül Evranuz, E., Siddiq, M. and Ahmed, J. (eds) *Handbook of Vegetables and Vegetable Processing.* Wiley-Blackwell Publishing Ltd., Ames, Iowa, pp. 343-344.

第二十二章 傘菌科及其他食用菌
Family Agaricaceae and Other

食用菌類、菇類
MUSHROOMS

前言

食用菇類(mushrooms)是很重要的世界性作物，符合本書第1章的蔬菜定義，故為蔬菜作物；然而此類不像其他蔬菜是植物而是真菌(Carluccio, 2003)。因此菇類的生產作業與本書前面所討論的傳統蔬菜相比，極為不同。

真菌學

菇類是異營生物(heterotrophic organisms)，必須從周圍環境中尋找及吸收食物；而大多數其他蔬菜是自營植物(autotrophic plants)，從大氣中固定二氧化碳(CO_2)進行光合作用。菇類必須從大氣二氧化碳以外的其他來源獲得碳，所以有機物質(不是土壤)是菇類獲得營養和支持菌絲體生長所必需的基質(Chang and Hayes, 1978; Del Conte *et al.*, 2008)。菇類所需的有機物種類因不同的菇類而有極大差異(Carluccio, 2003)。

主要栽培菇類

不論野生或栽培菇類都有許多不同類型，供食用或藥用(Bon, 1987; Royse, 1997; Stamets, 2000)。本章只討論最具經濟重要性的幾種菇類，以下簡述這些栽培為蔬菜用的重要菇類。

洋菇(蘑菇，button mushroom, *Agaricus bisporus*)屬於傘菌科(Agaricaceae)，是世界上最普遍和廣泛消費的菇類之一；為美國和加拿大最重要的商業型菇。菇類的生長發育與高等植物有很大不同；在適當的環境條件下，菌種在有機基質上有活力地生長菌絲體，條件適當時長出小菇體(button)，稱為「鈕釦期」(圖22.1；Beyer, 2003)。

我們所食用的菇體是真菌的有性世代、稱為子實體(fruiting body)，由菌柄(stipe)及菌傘(菌蓋，pileus)組成。菌柄厚而光滑，其上為肥厚菌傘(Yamaguchi and Rubatzky, 1997)。菌傘成熟時，其下方爆裂，露出菌褶(gills)、釋放孢子。孢子經收集，於實驗室純化、增殖後，集合菌絲體和孢子製備成菌種(spawn)來繁殖下一世代(Stamets and Chilton, 1983)。洋菇菌種就是釋出的孢子和有機物或穀粒的混合物，接種到有機基質(Beyer, 2003)，條件適當時，菌種長出菌絲、走菌，布滿整個基質。

洋菇有許多英名，button mushroom、

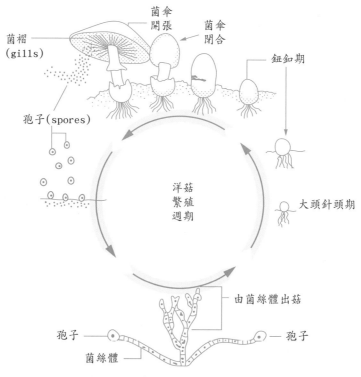

菌傘
開張

菌傘
閉合

菌褶
(gills)

鈕釦期

孢子(spores)

洋菇
繁殖
週期

大頭針頭期

由菌絲體出菇

孢子

孢子

菌絲體

圖22.1 洋菇(蘑菇)的生活史。

white mushroom指菌傘仍閉合的子實體、灰白色或淺褐色。市上出售的crimini mushrooms、baby portobello mushrooms、baby bella、mini bella、portabellini mushrooms、Roman mushrooms、Italian mushrooms或brown mushrooms都是子實體(未成熟)顏色較深的種類(圖22.2)。

在發育後期，菌傘會張開，成熟時露出菌褶，以這樣形式出售的子實體，市面上稱為portobello、portabella或portabello，因地區而異(Zeitlmayr, 1976; Carluccio, 2003)。

香菇(shiitake, *Lentinula edodes*)是一種原產於東亞的食用菌，其菌傘為金色或深褐色到黑色，菌柄硬，不一定用於料理。中名「香菇」、「冬菇」或「花

菇」，因為菇傘在較低溫時裂開的紋路似花。常見的英名有中國黑蘑菇(Chinese black mushroom)、黑森林蘑菇(black forest mushroom)、黑蘑菇(black mushroom)、金橡木蘑菇(golden oak mushroom)、橡木蘑菇(oakwood mushroom)等(Stamets, 2000)。在

圖22.2 褐色的洋菇。

亞洲，香菇栽培供鮮食利用，也乾燥後遠銷至世界各地。香菇的日文意為「椎茸」(shii mushroom)，表示傳統上用栲屬椎木(長尾尖葉櫧，*Castanopsis cuspidate*)來培養香菇。過去香菇生產是：砍伐椎木、切成段木、放在產香菇或含有香菇孢子的樹旁。如今，香菇為世界性栽培：將數種樹木的段木疊放後，在樹幹上打洞接種菌種(Leatham, 1982)。

除了蘑菇、香菇，常見的菇類還有蠔菇(秀珍菇，Oyster mushroom, abalone mushroom, tree mushrooms, *Pleurotus ostreatus*)，在世界各地熱帶和溫帶氣候區最常栽培(Chang and Miles, 2004b)。大多數側耳屬(*Pleurotus*)物種是白腐菌，質地柔軟、生長在硬木，有些生長於腐朽的針葉樹上(圖22.3)。

蠔菇菌傘可以直接連在栽培基質上，不帶菌柄。如果有菌柄，菌層(lamellae)或菌褶會沿著菌柄生成(Chang and Miles, 2004b)。本屬菇類的菌傘為扇形或平展，稱為pleurotoid (Bon, 1987)。

金針菇(enokitake, *Flammulina velutipes*)也稱為enoki或golden needle mushroom (圖22.4)，其野生型和栽培型的外觀差異顯著。栽培型金針菇常用於東亞料理，由於生長於黑暗、高CO_2的環控條件下，因此菌柄伸長、細長且白(Royse, 1997)。野生型為褐色、菌柄較粗短、菌傘較大，天然生長在中國朴樹(日語「enoki」)、桑樹和柿樹的樹樁上。在多數地區，市售的只有栽培型金針菇。

金針菇通常栽培在塑膠瓶或塑膠袋30天，栽培基質為鋸木屑或玉米穗軸加上其他成分。培養的環境條件是15°C和相對溼度70%。之後，金針菇再移到紙錐栽培30天，環境更微涼、溼度更高，促使菌柄生長細長(Yamanaka, 1997)。

草菇(straw mushroom, paddy straw mushroom, *Volvariella volvacea*)也是另一種流行於東亞和東南亞的菇類。在亞洲，草菇鮮銷，在世界其他地區則以罐頭或脫水形式出售，用於亞洲式料理。

圖22.3　秀珍菇(蠔菇)的菌柄和子實體。

圖22.4　人工栽培金針菇的零售包裝。

草菇顧名思義，多生長在稻草堆上，在其菌幕(veil)還未開、仍為鳥蛋形的菌包狀態時採摘(Chang and Quimio, 1982)。若條件適合，大約再4-5天即成熟。草菇喜年雨量高的亞熱帶潮溼氣候。

起源和歷史

洋菇的野生種遍布在北半球的溫帶地區(Bon, 1987)。野生洋菇的採食可能已經有幾百年了，但洋菇的栽培比較近代，係於西元18世紀中葉自英國和法國開始(Spencer, 1985)。有些栽培洋菇的野生近緣種有毒，有些則可食用(Zeitlmayr, 1976)。

法國植物學家Joseph Pitton de Tournefor曾描述西元18世紀初蘑菇商業栽培(Spencer, 1985)。法國農學家Olivier de Serres報導，移栽蘑菇菌絲體可提高生產力；菌絲體是真菌的營養組織，菌絲線狀、會分枝。初始，洋菇栽培不穩定，但生產者觀察到洋菇在田間有幾波生長，而移栽菌絲體至堆肥床或接種到堆肥塊(由壤土、廢棄物、堆肥壓縮而成) (Genders, 1969)。至西元1893年巴黎巴斯德研究院知道如何消毒、純化培養並生產菌種(Genders, 1969)。

洋菇是在西元1890年代後期由歐洲被帶到美國，農民自歐洲進口菌種。美國食用菌產業之父William Swayne在賓州東南方Kennett Square自己的溫室花床下栽培洋菇。在花卉植床旁掛下麻布，使栽培床下方的空間有穩定的溫度和溼度(Flammini, 1999)。

這些早期的努力帶來世界上第一間菇舍的建立。Swayne成功的訊息傳開，

Kennett Square的其他農民也開始種植蘑菇。在西元1900年代初，Edward H. Jacob將他由英國引入的菌種加以純化培養，有助於洋菇產業在西元1920年代前得以迅速發展。洋菇的生長與發育有幾個決定因素，在Kennett Square的洋菇產業興盛，是因為它接近主要市場如像費城和巴爾的摩，有良好的基礎建設、有充分的馬糞供作堆肥(Flammini, 1999)。

最先開始商業栽培的蘑菇是淺褐色。西元1926年在美國賓州，一個農民在他的栽培床發現一堆白色的洋菇，於是收集並繁殖這些白色洋菇，保留這突變(Genders, 1969)。目前有許多白色、乳白色和一些褐色的商業蘑菇，是經過多年收集並保留下來的自然基因突變，也有一些品種是經過育種而來(Yamanaka, 1997)。如今，全球至少有70個國家栽培洋菇(Cappelli, 1984)。

經濟重要性和生產統計

全球食用菇類生產也包括生長在地下的松露(truffles，一種子囊菌Ascomycete的子實體，本章未討論)，在西元2010年面積共18,227 ha、估計總生產量為5,987,144公噸，平均每公頃產量328.5公噸(FAOSTAT, 2010)。中國是最大食用菌的生產國，產量4,182,079公噸；其次為美國，約生產400,000公噸。其他重要生產國有荷蘭、波蘭、德國、西班牙、義大利、愛爾蘭、日本和法國(FAO STAT, 2010)。

美國生產的主要是洋菇，菇類總產量包括新鮮和加工的菇類，鮮食用菇約占75%，加工用菇是25%。在美國的長期趨

勢是鮮食用菇比加工用菇增加較多。美國食用菇的總產值只略少於10億美金，列在產值前5大蔬菜中(USDA, 2011B)。美國65%食用菇在東北部生產，而賓州東南部和西部、新澤西州和紐約州生產約占該區50%產量。加州也是重要的產區(USDA, 2011b)。

美國菇類的人均消費量約每年1.6 kg (USDA, 2011a)。在西歐和亞洲許多國家的人均消費量每年超過3.0 kg。

營養價值

蘑菇是完全無浪費的蔬菜，除清洗外，不需要去皮，也不需特別準備。蘑菇具多種用途，可以單獨食用或添加到各種菜餚食用，它是多種維生素B和胺基酸的良好來源(表22.1；Rodwell, 1979)。相較於其他蔬菜，食用菇的蛋白質消化率高(Chang and Miles, 2004a)；其胺基酸含量僅比豬肉、雞肉、牛肉和牛奶低；熱量很低，一磅(450 g)只有66 calories (Rodwell, 1979)，醣類和脂肪含量也低，不含膽固醇(Chang and Miles, 2004a)。許多食用菇包括香菇，曝晒於陽光或UV光下可以產生相當多維生素D (Lee et al., 2009)。食用菇雖富含許多營養成分，但它們不像許多其他蔬菜，並非維生素A或C的良好來源(Chang and Miles, 2004a)。

儘管有些地方流行吃生鮮菇類，但很多菇類含有一些有害成分，長期食用後可能會引起過敏反應或更嚴重的健康影響。常見的洋菇和菌傘已開張的(portobello)蘑菇含有聯氨(hydrazines)，這是在未烹煮的生蘑菇中自然存在的化合物，烹煮蘑菇後可使hydrazines不活化。4-羥甲基偶氮苯(HMBD, 4-(hydroxymethyl) benzenediazonium ion)就是研究證明動物餵食蘑菇後，導致發生癌症的物質(Toth and Erickson, 1986; Chang and Miles, 2004a)。有些人吃生的或微煮過的香菇可能會引起過敏反應。香菇多醣(lentinan)是分離自香菇的天然化合物，是過敏反應的原因，香菇煮熟即可消除過敏作用。研究證明香菇多醣具有抗腫瘤特性，已用於靜脈注射作為抗癌治療方法。臨床研究顯示患者施用香菇多醣有較高的存活率、提高生活品質、減少復發率(Nakano et al., 1999; Oba et al., 2009)。總體來說，有關人類食用菇類的直接研究

表22.1　新鮮洋菇的營養成分(Rodwell, 1979; Chang and Miles, 2004)

營養成分	含量/100 g 可食用部分
水分(%)	92
熱能(kcal)	25
蛋白質(g)	2.1
脂肪(g)	0.4
醣類(g)	4.7
纖維(g)	0.8
鈣(mg)	5
磷(mg)	104
鐵(mg)	1.2
鈉(mg)	4
鉀(mg)	370
維生素A(IU)	0
硫胺素(mg)	0.10
核黃素(mg)	0.45
菸鹼酸(mg)	4.12
抗壞血酸(mg)	3.5
維生素B6(mg)	0.10

較少；人體試驗顯示對菇類與其萃取物的耐受力良好，很少副作用(Roupas *et al*., 2012)。儘管一些研究顯示生食洋菇有罹癌風險(Toth and Erickson, 1986)，但也有研究指出吃蘑菇有益於健康。菇類及其萃取物的免疫調節和抗腫瘤作用可能具有潛在的健康益處。最有力的正面數據顯示，食用特定菇類和罹乳腺癌風險呈現負相關(Roupas *et al*., 2012)。

生產和栽培

◆ 洋菇(蘑菇)

蘑菇生產是一門科學，有一定的作法和原理，但也是一種「藝術」。雖然許多操作已經標準化，方法上仍有一定程度的變化。每一次生產皆不同，不同養菇場和各生產週期的微細操作差異都可能影響生產，而原因不一定清楚。通常栽培週期是連續的，能夠全年採收(Wuest *et al*., 1985)；有些國家在極熱或極冷的幾個月會暫停生產，因不符合經濟效益。栽培的蘑菇有4個基本品種，主要依據顏色分成白色、灰白色、奶油色和褐色4種。

◆ 栽培設施

早期人工栽培食用菌是在山洞生產，因山洞內涼爽、潮溼和溫度保持一致及溼度高。現在雖然仍然有些食用菌在山洞裡生產，但大多數在專門建造的菇舍生產。典型的菇舍由木材或磚塊建造，有數層1.5-1.8 m寬的菇床，菇床以木材或金屬做成(Beyer, 2003)。通常，每個菇床都有3或4層，每層之間有足夠高度可以方便操作。每菇床有372 m²栽培面積。

由於蘑菇不進行光合作用，不需要光線，因此大多數菇房都沒有窗戶。電燈是讓工人可看見室內，通風機則為必備，使空氣流通，且控制溫度和溼度、防止某些氣體累積。

◆ 堆肥製作／發酵

堆肥可以從許多材料製成，最常用的是動物性堆肥或禽糞，如果這些都沒有，可以用合成配方，將無機肥料如：尿素、硫酸銨、過磷酸鈣、碳酸鈣，混合其他氮素和碳水化合物來源的材料如玉米穗軸、啤酒廠廢棄物和穀糠(Rodwell, 1979)。

有時添加少量其他材料，如：棉子粉、大豆粉、蓖麻油餅、葵花子和棉子殼，都含高量蛋白質，並且容易分解，可以增加菇類堆肥的養分。不論使用自然或合成堆肥，要先使堆肥發酵，促進微生物對其分解。要做到此，通常將堆肥在混凝土板上堆積成1.8 m高、1.8m 寬的堆肥堆，加水、通氣，並充分混合(Beyer, 2003)。大型作業使用通氣機械來翻堆和混合堆肥(圖22.5)。每2天一次，重複6、7次，期間堆肥堆須噴防蠅用藥。堆肥大約需要12-14天的處理過程(Beyer, 2003)。

◆ 滅菌

在接菌種之前，堆肥需消毒以殺死線蟲或有害病原(Wuest *et al*., 1985)。最後一次混合後，在堆肥含水量約為乾物重的70%時，進行巴斯德氏殺菌(pasteurization)最有效。菇舍內的菇床鋪料(堆肥)為15 cm厚，關閉房門和通風機，使菇床溫度因細菌分解堆肥產生熱而上升到57-60°C(Beyer, 2003)。一般需3天可達到巴斯德氏殺菌法

圖22.5　洋菇堆肥製作混加動物廄肥(美國加州)。

的溫度；之後發酵維持在57-60°C，直到堆肥沒有氨的氣味(Rodwell, 1979)。之後菇房充分通氣至栽培床溫度回到24-27°C，整個過程約需10-12天(Wuest et al., 1985)，菇床即可開始接種。

• 菌種／接種

　　菌種是指孢子長成的菌絲體繁殖於特別製備的有機材料上，以供接種在菇舍內的栽培床上。母種菌種先在實驗室培養，菌種生產有3個步驟：(i)純化培養；(ii)母種採種；(iii)菌種培養(Stamets and Chilton, 1983)。孢子由成熟菇的菌褶產生，全球有一些專門生產菌種的供應商，菌絲多在穀物如小米或黑麥上繁殖，亦可在堆肥或其他有機物上生長(Stamets and Chilton, 1983)。繁殖在穀粒上的菌種，以小包裝約重2 kg，就如一袋穀粒形式銷售，通常撒播「穀粒–菌種」在菇床上，約4.65 m²的菇床面積接種4.5 kg菌種。菌種有許多不同菌

株和類型。大約2週走菌、菌絲就長滿菇床(Beyer, 2003)。

• 覆土

　　在菌種接種至堆肥表面後，還需要一薄層覆土(casing)，以促使菌絲生長到下方基質。覆土類似蔬菜田區的有機覆蓋，可以保持水分，並防止下方基質乾燥。覆土材料有很多種，要看可得性，有清潔的疏鬆土、泥炭土，或混合材料如麻廢料、椰纖、花生殼、碎樹皮、碎石灰石、灰等(Rodwell, 1979)。好的覆土應保持質地疏鬆，可以讓菇長出(圖22.6；Rodwell, 1979)。而像砂、石屑、黏土這些材料就不適合。

　　混合覆土的pH值應以碳酸鈣調整至微鹼性範圍、7.2-7.6(Rodwell, 1979)。從加上36 mm厚的覆土到菌絲布滿堆肥上面後，約16-21天，就可開始採第一批菇。

圖22.6 洋菇生產使用一層乾淨土壤為覆蓋(中國南京附近菇舍)。

• 栽培環境條件

如同大多數蔬菜，菇類成分主要為水，因此生長期間在堆肥及覆土都需要水分。菇類能耐相當廣泛的環境條件，但長得最好的氣候條件是14-18℃，比大多數人適合的氣候微涼些，還要足量的新鮮空氣(換氣)和85%-90%的相對溼度(Beyer, 2003)。

當菌種長出新菌絲布滿堆肥時，需要更嚴格的環控條件；此生產時期最佳溫度為24℃，尚須溼度高、少換氣，為期10-21天(Rodwell, 1979)。

現在的菌種對逆境耐受性較高，可以在世界上有些熱帶或亞熱帶地區，比傳統認為的更高溫度以及更高或更低的相對溼度下生長(Beyer, 2003)。通常短時間如4-8小時的高溫或低溫，不會影響產量。

• 採收及採後處理

已開發國家的洋菇產業正轉向機械採收，因為人工採收是非常單調而傷背的工作，也增加生產成本。在洋菇菌傘尚未開褶前，用機械採收時，採收機通過菇床，由床面將菇切下；或人工用利刀切下採收(Rodwell, 1979)。適採洋菇的直徑為2.5-7.5 cm，每一批栽培有好幾次出菇(fruiting)，每次約間隔一週。採收前期的出菇量比較高，之後堆肥中可以提供洋菇生長的養分逐漸用盡。通常一個菇床的堆肥可以有6至8週採收期(Wuest *et al.*, 1985)。由於栽培過洋菇的堆肥仍然富含有機物質，常被再次用於園藝栽培及種苗產業，作為肥料或盆栽介質(圖22.7；Beyer, 2003)。

洋菇一般依菇體大小來分級，再以塑膠薄膜包覆的盒裝銷售，以減少失水及皺縮。鮮菇可在2-3℃及高溼環境下，貯藏達3週(圖22.8；Beyer, 2003)。

有些特色菇可以如洋菇一樣以鮮菇販售，或經乾燥加工裝在塑膠袋中出售。乾燥後的菇類放入水中，就如海綿會吸水復水(Royse, 1997)。

◆ 產量

洋菇栽培的產量及生產表現應有設

圖22.7 農民市集中販賣的洋菇堆肥(袋裝或太空包)，在生產週期結束後仍會繼續出菇(加拿大新斯高沙省(Nova Scotia))。

圖22.8　(a)洋菇經清洗、分級，出售前放在冷藏庫；(b)洋菇可切片或整粒出售，有塑膠膜包裝以減少失水、皺縮及褐變。

表22.2　洋菇生產週期各階段大致所需時間(Rodwell, 1979; Yamaguchi and Rubatzky, 1997)

步驟	時間(週)
堆肥發酵	3-4
巴斯德氏殺菌	1
菌種生長	2
覆土至第一次採收	3
採收期	6-8
合計	15-18

定標準，通常以每生長週期的單位面積產量來計算，如每平方公尺採收的公斤重；產量通常為每平方公尺29-39 kg（Beyer, 2003）。另外一種常用的產量計算方法是每公噸堆肥可採收的菇重(kg)，產量範圍是每公噸堆肥可採收150-250 kg洋菇。每年、每平方公尺菇舍面積採收的產量也是有用的統計資料，產量範圍為每平方公尺127-176 kg。

　　如果採用良好的栽培技術，並在最適當的環境條件下，洋菇的生產週期可以縮短到12週；但是在不良環境條件下，生產週期可能超過18週。為了維持週週都有洋菇可以採收，至少需要建立12個洋菇生產單位；這樣全年任何時間至少有6個單位在出菇狀態，各單位的出菇階段不同，一個單位結束出菇，另一單位又開始出菇。以每週出菇一次來計算，每生長單位一年可生產4.3次(表22.2)。

◆ 香菇栽培

　　香菇在日本已經流行了幾個世紀，稱作forest mushroom；原本是野生在椎木(橡樹或櫟樹的近緣種)上(Stamets, 2000)。日本最先人工栽培香菇。國際上對香菇的需求日益增加，別的國家也增加生產(Leatham, 1982)。雖然許多國家，包括美國，已商業化生產香菇，但日本仍為最大生產國。香菇有獨特的風味，並具藥用用途，頗受珍視。香菇的質地耐嚼、有香氣，與味道淡的洋菇相比，具有較強、似大蒜的風味(圖22.9；Royse, 1997; Stamets, 2000)。

　　在過去10年，所有的栽培菇類中，香菇成長最多，不論是室內栽培或室外栽培。雖然有多種介質可用以栽培香菇，包括乾草和稻草，但最普遍的生長基質是木材，有許多樹種可用，一般認為橡樹

圖22.9 新鮮的香菇。香菇通常以乾燥形式運銷出售，烹煮前浸泡復水。

尤其是白橡木最好(Leatham, 1982)。砍伐休眠中的健康樹木，切取段木，這種活的木材含最高量的貯存醣類(Anderson and Marcouiller, 2012)。也可購買生產套組替代介質(袋裝或太空包)，用於小規模生產。段木直徑至少 7.5-15 cm，可切成不同的長度，如91 cm就是常用的段木長(Anderson and Marcouiller, 2012)。樹皮應保持完整。

段木可以從種植過密的樹林，砍伐無法出售作其他用途的幼樹。

在段木接種了香菇菌種後，香菇菌開始生長；段木在砍取後2週內即應接種，效果最好。菌種可用硬木塞菌種或木屑菌種(Anderson and Marcouiller, 2012)。接種技術有幾種，最常見的是在段木鑽孔，孔徑0.8 cm、孔深2-2.5 cm，然後充填菌種至孔內，再用蠟或其他材料封口，以保持水分，並防止汙染。孔洞應均勻錯開在段木上，沿著段木長度，孔洞間隔3.8-6.3 cm(Anderson and Marcouiller, 2012)。同一行的孔相隔15-25 cm，並與鄰行的孔交互錯開。接種量多些，可加速段木內的真菌生長，但也增加額外投資。接種木屑菌種時，要用手壓緊，或以專用注入器注入鑽孔內。

通常在接種後6-18個月有第一次出菇，依菌系、接種量、培養條件及樹種而

圖22.10 在林地堆積的香菇生產用段木(美國維吉尼亞州)。

異(Royse, 1997)。在最初2個月，段木應密集堆放，以幫助保持至少35%-45%的水分含量(Anderson and Marcouiller, 2012)。當水分含量低於35%或高於60%，菌生長變差。當水分含量變低，段木應浸水或連續澆水48小時；澆水後，空氣要流通，保持段木樹皮乾燥，以防止病害。當樹皮保持乾燥而木材保持溼潤時，菌生長最佳(Anderson and Marcouiller, 2012)。

香菇菌種能在4-32°C溫度下生長，但最適溫度是22-25.5°C。堆疊段木在60%-70%遮蔭下，有助於保持水分，同時防止過熱(Anderson and Marcouiller, 2012)。如果木材乾燥或過熱，會殺死香菇菌。常見的堆疊方式有垂直X型或水平十字交叉型(圖22.10；Anderson and Marcouiller, 2012)。

段木可以一個斜度傾斜置放，應定期檢查段木，並轉動或重新堆疊，以保持水分均勻分布。段木的水分含量可由幾個已知乾重的段木定期稱重來監測(Anderson and Marcouiller, 2012)。

採收時，用鋒利的刀從段木切下香菇。一段91 cm長的段木，在4年的生產週期應生產約1.4 kg香菇(Anderson and Marcouiller, 2012)。通常香菇先乾燥後，以袋裝食品出售，可保存。香菇菌柄比菌傘纖維化，所以有時出售不帶菇柄。香菇烹煮前必須在水中復水(Leatham, 1982)。

參考文獻

1. Anderson, S. and Marcouiller, D. (2012) *Growing Shiitake Mushrooms.* Oklahoma Cooperative Extension Service NREM-5029. Oklahoma Cooperative Extension Service, Oklahoma State University, Stillwater, Oklahoma.

2. Beyer, D.M. (2003) *Basic Procedures for* Agaricus *Mushroom Growing.* Catalog number UL210. The Pennsylvania State University College of Agricultural Sciences, Agricultural Research and Cooperative Extension, University Park, Pennsylvania.

3. Bon, M. (1987) *The Mushrooms and Toadstools of Britain and North-western Europe.* Hodder & Stoughton Ltd, London.

4. Cappelli, A. (1984) *Fungi Europaei: Agaricus.* Giovanna Biella Publishing, Saronno, Italy.

5. Carluccio, A. (2003) *The Complete Mushroom Book.* Quadrille Publishing Ltd, London.

6. Chang, S.T. and Hayes, W.A. (1978) *The Biology and Cultivation of Edible Mushrooms.* Academic Press, New York.

7. Chang, S.T. and Miles, P.G. (2004a) *Mushrooms - Cultivation, Nutritional Value, Medicinal Effect and Environmental Impact,* 2nd edn. CRC Press, Boca Raton, Florida.

8. Chang, S. and Miles, P.G. (2004b) *Pleurotus-* A Mushroom of Broad Adaptability. In: Chang, S.T. and Miles, P.G. (eds) *Mushrooms: cultivation, nutritional value, medicinal effect, and environmental impact,* 2nd edn. CRC Press, Boca Raton, Florida.

9. Chang, S.T. and Quimio, T.H. (1982)

Tropical Mushrooms: Biological Nature and Cultivation Methods. The Chinese University Press, Shatin, N.T., Hong Kong.

10. Del Conte, A., Laessoe, T. and Campbell, S. (2008) *The Edible Mushroom Book.* DK Publishing, London.

11. FAO STAT (2010) FAOSTAT. Available at: http://faostat.fao.org/site/567/DesktopDefault.aspx?PageID=567 (accessed 20 June 2012).

12. Flammini, S.E. (1999) The Evolution of the Mushroom Industry in Kennett Square. Report on the history of the Mushroom Industry in Kennett Square. Available at: http://courses.wcupa.edu/jones/his480/reports/mushroom.htm (accessed 9 September 2013).

13. Genders, R. (1969) *Mushroom Growing for Everyone.* Faber Publishing, London.

14. Leatham, G.F. (1982) Cultivation of shiitake, the Japanese forest mushroom, on logs: a potential industry for the United States. *Forest Products Journal* 32, 29-35.

15. Lee, G.S., Byun, H.S., Yoon, K.H., Lee, J.S., Choi, K.C. and Jeung, E.B. (2009) Dietary calcium and vitamin D2 supplementation with enhanced *Lentinula edodes* improves osteoporosis-like symptoms and induces duodenal and renal active calcium transport gene expression in mice. *European Journal of Nutrition* 48, 75-83.

16. Nakano, H., Namatame, K., Nemoto, H., Motohashi, H., Nishiyama, K. and Kumada, K. (1999) A multi-institutional prospective study of lentinan in advanced gastric cancer patients with unresectable and recurrent diseases: effect on prolongation of survival and improvement of quality of life. Kanagawa Lentinan Research Group. *Hepato-Gastroenterology* 46, 2662-2668.

17. Oba, K., Kobayashi, M., Matsui, T., Kodera, Y. and Sakamoto, J. (2009) Individual patient based meta-analysis of lentinan for unresectable/recurrent gastric cancer. *Anticancer Research* 29, 2739-2745.

18. Rodwell, J.H.D. (1979) *A Brief Summary of Information on the Mushroom Industry: Cultural factors.* Del Norte Foods, Inc., Port Hueneme, California.

19. Roupas, P., Keogh, J., Noakes, M., Margetts, C. and Taylor, P. (2012) The role of edible mushrooms in health: Evaluation of the evidence. *Journal of Functional Foods* 4, 687-709.

20. Royse, D.J. (1997) Specialty mushrooms and their cultivation. *Horticultural Reviews* 19. Wiley, New York, pp. 59-97.

21. Spencer, D.M. (1985) The mushroom-its history and importance. In: Flegg, P.B., Spencer, D.M. and Wood, D.A. (eds) *The Biology and Technology of the Cultivated Mushroom.* Wiley, New York, pp. 1-8.

22. Stamets, P. (2000) *Growing Gourmet and Medicinal Mushrooms.* Ten Speed Press, Berkeley, California.

23. Stamets, P. and Chilton, J.S. (1983) *The Mushroom Cultivator: A Practical Guide to Growing Mushrooms at Home,* 1st edn. Agarikon Press, Seattle, Washington.

24. Toth, B. and Erickson, J. (1986) Cancer induction in mice by feeding of the uncooked cultivated mushroom of commerce *Agaricus bisporus. Cancer Research* 46, 4007-4011.

25. USDA (2011a) Food Consumption and Nutrient Intakes. Available at: www. ers.usda.gov/data/foodconsumption/ spreadsheets/mushroom.xls (accessed 21 June 2012).

26. USDA (2011b) Mushrooms Annual Report. Available at: http://usda01.library.cornell. edu/usda/nass/Mush//2010s/2011/Mush-08-19-2011_revision.txt (accessed 22 June 2012).

27. Wuest, P.J., Duffy, M.D. and Royse, D.J. (1985) Six Steps to Mushroom Growing. Special Circular 268. The Pennsylvania State University Extension Bulletin, University Park, Pennsylvania.

28. Yamaguchi, M. and Rubatzky, V.E. (1997) *World Vegetables Principles, Production, and Nutritive Values,* 2nd edn. Chapman and Hall, New York.

29. Yamanaka, K. (1997) Mushrooms II. Breeding and Cultivation. I. Production of cultivated edible mushrooms. *Food Reviews International* 3, 327-333.

30. Zeitlmayr, L. (1976) *Wild Mushrooms: An Illustrated Handbook.* Garden City Press, Hertfordshire, UK.

單位換算表

溫度 °C vs. °F

溫度 (℃)=(溫度 (℉)－32)×5/9 或 溫度 (℉)= 溫度 (℃)×9/5 + 32

例如：10℃ =〈(10×9/5)+32〉℉ = 50 ℉

　　　　32 ℉ =〈(32-32)×5/9〉℃ = 0℃

面積 ha vs. acre

英畝數 (acre)= 公頃數 (ha)×2.47

1 ha=10000 ㎡ =2.47104 acre

1 acre=4046.87 ㎡ =0.40469 ha

長度及高度 m vs. ft

1 公尺 (m)=100 公分 (cm)=1000 公釐 (mm)=3.28084 呎 (ft)

1 呎 (ft)=12 吋 (in)=0.3048 公尺 (m)

1 公分 (cm)=0.3937 吋 (in)

1 吋 (in)=2.54 公分 (cm)=25.4 mm

產量 (重量) 美噸數 (US t)= 公噸數 (t)×1.1023

1 metric tonnes (t)=1000 kg = 2,204.6 pounds=1.10 US t (short tons)

1 US t=2000 pound (lb)

1 公斤 (kg)=2.205 磅 (lb)=1000 公克 (g)

1 磅 (lb)=0.45359 公斤 (kg)= 453.6 公克 (g)

單位面積產量

1 kg/ha = 0.0001 kg/m2=0.8922 lb/acre

用水量

m^3/ha vs. acre-inches (1 acre inch in cubic meter=102.79015461 ac in)

灌溉水 500 m^3/ha=1 acre-ft/acre=12 acre-inches/acre

容量

1 大匙 (tbsp)= 15 公撮 (mL) 或 1 mL = 0.066667 tbsp

1 m^3 = 1000000 mL

1 公升 (L) = 1000 mL

1 毫升 (mL) = 0.001 公升 (L)

1 fl oz (US) = 29.5735 mL

1 茶匙 (US tsp) = 4.93 mL

1 加侖 (US gal) = 3.785 L

1 L = 0.264 US gal

索引 | Index

O

R

國家圖書館出版品預行編目資料

蔬菜學／Gregory E. Welbaum著.曹幸之, 廖
芳心, 李阿嬌, 許家言, 王自存, 黃益田
譯. -- 二版. -- 臺北市 : 五南圖書出版
股份有限公司, 2023.10
面；　公分
譯自：Vegetable production and practices
ISBN 978-626-366-626-9 (平裝)
1.CST: 蔬菜 2.CST: 栽培
435.2　　　　　　　　　112015622

5N10

蔬菜學

作　　者 ― Gregory E. Welbaum

譯　　者 ― 曹幸之、廖芳心、李阿嬌、許家言、王自存
　　　　　　黃益田

審　　訂 ― 羅筱鳳、曹幸之

發 行 人 ― 楊榮川

總 經 理 ― 楊士清

總 編 輯 ― 楊秀麗

副總編輯 ― 李貴年

責任編輯 ― 周淑婷、何富珊

校　　對 ― 溫小瑩

出 版 者 ― 五南圖書出版股份有限公司

地　　址：106台北市大安區和平東路二段339號4樓

電　　話：(02)2705-5066　　傳　　真：(02)2706-6100

網　　址：https://www.wunan.com.tw

電子郵件：wunan@wunan.com.tw

劃撥帳號：01068953

戶　　名：五南圖書出版股份有限公司

法律顧問　林勝安律師

出版日期　2018年 7 月初版一刷
　　　　　2023年10月二版一刷

定　　價　新臺幣950元

經典永恆・名著常在

五十週年的獻禮——經典名著文庫

五南，五十年了，半個世紀，人生旅程的一大半，走過來了。

思索著，邁向百年的未來歷程，能為知識界、文化學術界作些什麼？

在速食文化的生態下，有什麼值得讓人雋永品味的？

歷代經典・當今名著，經過時間的洗禮，千錘百鍊，流傳至今，光芒耀人；

不僅使我們能領悟前人的智慧，同時也增深加廣我們思考的深度與視野。

我們決心投入巨資，有計畫的系統梳選，成立「經典名著文庫」，

希望收入古今中外思想性的、充滿睿智與獨見的經典、名著。

這是一項理想性的、永續性的巨大出版工程。

不在意讀者的眾寡，只考慮它的學術價值，力求完整展現先哲思想的軌跡；

為知識界開啟一片智慧之窗，營造一座百花綻放的世界文明公園，

任君遨遊、取菁吸蜜、嘉惠學子！